HANDBUCH DER PRAKTISCHEN UND
EXPERIMENTELLEN SCHULBIOLOGIE

HANDBUCH
DER PRAKTISCHEN
UND EXPERIMENTELLEN
SCHULBIOLOGIE

STUDIENAUSGABE IN 8 BÄNDEN

Herausgegeben von Oberstudiendirektor a. D.
Dr. *Hans-Helmut Falkenhan*, Würzburg

Unter Mitarbeit von

Oberstudiendirektor Prof. Dr. *Ernst W. Bauer*, Nellingen-Weiler Park; Universitätsprofessor Dr. *Franz Bukatsch*, München-Pasing; Studiendirektor Dr. *Helmut Carl*, Bad Godesberg; Studiendirektor Dr. *Karl Daumer*, München; *Hilde Falkenhan*, Würzburg; Studiendirektorin *Elisabeth Freifrau v. Falkenhausen*, Hannover; Dr. *Hans Feustel*, Hessisches Landesmuseum, Darmstadt; Studiendirektor Dr. *Kurt Freytag*, Treysa; Oberstudiendirektor a. D. *Helmuth Hackbarth*, Hamburg; Universitäts-Prof. Dr. *Udo Halbach*, Frankfurt; Studiendirektor *Detlef Hasselberg*, Frankfurt; Studiendirektor Dr. *Horst Kaudewitz*, München; Dr. *Rosl Kirchshofer*, Schulreferentin, Zoo Frankfurt; Studiendirektor *Hans-W. Kühn*, Mülheim-Ruhr; Studiendirektor Dr. *Franz Mattauch*, Solingen; Dr. *Joachim Müller*, Göttingen-Geismar; Professor Dr. *Dietland Müller-Schwarze*, z. Z. New York; Gymnasialprofessor *Hans-G. Oberseider*, München; Studiendirektor Dr. *Wolfgang Odzuck*, Glonn; Studiendirektor Dr. *Gerhard Peschutter*, Starnberg; Studiendirektor Dr. *Werner Ruppolt*, Hamburg; Professor Dr. *Winfried Sibbing*, Bonn; Studiendirektor Dr. *Ludwig Spanner*, München-Gröbenzell; Studiendirektor *Hubert Schmidt*, München; Universitätsprofessor Dr. *Werner Schmidt*, Hamburg; Oberstudienrätin Dr. *Maria Schuster*, Würzburg; Oberstudienrat Dr. *Erich Stengel*, Rodheim v. d. Höhe; Oberstudiendirektor Dr. *Hans-Heinrich Vogt*, Alzenau; Dr. med. *Walter Zilly*, Würzburg

AULIS VERLAG DEUBNER & CO KG · KÖLN · 1981

HANDBUCH DER PRAKTISCHEN UND EXPERIMENTELLEN SCHULBIOLOGIE

Band 1

Voraussetzungen
Leistungskontrolle

AULIS VERLAG DEUBNER & CO KG · KÖLN · 1981

Der Text der achtbändigen Studienausgabe ist identisch
mit dem der in den Jahren 1970–1979 erschienenen Bände 1–5
des „HANDBUCHS DER PRAKTISCHEN UND
EXPERIMENTELLEN SCHULBIOLOGIE"

Best.-Nr. 9432
© AULIS VERLAG DEUBNER & CO KG KÖLN
Gesamtherstellung: Clausen & Bosse, Leck
ISBN 3-7614-0545-6
ISBN für das Gesamtwerk: 3-7614-0544-8

Inhaltsverzeichnis

Seite

Vorwort XIII

Die Biologieräume und ihre Ausstattung

Einführung 2

I. Der Lehrsaal (Hörsaal) 3

II. Der Vorbereitungsraum 6

III. Der Sammlungsraum 7

IV. Der Übungs- oder Lehr-Übungsraum 8

Erläuterung der Zahlen in den Abbildungen 11

Hilfs- und Anschauungsmittel

Demonstrationssammlung 15
Demonstrationspräparate 15
Modelle 18
Wandbilder, Wandkarten 21

AVM des statischen Bildes 22
Diaprojektion, Dias, Tonbildschauen 22
Episkope 25
Arbeitsprojektoren 27
Tobidiascript 28
Arbeitstransparente 29

AVM des dynamischen Bildes 31
16mm-Film 31
Super-8-mm-Film 32
Das mikroskopische Bild 32
Mikroskopische Übung 32
Mikroprojektion 33

	Seite
Fernsehmikroskop	34
Bild-Ton-Aufzeichnungsgeräte	36
Video-Langspielplatte	37
Speichern und Wiedergeben von Toneinheiten	37
Radiorecorder	37
Tonbandgerät	37
Plattenspieler	37
Hilfsmittel zum Unterricht in Erster Hilfe	38

Die Verwendung des Polarisationsmikroskops im Biologieunterricht

Einführung	42
I. *Technische Voraussetzungen*	43
1. Die Ausrüstung des Mikroskops	43
2. Orientierung der Polarisatoren und des Hilfsobjektes	43
II. *Die Arbeit mit dem Polarisationsmikroskop*	44
1. Prüfung eines Objektes auf Doppelbrechung	44
2. Die optischen Ursachen der Doppelbrechung	44
3. Von den optischen Erscheinungen zum Feinbau des Objekts	47
III. *Möglichkeiten der Polarisationsmikroskopie*	51
Literatur	52

Einfache mikroskopische Erkennungsreaktionen

Einführung	54
Nachweisreaktionen	55
Calcium-Jonen	55
Calcium-Carbonat	55
Calcium-Oxalat	55
Chitin	56
Chromosomen s. **Nukl**einsäuren	56
Fette s. Lipoide	56
Gerbstoffe	56
Glykogen	56
Holzstoff s. Lignin	56
Kallose	57
Kernfärbungen, vgl. Nukleinsäuren	57
Kork vgl. Suberin	58

	Seite
Kutin	58
Lignin (Holzstoff)	57
Lipoide (fettähnliche Stoffe)	57
Nukleinsäuren (Kerne und Chromosomen)	57
Pektin	57
Proteine	58
Stärke	58
Suberin (Korksubstanz)	58
Wachse s. Lipoide	57
Literatur	58

Modelle und Modellvorstellungen in der Biologie

Einführung: Bedeutung und Geschichte der Modellmethode	61
1. Definition des Modellbegriffes	63
2. Deskriptive Modelle	66
3. Konzeptionelle Modelle	69
4. Elektrische Analogmodelle	70
Kybernetischer Regelkreis	75
Vernetzte Systeme	75
5. Dem- und synökologische Modelle	78
6. Stochastische Modelle	95
7. Optimierung	101
8. Synthetische biologische Modelle	105
9. Der didaktische Wert von Modellen	106
Literatur	106
Anhang 1:	110
Modelle, die in den einzelnen Kapiteln des „Handbuches" behandelt werden	
Anhang 2:	111
Bezugsnachweis für Demonstrationsmodelle	
Bezugsnachweis für Filme	
Anhang 3:	111
Aufstellung der im Artikel erwähnten, für den Unterricht verwendbaren Modelle	

Die Arbeitssammlung

I. Die Aufgabe der Arbeitssammlung	115
II. Die Objekte der Arbeitssammlung	117
III. Die Stückzahl der einzelnen Objekte	118

		Seite
IV.	*Die Beschaffung der Sammlungsstücke*	120
V.	*Die Behandlung des Materials*	122
VI.	*Die Aufbewahrung des Sammlungsmaterials*	122
VII.	*Die unterrichtliche Nutzung der Arbeitssammlung*	126
VIII.	*Das Arbeitsmaterial in Beispielen*	128
	1. Hinweise allgemeiner Art	128
	2. Material aus dem Pflanzenreich	129
	3. Material aus dem Tierreich	137
	4. Arbeitsmaterial verschiedener Art	144
IX.	*Bezugsquellennachweis für Arbeitsmaterial*	151
Literatur		152

Die Bücherei des Schulbiologen

I.	*Einführung*	161
II.	*Zeitschriften*	163
III.	*Lexika und Enzyklopädien*	164
IV.	*Biographien*	166
V.	*Didaktik des Biologieunterrichts*	166
	1. Didaktiken und methodische Werke	166
	2. Lehrerhandbücher, Lehrerausgaben und Curricula	168
	3. Praktische und experimentelle Biologie	170
	4. Mikroskopie	173
VI.	*Allgemeine Biologie*	174
	1. Lehrbücher der Allg. Biologie	174
	2. Zellenlehre (Zytologie)	175
	3. Biochemie und Grundlagen der Molekularbiologie	176
	4. Fortpflanzung und Entwicklung	177
	5. Vererbungslehre (Genetik)	178
	6. Evolution und Paläobiologie	179
	7. Kybernetik	181
VII.	*Ökologie und Umweltschutz*	182
	1. Allgemeine Ökologie	182
	2. Ökologie der Pflanzen	183
	3. Ökologie der Tiere (einschl. Parasitologie)	183
	4. Umweltschutz	184

Seite

VIII. *Naturschutz und Tierschutz* 186

IX. *Naturführer, Wanderbücher, Werke über Flora und Fauna* 187

X. *Menschenkunde (Humanbiologie)* 188
   1. Allgem. Menschenkunde; Anatomie und Physiologie 188
   2. Gesundheitserziehung 191
   3. Keimesentwicklung des Menschen 193
   4. Sexualität des Menschen; Sexualerziehung 193

XI. *Tierkunde (Zoologie)* 196
   1. Lehrbücher der Allg. Zoologie 196
   2. Anatomie und Physiologie 196
   3. Fortpflanzung und Entwicklung 197
   4. Zoologische Bestimmungsbücher 198
   5. Verschiedene Werke zur Zoologie 198
   6. Spezielle Zoologie 199
      a. Lehrbücher und Sammelwerke 199
      b. Säugetiere 200
      c. Vögel, Stubenvögel 201, 205
      d. Lurche und Kriechtiere; Terrarienkunde 205
      e. Fische und Aquaristik 206
      f. Gliederfüßler (Arthropoden) 208
         α Insekten 208
         β Sonstige Gliederfüßler 211
      g. Weichtiere (Mollusca) 211
      h. Einzeller (Protozoa) 211
      i. Sonstige Wirbellose 212

XII. *Verhaltenslehre (Ethologie)* 212

XIII. *Pflanzenkunde (Botanik)* 216
   1. Lehrbücher der Allgem. Botanik 216
   2. Morphologie und Anatomie 217
   3. Physiologie und Entwicklung 217
   4. Pflanzensoziologie und Vegetationskunde; Bodenkunde 218
   5. Verschiedene Werke zur Botanik 219
   6. Spezielle Botanik 219
      a. Systematik (Lehrbücher und Sammelwerke) 219
      b. Bestimmungsbücher und Floren 219
      c. Holzgewächse 220
      d. Garten- und Zimmerpflanzen 221

		Seite

  e. Nutzpflanzen und Heilpflanzen 223
  f. Gräser und Binsengewächse 223
  g. Orchideen 224
  h. Weitere besondere Pflanzengruppen der Blütenpflanzen 224
  i. Alpenpflanzen 225
  k. Farngewächse und Moose (Archegoniatae) 226
  l. Lagerpflanzen 226
   α Pilze 226
   β Flechten 227
   γ Algen 227

XIV. *Mikrobiologie (einschl. Virologie)* 228

XV. *Limnologie und Planktonkunde* 229

XVI. *Bildwerke* 229

XVII. *Verschiedenes* 230
  1. Mathematik und Physik für Biologen 230
  2. Naturphilosophie 231
  3. Sonstige Werke 231

Leistungskontrolle — Schriftliche Reifeprüfungsaufgaben

A. Allgemeine Betrachtungen 235

B. Themenvorschläge für das Wahlpflichtfach 238

C. Themenvorschläge für die Kollegstufe 251

I. *Genetik*
  Themen für Grundkurse 251
  Themen für Leistungskurse 252

II. *Anatomie und Physiologie*
  Themen für Grundkurse 255
  Themen für Leistungskurse 256

III. *Evolution*
  Themen für Grundkurse 261
  Themen für Leistungskurse 263

IV. *Ethologie*
  Themen für Grundkurse 264
  Themen für Leistungskurse 269

		Seite
V.	Ökologie	
	Themen für Grundkurse	274
	Themen für Leistungskurse	277
VI.	Themen, die mehrere Bereiche umfassen	
	Themen für Grundkurse	285
	Themen für Leistungskurse	291
VII.	Zentralgestellte Themen	
	Themen für Grundkurse	302
	Themen für Leistungskurse	305

Leistungsmessung im Biologieunterricht

A. Zur Leistungsmessung im Biologieunterricht . . . 311

I. *Objektivität der Leistungsmessung* . . . 312
 1. Objektivität der Aufgabenstellung . . . 312
 2. Die objektive Bewertung der Schwierigkeit einzelner Aufgaben und Aufgabenteile . . . 312
 3. Vergleichsobjektivität . . . 313

II. *Objektivierte Leistungsmessung* . . . 313
 1. Sachlich begründet — an den Zielen des Unterrichts orientiert . . . 313
 2. Untersuchung der Schülerleistung mit Hilfe von Taxonomien . . . 314
 3. Bewertung . . . 318
 4. Lernzielorientierte Leistungsmessung — eigenständige geistige Leistung . 318
 5. Bewertung der mündlichen Leistung . . . 319
 6. Die Aufgabenstellung . . . 319

B. Beispiele zur Leistungsmessung . . . 319

I. *Die Klassenarbeit* . . . 320

II. *Der Test* . . . 341
 1. Multiple-Choice-Tests . . . 342
 2. Ein Lückentest . . . 348

III. *Der Lernzielorientierte Test zur Diagnose des Schülerlernens* . . . 349
 1. Funktion . . . 349
 2. Beispiel eines lernzielorientierten Tests . . . 349

IV. *Die schriftliche Hausarbeit* . . . 351
 1. Die Ausarbeitung . . . 351
 2. Das Experiment und das Versuchsprotokoll . . . 352

Literatur . . . 353

Namen- und Sachregister . . . 354

Vorwort des Herausgebers

Nach den Handbüchern für Schulphysik und Schulchemie bringt der AULIS VERLAG das vorliegende HANDBUCH DER PRAKTISCHEN UND EXPERIMENTELLEN SCHULBIOLOGIE heraus. Zur Mitarbeit an diesem mehrbändigen Werk haben sich erfreulicherweise mehr als 25 Biologen von Schule und Hochschule bereit erklärt, die im Handbuch jeweils ihr Spezialgebiet bearbeiten und sich durch ihre bisherigen schulbiologischen Veröffentlichungen einen Namen gemacht haben. Real- und Volksschullehrer werden es besonders begrüßen, daß unter ihnen auch Professoren der Pädagogischen Hochschulen zu finden sind.
Keine Wissenschaft hat in den letzten Jahrzehnten eine so stürmische Entwicklung durchgemacht, wie die Biologie. Beschränkte sie sich um die Jahrhundertwende noch fast ausschließlich auf Morphologie und Systematik, so haben inzwischen andere Disziplinen, wie Genetik, Physiologie, Ökologie, Phylogenie, Ethologie, Molekularbiologie, Kybernetik und Biostatistik eine ständig wachsende Bedeutung erlangt.
Diese sich ständig ausweitende Stoffülle erschwert den modernen Biologieunterricht außerordentlich. An der Hochschule und im Seminar hat der junge Biologielehrer zwar die Methodik und Didaktik seines Faches gründlich kennen gelernt, aber der praktische Unterrichtsbetrieb mit seiner starken Belastung macht es ihm nicht leicht, das Erlernte auch anzuwenden. Will er nicht nur mit Kreide und Tafel seinen Unterricht gestalten, muß er sehr viel Zeit für die Vorbereitung aufwenden, denn die Beschaffung der lebenden oder präparierten Naturobjekte, die Bereitstellung der verschiedenen Anschauungsmittel und die Vorbereitung eindrucksvoller Unterrichtsversuche erfordern viel Arbeit. Von erfahrenen Pädagogen sind zwar irgendwo in der umfangreichen Literatur die Wege beschrieben worden, wie man diese Schwierigkeiten am besten überwinden kann, aber gerade das Zusammensuchen der verstreuten Literaturstellen erfordert wiederum Zeit und Mühe und der Anfänger weiß oft nicht, wo er suchen soll. Manche Buch- und Zeitschriftenveröffentlichungen sind außerdem für ihn oft kaum beschaffbar.
Hier will das Handbuch helfen! Es soll dem in der Schulpraxis stehenden Biologen auf alle im Unterricht und bei der Vorbereitung auftauchenden Fragen eine möglichst klare und umfassende Antwort geben. Er soll hier nicht nur Ratschläge zur Beschaffung der Naturobjekte und Anschauungsmittel erhalten, sondern auch Vorschläge und genaue Anweisungen für Lehrer- und Schülerversuche finden, die sich besonders bewährt haben und ohne großen Aufwand durchführbar sind. Darüber hinaus bietet ihm das Handbuch statistisches Material, Tabellen, vergleichende Zahlenangaben und oft auch die Zusammenstellung wichtiger Tatsachen, die besonders unterrichtsbrauchbar sind. Auch die neuesten medizinischen Erkenntnisse, die für den Biologen interessant sind, wie etwa über Krebsvorsorge,

Ovulationshemmer und die Belastung bei der Raumfahrt, kann er im Handbuch finden.

Wenn auch bereits in der Aufführung der Tatsachen, die für einen modernen Biologieunterricht wichtig sind, eine gewisse methodische Anweisung steckt, so wird doch im Handbuch auf spezielle methodische und didaktische Hinweise verzichtet. Der Fachlehrer soll hier die Freiheit haben, nach eigenem pädagogischen Ermessen zu unterrichten. Gerade aus diesem Grund wird das Handbuch von den Fachbiologen a l l e r Schultypen erfolgreich verwendet werden können.

Dagegen werden im Handbuch auch solche Probleme behandelt, die als V o r a u s s e t z u n g e n für einen modernen und erfolgreichen Biologieunterricht wichtig sind, wie etwa die Einrichtung von Unterrichts- und Übungsräumen und des Schulgartens. Auch die Beschreibung und Einsatzmöglichkeit der verschiedenen optischen und akustischen Hilfsmittel fehlt nicht. Trotz seines Umfanges kann das Handbuch natürlich nicht vollständig sein. Deshalb steht am Ende jeden Kapitels ein ausführliches Literaturverzeichnis.

Neben dem Inhaltsverzeichnis wird ein Stichwortverzeichnis dem Leser das Suchen erleichtern. Es ist so angelegt, daß alle Seiten aufgeführt sind, auf denen das Stichwort zu finden ist. Wenn aber das Stichwort an einer Stelle im Handbuch besonders gründlich behandelt wird, so ist die entsprechende Stelle durch Fettdruck hervorgehoben.

Der vorliegende Band 1 des Handbuchs ist aus wohlerwogenen Gründen der zuletzt erscheinende des Gesamtwerkes. Er bringt die Voraussetzungen für einen erfolgreichen Biologieunterricht, die Leistungskontrolle und die besonderen Unterrichtsveranstaltungen. Gerade auf diesen Gebieten hat aber in den letzten Jahren eine stürmische technische und curriculare Entwicklung stattgefunden. Um möglichst viel von den neuen Erkenntnissen zu berücksichtigen, erscheint es ratsam, gerade diesen Band erst als letzten herauszubringen. Die große Stoffülle machte es außerdem notwendig, ihn in die zwei Teilbände 1/I und 1/II aufzuteilen.

Im Band 1/I werden die Einrichtungen von Unterrichts-, Übungs- und Sammlungsräumen behandelt, die notwendigen Anschauungsmaterialien und die optischen und akustischen Hilfsmittel, insbesondere die Polarisationsmikroskopie. Ferner der chemische Nachweis von biologischen Substanzen, die Verwendung von Modellen, die Arbeitssammlung und die Bücherei des Schulbiologen. — Im zweiten Abschnitt werden Anregungen zu Abituraufgaben gegeben und die verschiedenen Möglichkeiten der Leistungskontrolle aufgezeigt.

Um Wiederholungen zu vermeiden, wurde im allgemeinen auf Abschnitte in den schon erschienenen Bänden verwiesen. Wenn aber der Zusammenhang dadurch zu sehr verloren ging, auch um dem Benutzer unnötiges Suchen zu ersparen, erwies es sich als zweckmäßig, manche Versuche noch einmal zu beschreiben, besonders wenn es verschiedene Möglichkeiten ihrer Durchführung gibt.

Würzburg, im Winter 1978

Dr. Hans-Helmut Falkenhan

DIE BIOLOGIERÄUME UND IHRE AUSSTATTUNG

Von Dr. Joachim Müller

Göttingen

EINFÜHRUNG

Zur Durchführung eines optimalen Biologie-Unterrichtes sind entsprechend eingerichtete Fachräume unbedingt erforderlich. Dabei ist zu unterscheiden zwischen Lehrsälen (Hörsälen), Übungsräumen bzw. Lehr-Übungsräumen, Vorbereitungsräumen und Sammlungsräumen.

Die Anzahl der für eine Schule erforderlichen Lehrsäle und Übungsräume und die Größe des Sammlungsraumes und des Vorbereitungsraumes richten sich nach der Anzahl der Klassen, die in den Fachräumen unterrichtet werden müssen. Dabei sollte immer davon ausgegangen werden, daß der gesamte Biologie-Unterricht, auch derjenige der Unterstufe, in Fachräumen durchgeführt wird.

Die Fachräume für den Biologie-Unterricht sollten nach Möglichkeit im Erdgeschoß liegen, am besten in unmittelbarer Nähe einer Außentür. Diese Lage wirkt sich günstig bei Arbeiten und Untersuchungen im Freiland und in einem eventuell vorhandenen Schulgarten aus, da die Fachräume jederzeit auf kürzestem Wege und unter weitestgehender Vermeidung von Störungen des übrigen Schulbetriebes verlassen und erreicht werden können.

I. Der Lehrsaal (Hörsaal)

Ein Lehrsaal gestattet nur einen reinen Demonstrations-Unterricht. Er ist infolgedessen nicht so vielseitig nutzbar wie ein Lehr-Übungsraum oder auch ein Übungsraum, in denen bei entsprechender Einrichtung, wenn auch nicht ganz so günstig wie im Lehrsaal, neben dem Übungsbetrieb durchaus auch Experimente und Anschauungsmittel demonstriert werden können. Der Vorteil eines Lehrsaales besteht darin, daß er infolge seiner Ausstattung mit ansteigendem Gestühl bei Demonstrationen die beste Sicht von allen Plätzen zum Experimentiertisch ermöglicht.

Wegen seiner begrenzten Nutzbarkeit nur für Demonstrationen sollte aber auch in größeren Schulsystemen mit mehreren Übungs- bzw. Lehr-Übungsräumen nur ein Lehrsaal vorhanden sein. Er muß zweckmäßigerweise neben dem Vorbereitungsraum liegen und von diesem direkt zugänglich sein, damit zwischen den Unterrichtsstunden ein rascher Austausch der Versuchsaufbauten, Geräte und Anschauungsmittel möglich ist.

Der Lehrsaal sollte etwa 30—35 Sitzplätze haben, um auch Klassen der Unterstufe mit verhältnismäßig großer Schülerzahl aufnehmen zu können. Dazu ist eine Grundfläche von etwa 80 m² erforderlich. Um von allen Plätzen eine gute Sicht zum Experimentiertisch zu gewährleisten, ist eine Höhe der einzelnen Stufen des ansteigenden Gestühles von jeweils 17—20 cm notwendig. Ein Mittelgang sollte zum schnellen Erreichen und Verlassen der Plätze immer vorhanden sein. Seine Breite braucht jedoch 50—60 cm nicht zu überschreiten, damit von den mittleren Plätzen mit der besten Sicht zum Experimentiertisch möglichst wenige verloren gehen. Die beiden Seitengänge sollten die gleiche Breite haben. Die Tür zum Flur liegt am zweckmäßigsten, wenn die Schüler den Raum zwischen dem Experimentiertisch und der ersten Sitzreihe betreten bzw. verlassen.

Der Lehrsaal sollte durch eine ausreichende Anzahl von Fenstern mit Tageslicht versorgt werden. Am besten ist es, wenn das Licht für die Schüler von links einfällt. Seit einiger Zeit sind bei Schulneubauten die Lehrsäle nicht selten an allen Seiten von anderen Räumen umbaut, so daß sie nur künstlich beleuchtet werden oder Tageslicht allenfalls durch Fenster in der Decke erhalten können. Die Ansichten der Fachlehrer in dieser Frage sind geteilt. Zur Zeit zieht die Mehrzahl die Versorgung des Lehrsaales durch seitlich einfallendes Tageslicht vor, da diese Beleuchtungsart von den meisten Menschen am angenehmsten empfunden wird und der natürlichen Umwelt am besten entspricht.

Die Fenster müssen für Dia-, Film- und Mikroprojektion mit einer lichtdicht schließenden Verdunkelungseinrichtung versehen sein, deren Bedienungselemente entweder in der Zarge des Experimentiertisches oder neben der Wandtafel angebracht sind.

Zur künstlichen Beleuchtung des Lehrsaales sind Deckenlampen in ausreichender Anzahl und Stärke und zwei Schrägstrahler für Experimentiertisch und Wandtafel erforderlich.
Hinsichtlich der Größe des Experimentiertisches sind die Ansichten der Fachlehrer oft sehr unterschiedlich. Von den Herstellern werden Experimentiertische mit einer Länge von etwa 1,20 m bis 2,80 m angeboten. Die Breite liegt im allgemeinen immer bei etwa 0,75 m. Ein langer Experimentiertisch bietet einerseits viel Fläche für den Aufbau von Demonstrationsversuchen und die Bereitstellung der dazu erforderlichen Geräte oder ergänzenden Anschauungsmittel, andererseits in seinen Unterbauten reichlich Platz zur Unterbringung häufig gebrauchten Arbeitsgerätes. Der Wechsel der Versuchsaufbauten und Anschauungsmittel zwischen den Unterrichtsstunden erfordert allerdings verhältnismäßig viel Zeit, da das nicht mehr benötigte Material abgeräumt und am besten mit Hilfe fahrbarer Ansatztische in den Vorbereitungsraum transportiert werden muß. In entsprechender Weise ist dann der Aufbau für die folgende Unterrichtsstunde durchzuführen. Bei häufiger Belegung des Lehrsaales ist es infolgedessen zweckmäßiger, wenn er mit einem möglichst kurzen, aus der Mitte nach einer Seite versetzten Experimentiertisch ausgestattet ist, an den von der anderen Seite her mehrere fahrbare Ansatztische mit den im Vorbereitungsraum aufgebauten Versuchen und/oder bereitgestellten Geräten und Anschauungsmitteln herangefahren werden können. Bei ständiger Inanspruchnahme des Lehrsaales ist das die einzige Möglichkeit für einen reibungslosen Ablauf des Unterrichtes. Am Experimentiertisch und an den fahrbaren Ansatztischen sollten Vorrichtungen angebracht sein, durch die sie fest miteinander verbunden werden können.
In der den Schülern abgewendeten Zarge des Experimentiertisches müssen die Armaturen für die Gas- und Stromversorgung untergebracht sein. Für den Biologie-Unterricht sind erforderlich bzw. wünschenswert:

	erforderlich	wünschenswert
Gasanschlüsse (Gashähne)	2	3—4
Schukosteckdosen für Netzspannung	2	4
Wechselschalter für die Raumbeleuchtung	1	1
Regelschalter für die Schrägstrahler zur Experimentiertisch- u. Wandtafelbeleuchtung	1	1

An der Schmalseite des Experimentiertisches, an die keine Ansatztische herangefahren werden, muß ein Wasseranschluß mit einem Abflußbecken mittlerer Größe (etwa 55 cm $\times$ 45 cm) vorhanden sein. Wünschenswert ist eine Dreifacharmatur, damit an einem Hahn eine Wasserstrahlpumpe ständig betriebsbereit montiert sein kann.
An Unterbauten sollte der Experimentiertisch mindestens je ein Schrank- und Schubkastenelement zur Unterbringung häufig benutzter Geräte (Brenner, Dreibein, Asbestdrahtnetze, Reagenzgläser, Stopfen usw.) enthalten. Eine Sitznische ist im allgemeinen nicht erforderlich.
Als Wandtafel ist eine Doppelschiebetafel mit einer Fläche von etwa 3 m $\times$ 1 m pro Tafel am zweckmäßigsten. Sie bietet ausreichend Schreibfläche und behindert im Gegensatz zu einer Klapptafel den Lehrer nicht in seiner Bewegungsfreiheit zwischen Experimentiertisch und Tafel.

Die Wand zwischen den Pylonen (Führungssäulen) der Tafel kann, entsprechend fein verputzt, verspachtelt und gestrichen, als Projektionsfläche für Dia-, Film- und Mikroprojektion dienen. Falls die Raumbreite und die Lage der Tür zum Vorbereitungsraum es gestatten, ist es vorteilhaft, auf einer Seite neben der Wandtafel eine zusätzliche Projektionsfläche für Tageslichtprojektion anzubringen. Das hat den Vorteil, daß einerseits keine wertvolle Experimentierfläche in der Mitte des Tisches durch den Tageslichtprojektor verstellt wird und andererseits die Wandtafel auch während der Tageslichtprojektion benutzt werden kann.

In der Mitte der Rückwand des Lehrsaales ist eine Möglichkeit zur Aufstellung der Geräte für Dia- und Filmprojektion vorzusehen. Die ideale Lösung dazu ist ein Projektionsschrank, der in seinem oberen, durch Flügeltüren verschließbaren Teil auf ausschwenkbaren Platten einen Kleinbildprojektor für Diapositive und einen Filmprojektor aufnimmt. Der untere Teil des Schrankes sollte mit Schubkästen zur Aufbewahrung von Diapositiven und Filmen ausgestattet sein.

Im biologischen Demonstrationsunterricht ist eine Fernsehkamera sowohl zur Makro- als auch zur Mikroprojektion vielseitig einsetzbar. Eine entsprechende Einrichtung sollte deshalb im Lehrsaal nach Möglichkeit vorhanden sein. Sie besteht in der Standardausrüstung aus einer an einem Stativ allseitig schwenkbaren und verschiebbaren Fernsehkamera, einem Kontrollmonitor und ein bis zwei Fernsehempfängern. Für die Verwendung der Fernsehkamera zur Mikroprojektion ist es zweckmäßig, wenn sie durch entsprechende Anpaßteile und Zwischenstücke fest mit einem leistungsfähigen Mikroskop verbunden werden kann. Die Fernsehmikroprojektion hat gegenüber allen anderen Arten der Mikroprojektion den Vorteil, daß man im unverdunkelten Raum und auch im Auflicht mikroprojizieren kann.

Die Fernsehempfänger können entweder in fest montierten Deckenhalterungen oder in fahrbaren Halterungen untergebracht werden.

Hinsichtlich der Notwendigkeit eines Abzuges im Biologie-Lehrsaal gehen die Ansichten der Fachlehrer auseinander. Falls ein Abzug gewünscht wird, sollte er als Durchreiche-Abzug zum Vorbereitungsraum zwischen den Pylonen (Füh-

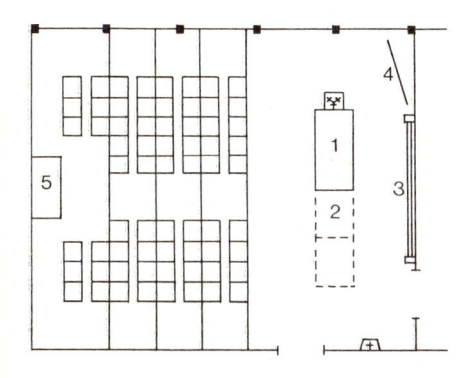

Abb. 1: Beispiel für die Ausstattung eines Biologie-Lehrsaales (Schemazeichnung)

rungssäulen) der Wandtafel eingebaut werden. Als Projektionsfläche muß dann, da die Wand zwischen den Pylonen für diesen Zweck entfällt, an der Decke vor der Wandtafel eine aufrollbare Leinwand installiert sein.
Ein Beispiel für die Ausstattung eines Lehrsaales zeigt in einer schematischen Grundrißzeichnung die Abbildung 1.

II. Der Vorbereitungsraum

Für den reibungslosen Ablauf eines guten Biologie-Unterrichtes ist ein entsprechend ausgerüsteter Vorbereitungsraum von entscheidender Bedeutung. Er sollte mit dem Lehrsaal und dem Sammlungsraum jeweils in direkter Verbindung stehen.
Die Größe des Vorbereitungsraumes wird im wesentlichen von der Anzahl der unterrichtenden Fachlehrer bestimmt. Im allgemeinen dürften etwa 40 m² ausreichen. Für jeden unterrichtenden Lehrer müssen ein Arbeitsplatz und ein fahrbarer Ansatztisch zur Verfügung stehen, damit er einerseits seinen Unterricht ungestört und unbeengt vorbereiten und andererseits die im Lehrsaal zu demonstrierenden Versuche und Anschauungsmittel bereitstellen kann.
Als Arbeitsplatz ist ein Arbeitstisch mit einer Platte von etwa 1,20 m × 0,75 m und einem Unterbau auf einer Seite sehr zweckmäßig. Der Unterbau sollte oben einen Schubkasten und darunter ein Schränkchen mit einem Einlegeboden enthalten. Als Sitzgelegenheit ist ein Drehstuhl ohne Rollen mit verstellbarer Sitzhöhe am zweckmäßigsten. Sehr bequem sind die drehbaren sogenannten Schalenstühle aus Kunststoff.
Außer den Arbeitsplätzen und den fahrbaren Ansatztischen der einzelnen Fachlehrer müssen im Vorbereitungsraum noch einige größere Tische für die Versuchsvorbereitung und zum Abstellen länger dauernder Versuche zur Verfügung stehen. Sie werden am zweckmäßigsten zum Teil wandständig und zum Teil in einer Gruppe freistehend aufgestellt. Diese Tische sollten mit Schubkasten- und Schrankelementen zumindest teilweise unterbaut sein, in denen häufig benutzte Arbeitsgeräte, vor allem auch Kleinmaterial (Reagenzgläser, Stopfen, Glasrohre, Glasstäbe, Uhrglasschalen, Indikatorpapiere usw.), untergebracht werden können. Als Tischplattenbelag genügt im allgemeinen Kunststoff. Einer der größeren Vorbereitungstische und, je nach Größe der Schule, mindestens ein zusätzlicher fahrbarer Ansatztisch sollten jedoch mit einer Fliesen- oder Keramikplatte versehen sein.
Zur Säuberung der Versuchsgeräte wird ein großes Doppelspülbecken mit Ablaufbrett und Abtropfgestellen benötigt.
Für die verschiedenen erforderlichen Wägungen müssen eine oberschalige Waage mit einem Wägebereich bis 1000 g und eine Analysenwaage zur Verfügung stehen. Die oberschalige Waage kann auf einem der wandständigen Tische aufgestellt werden. Für die Analysenwaage ist ein Wägetisch erforderlich, der an einer möglichst ruhigen Stelle des Vorbereitungsraumes stehen sollte.
Zur Ausstattung eines Vorbereitungsraumes gehören außerdem ein Kühlschrank, ein Brutschrank, ein Heißluftsterilisator, ein Autoklav, ein Werkzeugschrank, mehrere Abfallsammler (getrennt nach Abfallarten) und mindestens ein Papierkorb.

Für die Aufbewahrung der Chemikalien sind ein Chemikalienschrank und ein Giftschrank vorzusehen.
Ein Handwaschbecken sollte keinesfalls fehlen.
Ein Beispiel für die Ausstattung eines Vorbereitungsraumes zeigt in einer schematischen Grundrißzeichnung die Abbildung 2.

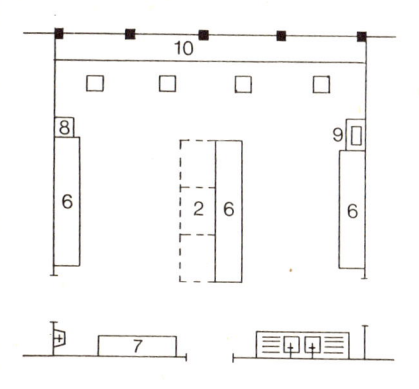

Abb. 2: Beispiel für die Ausstattung eines Biologie-Vorbereitungsraumes (Schemazeichnung)

III. Der Sammlungsraum

Der Sammlungsraum muß mit dem Vorbereitungsraum in direkter Verbindung stehen. Seine Größe richtet sich hauptsächlich nach der Anzahl der zu unterrichtenden Klassen und der sich daraus ergebenden Menge der erforderlichen Lehrmittel. Im allgemeinen dürfte, je nach Größe der Schule, eine Fläche von 80 m² bis 120 m² ausreichen. Bei der Bemessung des Schrankraumes für die Unterbringung der Lehrmittel ist zu berücksichtigen, daß eine Biologie-Sammlung im Laufe der Jahre erfahrungsgemäß umfangreicher wird.
Die Sammlungsschränke werden zum Teil wandständig und zum Teil in frei stehenden Gruppen aufgestellt. Der Abstand zwischen den einzelnen Elementen muß jeweils so groß sein, daß genügend Raum zum Öffnen der Flügeltüren vorhanden ist und auch mit fahrbaren Ansatztischen zwischen den Schränken bzw. Schrankgruppen operiert werden kann. Bei der Auswahl und Zusammenstellung der Schranktypen ist zu beachten, daß einerseits Anschauungsmittel, wie Modelle, Skelette und Skelett-Teile, selbst gesammeltes natürliches Material usw. und größere Geräte, andererseits aber auch kleinere Teile, wie Mikropräparate, Diapositive, Filme und auch das Kleinmaterial des Versuchsgerätes untergebracht werden müssen. Für die Aufbewahrung des menschlichen Skelettes ist ein Skelettschrank erforderlich.
Die übersichtlichste Aufbewahrungsmöglichkeit für Schulwandbilder (Wandkarten) sind aus Metallrohr U- oder V-förmig gebogene Träger die in der Wand des Sammlungsraumes in etwa 2 m Höhe verankert werden. Ein derartiger Träger faßt etwa 20 Schulwandbilder.

Zum Abstellen von Lehrmitteln, die nach der Unterrichtsstunde nicht sofort wieder in die Schränke eingeordnet werden können, sind einige Tische vorzusehen, die am besten wandständig aufgestellt werden.

Die Beleuchtung des Sammlungsraumes muß so angebracht sein, daß die Schränke innen und der Raum zwischen den Schränken gut ausgeleuchtet werden. Ein Beispiel für die Ausstattung eines Sammlungsraumes zeigt im schematischen Grundriß die Abbildung 3.

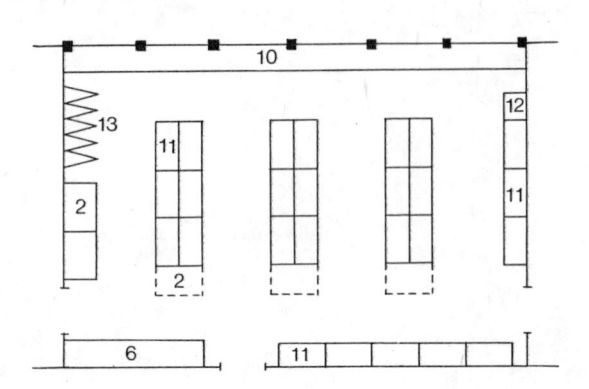

Abb. 3: Beispiel für die Ausstattung eines Biologie-Sammlungsraumes (Schemazeichnung)

IV. Der Übungs- oder Lehr-Übungsraum

Seit längerer Zeit schon vertreten viele Fachlehrer die Ansicht, daß Übungsräume auch als Lehrsäle benutzbar sein sollten, was bei ihrer Ausstattung beachtet werden muß. Ein derartiger Lehr-Übungsraum bietet für einen optimalen Biologie-Unterricht die besten Voraussetzungen, da während einer Unterrichtsstunde, je nach den augenblicklichen Notwendigkeiten, neben der praktischen Schülerarbeit auch Experimente und Anschauungsmittel demonstriert werden können.

Die Größe eines Übungs- oder Lehr-Übungsraumes richtet sich nach der Anzahl der Schülerarbeitsgruppen, die in dem Raum ihre Übungen und Versuche durchführen sollen. Wenn mehrere Räume eingerichtet werden, was meistens der Fall sein wird, ist dieser Tatsache besondere Beachtung zu schenken. Bei der Planung und Ausstattung der Räume sind dann die unterschiedlichen Klassenstärken der Unter-, Mittel- und Oberstufe bzw. das Kurssystem der Oberstufe zu berücksichtigen.

Die Schülerarbeitstische sollten mit Gas, Elektrizität und nach Möglichkeit auch mit Wasser versorgt sein. Für die Anordnung der Tische bestehen verschiedene Möglichkeiten.

Eine ideale Lösung ist die Ausstattung mit zweiplätzigen Schülerarbeitstischen, die wahlweise frei beweglich in verschiedenen Anordnungen um fest im Boden verankerte Elemente für die Energieversorgung, sogenannte Energiesäulen oder Energiezellen, gruppiert werden können. Die Energiesäulen enthalten jeweils einen Wasseranschluß mit Doppelarmatur und Abflußbecken und für jeden anzustellenden zweiplätzigen Schülerarbeitstisch mindestens einen Gasanschluß und zwei Netzspannungssteckdosen. Zwei von vielen Möglichkeiten der Gruppierung der Schülerarbeitstische um die Energiesäulen zeigen die Abbildungen 4a und 4b.

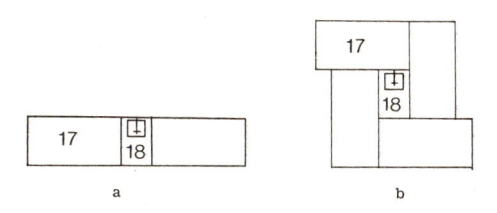

Abb. 4: Zwei Beispiele der Gruppierung von Schülerarbeitstischen um Energiesäulen (Schemazeichnung)

Seit langem bewährt hat sich auch eine Ausstattung des Übungs- bzw. Lehr-Übungsraumes mit einer ausreichenden Anzahl vierplätziger, fest am Boden montierter Schülerarbeitstische, von denen jeweils zwei, durch einen Mittelgang getrennt, in einer Reihe stehen. (Abb. 5). Die Armaturen für die Gas- und Stromversorgung können bei diesen Tischen an verschiedenen Stellen untergebracht sein, z. B. in einem Installationselement, das in der Mitte des Tisches an der den Schülern abgewendeten Kante aufgesetzt wird oder an der Schmalseite eingebaut ist. An der dem Mittelgang zugekehrten Seite des Tisches muß ein Wasseranschluß mit Doppelarmatur und Anbaubecken vorhanden sein. Falls die Breite des Raumes dazu nicht ausreichen sollte, muß man mit einem Becken in jeder Reihe auskommen. Auf das sollte aber nach Möglichkeit nicht verzichtet werden, da bei biologischen Schülerübungen häufig Wasser benötigt wird oder etwas weggegossen werden muß.

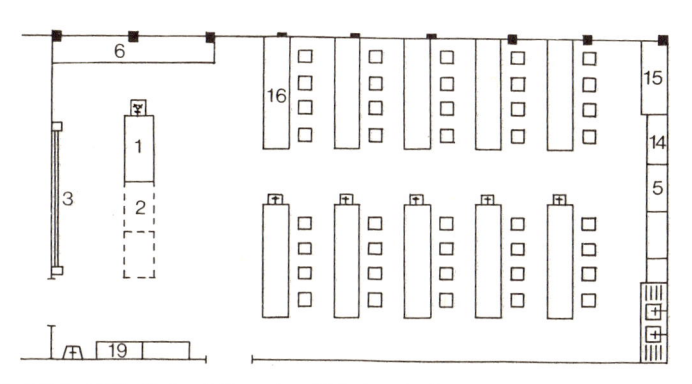

Abb. 5: Beispiel für die Ausstattung eines Biologie-Lehr-Übungsraumes (Schemazeichnung)

Je nach Anzahl der Schülerarbeitsgruppen, der Schüler pro Gruppe und den Raummaßen muß bei dieser Art der Ausstattung gegebenenfalls zwischen vier- und dreiplätzigen Schülerarbeitstischen gewählt werden.
Schülerarbeitstische sollten etwa 80 cm hoch sein. Bei dieser Tischhöhe können alle Arbeiten einschließlich des Mikroskopierens bequem durchgeführt werden. Spezielle Mikroskopiertische, z. B. an der Fensterfront, sind nicht erforderlich, nicht zweckmäßig und in den meisten Fällen auch von der Breite des Raumes her nicht unterzubringen. Mikroskopiertische entlang der Fensterwand bieten wohl niemals ausreichend Platz für alle an den Übungen teilnehmenden Schüler.
Als Tischplattenbelag der Schülerarbeitstische für den Biologie-Unterricht genügt im allgemeinen Kunststoff.
Alle Schülerarbeitstische gibt es in nicht unterbauter Form, lediglich mit einer Buchablage in der Zarge, und in der sogenannten halbunterbauten Form, bei der zusätzlich zur Buchablage unter der den Schülern abgekehrten Hälfte des Tisches ein schrankartiger Unterbau vorhanden ist, der mit Klapp- oder Schiebetüren verschlossen wird. Diese Unterbauten haben sich zur Unterbringung der häufig benutzten Standardgeräte (Dreibein, Asbestdrahtnetz, Reagenzglasgestell usw.) sehr bewährt, da viel Zeit beim Verteilen des Arbeitsgerätes gespart wird, wenn jede Schülerarbeitsgruppe eine Grundausstattung direkt am Arbeitsplatz zur Verfügung hat.
Als Sitzgelegenheit haben sich Drehstühle ohne Rollen mit verstellbarer Sitzhöhe, z. B. die sogenannten Schalenstühle, am besten bewährt.
Das gesamte Schülerübungsgerät sollte grundsätzlich vom Demonstrationsgerät getrennt sein und nach Möglichkeit im Übungs- oder Lehr-Übungsraum untergebracht werden. Dazu ist eine entsprechende Anzahl von Schränken erforderlich, die an der Rückwand des Raumes oder an der den Fenstern gegenüberliegenden Wand aufgestellt sein können.
Sehr zweckmäßig ist es, wenn im Übungsraum ein Abzug zur Verfügung steht. Falls der Raum von Klassen bzw. Kursen der Oberstufe benutzt wird, sollte der Abzug auf keinen Fall fehlen.
Ein Experimentiertisch muß vorhanden sein, wenn der Raum als Lehr-Übungsraum benutzt werden soll, was in den meisten Fällen anzustreben ist. Man wählt dann allerdings einen möglichst kurzen Experimentiertisch und verlängert ihn nach Bedarf durch fahrbare Ansatztische. Seine Installation mit Gas, Strom und Wasser sollte derjenigen des Experimentiertisches im Lehrsaal entsprechen.
Zum Säubern der Arbeitsgeräte ist für jeden Übungs- und Lehr-Übungsraum ein großes Doppelspülbecken mit Ablaufbrett und Abtropfgestellen erforderlich. Ein Handwaschbecken sollte auch nicht fehlen.
Als Wandtafel ist, wie im Lehrsaal, eine Doppelschiebetafel am zweckmäßigsten. Zum Abstellen von Versuchsansätzen, die längere Zeit beobachtet werden müssen, sind zwei bis drei Tische vorzusehen. Sie müssen je nach den räumlichen Möglichkeiten untergebracht werden, sollten im allgemeinen aber immer so stehen, daß sie nicht oder kaum dem direkten Sonnenlicht ausgesetzt sind.
Für die Ausstattung eines Lehr-Übungsraumes zur Dia-, Film- und Mikroprojektion und die Einsatzmöglichkeiten einer Fernsehkamera gelten die auch für den Lehrsaal empfohlenen Richtlinien.
Von der Oberstufe benutzte Übungs- und Lehr-Übungsräume sollten mit einem Brutschrank, einem Heißluftsterilisator und einem Autoklaven ausgestattet sein.

Erläuterungen der Zahlen in den Abbildungen

1 Experimentiertisch
2 fahrbarer Ansatztisch
3 Doppelschiebetafel
4 Projektionsschirm für Tageslichtprojektor
5 Projektionsschrank
6 Abstelltisch
7 Chemikalienschrank
8 Kühlschrank
9 Wägetisch
10 Tisch entlang der Fensterfront; im Vorbereitungsraum Lehrerarbeitsplätze, im Sammlungsraum Abstelltisch.
11 Sammlungsschrank
12 Skelettschrank
13 Träger zum Aufhängen von Schulwandbildern
14 Schrank zur Aufbewahrung von Schülerarbeitsgerät
15 Abzug
16 vierplätziger Schülerarbeitstisch
17 zweiplätziger Schülerarbeitstisch
18 Energiesäule
19 Geräteschrank

HILFS- UND ANSCHAUUNGSMITTEL

Von Studiendirektor Dr. Horst Kaudewitz

München

(Lehrbeauftragter für Didaktik der Biologie an der Universität München)

Hilfs- und Anschauungsmittel

Dummes Zeug kann man viel reden —
kann es auch schreiben,
wird weder Leib noch Seele töten,
es wird alles beim alten bleiben.
Dummes Zeug aber vor's Auge gestellt,
hat ein magisches Recht;
weil es die Sinne gefesselt hält,
bleibt der Geist ein Knecht.

Was *Goethe* in den Xenien vom „Dummen Zeug" schreibt, gilt natürlich in gleichem Maß vom Gegenteil: dem guten Unterricht. Ohne etwas „vor's Auge stellen" zu wollen, wird er es nicht weit bringen; andererseits aber wird der Lehrer sehr wohl darauf achten müssen, wie und was er „vor's Auge stellt", womit er „die Sinne gefesselt hält". Zu deutlich ist die Warnung zu hören, die Gewalt über den Geist, die ihm die *Visualisierung* im Unterricht verleiht, nicht falsch einzuschätzen. Aufgabe dieses Kapitels soll es deshalb *nicht* sein, einen Lehrmittelkatalog zu ersetzen, sondern Gruppen von Hilfs- und Anschauungsmitteln vorzustellen, in der Absicht, sie auch zu werten, wohl wissend, daß Steigerung der Anschaulichkeit die Hauptaufgabe der biologischen Sammlung ist. Sie wird dementsprechend in ausgewogenem Nebeneinander *Demonstrations-, Arbeits- und Medienmaterial* enthalten. Dabei ist es wichtig zu beachten, daß es unmöglich ist, diese drei Materialbereiche in jedem Falle lupenrein begrifflich zu trennen, genausowenig wie es möglich ist, ein bestimmtes Unterrichtsmittel zum allein seligmachenden zu erklären. Wer das wollte, müßte die alles Unterrichtsgeschehen bestimmende Vielseitigkeit des Lehrers leugnen.

Die klassischen Objekte einer Demonstrationssammlung sind *Schaukästen* (oft auch „Biologien" genannt), *Stopfpräparate, Flüssigpräparate* und *Skelette*. Dort, wo sie Hauptträger des Sammlungsinventars sind, haben sie nicht selten der Sammlung die Bezeichnung „Biologisches Kabinett" eingebracht und sind meistens die Ursache für die bedrückende Vorstellung, der Biologielehrer sei ein „Gebißformel-Gymnastiker". Trotzdem wäre es voreilig, sie völlig aus dem Bereich des Demonstrationsmaterials zu verbannen. Zu einfach wäre die Abqualifikation: Die Aufgabe dieser Unterrichtsmittel kann das projizierte Bild, etwa das Dia, übernehmen. Gewiß, in vielen Fällen kann das Projektionsbild die Aufgabe der Demonstrationsklassiker übernehmen, und dann wird die Preisgünstigkeit der Dias den Aufbau einer Sammlung erheblich erleichtern. Doch darf man auch nicht die methodischen Werte des Präparates übersehen: Die Unmittelbarkeit der Anschauung, die Vermittlung der richtigen Größenvorstellung, die Möglichkeit des wirklichen „Begreifens". Wer möchte etwa die Eigenschaften eines Maulwurfsfells am Bild erklären? Und noch eines: Das Präparat kann längere Zeit in einer Schauvitrine „vor's Auge gestellt" werden — nicht das Projektionsbild. Einige Präparate sollte man also wohl jede Sammlung enthalten, aber die Auswahl streng sein und das vorangehende Vergleichen der Preise gründlich. Preisunterschiede von 100 % sind hier keine Seltenheit!

Präparate verlangen Pflege. Sie müssen regelmäßig auf Schädlingsbefall untersucht werden. Der Erbfeind der Schaukästen und Stopfpräparate ist der *Kabinettskäfer oder Museumskäfer (Anthrenus museorum)*. Er fliegt in Sammlungsräume ein und frißt mumifiziertes Eiweiß (Federn, Haare, Haut) und Chitin. Am ehesten kann er mit chemischen Präparaten abgewehrt werden, wie sie auch zum Mottenschutz verwendet werden. Bewährt sind Paral und p-Dichlorbenzol. *Flüssigkeitspräparate* können mit der Zeit undicht werden. Die nässende Stelle muß dann gründlich getrocknet werden und wird anschließend mit erhitztem *Piceïn,* einer siegellackähnlichen Masse, verstrichen. Dringend muß davor gewarnt werden, Flüssigkeitspräparate, von denen nicht absolut sicher bekannt ist, daß die Füllung unbrennbar ist, mit offener Flamme zu behandeln. An die Stelle der früher üblichen Füllflüssigkeiten Alkohol und Formaldehyd sind heute Kieselsäure-Gele getreten, die sicherstellen, daß sich die Präparate nicht nachträglich verändern oder auslaufen. Nur solche Präparate sollte man anschaffen.

An erster Stelle der Skelette steht das *Skelett des Menschen.* Es sollte wirklich in keiner biologischen Sammlung fehlen. Doch meine ich, daß es eine Nachbildung sein sollte. Ich kenne kein Lernziel, zu dessen Erreichen ein echtes Knochengerüst notwendig wäre. Aber ich glaube, daß es erhebliche ästhetische und humanitär-soziale Probleme geben kann, wenn jungen, denkenden Menschen ein neu angeschafftes echtes Knochengerüst des *homo sapiens* vorgestellt wird. Die Nachbildung des Knochengerüstes hat den Vorteil, daß sie mit Sicherheit keine Anomalien aufweist, hygienisch absolut unbedenklich ist und sich nachträglich nicht verändert.

Skelette von Haustieren oder Haustierschädel, die schlecht präpariert worden sind, zeigen manchmal nach Jahren Fettausschwitzungen, die vor allem deshalb bedenklich sind, weil sie Parasiten anlocken. Solche Knochenteile müssen mehrere Stunden in Sagrotan- oder Lysollösung gekocht werden. (Gummihandschuhe!) Sie werden mit heißem Wasser nachgespült und dann mit 5 %igem Perhydrol oder (bei kleinen Knochen) Eau de Javelle nachgebleicht.

Knochengerüste kleiner Wirbeltiere handhaben sich am besten, wenn sie in Gießharz eingeschlossen sind. Sie sind dann vor Beschädigung sicher und lassen sich sogar als Schattenbild im Overhead-Projektor zeigen und vergleichen. Solche Einschlußpräparate — *Bioplastiken* — werden aber leicht durch Verkratzen unansehnlich. Man sollte sie deshalb immer auf die kleinste Fläche stellen. Keinesfalls dürfen sie in p-Dichlorbenzol-Atmosphäre (vgl. oben!) aufbewahrt werden, sie werden sonst matt. Bioplastiken sollte man nie unbesehen oder ohne Umtauschrecht kaufen. Es gibt viele Objekte — vor allem wasserreiche — die nur sehr schwer zu präparieren sind und dann oft in mangelhafter Qualität angeboten werden. Die Selbstherstellung von Bioplastiken für Unterrichtszwecke ist mühsam und setzt einen staubfreien Arbeitsplatz und u. U. auch Vakuumapparatur

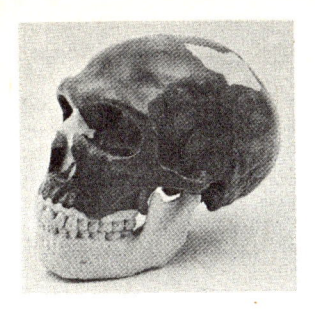

Abb. 1: Schädelrekonstruktion von *Homo sapiens neandertalensis* — Somso, Coburg

voraus. Je nach Materialsatz ist die Arbeitsweise verschieden und die Anleitung genau zu beachten.
In dem Maße, in dem die Evolutionsidee zur tragenden Vorstellung im Biologieunterricht wurde, stieg die Bedeutung von *Fossilien als Demonstrationsobjekt im Biologieunterricht*. Nur in wenigen Fällen werden Originale zur Verfügung stehen. Auch hier ist die Nachbildung das Objekt der Wahl. Sie sollte aber in jedem Falle aus unzerbrechlichem Material bestehen. Es lohnt sich, anspruchsvoll zu sein. Der Preisunterschied zwischen Plastiknachbildung und Gipsabdruck ist oft nur gering. Anschaffungspriorität verdienen sicher die *Abgüsse frühmenschlicher Fossile* (Abb. 1). Farbschäden, die beim Betasten eintreten können, lassen sich bei Gipsmaterial am leichtesten mit gut gemischten Deckfarben ergänzen.

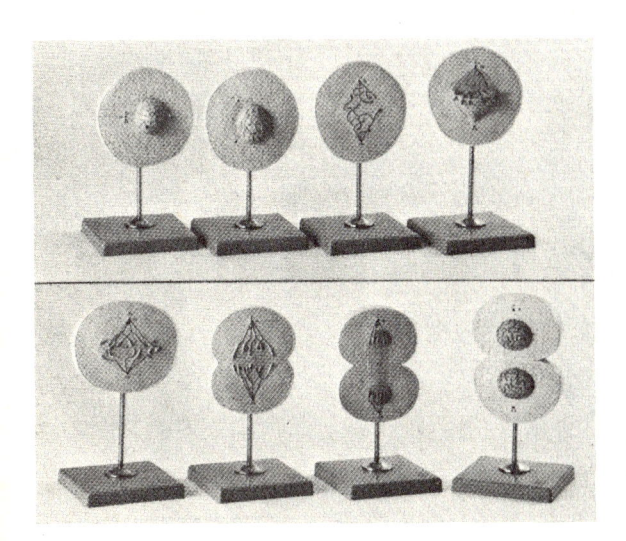

Abb. 2: Modelle der Zellteilungsphasen — Somso, Coburg

17

Nach dem Trocknen muß mit Spirituslack dünn abgedeckt werden. Für Farbschäden an Plastikstücken sind Faserschreiber mit unlöslichen (giftigen!) Schellackfarben das geeignete Hilfsmittel.

Modelle (siehe auch S. 20) werden heute nur noch in Kunststoff hergestellt. Bei ihrer Pflege gilt also auch, was bereits bei den Plastik-Nachbildungen ausgeführt wurde. Hinzu kommt, daß man Modelle mit einem etwas angefeuchteten Lappen reinigen sollte — nicht mit einem trockenen Staublappen. Sie werden dann nicht so stark elektrostatisch aufgeladen und halten weniger Staub fest. Es gibt kaum einen Bereich, in dem ein Sammlungsleiter so viel Geld falsch ausgeben kann, wie bei der Anschaffung von Modellen. Im Bereich der Pflanzen- und Tierkunde haben sie hauptsächlich die Aufgabe, schwierige, räumliche Systeme, meist vergrößert, zu visualisieren und dabei Überflüssiges wegzulassen und zum Verständnis Nötiges besonders hervorzuheben. Es ist also z. B. unrentabel, teure *Modelle von Zellteilungsphasen* (Abb. 2) anzuschaffen, wenn deren Hauptdarstellung in einer Ebene liegt, die wesentlich günstiger — und größer — im ebenen Bild demonstrierbar ist. Solche Modelle haben nur für die Ausstellungsvitrine ihren Wert. Umgekehrt lassen sich die räumlichen Verhältnisse verschiedener *Blütentypen* (Abb. 3) im Modell ideal verdeutlichen. Dafür gehen die im Handel befindlichen *Modelle von Wirbellosen* (Abb. 4) in der Detaildarstellung oft zu weit und provozieren durch fehlende methodische Reduktion die verhaßte Stoffhuberei. Durch bewegliche Teile kann das Modell zum *Funktionsmodell* entwickelt werden — wie etwa das Modell der Salbeiblüte zur Demonstration des Bestäubungsmechanismus. Damit ist auch methodisch eine Gefahr überwunden, die allen Modellen anhaftet: Die starke Betonung der Morphologie. Auch daran muß bei der Anschaffung der teuren Objekte gedacht werden. Es kann kein Zweifel darüber bestehen, daß ein Biologieunterricht, der das Funktionelle in den Vorder-

Abb. 3: Wiesensalbei, Blütenmodell — Somso, Coburg

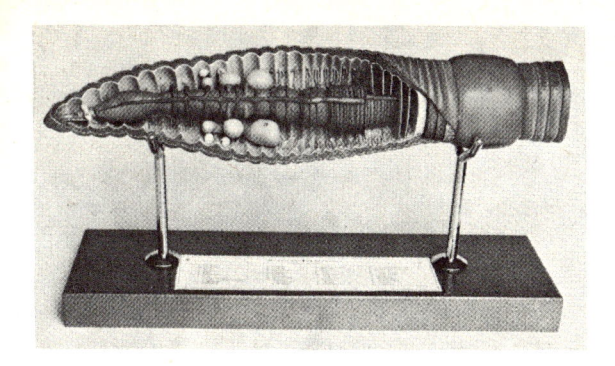

Abb. 4: Regenwurm —
Modell
Somso, Coburg

grund stellt, zu befürworten ist. Er ist aber eine Schaumschlägerei, wenn er die morphologischen Voraussetzungen vergißt. Modelle zur Visualisierung dieser Voraussetzungen sind nötig. Aber eine morphologische Schausammlung gehört ins Zeitalter der „Biologischen Kabinette". Trotzdem gibt es einen Bereich, der aus dieser Regel herausfällt. Das sind die *Pilzmodelle.* Die Kenntnis der Form ist

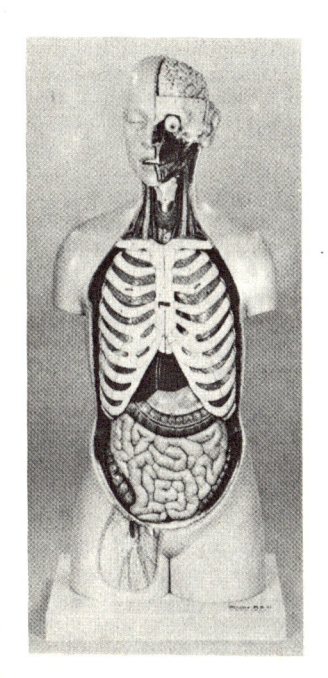

Abb. 5: Torsomodell mit „Glotzauge" — Somso, Coburg

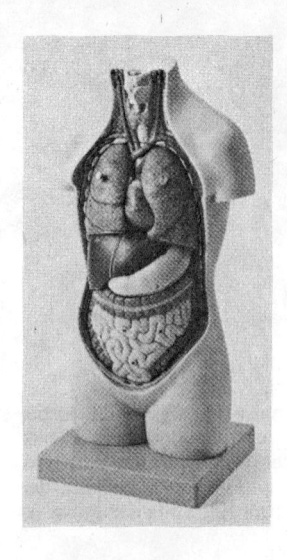

Abb. 6 (links): Torsomodell ohne Kopf — Somso, Coburg

Abb. 7 (oben): Papierfaltmodell: Gliedmaßen

äußerst wichtig, um Menschen vor Schaden zu bewahren. Pilze sind aber praktisch als Schaustücke nicht zu konservieren. Pilzausstellungen in Schulen hinterlassen wegen der Vergänglichkeit der Stücke oft nur einen flüchtigen Eindruck. Hier kann das Plastikmodell eine wertvolle Hilfe sein. Die heute angebotenen Modelle sind bei passablem Preis von hervorragender Qualität.

Unentbehrlich sind *Plastikmodelle im Bereich der Gesundheitserziehung*. Doch sollte die Auswahl kritisch sein; denn auch hier gilt, daß Modelle deren wesentlicher Informationsgehalt an eine ebene Schnittfläche gebunden ist, hinter einem größeren Flächenbild zurückstehen müssen. Ein bedenkliches Demonstrationsmaterial sind auch manche *Torsofiguren*. Sie sind oft mit der Nachbildung halb präparierter Köpfe versehen, deren freigelegte Glotzaugen (Abb. 5) den Schüler dann eine Stunde lang anstarren. Bei empfindsamen Schülern der Orientierungsstufe konnte ich heftige Ekelreaktionen beobachten, wenn solche Modelle benutzt wurden. Ich empfehle deshalb die Torsopräparate ohne Kopf (Abb. 6).

Funktionsmodelle sind in der funktionellen Biologie des Menschen und der Wirbeltiere ein probates Unterrichtsmittel. Hier empfiehlt sich auch die Anfertigung in Neigungsgruppen und im Werksunterricht. Reserve empfehle ich dagegen bei der Herstellung von *Papierfaltmodellen der Gliedmaßen* (Abb. 7). Sie kommen zweifellos dem kreativen Drang des Schülers entgegen, überfordern ihn aber meist im Grad der Reduktion. Gut angelegte Arbeitsblätter sind ihnen überlegen.

Mit der Erwähnung der *Wandbilder oder Wandkarten* kommen wir wieder an eine Grenze zu den *AVM*, den *Audivisuellen Medien* und sofort steht die Frage auf, ob Wandbilder überhaupt noch Existenzberechtigung haben. Ich meine, man sollte sie ihnen nicht absprechen und zwar sowohl als Material für den Wandschmuck als auch zum Gebrauch für nur kurze Unterrichtszeit. Allerdings werden wir auch hier wieder Unterschiede beachten und abwägen müssen. *Gegen die Karte* spricht ihr hoher Preis. Darin ist sie dem Projektionsbild am deutlichsten unterlegen. *Für die Wandkarte* spricht die Möglichkeit langzeitiger Präsentation. Es ist ja bekannt, daß Verdunkelung als solche schon ermüdet. Die Wandkarte braucht keine Verdunkelung. Aber der Tageslichtprojektor oder der extrem helle Dia-Projektor kann sie auch entbehren. Das kann er sicher, nur gibt es gar nicht so selten Klassensituationen, wo das zu erheblicher optischer Überanstrengung der Schüler führt, besonders in Unterrichtsräumen mit großen nach Osten gerichteten Fenstern an Sonnentagen. Eine gute Wandkarte ist dann hochwillkommen. Aber es muß eine gute sein. Das Bild muß groß, jede lernzielrelevante Einzelheit auch noch vom entferntest sitzenden Schüler erkennbar sein. Eine Karte, die im Format 100 × 70 cm 56 Singvögel abbildet, erfüllt diese Forderung sicher ebensowenig, wie eine Wandtafel mit der Darstellung der RNS-Funktion die fast $1\,^1/_5$ m breit ist, deren Buchstaben aber kaum zentimetergroß sind. Nicht zu empfehlen sind auch weit verbreitete Karten zur Gesundheitserziehung, die in riesigem Format eine große Zahl von Detailabbildungen anbieten, die aber jede für sich zu klein sind und zwischen denen eine zu große Menge unausgenützter Raum verschenkt wird. Doch die große, deutliche Karte hat ihren Wert.

Das Kennzeichen der *AVM* ist ihre Trennbarkeit in Vorführgerät *(hard-ware)* und Vorführmaterial *(soft-ware)*. Hier sollen nur diejenigen AVM Erwähnung finden, die in einer normal ausgestatteten Schule mit normalem Etat sinnvoll einsetzbar sind. Dabei ist an einen normalen Biologieunterricht gedacht. Es scheiden also aus: Lehrautomaten und Lehrsysteme, Autotutor und Geräte für den Computerunterstützten Unterricht (CUU). Es soll damit jedoch nicht behauptet werden, daß es für diese Unterrichtshilfsmittel überhaupt keine Einsatzmöglichkeit gäbe. Daß sie aber vielfach gar nicht als Hilfen gedacht sind, mögen einige Zeilen aus dem „Leitfaden der Unterrichtstechnik" des Zentralverbandes der Elektrotechnischen Industrie e. V. (*R. Pflaum*, München 1973) zeigen. Dort heißt es: „Technische Medien sollen durch Übernahme didaktischer Funktionen, also z. B. Lehrerfunktionen, eine Optimierung von Unterrichtsprozessen ermöglichen ... Personelle Einsparungen werden erzielt, wenn der Lehrer einen geringeren Zeitaufwand pro Adressat bei gleichem Lernerfolg benötigt, aber auch, wenn weniger umfassend — also billiger — ausgebildete Lehrer bei gleichem Lernerfolg eingesetzt werden können ... Derartige Lehrsysteme stellen damit eine Übergangsform vom reinen lehrerbezogenen Unterricht zum Unterricht im Medienverbund mit Vollautomaten dar." — Quod erat demonstrandum.

AVM des statischen Bildes

Diaprojektoren, Dias und Tonbildschauen

Diaprojektoren sind das klassische Projektionsgerät für die Vermittlung des statischen Bildes. Bei der Anschaffung wird in der Regel ein Gerät für das 5 × 5-Format ausreichen. Nur selten wird der Schule ein Archiv mit 6 × 6-Bildern zur Verfügung stehen. Einschneidender ist die Frage, ob ein *Gerät mit einfachem Diaschieber* (Abb. 8) oder ein *Magazingerät mit Automatik* (Abb. 9) in die Sammlung aufgenommen werden soll.

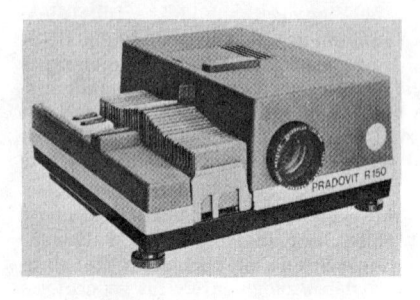

Abb. 8: Ausbaufähiger Diaprojektor mit Schieber — Leitz, Wetzlar

Die einfacheren Geräte haben neben dem Vorteil der Preisgünstigkeit auch noch die geringere technische Anfälligkeit auf ihrer Seite. Sie sind im Gebrauch universeller. Da die Reihenfolge der Dias nicht vorher festgelegt werden muß, ist ein flexibleres Abstimmen auf die Anforderung eines variabel geführten Unterrichts und leichtes Wiederholen einzelner Bilder möglich. Automatische Geräte mit Magazin haben den Vorteil der Fernbedienung. Sie sind mehr für den Vortrag konzipiert, ein Präsentationsstil, der vor allem in der Form des Schülerreferates gefordert wird. Beide Gerätetypen haben also nebeneinander ihre Existenzberechtigung. Die schwereren Typen sind außerdem *ausbaufähig*, d. h. sie können

Abb. 9: Diaprojektor: Magazingerät mit Automatik — Leitz, Wetzlar

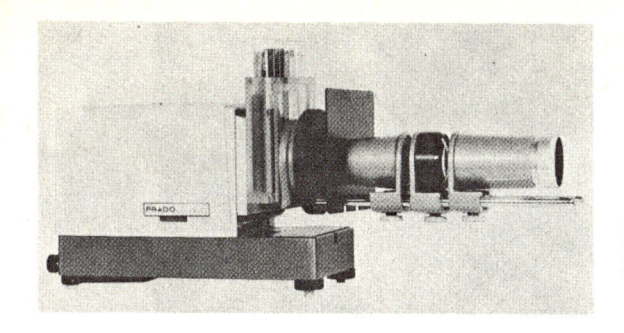

Abb. 10: Diaprojektor: ausgebaut für Reagenzglasprojektion — Leitz, Wetzlar

mit Vorsatzgeräten für Reagenzglas- und Petrischalenprojektion (Abb. 10), Polarisations- oder Mikroprojektion mit geringer Vergrößerung ausgestattet werden (Abb. 11). Es gibt auch Projektionsmeßinstrumente für ausbaufähige Diaprojektoren.

Die im Handel befindlichen *Diareihen* sind qualitativ recht unterschiedlich. Wenn es sich nicht um altbewährte Institute oder Verlage handelt, sollte man sie nicht unbesehen kaufen. Das gilt vor allem für Reihen mit mehr als 20 Bildern. Solche Mammutreihen enthalten oft sehr viel Füllmaterial von geringem methodischem Wert. Lohnend ist immer die Herstellung eigener Unterrichtsdias, denen gerade in der Biologie der besondere Bezug auf die Schulumgebung zugute kommt.

Für die Herstellung von Dias mit Graphiken bieten sich die *„Kodak-Ektagraphik Write-on Slides"* an (Abb. 12). Die 5 x 5-Papprähmchen tragen eine weiße mattierte Plastikfolie 3,8 × 3,8 auf der sich mit Tuschefüller, Filz- und Faserschreibern sowie Fettstift gut zeichnen läßt. Das Ergebnis sind gut projizierbare Zeichnungen. Bei der *Herstellung von Dias durch Reproduktion* aus Büchern oder Fachzeitschriften, sog „Vortragsdias" ist zunächst die Rechtslage zu beachten. In § 54 (1) — 4a *UrhRG (Urheberrechtsgesetz)* ist die Reproduktion erlaubt „wenn es sich um kleinere Teile eines erschienenen Werkes oder um einzelne Aufsätze

Abb. 11: Diaprojektor: ausgebaut für Polarisationsprojektion — Leitz, Wetzlar

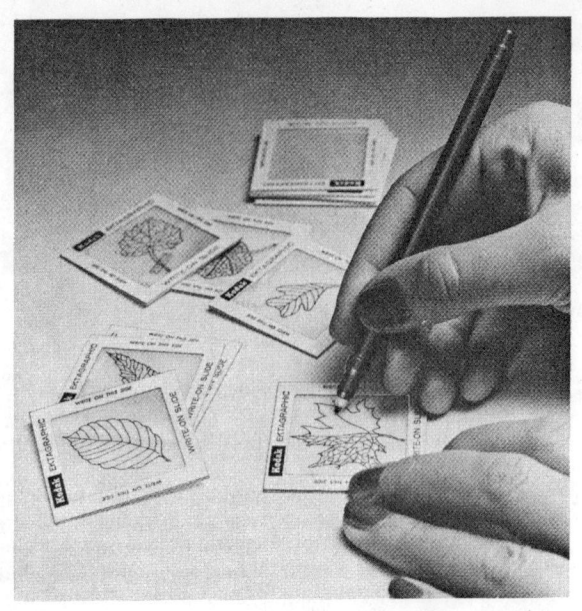

Abb. 12: Dias zum Selbstzeichnen — „Write on Slide" — Kodak

handelt, die in Zeitschriften oder Zeitungen erschienen sind". Eine Reproduktion dieser Art darf nicht öffentlich vorgeführt oder zu gewerblichen Zwecken genutzt werden (§ 53 — 2 und 3). Diese Voraussetzungen dürfte ein durch Reproduktion erstelltes Unterrichtsdia erfüllen. Doch werden hierzu noch klärende Feststellungen aus Karlsruhe erwartet. Verboten ist das Kopieren von im Handel befindlichen Unterrichtsdias der Bildverlage und Institute. Vortragsdias lassen sich am einfachsten mit einer Spiegelreflexkamera an einem Säulenstativ mit breitem U-Fuß (sog. *Reprosäule* (Abb. 13) herstellen. Zum leichteren Einstellen werden die gängigen Objektive mit einem *Variofocus-Vorsatz* versehen. Wenn man mit Kunstlicht arbeitet (am preisgünstigsten sind 100-W-Krypton-Lampen), aber Farbfilme mit Tageslicht-Graduierung in der Kamera hat, darf man nicht vergessen, einen *Blaufilter* (—1,5) zu verwenden.

Koppelt man einen Diaprojektor mit einem synchron laufenden Tonträger (Schallplatte, Tonband, Tonkassette), so spricht man von einer *Tonbildschau* (Abb. 14). Es sind zahlreiche integrierte Geräte dieser Art auf dem Markt. Im einfachsten Fall werden Projektor und Tongeber nebeneinander gestellt und der Bildtransport von Hand betätigt, wenn vom Tongeber ein akustisches Signal den fälligen Bildwechsel anzeigt. Tonbildschauen verlangen gebieterisch nach Kürze, wenn sie dem Lehrer den Unterricht nicht völlig aus der Hand nehmen sollen. Dann wären sie abzulehnen. Wo die methodische Begründung für diesen Typ

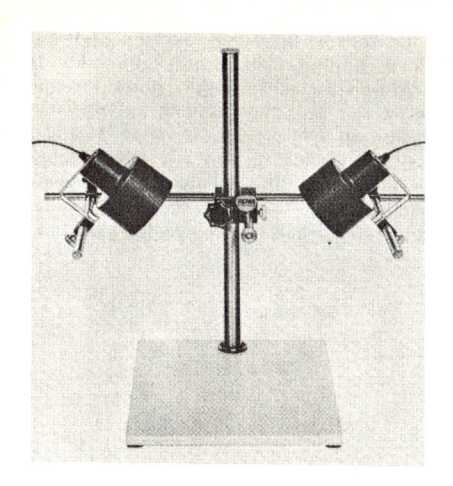

Abb. 13: Reprosäule — Rowi, Neuburg (Donau)

der Präsentation des statischen Unterrichtsbildes liegt, zeigt vielleicht am deutlichsten die Tatsache, daß das Institut für Film und Bild bisher im biologischen Bereich nur eine einzige Gruppe von 4 Tonbildschauen herausgebracht hat, Thema: „Empfängnisregelung".
Einen beachtlichen Aufschwung an Qualität und Beliebtheit haben in den letzten Jahren die *Episkope* genommen. Das liegt einmal daran, daß sie mit der Entwicklung neuer, lichtstarker Lichtquellen endlich aus der bedrückenden Lichtnot herausgekommen sind und außerdem ganz bestimmt keine urheberrechtlichen Probleme aufwerfen. Man unterscheidet heute praktisch nur noch zwei Geräteklassen: Solche mit einfachen Halogenlampen oder *Halogenglühlampen bis ca. 800 Watt* und große Geräte mit einer oder mehreren *Metalldampfentladungslam-*

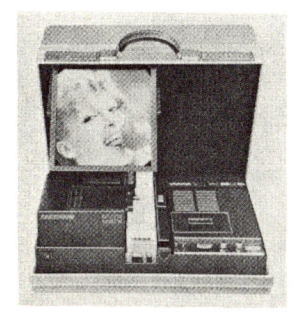

Abb. 14: Tonbildschau-Automat — Kindermann, Ochsenfurt (Main)

25

pen von 1000 Watt (Abb. 15). Während die erste Gruppe von Geräten noch auf gute Verdunkelung angewiesen ist, können zumindest die Hochleistungs-Mehrlampengeräte schon mit Tageslichtprojektoren der Mittelklasse konkurrieren. Probleme geben gelegentlich die Zündzeiten der Entladunglampen auf. Bei den modernsten Konstruktionen kann ein Gerät nach dem Ausschalten nach 3—4 Minuten wieder „gezündet", also eingeschaltet werden. Bei nur ein Jahr älteren Modellen beträgt der Schaltabstand noch 20 Minuten und darüber. Das ist zwar unbedeutend, wenn man kein Stromsparfanatiker ist und weiß, daß Entladungslampen nicht durch „brennen", sondern durch den Schaltvorgang gealtert werden.

Abb. 15: Modernes Episkop für Halogenglühlampe 800 W oder Metalldampfentladungslampe 1000 W — Leitz, Wetzlar

Doch für Lehrer, die vom Glühlampen-Episkop her gewöhnt sind, wegen der drohenden Erwärmung rasch wieder auszuschalten, kann ein Episkop, das nach dem Ausschalten 20 Minuten Dunkelpause hat, zum Problem werden. Die Länge der *Zwangs-Dunkel-Pause* muß man vor dem Kauf sicher feststellen. Von der Mechanik her sind Geräte, deren Lampenkasten auf einem *Schlitten* bewegt wird und möglichst abnehmbar sein sollte, zu bevorzugen. Sie lassen die Projektion von Bildern und Karten größeren Formates zu.

Für episkopisches Arbeiten in kleinen Gruppen eignen sich hervorragend leicht *transportable Kleinepiskope* (Abb. 16), (Gewicht 3 kg), die mit sehr hellen 650-W-Halogenglühlampen ausgestattet sind. Sie sind ursprünglich für die Projektion

Abb. 16: Transportables Kleinepiskop — Braun, Nürnberg

von Papier-Farbbildern im Amateurbereich entwickelt worden, lassen sich aber im Gruppenunterricht gut einsetzen. Ihr niedriger Preis macht die Anschaffung leicht. Die Geräte haben eine Überhitzungssperre, die nach etwa 10 Minuten Betrieb eine kurze Abkühlpause erzwingt.

Auch der *Arbeitsprojektor* oder *Overhead-Projektor* konnte sich erst richtig zu einem schultüchtigen Gerät entwickeln, nachdem die weniger heißen und helleren Halogenlampen zur Verfügung standen. Es gibt heute viele gleichwertige, ausgereifte Modelle. Als Lichtquellen setzen sich immer mehr Niedervoltlampen 24 V/250 W u. 36 V/400 W oder 220 V/800 W-Vollstrom-Lampen durch. Diese Werte soll man nicht unterschreiten. Geräte mit 500 W-Lampen sind wohl zum Vortrag in kleinstem Kreise geeignet. Sie reichen aber im Schulbetrieb nicht aus. Der *OHP (Overheadprojektor)* ist als Tafelersatz nicht voll ausgelastet. Trotzdem gibt es bereits Schulhäuser, die keine Wandtafeln mehr kennen, sondern nur noch Arbeitsprojektoren haben. Das kann zu schweren Haltungsfehlern beim Lehrer führen, wenn die Höhe der Projektortische nicht leicht verstellbar ist. Sonst ist der Lehrer, der nicht gewöhnt ist, im Sitzen zu unterrichten, bei Anordnung des Projektors in Sitztischhöhe ständig gezwungen, in gebückter Haltung zu schreiben.

Die durchleuchtete Nutzfläche ist bei den meisten Projektoren 25 × 25 cm groß, erst in jüngster Zeit werden Flächen 29 × 29 cm angeboten und darauf hingewiesen, daß nun das ganze Format *DIN A 4* ausgenutzt werden kann. Das ist aber praktisch beim alten Format auch schon möglich, es sei denn, man hat es mit Vorlagen zu tun, die ohne einen Rand einzuhalten, beschrieben wurden. Einen *Blendschutz* sollte man am Gerät nicht vergessen. Er ist vor allem für große Lehrer, die steiler auf die Schreibfläche blicken, empfehlenswert. Wie sich die neuen blendarmen Fresnel-Linsen, die jetzt in den Handel kommen, bewähren muß man noch abwarten. *Folienrollen,* die sich am Arbeitstisch anbringen lassen, erlauben es, die beabsichtigte Schreib- und Zeichenpräsentation auf lange

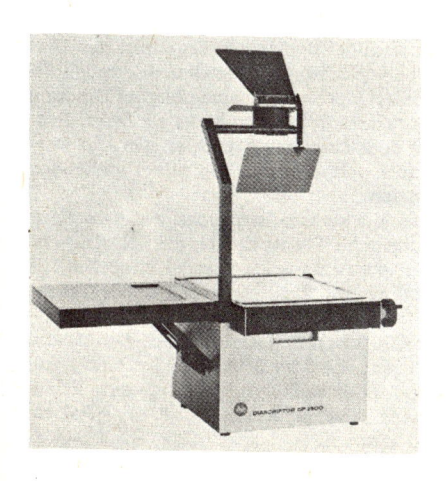

Abb. 17: Overheadprojektor mit Blendschutz und Filmrolle — Leitz, Wetzlar

Zeit im Voraus zu fertigen und dabei sicher zu gehen, daß nichts durcheinander kommt oder verloren geht (Abb. 17). Die Gefahr des Verfahrens liegt nur in der engen methodischen Vorfixierung, die schwer zu durchbrechen ist. Es gibt Geräte, die im *Projektionskopf einen Diaschieber mit Zusatzoptik* (Abb. 18) besitzen. Man muß sich darüber im klaren sein, daß damit nur sehr kontrastreiche Dias, am ehesten wohl solche mit graphischen Darstellungen zwischenprojiziert werden können, weil die Streulichtstörung zu groß ist. Nur der *TOBIDIASCRIPT-Projektor* (Abb. 19) besitzt eine Diaeinschiebung u n t e r h a l b der Transparent-

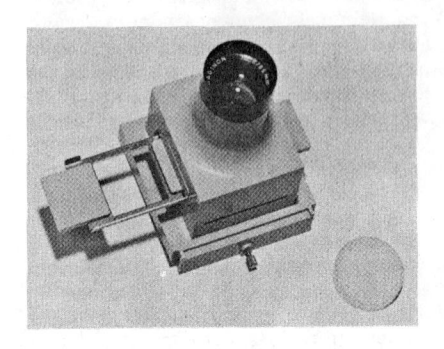

Abb. 18: Diavorsatz für den Projektionskopf am Overheadprojektor — Leybold-Heraeus, Köln

ebene, die eine vollwertige Diaprojektion ermöglicht und kombiniertes präsentieren von Dia und Transparent — also auch zeichnerisches Ergänzen des Dias durch Zeichnen in der Transparentebene ohne Schädigung des Dias — ermöglicht. Der Preis für solche Vielseitigkeit des großen Gerätes ist seine obligate Bindung an einen Fahrtisch. Für einfache Reagenzglasreaktionen gibt es zu deren Projektion auch *Reagenzglasaufsätze,* die auf dem Transparenttisch angebracht werden. Der gleiche Effekt läßt sich aber auch mit kleinen, von allein stehenden Glasschalen ohne Reagenzglasaufsatz erzielen.

Mit einem motorisch betriebenen *Polarisationsvorsatz* kann man auf dem OHP Bewegungseffekte simulieren. Dazu benutzt man Transparente, die polarisierende Elemente enthalten. Sie sind in dieser Ausstattung im Handel erhältlich. Es gibt aber auch Arbeitskästen mit Material zur Ausstattung vorhandener Transparente mit polarisierenden Elementen. Der Polarisationsvorsatz wird unmittelbar unter dem Projektionskopf angeschraubt und mit Netzstom betrieben. Wenn sich die Polarisatorscheibe des Vorsatzes dreht, wird im Bild eine Fließbewegung simuliert. Da für die meisten in dieser Weise darstellbaren Vorgänge gute Filme für die Schulen leicht erreichbar sind, wird man die Anschaffung eines Polarisationsvorsatzes nicht immer als dringend ansehen.

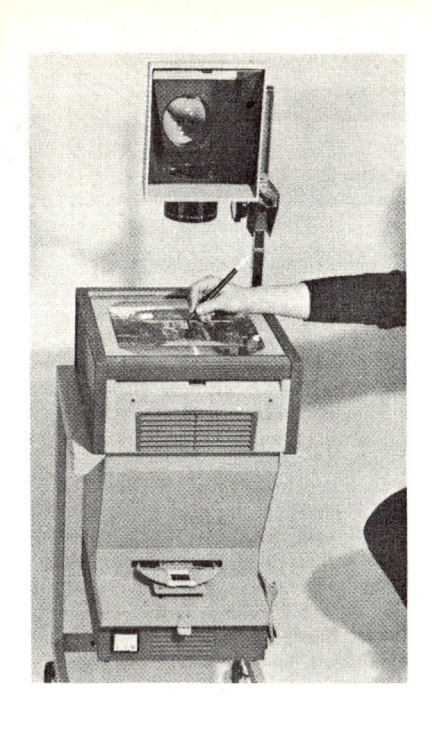

Abb. 19: Tobidiascript: Diaeinschiebung an der Basis

Arbeitstransparente sind in großer Breite als Mittel des statischen Bildes neben das Dia getreten. Sieht man von den Möglichkeiten des oben beschriebenen Tobidiascript ab, so sind sie das einzige statische AVM, das man wie eine Tafelzeichnung vor den Augen des Schülers entstehen lassen kann. Das ist wohl auch die Ursache für die verhängnisvolle Meinung, man könne die Wandtafel durch den OHP ersetzen (wobei man außerdem übersieht, daß das zweite Verfahren physiologisch stärker belastet). Viele im Handel befindliche Transparente sind eigentlich nur Dias im Folienformat. Ihr Vorteil ist, daß sie die Verdunkelung ersparen und Abdecken oder zeichnerisches Ergänzen erlauben. Ihr Nachteil ist der oft erheblich höhere Preis. Preisvergleich ist bei diesen sog. „*Großdias*" dringend zu empfehlen.
Im *Aufbautransparent* wird ein Grundbild durch überklappbare Transparentteile, die sog. „*Overlays*" ergänzt. Wenn diese in ihrer Aussage jeweils einem Lernschritt entsprechen, sind sie eine gute Einrichtung. Leider sind aber viele im Handel erhältliche Transparente nur deshalb in Overlays aufgeteilt, weil damit die Zahl der Folien und als Folge davon der Preis steigt.
Die Selbstherstellung von Projektionsvorlagen lohnt also bestimmt. Die einfachste Methode ist die *Zeichnung auf Leerfolien*. Man benützt dazu *Permanent-Faserschreiber* (Abb. 20) oder *Tuschezeichner* (Abb. 21). Permanentfaserschreiber sind

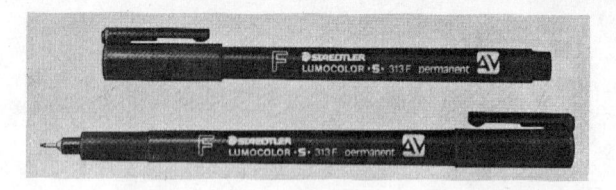

Abb. 20:
Feinschreiber: Faserschreiber mit gefaßter Spitze für Folienbeschriftung —
Staedtler, Nürnberg

wischfest, lassen sich aber mit Brennspiritus oder Isopropylalkohol löschen. **(Sie sind giftig und gehören nicht in die Hand des Schülers, für den die nicht wischfesten, ungiftigen „solubile"-Faserschreiber gedacht sind!)** Auf Leerfolie lassen sich auch gute Vorlagen mit den im Handel befindlichen *Umrißstempeln* erzeugen. So kann dem Schüler durch Einstempeln in das Arbeitsheft die gleiche Strichzeichnung zur Verfügung gestellt werden, nach der der Lehrer arbeitet. Allerdings muß man zum Stempeln auf der Folie „*Zellglas-Stempelfarbe für Gummistempel*" und ein „*Plattenstempelkissen*" benutzen. Die Farbe gewöhnlicher Stempelkissen ist auf Folie nicht wischfest und verblaßt beim Projizieren sehr rasch. Mit einem *Thermokopiergerät* lassen sich Folienkopien von Bleistiftzeichnungen und pigmenthaltigen Einzelblattvorlagen herstellen. Dabei spielt es keine Rolle, ob die Vorlage *Silber- oder Kohlenstoffpigment* enthält. Am preisgünstigsten ist die Übertragung der Vorlage auf einfache Leerfolie mit *Carbonpapier,* einem dem Durchschlagpapier ähnlichem Material, das in mehreren Farben erhältlich ist. Durch Kombination mehrerer Carbonpapiere verschiedener Farbe sind *mehrfarbige Transparente* herstellbar. Einfacher, aber teurer, ist die Übertragung der Vorlage mit dem Thermokopierer auf *beschichtete Folie.* Sie zeichnet sich durch besonders feine Zeichnung aus. Parallel zum Transparent läßt sich im Thermokopierer durch Verwendung eines *Plastikfarbträgers* — einer Art „Durchschlagpapier aus Plastik" von der gleichen Vorlage, wie sie zur Herstellung des Transparentes benutzt wurde — eine Vorlage für den *Spiritusumdrucker* herstellen. Die so erzeugten Arbeitspapiere für den Schüler erleichtern ihm das Arbeiten parallel zum Transparent in gleicher Weise wie ein Heftstempel. Sie lassen sich auch von jeder vom Lehrer selbst konzipierten Vorlage herstellen. Das Nebeneinander von Transparent und Arbeitsblatt wird — besonders, wenn es noch auf das Schulbuch abgestimmt ist — als „*Medienverbund*" bezeichnet, ein Ausdruck, der wegen der Vielzahl von Kombinationsmöglichkeiten der Medien, auch noch in anderer Bedeutung vorkommt.

Abb. 21: Feinstrich-Tuschezeichner für Folien — Faber-Castell, Nürnberg

Will man bei der Transparentkopie von Vorlagen ausgehen, die kein Pigment enthalten, also mit pigmentfreien Farben gezeichnet oder gedruckt wurden oder die nicht als Einzelblatt vorliegen, so muß man sich eines *Trocken-Fotokopiergerätes* (Abb. 22) bedienen. Es stellt von praktisch jeder Vorlage in ca. einer Minute schwarz-weiß-Transparente her. Mit dem Gerät lassen sich auch von pigmentlosen Vorlagen silberpigmenthaltige Papierkopien machen, die zur (billigeren!) Weiterverarbeitung im Thermokopierer nach der oben beschriebenen Methode geeignet sind.

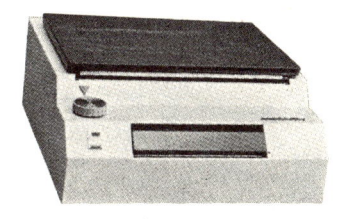

Abb. 22: Trockenfotokopiergerät — Luxatherm, H. Wolf GmbH & Co, Wuppertal

Wie schon einmal mit der Methode der bewegungssimulierenden Polarisationstransparente ist die Transparenttechnik ein zweites mal in den Bereich der Vermittlung des dynamischen Bildes eingebrochen: mit den *Funktionstransparenten*. Sie stellen praktisch die Übertragung der bereits oben beschriebenen Funktionsmodelle in transparentes Plastikmaterial dar, das auf einer kräftigen Folie befestigt ist. Vergleiche der bisher im Handel befindlichen Funktionstransparente zu Muskeltätigkeit und Brustatmung haben gezeigt, daß die Funktionstransparente den Funktionsmodellen an Erkennbarkeit überlegen sind. Da sie zudem noch billiger sind, kann man ihnen Zukunft prophezeien.

AVM des dynamischen Bildes

Das Medium der Wahl zur Darstellung des bewegten Bildes ist der *Film*. Er wird im Schulbereich als *16-mm- und Super-8-Schmalfilm* verwendet. Bei den *16-mm-Tonfilmgeräten* stehen sich zunächst die *automatischen (Selbsteinfädler)*-Geräte und die *Apparate für manuelles Einsetzen* gegenüber. Die Automaten sind einfacher zu handhaben, neigen aber bei älteren Filmen zu größerer Pannenanfälligkeit. Ältere Modelle haben zudem die unangenehme Eigenschaft, daß der Film im Apparat von der Seite her nicht zugänglich ist. Das hat zur Folge, daß man nur den ganz durchgelaufenen Film herausnehmen kann. Aus diesem Typengegensatz heraus sind nun die neu auf den Markt gekommenen *Side-load-Geräte* (Canal-loading-System) entwickelt worden, deren Filmkanal ständig seitlich offen ist, die beim Einsetzen des Films aber genauso einfach in der Bedienung sind wie ein Vollautomat (Abb. 23). Ein Schulgerät sollte immer für die Vorführung von *Lichtton* und *Magnetton*streifen eingerichtet sein. Stummfilmgeräte sind relativ preisungünstig.

Abb. 23: 16-mm-Tonfilmprojektor mit
Canal-loading-System —
Bell & Howell, Friedberg (Hessen)

Bei den *stummen Super-8-Projektoren* hat sich nach dem kurzen Zwischenspiel des Kassettenprojektors auch ein Standardtyp herausgebildet, der nur geringfügig variiert wird. Es ist ein Vollautomat. Die Lichtquelle ist mindestens 100 W (12 V) stark, wenn es sich um eine spiegellose Lampe handelt. Doppelspiegellampen mit 75 W geben auch ausreichendes Licht. Für den Schulbetrieb ungeeignet aber sind die für Amateurbetrieb sehr zahlreich angebotenen Geräte mit 50-W-Lampen. Das Gerät sollte eine *Schnellrückspulung* haben. *Zeitlupen- oder Zeitraffergang* sind dagegen im Schulbetrieb entbehrlich. Super-8-Tonfilmgeräte haben die gleichen Eigenschaften. Sie sollten ebenfalls für Licht- und Magnetton ausgerüstet sein, denn für beide Tonsysteme sind gute Streifen auf dem Markt. Nur wer ganz sicher ist, daß er keine Lichttonfilme dieses Formates erhalten wird, sollte zum *Nur-Magnetonprojektor* greifen. Diese Geräte sind erheblich billiger. weil sie für den Amateurbereich in größerer Stückzahl produziert werden. Es ist auch deshalb zu erwarten, daß die technische Weiterentwicklung der Magnettongeräte intensiver betrieben werden wird. Die Möglichkeit, Filme selbst zu vertonen, ist sowohl mit den Nur-Magnetton- als auch mit den kombinierten Geräten gegeben.

16-mm-Filme und Super-8-mm-Arbeitsstreifen sind in großer Zahl zum Kauf und Entleihen für die Schulen zugänglich. Trotzdem lohnt sich für Schulen und Schüler die *Selbstherstellung von Super-8-mm-Arbeitsstreifen,* während Filme mit größerem Format meistens die technischen Möglichkeiten einer Schule überfordern. Aber auch im kleinen Format sollte man stets die Regel beachten, daß der Film für die Darstellung der Bewegung ideal ist. In der Abbildung eines statischen Objektes ist das größerformatige Standbild vorzuziehen.

Das mikroskopische Bild wird am sichersten in der Übung mit dem *Mikroskop* erarbeitet. Jeder Schüler sollte an einem Instrument arbeiten, das nur er allein in der Übungsstunde benutzt und pflegt und für dessen Zustand er verantwortlich ist. Es sollte ein Vollinstrument — kein Spielzeugmikroskop oder „Taschenmikroskop" — sein. Als Ausstattung wird empfohlen: Großer Tisch mit Objektträgerklammern; gerader Tubus und Stativ neigbar oder Schrägtubus möglichst mit veränderlicher Neigung. (Auf die richtige Höhe der Sitz- und Arbeitsfläche muß geachtet werden, um Haltungsfehler zu vermeiden.) Spiegel oder Ansteckleuchte mit regulierbarer Helligkeit, Kondensor 1,2; Revolver mit den Objektiven

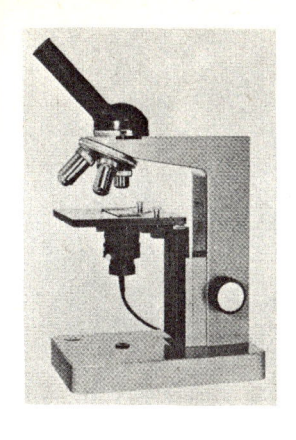

Abb. 24: Schülermikroskop — Leitz, Wetzlar

2,5, 10 und 40 (in der Kollegstufe auch Ölimmersion 1:100) Okulare 6× und 12× oder 5× und 10× (Abb. 24). Das Instrument sollte in einem Schränkchen aufbewahrt werden oder eine staubsichere Plastikhülle besitzen. Jedes Instrument wird mit einer Begleitkarte versehen, auf der sich für jede Übungsstunde der Benutzer einträgt. Auf der Karte sind auch Fabriknummer und Ausstattung des Instruments vermerkt. Zu jedem Mikroskop gehört ein Kästchen mit dem Zubehör. Es enthält

1 spitze Pinzette
1 Nadel mit Griff
1 Lanzettnadel mit Griff
1 Skalpell
1 kl. Schere
1 Küchenmesser
in Streifen geschnittenes Filterpapier

1 Glasstab
1 grobe Pipette mit Hütchen
1 feine Pipette mit Hütchen
2 Uhrschälchen ⌀ 5 cm
2 Uhrschälchenständer
1 Glasklotz-Napf mit Deckel
oder 1 Petrischale ⌀ 5 cm
1 Schachtel Deckgläser 18 × 18
1 Schachtel Objektträger 26 × 76
2 kleine Leinwand-Putzläppchen

Die Chemikaliensätze richten sich nach den beabsichtigten Arbeiten. Chemikalien müssen immer vom Mikroskop getrennt aufbewahrt werden. In den Schachteln dürfen sich nur sorgfältig gereinigte Instrumente und Glaswaren befinden. Damit das sichergestellt ist, wird die *Benutzerkarte* sorgfältig geführt. Mikroskop und Gerätekästchen tragen die gleiche Nummer.

Für den Lehrer empfiehlt sich ein Mikroskop, das zusätzlich über einen Objektführapparat (Kreuztisch) und Polarisations- sowie Dunkelfeldeinrichtung verfügt (Abb. 25).

Zur Vorbereitung und Begleitung der mikroskopischen Übung wie auch zur mikroskopischen Demonstration empfiehlt sich eine *Mikroprojektion* oder ein *Fernsehmikroskop*. Die Leistung einer Mikroprojektion hängt von ihrer Licht-

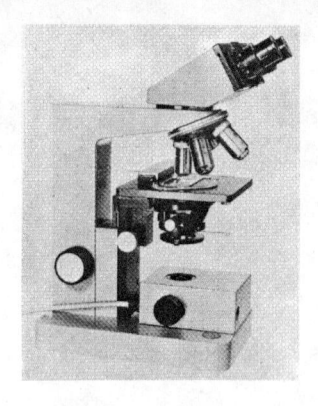

Abb. 25: Lehrermikroskop — Leitz, Wetzlar

quelle ab. Einfache Geräte, die mit einer *Halogenglühlampe* (24 V / 250 W) ausgestattet sind, erreichen ihre oberste Leistungsgrenze *in verdunkeltem Raum* bei Objektivvergrößerungen um 20× (Abb. 26). *Metall-Halogenkurzbogenlampen* (z. B. CSI 250) bewältigen noch 40- bis 50fache Objektivvergrößerung, während stärkere *Xenon-Kurzbogenlampen* (z. B. CSX 450 W) bei nicht zu großem Projektionsabstand noch stärkere Primärvergrößerungen ausleuchten (Abb. 27). Die Kurzbogenlampen sind mit Zündgeräten ausgestattet. *Fernsehmikroskope* sind Kombinationen einer Mikroprojektion mit einer Schwarz-weiß-Fernsehkamera und einem Wiedergabemonitor. (Farbige Kamera-Monitor-Ausstattung dürfte die Mittel einer normalen Schule überfordern. Sie liegt 1978 für geeignete Geräte bei 25 000 DM.) Der große Vorteil des Fernsehmikroskops liegt in der Möglichkeit, selbst mit *höchsten Vergrößerungen ohne jede Lichtschwierigkeit ohne Verdun-*

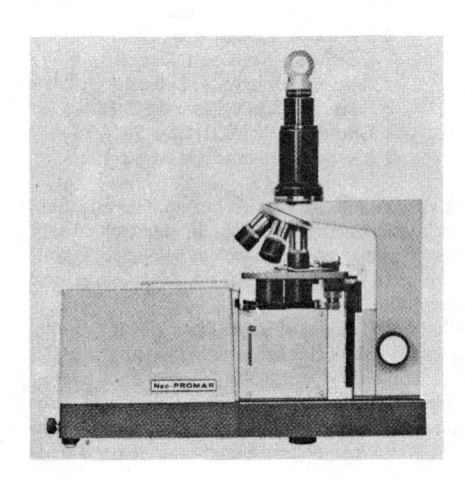

Abb. 26: Einfache Mikroprojektion — Leitz, Wetzlar

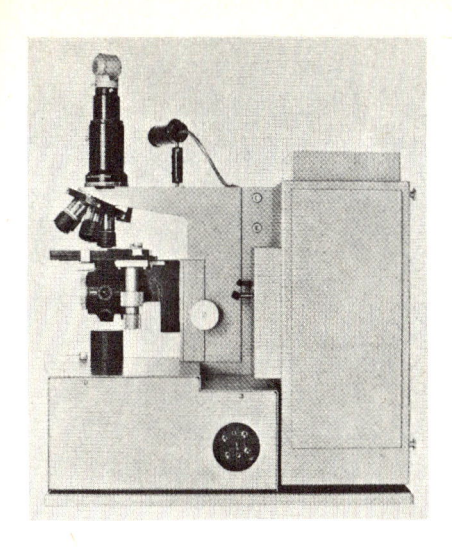

Abb. 27: Hochleistungsmikroprojektion mit Xenon-Kurzbogenlampe — Leitz, Wetzlar

kelung arbeiten zu können. Das ermöglicht z. B. das Zeichnen mikroskopischer Abbildungseinzelheiten durch ganze Klassen. Auch sehr viel Licht verlangende Darstellungsverfahren wie *Phasenkontrast, Dunkelfeld oder Polarisation* sind so unbeschränkt anwendbar. Die Befestigung der Kamera über dem Mikroskop muß so gestaltet sein, daß die Zentrierung stets gesichert ist (Abb. 28). Anderer-

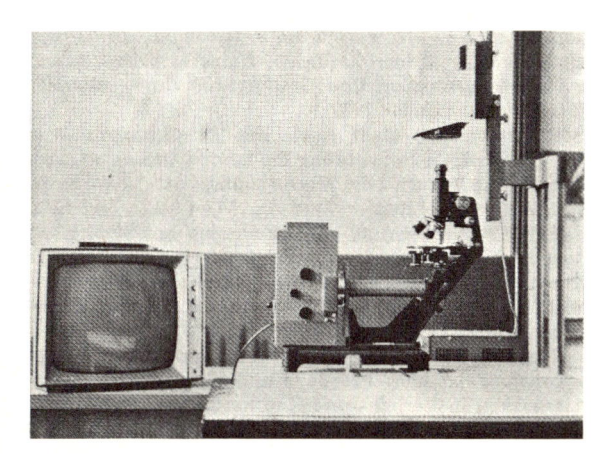

Abb. 28: Fernsehmikroskop mit Kamera auf Doppelsäulenstativ in der Anordnung zur Projektion mikroskopischer Präparate

Abb. 29: Fernsehmikroskop: Der Mikroprojektionsteil ist seitwärts abgestellt.
Die Kamera am Doppelsäulenstativ wird als Episkop verwendet.

seits sollen Kamera und Mikroskop leicht getrennt werden können, um die Kamera für *episkopische Abbildungen* oder Abbildungen kleiner, sonst nicht für die ganze Klasse erkennbare *Versuchsanordnungen oder Instrumente* einzusetzen (Abb. 29). Es gibt zahlreiche, mechanische Systeme, die das ermöglichen. An die Kamera des Fernsehmikroskops kann man auch ein *Bildaufzeichnungsgerät* anschließen und so schuleigene Bänder von mikroskopischen Objekten aufnehmen. Wenn die Kamera vom Mikroskop getrennt mit eigener Optik betrieben wird, sind praktisch alle Objekte im Unterrichtsraum auf Band fixierbar. Man kann auf Band filmen. Das zahlt sich besonders bei schwierigen oder *aufwendigen Versuchsanordnungen* aus, die man so *archivieren* kann. Besonders vorteilhaft ist dabei die Tatsache, daß die sehr lichtempfindlichen Kameras praktisch auf Scheinwerfer verzichten können, wenn man ihre Graduierung richtig einstellt (was manchmal etwas mühsam, aber lohnend ist).

Im Vordergrund der Schulmikroskopie steht heute das *Frischpräparat* mit lebendem Material, dessen schadensfreie Betrachtung die heute üblichen wärmearmen Lichtquellen erlauben. Trotzdem wird die Mikroskopausstattung wirksam durch eine *Sammlung von Dauerpräparaten* ergänzt. Ihr Wert steht und fällt mit der übersichtlichen sicheren Aufbewahrung, die am ehesten in Rillenkästen gewährleistet ist. Die guten im Handel befindlichen Präparate kann man durch eigene Anfertigung ergänzen. Die Anleitungen dazu befinden sich in den Abschnitten über den Lehrstoff. Dauerpräparate sind hauptsächlich für die Demonstration, nicht für die Übung gedacht.

Unter den zahlreichen am Markt befindlichen Bild/Ton-Aufzeichnungssystemen, allgemein Videorecorder genannt, hat nach Preislage und Kassettenaustauschbarkeit (d. h. auch Integrierbarkeit in Verleih- und Kaufketten) der *2-Stunden-VCR (Videocassetenrecorder)* Bedeutung für die Schulen erlangt. (Abb. 30). Im

Abb. 30: VCR Long-Play Videocassettenrekorder für 2,5 Stunden Spieldauer — Philips

Biologieunterricht kann er praktisch nur zur Aufnahme und Wiedergabe gekaufter oder selbst hergestellter Aufnahmen benutzt werden, da die Aufnahme und Wiedergabe von Sendungen außerhalb des Schulfernsehens den Schulen hauptsächlich aus urheberrechtlichen Gründen untersagt ist. Um den Vorteil der verdunkelungsfreien Wiedergabe mit diesen Geräten, die sich an jedes Fernsehgerät adaptieren lassen, nutzen zu können, sind die meisten Hersteller von Super-8-mm-Arbeitsstreifen dazu übergegangen, ihre Produktionen parallel als VCR-Software anzubieten.

Die *Video-Langspielplatte VLP* wird im Jahre 1978 selbst von einem der Hersteller unter der Überschrift „Zukunftsbilder" beschrieben. (Abb. 31). Bisher sind

Abb. 31: VLP-Bildplattenspieler — Philips

sowohl von der Apparateseite als auch vom Bildplattenmaterial nur Prototypen bzw. Versuchsprogramme vorgestellt worden. Eine Chance, im Schulbereich einen breiten Einsatz zu erleben, wird das VLP-System wohl erst dann haben, wenn es mit einem guten, schulgerechten Programm zu erschwinglichem Preis und ohne die Verpflichtung, teures Begleitmaterial mitkaufen zu müssen, auftritt.

Das wichtigste Gerät in der Biologischen Sammlung zu Speichern und **Wiedergeben von Toneinheiten** ist ein tragbarer *Radiorecorder* mit Abspielmöglichkeit für Eisenoxid- und Chromdioxidbändern in Kassetten (Abb. 32). Ihm gesellen sich ein einfacher *Plattenspieler* und ein *Tonbandgerät* zu. Wenn die Schule nicht über ein Spezialarchiv verfügt, wird der Plattenspieler mit den beiden Tourenzahlen 33 und 45 allen Anforderungen gewachsen sein. Eine HiFi-Anlage kommt im Biologieunterricht praktisch nicht zur Geltung. Das Tonbandgerät sollte die Tourenzahlen 9,5 und 4,75 haben. Beide Geräte müssen Anschlußmöglichkeit an den Radiorecorder haben, der bei mobilem Gebrauch als Wiedergabegerät (Plattenspieler) oder Verstärker funktioniert. Die Überspielmöglichkeit Platte/

Abb. 32: Radiorekorder — Robuste, schulgerechte Ausführung — Philips

Kassette und Band/Kassette muß gesichert sein. Schließlich müssen alle drei Geräte an ein Tonfilmgerät der Biologischen Sammlung so adaptiert sein, daß dieses Gerät jederzeit als Wiedergabeverstärker arbeiten kann. Bei den meisten 16-mm-Tonfilmprojektoren ist das von vornherein der Fall. Doch empfiehlt sich bei der großen Typenvarianz der Geräte vor jeder Anschaffung zu prüfen, ob die oben angegebenen Zuschaltmöglichkeiten garantiert sind. Das gilt auch für ein Mikrophon, daß für Tonbandgerät und Recorder als Ergänzung notwendig ist. Dem robusten Gebrauch in Schulen werden *elektrodynamische* Mikrophone am ehesten gewachsen sein. Für Aufnahmen aus kleinem Zielraum, wie etwa von einem Einzelsprecher oder einem nicht zu weit entfernten einzelnen Vogel sind Mikrophone mit *Nierencharakteristik* geeignet. Für Tonaufnahmen aus größeren Räumen, wie ganzen Klassenzimmern, empfiehlt sich ein Mikrophon mit *Kugelcharakteristik*.

Die sehr zu unterstützende Tendenz, den *Unterricht in Erster Hilfe* von Biologielehrern geben zu lassen (siehe auch Bd. 3, S. 301), die als geprüfte Ausbilder einen Kurs in Erster Hilfe in den Unterricht integrieren und mit Prüfung und Ausweisausstellung abschließen, wird erheblich gefördert, wenn in der Biologischen Sammlung bereits das wichtigste Übungsmaterial und Gerät vorhanden ist. Dazu empfehle ich folgenden Grundstock:

6 kräftige Wolldecken

1 Metronom

2 Sofortmaßnahme-Koffer DRK-Norm

40 Verbandsmaterialbeutel DRK-Norm (werden i. allg. kostenlos zur Verfügung gestellt, wenn Lehrer unter der oben genannten Voraussetzung den Kurs halten)

1 Phantom für künstliche Beatmung mit genügend Ersatzbeuteln und Mundstücken

2 Auto-Verbandskoffer (große Ausführung)

Unter Hilfs- und Anschauungsmitteln könnte in diesem Beitrag noch eine *Liste der Software*, ein Verzeichnis von *Experimentiermaterial und Geräten* und eine Liste von *konservierten Tier- und Pflanzenmaterial* vorstellbar sein. Doch diese Details wurden in die Stoffbereichsabschnitte eingearbeitet. Dort sind sie leichter aufzufinden und ersparen dem Sammlungsleiter die große Versuchung, durch en bloc-Einkauf Material und Gerät zu erwerben, das er vielleicht nie brauchen wird, weil es für einen anderen Unterrichtsplan gedacht war oder weil es längst in der Chemiesammlung steht und nur auf Ausleih wartet.

Literatur

Audiovision-Fachkatalog, Steinbach 1975
Deutscher Lehrmittelberater, ein Nachschlagwerk für die Schule, Westermann, Braunschweig 1972
Herbert Heinrichs: Audiovisuelle Praxis in Wort und Bild, Kösel, München 1972
Kataloge der im Deutschen Lehrmittelberater genannten Firmen
Horst Kaudewitz: Eine neue Schulmikroprojektion, Zeiss-Werkzeitschr. Nr. 32, IV—1959
Horst Kaudewitz: Geräte für den TV-unterstützten Unterricht, Audiovision, 4. Jg. Sept. 1973
Horst Kaudewitz: Tele-Promar, mehr als eine Mikroprojektion, Leitz-Mitt. f. Wiss. u. Techn. VI/3 1974
Horst Kaudewitz: Bericht zur 14. Didacta Basel 1976, Praxis der Naturwissenschaften 6/76
Horst Kaudewitz: Bericht zur 15. Didacta Hannover 1977, Praxis der Naturwissenschaften 7/77
Horst Kaudewitz: Visualisierung in der Kollegstufenbiologie in: „Der Biologieunterricht in der Kollegstufe", herausgegeben von *Daumer & Glöckner,* 2. Aufl. 1977, Bayer. Schulbuch-Verlag, München
Horst Kaudewitz: Erfahrungen mit Videorecorder und Kamera und ein daraus entstandenes neues Instrument für den Biologieunterricht in: „Videoarbeit im Unterricht", herausgegeben von *G. Krankenhagen,* Klett, Stuttgart, 1977
Horst Kaudewitz: Mediendidaktische Ausbildung künftiger Biologielehrer in: „*Killermann-Klautke,* Fachdidaktisches Studium: Biologie, R. Oldenbourg, München, 1978
Leitfaden der Unterrichtstechnik, herausgegeben vom Zentralverband der elektrotechnischen Industrie e. V., *Richard Pflaum,* München, 1973
Stehli-Kaudewitz: Arbeitsgerät des Biologen — selbst gebaut, Franck'h, Stuttgart, 1951

DIE VERWENDUNG DES POLARISATIONSMIKROSKOPS IM BIOLOGIE-UNTERRICHT

Von Studiendirektor Dr. Kurt Freytag

Schwalmstadt-Treysa

EINFÜHRUNG

Neuerdings gewinnt die Polarisationsmikroskopie wieder stärker an Bedeutung, weil diese Methode nicht nur das vergrößerte Abbild des Objektes zeigt, sondern durch Auswertung von nicht objektgetreuen optischen Erscheinungen Schlüsse zuläßt auf Strukturen des Objekts, die unterhalb des Auflösungsvermögens des Lichtmikroskops liegen. Damit erfaßt das Polarisationsmikroskop Bereiche, die sonst nur mit Hilfe des Elektronenmikroskops und seiner aufwendigen Technik erforscht werden können.

Es kann hier nur darum gehen, in die Anwendung des Polarisationsmikroskops auf die bekanntesten im Schulunterricht vorkommenden biologischen Objekte einzuführen und Theorie nur soweit zu benutzen, als sie für das Verständnis notwendig erscheint. Messungen und Kristalluntersuchungen sind nicht aufgenommen, weil sie spezielle Kenntnisse voraussetzen.

In *didaktischer* Hinsicht ist der Einsatz des Polarisationsmikroskops in der Schule insofern von Bedeutung, weil hier eine Methode kennengelernt wird, die genaue Beobachtungen mit eingehender theoretischer Überlegung verbindet und zu einer Hypothese führt, die erst befriedigt, wenn sie „stimmig" ist; dann aber sofort bestimmte Eigenschaften (z. B. richtungsabhängige Festigkeit, Strukturierungen und davon abhängige Bewegungsmöglichkeiten) erklärt. Der gelegentliche Einsatz des Polarisationsmikroskops kann zwar durch eindrucksvolle (und ästhetisch sehr befriedigende) Bilder erfreuen, der volle Gehalt der Methode als wissenschaftliches Werkzeug und als Medium zur Übung der Verstandeskräfte wird aber erst erschließbar, wenn man sich eingehend damit beschäftigt.

I. Technische Voraussetzungen

1. Die Ausrüstung des Mikroskops

Die vom Handel angebotenen eigentlichen Polarisationsmikroskope können auch für normale Hellfelduntersuchungen benutzt werden. Für einfache Beobachtungen im polarisierten Licht kann jedes vorhandene Mikroskop ausgerüstet werden: Man benötigt dazu zwei Polarisationsfolien, die zweckmäßig verglast angeschafft werden. Bezugsquellen sind die Mikroskophersteller, aber auch die Firma Käsemann, Oberaudorf a. Inn, die Folien nach angegebenen Maßen liefert.

Die eine Folie (auch Filter genannt) wird in den Filterträger des Mikroskops unterhalb des Kondensors eingelegt („Polarisator"), die andere, der „Analysator", wird über dem Objekt in den Tubus oder in das Okular eingesetzt. Bei Mikroskopen mit geradem Tubus läßt sich der Analysator auch auf das Okular aufstecken. Es empfiehlt sich in jedem Falle, mit dem Hersteller des Mikroskops Kontakt aufzunehmen.

Weiterhin ist die Anschaffung eines Hilfsobjekts (Gipsplatte) Rot I. Ordnung empfehlenswert, das zwischen den Polarisatoren angeordnet wird (s. u.). Im Handel sind 2 Formen: Schieber benötigen einen Tubusschlitz direkt über dem Revolver, Hilfsobjekte in Scheibenform (drehbar) kann man über den Polarisator in den Filterhalter legen oder unter den aufsteckbaren Analysator auf das Okular aufbringen. In der Abb. 1 ist ein von ortsansässigen Mechanikern herstellbarer Aufsatzring gezeichnet, der über dem Okular angeordnet den Analysator aufnimmt und ein Hilfsobjekt in Schieberform.

Wünschenswert ist ferner ein drehbarer Tisch. Falls er an dem betreffenden Instrument nicht vorhanden ist, kann ein geschickter Mechaniker für wenig Geld eine Aluminiumscheibe anfertigen, die drehbar in den Ausschnitt des Mikroskoptisches paßt und eine zentrale Öffnung für die Kondensorlinse besitzt.

2. Die Orientierung der Polarisatoren und des Hilfsobjektes

Die Polarisationsfilter müssen eine bestimmte Orientierung zeigen. Am besten verfährt man so, daß man eine mit Chlorzinkjod blauschwarz gefärbte Pflanzenfaser auf dem Objekttisch so orientiert, daß sie im Gesichtsfeld von links nach rechts verläuft. Man stellt scharf ein und legt den Polarisator an die vorgesehene Stelle in das Mikroskop. Verdreht man ihn, so erscheint die Faser je nach seiner Stellung heller und dunkler. Maximale Dunkelfärbung zeigt die richtige Stellung des Polarisators an.

Das Objekt wird nun entfernt, der Analysator eingesetzt und so lange verdreht, bis das gesamte Gesichtsfeld maximale Dunkelheit zeigt. Diese „gekreuzte" Stellung der Polarisatoren muß bei jeder Untersuchung im polarisierten Licht ge-

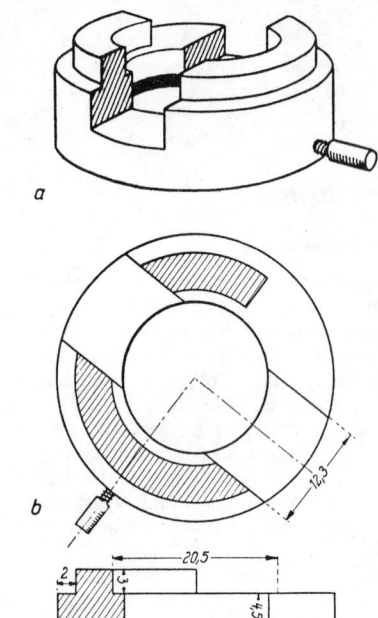

Abb. 1: Aufsatzring für glasgefaßte Polarisationsfilter von 20 mm ⌀ und Hilfsobjekt in Schieberform vom Querschnitt 12 x 4 mm.
a) Ansicht, b) Aufsicht, c) Schnitt längs der strichpunktierten Linie der Zeichnung b. Maße in mm.

währleistet sein, deshalb sollte man durch Strichmarken an den Filtern ihre Stellung kennzeichnen und sich damit eine Neuorientierung bei jeder Untersuchung ersparen.

Das Hilfsobjekt muß so orientiert werden, daß die auf seiner Fassung angegebene Richtung $n\gamma$ oder c von links unten nach rechts oben im Gesichtsfeld zeigt und dieses purpurrot („Rot I. Ordnung") färbt.

II. Die Arbeit mit dem Polarisationsmikroskop

1. Prüfung eines Objekts auf Doppelbrechung

Jedes auf übliche Weise (in Wasser, Alkohol, Balsam o. dgl.) eingebettete, ungefärbte Präparat kann auf seine Doppelbrechung im Polarisationsmikroskop untersucht werden. Man dreht das Objekt auf dem Objekttisch einmal um die optische Achse des Mikroskops: Wird es dabei 4 mal dunkel und 4 mal hell, so ist es doppel-

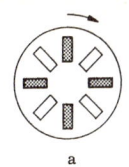

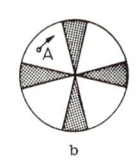

Abb. 2: a) ein doppelbrechendes Objekt löscht beim Drehen auf dem Objekttisch um 360° viermal aus. — b) Polarisationskreuz bei sphärischen Objekten. Näheres im Text.

brechend, „optisch anisotrop" (Abb. 2a). Sphärisch gebaute Objekte zeigen oft schwarze Kreuze, deren Lage sich beim Drehen des Objektes nicht verändert (Abb. 2b). Faßt man aber einen Punkt (A) des Objektes ins Auge und verfolgt ihn beim Drehen, so muß man ebenfalls feststellen, daß er sich viermal verdunkelt (Punkt A tritt in einen Arm des Kreuzes ein) und viermal sich aufhellt (tritt aus dem Kreuz heraus), wenn das Objekt um 360° gedreht wird.

2. Die optischen Ursachen der Doppelbrechung

Die Theorie des Polarisationsmikroskops ist nicht einfach und ohne physikalische und mathematische Hilfsmittel nicht zu bewältigen. Als erste Information genügt für unsere Zwecke eine vereinfachende Erklärungsweise, genaueres entnehme man der Literatur (*Berek, Schmidt, Ambronn* u. *Frey*).

Den Polarisator verlassen Lichtwellen, die nur in einer Richtung schwingen und zwar bei der oben angegebenen Orientierung der Filter von oben nach unten im Gesichtsfeld. Der in Kreuzstellung befindliche Analysator läßt diese Wellen nicht durch, das Gesichtsfeld erscheint dunkel. Einfach brechende Objekte bleiben zwischen gekreuzten Polarisatoren in jeder Lage dunkel. Doppelbrechende Objekte jedoch zerlegen das eintretende polarisierte Licht in zwei Komponenten, die in bestimmten, vom Bau des Objekts abhängigen, aber stets aufeinander senkrecht stehenden Ebenen schwingen. Liegt eine dieser Ebenen parallel zu den Durchlaßrichtungen der Polarisatoren (Abb. 3a), so unterbleibt diese Zerlegung und das Gesichtsfeld bleibt dunkel. Drehen wir aber das Objekt aus der Dunkelstellung heraus, so drehen sich die beiden Schwingungsebenen der Komponenten mit und erteilen so dem für den Analysator bestimmten Licht eine Drehung nach der Durchlaßrichtung des Analysators hin. Ein bestimmter Anteil davon wird jetzt vom Analysator hindurchgelassen und das Objekt hellt sich auf (Abb. 3b). Bei einer Drehung um 360° werden viermal die Schwingungsebenen des Objekts mit denen des Polarisators bzw. Analysators zusammenfallen, das Objekt muß viermal hell und viermal dunkel erscheinen.

Bei sehr dicken oder sehr stark doppelbrechenden Objekten in Diagonalstellung (Hellstellung) treten zwischen gekreuzten Polarisatoren *Farben* auf. Sie entstehen durch Interferenz der beiden Wellenzügen nach Verlassen des Analysators. Dies erklärt sich folgendermaßen:

Bei einem doppelbrechenden Objekt ist auch sein Brechungsindex richtungsabhängig, d. h. von Baumerkmalen des Objekts bestimmt. Der Brechungsindex (Brechzahl, Brechkraft) eines Mediums ist das Verhältnis der Fortpflanzungsgeschwindigkeit einer Lichtwelle in Luft zu derjenigen in diesem Medium:

$$n_M = \frac{v_L}{v_M},$$

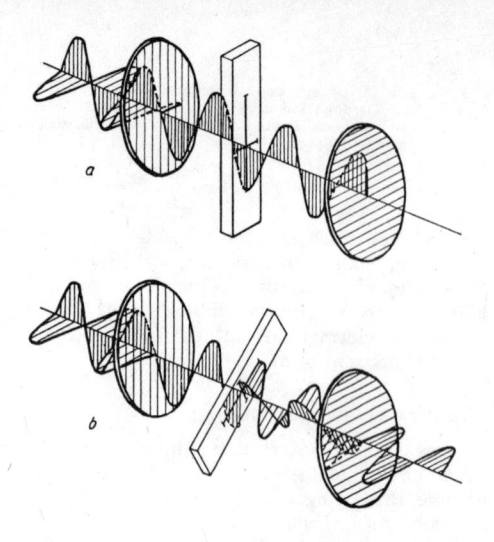

Abb. 3: Ein optisch anisotropes Objekt läßt in Dunkelstellung polarisiertes Licht ungehindert durch (a) und zerlegt es in Hellstellung in 2 senkrecht zueinander schwingende Anteile (b).

d. h. zu einem größeren Brechungsindex gehört die langsamere Welle im Medium. Nach Verlassen des Objekts schwingen die beiden Komponenten dank ihrer verschiedenen Geschwindigkeit im Objekt nicht mehr in gleicher Phase, sie sind phasenverschoben und die Wellen folgen einander in einem Gangunterschied Γ (Abb. 4a).

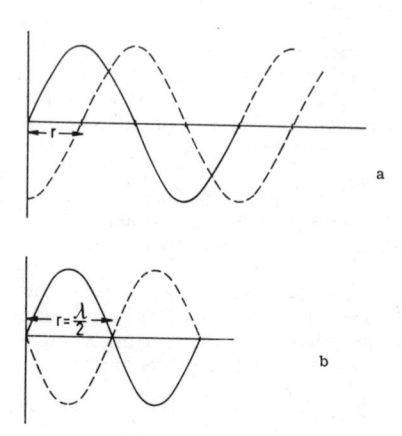

Abb. 4: a) Zwei phasenverschobene Wellenzüge W_1 und W_2. Γ ist ihr Gangunterschied (1/4 Wellenlänge), b) Zwei Wellen mit einem Gangunterschied von 1/2 λ löschen sich aus.

Erreicht der Gangunterschied 1/2 Wellenlänge (1/2 λ), so löschen sich die beiden Wellenzüge aus (Abb. 4b). Bei Untersuchungen in weißem Licht, das aus Licht verschiedener Wellenlängen (Farben) besteht, kann nur jeweils eine Wellenlänge ausgelöscht werden, die restlichen zusammen ergeben die Komplementärfarbe (Interferenzfarbe).
Der Gangunterschied ist demnach abhängig 1. von der Differenz zwischen dem größten und dem kleinsten Brechungsindex („Stärke der Doppelbrechung") und 2. von der Dicke des Objekts.

3. Von den optischen Erscheinungen zum Feinbau des Objekts

a. *Das relative Vorzeichen der Doppelbrechung*
Die Schwingungsebenen des polarisierten Lichts nach Verlassen des Objekts und die Richtungen des kleinsten und größten Brechungsindex sind abhängig von der Struktur des Objekts. Will man auf diese Schlüsse ziehen, so muß man die angegebenen Richtungen im Objekt bestimmen, am besten legt man sie in einer Skizze fest:
Das Objekt wird auf dem Mikroskoptisch so lange gedreht, bis es maximale Dunkelheit zeigt. Dann stimmen die Richtungen der Polarisatoren (oben-unten bzw. links-rechts bei richtiger Orientierung) mit den Schwingungsebenen der beiden Komponenten des polarisierten Lichts überein (Abb. 5). Diese Richtungen sind zugleich die Richtungen der langsameren Welle (größerer Brechungsindex) und der schnellen Welle (kleinerer Brechungsindex). Welche von beiden Richtungen der schnellen Welle zugehört, kann mit Hilfe des Hilfsobjekts Rot I.O. festgestellt werden.
Das Hilfsobjekt ist eine doppelbrechende Platte, deren Gangunterschied so groß gewählt wurde (Γ = 551 nm), daß für das grüne Licht gerade Auslöschung hervorgerufen wird. Das Gesichtsfeld erscheint also in der Komplementärfarbe rot, wenn die Platte diagonal (45°) zu den Durchlaßrichtungen von Polarisator und Analysator angeordnet ist. Die Doppelbrechung eines Objekts in Diagonallage wird infolgedessen durch das Hilfsobjekt verstärkt, wenn die langsamere Welle nach Verlassen des Objekts in der Richtung des größeren Brechungsindex des Hilfsobjekts schwingt, also dort noch einmal verlangsamt wird. Der Gangunterschied vergrößert sich also durch Addition („Additionsstellung des Objekts", Abb. 6a). Je nach dessen Gangunterschied erscheint jetzt das Objekt in anderen, „höheren" Farben, z. B. blau (vgl. Tabelle 1).

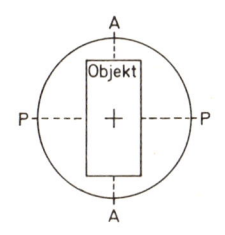

Abb. 5: In Dunkelstellung des Objekts geben die Durchlaßrichtungen der Filter die Schwingungsebenen des polarisierten Lichts im Objekt an.

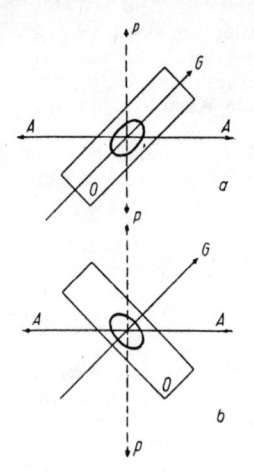

Abb. 6: Relatives Vorzeichen des Objekts O (mit eingezeichneter Indexellipse). a) Additionslage, b) Subtraktionslage. Das Objekt ist positiv doppelbrechend in bezug auf seine Längskante. P (A) Durchlaßrichtungen der Filter, G Richtung der langsameren Welle des Hilfsobjekts.

Tabelle 1:

Gangunterschied in nm		Farbe
I. Ordnung	0	Schwarz
	218	Grau
	259	Weiß
	306	Hellgelb
	505	Rotorange
	551	ROT I.O.
II. Ordnung	575	Violett
	664	Himmelblau
	747	Grün
	910	Gelb
	948	Orange
	1101	Violett
III. Ordnung	1151	Indigo
	1334	Grün

usw.

Gelangt die langsamere Welle aber so in das Hilfsobjekt, daß sie nun gegenüber der anderen beschleunigt wird, so wird der Gesamtgangunterschied kleiner (Subtraktionsstellung, Abb. 6b). Das Objekt erstrahlt nun in „niederer" Farbe, z. B. gelb.

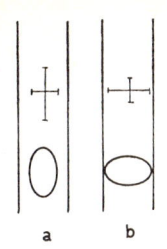

Abb. 7: a) positiv, b) negativ doppelbrechende Faser in bezug auf die Längsachse. Die Größe der Brechungsindices und die Indexellipsen sind schematisch eingezeichnet.

Da die Richtung der langsameren Welle (nγ oder c) auf der Fassung der Hilfsobjekts angegeben ist, läßt sich aus der Interferenzfarbe des Objekts leicht die Richtung nγ im Objekt bestimmen. In der Skizze deutet man das an, indem man den Arm des Kreuzes, das der Richtung des größeren Brechungsindex (langsamere Welle) entspricht, verlängert. Die durch einen Kurvenzug (Ellipse) verbundenen Endpunkte dieses Kreuzes stellt die „Indexellipse" dar.
Nun wird die Lage dieser Indexellipse mit einer morphologischen Richtung im Objekt verglichen (Rand, Streifung, Tangente an den sphärischen Körper o. dgl.): Man sagt, das relative Vorzeichen der Doppelbrechung sei positiv, wenn nγ parallel zur gewählten morphologischen Richtung im Objekt verläuft, dagegen negativ, wenn nγ senkrecht dazu steht (Abb. 7).

b. *Eigen- und Texturdoppelbrechung; Strukturaufklärung*
Doppelbrechung im Objekt kann auf zweierlei Weise verursacht werden:
1. Die Doppelbrechung geht auf geordnete, doppelbrechende Moleküle zurück: Eigendoppelbrechung (EDB).
2. Die Doppelbrechung wird durch die Anordnung an sich isotroper Moleküle verursacht: Texturdoppelbrechung (TDB).
Beide Fälle können kombiniert sein.
Die reine Texturdoppelbrechung ist abhängig von den Brechungsindices des Molekülgerüsts und des Mediums, in dem dieses sich befindet. Ist die Brechkraft bei beiden Medien gleich, so herrscht Isotropie. Bringt man ein in Wasser befind-

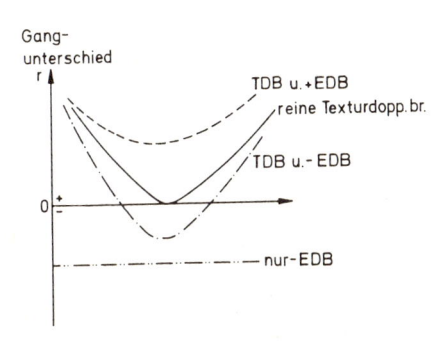

Abb. 8: Beispiele, wie positiv doppelbrechende Körper sich beim Imbibieren verhalten können. Bei negativ doppelbrechenden Objekten gelten grundsätzlich die gleichen Kurven, wenn man die Vorzeichen + und — vertauscht.

liches doppelbrechendes Objekt in andere, stärker brechende Medien („Imbibition", s. Tab. 2), die jeweils mit den vorhergehenden mischbar sein müssen, so nimmt die Texturdoppelbrechung ab bis zur Isotropie (beide Indices stimmen überein), wenn reine Texturdoppelbrechung vorliegt, kann dann aber wieder ansteigen (Abb. 8).

Tabelle 2:

Brechungsindex und Mischbarkeit einiger Imbibitionsmedien

	n_D	mischbar mit Nr.
1. Methanol	1,330	2, 3, 6, 4
2. Wasser	1,333	1, 3, 4
3. Äthanol	1,362	1, 2, 3, 5, 6, 7, 8, 11, 12
4. Isopropanol	1,377	1, 2, 3, 5, 6, 7, 11, 12
5. Chloroform	1,449	3, 4, 7, 8, 11, 12
6. Glyzerin	1,456	1, 2, 3, 4
7. Xylol	1,497	3, 4, 8, 9, 10, 11, 12
8. Benzol	1,501	3, 4, 5, 7, 11, 12
9. Kanadabalsam	1,52-54	7
10. Caedax	1,55	7
11. Jodbenzol	1,613	3, 4, 5, 7, 8
12. Methyljodid	1,732	1, 3, 4, 7, 8

Erreicht sie jedoch nur ein Minimum, das von 0 verschieden ist, oder kehrt das Vorzeichen um, so ist Textur- und Eigendoppelbrechung kombiniert.

Im biologischen Bereich hat man es fast stets mit Fadenmolekülen zu tun, deren Anordnung regellos oder parallel sein kann. *Ungeordnete* Moleküle erzeugen in jedem Fall optische Isotropie. *Parallele* Moleküle erzeugen positives Vorzeichen der Texturdoppelbrechung in bezug auf ihre Orientierungsrichtung. Die Richtung des größeren Brechungsindex $n\gamma$ der Texturdoppelbrechung zeigt stets die Orientierungsrichtung der Moleküle an (Abb. 9).

Aus den Ergebnissen der Versuche, Textur- und Eigendoppelbrechung eines Objekts zu bestimmen, folgen 4 Möglichkeiten der Anordnung optisch anisotroper Bausteine. Sie sind in der Abb. 10 dargestellt.

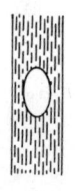

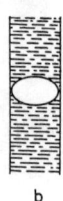

Abb. 9: a Positive, b negative Texturdoppelbrechung, hervorgerufen durch die Anordnung der Bausteine, c statistische Isotropie.

a   b   c

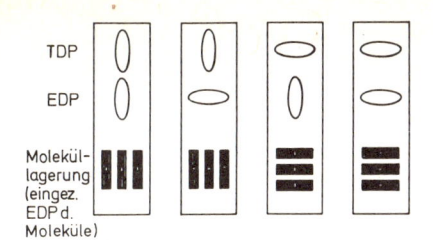

Abb. 10: Aus dem Zusammenwirken von Eigen- und Texturdoppelbrechung ergibt sich die Anordnung der Bausteine.

Die Eigendoppelbrechung der bekanntesten Bausteine der Gewebe ist bekannt:
Positive Eigendoppelbrechung in bezug auf die Moleküllängsachse haben Zellulose, Stärke, Hemizellulosen, Wachse, Lipoide, Keratin, Kollagen.
Negative Eigendoppelbrechung in bezug auf die Moleküllängsachse zeigen: Chitin, Chromatin, Pektine.

III. Möglichkeiten der Polarisationsmikroskopie

Unter Verzicht auf Strukturanalysen kann man das Polarisationsmikroskop zur *Verdeutlichung* des Verlaufs bestimmter Gewebebestandteile verwenden (Sehnen- und Bänderverlauf, Muskelanordnung, Textur von Fasern u. a.). Interessanter sind *Strukturuntersuchungen*, geben sie doch kund, daß die ein Lebewesen aufbauende Materie in hohem Maße geordnet vorliegt. Eine solche Ordnung erklärt auch Festigkeitseigenschaften (z. B. von Sehnen, Muskeln, Knochen und anderen Hartsubstanzen, Zellwände in verschiedenen Pflanzengeweben) gegenüber mechanischen Beanspruchungen in bestimmten Richtungen. Wenn auch die Bauprinzipien im wesentlichen bekannt sind, gilt es immer noch, Einzelheiten zu erforschen mit dem Ziel, eine molekulare Architektur der Organismen aufzustellen.

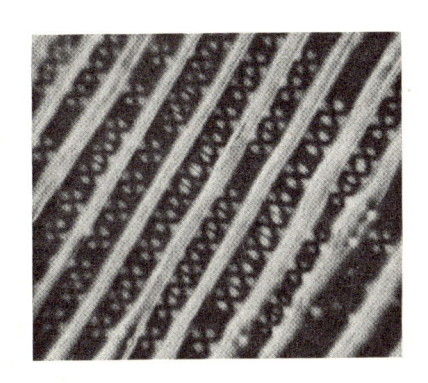

Abb. 11: Schnitt durch Kiefernholz im Pol. Licht; Diagonallage. Die Längswände erscheinen hell („doppelbrechend"), die Hoftüpfel zeigen ein Polarisationskreuz, das beim Drehen des Objekttisches sich nicht verändert (Ringstruktur, bei der die jeweils diagonal verlaufenden Fibrillen hell erscheinen, die der anderen Richtungen aber dunkel bleiben).

Der *Vitalmikroskopie* gibt das Polarisationsmikroskop die Möglichkeit, Strukturen und Veränderungen in der lebenden Zelle ohne Schädigung zu verfolgen, eine Möglichkeit, die dem Elektronenmikroskop nicht gegeben ist.

Neben den Strukturen gestattet das Polarisationsmikroskop auch den *stofflichen Aufbau* von Lebewesen zu erforschen, soweit die Moleküle darin geordnet vorliegen. Das Verfahren ist empfindlich genug, kleinste, mit chemischen Mitteln kaum zugängliche Mengen bestimmter Stoffe in ihrer Lage zwischen anderen Substanzen zu ermitteln.

Schließlich können unbekannte Stoffe mit Hilfe des Polarisationsmikroskops identifiziert werden, eine wertvolle Bereicherung neben chemischen und färberischen Methoden (vgl. a. S. 55).

Literatur

1. *Arbeitsanleitungen (geordnet nach dem Schwierigkeitsgrad für Nichtphysiker)*

A. *Czaja:* Einführung in die praktische Polarisationsmikroskopie. G. Fischer, Stuttgart 1974
K. *Freytag:* Molekül und Welle — Untersuchung biologischer Objekte mit dem Polarisationsmikroskop. 38 S. O. Salle-Verl. Frankfurt, 1962
H. *Ambronn* u. A. *Frey:* Das Polarisationsmikroskop. Leipzig 1926
W. J. *Schmidt:* Polarisationsoptische Analyse des submikroskopischen Baues von Zellen und Geweben. In Abderh., Handbuch d. biol. Arb. Meth. Abt. V, Teil 10, 435—665 (1934)
W J. *Schmidt:* Instrumente und Methoden zur mikroskopischen Untersuchung optisch anisotroper Materialien mit Ausschluß der Kristalle. In Freund, Handb. d. Mikroskopie in der Technik, Bd. 1, Teil 1, Frankfurt 1960
Rinne-Berek: Anleitung zu optischen Untersuchungen mit dem Polarisationsmikroskop. 2. Aufl. Stuttgart 1953

2. *Ergebnisse*

A. *Frey-Wyssling:* Submikroskopische Morphologie des Protoplasmas und seiner Derivate. Protoplasma-Monographien 15, Wien 1955
A. *Frey-Wyssling:* Die pflanzliche Zellwand. Berlin, Göttingen, Heidelberg 1959
R. D. *Preston:* The Molekular Architecture of Plant Cell Walls, London 1952
P. A. *Roelofsen:* The Plant Cell Wall. (Handb. d. Pflanzenanatomie), Berlin 1959
Schmidt, W. J.: Die Bausteine des Tierkörpers im pol. Licht. Bonn 1924
Schmidt, W. J.: Polarisationsoptische Analyse tier. Zellen u. Gewebe. Naturwiss. 1957, Heft 7, auch Verh. d. Ges. Deutsch. Naturf. u. Ärzte. Berlin, Göttingen, Heidelberg 1957, S. 109

EINFACHE MIKROSKOPISCHE ERKENNUNGSREAKTIONEN

Von Studiendirektor Dr. Kurt Freytag

Schwalmstadt-Treysa

EINFÜHRUNG

Im Unterricht ergibt sich gelegentlich die Notwendigkeit, bestimmte Substanzen in tierischen, besonders aber in pflanzlichen Geweben nachweisen und lokalisieren zu müssen. Für derartige topochemische (histochemische) Reaktionen steht eine Vielzahl von Reaktionen zur Verfügung, die meist Farbreaktionen sind. Es kann hier nicht der Versuch gemacht werden, alle zur Verfügung stehenden Methoden aufzuführen, sie würden Bände füllen; es sollen dem Lehrer lediglich einfache, rasch auszuführende Reaktionen möglichst an Frischpräparaten an die Hand gegeben werden, mit deren Hilfe er die wichtigsten und im Unterricht bedeutsamen Stoffe histochemisch zu lokalisieren vermag. Die Färbungen sind meist nicht haltbar, so daß zur Anfertigung von Dauerpräparaten in den meisten Fällen andere Vorschriften gelten. Rezepturen für eingehendere Untersuchungen, für Dauerpräparate oder für Mehrfachfärbungen entnehme man der reichlich vorhandenen Literatur.

Nachweisreaktionen

Calcium-Ionen

2 g Kernechtrot (z. B. BAYER) in 100 ml Wasser zweimal auswaschen. Den Rückstand setzt man mit Wasser zu einer gesättigten wässrigen Lösung an.
Zum Färben wird dem Objekt von der Farblösung zugesetzt. Ca-Salze bilden einen roten, lackartigen Niederschlag, Proteine färben sich diffus rötlich an. Die topochemische Lokalisation des Calciums ist gut.
(*R. Eisele*, Mikrokosmos 54 [1965], 84)

Calcium-Carbonat
Präparat mit verdünnter Salzsäure versetzen.
Ergebnis: Bläschenbildung zeigt Carbonate an.

Calcium-Oxalat
Präparate, die Ca-Oxalatkristalle enthalten, werden mit verdünnter Schwefelsäure versetzt (mikroskopische Kontrolle!).
Ergebnis: Die Kristalle formen sich um und bilden Bündel aus Kristallnadeln von $CaSO_4$ (Gips). — Abb. 1)

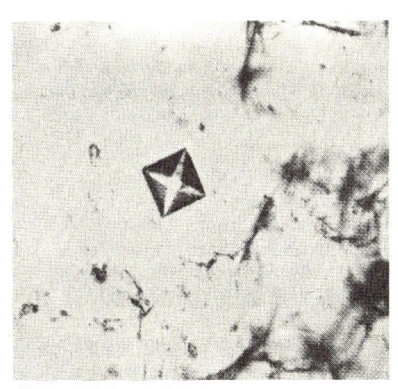

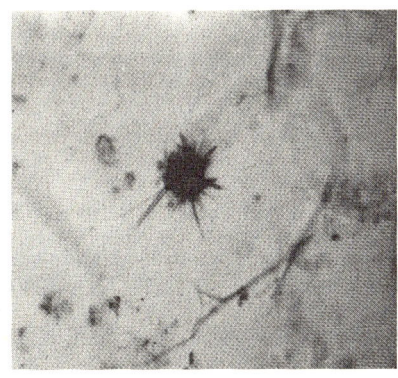

Abb. 1: Calciumoxalatkristall im Gewebe der Begonie vor (links) und nach Behandlung mit verd. Schwefelsäure (rechts). Mikroaufnahmen

Chitin
Aufhellen mit Diaphanol (Chlordioxid-Essigsäure): Fixierte Objekte aus 65%igem Alkohol in Diaphanollösung legen, die sich langsam entfärbt (farbloses Diaphanol wirkt nicht mehr!). Auswaschen mit 65%igem Alkohol, Wasser. Dazu Chlorzinkjod geben (vgl. Zellulose).

Ergebnis: Chitin rotviolett.
(Chitin ändert nach Zusatz von konz. Salpetersäure sein Vorzeichen der Doppelbrechung — vgl. *Freytag:* Molekül und Welle, Salle-Verlag Frankfurt 1962.)

Chromosomen
s. Nucleinsäuren

Fette s. Lipoide
Gerbstoffe
Schnitte werden in 10%ige wässrige Kaliumchromatlösung gebracht und dann abgespült.
Ergebnis: Gerbstoffe dunkelbraun.

Holzstoff
s. Lignin

Glykogen
Lösung I: Hämalaun MAYER („Ciba")
Lösung II: 2 g Karmin, 1 g K_2CO_3, 5 g KCl in 60 ml Wasser lösen, aufkochen (schäumt!). Nach Erkalten 20 ml Ammoniaklösung zusetzen. (Lösung ist 1—2 Monate haltbar.)
Zum Gebrauch 20 ml Lösung II (filtrieren) mit 30 ml Ammoniaklösung und 30 ml Methanol mischen.
In abs. Alkohol fixierte Gewebe in Celloidin oder Celloidin-Paraffin einbetten, schneiden.
Schnitte 10 Min. in Hämalaun MAYER stark färben, wässern. 5—20 Min. mit Karminlösung färben. — In einer Lösung von 40 ml Methanol, 80 ml Abs. Alkohol und 100 ml dest. Wasser differenzieren bis keine Farbe mehr abgeht. Alkoholreihe Xylol, Balsam.
Ergebnis: Glykogen intensiv rot, Kerne blau.

Kallose
3 g Resorcinolblau in 200 ml dest. Wasser lösen, 3 ml konz. Ammoniaklösung zufügen und 10 Min. im Dampfbad erhitzen. Flasche mit Watte verschließen, bis (nach ca. 6 Std.) dunkelblaue Färbung auftritt. Nochmals 30 Min. erhitzen, filtrieren und in einer Abdampfschale erhitzen bis kein NH_3-Geruch mehr zu bemerken ist.
Zum Färben 3 Tropfen der Lösung mit 10 ml Leitungswasser verdünnen. Färbung nicht haltbar!
Ergebnis: Kallose blau.
(Nach *Eschrich* u. *Currier,* Stain Technol. 39 [1964], 303.)

Kernfärbungen vgl. Nucleinsäuren

Kork vgl. Suberin

Kutin vgl. Suberin, Zellulose

Lignin (Holzstoff)
0,1 g Phloroglucin in 8 ml 96%igem Alkohol lösen, vor Gebrauch 8 ml konz. Salzsäure zusetzen.
Schnitte mit Reagenz versetzen.
Ergebnis: Lignin rot.
vgl. auch Zellulose Kombinationsfärbung s. Zellulose.

Lipoide (fettähnliche Stoffe)
Schnitte für 30 Min. in käufliche Lösung von Sudan III bringen. Mit 50%igem Alkohol oder Glycerin spülen (evtl. einbetten in Glyzerin, kein Xylol!!).
Ergebnis: Lipoide rot.

Nucleinsäuren (Kerne und Chromosomen)

Karminessigsäure: 45%ige Essigsäure über kleinster Flamme ca. 1/2—1 Std. erhitzen, dabei so viel Karmin zugeben, wie sich löst. Lösung haltbar, fertige Lösung auch käuflich.
Quetschpräparate mit Lösung versetzen, auf Objektträger kurz aufkochen lassen, neue Farblösung zusetzen.
Ergebnis: Kerne und Chromosomen rot.

Vitalfärbung: Den Zuchtgefäßen soviel 1%ige wässrige Neutralrotlösung zusetzen, bis gerade eine leichte Rotfärbung erkennbar ist. Färbezeit ausprobieren, 1/4 bis 3 Stunden. Färbung nicht haltbar!
Ergebnis: Kerne rot.

Pektin
Rutheniumrot bis zur kirschroten Farbe in Wasser lösen, dem eine Spur Ammoniaklösung zugesetzt wurde. Schnitte mit der Farblösung versetzen.
Ergebnis: Pektine (Schleim) rot.
(Farbstoff nicht ganz spezifisch, färbt auch andere saure Zellbestandteile, bes. wenn Uronsäuregruppen enthalten sind. Auch Oxyzellulose in stark gebleichten Zellwänden speichert Rutheniumrot. *Frey-Wyssling.*)

Proteine
Millons Reagens: 1 ml Quecksilber in 17 ml konz. Salpetersäure (D = 1,42 g/ml) kalt lösen. Schnitte mit Reagens übergießen, evtl. verdünnen.
Ergebnis: Eiweißträger ziegelrot.
(vgl. auch Stärke)

Stärke
Jodkaliumjodidlösung: 0,3 g KJ und 0,1 g Jod in 45 ml Wasser lösen. Schnitte mit Lösung übergießen.
Ergebnis: Stärke blau bis blauschwarz; Eiweiß braun.

Suberin (Korksubstanz)
Zu einer konz. alkoholischen Lösung von Gentianaviolett gibt man Ammoniak bis die Lösung fast entfärbt ist. Filtrieren. Einige Zeit haltbar.

Schnitte in Javellewasser tauchen, mit Brunnenwasser waschen, für einige Minuten in ammoniakalischer Gentianaviolettlösung tauchen, spülen, mit 5%iger Salzsäure, dann mit Wasser. Einbetten in Glyzerin.
Ergebnis: Suberin violett.
Kombinationsfärbung vgl. Zellulose

Wachse s. Lipoide

Zellulose

Chlorzinkjod: 25 g Zinkchlorid, 8 g KJ, 1,5 g Jod in 8 ml Wasser lösen. Schnitte mit Reagens versetzen.
Ergebnis: Zellulose schmutzigblau bis violett
Lignin, Suberin oder Kutin braungelb bis braunrot
Kerne gelb
Stärke blau
Protein braun
Pilzhyphen leicht gelblich
Kombinantionsfärbung: Schnitte in Javellewasser für 30 Min. in Hämalaun MAYER („Ciba") geben, mit dest. Wasser abspülen. Mit Brunnenwasser waschen, bis Schnitte blau erscheinen. — Sudan III-Lösung 10 Min. bis 2 Std. einwirken lassen, mit 10%iger Glycerinlösung waschen, in Glyzerin einbetten.
Ergebnis: Zellulose blau
Lignin gelb
Suberin und Kutin dunkelorange

Literatur

W. *Graumann* u. K. H. *Neumann:* Handbuch der Histochemie (7 Bde.). Fischer Stuttgart 1962
H. *Molisch:* Mikrochemie der Pflanze. 3. Aufl. Jena 1923
F *Riech:* Mikrotomie. Praxis-Schriftenreihe Bd. 1, Aulis-Verl., Köln 1959
B. *Romeis:* Mikroskopische Technik. Oldenbourg, München 1968
W. *Schlüter:* Mikroskopie. Aulis Verlag, Köln 1976
G. *Stehli:* Mikroskopie f. Jedermann. 22. Aufl., Franckh, Stuttgart 1971
O. *Zach:* Anatomie d. Blütenpflanzen. Franckh, Stuttgart 1954
O. *Zach:* Histologie f. Jedermann. 3. Aufl. Franckh, Stuttgart 1951

MODELLE UND MODELLVORSTELLUNGEN IN DER BIOLOGIE*)

Von Universitäts-Professor Dr. Udo Halbach

Frankfurt am Main

---

*) Ich danke Herrn Oberstudienrat *Hartmut Birett* für viele wertvolle Hinweise

EINFÜHRUNG

Bedeutung und Geschichte der Modellmethode

Für den bildenden Künstler ist das „Modell" ein Vorbild (z. B. Aktmodell), beim Architekten oder Planer ist es ein vorgefertigter Entwurf (z. B. Sandkastenmodell) und im Museum oder als Spielzeug ein verkleinertes Abbild einer realen Gegebenheit oder Konstruktion (z. B. Globus oder Modelleisenbahn). Sind auch

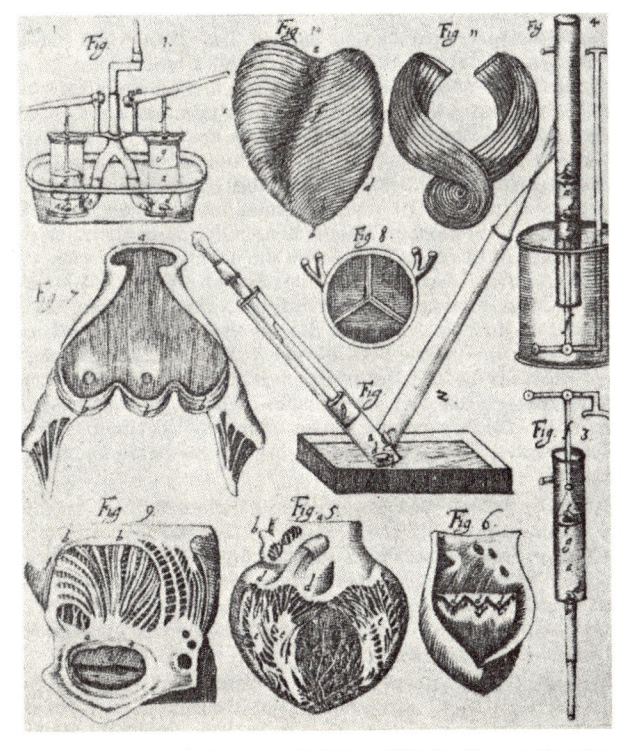

Abb. 1: Tafel zur Dissertation von G. F. Beer (1708): Das Herz als Maschine

die Zwecke verschieden (Vorbild, Muster, Entwurf, Abbild), so stimmen sie doch bei aller Unterschiedlichkeit in einer grundlegenden Eigenschaft überein: *Modelle sind Repräsentationen eines Objektes* („sie stehen für etwas").

Modelle werden auch in der Wissenschaft als Erkenntnisgebilde eingesetzt; dabei ist die Modellmethode wohl so alt wie die Wissenschaft selbst, denn all unser Denken geschieht in Modellen. Die „Ideen" *Platons* und die Urpflanze *Goethes* sind ebenso Modelle wie jegliche Symbole oder Metaphern. Auch Denkstrukturen wie wissenschaftliche Hypothesen oder Theorien sind Modellvorstellungen.

Trotz ihrer generellen Bedeutung und ihres hohen Alters hat die Modellmethode zweimal in der Wissenschaftsgeschichte eine auffallende Erweiterung erfahren:
1. Der aus der Aufklärung des 18. Jahrhunderts erwachsene Materialismus bildet die Grundlage für eine mechanistische Deutung der Lebensprozesse. Organe lassen sich als Maschinen beschreiben (*Beer* 1708, *Uschmann* 1968), z. B. das Herz als Pumpe (Abb. 1), und Organismen gleichen Automaten, welche man nachbauen kann. Diese materialistische Philosophie fand ihren Ausdruck in dem Buch des französischen Arztes *De la Mettrie* „Der Mensch als Automat" (1748), in welchem der Hoffnung Ausdruck verliehen wird, den Körper der Organismen mit Hilfe physikalischer Gesetze beschreiben zu können. Der Traum von einem *Homunculus* ist nicht neu; er hat die Menschheit seit jeher beschäftigt. Bereits *Homer* hatte künstliche Hunde und künstlerisch begabte artifizielle Mägde beschrieben. Im 18. Jahrhundert hatte in Europa die Mechanikerkunst einen Stand erreicht, der Versuche erlaubt, Phantasien in die Praxis umzusetzen. Die singende und tanzende Puppe *Olympia* in „*Hoffmanns* Erzählungen" ist eine romantische Reprise der Bemühungen der Iatromechaniker des 18. Jahrhunderts, mechanische Lebewesen zu konstruieren. Die musizierenden, schreibenden und Schach spielenden mechanischen Automaten-Puppen dienten der Belustigung der verspielten höfischen Gesellschaft, in deren Reihen sich die Geldgeber für solch aufwendiges Spielzeug fanden. Ursprüngliches Ziel der Konstrukteure war aber nicht ein raffiniertes Spielzeug, sondern die mechanische Nachbildung von Lebewesen mit durchaus wissenschaftlichem Anspruch. Zeugnis dafür ist der künstliche Enterich von *Jaques de Vaucanson* (*Cube* 1967, *Zemanek* 1968). Diese technische Konstruktion konnte nicht nur die Bewegungen einer Ente vortrefflich nachahmen, sie konnte auch schnattern und mit den Flügeln schlagen, ja sogar Wasser trinken und fressen, wobei die Körner im Magen chemisch verdaut und die Überreste ausgeschieden wurden. Dieses Musterstück der Iatromechanik ist im letzten Weltkrieg verschollen.

Die Automaten des späten Rokoko zeigen ein hohes Maß an technischer Perfektion. Der Hofmechaniker *Knaus* der Kaiserin *Maria Theresia* konstruierte eine schreibende Puppe, welche das *Digital*-Prinzip mit dem *Analog*-Prinzip verbindet (*Zemanek* 1968). Wir haben demnach einen ersten Hybridautomaten. Dieser Schreiber ist technisch eine Schreibmaschine höchster mechanischer Perfektion. Durch Mangel an Bedarf zur Zeit ihrer Entwicklung verblieb diese Maschine jedoch im Range eines Spielzeuges.

2. Die zweite augenfällige Ausweitung der Modellmethode erfolgte in den letzten Jahrzehnten und fand ihren spektakulärsten Ausdruck in den vieldiskutierten Weltmodellen des „Club of Rome" (*Forrester* 1972, *Meadows* 1972, *Mesarovic* 1974, vgl. auch Abb. 13).

Der enorme Aufschwung der Modellmethode in der Biologie dokumentiert sich in der Zahl der wissenschaftlichen Publikationen über Modelle bzw. mit Modellen als methodischen Hilfsmitteln. Die Zahl der in den „Biological Abstracts" referierten Veröffentlichungen, welche die Bezeichnung „Modell" in ihrem Titel tragen, steigt ständig:

1960:	124
1965:	385
1970:	1067
1975:	1293

Zwei Gründe sind für diese Entwicklung maßgebend: Vordergründig die Erfindung der elektronischen Datenverarbeitung, die die Simulation auch komplexer Systeme ermöglicht, und tiefergehend ein Wandel in der heuristischen Einstellung vieler Wissenschaftler. Die Erkenntnisse der Atomphysik in der ersten Hälfte des 20. Jahrhunderts ergaben eine Abschwächung des klassischen Kausalismus, welcher nicht auf die Physik beschränkt blieb. Der *Ursachen*-Begriff wurde weitgehend durch den *Funktions*-Begriff ersetzt (*Stachowiak* 1957). Dies trifft insbesondere für die Biologie zu, denn bei ihren komplexen Systemen ist das Suchen nach einfachen Ursache-Wirkung-Beziehungen geradezu naiv. Die „Ursache", die eine bestimmte „Wirkung" hervorruft, entpuppt sich nämlich in den meisten Fällen als ein ganzer Komplex vielfältiger Bedingungen und Umstände. Die Schwierigkeiten, die einem „Begreifen" komplexer biologischer Systeme im Wege stehen, haben zu einer konstruktiv-pragmatischen Einstellung vieler Wissenschaftler geführt. Dieser moderne Pragmatismus gebärdet sich heuristisch sehr liberal — nach dem Motto: „Jeder Weg, der zu einer für die praktische Daseinsbewältigung brauchbaren wissenschaftlichen Theorie führt, ist erlaubt" *(Stachowiak* 1965). Wichtigstes Gütekriterium einer wissenschaftlichen Theorie ist ihre Brauchbarkeit. Diese ist in den meisten Fällen identisch mit ihrer Voraussagefähigkeit. Die zunehmende Pragmatisierung des wissenschaftlichen Denkens auch und gerade im Bereich der zweckfreien Forschung findet ihren Ausdruck in der Zunahme der Verwendung von Modellen als Erkenntnisgebilden.

Die Güte wissenschaftlicher Kenntnisse läßt sich nur abschätzen bei Kenntnis der wissenschaftlichen Methoden, die zu ihrer Aufdeckung geführt haben, wozu eine realistische Beurteilung ihrer Stärken und Schwächen gehört. Es gibt keine absolute Wahrheit, sondern nur eine relative nach Maßgabe des augenblicklichen Erkenntnisstandes (*Popper* 1973). Um den Wert von Erkenntnissen beurteilen zu können, bedarf es einer fundierten Methodenkenntnis, welche aus diesem Grunde Bestandteil des naturwissenschaftlichen Unterrichtes in der Schule sein muß.

Darüber hinaus besitzen Modelle einen didaktischen Eigenwert. Sie dienen der Verdeutlichung von Sachverhalten und sind daher ein wichtiges pädagogisches Instrument.

1. Definition des Modellbegriffes

Der Sinn des Wortes „Modell" ist in der Biologie nicht verbindlich festgelegt (*Wendler* 1965). Mit dem Begriff „Modell" verbinden sich die verschiedensten Vorstellungen. Eine zu enge Festlegung würde dieser aufstrebenden Wissenschaftsmethodik kaum gerecht werden. Deshalb wollen wir im folgenden jegliches *Analogon* eines natürlichen Systems, sei es struktureller oder funktioneller Art, als Modell bezeichnen. Alle bestehenden Vorstellungen von Modellen stimmen nämlich darin überein, daß Modelle reale Systeme abbilden oder repräsentieren. In der Regel ist ein Modell jedoch kein komplettes Abbild, sondern es spiegelt bestimmte Aspekte des Systems wider. Eine solchermaßen weit gefaßte Definition ist naturgemäß inhaltsarm, sie wird jedoch dieser aufstrebenden Wissenschaftsmethodik am ehesten gerecht.

Statt einer eng umrissenen Definition wollen wir aus den erwähnten Gründen im folgenden den Begriff des Modelles im Sinne einer *akzentuierenden Begriffsbildung* (Wendler 1965, Halbach 1974) mit Inhalt versehen. Ein Modell unterscheidet sich vom Original durch drei Eigenschaften: durch anderes *Substrat*, durch andere *Dimension* und durch *Abstraktion*. Als Beispiel kann das Demonstrationsmodell der Desoxyribonucleinsäure-Struktur dienen[1]). In diesem Fall besteht das *Material* aus Kunststoff oder Metall. Das Substrat muß jedoch nicht notwendigerweise substantieller Natur sein. Häufig bestehen Modelle aus verbalen, graphischen oder mathematischen Konstruktionen. Das Modell der DNA hat eine andere Dimension als das Original — es ist wesentlich größer. Nicht selten sind Modelle auch verkleinerte Abbilder ihrer Vorbilder. Bei zeitabhängigen Modellen (z. B. von Evolutionsvorgängen) sind die Zeitabläufe häufig gestaucht *(Zeitraffer)*, in anderen Fällen, z. B. in der Neurophysiologie, dagegen gedehnt *(Zeitlupe)*. Das DNA-Modell demonstriert auch die Eigenschaft der *Abstraktion:* die Atomstruktur (aus Elementarteilchen) ist nicht berücksichtigt. Die Abstraktion dient der Verdeutlichung; sie wird erreicht durch die Konzentration auf die *wesentlichen* Aspekte eines komplexen Systems.

Bisher haben wir uns damit beschäftigt, *was* ein Modell ist. Daneben taucht jedoch die Frage auf, *wozu* ein Modell dient. Ein Modell soll zum besseren Verständnis des Originals beitragen *(Erklärung)*; es soll darüber hinaus *Voraussagen* gestatten und *Entscheidungen* erleichtern.

„Erklärung" kann zweierlei bedeuten: 1. einen grundsätzlich bekannten Sachverhalt einem Außenstehenden, etwa einem Schüler, klarzumachen *(Demonstrationsmodelle)* oder 2. einen noch unbekannten Sachverhalt sich selbst klarzumachen versuchen *(Forschungsmodelle)*.

Bei den Demonstrationsmodellen kann man *Strukturmodelle* und *Funktionsmodelle* unterscheiden[1]). Beispiele für Strukturmodelle sind neben der erwähnten DNA-Doppelhelix Plastik-Nachbildungen von Organen, wie sie in vielfältiger Weise im Unterricht Verwendung finden. Im übrigen gibt es jedoch auch Strukturmodelle als Forschungsmodelle, wie beispielsweise die maßstabsgetreue Rekonstruktion einer Flagellatenzelle nach elektronenmikroskopischen Serienschnitten (Schötz 1972, Halbach 1974).

Ein Beispiel für ein *Funktionsmodell* ist das in der Abb. 2 in Aktion dargestellte Schulmodell einer Brennesselblüte. Hier wird der Explosionsmechanismus demonstriert, der der Ausbreitung der Pollen dient. Mit *Forschungsmodellen* versucht der Wissenschaftler, Zusammenhänge zu klären. Forschungsmodelle sind stets als Hypothesen zu verstehen. Mit ihnen lassen sich Voraussagen machen, deren Richtigkeit experimentell überprüft werden kann. Sie stellen demnach einen Typ deduktiver Erkenntnisgewinnung dar.

---

[1]) Beispiele und Bezugsnachweise für Demonstrationsmodelle (Struktur- und Funktionsmodelle), welche im Biologieunterricht eingesetzt werden können, finden sich im Anhang 2 (S. 111).

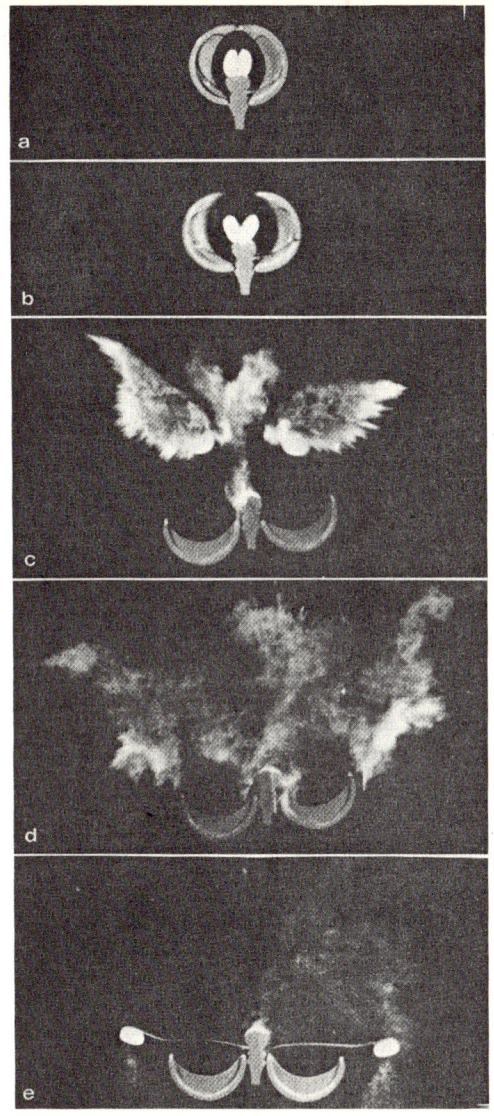

Abb. 2: Funktionsmodell der Brennesselblüte. Dieses Schulmodell demonstriert den Explosionsmechanismus, der der Pollenverbreitung dient. Innerhalb der zusammengewachsenen Blütenkrone krümmen sich die wachsenden Antheren ein (a). Die zunehmende Spannung führt schließlich zum Zerreißen der Kronblätter, wobei die plötzliche Entspannung der Antheren zur explosionsartigen Ausstreuung des Pollens führt (b—d). Zeitlicher Abstand der Bilder voneinander $1/_{32}$ sec.

2. Deskriptive Modelle

In der Forschung steht man zunächst einem System gegenüber, dessen interne Struktur unbekannt ist; man spricht von einem „Schwarzen Kasten" oder *„Black Box"* (Abb. 3). Dieses System kann ein Ökosystem sein, eine Population, ein Organismus, ein Organ, eine Zelle oder ein biochemisches Reaktionssystem. Bestimmte Größen sind in diesem System meßbar *(„output")*. Im Falle eines Ökosystems können die Ausgangsgrößen z. B. die Individuendichten der verschiedenen Organismenarten sein. Die Ausgangsgrößen hängen von bestimmten Eingangsgrößen *(„inputs")* ab, die im Falle eines Ökosystems abiotische Faktoren wie Temperatur, Niederschlag oder Licht sein können.

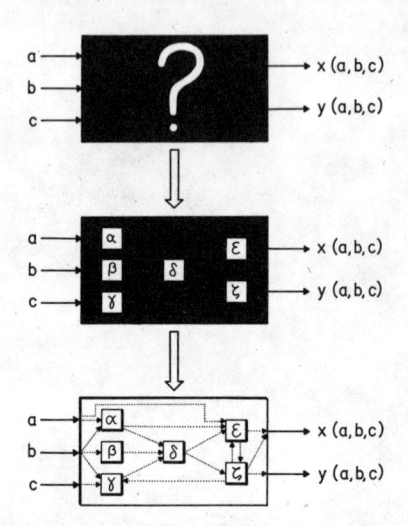

Abb. 3: Schema der „Black Box". In der absoluten Black Box kennt man nur die Ausgangsgrößen (x, y) und ihre empirisch ermittelte Abhängigkeit von den Eingangsgrößen (a, b, c). Im teilaufgeklärten System (Mitte) können die Strukturelemente bekannt sein ($\alpha, \beta, \gamma, \delta, \varepsilon, \zeta$). Im vollständig aufgeklärten System (unten) sind auch die funktionalen Beziehungen (Pfeile) zwischen den Strukturelementen bekannt.

Der übliche Gang der Untersuchung eines solchen Systems besteht in der Aufklärung seiner Strukturelemente und anschließend ihrer kausalen und funktionalen Beziehungen. Es gibt natürlich Zwischenstufen: teilaufgeklärte Funktionszusammenhänge. In allen Stufen dieses Erkenntnisprozesses können Modelle nutzbringend eingesetzt werden, angefangen von der absoluten Black Box bis zum vollständig analysierten System.

Betrachten wir zunächst das Beispiel der absoluten Black Box. Zuerst wird mit Hilfe der statistischen Korrelationsanalyse geprüft, welche aller möglichen Eingangsgrößen für das System überhaupt relevant sind. Anschließend werden die Eingangsgrößen experimentell manipuliert, um die funktionalen Abhängigkeiten

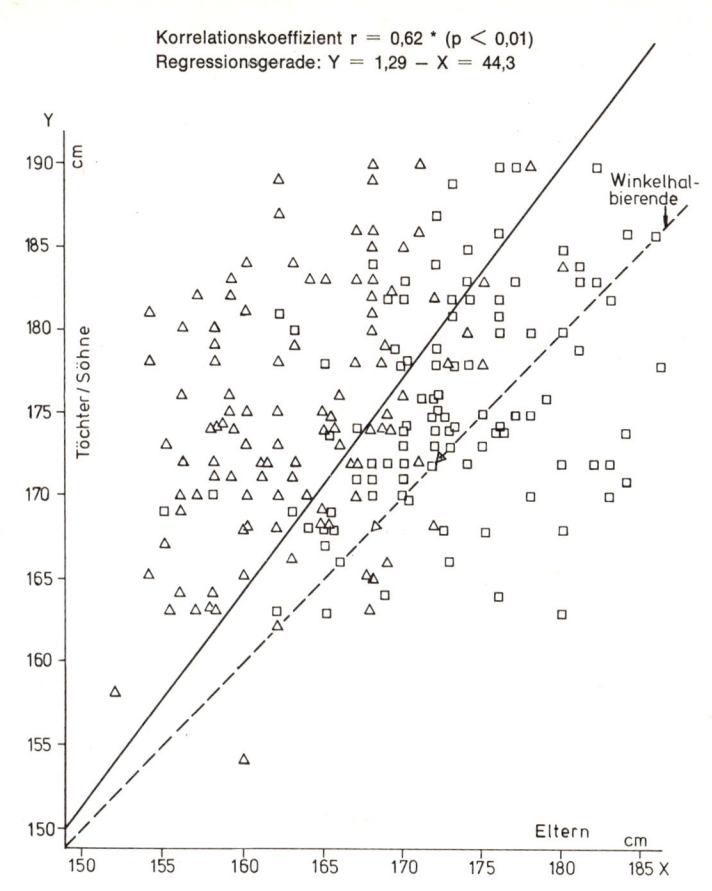

Abb. 4: Körperlänge von Studenten in Abhängigkeit von der Länge der Eltern. Dreiecke: Söhne. Quadrate: Töchter. Gestrichelte Linie: Winkelhalbierende. Durchgezogene Linie: berechnete Regressionsgerade Y = 1,29 X — 44,3. Die Verschiebung der Regressionsgeraden nach oben spiegelt die Akzeleration wider, ihre größere Steigung ist auf selektives Heiraten zurückzuführen. Außerdem ist ein Geschlechtsdimorphismus der Körperlänge erkennbar *(Halbach & Katzl, 1974)*.

der Ausgangsgrößen von den Eingangsgrößen empirisch zu beschreiben, d. h. Funktionen zu finden, die bei Wahl geeigneter Koeffizienten die gemessenen Kurvenverläufe befriedigend beschreiben. Das ist die Methode der Funktionsanpassung (engl. „best fit"). Es handelt sich hier um *deskriptive Modelle* (im Gegensatz zu den noch zu besprechenden *konzeptionellen* und *synthetischen Modellen*). Im einfachsten Fall haben wir eine lineare Beziehung, wie Abb. 4 für die Abhängigkeit der Körperlänge der Kinder von der ihrer Eltern dokumentiert, wobei Akzeleration und selektives Heiraten die Beziehungen modifizieren. Der *Korrelationskoeffizient* r gibt die *Güte* der Beziehung wieder: $r = +1$ bedeutet absolute positive, $r = -1$ absolute negative Korrelation. $r = 0$ besagt schließlich keinerlei Abhängigkeit; bei $|r| < 1$ muß der Signifikanztest (*Weber* 1972), welcher von der Zahl der Meßwerte abhängig ist, entscheiden, ob das Ergebnis bedeutsam ist. Die Regressionsgerade schließlich spiegelt den *Grad* der Abhängigkeit wider, welcher durch Ordinatenabschnitt und Steigung charakterisiert wird (Abb. 4). Die gefundenen Abhängigkeiten bedürfen noch einer Interpretation durch kausale Beziehungen. Das Abweichen der Regressionsgeraden von der Winkelhalbierenden in der Abb. 4 ist ein Hinweis darauf, daß die Körpergröße nicht ausschließlich durch das Erbgut bestimmt wird; es müssen auch noch andere Faktoren eine Rolle spielen. Die Parallelverschiebung der Geraden nach oben ist eine Folge der Akzeleration; das Wachsen der Steigung durch Kippen um eine imaginäre Achse ist auf selektive Partnerwahl zurückzuführen.

Auch komplexere Abhängigkeiten lassen sich funktionell beschreiben. So ziemlich jeder Kurvenverlauf kann durch verschiedene Funktionen wiedergegeben werden. Dies senkt die Wahrscheinlichkeit, daß eine gefundene Funktion, die einen Sachverhalt beschreibt, auch dessen kausalen Unterbau richtig wiedergibt. In der Regel wird man der einfachsten Funktion, welche eine Beziehung adäquat beschreibt, das größte Vertrauen schenken, z. B. der Funktion mit den wenigsten Termen. Es ist eine regelrechte Strategie entwickelt worden, wie man diese Funktion findet — mit Hilfe sogenannter dynamischer Prüfverfahren (*Drischel* 1968).

Dabei werden den Eingangsgrößen nacheinander verschiedene Funktionstypen unterlegt (z. B. Sprungfunktion, Impulsfunktion, Anstiegsfunktion, sinusförmige und stochastische Eingangssignale). Aus der Reaktion der Ausgangsgrößen kann man Schlüsse auf die funktionalen Abhängigkeiten ziehen. Kreuzkorrelation und *Fourier*-Analyse lassen auch periodische und andere nicht monotone Abhängigkeiten erkennen *(Halbach* 1978). Es gibt heute bereits Programme, nach denen der Computer aus den Daten selbständig Hypothesen entwickelt, sie nach der Methode von Versuch und Irrtum auf ihre Brauchbarkeit testet und auf diese Weise quasi automatisch die beste Hypothese entwickelt (*George* 1968). Inzwischen gibt es auch für komplexe Systeme statistische Methoden, Abhängigkeiten aufzudecken, z. B. durch die „Hauptkomponenten-Analyse" (principal component analysis), welche als Ergebnis ein *Dendrogramm* der Abhängigkeiten liefert (vergl. *Goldman* 1968, *Halbach* 1978).

Der Nachteil der geschilderten deskriptiven Modelle liegt auf der Hand. Sie können ein System nicht erklären, denn die biologische Relevanz der Koeffizienten ist meist völlig undurchsichtig. Sie können es allenfalls beschreiben. Man kann sie jedoch für Voraussagen benutzen, welche bei zunehmender empirischer Bestätigung vertrauenerweckender werden. Die Periodizität von Vulkanausbrüchen etwa oder Schädlingskalamitäten führten zu solchen „Regeln". Die Koinzidenz von Ereignissen ist die Ursache der „Bauernregeln", bei welchen die kausalen Zusammenhänge durchaus unbekannt sind. Hier ist das Übergangsfeld zum Aberglauben, welcher seine Nahrung aus zufälligen Koinzidenzen ohne kausalen Bezug empfängt. Wir befinden uns bei der Benutzung deskriptiver Modelle im Grenzbereich der Wissenschaft, wobei die Rechtfertigung einzig in dem heuristischen Pragmatismus beruht.

3. Konzeptionelle Modelle

Bessere Aussichten, über die Deskription hinaus eine Erklärung für das System zu geben, bieten Modelle, die auf hypothetischen Annahmen über funktionale Zusammenhänge basieren: *konzeptionelle Modelle*. Diese Modelle werden aufgrund plausibler *a priori*-Ideen und -Konzepte entwickelt und auf ihre logische Geschlossenheit geprüft. Sie bleiben aber Hypothesen, solange ihre Folgen nicht experimentell getestet worden sind.

Ein typisches Beispiel für ein konzeptionelles Modell ist die „Orthokinese" (*Rohlf & Davenport* 1969, *Halbach* 1974). Darunter versteht man ein hypothetisches Verhaltensmuster, bei dem die Bewegungsgeschwindigkeit der Organismen von der Stärke eines Reizes abhängt, während die Bewegungsrichtung zufallsgemäß und von dem Reiz unabhängig ist. Es ist eine alte wissenschaftliche Streitfrage, ob es allein durch Orthokinese (ohne Mitwirkung von Taxien) zu einer Aggregation von Organismen in Bereichen bestimmter Reizstärke kommen kann, etwa von Planktonorganismen in bestimmten Wassertiefen (bei Lichtintensität als hypothetischem Reiz). Diese Frage ist experimentell kaum lösbar, da man Orthokinese bei lebenden Organismen nicht von anderen möglicherweise vorhandenen Orientierungsmechanismen trennen kann. Die Frage läßt sich nur mit Hilfe von Modellen klären, was verdeutlicht, daß Modelle immer nur ein Surrogat sind, um Mühen und Kosten von Experimenten zu sparen. Nicht selten sind Modelle tatsächlich ein billiges und zeitsparendes „Ersatzexperiment", aber manchmal sind sie die einzig mögliche Methode, z. B. in Fragen der Evolutionsbiologie, da hier die notwendigen Zeiträume gar nicht faßbar sind (*Halbach* 1973).

Je mehr über das reale System bekannt ist, desto konkretere Hypothesen können aufgestellt und entsprechend realistischere Modelle konstruiert werden. Oft sind es nur bestimmte Teilaspekte eines Systems, die der Beobachtung oder der experimentellen Analyse nicht zugänglich sind. Hier können Modelle weiterhelfen. Ein anschauliches Beispiel dafür ist das Modell des Flugsauriers *Rhamphorhynchus*, das von *E. von Holst* gebaut worden ist (*v. Holst* 1938, *Halbach* 1974). Die Nachbildung in natürlicher Größe kann fliegen; die Energie liefert ein im Rumpf befindlicher Motor, welcher die Flügel bewegt. Dieses Modell ist mehr als ein Demonstrationsmodell, da mit seiner Hilfe eine Streitfrage geklärt werden konnte. Nach den Versteinerungen war es nämlich nicht ersichtlich, ob der spatelförmige Schwanz vom lebenden Tier waagerecht oder senkrecht getragen worden ist. *Von Holst* konnte mit seinem Modell nachweisen, daß die Schwanzplatte waagerecht getragen worden sein muß, denn nur so ist das Modell flugtauglich. Für eine ganze Reihe von Vögeln lassen sich von geschickten Bastlern Modelle bauen, an welchen sich die spezifischen Flugeigenschaften studieren lassen (*Herzog* 1968). Je unkomplizierter ein Modell ist, desto einfacher wird es seiner Aufgabe gerecht, ein verständliches Analogon eines komplizierten Sachverhaltes zu sein. Das „Sandkastenmodell" von *Lawrence* (1966) verdeutlicht dies (vgl. *Halbach* 1974). *Lawrence* untersuchte die ontogenetischen Differenzierungsmechanismen in der Längsachse von Insektensegmenten, insbesondere die Frage, wodurch die Polarisierung innerhalb eines Segmentes hervorgerufen wird. Nach der von ihm vertretenen *Gradienten-Hypothese* existiert in jedem Segment der Gradient eines Induktionsfaktors. Dies wird durch das Sandkastenmodell veranschaulicht, in welchem die Segmentgrenzen durch gläserne Trennwände dargestellt sind. Der

Gradient wird durch die abnehmende Sandhöhe simuliert. Setzt man an den Intersegmentalgrenzen Läsionen (durch Auseinanderziehen der Scheiben), dann sickert der Sand heraus und verursacht in dem Nachbarsegment auf einem kurzen Stück einen Gegengradienten. Dieser sollte sich in der morphologischen Ausbildung des Integumentes ausprägen, etwa in dem Muster der Borsten. Beschädigungen der Intersegmentalhaut ergeben tatsächlich eine Anordnung der Haare, wie sie dem Sandkastenmodell entspricht (*Halbach* 1974). Dies ist ein typisches Beispiel für die deduktive Verifizierung von Hypothesen.

Die vielseitigen Einsatzmöglichkeiten von Modellen zeigt das Beispiel der nach ihrem Schöpfer *H. J. Camin* benannten „Caminalcules" (Abb. 5). Diese artifiziellen Tiere sind das Ergebnis eines Stammbaumes, den der phantasievolle Zoologe am Schreibtisch konstruierte. Er ist dabei allerdings streng nach den bekannten Gesetzmäßigkeiten der Evolution vorgegangen und hat auch, wie in der Natur, die Mehrzahl der Zwischenformen aussterben lassen. Wozu dient diese „Spielerei"? In der biologischen Systematik, in welcher man die Organismen gemäß ihrer natürlichen Verwandtschaft zu klassifizieren versucht, herrscht keine einhellige Meinung über die Kriterien, die man beim Einordnen der Organismen anwenden sollte. Eine kleine Gruppe sogenannter *numerischer Taxonomen* lehnt jede Gewichtung von Merkmalen ab und steht damit im Widerspruch zur überwiegenden Mehrheit der „klassischen Taxonomen". Wie kann man nun entscheiden, mit welcher Methode man den natürlichen Verwandtschaftsverhältnissen am nächsten kommt, da man den tatsächlichen Stammbaum ja nicht kennt, sondern erst umgekehrt aus der Klassifizierung erschließt? In diesem Dilemma konnten die Caminalcules als Testobjekte dienen, da ihr Stammbaum ja zumindest ihrem Schöpfer bekannt war. Klassifizierungsversuche verschiedener taxonomischer Schulen ergaben wichtige grundlegende Erkenntnisse und zeigten unter anderem, daß die numerische Taxonomie den „orthodoxen" Richtungen durchaus nicht unterlegen sein muß (*Sokal* 1966). Die Caminalcules lassen sich übrigens hervorragend bei der Behandlung der Taxonomie im Unterricht einsetzen.

4. Elektrische Analogmodelle

Die Kybernetik liefert eine ganze Reihe weiterer konzeptioneller Modelle, sogenannte *kybernetische Apparate*, die unter anderem als künstliche Mäuse oder Schildkröten bekannt geworden sind (*Halbach* 1974). Es sind dies elektronische Nachfahren der iatromechanischen Automaten. Diese kybernetischen Roboter sollen jedoch keine Nachahmungen bestimmter Tiere sein, sondern sie haben ihren Namen sekundär aufgrund ihres äußeren Erscheinungsbildes erhalten. Sie können erstaunliche Leistungen höherer Tiere simulieren, z. B. das Lernvermögen im Labyrinth (*Halbach* 1974). Der Unterrichtsfilm „Ein lernender Automat" von *K. Steinbuch* demonstriert in sehr anschaulicher Weise das Lernvermögen eines kybernetischen Roboters im Labyrinth, welcher den kürzesten Weg ermittelt und speichert (Spielzeit: 14,5 min).

Im Bereich der Neurophysiologie gibt es eine Vielzahl kybernetischer Modelle; so gibt es Neuronenmodelle mit erregenden und hemmenden präsynaptischen Impulsen. In solchen Neuronenmodellen können durch Reize Aktionspotentiale induziert werden, die in weiten Bereichen große Ähnlichkeit haben mit den Spikes tatsächlicher Nerven (*Halbach* 1974).

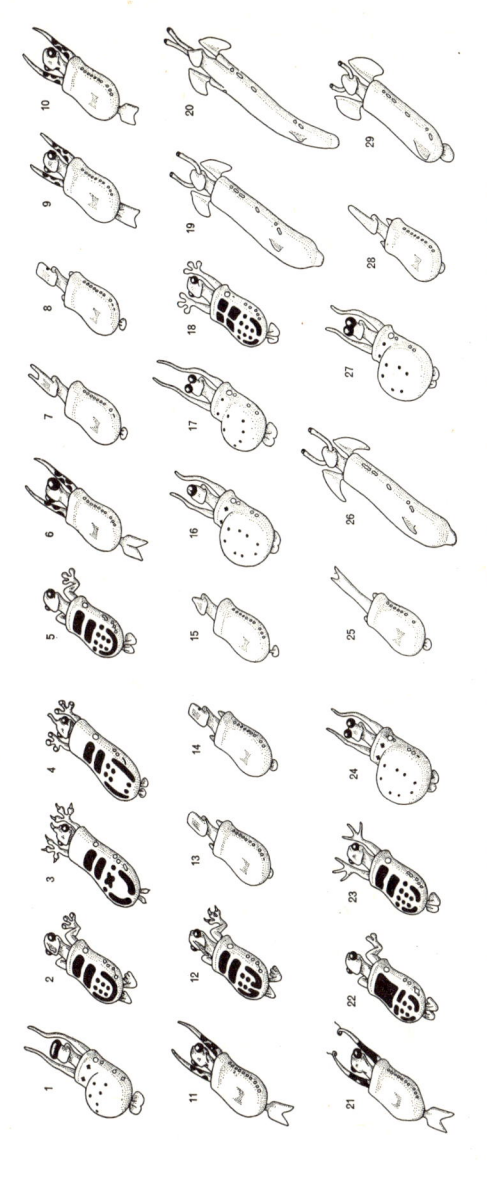

Abb. 5: "Caminalcules", imaginäre Phantasietiere, die nach einem künstlichen Stammbaum, jedoch nach den bekannten Mechanismen der Evolution, geschaffen wurden, um einander widerstreitende Methodologien der Systematik zu prüfen (nach Sokal, 1966).

Es existieren inzwischen eine ganze Reihe elektronischer Modelle ganzer Nervennetze mit zum Teil erstaunlichen Leistungen. Mit dem Gerät *Isomat* der Firma *Phywe* können neuronale Verschaltungen und ihre Wirkungen dargestellt werden. Durch Auflage verschiedener Schablonen läßt sich dieselbe Schaltung für verschiedene Beziehungssysteme verwenden, wobei die Aussagen über den Bereich der Biologie weit hinausgehen. Es gibt Schablonensätze für Aussagenlogik, Leiterkreis, Neuronales Netzwerk, Rechtsprechung, Grammatik, Technik und Verkehr, Physiologie, Chemie und Mathematik. Außerdem kann man das System als „Black Box" betrachten, dessen interne Struktur logisch erschlossen werden muß, wobei die Deduktion als erkenntnistheoretisches Verfahren demonstriert werden kann. Mit diesem Gerät kann dem Schüler auf der Basis der Schaltalgebra die Bedeutung der *Isomorphie* nahegebracht werden (*Isomat* ist die Abkürzung von „*Isomorphie-Automat*"). Für die verschiedenen Möglichkeiten der Verknüpfung und Nachrichtenübertragung existiert ein Algorithmus, welcher von der Firma *Lectron* in elektronische Bauelemente transformiert worden ist (*Birett* 1974). Diese lassen sich auf einer elektrisch leitenden Grundplatte zu Schaltkreisen anordnen.

Mit dem einfachen Bausatz lassen sich komplizierte neuronale Vorgänge anschaulich machen. Als Beispiel diene das Lernvermögen biologischer Systeme, welches die wichtigste Leistung des Zentralnervensystems darstellt. Ein lernendes System muß Mechanismen besitzen, um verschiedene Größen miteinander verrechnen zu können, es muß die Information über derartige Zuordnungen speichern und nicht zuletzt diese auch wieder situationsgerecht abrufen lassen. Bereits mit einfach herstellbaren Streichholzschachtel-Automaten (*Pohley & Schaefer* 1969, *Schaefer* 1972) läßt sich Lernen als Veränderung der Verhaltenswahrscheinlichkeit veranschaulichen. Als Musterbeispiel eines Lernprozesses, den wir als Konditionierung bezeichnen, kann der *Pawlow*sche Hund dienen (*Birett* 1974, *Halbach* 1974).

Ein anderes eindrucksvolles Beispiel aus der Neurophysiologie, welches sich leicht mit Hilfe von Analogschaltungen imitieren läßt, ist die *„laterale Inhibition"* zum Zwecke der Kontraststeigerung *(Hassenstein* 1970, *Birett* 1974). Das Phä-

Abb. 6: Optische Täuschung am *Hermann*schen Gitter zur Demonstration des Phänomens der *lateralen Inhibition:* An den Kreuzungsstellen der weißen Bahnen erscheinen bei Betrachtung graue Flecken als Folge des sogenannten Simultankontrastes. (nach *Hassenstein* 1970)

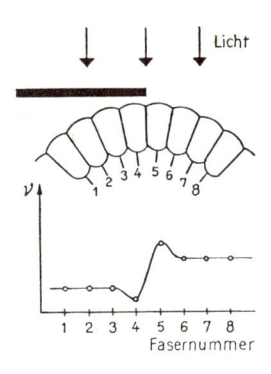

Abb. 7: Kontrastverstärkung durch *laterale Inhibition* beim *Limulus-Auge*. Bei diesem elektrophysiologischen Versuch wird das Komplexauge so beleuchtet, daß die Hell-Dunkel-Grenze zwischen zwei Ommatidien liegt. In den ableitenden Fasern ergibt sich die dargestellte Impulsdichte-Verteilung. (nach *Birett* 1974)

nomen läßt sich am einfachsten demonstrieren durch die optische Täuschung am *Hermann*schen Gitter (Abb. 6). Bei Betrachtung der Abbildung erscheinen an allen Kreuzungen der weißen Bahnen graue Flecken. Eine Ausnahme ist jeweils die Stelle, auf welche gerade der Blick gerichtet ist. Die Fixierstelle des Auges, welche die Stelle des deutlichsten Sehens ist *(Fovea centralis)*, ist demnach der optischen Täuschung nicht unterworfen. Wie unterscheiden sich nun aber die Kreuzungsstellen von allen entsprechend großen Abschnitten der weißen Bahnen? Was kann demnach für die scheinbar unterschiedliche Helligkeit verantwortlich sein? Die Tönung der Flächen selbst kann es wohl nicht sein, denn sie ist überall gleich, wie uns das „genaue Hinsehen" mit der Fixierstelle oder auch die Betrachtung bei abgedeckter Umgebung zweifelsfrei bestätigen. Demnach muß es die Nachbarschaft der weißen Flächen sein, welche für deren verschiedene Helligkeitstönung verantwortlich ist. Diese Nachbarschaft ist nun tatsächlich für die Kreuzungen und für die übrigen Abschnitte der Bahnen unterschiedlich: Das „Quadrat", welches die „Kreuzung" darstellt, ist an keiner seiner Seiten von einer schwarzen Fläche begrenzt (lediglich an seinen 4 Ecken); jedes aus den Bahnen herausgeschnittene Quadrat hat dagegen an zweien seiner vier Seiten eine schwarze Begrenzung. Daraus läßt sich folgern: Helle Nachbarschaft vermindert die scheinbare oder subjektive Helligkeit einer Fläche, während sie durch eine dunkle Nachbarschaft erhöht wird (laterale Inhibition). Dies ist zunächst eine Vermutung oder Hypothese, welche jedoch durch experimentelle Befunde am Auge von *Limulus* (Pfeilschwanzkrebs) bestätigt wird (Abb. 7). Im Vergleich zu gleich stark gereizten Rezeptoren zeigen die Ommatidien 4 und 5 Unterschiede, welche auf eine Wechselbeziehung zwischen den einzelnen Einheiten hinweisen. Es hat sich herausgestellt, daß eine Rückwärtshemmung die Kontrasterhöhung verursacht. Mit der Schaltung der Abb. 8 kann man das Prinzip demonstrieren, wobei der Ausbau von zwei Kanälen genügt:

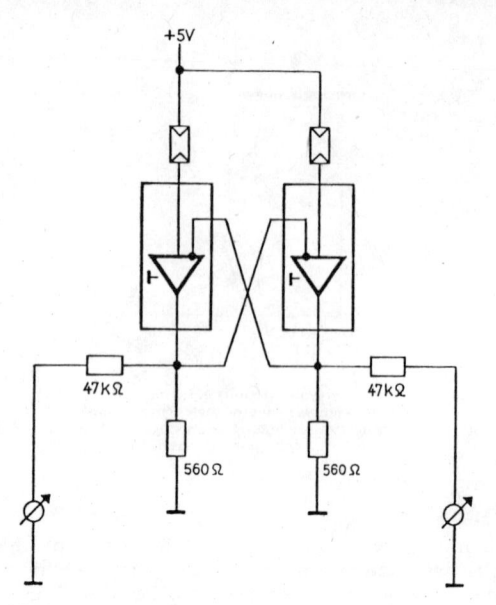

Abb. 8: Laterale Inhibition: Kontrasterhöhung durch Rückwärtshemmung, dargestellt an einem 2-Kanal-System (nach *Birett*, 1974).

a) Bei gleich starker Aktivierung beider Kanäle ($\triangleq$ Rezeptoren 7 und 8) zeigen beide Meßgeräte den gleichen Wert an.
b) Bei unterschiedlicher Aktivierung beider Kanäle ($\triangleq$ Rezeptoren 4 und 5) sinkt erwartungsgemäß die Anzeige von Kanal 4; die Anzeige von Kanal 5 steigt dagegen an, obwohl sich an seiner Reizsituation nichts geändert hat.
c) Werden beide Kanäle gleich schwach aktiviert ($\triangleq$ Rezeptoren 1 und 2), zeigen die beiden Meßgeräte den gleichen Wert an, welcher etwas über dem Wert von Kanal 4 liegt.
d) Bei zusätzlicher Beleuchtung des einen Kanals sinkt entsprechend die Anzeige des anderen.
Im Versuch (b) wird über den einen Fotowiderstand Papier gelegt, im Versuch (c) werden beide bedeckt. Wenn die Anzeige von Kanal 5 in Versuch (b) nicht ansteigen sollte, deckt man den anderen Fotowiderstand ab. Eine derartige Asymmetrie kann sich aufgrund der Toleranz der Bauteile ergeben. Man kann natürlich auch die Raumhelligkeit verändern: Wenn es im Zimmer sehr hell ist und Versuch (d) nicht gelingt, kann man über beide Fotowiderstände Papier legen. Das Phänomen der lateralen Inhibition als Mittel zur Kontraststeigerung beim Bildsehen läßt sich im 10 min dauernden Unterrichtsfilm „Lateral Inhibition in the Retina" (W 1145, Institut für den Wissenschaftlichen Film — Göttingen) von *C. Blakemore* am Beispiel der Katze demonstrieren.

Kybernetischer Regelkreis

Ein besonders fruchtbarer Einsatz elektronischer Analogmodelle biologischer Systeme ergab sich nach der Entdeckung des *kybernetischen Regelkreises* mit negativer Rückkoppelung. Diese Art der Steuerung durch Rückkoppelung ist typisch für die Organisation des Lebens; sie findet sich auf seinen verschiedenen Integrationsebenen, z. B. im biochemischen Bereich bei der Steuerung der Enzymaktivität durch reaktionshemmende Wirkung des Endproduktes (vgl. *Birett* 1974), auf physiologischer Ebene etwa bei der Regulierung der Körpertemperatur oder des Blutzuckergehaltes, in der Ökologie bei der Regulation der Populationsdichte, indem eben diese Dichte Natalität und Mortalität beeinflußt (z. B. durch Seuchen, Hunger, Streß, Kannibalismus u. a.). Abb. 9 demonstriert die Regelung der Populationsdichte, wobei eine vereinfachende Darstellungsweise Verwendung fand: Die Pfeile geben negative oder positive Wirkungen an (gekennzeichnet durch entsprechende Korrelationen). Ein geschlossener Kreis in einem solchen System bedeutet dann eine negative Rückkoppelung, wenn die Zahl der in ihm enthaltenen Minus-Zeichen ungerade ist (denn 2 × minus = plus!). Tab. 1 gibt einige Beispiele für Regulation mittels negativer Rückkoppelung aus dem Bereich der Technik und der Biologie (z. B. Kühlschrank), womit wiederum ein Beispiel für isomorphe Phänomene gegeben worden ist. Bei gerader Zahl von Minus-Zeichen (incl. Null) haben wir eine positive Rückkoppelung, welche zu einem Aufschaukeln des Systems führt („Kettenreaktion", vgl. Tab. 2).

Vernetzte Systeme

Ein Einwand gegen den Einsatz von Modellen im Biologieunterricht, welcher immer wieder zu hören ist, ist ihre Simplizität, welche den außerordentlich kom-

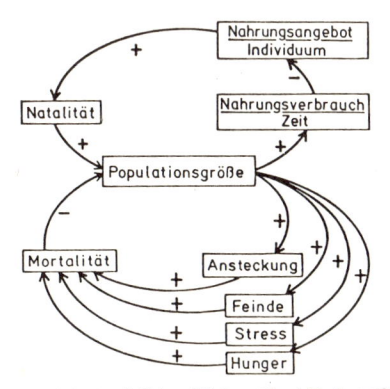

Abb. 9: Vereinfachtes Schema einiger möglicher Wirkungskreisläufe, welche über Mortalität bzw. Natalität die Populationsgröße regeln. Ein + (—) zeigt positive (negative) Korrelationen der verknüpften Parameter aufgrund einer entsprechenden Kausalbeziehung an. In allen Fällen liegt negative Rückkoppelung vor. Exogene Faktoren (Klima usw.) können auf jede Komponente einwirken und dadurch das Gleichgewichtsniveau der Populationsgröße verschieben (nach *Jacobs* aus *Czihak* et al., 1976).

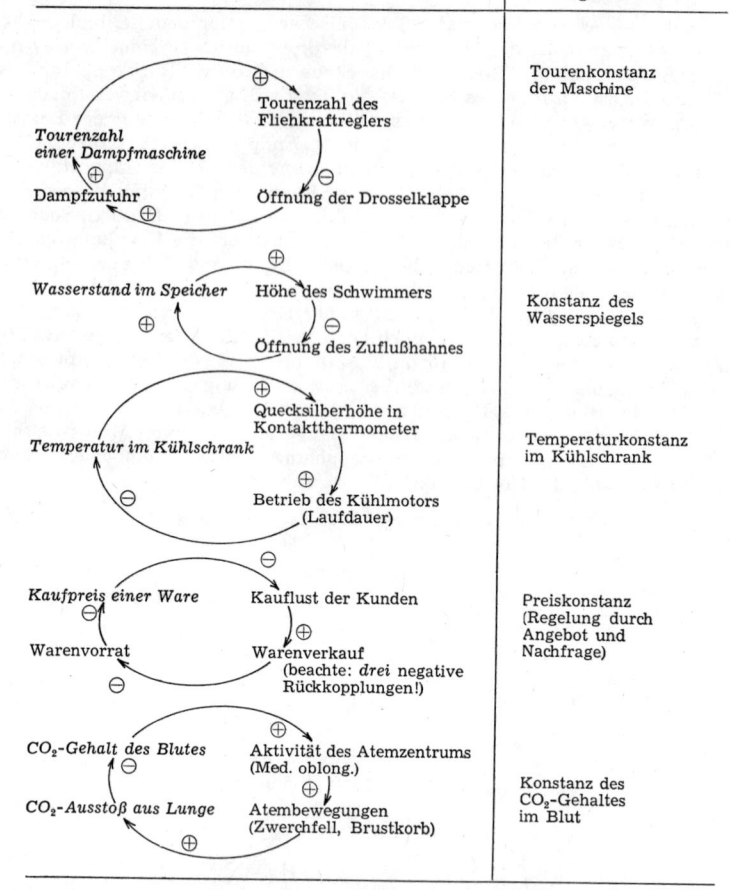

Kausalkreis	Endergebnis
Tourenzahl einer Dampfmaschine ⊕→ Tourenzahl des Fliehkraftreglers ⊖→ Öffnung der Drosselklappe ⊕→ Dampfzufuhr ⊕→ (zurück)	Tourenkonstanz der Maschine
Wasserstand im Speicher ⊕→ Höhe des Schwimmers ⊖→ Öffnung des Zuflußhahnes ⊕→ (zurück)	Konstanz des Wasserspiegels
Temperatur im Kühlschrank ⊕→ Quecksilberhöhe in Kontaktthermometer ⊕→ Betrieb des Kühlmotors (Laufdauer) ⊖→ (zurück)	Temperaturkonstanz im Kühlschrank
Kaufpreis einer Ware ⊖→ Kauflust der Kunden ⊕→ Warenverkauf ⊖→ Warenvorrat ⊖→ (zurück) (beachte: *drei* negative Rückkopplungen!)	Preiskonstanz (Regelung durch Angebot und Nachfrage)
CO_2-Gehalt des Blutes ⊕→ Aktivität des Atemzentrums (Med. oblong.) ⊕→ Atembewegungen (Zwerchfell, Brustkorb) ⊕→ CO_2-Ausstoß aus Lunge ⊖→ (zurück)	Konstanz des CO_2-Gehaltes im Blut

Tabelle 1: Regelungsprozesse *(Negative Rückkopplung)*

Der Kühlschrank (Mitte) ist ein Beispiel für *unstetige* (Zweipunkt-)Regelung mit einfachem Ein-Aus-Mechanismus; die anderen Beispiele veranschaulichen eine *stetige* Regelung mit kontinuierlicher Gegenwirkung (nach *Schaefer* 1972).

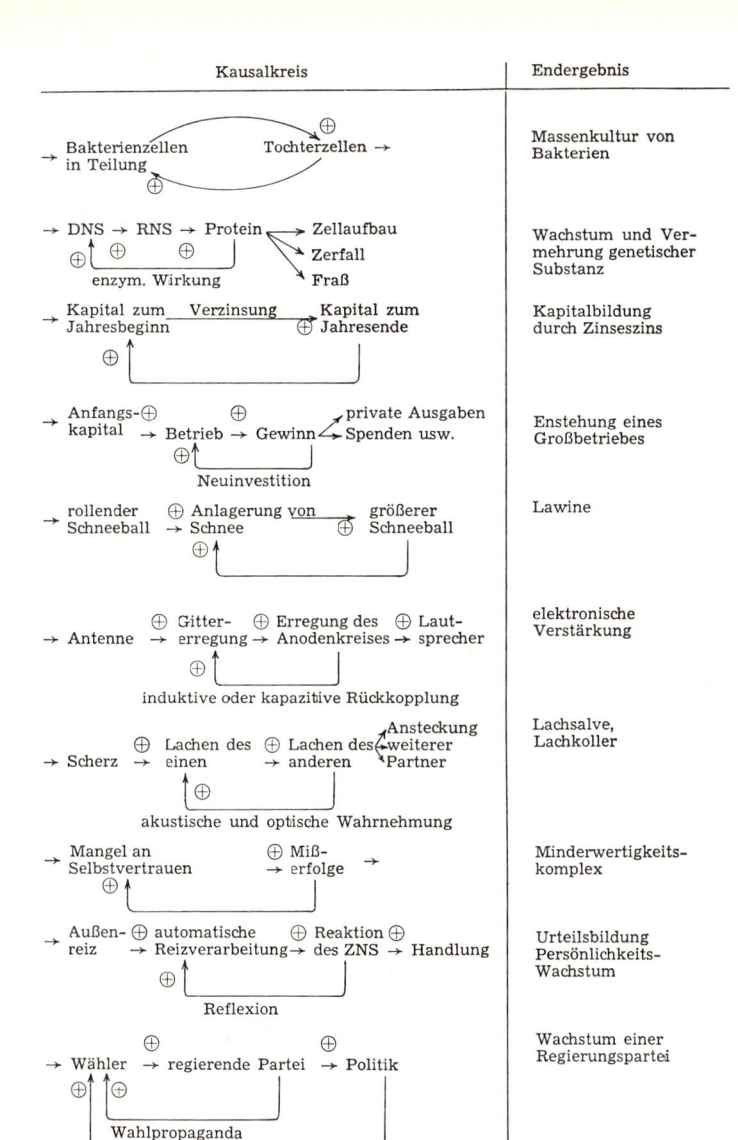

Kausalkreis	Endergebnis
→ Bakterienzellen in Teilung ⊕→ Tochterzellen → (⊕ loop)	Massenkultur von Bakterien
→ DNS → RNS → Protein → Zellaufbau / Zerfall / Fraß; ⊕ enzym. Wirkung	Wachstum und Vermehrung genetischer Substanz
→ Kapital zum Jahresbeginn — Verzinsung → Kapital zum Jahresende ⊕ (⊕ loop)	Kapitalbildung durch Zinseszins
→ Anfangskapital ⊕→ Betrieb ⊕→ Gewinn → private Ausgaben / Spenden usw.; ⊕ Neuinvestition	Enstehung eines Großbetriebes
→ rollender Schneeball ⊕→ Anlagerung von Schnee ⊕→ größerer Schneeball; ⊕ (loop)	Lawine
→ Antenne ⊕→ Gittererregung ⊕→ Erregung des Anodenkreises ⊕→ Lautsprecher; ⊕ induktive oder kapazitive Rückkopplung	elektronische Verstärkung
→ Scherz ⊕→ Lachen des einen ⊕→ Lachen des anderen → Ansteckung weiterer Partner; ⊕ akustische und optische Wahrnehmung	Lachsalve, Lachkoller
→ Mangel an Selbstvertrauen ⊕→ Mißerfolge →; ⊕ (loop)	Minderwertigkeitskomplex
→ Außenreiz ⊕→ automatische Reizverarbeitung ⊕→ Reaktion des ZNS ⊕→ Handlung; ⊕ Reflexion	Urteilsbildung Persönlichkeits-Wachstum
→ Wähler ⊕→ regierende Partei ⊕→ Politik; ⊕ ⊕ Wahlpropaganda Erfolge	Wachstum einer Regierungspartei

Tabelle 2: Wachstumsprozesse *(positive Rückkopplung)* (nach *G. Schaefer:* „Kybernetik und Biologie" Metzlersche Verlagsbuchhandlung — Stuttgart 1972).

plexen Naturphänomenen nicht gerecht werde. Aber gerade hierbei wird die Bedeutung der Modellmethode unterschätzt, denn mit ihrer Hilfe lassen sich durchaus auch komplexe biologische Systeme darstellen und simulieren. Leben bedeutet Schaffung und Erhaltung von Strukturen mit hohem Informationsgehalt gegen das Entropiegefälle, was nur bei einem starken Energiedurchfluß möglich ist. Energetisch gesehen sind Lebewesen daher Fließgleichgewichte, die ihre Stabilität nur durch komplizierte Steuerungen aufrecht erhalten können. Die Homöostase ist das Ergebnis einer Pufferung, welche auf vernetzte Regelkreise zurückzuführen ist. Auch sie findet sich auf den verschiedenen Integrationsebenen des Lebens, im Bereich der Molekularbiologie ebenso wie beispielsweise in Ökosystemen (Abb. 10). Im letzteren Fall sind die trophischen Beziehungen die wichtigsten Interrelationen, jedoch durchaus nicht die einzigen. Die Abb. 10 zeigt weitere biotische Beziehungen. Dieses Netzwerk von Wechselbeziehungen enthält eine Vielzahl vermaschter kybernetischer Regelkreise. Tatsächlich ist die Komplexität in einem natürlichen Ökosystem noch viel größer als in der Abb. 10 dargestellt. So sind in diesem Schema beispielsweise keine Fliegen und Mücken enthalten. Abb. 11 demonstriert, wie kompliziert bereits ein Subsystem ist, welches nur die Larven der Dipteren und deren ökologische Wechselbeziehungen enthält.

Da die Auswirkungen einer Art auf das System vielfältig und zum großen Teil sehr indirekt sind, erhellt dies die Unsinnigkeit der Kategorisierung in „nützliche" und „schädliche" Organismen. Das vereinfachte Beziehungsgefüge der Abb. 12 dokumentiert bereits am Beispiel eines 4-Arten-Systems den möglichen zwiefältigen Einfluß der Populationsdichte einer Art auf eine andere. Die Zooplanktonart Z 1 dezimiere aufgrund einer trophischen Beziehung die Phytoplanktonart P 1, wodurch sich deren Konkurrenzdruck auf P 2 verringert. Dies fördert eine Zunahme von P 2 und deren Konsumenten Z 2. Z 1 übt also auf Z 2 nicht nur einen direkten hemmenden Einfluß aus (Konkurrenz), sondern auch einen indirekten fördernden. Wie gut solche Rückkoppelungssysteme funktionieren, hängt von der Stärke der interspezifischen Beziehungen ab.

Natürlich wird das Wirkungsgefüge umso komplexer, je mehr Arten beteiligt sind. Zieht man nun noch in Betracht, daß auch die Organismen einer Art durchaus nicht alle gleich sind, sondern sich durch Polymorphismus, Geschlechtsdimorphismus, genetische Variabilität, Modifikationen und Altersstruktur unterscheiden, dann wird erst recht die ganze Komplexität natürlicher Ökosysteme deutlich. Die Problematik, die sich in diesem Fall bei der Simulation ergibt, ist bei *Halbach* (1974) ausführlich dargestellt.

5. Dem- und synökologische Modelle

In der Populations- und Synökologie kommt der Modellmethode eine besondere Bedeutung zu, welche vor allem in ihrem prognostischen Wert liegt. Doch gerade hier häufen sich Zweifel und Mißverständnisse, wie die heftige weltweite Diskussion über die Voraussagen der Weltmodelle der MIT-Studie (Massachusetts Institute of Technology) des Club of Rome gezeigt hat (*Forrester* 1972, *Meadows* 1972, *Mesarovic & Pestel* 1974). Diese Modelle bestehen aus einer Reihe von Parametern oder Zustandsgrößen, welche untereinander Wechselwirkungen aufwei-

Abb. 10a

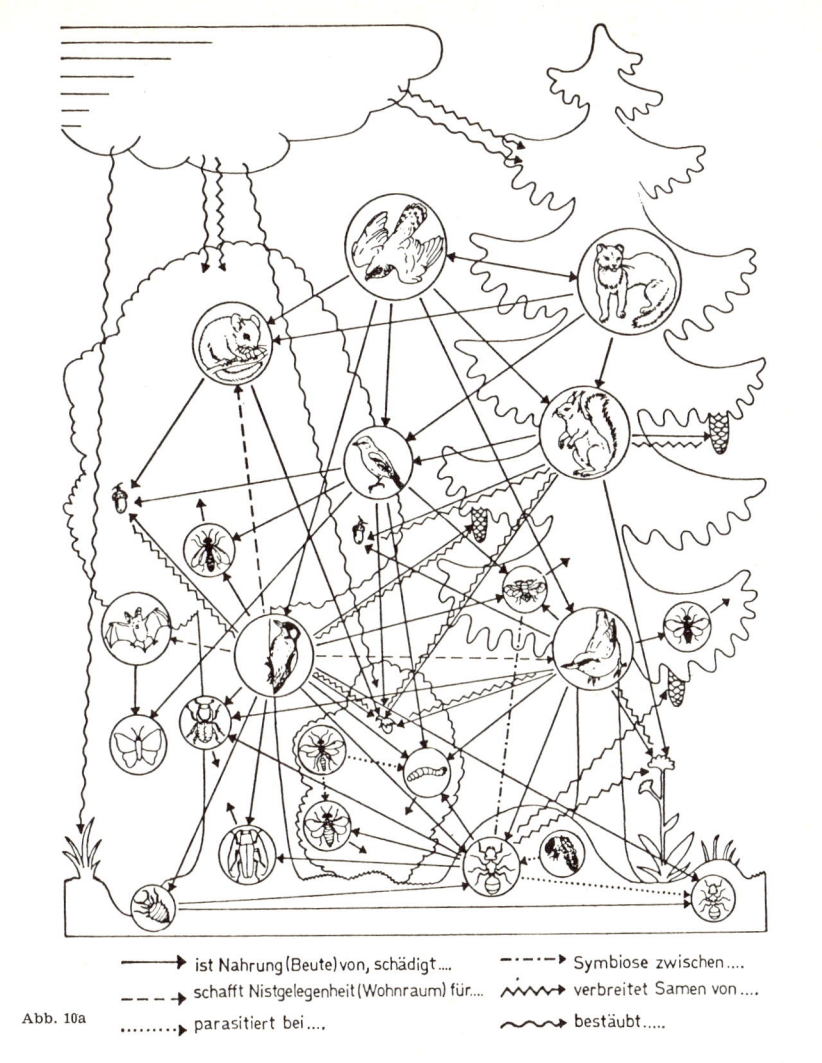

⎯⎯→ ist Nahrung (Beute) von, schädigt....
⎯ ⎯ ⎯→ schafft Nistgelegenheit (Wohnraum) für....
........→ parasitiert bei....
⎯·⎯·⎯→ Symbiose zwischen....
∿∿∿→ verbreitet Samen von....
∼∼∼→ bestäubt.....

Abb. 10: Beziehungssystem innerhalb der Lebensgemeinschaft des Waldes. a: bildliche, b: symbolische Darstellung des Wirkgefüges (nach *Krätzschmar* und *Dylla* 1975).

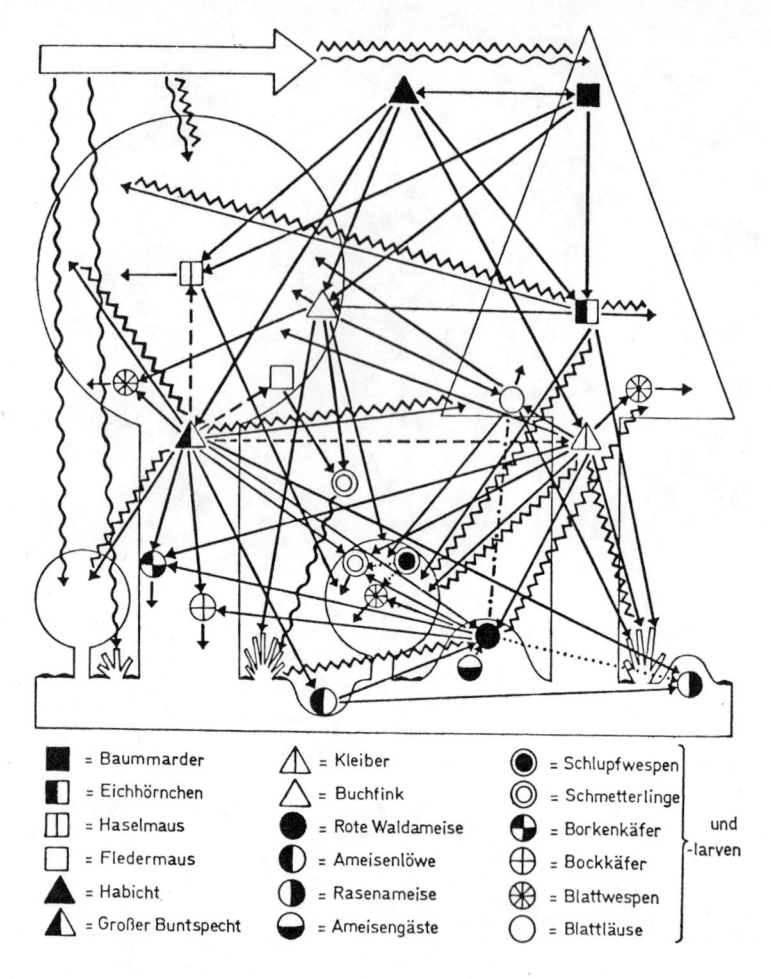

	= Baummarder	◮	= Kleiber	◉	= Schlupfwespen	
▣	= Eichhörnchen	△	= Buchfink	◎	= Schmetterlinge	
⑪	= Haselmaus	●	= Rote Waldameise	◐	= Borkenkäfer	und
☐	= Fledermaus	◖	= Ameisenlöwe	⊕	= Bockkäfer	-larven
▲	= Habicht	◗	= Rasenameise	✴	= Blattwespen	
▲	= Großer Buntspecht	◒	= Ameisengäste	○	= Blattläuse	

Abb. 10b

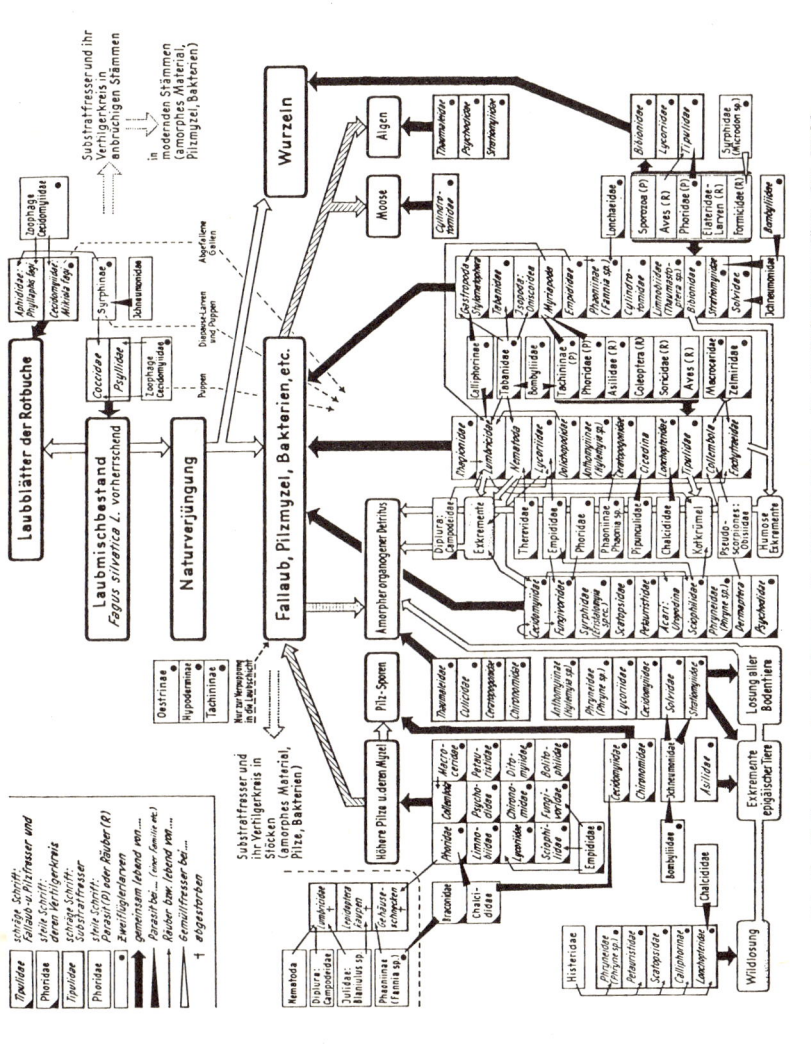

Abb. 11: Stellung der bodenlebenden Zweiflügler-Larven im Verknüpfungsgefüge der Waldbiozönose, dargestellt am Ausschnitt der Primär- und Sekundärzersetzer in der Fallaubschicht (nach Brauns 1968).

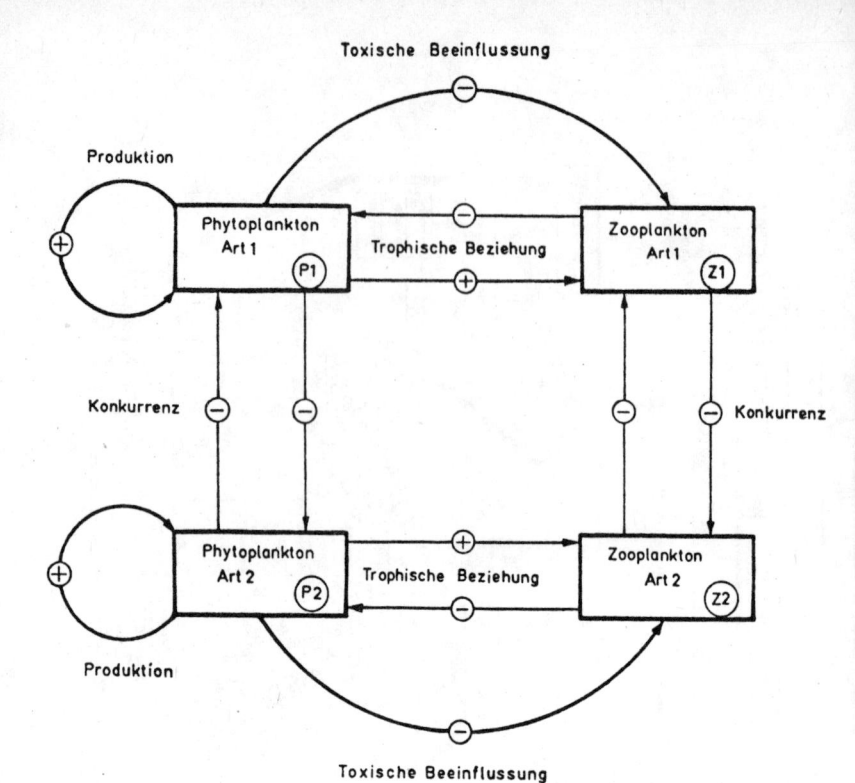

Abb. 12: Schema der möglichen Beziehungen zwischen Phytoplankton- und Zooplanktonorganismen am Beispiel zweier Pflanzen- und zweier Tierarten. Die Rechtecke stellen die Biomasse der einzelnen Arten dar, die Pfeile die Richtung biotischer Einflüsse (auf die jeweilige Biomasse); die Plus- bzw. die Minus-Zeichen symbolisieren einen fördernden bzw. einen destruktiven Einfluß auf die Biomasse. Der Übersichtlichkeit halber sind in dem Schema einige weitere mögliche Einflüsse weggelassen worden.

sen, die durch Pfeile dargestellt sind (Abb. 13). Diese Pfeile stellen kausale oder funktionale Beziehungen dar, welche man empirisch erfassen und in Diagrammen darstellen kann. Abb. 14 gibt hierfür ein Beispiel. Wie bei der Black-Box-Methode (vgl. Abb. 3) beschrieben, läßt sich zu jedem Kurvenverlauf eine beschreibende Funktion finden, die sich mit beliebiger Genauigkeit angleichen läßt, z. B. durch eine Differentialgleichung in Form eines Polynoms. Hier offenbart sich wiederum der deskripitive Charakter dieses Modell-Typs, der die kausalen Grundlagen unbeachtet läßt. Er lebt ausschließlich von dem eingangs erwähnten prognostischen Wert; seine Bedeutung ist identisch mit seiner Voraussagefähigkeit.

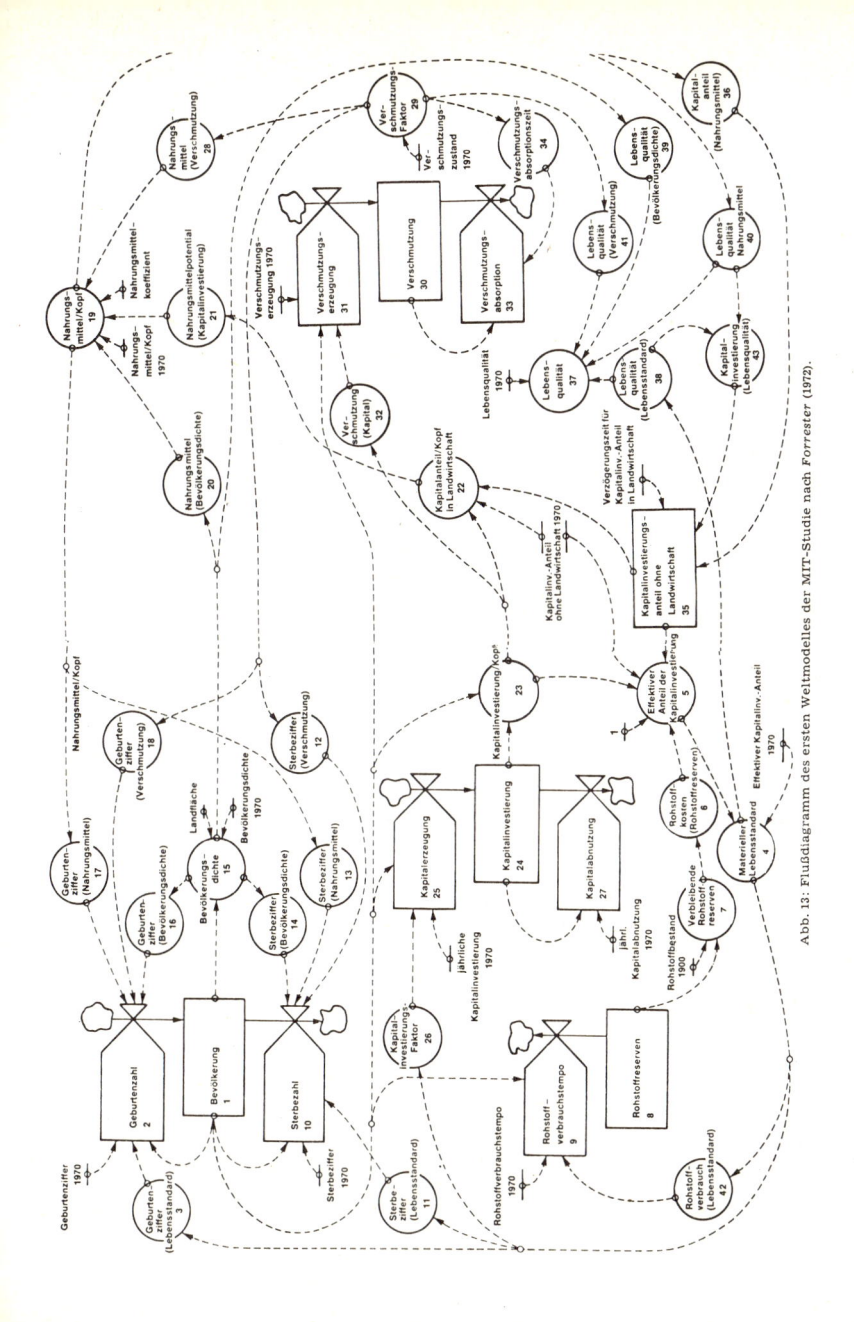

Abb. 13: Flußdiagramm des ersten Weltmodelles der MIT-Studie nach Forrester (1972).

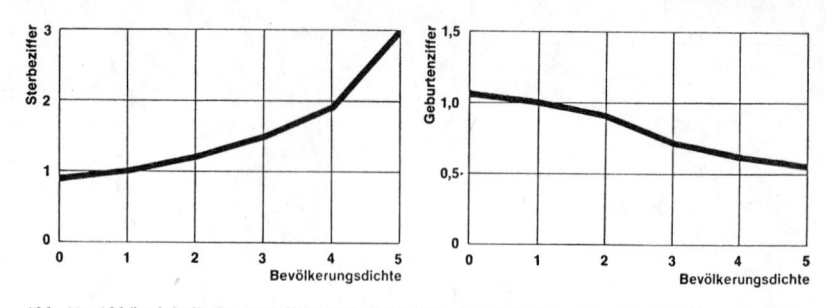

Abb. 14: Abhängigkeit der Natalität und Mortalität des Menschen von der Bevölkerungsdichte. Bei steigendem Ballungsgrad vergrößert sich die Sterbe- und sinkt die Geburtenziffer (nach Forrester, 1972).

In der Demökologie finden verschiedenartige Modelle Verwendung: Analogmodelle und Digitalmodelle, deterministische und stochastische Simulationen. Einige Beispiele mögen dies erläutern:
Kennt man die genauen Lebensdaten einer Organismenart (Lebensdauer, Zahl der Nachkommen und Zeitpunkt ihrer Geburt), so kann man die Populationswachstumsrate bestimmen. Man kann dazu ein einfaches graphisches Modell verwenden, wie es Abb. 15 für eine sich parthenogenetisch vermehrende Rädertier-Population darstellt. Die waagerechten Zeilen entsprechen dem nach experimentellen Daten konstruierten Lebens-Schema der Rotatorien, wobei vereinfachend angenommen wurde, daß alle Tiere das gleiche Lebens-Schema haben und daß die Elementarereignisse der Geburten und Sterbefälle jeweils synchron erfolgen. Die Zahlen vor den einzelnen Lebens-Schemata geben die Anzahl der zu diesem Zeitpunkt geborenen Tiere an. Mit diesem einfachen Modell kann man leicht Altersstruktur und Vermehrungsrate der Population ermitteln. Doch nicht nur das: Mit diesem Modell kann man auch den Einfluß der einzelnen Lebensdaten wie Lebensdauer, Infertilitätszeit, Zahl der Nachkommen usw. auf das Populationswachstum prüfen. Wenn etwa jede Mutter ein Kind weniger zur Welt bringt, dann ist die Vermehrungsrate sicher kleiner. Aber welchen Einfluß hat es, ob das ausfallende Kind das erste oder das letzte ist? Die semilogarithmische Darstellung des exponentiellen Wachstums in der Abb. 15 oben rechts zeigt, daß der Einfluß des Erstgeborenen wesentlich bedeutsamer ist als der der später geborenen. Man kann Modelle dieser Form beispielsweise verwenden, um vom Schüler bestimmen zu lassen, um wieviel älter die Mütter im Durchschnitt bei der Geburt des ersten Kindes sein müßten, um bei einer um 1 Kind erhöhten durchschnittlichen Nachkommenzahl (von beispielsweise 2 auf 3) die Populationswachstumsrate *nicht* zu vergrößern. Dieses Beispiel zeigt einmal mehr, daß Modelle mehr sind als lediglich „billige Ersatzexperimente": Mit Hilfe von Modellen können Parameter in einem Ausmaß variiert und ihr Einfluß auf das System geprüft werden, wie dies experimentell am natürlichen Phänomen aus technischen oder ethischen Gründen nicht möglich ist. Eine Erweiterung und Vertiefung dieser Gedanken erfolgt im Kapitel „Optimierung" (S. 101).

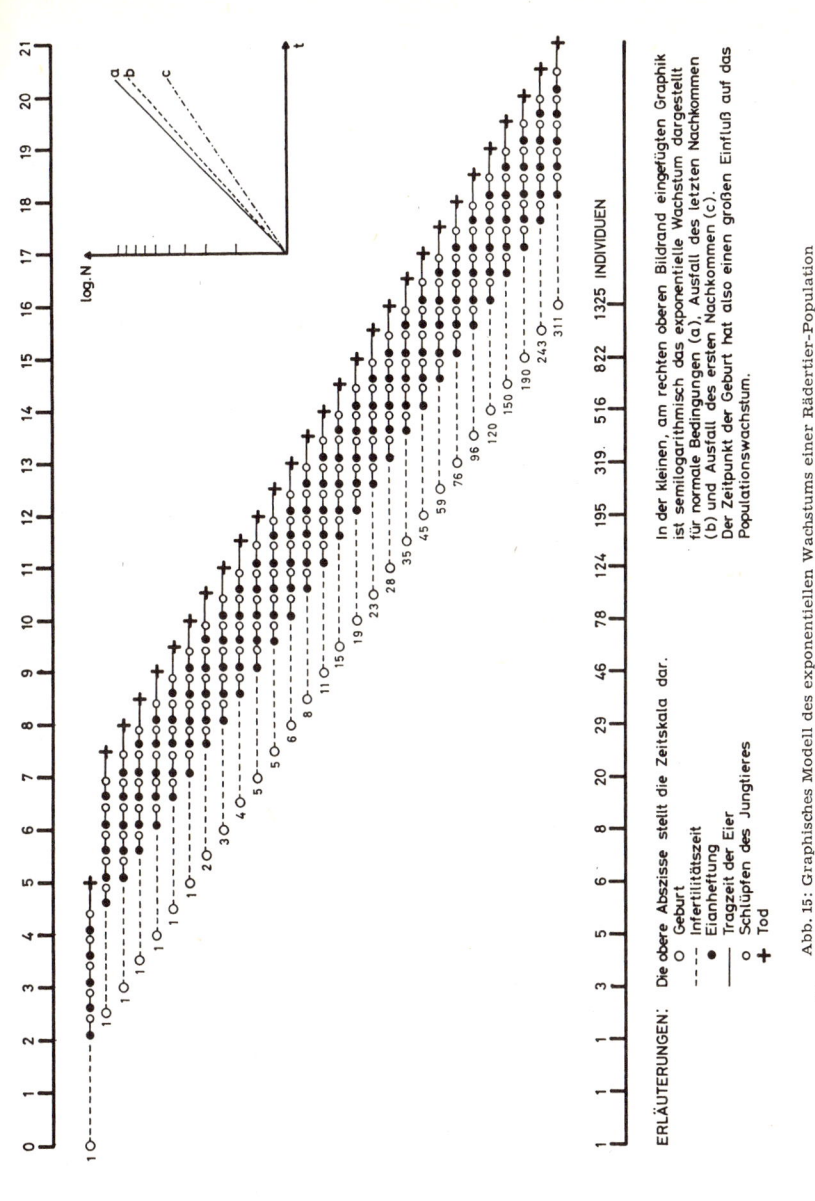

ERLÄUTERUNGEN: Die obere Abszisse stellt die Zeitskala dar.

○ Geburt
--- Infertilitätszeit
● Einheftung
── Tragzeit der Eier
─○ Schlüpfen des Jungtieres
+ Tod

In der kleinen, am rechten oberen Bildrand eingefügten Graphik ist semilogarithmisch das exponentielle Wachstum dargestellt für normale Bedingungen (a), Ausfall des letzten Nachkommen (b) und Ausfall des ersten Nachkommen (c).
Der Zeitpunkt der Geburt hat also einen großen Einfluß auf das Populationswachstum.

Abb. 15: Graphisches Modell des exponentiellen Wachstums einer Rädertier-Population (*Brachionus calyciflorus*). Die Abszisse stellt die Zeitskala in Tagen dar (nach *Halbach*, 1974; dort weitere praktische Beispiele).

Das in der Abb. 15 geschilderte Wachstum unter nicht limitierten Bedingungen ist exponentiell und läßt sich leicht mathematisch beschreiben. Wenn N die Individuendichte und t die Zeit ist, dann ist der Zuwachs pro Zeiteinheit proportional der Dichte

$$\frac{\Delta N}{\Delta t} \sim N \tag{1}$$

oder

$$\frac{\Delta N}{\Delta t} = r \cdot N \tag{2}$$

mit der „spezifischen Wachstumsrate" (*Malthus*scher Parameter) r als Proportionalitätsfaktor. Nach Integration erhält man die einfache Exponentialfunktion

$$N_t = N_0 \cdot e^{rt}. \tag{3}$$

r entspricht der Differenz von Geburts- (b) und Sterberate (d):

$$r = b - d \tag{4}$$

Nehmen wir als Beispiel die menschliche Bevölkerungsexplosion. Für das Jahr 1959 werden folgende Daten angegeben: $N_0 = 2{,}907$ Milliarden, $b = 0{,}036/J$ (d. h. 36 Geburten pro tausend Einwohner und Jahr); $d = 0{,}019/J$ (d. h. 19 Sterbefälle pro tausend Einwohner und Jahr). Das ergibt $r = 0{,}017/J$. Es läßt sich nun die Bevölkerungsgröße für das Jahr 1974 ($t = 15$ Jahre) berechnen:

$$N_{15} = 2{,}907 \cdot 10^9 \cdot e^{0{,}017 \cdot 15} = 3{,}75 \cdot 10^9. \tag{5}$$

Diese Zahl wurde jedoch schon 1972 erreicht. Das bedeutet, daß r nicht konstant blieb, sondern größer wurde. Aufgrund einer sich ständig verkürzenden Verdoppelungszeit ist die „Bevölkerungsexplosion" des Menschen kein exponentielles sondern ein hyperexponentielles Wachstum (vgl. *Halbach* 1974). Solche *Post-Faktum-Prognosen* sind ein Weg, die Güte von Modellen zu testen. Kann das Wachstum noch lange so weitergehen? Keineswegs! Es wird eine Regulation einsetzen, die notwendigerweise über die Geburts- oder über die Sterberate erfolgen muß. Wir kennen zwar bereits Einflüsse der Bevölkerungsdichte auf diese beiden Parameter (z. B. durch Streß, Hunger, Seuchen, Kriege), wann aber und bei welcher Bevölkerungsdichte diese Regulation wirksam werden wird, ist heute noch völlig unklar. Bisherige Prognosen haben sich nicht bewahrheitet. Was ist zu tun, um zu besseren Prognosen zu kommen?

Man kann die allgemeinen Gesetze des Populationswachstums an anderen Organismen (an Testobjekten oder „Versuchskaninchen") aufdecken, um sie dann — mit entsprechender Vorsicht — auf den Menschen zu übertragen. Solche Labortiere können entsprechend ihrer Verwendung als *lebende Modelle* des Menschen betrachtet werden, da statt seiner an ihnen experimentiert wird. Auch die Versuchstiere (Mäuse, Ratten, Hunde, Affen u. a.) der Pharmaindustrie sind so zu interpretieren.

Für die Untersuchung des Populationswachstums wählt man möglichst kleine, leicht zu kultivierende und sich schnell vermehrende Organismen (z. B. Bakterien, Wimpertiere, Rädertiere, Insekten — etwa Kornkäfer). Die ersten drei Gruppen sind besonders gut geeignet, da ihre Vermehrung nicht an Geschlechtspartner gebunden ist.

Betrachten wir als Beispiel die Vermehrung von Joghurt-Bakterien (*Birett* 1976): Man stelle sich vor, daß 1 Liter keimfreie Milch mit 1 Joghurt-Bakterium beimpft wird; bis zur Reifung vergehen 36 Stunden. Zunächst läßt man die Schüler schätzen, welches Volumen die Bakterien nach dieser Zeit einnehmen werden. Die Schätzungen liegen in der Regel zwischen 1 Fingerhut voll und 1/4 Liter, wobei die Begründung lautet: Da die Milch stark verändert ist und auch anders schmeckt, muß das Volumen der vorhandenen Bakterien-Biomasse wohl relativ groß sein.

Meist wünschen die Schüler genauere Angaben zu Zellgröße und Vermehrung, um die Schätzungen zu verbessern. Die folgenden Zahlen sind nur Richtwerte: Die Zellen teilen sich bei optimalen Wachstumsbedingungen alle 20 min. Zur Vereinfachung der Volumenberechnung der stäbchenförmigen Bakterien werden sie als kugelförmig mit einem Radius von $R = 10^{-6}$ m angenommen. An dem geschätzten Volumen ändert sich nach diesen Angaben nichts. Sagt man nun den Schülern, daß ihre Schätzung viel zu klein ausgefallen ist, so können sich die Angaben bis zu 15 Liter (in 1 Liter Milch!) steigern!

Um das zutreffende Ergebnis zu erhalten, kann man nach 36 Std. Inkubation die Bakterien-Biomasse bestimmen. Dazu wird zunächst die Zellzahl mit Hilfe eines Erythrozytometers (Zählkammer nach *Thoma*) bestimmt, wobei eine Anfärbung mit Safranin oder Methylenblau (nach *Danilen*) wertvolle Dienste leistet. Es ist allerdings ein Mikroskop mit Objektiv 100 × (Ölimmersion) erforderlich. Man findet auf diese Weise z. B. in einem Volumen von $1/4000$ mm³ 20 Zellen. Das ergibt pro Liter $8 \cdot 10^{10}$ Zellen. Beim angegebenen Radius von $R = 10^{-6}$ erhält man für eine kugelförmige Zelle ein Volumen

$$V_1 = 4/3 \cdot \pi \cdot R^3 = 4{,}2 \cdot 10^{-18} \text{ m}^3. \tag{6}$$

Das Gesamtvolumen der Bakterien beträgt demnach

$$V_N = N \cdot V_1 = 3{,}4 \cdot 10^7 \text{ m}^3 = 0{,}34 \text{ cm}^3. \tag{7}$$

Das ist etwa 1/10 Fingerhut voll!

Häufig ist es jedoch nicht möglich oder wünschenswert, das Ergebnis — wie hier geschehen — abzuwarten. Um zuverlässige Prognosen machen zu können, muß man die Gesetzmäßigkeiten des Wachstums kennen. Bei der vorliegenden Zweiteilung ist diese Gesetzmäßigkeit leicht zu formulieren: Nach der n. Teilung haben wir $N_n = 2^N$ Zellen. Da sich die Zellen 36 Std. lang alle 20 min teilen sollen, beträgt $n = 3 \cdot 36 = 108$. Wir erhalten somit $N_{108} = 2^{108} = 3{,}25 \cdot 10^{32}$ und ein Gesamtvolumen von $V_N = 1{,}36 \cdot 10^{15}$ m³. Würde man diese errechnete Biomasse gleichmäßig auf der Erdoberfläche verteilen, so ergäbe sich eine Bakterienschicht von 2,7 m. Dieses verblüffende Resultat zeigt, daß auch der Fachmann immer wieder über die Ergebnisse exponentiellen Wachstums erstaunt ist (Getreidekörner auf einem Schachbrett, Seerosen auf einem Teich), weil wir von unserem Naturell her dazu neigen, lineare statt exponentieller Beziehungen anzunehmen. Die Gefahr besteht darin, daß die „Überschwemmung" erst im letzten Augenblick erkannt wird. Solchen Fehleinschätzungen, wie sie gerade in unserer heutigen ökologischen Krise bedrohlich werden können, begegnet man immer wieder. Lassen Sie beispielsweise die Zahl der heute lebenden Menschen im Vergleich zu allen Toten (Summe aller Menschen, die jemals auf der Erde gelebt haben) schätzen. Wo auch immer man den Anfangsstrich für Homo sapiens setzt: das Verhältnis ist größer als 1. Mit anderen Worten: Mehr als die Hälfte aller jemals vorhandenen Menschen lebt *jetzt;* oder wenn es noch heute zu einem Jüngsten Gericht käme, bestünde die Hälfte der sich zu Verantwortenden aus Zeitgenossen! Auch *Jean-Paul Sartre*'s Schattenwelt in seiner Erzählung „Les Jeux Son Faits"

(Das Spiel ist aus) dürfte nicht *mehr* Geister Verstorbener als Lebende enthalten. Es ist reizvoll, diese überraschende Erkenntnis in Beziehung zu setzen zur Anzahl der menschlichen Vorfahren, die jeder einzelne von uns hat!
Das Beispiel der Joghurt-Bakterien zeigt weiterhin, daß exponentielles Wachstum unter natürlichen Verhältnissen immer nur kurzfristig unter optimalen Lebensbedingungen möglich ist. Welcher Fehler wurde bei der Berechnung gemacht? Die als selbstverständlich hingenommene Annahme, daß die Vermehrungsrate konstant sei, ist falsch. Das berechnete Ergebnis stimmt nämlich nur unter der Voraussetzung, daß die gegebenen Bedingungen für den berechneten Zeitraum konstant bleiben. Wie leicht nachzuprüfen ist, kommt in der Gleichung neben N_n keine Größe vor, die von der Zeit oder der Anzahl der vorhandenen Zellen abhängt (was bedeutet, daß alle Größen konstant sind). Mit der gemessenen Zellzahl von $N = 80 \cdot 10^9$ kann man die Zahl der Zellteilungen n durch Logarithmieren der Funktion $N_n = 2^n$ errechnen. Es liegt die Potenz zur Basis 2 vor; man erhält daher mit dem Logarithmus dualis:

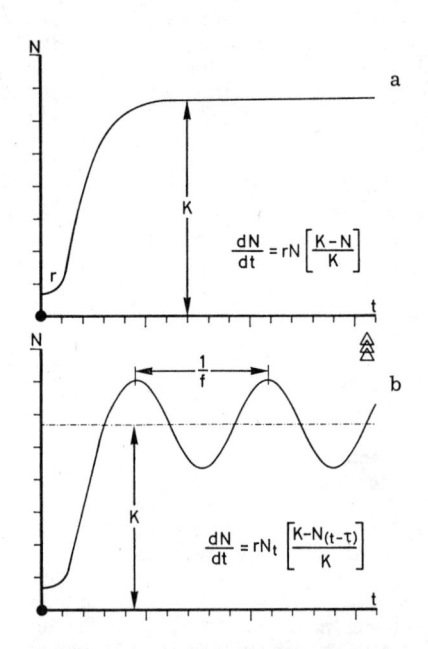

$$\text{ld } N_n = \text{ld } 2^n = n. \tag{8}$$

Abb. 16: Deterministische Modelle limitierten Populationswachstums. a: Sigmoide Wachstumskurve mit asymptotischer Annäherung an die Gleichgewichtsdichte (Kapazität) K, beschrieben durch die Logistische Wachstumsfunktion von *Volterra*. b: Oszillationen um die mittlere Gleichgewichtsdichte mit einer Frequenz f, hervorgerufen durch die Zeitverzögerung τ, mit der die Nachkommenproduktion auf die sich ändernde Futterration pro Tier reagiert.

Daraus folgt:

$$n = \text{ld } 80 \cdot 10^9 \approx 36. \tag{9}$$

Es haben demnach etwa 36 und nicht 108 Teilungen stattgefunden! Mit großer Wahrscheinlichkeit sind diese nicht über den ganzen Expositionszeitraum gleich verteilt. Mißt man beispielsweise alle 4 Std., so kommt man zu einer sigmoiden Wachstumskurve (Abb. 16a), deren mathematische Beschreibung die logistische Wachstumsfunktion von *Lotka* und *Volterra* ist *(Halbach* 1974):

$$\frac{dN}{dt} = r \cdot N \left(\frac{K-N}{K} \right), \tag{10}$$

wobei K die Gleichgewichtsdichte oder *Kapazität* darstellt. Nach Integration lautet die Gleichung:

$$N_t = \frac{K \cdot N_0 \cdot e^{rt}}{K + N_0 (e^{rt} - 1)}. \tag{11}$$

Man kann die Gleichungen (3) und (11) benutzen, um aus den Anfangsdaten einer Populationskurve die endgültige Gleichgewichtsdichte oder Kapazität zu berechnen *(Halbach* und *Foiz* 1978). Wie vorsichtig man im Einzelfall bei solchen Voraussagen sein muß, zeigt die berechnete Prognose amerikanischer Wissenschaftler aus den dreißiger Jahren über die endgültige Gleichgewichtsdichte der menschlichen Bevölkerung auf der Erde (Abb. 17). Hier zeigt sich die ganze Schwäche

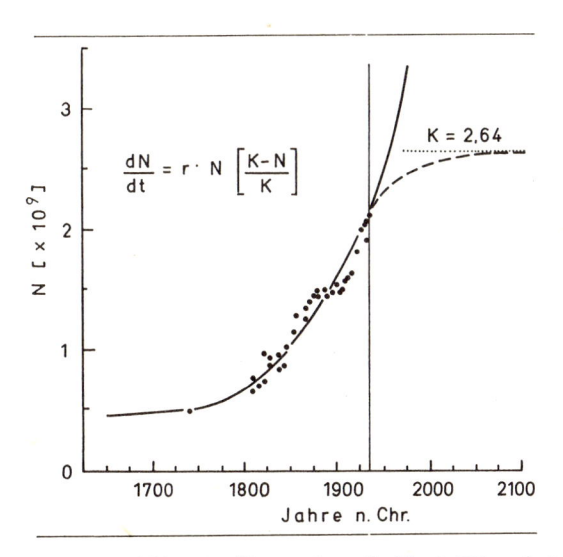

Abb. 17: Prognose der menschlichen Bevölkerungsdynamik (Stand 1936) nach der Logistischen Wachstumsfunktion *(gestrichelte Linie)*. Die endgültige Zahl von 2,64 Milliarden sollte um 2100 n. Chr. erreicht sein. Diese Prognose war falsch, denn wir haben 1977 den 4 Milliarden-Pegel überschritten. (nach *Pearl & Gould*, 1936, aus *Halbach*, 1974).

der Modellmethode; es besteht die große Gefahr, daß aus zu einfachen Modellen zu detaillierte Prognosen gefiltert werden. Sind solche mathematischen Modelle biologischer Systeme deshalb gänzlich nutzlos, wie manche Kritiker der Modellmethoden behaupten? Sicher nicht, wenn man sich der Grenzen der Methoden stets bewußt bleibt. Eine häufig geäußerte Kritik muß allerdings zurückgewiesen werden: Ein Modell könne niemals mehr liefern, als man hineingesteckt habe, und sei daher überflüssige Spielerei. Man könnte dies gleichsetzen mit der häufig gehörten Behauptung, daß kein Computer intelligenter sein könne als der Erfinder. Das stimmt im Prinzip, aber warum hat man sie dann und gibt für ihre Entwicklung und ihren Einsatz so viel Geld aus? Die Lösung ist sehr einfach: Weil sie schneller sind als ihre Erfinder! Zudem potenzieren sie deren Genius und machen ihn auch Ignoranten zugänglich — was im übrigen für alle Maschinen gleichermaßen gilt. (z. B. für das Auto!).

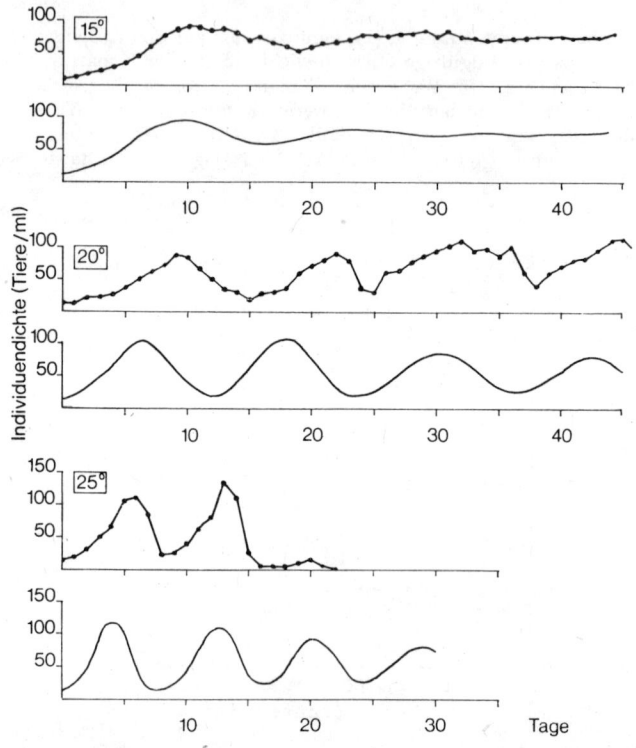

Abb. 18: Populationsdynamik von Rädertier-Populationen bei 3 verschiedenen Temperaturen (15, 20 und 25° C). Jeweils oben empirische Kurven von Labor-Populationen, unten Computer-Simulationen mittels der Logistischen Wachstumsfunktion mit Zeitverzögerung, basierend auf empirisch ermittelten Lebensdaten einzelner Individuen (nach *Halbach*, 1970).

Wie man die logistische Wachstumsfunktion verwenden kann, um auf deduktive Weise optimale Befischungs- oder Ernteraten zu ermitteln, erläutern die Ausführungen auf S. 102 (vergl. Abb. 28).
Treten beim Populationswachstum Zeitverzögerungen auf (beispielsweise zwischen der Nahrungsaufnahme und der daraus resultierenden Nachkommenproduktion), so ergeben sich Regelschwingungen, die als Oszillationen der Populationsdichte bemerkbar werden (Abb. 16b). Die zugehörige Differentialgleichung lautet:

$$\frac{dN}{dt} = r \cdot N_t \left(\frac{K - N_{(t-\tau)}}{K} \right). \tag{12}$$

Der zusätzliche Parameter τ (Zeitverzögerung) bedingt die Frequenz der Oszillationen f (Abb. 16b). Solche Oszillationen der Populationsdichte unter konstanten Bedingungen werden tatsächlich beobachtet (Abb. 18).
Die Kausalkette der Beeinflussung der Populationsdynamik sieht folgendermaßen aus:

Ökologische Faktoren
↓
Physiologische Eigenschaften
↓
Lebensdaten
↓
Populationsparameter
↓
Populationsdynamik

Ökologische Faktoren (wie die Temperatur) beeinflussen über physiologische Eigenschaften (z. B. Filtrierrate strudelnder Organismen) die Lebensdaten (Lebensdauer, Fertilität; Abb. 19). Aus solchen und anderen (an einzelnen Individuen gemessenen) Lebensdaten lassen sich die Populationsparameter r (spezifische Wachstumsrate), K (Kapazität) und f (Frequenz der Oszillationen) nach folgenden Formeln berechnen:

$$K = \frac{p \cdot F \cdot L}{B} \tag{13}$$

$$f = \frac{1}{\tau \cdot \pi \cdot \sqrt{2}} \tag{14}$$

$$\int_0^\infty l_x m_x e^{-rx} dx = 1 \tag{15}$$

Hierbei bedeuten: K = Kapazität, p = Nutzungskoeffizient der Nahrung (bei Rädertieren 0,3), F = Nahrungsdosis (in Kalorien), L = mittlere Lebensdauer, B = Biomasse eines Tieres (in Kalorien), f = Frequenz der Oszillationen, τ = Zeitverzögerung zwischen Nahrungsaufnahme und daraus resultierender Nachkommenproduktion (bei Rädertieren 1,5 Tage bei 20° C), l_x = altersspezifische Natalität, m_x = altersspezifische Mortalität, r = spezifische Wachstumsrate. Die spezifische Wachstumsrate r läßt sich nicht explizit ausdrücken. Sie kann mit

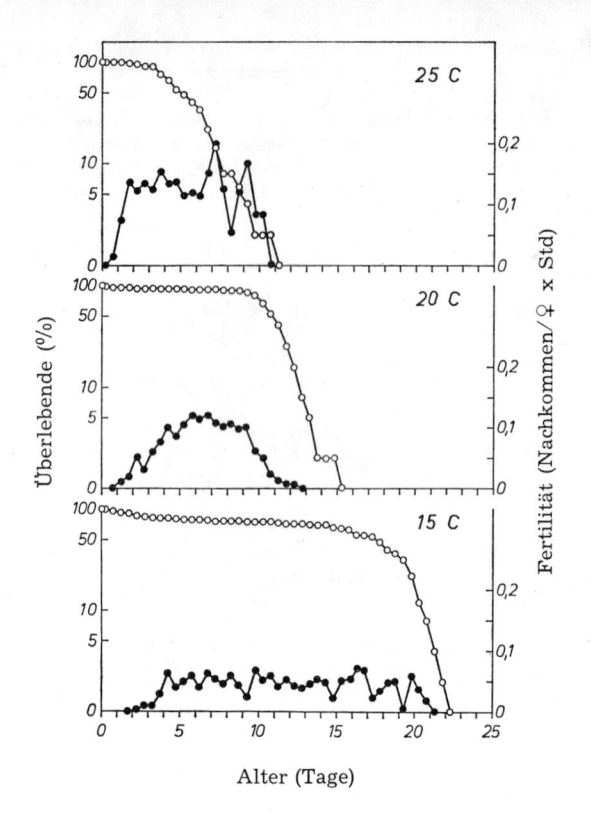

Abb. 19: Überlebenskurve (offene Kreise) und Fertilitätskurve (gefüllte Kreise) des Rädertieres *Brachionus calyciflorus* bei 3 verschiedenen Temperaturen.

Hilfe komplizierter iterativer Methoden (*Halbach* 1970) berechnet werden; gleiche Dienste tun aber auch graphische Modelle wie das der Abb. 15. Bei Kenntnis der Parameter r, K und f lassen sich dann die Kurven der Populationsdynamik (Abb. 18) unter Benutzung von Computern errechnen. Die Integration der Differentialgleichungen erfolgt numerisch mittels *Runge-Kutta*-Verfahren, bei denen die Schrittweite der Differenzierung von der Steigung abhängt. Hierfür geeignete Simulationssprachen sind: DYNAMO (*King & Paulik* 1967), DSL/90 (*Halbach & Burkhardt* 1972), und CSMP-I (*Brennan* et al. 1970; *Waller & Burkhardt* 1974). Letztere erlaubt auch die Verwendung periodisch schwankender Parameter, wie die Zeitverzögerung τ, die temperaturabhängig ist und dementsprechend eine tages- und jahreszeitliche Periodizität zeigt (*Halbach* 1970 und 1973).

Man kann auch Mehr-Arten-Systeme mit Hilfe von Differentialgleichungen beschreiben, wobei jede Art durch eine Funktion repräsentiert wird. Für *Konkurrenz* gilt beispielsweise:

$$\frac{dN_1}{dt} = r_1 N_1 \left[\frac{K_1 - N_1 - \alpha N_2}{K_1} \right] \tag{16}$$

$$\frac{dN_2}{dt} = r_2 N_2 \left[\frac{K_2 - N_2 - \beta N_1}{K_2} \right] \tag{17}$$

Für *Räuber-Beute*-Beziehungen gilt:

Beute-Population: $\quad \dfrac{dN_B}{dt} = r_B N_B - \gamma_B N_B N_R \tag{18}$

Räuber-Population: $\quad \dfrac{dN_R}{dt} = \gamma_R N_B N_R - d_R N_R \tag{19}$

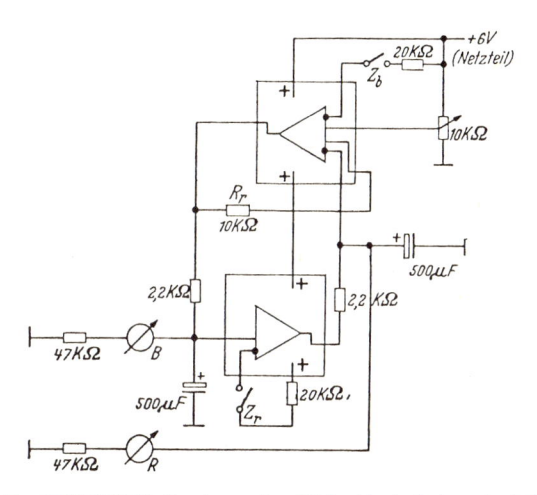

Abb. 20: Das LECTRON-Schaltanalogen eines Räuber-Beute-Systems (nach *Birett*, 1976).

Man kann diese Systeme auch mit Hilfe eines Analog-Computers simulieren. Abb. 20 gibt hierfür ein Schaltschema an, das mit dem *Lectron*-System leicht aufgebaut werden kann. Das Ergebnis sind phasenverschobene Schwingungen der Populationsdichte, wie sie Abb. 21 für verschiedene Ausgangsbedingungen wiedergibt. Diese Art der Populationsdynamik bei Räuber-Beute-Beziehungen beobachtet man in der Natur tatsächlich, wie es die langfristige Registrierung des Schneehasen-Luchs-Systems in Kanada demonstriert (Abb. 22). Diese Modelle zeigen beispielsweise das überraschende Ergebnis, daß bei prozentual gleicher Dezimierung von Räuber und Beute die Beute aufgrund ihrer höheren Repro-

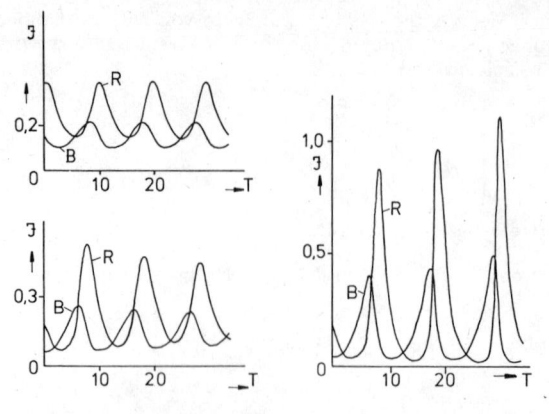

Abb. 21: Phasenverschobene Oszillationen eines Räuber-Beute-Systems.
I: Individuendichte, T: Zeit, B: Beute, R: Räuber (nach *Röpke* und *Riemann*, 1969).

duktionsfähigkeit langfristig zunimmt (3. *Volterra*sches Gesetz). Diese Erfahrung haben Amerikaner bei der Bekämpfung der Citrus-Schildlaus mit Insektiziden gemacht, nachdem sie die natürlichen Feinde der Pflanzenschädlinge (Raubwanzen) ebenfalls mit dem Kontaktgift getötet hatten.

Inzwischen ist es möglich, ganze Nahrungsnetze, ja die trophische Pyramide von Ökosystemen mittels deterministischer Modelle zu simulieren (*Vogel & Ewel* 1977).

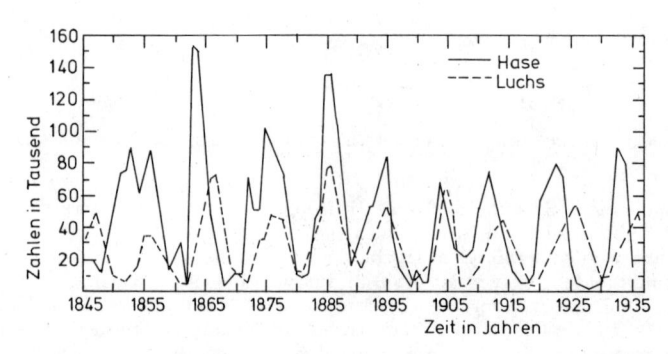

Abb. 22: Schwankungen in der Populationsdichte von Beute (Schneehase) und Räuber (Luchs), registriert gemäß den jährlich abgelieferten Fellen der Trapper in der Hudson-Bay-Company (vergl. *Meyer & Meyer*, 1975).

6. Stochastische Modelle

Bisher wurden deterministische Modelle vorgeführt, bei denen bestimmte Ausgangsbedingungen zu exakt vorhersagbaren Ergebnissen führen. In der Biologie ist dies jedoch häufig nicht der Fall — ebenso wie übrigens in der Kernphysik. Bestimmte Ereignisse treten nicht mit absoluter Sicherheit, sondern nur mit einer bestimmten Wahrscheinlichkeit auf. Deshalb brauchen wir noch nicht das Kausalitätsprinzip in Frage zu stellen. Halten wir einen Würfel in der Hand, so wissen wir nicht, was wir im nächsten Augenblick für eine Augenzahl werfen werden, obwohl der gesamte Vorgang durchaus nach kausalen Prinzipien erfolgen mag. Auf das Ergebnis haben u. a. Größe und Gewicht des Würfels, Fallhöhe, Ursprungslage, Luftzug und viele andere Komponenten einen Einfluß. Es spielt gar keine Rolle, ob wir nur im Augenblick nicht in der Lage sind, die Vielfalt der Ursachen und ihrer Einflüsse quantitativ zu erfassen oder ob dies grundsätzlich niemals möglich sein wird. Auf der uns erfaßbaren Ebene können derzeit nur stochastische Modelle zu Wahrscheinlichkeitsaussagen führen. Beispiel ist die Lebensdauer eines Organismus, welche selbstverständlich von vielen Imponderabilien abhängt. Deswegen können deterministische Modelle wie die graphische Beschreibung des Populationswachstums in der Abb. 15 zwar allgemeine Trends kennzeichnen, aber einen speziellen Fall durchaus nicht adäquat beschreiben. Hierzu müßten empirisch ermittelte Lebensdaten mit Hilfe eines Zufallsgenerators entsprechend ihrer Häufigkeitsverteilung ausgewählt und synthetisiert werden, wodurch u. a. die einfache Handhabung durch Synchronisation der Elementarvorgänge verloren geht. Das Prinzip stochastischer Simulation läßt sich am einfachsten mit dem *Galton*schen Zufallsapparat vor Augen führen, mit dem man das Entstehen einer *Gauss*'schen Zufallsverteilung demonstrieren kann (vgl. Bd. IV/2, S. 261, Abb. 1 und Bd. IV/3, S. 258, Abb. 89). Es gibt auch einen modifizierten Zufallsapparat nach *Kuhl* (1960). Mit ihm lassen sich sogar schiefe und mehrgipfelige Verteilungen darstellen. Die Funktionsweise ist in einem 16-mm-Film wiedergegeben, welcher u. a. die Bedeutung der Individuenzahl und der Klassenbreite für die statistische Beurteilung von Verteilungen erläutert (vgl. Anhang 2).

Stochastische Modelle müssen überall dort eingesetzt werden, wo Zufallselemente eine wichtige Rolle spielen. Das ist besonders in der Genetik der Fall (z. B. Mutation). *Eigen & Winkler* (1974, 1975) haben ein hervorragendes „Glasperlenspiel" für evolutive Prozesse, insbesondere der RNA-Evolution, entwickelt. Auch das Phänomen der „genetischen Drift" läßt sich instruktiv mittels farbiger Kugeln, die „blind" aus einer Schublade gezogen werden, verdeutlichen (*MacArthur* 1970). Sie spielt als zusätzliches Zufallselement neben der Mutation und Rekombination eine bedeutsame Rolle bei der Artentstehung in der Evolution (*Mayr* 1967).

Stochastische Modelle sind auch in der Populationsökologie eminent wichtig. Besonders anschauliche stochastische Populationsmodelle sind Bolzen-Loch-Bretter, welche Ähnlichkeit mit dem *Galton*schen Zufallsapparat und mit einem Flipper-Automaten in Spielkasinos haben. Die Modellindividuen laufen als Kugeln über das schräge Brett. Fallen sie in eines der Löcher, so bedeutet dies ihren Tod, wobei die Lage des Loches (Distanz vom Ursprung) das Sterbealter angibt. Baut man das Modell beispielsweise für Arthropoden, so können Lochfelder die verschiedenen Häutungsstadien darstellen. Erst wenn ein Individuum ein bestimmtes

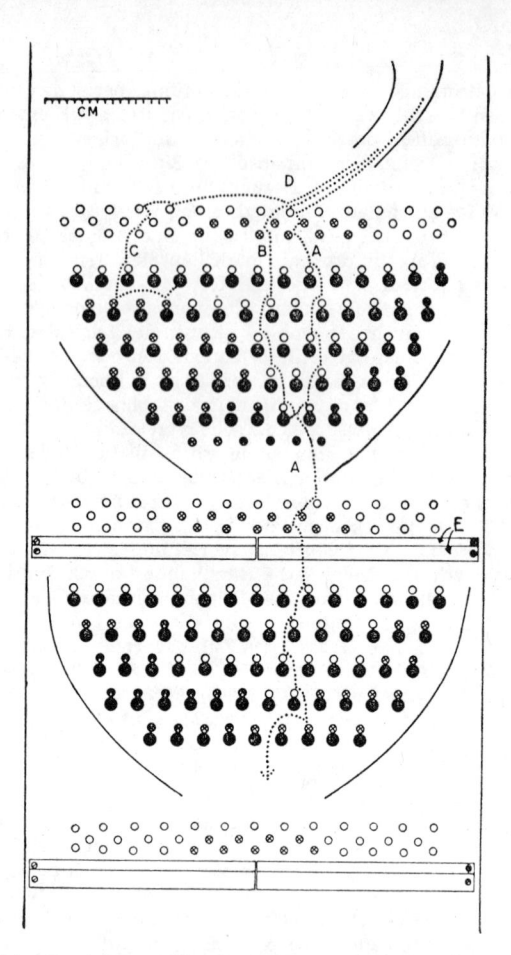

Abb. 23: Stochastische Populationsmaschine (nach *Pearson*, 1960). Das Schaubild zeigt die ersten beiden Felder, welche den Häutungsstadien von Insekten entsprechen. Die gepunkteten Linien geben den Weg an von 3 Kugel-Individuen unter verschiedenen Bedingungen, welche im Text erläutert sind.

Lebensalter erreicht hat, wird es reproduktionsfähig und erzeugt neue Nachkommen, welche als Kugeln ihren Lebensweg durchrollen (Abb. 23). Man kann nun den Einfluß verschiedener Populationsparameter und unterschiedlicher Evolutionsstrategien durchtesten. So kann man bei den Modelloperationen drei verschiedene Typen der Sterblichkeit simulieren: proportionale, kompensatorische und dichteunabhängige. Läßt man die Individuen einzeln durchlaufen, so hat jede Kugel die gleiche Chance, ein bestimmtes Alter zu erreichen (oder nicht zu erreichen). Je mehr Kugeln durchlaufen, desto mehr werden sterben: Die Mortalität ist proportional der Dichte. Man kann die Mortalität dosiert erhöhen, indem man bestimmte Zahlen von Bolzen mit federnden Gummiringen versieht. Die Anordnung der Stifte bedingt, daß eine einzeln herunter rollende Kugel die größte Chance der ungestörten Passage und des Überlebens hat. Bei steigenden Populationsdichten (gleichzeitiges Laufenlassen mehrerer Kugeln) stoßen sich die Kugeln häufiger, bringen sich damit aus ihrer relativ sicheren Bahn und fallen in eines der Löcher (Kugel B in Abb. 23). Dies stimmt mit der natürlichen Situation insofern überein, als junge Tiere bei hohen Populationsdichten auf suboptimale Gebiete abgedrängt werden, was die Sterblichkeitswahrscheinlichkeit erhöht. Eine dichteunabhängige Komponente der Mortalität kann in das Modell eingeführt werden, indem die erforderliche Individuenzahl per Hand ausgelesen wird. Man kann verschieden große oder verschieden schwere Kugeln nehmen, um unterschiedliche Überlebenswahrscheinlichkeiten beim Geschlechtsdimorphismus oder bei anderen Formen von Polymorphismus zu simulieren.

Typisch stochastische Populationskurven, wie sie sich durch einen solchen Apparat erarbeiten lassen, sind in der Abb. 24 dargestellt. Weitere Einzelheiten und Anwendungsmöglichkeiten finden sich im Original *(Pearson* 1960).

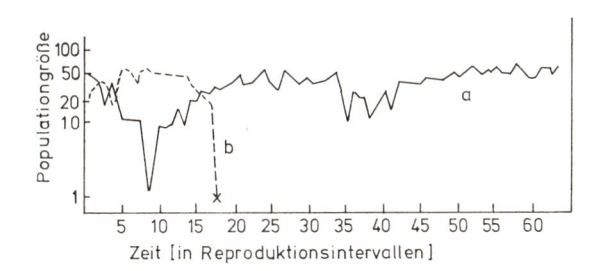

Abb. 24: Zwei typische Simulationskurven der stochastischen Populationsmaschinen. Bei der Kurve a stabilisiert sich die Populationsgröße nach anfänglich heftigen Schwankungen; bei der Kurve b kommt es zu einer plötzlichen Extinktion (nach *Pearson,* 1960).

Mit dem Kugelmodell ist nur das Prinzip der stochastischen Simulation verdeutlicht worden. Hier wird das Wahrscheinlichkeitsmoment bei hohen Ereigniszahlen augenfällig. In der Forschungspraxis verwendet man heute Computer-Programme (z. B. SIMULA, vgl. *Halbach* 1974, *Kaiser* 1975). Solche Modelle erscheinen auf den ersten Blick für den Schulunterricht zu aufwendig. Das Prinzip ist jedoch einfach und läßt sich beispielsweise auf der *Monroe* 1880, einem für die Schule geeigneten Klein-Computer, realisieren (*Meyer & Meyer* 1975). Es können jedoch auch programmierbare Taschenrechner (wie SR 56 von Texas Instruments) eingesetzt werden. Man verwendet dabei einen dem Roulett abgeschauten Zufallsvorgang, weshalb das Verfahren *Monte-Carlo*-Methode genannt wird. Ihr Prinzip soll am

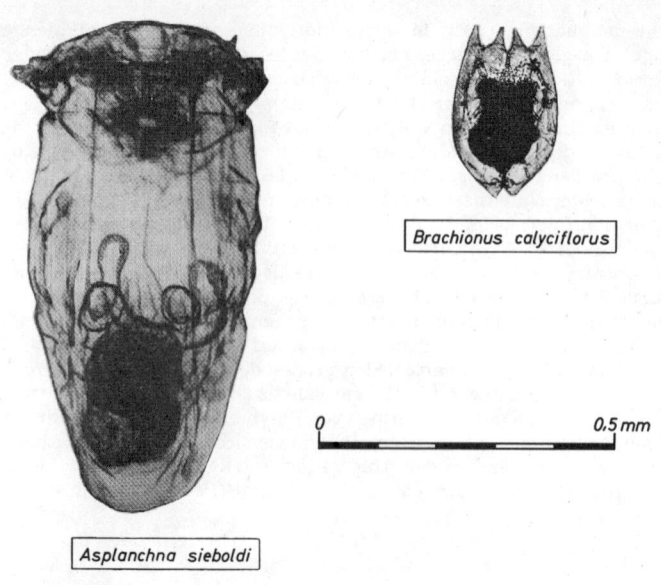

Abb. 25: Das räuberische Rädertier *Asplanchna* und seine Beute *Brachionus*.

Beispiel eines konkreten Räuber-Beute-Systems erläutert werden, und zwar bei Rädertieren (*Halbach* 1969, 1971, 1976): *Brachionus* als Beute und *Asplanchna* als ein räuberischer Rotator, der seine Beute verschlingt (Abb. 25). Beide leben im Pelagial, d. h. im freien Wasser von Teichen und Seen. Das Räuber-Beute-System ist hier relativ einfach, denn die Räuber haben außer einem Pigmentbecherocellus keine Fernsinnesorgane (*Halbach* 1971); sie können daher weder jagen noch verfolgen. Sie können ihre Beute nur fressen, wenn sie zufällig mit ihr zusammenstoßen (Abb. 26). Die Häufigkeit solcher Kontakte ist eine Funktion der Dichte der Räuber und der Beutetiere, ihrer Größe und ihrer Schwimmgeschwindigkeiten. Die stochastische Simulation eines solchen Systems ist in der Abb. 27 dargestellt für die Ausgangsdichte von 1 Räuber und 100 Beutetieren in 1 ml bei 20° C. Die vertikale Achse der Abbildung stellt die Zeitachse dar; der Start des Simulationslaufes beginnt oben. Es wird zunächst die Frage geklärt, wieviel Zeit vergeht, bis der Räuber die erste Beute gefressen hat. Dazu fragt der Computer als erstes, wieviel Zeit bis zu dem ersten Kontakt verstreicht. Die empirisch bestimmten Häufigkeitsverteilungen der Kontaktzeiten sind als Daten in den Computer eingegeben (rechts oben) als kumulative Kurve, die die *Häufigkeitsdichte* angibt. Auf der Ordinate dieser Graphik befinden sich (in der Abbildung unsichtbar) Zufallszahlen. Der Computer generiert sich nun eine Zufallszahl, wobei jede Zahl die gleiche Chance hat, aufgerufen zu werden. (Die praktische Durchführung dieses *Monte-Carlo*-Verfahrens ist bei *Meyer & Meyer* 1975 ausführlich geschildert.) Dann greift sich der Computer den mit der Zufallszahl

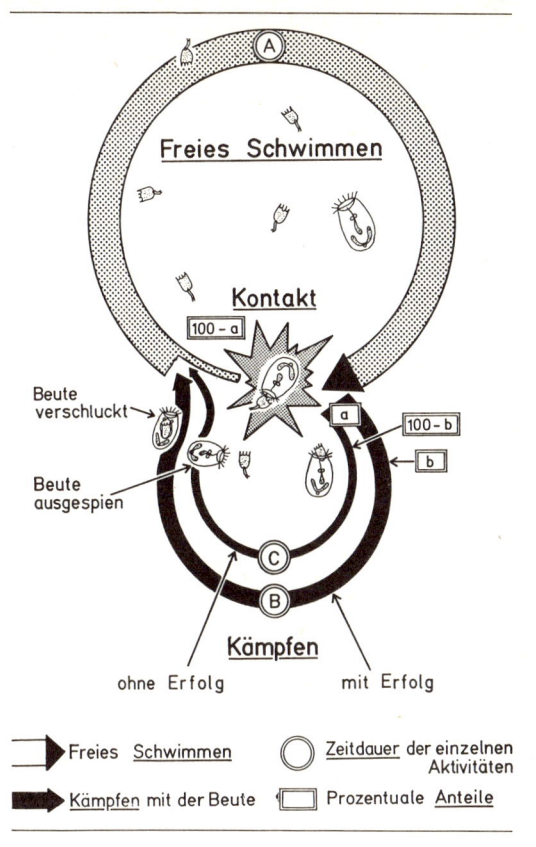

Abb. 26: Schema der zeitlichen und anteilmäßigen Aufteilung der einzelnen Aktivitäten des Räubers *Asplanchna*. Nach einer mittleren Zeit freien Schwimmens von A sec kommt es zu einem Zusammenstoß einer *Asplanchna* mit einer Beute (Kontakt). Von 100 Kontakten führen a zu einem Fang, 100-a zu keinem Fang. Von den a gefangenen Beutetieren ist ein Anteil b (ausgedrückt in %o von a) nach einer mittleren Kampfzeit von B sec vom Räuber verschlungen, während der restliche Anteil (100-b) nach einer mittleren Kampfzeit von C sec vom Räuber ausgespien wird und am Leben bleibt. Nach den erfolglosen Kontakten bzw. nach der erfolglosen oder erfolgreichen Kampfzeit beginnt für den Räuber wieder jeweils das „freie Schwimmen".

korrespondierenden Wert (hier: 57 sec) heraus und setzt ihn in den Simulationslauf ein. Nächste Frage: Führt dieser Kontakt nach 57 sec zu einem Fang? Hier gibt es nur die beiden Alternativen „ja" oder „nein". Auch hier ist das empirische Verhältnis von „ja" zu „nein" in den Datenspeicher eingegeben. Der Computer generiert sich bei dem in der Abb. 27 dargestellten Simulationslauf ein „ja".

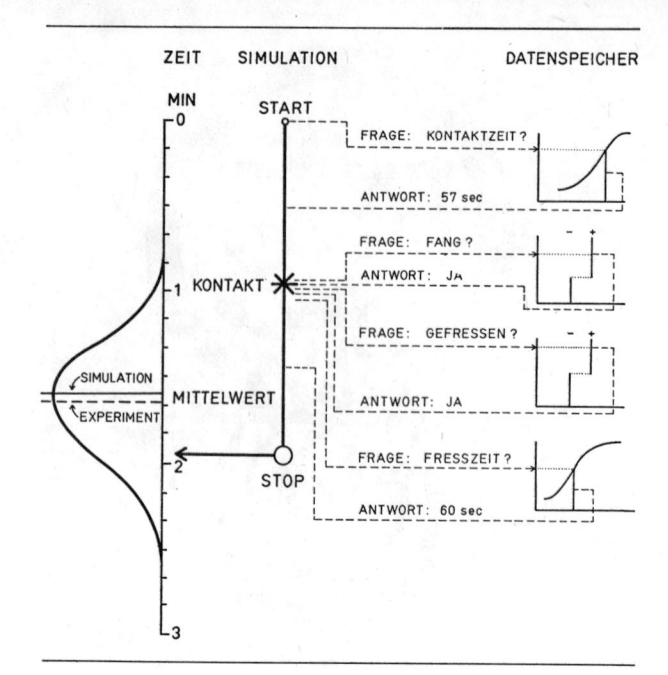

Abb. 27: Stochastische Simulation (mittels SIMULA) einer Räuber-Beute-Beziehung zwischen *Asplanchna* und *Brachionus*. Erläuterungen im Text.

Auf die Frage: „Wird die Beute gefressen oder ausgespien?" ist hier die Antwort: „Gefressen". Für die Dauer der Freßzeit generiert sich der Computer 60 sec. In dem angeführten Beispiel wird der Simulationslauf anschließend gestoppt. Man kann entsprechende Läufe beliebig oft wiederholen, wobei immer etwas andere Zeiten herauskommen. Die Häufigkeitsverteilung, die sich aus 300 Simulationsläufen ergibt, ist in der Abb. 27 links dargestellt. Der Mittelwert zeigt gute Übereinstimmung mit dem Mittelwert der experimentellen Kontrollen. Das hier geschilderte System ist natürlich nur ein Teilsystem des gesamten Räuber-Beute-Systems, das viel komplexer ist, sich aber doch auf einfache Wechselbeziehungen reduzieren läßt, welche stochastisch simuliert werden können. Eine solche Simulation gemischter Populationen ist bei *Meyer & Meyer* (1975) ausführlich dargestellt.

Weitere Räuber-Beute-Modelle, mit denen man in Form von Planspielen die phasenverschobenen Oszillationen (Abb. 21, 22) erarbeiten kann, sind bei *MacArthur* (1970) und *Trommer* (1976) dargestellt. Mit dem Evolutionsspiel „Extinction" (*Hubrell* 1970, *Halbach* 1973) lassen sich die Beziehungen zwischen den Populationen von 4 Arten auf einer Insel durchspielen, wobei sich die Spezies im

Laufe der Zeit genetisch verändern. Überbevölkerung, Konkurrenz und Räuber-Beute-Beziehungen, Migration, Witterung (Trockenheit, Waldbrände, Überschwemmungen u. a.) sowie anthropogene Manipulationen (Bau von Städten, Flugplätzen, Trockenlegen von Sümpfen, Umweltverschmutzung u. a.) beeinflussen das Spielgeschehen. Jeder Spieler vertritt eine Art, und es gibt am Ende einen Gewinner. Es kann dies der Vertreter der letztlich überlebenden Art sein (wobei der Spielverlauf allerdings mehrere Stunden dauern kann); biologisch sinnvoller ist es, das Spiel nach einer vorgegebenen Zeit (etwa 2 Std.) abzubrechen und den Gewinner durch Feststellung der optimalen (nicht der höchsten!) Populationsdichte zu ermitteln. Planung der einen Seite und der Zufallsgenerator auf der anderen Seite geben „Extinction" die nötige Spannung und Spielbarkeit. Die Effekte bestimmter Strategien (z. B. Generalist, Spezialist, r- und K-Strategie) sowie die Eigenschaften komplexer Wirkungsgefüge (wie Beziehung zwischen Mannigfaltigkeit und Stabilität), welche einer Kausalanalyse nur sehr schwer zugänglich sind, lassen sich mit diesem Spiel erleben und in Erfahrung bringen. Die Durchschaubarkeit und die ästhetische Ausführung der Accessoires tragen mit zum Spielgenuß bei, so daß das Spiel seit Jahren bei vielen Oberstufen-Schülern und Studenten großen Anklang gefunden hat. Ein sinnvoller Einsatz muß allerdings mit einer gründlichen Reflexion verbunden sein (Diskussion, Aufsatz), wobei Übereinstimmung und Unterschiede zwischen Spiel und realer Welt die Grundlage sein sollte.

Wesentlich abstrakter und damit intellektuell anspruchsvoller ist das „Kybernetische Umwelt-Spiel" (*Vester* 1976). Dieses Simulationsspiel macht aber klar, mit welchen neuen Denkstrukturen man erst Lösungen der komplexen Umweltprobleme erreichen kann (vgl. auch *Dörner* 1975).

Ein anspruchsvolleres Ökologie-Spiel, welches die Problematik systemaren Denkens begreifen lehrt, wird zur Zeit entwickelt (*Halbach,* in Vorbereitung).

7. *Optimierung*

Modelle sind keineswegs lediglich ein Surrogat für Experimente, um beispielsweise Arbeitsaufwand, Zeit und Kosten zu sparen. Häufig haben sie ihren immanenten heuristischen Wert, so bei der Veränderung der Dimensionen zur Verdeutlichung, bei Prognosen und bei Optimierungsfragen. Im Experiment werden Parameter willkürlich verändert und die Folgen beobachtet und registriert, um auf diese Weise Gesetzmäßigkeiten zu erkennen. Das geht aber nur in bestimmten Grenzen. Betrachtet man etwa den Einfluß der Lebensdauer auf die Populationsdynamik, so läßt sich diese experimentell durch Variation ökologischer Faktoren (z. B. Temperatur, vgl. *Halbach* 1970) prüfen. Eine solche Beeinflussung ist allerdings nur in einem bestimmten Bereich möglich, weil man sich nach Über- oder Unterschreitung bestimmter Temperaturen außerhalb der spezifischen Toleranzgrenzen befindet. Nun kann man selbstverständlich im Experiment die Lebensdauer willkürlich (durch Eingriffe) verkürzen, sie aber keineswegs verlängern. Im Modell ist so etwas kein Problem; man kann durchaus auch „unnatürliche" Situationen konstruieren und durchspielen, um beispielsweise festzustellen, ob es Optima außerhalb des physiologischen Bereiches gibt. Man kann im Modell

ZEITABHÄNGIGKEIT DER POPULATION

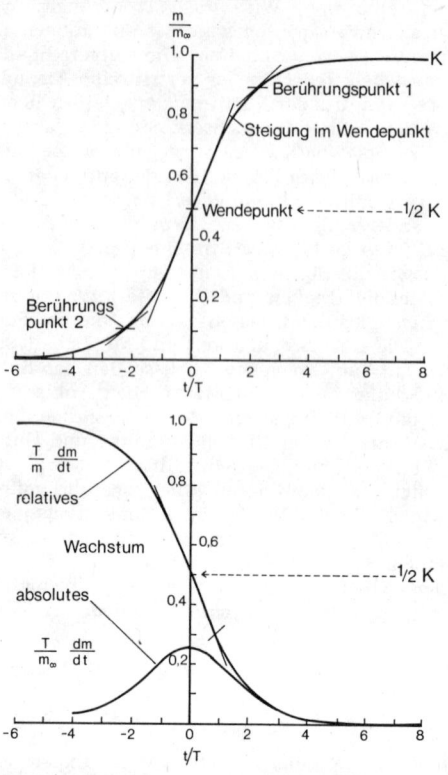

ABSOLUTES UND RELATIVES WACHSTUM

Abb. 28: Logistische Wachstumsfunktion sowie relative und absolute Wachstumsrate. Die relative Wachstumsrate ist bei geringen Dichten am größten (Fehlen intraspezifischer Konkurrenz), die absolute Wachstumsrate (1. Ableitung oder Steigung) dagegen am Wendepunkt, welcher bei der halben Kapazität liegt. Dies ist die Populationsdichte, die maximale Fisch-Ernten ermöglicht.

willkürlich Parameter verändern, um ihren Einfluß auf das System zu prüfen. Dieser Vorgang läßt sich bereits in der Sekundarstufe I mit der zunehmenden Abstrahierung eines Phänomens von der Beobachtung bis zur mathematischen Beschreibung verbinden. Als Beispiel diene die Katzenkralle: Am Anfang steht die Beobachtung lebender junger Katzen (evtl. Film), käufliches Funktionsmodell (z. B. *Somso, Phywe*), Präparation einer Katzenkralle, Nachbau des Funktionsmodelles mittels eines Stabilbaukastens, Messen der Zugkräfte mit Hilfe eingebauter Federwaagen, Veränderung von Parametern (Länge der Knochen, Winkel

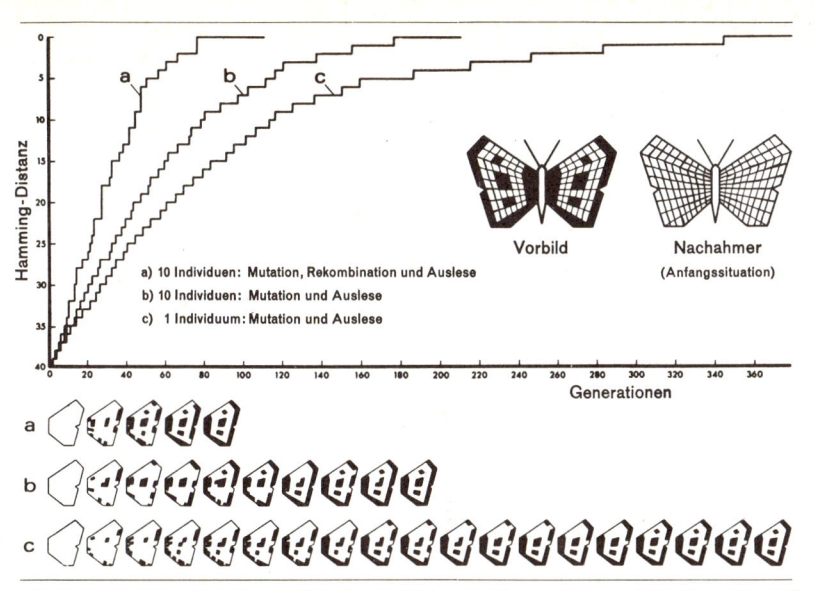

Abb. 29: Synthetische Evolution der Mimikry bei Schmetterlingen. Bis zur vollständigen Identität sind 42 Evolutionsschritte notwendig. Die Anpassung dauert am längsten bei niederer Individuendichte und fehlender Rekombination (c), sie wird deutlich verkürzt durch Erhöhung der Individuendichte (b) und besonders drastisch durch Einführung der genetischen Rekombination, was die große biologische Bedeutung der Sexualität sichtbar macht (nach *Rechenberg*, 1973).

usw.) und erneutes Messen der Kräfte, schließlich geometrische Beschreibung des Systems an der Tafel (Kräfteparallelogramme!). Auf diese Weise läßt sich die Frage prüfen, ob die Konstruktionen, welche die Natur im Rahmen der Evolution hervorgebracht hat, technisch tatsächlich optimal sind.

Es gibt deterministische und stochastische Ansätze zur Lösung von Optimierungsproblemen in der Biologie. Betrachten wir beispielsweise die Frage der größtmöglichen Fangquoten in der Fischerei. Die sogenannte Überfischung hat ja nicht nur im marinen Bereich, sondern auch in vielen Binnenseen weltweit zu Problemen geführt. Es ist nicht damit getan, einfach das Fischen einzustellen (wie es derzeit im Heringsfang geschieht), sondern die Entnahme so zu dosieren, daß man *langfristig* zu maximalen Ernten kommt. Bei Aussetzen des Fanges stellt sich gemäß der Logistischen Funktion nach sigmoidem Wachstum eine Gleichgewichtsdichte K ein (Abb. 16a). In diesem Zustand ist sowohl das relative als auch das absolute Wachstum Null. Bei geringen Dichten ist das relative Wachstum sehr groß, das absolute aber wegen des geringen Bestandes klein. Bei welcher Dichte liegt das Maximum des Wachstums und damit die günstigste Abfischmöglichkeit? Die 1. Ableitung der Logistischen Funktion hat ihr Maximum bei der Dichte $N = K/2$; hier befindet sich der Wendepunkt der Wachstumskurve und damit der größte absolute Zuwachs (Abb. 28). Ein kluger Fischer wird sich

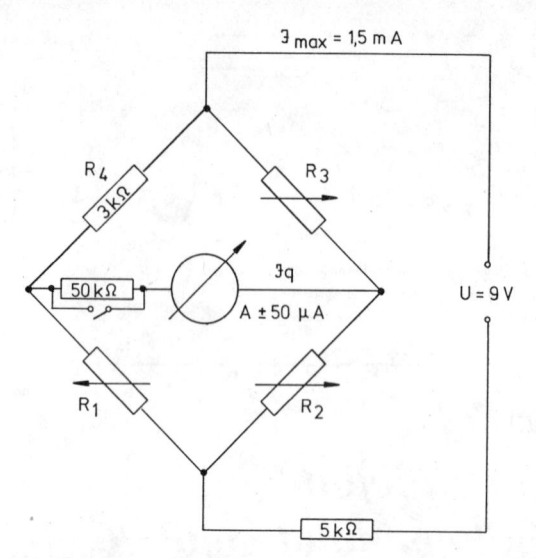

Abb. 30: *Wheatston*esche Brücke zur Demonstration des Mutations-Selektions-Prinzips der Optimierung. Ziel ist *kein* Stromfluß in der Brücke (Amperemeterstand Null). Die Veränderung der Stufenwiderstände R_1, R_2 und R_3 erfolgt zufallsgemäß durch Würfeln, wobei 6 Stufen vorgesehen sind: 1, 2, 3, 4, 5, 6 KΩ. (Nach *Kranzinger*, 1975, geändert.)

danach richten. Es ist natürlich eine falsche Schlußfolgerung, wenn die Internationale Walfangkommission erläßt, daß jeweils die Hälfte des jährlichen Bestandes geschossen werden darf. Bei den Walen sind uns die Umwelt-Kapazitäten (K-Werte = Populationsdichten ohne menschliche Beeinflussung) ja gar nicht bekannt, da die Wale seit Jahrhunderten gejagt werden.

Die Evolution selbst ist ebenfalls ein Optimierungsvorgang, und zwar ein stochastischer Prozeß. Mutation und Rekombination sorgen für eine Variabilität der Genotypen, aus welcher die Selektion die best angepaßten ausliest. Diese Art der Optimierung gleicht zweifelsohne einer Strategie, die auf Planung beruht. Bis in unsere Tage gibt es in diesem Bereich die größten Mißverständnisse, welche das Leben betreffen (vgl. die lebhafte öffentliche Diskussion um *Monods* „Zufall und Notwendigkeit", 1972). Die natürliche Selektion ist eine wissenschaftlich begründbare Wertsteuerung. Wenn man sie als solche begriffen hat, versteht man auch, daß es eine systemimmanente Strategie der Optimierung gibt, die nicht notwendigerweise eine externe Planung erfordert. Es ist durchaus nicht einfach, diesen Vorgang dem Schüler zu verdeutlichen, da es bei physiologischen Phänomenen in der Regel schwierig ist, den *Grad der Anpassung* quantitativ darzustellen. Daher wählen wir als Beispiel die *Mimikry,* denn der Grad der Ähnlichkeit zum Vorbild läßt sich unschwer quantifizieren (Abb. 29). Die Annäherung erfolgt durch Mutation (Würfel, Zufallszahlen) und Selektion, d. h. jede neu entstandene Variante wird geprüft, ob sie dem Vorbild ähnlicher sieht oder nicht. Im letzteren Fall wird sie verworfen; man operiert dann mit der vorhergehenden Form weiter. Die Populationsgröße hat einen Einfluß auf die Geschwindigkeit der Anpassung. Vor allem aber läßt sich mit diesem Modell die überragende Bedeutung der Sexualität für die Plastizität in der Evolution verdeutlichen.

Um das Mutations-Selektions-Prinzip im Unterricht zu verdeutlichen, benutzen wir die *Wheatstone*sche Brückenschaltung (Abb. 30). Optimierungsziel ist $I_0 = 0$ (kein Stromfluß in der Brücke). Die 3 variablen Widerstände R_1, R_2 und R_3 sind in 6 Stufen verstellbar. Die jeweiligen Einstellungen werden mit einem normalen Spielwürfel erwürfelt. Ist danach der absolute Stromfluß (unabhängig von der Richtung) geringer, wird die neue Einstellung beibehalten; andernfalls wird auf den vorherigen Zustand zurückgestellt. Der ausschaltbare Vorwiderstand des Amperemeters dient der Verstärkung (Lupe!) bei kleinen Stromflüssen. Das Arbeiten mit diesem Modell zeigt, daß es von den 216 möglichen Einstellungen insgesamt 15 optimale gibt ($I_0 = 0$). In der Reihenfolge (R_1, R_2, R_3) sind dies folgende Schaltungen: (1, 1, 3); (1, 2, 6); (2, 2, 3); (2, 4, 6); (3, 1, 1); (3, 2, 2); (3, 3, 3); (3, 4, 4); (3, 5, 5); (3, 6, 6); (4, 4, 3); (5, 5, 3); (6, 2, 1); (6, 4, 2); (6, 6, 3). Das Bestechende an diesem Modell ist, daß es auch Sackgassen gibt, d. h. Zwischenminima, aus denen man nicht wieder herauskommt (hier haben wir eine eindrucksvolle Parallele zur Evolution). Die Stellung (4, 5, 4) ist ein Beispiel. Man warte möglichst, bis die Schüler selber auf diese Konstellation stoßen und sich über die „Ausweglosigkeit" der Situation wundern. Hier finden wir eine Erklärung dafür, warum nicht alle biologischen Lösungen technisch optimal sind (vgl. Fragestellung beim Katzenkrallen-Modell S. 102 f). Die Evolution ist ein historischer Prozeß und kann immer nur auf Bestehendem aufbauen. Ein jeweils neuer Start beim Ursprung, wie er bei der Konstruktion einer Maschine möglich ist, ist in der Natur nicht realisierbar. Ein Beispiel ist die mehrfache konvergente Entwicklung des Auges vom Pigmentbecherocellus (Plathelminthen) zum Linsenauge (Vertebraten, Cephalopoden) oder Komplexauge (Arthropoden). Ein Funktionswechsel, wie die Veränderung des Vogelflügels von der Schreit-Stelze zur Flug-Schwinge, ist nicht selten und als Präadaption offenbar recht fruchtbar für die Entwicklung mannigfaltigster Lebenserscheinungen; aber auch hier ist eine Kontinuität der Funktionstüchtigkeit zu fordern. Ein Funktionsloswerden biologischer Strukturen ist nur dadurch zu erklären, daß eine Umstellung in den allgemeinen Lebensbedingungen bestimmte Organe überflüssig macht (z. B. beim Übergang zur parasitären Lebensweise), also durch Kompensation auf anderem Gebiet.

8. Synthetische biologische Modelle

Modelle sind wissenschaftliche Methoden, die einen Beitrag leisten können zur Daseinsbewältigung des Menschen. Insbesondere bei komplexen Systemen oder Vorgängen können sie zum Verständnis beitragen und Prognosen liefern. Als Isomorphien verknüpfen sie Phänomene verschiedener Fachgebiete und können daher besonders im interdisziplinären Bereich bedeutsame Hilfsmittel sein. Dies ist bei Berührungspunkten zur Physik, aber auch zur Soziologie und Ökonomie der Fall. In diesen Bereichen sind Modelle wertvolle didaktische Hilfsmittel. Als ein für die Schüler gut aufgearbeitetes Beispiel mag der katastrophale Rückgang des Anchovis-Fanges in Peru dienen, welcher durch klimatische und anthropogene Veränderungen bedingt zu wirtschaftlichen Krisen geführt hat. Das Phänomen ist bei *Idyll* (1973) geschildert, die mathematische Behandlung findet sich bei *Ebenhöh* (1971) und die ausführliche Beschreibung einer Verwendung als Modell in der Schule bei *Birett* (1977).

9. Der didaktische Wert von Modellmethoden

Modelle sind Mittel zur Erkenntnisgewinnung, welche in der Forschung und in der Lehre eingesetzt werden. Sie sind vergleichbar einer Brille, welche vergrößert (Dimensionsänderung) und filtert (Abstraktion), wodurch die wesentlichen Eigenschaften von Systemen deutlicher hervortreten. Ihr didaktischer Wert liegt vor allem in der Entwicklung des Abstraktionsvermögens. Das Aufdecken von Isomorphien ist eine Grundlage für interdisziplinäre Betrachtungsweisen. Die Biologie ist von Haus aus eine *anschauliche* Wissenschaft. Formen, Mannigfaltigkeit, Buntheit, Symmetrie, Eleganz der Konstruktion inspirieren unser ästhetisches Empfinden. Zum Erkennen ordnender Prinzipien bedarf es der Generalisation durch Induktion, was eine Schulung des Abstraktionsvermögens (Konzentrieren auf das Wesentliche) voraussetzt. Auch das Prinzip der Deduktion läßt sich kaum besser als mit Hilfe von Modellen verdeutlichen. Sie gehören daher zum unentbehrlichen Rüstzeug des Biologie-Unterrichtes. Ein ins einzelne gehender Lernzielkatalog der Modellmethode findet sich bei *Birett* (1974). Das vorliegende Kapitel soll weniger konkrete Rezepte vermitteln als die Fantasie anregen, was mit den verschiedenen Arten von Modellen im Unterricht grundsätzlich erreichbar ist.

Literatur

Bartlett, M. S.: Stochastic Population Models in Ecology and Epidemiology. Methuen — London (1960).
Bauhoff, E. P.: Ein mathematisches Modell in der Biologie. MNU (Der mathematische und naturwissenschaftliche Unterricht) 29 (4), S. 224—229 (1976).
Beer, G. F.: De Deo ex inspectione Cordis demonstrato. In: Georgii Alberti Hambergeri Fasciculus Dissertationum Academicarum Physico-Mathematicarum, S. 1—36. Jena (1708).
Beier, W.: Einführung in die theoretische Biophysik. Fischer — Stuttgart (1965).
Birett, H.: Funktionsmodelle. Versuche zur biologischen Nachrichtenverarbeitung. Diesterweg — Frankfurt, Berlin, München (1974).
Birett, H.: Modelle für biologische Prozesse. MNU (Der mathematische und naturwissenschaftliche Unterricht) 29 (2), S. 103—107 (1976).
Birett, H.: Mathematische Simulation einer Überfischung. MNU (Der mathematische und naturwissenschaftliche Unterricht) Im Druck (1977).
Brajnes, S. N. und *V. B. Svecinskij:* Probleme der Neurokybernetik und Neurobionik. Fischer — Stuttgart (1970).
Brauns, A.: Praktische Bodenbiologie. Fischer — Stuttgart (1968).
Brennan, R. D., C. I. de Wit, W. A. Williams und *E. V. Quattrin:* The Utility of a Digital Simulation Language for Ecological Modeling. Oecologia 4, 113—132 (1970).
Brown, R. H. J.: Mechanical Models in Zoology. Symp. Exp. Biol. 14, S. 68—82 (1960).
Calow, W.: Biological Machines. A Cybernetic Approach to Life. Arnold — London (1976).
Collatz, L. und *W. Wetterling:* Optimierungsaufgaben. Springer — Berlin, Heidelberg (1971).
Cube, F. v.: Was ist Kybernetik? Schünemann — Bremen (1967).
Czayka, L.: Systemwissenschaft. Verlag Dokumentation — Pullach bei München. UTB Nr. 185 (1974).
Czihak, G., H. Langer und *H. Ziegler:* Biologie. Ein Lehrbuch für Studenten der Biologie. Springer — Berlin, Heidelberg (1976).

Daniels, A. und *D. Yeates* (Hrsg.): Grundlagen der Systemanalyse. Müller — Köln-Braunsfeld (1974).
Dörner, C. D.: Psychologisches Experiment: Wie Menschen eine Welt verbessern wollten ... Bild der Wissenschaft, Febr. 75, S. 48—53 (1975).
Drischel, H.: Formale Theorien der Organisation. Nova Acta Leopoldina N. F. *184*, S. 169—194 (1968).
Ebenhöh, H.: Einführung in die Mathematik für Mediziner und Biologen. Fischer — Stuttgart. UTB Nr. (1971).
Eigen, M. und *R. Winkler:* Lugus vitalis. mannheimer forum 73/74, S. 53—138 (1974).
Eigen, M. und *R. Winkler:* Das Spiel. Naturgesetze steuern den Zufall. Piper — München, Zürich (1975).
Feichtinger, G.: Stochastische Modelle demographischer Prozesse. Springer — Berlin, Heidelberg (1971).
Flechtner, H.-J.: Grundbegriffe der Kybertik. Wissenschaftl. Verlagsges. — Stuttgart (1970).
Forrester, J. W.: Grundzüge einer Systemtheorie. Gabler — Wiesbaden (1972).
Forrester, J. W.: Der teuflische Regelkreis. Deutsche Verlagsanstalt — Stuttgart (1972).
Frank, H. (Hrsg.): Kybernetik. Brücke zwischen den Wissenschaften. Umschau — Frankfurt (1962).
Fuchs — Kittowski, K.: Probleme des Determinismus und der Kybernetik in der molekularen Biologie. Fischer — Jena (1976).
George, F. H.: Formation and Analysis of Concepts and Hypotheses on a Digital Computer. Mathem. Biosciences *3*, S. 91—113 (1968).
Goldman, C. R.: Aquatic Primary Production. American Naturalist 8, S. 31—42 (1968).
Halbach, U.: Das Zusammenwirken von Konkurrenz und Räuber-Beute-Beziehungen bei Rädertieren. Zool. Anz. Suppl. 33, S. 72—79. Verh. Dtsch. Zool. Ges. (1969)
Halbach, U.: Einfluß der Temperatur auf die Populationsdynamik des planktischen Rädertieres *Brachionus calyciflorus* Pallas (Rotatoria). Oecologia *4*, S. 176—207 (1970).
Halbach, U.: Zum Adaptivwert der zyklomorphen Dornenbildung von *Brachionus calyciflorus* Pallas (Rotatoria). I. Räuber-Beute-Beziehung in Kurzzeit-Versuchen. Oeclogia *6*, S. 267—288 (1971).
Halbach, U.: Das Rädertier *Asplanchna* — ein ideales Untersuchungsobjekt. III. Ein Räuber liefert seiner Beute die Abwehrwaffen. Mikrokosmos *60*, S. 360—365 (1971).
Halbach, U.: Evolution im Praktikum. Mitteilungen des Verbandes Deutscher Biologen e. V. *194*, S. 935—937 (1973).
Halbach, U.: Life Table Data and Population Dynamics of the Rotifer *Brachionus calyciflorus* Pallas as Influenced by Periodically Oscillating Temperature. In: *W. Wieser* (Hrsg.): Effects of Temperature on Ectothermic Organisms. Springer — Berlin, Heidelberg (1973).
Halbach, U.: Populationsbiologie. Was bedeutet den deutschen Biologen das „World Population Year 1974"? Mitteilungen des Verbandes Deutscher Biologen e. V. *201*, S. 967—969 (1974).
Halbach, U.: Methoden der Populationsökologie. Verh. Ges. Ökol., Erlangen, S. 1—24 (1974).
Halbach, U.: Modelle in der Biologie. Naturwiss. Rundschau 27 (8), S. 3—15 (1974).
Halbach, U.: Die Rädertiere *Asplanchna brightwelli* und *Brachionus calyciflorus*. Zur Evolution einer komplizierten Räuber-Beute-Beziehung. Mikrokosmos *65*, S. 206—209 (1976).
Halbach, U.: Populationsökologische Untersuchungen an Rädertieren. Ber. Ges. f. Ökologie, Kiel 1977, 173—183 (1978).
Halbach, U. und *H.-J. Burkhardt:* Sind einfache Zeitverzögerungen die Ursache für periodische Populationsschwankungen? Vergleich experimenteller Untersuchungen an *Brachionus calyciflorus* Pallas (Rotatoria) mit Computer-Simulationen. Oecologia *9*, S. 215—219 (1972).
Halbach, U. und *J. Friz:* Bei welcher Individuendichte stoppt eine „Bevölkerungs-Explosion"? Berichte der Ökologischen Außenstelle Schlüchtern *1*, 107—127 (1978).
Halbach, U. und *G. Halbach-Keup:* Quantitative Beziehungen zwischen Phytoplankton und der Populationsdichte des Rotators *Brachionus calyciflorus* Pallas. Befunde aus Laboratoriumsexperimenten und Freilanduntersuchungen. Archiv für Hydrobiologie *73*, S. 273—309 (1974).
Halbach, U. und *F. Katzl:* Das Experiment: Die Ursachen der Variabilität. Biologie in unserer Zeit (BIUZ) *4* (2), S. 58—63 (1974).
Hasselberg, D.: Biologische Sachverhalte in kybernetischer Sicht. Praxis-Schriftenreihe, Abt. Biologie Bd. 20. Aulis Verlag — Köln (1972).
Hassenstein, B: Biologische Kybernetik. Biologische Arbeitsbücher. Quelle & Meyer — Heidelberg (1970).
Haussmann, F.: Systemforschung im Umweltschutz. Schmidt — Berlin (1976).
Heim, K.: Schaltungsalgebra. Siemens — Berlin, München (1967).
Herzog, K.: Anatomie und Flugbiologie der Vögel. Fischer — Stuttgart (1968).
Holst, E. von: Wie flog Rhamphorhynchus? Natur und Volk 68, S. 81—87 (1938).
Homer: Ilias, 18. Gesang, Odysee, 7. Gesang.
Hubrell, S. P.: Extinction: The Game of Ecology. Sinauer Association Inc., Stanford, Conn. (1970).
Idyll, C. P.: The Anchovy Crisis. Scientific American 67, S. 22—29 (1973).
Iwanow-Muromskij, K. A., S. Y. Zaslawskij, E. T. Golowan und *W. S. Starinetz:* Modellvorstellungen der Persönlichkeit. Umschau 69 (25), S. 827—830 (1969).
Jenik, F. und *H. Hoehne:* Über die Impulsverarbeitung eines mathematischen Neuronenmodelles. Kybernetik *3* (3), S. 109—128 (1969).
Jentsch, W.: Digitale Simulation kontinuierlicher Systeme. Oldenbourg — München (1969).

Kaiser, H.: Populationsdynamik und Eigenschaft einzelner Individuen. Verh. Ges. Ökol., Erlangen, S. 25—38, Junk — Den Haag (1975).
King, C. E. und *G. J. Paulik:* Dynamic Models and the Simulation of Ecological Systems. Journal of Theoretical Biology 16, S. 251—267 (1967).
Knorre, W. A.: Analogcomputer in Biologie und Medizin. Einführung in die Analyse dynamischer Systeme. Fischer — Jena (1971).
Köhler, W. und *H. J. Belitz:* Computer in der Genetik. Naturwiss. Rundschau 29 (8), S. 262—270 (1976).
Koxholt, R.: Die Simulation — ein Hilfsmittel der Unternehmensforschung. Oldenbourg — München, Wien (1967).
Kranzinger, F.: Physikalisches Modell zur Mutation und Selektion. WHEATSTONE-Brückenschaltung. Praxis Physik 9/75, S. 246—247 (1975).
Kuhl, W.: Ein verbesserter variabler Zufallsapparat nach GALTON. Zoologischer Anzeiger 165, S. 146—156 (1960).
Labine, P. A. und *D. H. Wilson:* A Teaching Model of Population Interactions: An Algae-Daphnia-Predator System. BioScience 23 (3), S. 162—167 (1973).
La Mettrie, J. O. de: L'homme machine Paris (1748).
Lawrence, P. A.: Gradients in the Insect Segment: The Orientation of Hairs in the Milkweed Bug Oncopeltus fasciatus J. Exp. Biol. 44, S. 607—620 (1966).
Lohberg, R. und *T. Lutz:* Was denkt sich ein Elektronengehirn? Franckh — Stuttgart (1969).
MacArthur, R. H. und *J. H. Connell:* Biologie der Populationen. BLV — München, Basel, Wien (1970).
May, R. M.: Stability and Complexity in Model Ecosystems. Monographs in Population Biology 6. Princeton University Press, New Jersey (1974).
Maynard Smith, J.: Models in Ecology. Cambridge University Press — Cambridge, London (1975).
Mayr, E.: Artbegriff und Evolution. Parey — Hamburg (1967).
Meadows, D. L.: Die Grenzen des Wachstums. Bericht des Club of Rome zur Lage der Menschheit. Deutsche Verlagsanstalt — Stuttgart (1972).
Menzel, W.: Theorie der Lernsysteme. Springer — Berlin, Heidelberg (1970).
Mesarovic, M. und *E. Pestel:* Menschheit am Wendepunkt. 2. Bericht an den Club of Rome zur Weltlage. Deutsche Verlagsanstalt — Stuttgart (1974).
Meyer, D. und *G. Meyer:* Das ökologische Problem der Räuber-Beute-Beziehung simuliert mit Hilfe eines Computerprogrammes. Der Biologieunterricht 11, S. 3—18 (1975).
Monod, J.: Zufall und Notwendigkeit. Philosophische Fragen der modernen Biologie. Piper — München (1972).
Müller, R.: Zur Modellmethode in der Biologie. Biologische Rundschau 6 (3), S. 113—120 (1967).
Niemeyer, G.: Systemsimulation. Akademische Verlagsgesellschaft — Frankfurt/M. (1973).
Pearl, R. und *S. A. Gould:* World Population Growth. Human Biology 8, S. 399—419 (1936).
Pearson, O. P.: A Mechanical Model for the Study of Population Dynamics. Ecology 41, S. 494—508 (1960).
Pohley, H. J. und *G. Schaefer:* Spielende und lernende Automaten im Unterricht. III. Erhöhung des Komplexitätsgrades: Das KASCHA-Spiel mit einem lernenden Streichholzschachtel-Automaten. MNU (Der mathematische und naturwissenschaftliche Unterricht) 22, S. 276—285 (1969).
Popper, K. R.: Objektive Erkenntnis. Ein evolutionärer Entwurf. Hoffmann & Campe — Hamburg (1973).
Rechenberg, I.: Evolutionsstrategie. Frommann/Holzboog — Stuttgart - Bad Canstatt (1973).
Riedl, R.: Die Ordnung des Lebendigen. Systembedingungen der Evolution. Parey — Hamburg, Berlin (1975).
Röhler, R.: Biologische Kybernetik. Regelungsvorgänge in Organismen. Teubner Studienbücher der Biologie. Teubner — Stuttgart (1973).
Rohlf, F J. und *D. Davenport:* Simulation of Simple Models of Behavior with a Digital Computer. J. theoret. Biol. 23, 400—424 (1969).
Röpke, H. und *J. Riemann:* Analogcomputer in Chemie und Biologie. Springer — Berlin, Heidelberg (1969).
Rosen, R.: Dynamical System Theory in Biology. Stability Theory and its Application Vol. I und II. Wiley-Interscience — London (1970).
Sartre, J. P.: Das Spiel ist aus. (Les Jeux Faits.) Rowohlt — Hamburg (1952).
Schaefer, G.: Logisches Verhalten von Gehirn und Elektrogehirn. MNU (Der mathematische und naturwissenschaftliche Unterricht) 21 (12), S. 417—423 (1968).
Schaefer, G.: Kybernetik und Biologie. Metzlersche Verlagshandlung — Stuttgart (1972).
Scharf, J. H. und *G. Bruns:* Biologische Modelle. Barth — Leipzig (1968).
Schötz, F.: Dreidimensionale, maßstabgetreue Rekonstruktion einer grünen Flagellatenzelle nach elektronenmikroskopischen Serienschnitten. Planta 102, S. 152—159 (1972).
Schwarz, H.: Theorie geregelter Systeme. Einführung in die moderne Systemtheorie. Vieweg — Braunschweig (1969).
Schwefel, H. P.: Experimentelle Optimierung einer Zweiphasendüse. Bericht 35 des AEG-Forschungsinstituts Berlin zum Projekt MHD-Staustrahlrohr (1969).

Simpson, G. G., A. Roe und *R. C. Lewontin:* Quantitative Zoology. Harcourt — New York (1960).
Sokal, R. R.: Numerical Taxonomy. Scientific American *215*, 106—116 (1966).
Solomon, D. L. und *C. Walter:* Mathematical Models in Biological Discovery. Springer — Berlin, Heidelberg (1977).
Stachowiak, H.: Über kausale, konditionale und strukturelle Erklärungsmodelle. Philosophia naturalis *4*, S. 403—433 (1957).
Stachowiak, H.: Gedanken zu einer allgemeinen Theorie der Modelle. Studium Generale *18*, S. 432—463 (1965).
Trommer, G.: Wachstum von „Beute- und Räuberpopulationen". In: Wachsende Systeme (herausgeg. von *G. Schaefer, G. Trommer* und *K. Wenk).* Leitthemen (Beiträge zur Didaktik der Naturwissenschaften) 1/7, S. 205—236. Westermann — Braunschweig (1976).
Uschmann, G.: Die Naturgeschichte des biologischen Modells. In: *Scharf, J. H.* und *G. Bruns* (Hrsg.): Biologische Modelle. Nova Acta Leopoldina. Abhandlungen der Deutschen Akademie der Naturforscher Leopoldina N. F. Bd. *33*, Nr. 184, S. 43—64 (1968).
Varju, D.: Systemtheorie für Biologen und Mediziner. Springer — Berlin, Heidelberg (1977).
Vester, V.: Ballungsgebiete in der Krise. Eine Anleitung zum Verstehen und Planen menschlicher Lebensräume mit Hilfe der Biokybernetik. dva Öffentliche Wissenschaft. Deutsche Verlagsanstalt — Stuttgart (1976).
Vogel, S. und *K. C. Ewel:* An Electrical Analog of a Trophic Pyramid. In: A Model Menagery (Laboratory Studies About Living Systems), S. 106—121. London (1977).
Waller, H. und *H. J. Burkhardt:* Anwendung elektronischer Rechenanlagen für die Simulation stetiger Systeme. In: *A. Schöne* (Hrsg.): Simulation stetiger Systeme. Bd. I: Grundlagen der Simulationstechnik, S. 103—278. Hauser — München (1974).
Waterkamp, R.: Mit dem Computer leben. Einführung in die Datenverarbeitung. Kohlhammer — Stuttgart (1972).
Weber, E.: Grundriß der biologischen Statistik. Fischer — Stuttgart (1972).
Wendler, G.: Über einige Modelle in der Biologie. Studium Generale 18, S. 284—290 (1965).
Wolters, M. F.: Der Schlüssel zum Computer. Einführung in die elektronische Datenverarbeitung Bd. I und II. Econ — Düsseldorf (1969).
Zemanek, H.: Technische und kybernetische Modelle In: *Mittelstaedt, H.* (Hrsg.): Regelungsvorgänge in lebenden Wesen, S. 32—50. Oldenbourg — München (1961).
Zimmermann, H.-J.: Einführung in die Grundlagen des Operations Research. Verlag Moderne Industrie — München (1971).

Anhang 1

Modelle, die in den einzelnen Kapiteln des „Handbuches" behandelt werden.
Band 3: Der Lehrstoff II:

- S. 6, Abb. 1: Modelle zu den Gelenken.
- S. 7, Abb. 2: Modelle für die Luftdruckwirkung am Kugelgelenk.
- S. 9, Abb. 3: Versuche zur Krümmung der Wirbelsäule mit Draht- und Blechstreifenmodellen.
- S. 11, Abb. 4: Modellversuch zur Bedeutung der Elastizität der Wirbelsäule.
- S. 11, Abb. 5: Modell zur Wirkungsweise der Zwischenwirbelplatten.
- S. 18, Abb. 8: Das Beuger- und Strecker-Modell.
- S. 19, Abb. 9: Modell zur Wirkungsweise der Muskeln am Mund.
- S. 31, Abb. 14: Modelle von Atemorganen.
- S. 32, Abb. 15: Modelle zur Wirkungsweise der Stellknorpel.
- S. 33, Abb. 16: Modell zur Zwerchfellatmung.
- S. 35, Abb. 17: Modell zur Brustatmung und Wirkungsweise der Zwischenrippenmuskulatur.
- S. 46, Abb. 20: Modelle zu Segel- und Taschenventilen.
- S. 49, Abb. 22: Modellversuch zur Windkesselfunktion der Gefäße.
- S. 51/52, Abb. 23 u. 24: Einfache Kreislaufmodelle.
- S. 54, Abb. 25: Das Herz als Saug- und Druckpumpe.
- S. 55, Abb. 26: Modellversuch zum Blutkreislauf (nach *Garms*).
- S. 139, Abb. 48: Modelle und Modellversuche zum inneren Ohr.
- S. 146, Abb. 49: Modelle zu Bewegungssinnesorganen.
- S. 158, Abb. 50: Modellversuch zur Nervenleitung.
- S. 188, Abb. 53: Modellversuch zum Rauchen.

Band 4/I: Der Lehrstoff III:

- S. 58, Abb. 25: Modell zur Funktion der Schließzellen einer Spaltöffnung.
- S. 240, Abb. 25: Modell zur Funktion der Bogengänge.
- S. 265 f.: Biologische Regelung mit kybernetischen Regelkreisen.

Band 4/III: Der Lehrstoff III:

- S. 66, 67, 85, Abb. 5, 6, 19: Demonstration der Mitose und Meiose mit dem Chromosomen-Modell an der Magnet-Tafel.
- S. 67, Abb. 7: Chromatid-Modell zur Demonstration unterschiedlicher Spiralisierungsgrade während der Mitose.
- S. 91, Abb. 22: X-Y-Bivalent am Chromosomen-Magnet-Tafel-Modell.
- S. 99, Abb. 26: Demonstration des Nondisjunktion-Phänomens als Ursache numerischer Chromosomen-Aberrationen.
- S. 124, Abb. 35: Modellversuch zur Entstehung von Häufigkeitsverhältnissen.
- S. 163, Abb. 60: Perlenketten-Modell zur Demonstration des Zusammenhanges zwischen Rekombinationshäufigkeit und Gen-Abstand.
- S. 258, Abb. 89: Modellversuch zur Entstehung der Zufallskurve (*Galtons* Zufallsapparat).
- S. 293, Abb. 105: Modellversuch zur Schrägbedampfungstechnik von Bakteriophagen für die Elektronenmikroskopie

S. 293, Abb. 106: Ergebnis des Modellversuchs zur Schrägbedampfungstechnik auf Schreibprojektorfolie
S. 313, Abb. 116: Perlenketten-Modell der Aminosäuren-Sequenz der β-Kette des Hämoglobins a) des Menschen, b) des Gorilla, c) des Karpfen, d) des Neunauges (nach *Braunitzer*).
S. 316, Abb. 120: Molekülmodell der α-Helix.
S. 328/329, Abb. 125, 126, 127: Molekülmodelle der DNA.
S. 330, Abb. 128: DNA-Replikation.
S. 334, Abb. 130: Modell zur Demonstration der Rotation bzw. Replikation ringförmiger DNA sowie des Aufbaus aus Okazaki-Teilstücken.

Band 5, Anhang zum Gesamtwerk:

S. 518, Abb. 14 und Abb. 15: Strukturmodelle von Ökosystemen.

Anhang 2

Bezugsnachweis für Demonstrationsmodelle
(Struktur- und Funktionsmodelle)*)
1. Carolina Biological Supply Company Burlington, North Carolina 27215, USA
2. Ealing GmbH, Postfach 1226, 6128 Höchst/Odw.
3. KOSMOS, Franckh'sche Verlagshandlung, Pfitzerstraße 5—7, 7000 Stuttgart 1
4. PHYWE A.G., Postfach 665, 3400 Göttingen
5. Schlüter K.G., Postfach 126, 7057 Winnenden b. Stuttgart
6. Somso-Lehrmittelwerkstätten, Friedrich-Rückert-Str. 56, 8630 Coburg-Neuss

Bezugsnachweis für Filme
1. Institut für den Wissenschaftlichen Film, Nonnenstieg 72, 3400 Göttingen (Laterale Inhibition, Lernende Automaten.)
2. Halbach, Arbeitsgruppe Ökologie im Fachbereich Biologie der J. W. Goethe-Universität, Siesmayerstraße 70, 6000 Frankfurt/M. (Variabler Zufallsapparat nach *Kuhl*, Katzenkralle.)

Anhang 3

Aufstellung der im Artikel erwähnten, für den Unterricht verwendbaren Modelle
Strukturmodell der Desoxyribonucleinsäure (DNA)
Plastikmodelle von Organen
Funktionsmodell der Brennesselblüte
Regression der Körperlänge von Eltern und Kindern
Orthokinese
Flugmodelle von Vögeln und Flugsauriern

---

*) Kataloge anfordern.

Sandkastenmodell zur Gradientenhypothese der Entwicklung
Phantasie-Tiere „Caminalcules" für Taxonomie und Phylogenie
Analogmodell *Isomat* für Nervennetze
Lectron-Schaltmodell für nervöse Informationsverarbeitung
Bedingter Reflex (*Pawlow*'scher Hund)
Laterale Inhibition (Kontrastverstärkung)
Kybernetischer Regelkreis
Regelung der Populationsdichte
Vernetzte Systeme
Weltmodell des „Club of Rome"
Populationsmodell
Wachstum einer Joghurt-Bakterien-Population
Räuber-Beute-Modelle
Nahrungsnetze, trophische Pyramide
*Galton*scher Zufallsapparat
RNA-Evolution (nach *Eigen*)
Genetische Drift
Bolzen-Loch-Bretter als stochastische Populationsmodelle
Evolutionsspiel „Extinction"
Kybernetisches Umwelt-Spiel (nach *Vester*)
Fiktives Ökosystem-Modell zur Demonstration der Folgen von Entwicklungshilfe (nach *Dörner*)
Funktionsmodell der Katzenkralle
Optimierung des Fischfanges
Mutations-Selektions-Modell der Mimikry (nach *Rechenberg*)
Optimierungsmodell „*Wheatstone*sche Brücke"

DIE ARBEITSSAMMLUNG

Von Oberstudiendirektor Helmuth Hackbarth

Hamburg

I. Die Aufgabe der Arbeitssammlung

Viele der dem Biologieunterricht gestellten Aufgaben können nur erfüllt werden, wenn dem Schüler immer wieder Gelegenheit gegeben wird, Pflanzen und Tiere oder die von ihnen hervorgebrachten Produkte eingehend zu betrachten, zu untersuchen, sich über das Festgestellte Gedanken zu machen und auftauchende Fragen durch Versuche zu klären.

Dem Wunsche, solches Tätigsein der Schüler zum Rückgrat des Unterrichts zu machen, steht die Schwierigkeit entgegen, dafür geeignetes Arbeitsmaterial und dieses auch zum gewünschten Zeitpunkt und in ausreichender Menge zur Verfügung zu haben.

Die Einschränkung der allgemein zugänglichen Stellen der Landschaft, die immer größer werdenden Entfernungen bis zu den Fundorten der gewünschten Dinge und die berufliche Belastung des Lehrers unserer Zeit machen es ihm nur noch im Ausnahmefall möglich, im Rahmen der Vorbereitung seiner Biologiestunden in der freien Natur nach diesem Arbeitsmaterial zu suchen und es sich zu beschaffen. Für den in einer verstädterten Landschaft aufgewachsenen Lehrer wird außerdem oft in einem dafür unzureichenden Vertrautsein mit vielen Besonderheiten des Tier- und Pflanzenlebens, die mehr erfahrbar als lehrbar sind, ein weiteres Hindernis vorliegen. (Eine stärkere Beachtung der Freilandbiologie im Rahmen der wissenschaftlichen und pädagogischen Ausbildung würde ihm eine gute Hilfe sein, sie würde sich auch in anderer Hinsicht für den Unterricht erfreulich auswirken.)

Als Folge der aufgezeigten Schwierigkeiten ergibt sich, daß der Lehrer leicht zur Abbildung, zum Modell, zum Bericht oder zu dem in der Sammlung nur einmal vorhandenen Schauobjekt auch dann greift, wenn die Natur geeignete Objekte zur Erarbeitung des vorgesehenen Sachverhaltes liefern könnte. Diesem Übelstand kann und soll die Arbeitssammlung abhelfen, indem durch sie Vorsorge dafür getroffen wird, daß derartige in die Hand des Schülers zu gebende Lernmittel unabhängig von der Jahreszeit, der Witterung, dem Gesundheitszustand und der augenblicklichen Inanspruchnahme des Lehrers jederzeit griffbereit und in genügender Zahl zur Verfügung stehen.

Den Gedanken, zusätzlich zur Schausammlung, bestimmte biologische Objekte in größerer Stückzahl ständig bereitzuhalten, damit im Bedarfsfall jedem Schüler eines zur Betrachtung bzw. zur Untersuchung in die Hand gegeben werden könnte, finden wir bereits vor der Jahrhundertwende. So schreibt *Carl Rothe* 1891 [102]: „Ein sehr empfehlenswerter Vorgang bei der Betrachtung von Insecten, Krebsen und anderen kleinen Thieren ist derselbe, welcher beim Unterricht in der Botanik anzuwenden ist. Man gebe, wo es geht, jedem Schüler oder je zweien ein Insect in die Hand ... Das Material sammeln allmählich die Schüler selbst und erneuern es von Jahr zu Jahr." — Anderthalb Jahrzehnte später äußern sich *Kienitz-Gerloff* [62] und *Rabes* [92] im gleichen Sinne. Dieser zählt neben „jenen Tierformen, die zu klein sind, als daß sie mit nur einigermaßen sicherem Erfolg einer ganzen Klasse durch Vorzeigen veranschaulicht werden könnten" auch „charakteristische Teile (besonders Schädel- und Gebißformen, Gehäuse) größerer Tiere" zu den Objekten, von denen sich „der Lehrer rechtzeitig einen genügenden Vorrat besorgen" sollte. Doch betrübt stellt er bereits damals fest, daß besonders der Lehrer der Großstadt dabei vor großen Schwierigkeiten steht. Deshalb wendet er sich an den Lehrmittelhandel. Was er bisher anbiete, sei nicht „Arbeitsmaterial in dem ... dargelegten Sinn". Er möge von den benötigten Objekten „größere Mengen vorrätig und dem Zwecke entsprechend die Preise ... niedrig" halten, was auch möglich sein müßte, da z. B. die Arbeit des Anhaftens auf eine Unterlage entfalle.

Das ist ein Anliegen, dessen Beachtung heute mehr denn je geboten wäre und sich für viele Objekte auch leicht verwirklichen ließe, z. B. für Zapfen, Nüsse und Holz mit Fraßspuren, Kokons des Seidenspinners, tierische und pflanzliche Textilfasern (im natürlichen Zustand), Gewölle, Igellosung, einige Schädlinge u. a. Sehr viel Erfolg war diesen ersten Anregungen zum Aufbau einer Arbeits- und Verbrauchssammlung zunächst nicht beschieden. Noch 1916 hatte *R. Rein* [94] Anlaß genug zu klagen, daß im Gegensatz zu den physikalischen und chemischen Kabinetten „die biologischen Einrichtungen fast nur darauf aufgebaut sind, dem Schüler ausschließlich Demonstrationsobjekte vorzuführen". Er und *W. Schoenichen* [110] setzen sich dann aber so nachdrücklich für die Arbeitssammlung ein, daß diese weiterhin allgemein als ein notwendiger und wichtiger Bestandteil der Biologiesammlung einer Schule angesehen wird.

Im Zusammenhang mit der Klage *Reins* mag auf eine für die Unterrichtspraxis zu beachtende Besonderheit in der Benutzung einer Arbeitssammlung für den biologischen Unterricht aufmerksam gemacht werden, die für die anderen naturwissenschaftlichen Fächer nicht gegeben ist. Für den Biologieunterricht liegt unter Umständen nämlich im griffbereiten Vorhandensein des Arbeitsmaterials auch eine Gefährdung gewisser Unterrichtsziele, da dieses den Lehrer leicht dazu verleitet, Sammlungsstücke auch dann an die Stelle von lebenden oder unmittelbar vom Schüler selber zu beschaffenden Objekten zu setzen, wenn das aus der örtlichen und jahreszeitlichen Gegebenheit heraus nicht nötig wäre, sei es, daß sie innerhalb der Unterrichtszeit in ihrer natürlichen Umgebung aufgesucht, oder von den Schülern zur Schule mitgebracht werden könnten.

Ein vom Schüler selber entdeckter und gegebenenfalls zur näheren Untersuchung in den Klassenraum oder nach Hause mitgenommener Fund berührt ihn natürlich mehr als ein aus der Sammlung ihm vorgelegtes Stück. Außerdem haftet dem selber aufgefundenen Objekt eine Vorstellung von seinem Platz in der organischen Natur an.

Diese Gefährdung gewisser Unterrichtsziele besteht natürlich auch bei einer aus gleichen Gründen unnötigen unterrichtlichen Verwendung anderer Lehrmittel, wie der von Modellen oder von Wand- und Lichtbildern. — Der unmittelbare Kontakt zur Natur hat stets seinen besonderen pädagogischen Wert.

II. Die Objekte der Arbeitssammlung

Die Arbeitssammlung kann alles enthalten, was eine Beziehung zur lebenden Natur hat und geeignet ist, das Interesse an ihr zu wecken, Fragen wachwerden zu lassen, den Schüler zum Hinsehen, zu Untersuchungen oder zu Versuchen anzuregen. Das können lebende oder tote Tiere und Pflanzen, nur Teile von ihnen, ihre Erzeugnisse, von ihnen hinterlassene Spuren oder ihr Leben beeinflussende Dinge ihrer Umwelt (Böden) sein.

Verzichten muß man bei der Auswahl der Objekte natürlich auf die durch das Gesetz geschützten und auch auf solche, deren Entfernen zu einer Verarmung der Natur an Ort und Stelle führen könnte. Allgemein ist Zurückhaltung bei Tieren geboten, soweit sie getötet werden müßten. Dort, wo der Lehrer glaubt, dieses vertreten zu können, etwa bei Schädlingen, sollte das Sammeln und Töten nicht im Beisein der Schüler erfolgen. Stets gilt, daß das Beobachten eines lebenden Tieres dem Kinde und dem Jugendlichen weit mehr gibt, auch im Sinne der gesetzten Unterrichtsziele, als das Betrachten oder Zerlegen eines toten.

Soweit die Arbeitskraft des Lehrers und die räumlichen Verhältnisse der Schule es möglich machen, sollten deshalb lebende Tiere und Pflanzen gehalten werden, und nicht nur als Schauobjekte — auch sie haben in bestimmten Fällen ihre Berechtigung — sondern in einem Umfang, der es möglich macht, daß jeder Schüler an ihnen Beobachtungen anstellt. Man wähle solche, die wenig Raum beanspruchen, leicht zu pflegen und geeignet sind, der Erreichung bestimmter Unterrichts- oder Erziehungsziele zu dienen. Natürlich wird in bezug auf den letztgenannten Gesichtspunkt der eine Lehrer diese, der andere jene Art bevorzugen. Doch das kann in kollegialer Weise, etwa auf den Fachkonferenzen, abgestimmt werden. Als Beispiele seien genannt: Regenwürmer, Hüpferlinge, Wasserspinne, Wasserinsekten, Silberfischchen, Schaben, Mehlkäfer, Speck- und Pochkäfer, Stuben- und Schmeißfliege, Milben, Mäuse, bestimmte Algen und Moose, Tradescantia, keimfähiges Saatgut (Getreide, Erbsen, Bohnen, Kresse), Rühr-mich-nicht-an, Schöllkraut (zur Erprobung der Wirksamkeit des Saftes gegen Warzen), Bryophyllum, Scharbockskraut, Buschwindröschen, Quecke (ungeschlechtliche Vermehrung), Krokus (Thermonastie), Sauerklee (Seismonastie, „Schlafstellung"), Knäuelgras (Entfaltungsbewegung der Ähre), Mohn (Entwicklungsbewegung des Sprosses), Zaunrübe (Kontaktreizbarkeit, Wachstumsbewegung), Stangenbohne (Mutationsbewegung), Sonnentau (tropistische Bewegung), Kulturpflanzen u. a.

Weitere die lebenden Tiere und Pflanzen betreffende Fragen werden an anderer Stelle dieses Handbuchs eine ausführliche Berücksichtigung finden (Band 5. S. 268).

Viele der dem Schüler zu übermittelnden Einsichten können nicht von ihm durch eigene Untersuchungen und Versuche an oder mit Tieren, Pflanzen und dem Menschen gewonnen werden, sei es, daß die Arbeit zu zeitraubend oder zu schwierig sein würde, oder sei es, daß die für sie benötigten Apparaturen nicht zur Verfügung stehen. Um auch in solchen Fällen für die selbständige geistige Arbeit des Schülers einen Raum zu schaffen, kann man ihm oft Photographien der Naturobjekte, Beobachtungsberichte, Ergebnisse durchgeführter Untersuchungen oder statistischer Erhebungen in Form eines Textes, einer Tabelle oder einer

graphischen Darstellung als Arbeitsunterlage in die Hand geben. Auch das ist somit in die Arbeitssammlung aufzunehmendes Material.
Zu ihr gehören weiterhin die Geräte und Bücher, die der Schüler zur sachgerechten Berarbeitung der ihm gestellten Aufgaben benötigt. Die vornehmlich in Frage kommenden sollen im folgenden Abschnitt bei der Erörterung der benötigten Stückzahlen genannt werden.

III. Die Stückzahl der einzelnen Objekte

Die Anzahl der bereitzuhaltenden Untersuchungsobjekte aus dem Tier- und Pflanzenreich richtet sich nach der Art ihrer Verwendung und nach der Schülerzahl in den Klassen, in denen an ihnen und mit ihnen gearbeitet werden soll. Im allgemeinen ist der beste unterrichtliche Erfolg zu erwarten, wenn jeder Schüler sein Untersuchungsobjekt hat. Bisweilen ist es sogar wünschenswert, ihm mehrere gleichzeitig oder nacheinander zu geben, sei es, um das Erkennen der kennzeichnenden Eigenschaften zu erleichtern, oder sei es zur Einübung einer Arbeitsmethode. — Bei Objekten, die dem Verbrauch unterworfen sind, muß ihre mögliche Verwendung in mehreren Klassen berücksichtigt werden.
In besonderen Fällen mag es genügen oder sogar geboten sein, die Schüler in Gruppen an einem Objekt arbeiten zu lassen, z. B. bei der Feststellung von Art und Zahl der Bestandteile eines Vogelnestes, beim Ordnen der Federn einer Rupfung oder beim Auszählen der Samen einer Pflanze, so daß hier der Bedarf geringer ist. Als Notbehelf wird man auch dann zu einer Gruppenarbeit greifen, wenn die Beschaffung einer größeren Stückzahl zu zeitraubend, zu schwierig oder zu kostspielig für den Schuletat sein würde.
Da viele der Objekte dem Verbrauch unterliegen, ist es empfehlenswert, bei sich einmal bietender Gelegenheit sogleich für einen größeren Vorrat zu sorgen. Ist es doch stets ungewiß, ob in den folgenden Jahren die Fundstelle ebenso ergiebig sein wird, und ob man sie überhaupt wird aufsuchen können.
Was die Stückzahl der Geräte betrifft, so ist zu bedenken, daß eine gemeinsame Benutzung von Pinzetten, Präpariernadeln, Skalpellen, Scheren, Lupen (mit Lupentisch!), Pipetten, Petrischalen, Uhrgläser, Bechergläser, Mensuren durch für sich einzeln arbeitende Schüler deren intensive Beschäftigung mit ihrer Aufgabe stört. Sie müssen somit, wie auch die zur Schonung des Tisches notwendige Arbeitsunterlage (Kunststoffplatten) in ihrer Stückzahl der höchsten Klassenfrequenz entsprechen. Das gilt auch für die verschiedenfarbigen Papiere und Figuren, die der Erarbeitung von Kenntnissen über die Physiologie des Sehens dienen (Blinder Fleck, Astigmatismus, Nachbilder, Simultankontrast, optische Täuschung) und die erwähnten Wiedergaben graphischer Darstellungen, Tabellen oder anderer Arbeitsunterlagen. Soweit diese Dinge leicht in Verlust geraten, ist es geboten, über die notwendige Stückzahl hinaus stets noch einen gewissen Vorrat von ihnen zu haben, damit nie einzelne Schüler benachteiligt sind, oder eine geplante Arbeit ausfallen muß.
Für folgende Geräte genügen Stückzahlen, die der halben Klassenfrequenz entsprechen: das Garbi-Gerät — zur unterrichtlichen Verwendung des ähnlichen Bioga-Gerätes siehe W. *Ruppolt* [105] — (bei den Ergänzungsteilen ist abzuwägen.

welche nur auf der Oberstufe und damit in kleinen Klassen, und welche auch auf der Unter- und Mittelstufe benötigt werden), der Aufbausatz nach *Dr. H. H. Falkenhan* [22], Waagen und Wägesätze, Pflanzspaten, Pflanzengitterpressen (Pflanzenpapier wird in einem der Schülerzahl entsprechenden Umfang gebraucht und ebenso Papier zur Herstellung von Fußabdrücken [siehe dazu: *H. Hackbarth* (43) und im Bezugsquellennachweis unter 16.]), Geräte zur Untersuchung der Sinnesorgane, soweit zwei Schüler jeweils zusammen arbeiten müssen (Stechzirkel, Tasthaar, Stricknadel, ein einige Meter langer Gummischlauch). (Siehe dazu bei *F. Steinecke* [119], *H. Carl* [15] und *E. Krumm* [70, 71, 72].) Einen Handspiegel benötigt jeder Schüler, ihn können die Schüler aber aus eigenem Besitz mitbringen. Holzbrettchen, wie sie zur Mund- und Rachenuntersuchung üblich sind und Mundstücke für die Spirometer sind in größerer Zahl vorrätig zu halten. Eine der halben Klassenfrequenz entsprechende Stückzahl ist auch für die folgenden Geräte erwünscht: Kescher zum Fang von Wassertieren, das zugehörige Transportgefäß, Käfersieb zur Untersuchung der Fauna der Boden- und Laubschicht, Pehameter, Spirometer, Stethoskop. — Raupenkästen, Terrarien und Aquarien wird man aus Platzmangel und Stoppuhren wegen der Anschaffungskosten in ihrer Zahl beschränken müssen. Stoppuhren können im allgemeinen im Bedarfsfall (z. B. bei Messungen des Pulsschlages, der Atmungshäufigkeit, zur Assimilation und Verdunstung) aus den Sammlungen für Physik und für Leibesübungen ergänzt werden.

Nach den jeweilig an einer Schule bzw. von einem Lehrer besonders gepflegten Gebieten mag die Anschaffung weiterer Geräte am Platze sein.

Auch bei den Büchern bestimmt die Art ihrer Verwendung die benötigte Stückzahl. Alle Bücher, mit denen in gleicher Front gearbeitet werden soll, müssen in ihrer Anzahl den Schülerzahlen der betreffenden Klassen entsprechen. Es werden das einige der Bestimmungbücher und solche sein, deren Studium der Vorbereitung eines Klassengesprächs dienen soll. Sie können dann auch im Rahmen einer Klassenarbeit oder der Hausarbeit Verwendung finden, um so den Schülern Gelegenheit zum Üben und Kontrollieren ihrer Fähigkeiten (z. B. des Bestimmens, des Erkennens und des kurzen Zusammenfassens wesentlicher Aussagen) zu geben.

Sehr vielseitig und auch bereits vom 5. Schuljahr ab zu verwenden ist z. B. das Naturkundliche Wanderbuch von *H. Grupe* [32]. Es gestattet in einer dem Schüler der Unterstufe zumutbaren Weise das Bestimmen der häufigsten Tiere und Pflanzen und auch das der hinterlassenen Spuren (z. B. Scharrstellen, Fraßspuren, Losung, Gewöll), was der Wißbegierde des Schülers entgegenkommt. Außerdem lenkt es die Aufmerksamkeit des Benutzers auf manchen anderen interessanten Zusammenhang. Natürlich darf es als Bestimmungsbuch nicht das einzige bleiben, mit dem die Schüler arbeiten lernen. Mindestens ein weiterführendes, ihnen die wissenschaftliche Methode des Bestimmungsverfahrens bewußt machendes Buch ist noch erforderlich. Auf die von *P. Brohmer* [6], *H. Carl* [14], *Schwaighofer-Budde* [111] und von *Schmeil* [108] sei hingewiesen.

Gut verwendbar sind auch viele Bücher, die nur einen bestimmten Ausschnitt der Natur erfassen wollen, wie die von *P. Kuckuck* [74], *H. H. Falkenhan* [20], *A. Kosch* [68], *W. Engelhardt* [18], *R. Kiffmann* [63], *E. Klapp* [64], *Kosch-Frieling-Friedrich* [69], *Frieling* [27], *H. Janus* [58], *K. Beurlen* [4] u. a. Die unterrichtlich

zu nutzenden Gelegenheiten in der Umgebung der Schule, die auf Arbeitsreisen und Lehrausflügen bevorzugt aufgesuchten Gebiete und die Interessen der Lehrer werden bei der Auswahl der Bücher mitsprechen.
Für eine über das im Unterricht Erwähnte hinausgehende Unterrichtung der Schüler können einige Hefte der Neuen-Klein-Brehm-Reihe gute Dienste tun, wie das von R. *März* [82] oder das von R. *Gerber* [30]. Sollen sie nur einzelnen, interessierten Schülern zur Verfügung gestellt werden, so genügen von ihnen entsprechend wenige Exemplare.
Bücher und Hefte zur Gesundheitslehre wird man gerne allen Schülern in die Hand geben, wie z. B. die Nährwerttabelle von W. *Wirths* [144], den Bericht des Royal College of Physicians über das Rauchen [103] bzw. die Schrift von *Gsell* zum selben Thema [35] oder das Heftchen von F. *Schmidt* [109], die Tafeln zur Prüfung des Farbensinns von K. *Velhagen* [129], die ärztlichen Hinweise von *Dr. Ruff* für den Aufenthalt in warmen Ländern [104], das Heft „Wissenswertes über Krebsvorsorge" [54], die Schrift der *Thomae GmbH* über das Verhalten nach einem Herzinfark [122] u. a.
Auf die besonderen Fragen der Arbeitsbücherei für die Oberstufe wird hier nicht eingegangen, sie finden an anderer Stelle dieses Handbuchs ihre Berücksichtigung (siehe S. 159).
Chemikalien werden, abgesehen von den für die mikroskopischen Übungen erforderlichen, so selten benötigt, daß sich die Anschaffung von ganzen Sätzen erübrigt. Im Bedarfsfall greift man auf die Sätze für die mikroskopischen Arbeiten zurück bzw. gibt die Substanz in kleinen Bechergläsern an die Schüler oder die Gruppen aus. Nur für den Gebrauch von Salzsäure (Prüfung auf Kalk in Skeletteilen, Eierschalen, Bodenproben) ist die Anschaffung einer größeren Zahl von Tropfflaschen zu empfehlen.

IV. Die Beschaffung der Sammlungsstücke

Das für die Arbeitssammlung geeignete und gewünschte Material wird nur in geringem Umfang vom Lehrmittelhandel oder anderen Stellen angeboten, und soweit dieses erfolgt, kann davon oft nur in unbefriedigender Weise Gebrauch gemacht werden, weil die benötigten hohen Stückzahlen den Schuletat zu stark belasten würden.
Man muß sich also vorzugsweise an die ursprüngliche Quelle aller Lehr- und Lernmittel des Biologieunterrichts wenden, d. h. in der freien Natur nach geeigneten Objekten Ausschau halten. Infolge der dafür heute oft ungünstigen Voraussetzungen, wird es dem einzelnen Lehrer jedoch nur selten möglich sein, im Rahmen der Vorbereitung seiner Stunden dieser Aufgabe ganz gerecht zu werden, worauf bereits hingewiesen wurde.
An und für sich wäre es Aufgabe des Sammlungsleiters wie bei der Schausammlung auch bei der Arbeitssammlung für deren Einrichtung, Ergänzung und Pflege zu sorgen. Bei den Chemie- und Physiksammlungen wird es auch im allgemeinen so gehandhabt. Die biologische Arbeitssammlung beansprucht jedoch wegen der besonderen Beschaffungsschwierigkeiten ungleich mehr Zeit und Mühe. Es ist deshalb zweckmäßig, in kollegialer Zusammenarbeit eine Arbeits-

teilung vorzunehmen und die Sorge für die Arbeitssammlung einem anderen Fachkollegen anzuvertrauen, wie es ja auch bereits bisweilen für den Aufgabenbereich des Schulgartens oder dem der Aquarien- und Terrarienpflege geschieht. Eine gewisse Kenntnis der Tier- und Pflanzenwelt und Freude an Streifzügen durch Wald und Feld sind gute Voraussetzungen für dieses Amt, doch geht es auch ohne sie, denn die eine kann man erwerben und die andere stellt sich meist mit wachsender Kenntnis im allgemeinen ein. Mit den gesammelten Erfahrungen mag der Aufwand an Zeit und Mühe allmählich geringer werden, doch bleibt er so beachtenswert, daß es gerechtfertigt wäre, ihn, wie allgemein bei Sammlungsleitern, auf die Pflichtstundenzahl anzurechnen.

Dem mit dieser Tätigkeit verbundenen Zeit- und Kraftaufwand stehen glücklicherweise auch sehr erfreuliche Seiten gegenüber, die es verdienen genannt zu werden: Das Streifen durch Feld und Wald ist ein Dienst an der körperlichen und seelischen Gesundheit, und die dabei zu gewinnenden Einsichten und Erlebnisse erweisen sich als Impulse und Quellen eines stets neue Formen findenden, frischen, die Jugend auch innerlich zur Natur führenden Unterrichts.

Gibt es für den Betreuer der Arbeitssammlung Möglichkeiten, die benötigte Kraft und Zeit zu begrenzen? Für die Mehrzahl der Objekte kann man Angaben allgemeiner Art über den geeigneten Zeitpunkt und den Ort des Suchens der entsprechenden Literatur entnehmen. Besonders erwähnt sei die auf die Bedürfnisse des Unterrichts erfolgte Zusammenstellung von W. *Siedentop* [114]. Dann können Gärtner von Parkanlagen und Friedhöfen, Landwirte und Förster bisweilen wertvolle erste Hinweise, z. B. zum Auffinden der Spuckbäume von Eulen, eines Greifvogelhorstes, einer Saatkrähenkolonie, eines Dachsbaues, einer Spechtschmiede, der Standorte besonderer Bäume (z. B. Mutanten) oder der Anbaustellen bestimmter Kulturpflanzen geben. Je nach den Umständen kann für bestimmte Fälle weiterhin die Hilfe von Schülern, deren Eltern und die der Kollegen in Anspruch genommen werden. Das betrifft vor allem Dinge, die sie fast mühelos etwa aus ihrem Garten oder vom Urlaubsort mitbringen können, wie das Nistmaterial der im Herbst gesäuberten Nistkästen ihres Gartens, die Losung des diesen bewohnenden oder regelmäßig besuchenden Igels, Zweige einer in ihm wachsenden schlitzblättrigen oder rotblättrigen Mutante, die beim Umgraben des Gartens gefundenen Engerlinge, tote Bienen und Waben vom benachbarten Imker, Versteinerungen aus Steinbrüchen in der Umgebung des Urlaubsortes oder Funde allerlei Art vom Meeresstrand.

Stets ist es angebracht, diese an der Natur im allgemeinen selber interessierten Helfer vorher mit dem Gewünschten ausreichend bekannt zu machen und gegebenenfalls ihnen auch entsprechende Bücher zur Verfügung zu stellen, wie etwa die von *P. Kuckuck* [74] und *Kosch-Frieling-Friedrich* [69]. Auch die Art der Verpackung, des Transportes und der Zusendung des Sammelgutes und evtl. des Verpackungsmaterials sollte erörtert werden.

Bei Besichtigungen von Fabriken oder auch durch die Verbindung von Eltern der Schüler zu diesen ergibt sich bisweilen die Möglichkeit, bestimmte von ihnen verarbeitete Rohstoffe zu erhalten, wie Sojabohnen (Margarinefabrik), Kakaobohnen (Schokoladenfabrik) und Textilfasern tierischer wie pflanzlicher Herkunft im natürlichen Zustand.

V. Die Behandlung des Materials

Im allgemeinen kann das Material ohne besondere Behandlung trocken aufbewahrt werden. Ist eine Unterbringung in einer konservierenden Lösung notwendig, so sind Alkohol — auch der preisgünstigere n-Propylalkohol ist geeignet —· und Formalin die Mittel der Wahl. Für Pflanzen eignet sich Formalin bzw. ein Gemisch aus 6 T Wasser, 1 T Glyzerin und 1 T Formalin, dem „zur Verhinderung der Säurebildung etwas Soda und zur Erhaltung des Chlorophyllgrüns ein wenig Kupfersulfat zugesetzt ist" (nach *F. Steinecke* [118, 119]. Allgemein ist zu beachten, daß Formalin Eiweiß härtet und die Haut angreift. — Bisweilen muß das Material vor Schädlingen geschützt werden. Da eine Behandlung mit für den Schüler gesundheitsschädlichen Mitteln unterbleiben muß, kann man die betreffenden Objekte von Zeit zu Zeit in eine Schwefelkohlenstoffkiste stecken oder sie in gut geschlossenen Kunststofftüten aufbewahren.

Für das Abtöten von Insekten sind Essigäther — besonders für Käfer —, eine Mischung von Essigäther und Schwefeläther (1:1) oder von Chloroform und Essigäther (1:2), diese besonders für Falter, geeignet.

Eier, Larven und Puppen werden in kochendes Wasser gegeben, gut aufgekocht und entweder in Alkohol (80 %) aufbewahrt oder getrocknet auf steifen Karton geklebt — Larven sowohl in Bauch- wie Rückenlage — und in Sammelgläsern aufbewahrt. Damit sind sie nicht nur vor Staub und Schadinsekten geschützt, diese Aufbewahrung ermöglicht auch ein sie schonendes Transportieren und Verteilen.

Umfassendere Hinweise für die Zurichtung und Aufbewahrung von Arbeitsmaterial findet man bei *Linder* [80], bei *R. Weber* [140], bei *H.-W.Baer* [147, 148, 149, 150]. In dem unter [149] genannten Buch sind eine Bestimmungstabelle für Sammlungsschädlinge und Ausführungen über ihre Lebensweise enthalten. Spezielle Hinweise für das Sammeln und Aufbewahren von Meerestieren und Meerespflanzen findet man bei *Kuckuck* [74] und eine viele Besonderheiten der einzelnen Arten berücksichtigende für das Sammeln, Präparieren und Konservieren bei *Stehli* [116, 117], siehe auch Bd. 2 dieses Handbuchs.

Besonders empfindliche und vom Schüler nicht zu zerlegende Objekte können in Kunstharz eingebettet werden. Der Spielwarenhandel bietet unterschiedliche Gießharze und die Verfahrenstechnik erläuternde Schriften an. Gegebenenfalls beachte man Hinweise auf mögliche Gefahrenquellen. (Über Erfahrungen berichten z. B. *K. Zechlin* [197], *E. Jacob* [163].)

VI. Die Aufbewahrung des Sammlungsmaterials

Von größter Bedeutung ist eine zeit- und arbeitsparende Aufbewahrung des Sammlungsgutes.

1. Man beschränke sich auf wenige Typen von Behältern, z. B. Kästen, Sammel-, Reagenz- und Bindegläser und bei jeder Art wieder auf bestimmte Größen. Für die Aufbewahrungskästen haben sich beispielsweise folgende Größen bewährt: 7 x 16 x 26 cm, 14 x 16 x 26 cm (beide mit Deckel), 3 x 10 x 10 cm und 3 x 15 x 25 cm, diese ohne Deckel. Es ist zweckmäßig, wenn die Stirnseite mit

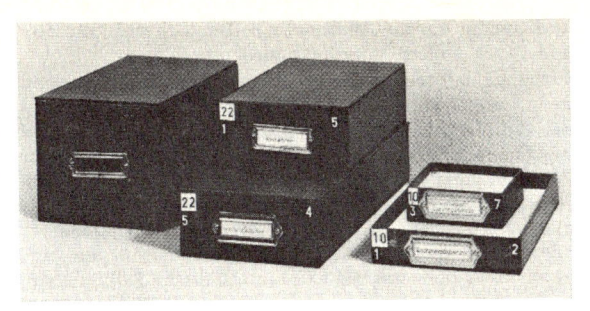

Abb. 1: Kästen zur Aufbewahrung von Sammlungsobjekten

einem Einsteckschild aus Metall versehen ist (Abb. 1). (Solche Behälter, zusätzlich noch in der Größe 7 x 16 x 36 cm mit Deckel, grün Chagrin bezogen, Seiten, Boden und Gelenk schwarz Shirting eingefaßt, Innenteil, Deckel, Boden weißer Spiegel kaschiert, sind allgemein für die naturwissenschaftlichen Fächer an Hamburger Schulen üblich. Eine Bezugsmöglichkeit wird am Ende des Aufsatzes angegeben [5]). — Bei den Sammelgläsern kann man sich auf die Größen 40 x 8 mm und 80 x 20 mm, bei den Reagenzgläsern auf die Größen 160 x 16 mm und die größter Weite (z. B. zur Aufbewahrung von Getreideähren mit Pilzbefall, von Samen und Früchten) beschränken. Zum Verschließen sind Gummistopfen arbeitssparend, da Alkohol als Konservierungsflüssigkeit durch Korken verdunstet.
2. In jedes Sammelglas bzw. Reagenzglas gebe man nur soviel Objekte, wie ein Schüler zur Lösung seiner Aufgabe benötigt. Das wird normalerweise ein Exemplar sein.
3. Die gefüllten Gläser werden in für sie geeignete Gestelle gestellt. Für die Reagenzgläser 160 x 16 mm bieten sich die üblichen Reagenzglasgestelle (einstufig) an, sie werden auch preisgünstig aus Kunststoff angeboten, für die kürzeren Sammelgläser bewähren sich quaderförmige Holzblöcke mit für die Gläser passend ausgebohrten Löchern, in die die Gläser zu etwa einem Viertel ihrer Länge gestellt werden. Auch eine Unterbringung in der Art der Reagenzgläser, wie sie auf Bild 6 bei *Linder* [80] zu sehen ist, ist zweckmäßig. Eine Eigenfertigung dieser Gestelle macht aber mehr Arbeit als die der Holzblöcke.
4. Die Zahl der in einem Gestell unterzubringenden Behälter entspricht am besten der Zahl der Schülerplätze in einer Reihe oder in zwei Halbreihen. Damit wird die mit dem Verteilen und Einsammeln verbundene Unruhe eingeschränkt. Werden mehr Geräte in einem Gestell untergebracht, so beansprucht das Verteilen und Einsammeln mehr Zeit, bei einer kleineren Zahl benötigt man mehr Gestelle, damit mehr verteilende bzw. einsammelnde Schüler, was wieder die Unruhe vermehrt.
5. Jeder Aufbewahrungskasten und jedes Gestell trägt an seiner Stirnseite Zeichen (z. B. Zahlen), aus denen zu entnehmen ist, in welchem Schrank, auf welchem Brett in ihm und an welcher Stelle des Brettes sein Platz ist (s. Abb. 1 [Auf den abgebildeten Kästen steht links oben die Nummer des Schrankes, unter ihr die

des Brettes und rechts die der Platzstelle.]). Der Schrank, die Bretter und die Platzstellen auf ihnen sind entsprechend zu kennzeichnen.

6. An der Stirnseite befindet sich außerdem ein entfernbares Schild mit der Inhaltsangabe.

Bei vielen, den Schülern zu stellenden Aufgaben wird das aus diesen Inhaltsangaben zu gewinnende Wissen die geistige Arbeit des Schülers ungünstig beeinflussen oder überflüssig machen, z. B. bei der Einordnung ihm vorgelegter Arten in das System, bei der Erkennung von Losung als solche, bei der Bestimmung von Arten, von Fraßspuren oder von bestimmten Knochen.

In solchen Fällen muß der Lehrer das betreffende Schild vor der Stunde entfernen, oder man versieht es von vornherein mit einem Schlüsselwort (z. B. einer Zahl), dessen Bedeutung jeder Lehrer einer den Schülern nicht zugänglichen Liste entnehmen kann. Entsprechendes gilt für die Sammlung gepreßter Pflanzen und Pflanzenteile, soweit deren Verwendung für Kenn- und Bestimmungsübungen vorgesehen ist.

7. In bestimmten Fällen ist es zweckmäßig, die Sollzahl der in einem Kasten vorhandenen Objekte auf der Innenseite des Deckels zu vermerken.

8. Abgänge an Sammlungsstücken werden von den die Sammlung benutzenden Kollegen in einer bereitliegenden Liste eingetragen.

Diese beiden letzten Hinweise erleichtern die von Zeit zu Zeit — etwa halbjährlich — vorzunehmende Überprüfung, das rechtzeitige Ersetzen verbrauchter Objekte und gestattet es, dieses durch die an der Schule nur vorübergehend tätigen Studienreferendare, durch Schüler oder durch den Laboranten ausführen zu lassen.

Die Beschäftigung einer Hilfskraft (Laborant) für die Sammlungleiter der 3 naturwissenschaftlichen Fächer ist zweckmäßig und wirtschaftlich, sie ist aber leider trotzdem noch nicht überall üblich. Jeder Sammlungsleiter verwendet viel Zeit und Kraft für Arbeiten, die auch eine Hilfskraft ausführen kann (Bereitstellen und Wegräumen, Säubern, Pflegen und Kontrollieren der Geräte und Sammlungsobjekte, Reparaturen, Neubau von Geräten, Pflege der lebenden Pflanzen und Tiere, einfache Schreibarbeiten, Arbeiten im Schulgarten), und die er zur Vorbereitung und Durchführung seiner Stunden wie für seine Fortbildung nicht zum zweiten Mal aufwenden kann.

9. Auch die Aufbewahrung der Arbeitsgeräte muß so sein, daß sie ein schnelles, reibungsloses Verteilen, Einsammeln und zeitsparendes Kontrollieren auf Sauberkeit und Vollständigkeit möglich macht. Drei verschiedene Arten der Aufbewahrung sind üblich:

Je ein Satz der am häufigsten benötigten Geräte wird in einem Kästchen aufbewahrt (s. *Linder* [80] Bild 17). Jeder Schüler erhält dann zur Arbeit einen Kasten. Damit sind 2 Nachteile verbunden: Der Schüler hat stets auch solche Geräte zur Verfügung, die er für die gerade vorliegende Aufgabe nicht benötigt, mit denen er sich aber trotzdem gerne beschäftigt, und für den Lehrer ist eine ausreichende Kontrolle, die jetzt *alle* Geräte umfassen muß, aus Zeitmangel unmöglich.

Jede Art der Geräte wird für sich in einem Kästchen aufbewahrt, und nur die für die bevorstehende Arbeit benötigten werden ausgeteilt, und nur sie müssen hinterher kontrolliert werden. Damit entfällt der eine der erwähnten Nachteile und der andere wird eingeschränkt.

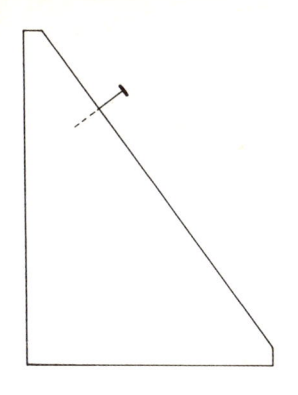

Abb. 2: Querschnitt eines Gestells, das dem Aufhängen von Pinzetten oder Scheren dient

Die Nachprüfung der Geräte, die stets zeitraubend und an und für sich nicht angenehm ist, kann aber noch weiter vereinfacht werden: Jede Geräteart wird für sich auf einem für sie passend hergerichteten Gestell gut sichtbar aufbewahrt, so daß mit einem Blick ihre Vollzähligkeit erfaßt werden kann. Scheren und Pinzetten können an einem schräggestellten Brett aufgehängt werden (s. Abb. 2), für Präpariernadeln eignen sich Holzblöcke mit Bohrlöchern zum Hineinstecken der Nadeln (s. Abb. 3). — Weitere Möglichkeiten der Aufbewahrung von Geräten zeigt Abb. 4. Zweckmäßig ist es, die Stückzahl der auf einem Gestell aufbewahrten Geräte mit der Zahl der Schüler in einer Reihe oder in zwei Halbreihen in Übereinstimmung zu halten. Werden die Gestelle den Sitzreihen entsprechend gekennzeichnet, so können die Schüler stets Geräte vom selben Gestell erhalten, was für ihre pflegliche Behandlung förderlich ist.

10. Lupentischchen stellt man auf Tabletts, die einer bestimmten Zahl von ihnen Platz bieten und beläßt sie auch auf ihnen im Sammlungsschrank.

11. Um die Benutzung der Sammlung zu erleichtern, ist das Führen einer Kartei notwendig, die schnell Auskunft darüber gibt, ob und wo etwas in der Sammlung vorhanden ist. Die Kartei sollte ferner Angaben über den Fundort oder die Bezugsquelle, das Datum des Auffindens, die Art der Präparation und gegebenenfalls auch Hinweise auf die mögliche unterrichtliche Verwendung und für sie zu nutzende Literatur enthalten.

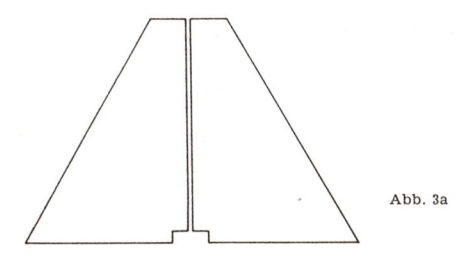

Abb. 3a

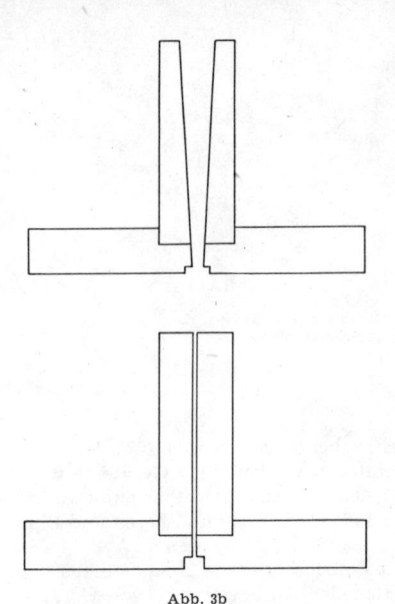

Abb. 3a und 3b: Querschnitte eines Gestells zur Aufnahme von Präpariernadeln in zwei verschiedenen Ausführungen. 3a ist leichter anzufertigen, 3b ist zum Tragen handlicher. — Das Gestell kann auch zur Aufnahme anderer Geräte dienen, wenn man den Bohrlöchern die erforderliche Form gibt. — Der Luftkanal auf der Unterseite dient einem schnellen Nachtrocknen von evtl. feucht hineingesteckter Geräte

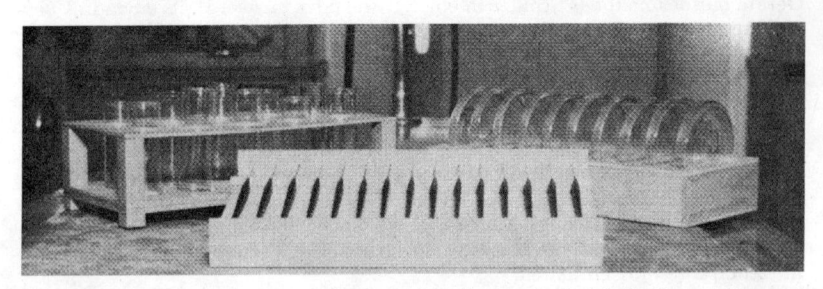

Abb. 3b

Abb. 4: Gestell zur Aufnahme von Skalpellen, hinter ihm je ein Gestell für Sammelgläser und Petrischalen

VII. Die unterrichtliche Nutzung der Arbeitssammlung

Die Nutzung der Sammlung ist an keine Klassenstufe gebunden und viele ihrer Objekte können im Laufe der Schulzeit den Schülern mehrmals und mit unterschiedlicher Zielsetzung vorgelegt werden.

Ein Teil des Arbeitsmaterials dient in erster Linie der Aufgabe, jedem Schüler durch eine direkte Gegenüberstellung und eine Beschäftigung mit ihnen zu einer sicheren, klaren und haftenden Vorstellung von den betreffenden Objekten zu verhelfen (siehe die Ergebnisse der Untersuchungen von *Dünker* und *Tausch* [154]). Eine eingehende Beschäftigung mit dem Objekt erreicht man durch das Stellen einer Aufgabe. Sie kann zu ihrer Lösung eine Beschreibung, eine zeichnerische Wiedergabe, einen Vergleich mehrerer Objekte, eine Untersuchung, das Aufwerfen von Fragen, die Planung oder die Durchführung eines Versuchs verlangen. Hieraus ist ersichtlich, daß je nach der Art der Aufgabe diese Arbeit über das oben genannte Nahziel hinaus einer Vielzahl von pädagogischen Anliegen dienstbar gemacht wird. Weiterhin kann die Sammlung gute Dienste tun, um einmal erworbene Kenntnisse und Vorstellungen aufzufrischen, zu berichtigen oder zu überprüfen, z. B. in der Form von Kennübungen. Für Schüler, die nach der Bekanntmachung der Klasse mit dem Objekt neu in den Klassenverband gekommen sind, besteht damit oft die einzige Möglichkeit, noch zu einer auf eigener Wahrnehmung gegründeten Vorstellung zu kommen.

Die Erfahrungen in der Oberstufe lehren, daß, wenn bei der Besprechung der ungeschlechtlichen Fortpflanzung, bei Fragen der Pflanzenzüchtung, der Mutationen, der vergleichenden Anatomie, der Bewegungs- oder Reizphysiologie auf in der Unter- oder Mittelstufe besprochene Arten Bezug genommen wird, es unerläßlich ist, zutreffende Vorstellungen über sie zu sichern bzw. erst neu zu schaffen. Eine darauf eingestellte Arbeitssammlung macht diese Aufgabe dem Lehrer leicht, mag es sich beispielsweise um die Beziehung zwischen Bau und Funktion eines Knochens, um Spelzen und Grannen, um Pilzschädlinge des Getreides, um die Japanische Wunderblume, die Sojabohne, die Lupine, den Reiherschnabel, das Scharbockskraut, um Drosophila oder Chironimus handeln. Fehlende und falsche Vorstellungen sind weit öfter als der Unterrichtende es vermutet, die Ursache für fehlendes Interesse, für unvollständiges Aufnehmen bzw. Verstehen und für ein schnelles Vergessen.

Einige der weiter unten genannten Objekte eignen sich zum Aufstellen von Bestimmungstabellen oder zur Durchführung von Bestimmungsübungen (siehe unter Herbarium). Beides muß recht oft geübt werden. Deshalb bedeutet es für den Lehrer eine große Erleichterung, in der Sammlung dafür geeignetes Material in ausreichender Stückzahl und unabhängig von Jahreszeit und Witterung jederzeit zur Verfügung zu haben. — Vorbilder für das Aufstellen kleiner Bestimmungstabellen findet man bei *H. Grupe* [32], bei *K. Harz* [48] und *K. Wirth* [143].

Manche Objekte können, wie bereits erwähnt wurde, unter unterschiedlichen, pädagogischen Zielsetzungen Verwendung finden. So mögen Gewölluntersuchungen der Erarbeitung von Einsichten in die Lebens- und Ernährungsweise der betreffenden Vögel, der Gewinnung oder Anwendung von Kenntnissen über die Beutetiere, der Benutzung eines sie betreffenden Bestimmungsschlüssels oder der Schaffung klarer Vorstellungen zum Umgang mit den Begriffen „Bauplan", „homologe Organe", „vergleichende Anatomie", „Bau und Funktion" dienen.

Andere in diesem Sinne mehrmals zu verwendende Objekte sind Fraßspuren, Gallen, Exkremente. Eine weitere und pädagogische sehr fruchtbare Art der Nutzung der Sammlung bietet sich in ihrer Verwendung im Rahmen der Hausaufgaben an. Der Schüler empfindet diese im allgemeinen als eine ihm kaum etwas Neues gebende und deshalb uninteressante und lästige Arbeit. Wenn er Sammlungsstücke zur Bearbeitung einer bestimmten sie betreffenden Aufgabe mit nach Hause nimmt, so bedeutet das für ihn zunächst eine Abwechslung, was nicht ohne Bedeutung ist, darüber hinaus wird die Art der von ihm verlangten Arbeit eine andere als sonst bei der Hausaufgabe sein. Oft stehen bei ihr Hand und Auge und eine besondere Weise der Geistesarbeit im Vordergrund, die ihm mehr geben als das Wiederholen und Einprägen eines aus dem Unterricht weitgehend bekannten Stoffes. — Daneben ergibt sich die Möglichkeit, sonst nur im Klassenunterricht angewandte Arbeitstechniken ausgiebig genug zu üben. — Die Art des Verlangten kann sehr vielfältig sein: schriftliches Festlegen von bereits im Unterricht an Hand des Objektes Erarbeitetem, aber noch nicht Notiertem, wodurch wertvolle Zeit während der Stunde gespart werden kann, Anfertigen einer Zeichnung nach dem Objekt, Aufstellen einer Bestimmungstabelle, Durchführung einer Bestimmung, wobei der Arbeitsgang des Bestimmens in einfacher Form festgehalten wird, um das Feststellen der Ursache von Fehllösungen zu erleichtern, etwa in dieser Form: „H. Grupe, Naturkundliches Wanderbuch, S. 29, S. 31,: 3, B, b, β, 1: Haselnuß," Deutung von Knochen nach ihrer Herkunft und Funktion, Untersuchung eines Gewölls, Säubern, Ordnen und Aufkleben der Bestandteile eines bereits in der Unterrichtsstunde zerteilten Gewölles, Suchen und Pressen bestimmter Pflanzen, für die als Muster Herbarexemplare den Schülern mitgegeben werden, Durchführung von Versuchen zur Quellung und Keimung oder aus dem Gebiet der hygroskopischen Bewegungen, mögen die Versuche eine Wiederholung der im Unterricht bereits an anderen Arten durchgeführten sein, oder mögen sie den Schüler in Neuland führen. Derartige Aufgaben sind für ihn besonders reizvoll. Die folgende Unterrichtsstunde dient dann der Auswertung der Befunde. Je nach den von ihm nach Hause mitzunehmenden Objekten, wird man die Schüler anhalten, Aktendeckel, einen Beutel oder ein Kästchen zu ihrem Transport mitzubringen. Gelegentlich können ihnen auch Sammel- oder Bindegläser von der Schule dazu zur Verfügung gestellt werden. Eine sinnvolle Nutzung der Arbeitssammlung zur Gestaltung der Hausaufgabe kann viel dazu beitragen, diese in ihrer Art und ihren Anforderungen vielseitiger, für den Schüler interessanter und im Hinblick auf ihr Ergebnis ergiebiger zu machen.

VIII. Das Arbeitsmaterial in Beispielen

1. Hinweise allgemeiner Art

Die folgende Zusammenstellung soll Beispiele für die in die Arbeitssammlung aufzunehmenden Objekte bringen. Da dem Lehrer ein gewisser Spielraum in der Wahl des Stoffgebietes und der aus ihm zu behandelnden Fragen gegeben ist, werden nur einige Beispiele aus dem Kreis möglicher Themen genannt werden. Es sind vornehmlich Hinweise auf als Arbeitsunterlage zu nutzende Texte, Zeichnungen und Tabellen. Ganz unberücksichtigt bleiben in dieser Zusammenstellung, wie bereits erwähnt wurde, lebende Tiere und Pflanzen, Material für ausschließlich mikroskopische Untersuchungen und die für die Hand des Oberstufenschülers gedachte Arbeitsbücherei. Die sie betreffenden Fragen werden an anderer Stelle dieses Handbuches besprochen (Bd. 1/I u. Bd. 2).

Soweit die in den folgenden Ausführungen genannten Objekte ausschließlich oder überwiegend nur ihrem Kennenlernen dienen, ihre Beschaffung, die Art ihrer Aufbewahrung und Verwendung im Unterricht nahe liegen, werden keine Bemerkungen hinzugefügt. In anderen Fällen erfolgen kurze sie betreffende Hinweise, auch solche auf Literatur, der der Lehrer Anregungen und Hilfe für den Unterricht entnehmen kann. Natürlich muß in allen diesen Punkten auf Vollständigkeit verzichtet werden. Bei den hinzugefügten Bemerkungen werden folgende Symbole verwendet:
K: Das Objekt ist käuflich zu erwerben. Eine dahinter in eine runde Klammer gesetzte Zahl verweist auf eine am Schluß dieses Kapitels sich befindende Zusammenstellung einiger mir bekannter Bezugsquellen
B: Beschaffungsmöglichkeiten anderer Art
L: Literaturhinweise. Die eckige Klammer bezieht sich auf das abschließende Literaturverzeichnis
P: Art der Präparation
V: Verwendungsmöglichkeit im Unterricht

2. Material aus dem Pflanzenreich

Algen: einige Grün-, Rot- und Braunalgen. — P: Sie werden in einer Schale mit Wasser in natürlicher Lage über einem Bogen Papier ausgebreitet. (Geeignet ist jedes festere, gut geleimte weiße Papier, z. B. Severin Schmidt, Artikel-Nr. 27593 Bücherschreib h'frei weiß 110 g A 4, auch dünner Zeichenkarton.) (Siehe auch Bd. 5, S. 261.) Dann zieht man das Papier mit der Alge zusammen langsam heraus, indem man gleichzeitig mit einer Pinzette oder Nadel die Pflanze ihrem Wuchs gemäß ordnet. Man läßt sie zwischen Fließpapier trocknen, sie haftet allein, falls es nicht zu robuste Arten sind (Abb. 5). (So präpariert und unter Glas gelegt sie auch ein schätzenswerter Wandschmuck.) Nach Möglichkeit sorge man auch für Pflanzen mit Haftorganen, Fortpflanzungskörpern und Tierbesatz (Posthörnchen [*Spirola*], Moostierchen [*Bryozoa*]). Steine mit krustenförmig auf ihnen wachsenden Pflanzen. — B: Meeresstrand, besonders Helgoland. — K: (1). — V: Versuch zur Quellung der Stiele von *Laminaria Cloustonii* (einst in der Gynäkologie und Chirurgie als Quellstift viel benutzt), Herstellung von Asche, Düngungsversuch, Prüfung auf einige chemische Bestandteile (Nachweis von Jod: die trockene Alge vorsichtig veraschen, die Asche in Wasser geben und Stärkelösung hinzufügen. — Nachweis von Natrium: Gelbfärbung der Flamme durch die Asche der Pflanze. — Nachweis von Kalium: Mit Weinsäure in der wäßrigen Lösung der Asche. — Nachweis bzw. Gewinnung von Alginsäure: frische Braunalgen — sie sollen noch nicht lange am Strand gelegen haben — trocknen, zerkleinern und 24 Stunden in 1%ige Sodalösung geben. Säuert man dann mit verdünnter Salzsäure an, so fällt die unlösliche Alginsäure in voluminöser Niederschlag aus. [Nach einer persönlichen Mitteilung von Dr. med. Otto Schmidt, Krefeld]), Nachweis von Zucker [Fehling'sche Lösung] im wässrigen Auszug von Laminaria saccharina). Viele Arten geben beim Kochen mit Wasser Schleim, so besonders *Chondrus crispus* und die Laminaria-Arten. Er bildet die Grundlage für ihre mannigfache Verwendung (Alginsäure, Appreturmittel, Nahrungs- und Heilmittel). — L: Eine kurze Übersicht findet man in „Kosmos", 1969, H. 4. Über die Inhaltsstoffe der Algen und über die Bedeutung mariner Algen für die Er-

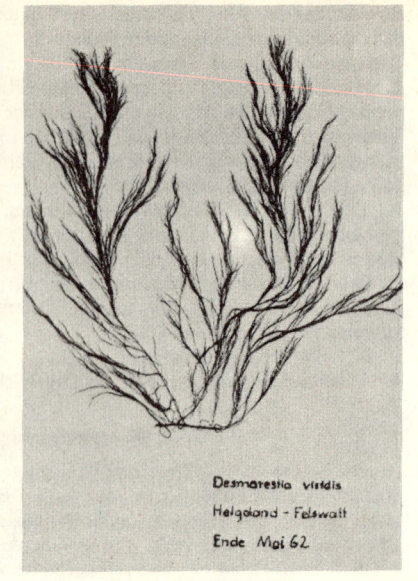

Abb. 5a   Abb. 5b

Abb. 5a und 5b: Auf Papier aufgezogene Algen *(Plocanium coccineum* und
Desmarestia viridis)

nährung und für die industrielle Verwendung wird von verschiedenen Verfassern (z. B. *O. Schmid,* Für die menschliche Ernährung wichtige Inhaltsstoffe mariner Algen [201]) in Botanica Marina Vol. IX Supplement und Vol. III Supplement berichtet *(Cram,* De Gruyter & Co Hamburg), ferner von *E. Hegewald* [160], *G. Behrmann* [199], *O. J. Schmid* und *H. A. Hoppe* [202]. — P: *Kuckuck* [74].

Bäume und Sträucher (siehe auch unter Blätter und Herbarium): unbelaubte Zweige mit Knospen. — V: Bestimmen der Art, Aufstellen von Bestimmungstabellen. — L: *H. Grupe* [32], *H. Hackbarth* [44], *K. Wirth* [143], *H. H. Falkenhan* [21].

In einer Fernsehsendung am 5. Februar 1977 wurde von 2 Todesfällen nach dem Essen von Ligusterbeeren berichtet. Der Verband Garten und Landschaftsbau Rheinland e. V. macht in seiner Schrift „Giftige Pflanzen an Kinderspielplätzen" [188] darauf aufmerksam, daß im Jahr 1974 bereits bis zum August „etwa 30 Kinder in das Kinderkrankenhaus Köln eingeliefert wurden, die Früchte des Goldregen aßen", und daß es nach dem Kauen der Rinde von Robinie „bei 32 Jungen" zu „ernsthaften Vergiftungserscheinungen kam". „Eine weitere Massenvergiftung wurde nach dem Kauen von Glyzine-Zweigen registriert." Solche Vorkommnisse zeigen, wie wichtig es ist, die Jugend mit den bei uns vorkommen-

den giftigen Arten möglichst gut bekannt zu machen. Da in den meisten Fällen Samen und Früchte die die Kinder verlockenden und gefährdenden Teile sind, dürfen sie nicht in der Arbeitssammlung fehlen. Ihre Aufbewahrung kann in Sammelgläsern oder in weiten Reagenzgläsern erfolgen.
Die Beurteilung des Grades der Giftigkeit ist oft recht unterschiedlich. Die folgende Aufzählung giftiger Nadel- und Laubgehölze und die Einschätzung des Grades ihrer Giftigkeit ist der genannten Schrift [188] entnommen. Die Anzahl der hier in Klammern gesetzten Punkte entspricht dem dort genannten Grad der Gefährlichkeit von 1 bis 3 in zunehmendem Maße: *Juniperus sabina*, Gemeiner Sadebaum (..), *Juniperus communis*, Gemeiner Wacholder (..), *Taxus Baccata*, Eibe (..), *Thuja*-Arten, Lebensbaum (..), *Andromeda polifolia*, Gränke (.), *Cytisus*-Arten, Ginster (.?), *Daphne*-Arten, Seidelbast (...), *Evonymus*, europ. Pfaffenhütchen (..), *Genista*-Arten, Ginster (.?), *Hedera h.* ‚Arborescens', Efeu (..), Ilex-Arten, Stechpalme (..), *Kalmia*-Arten, Berglorbeer (.), *Laburnum*-Arten, Goldregen (...), *Ligustrum*-Arten, Liguster (...), *Lonicera*, beerentragend, Heckenkirsche (...), *Lycium*-Arten, Bocksdorn (.), *Prunus laurocerasus*, Kirschlorbeer (.), *Rhamnus*, z. T., Faulbaum (..), *Robinia*-Arten, Robinie (..), *Sambucus racemosa*, Traubenholunder (..), *Symphoricarpos*-Arten, Schneebeere (.), *Viburnum*, beerentragend, Schneeball (..), *Wisteria sinensis*, Glycine (.). — L: *J. Schwarz* [183], Abbildungen aller nach dem Erkenntnisstand von 1910 vorkommenden Gift- und giftverdächtigen Pflanzen findet man in P. Esser „Die Giftpflanzen Deutschlands", 1910, Verl. Vieweg & Sohn [198].

Baumwolle (siehe auch unter Textilfaser): K: unter der Bezeichnung „Polsterwatte" in Apotheken

Blätter (siehe auch unter Herbarium):
1. Vertreter der verschiedenen Blatt- und Blattrandformen
2. skelettierte Blätter: B: Um Blätter verschiedener Art nach unterschiedlich langem Skelettierungsprozeß zu erhalten, lege man abgeworfene Blätter an vor Störungen geschützten Stellen auf den Erdboden und bedecke sie mit Maschendraht. Von Zeit zu Zeit werden Blattproben entnommen. Beobachtete Organismen, die an der Zersetzung beteiligt sein können, werden notiert. Schwarzerle und Esche sind im allgemeinen im folgenden Herbst skelettiert, etwas länger dauert der Vorgang bei Hainbuche und Traubenkirsche, dann folgen Bergahorn, Linde, Eiche, Zitterpappel, Birke, Roteiche, Rotbuche (Dauer bis in den 3. Sommer). — L: *W. Kühnelt* [77].
3. Brennessel- oder Rhododendronblätter bei 22° C im Dunkeln trocknen. — V: Zerlegung des Chlorophylls in seine Komponenten. — L: *H. Klingler* [65], *Chr. Müller* [84], *F. Bukatsch* [13], *W. Botsch* [10]. — V: Asche der Blätter in Salzsäure lösen, filtrieren, Eisen nachweisen (gelbes Blutlaugensalz).

Bodenfunde: Zusammenstellung von Pflanzen- und Tierresten, wie sie sich bei einer bestimmten Pflanzendecke, geeignet sind Laub-, Nadel- und Mischwald, Parkanlagen, darbieten (Knospenschuppen, Blütenreste, Blätter, Samen, Früchte, Mauserfedern, Gewölle, Losung, Pflanzenteile mit Fraßspuren). — V: Welche Aussagen gestattet der Fund über die vorkommenden Arten, die Vegetation, die Jahreszeit des Sammelns? — Die Bearbeitung ruft früher Gelerntes in Erinnerung, erfordert die Benutzung von Literatur zur Sicherung von Vermutungen, weckt das Interesse und schärft den Blick für das zu unseren Füßen Liegende und fördert das Verständnis für das Entstehen und die Deutung von fossilen Ablagerungen *(Braunkohle).*

Drogen: verschiedene Sorten deren Bestandteile vom Schüler als Teile von Blättern, Blüten, Früchten erkannt werden können, z. B. *Flores Chamomillae, Flores Tiliae, Folia Salviae, Anisii stellati.* — L: *U. Weber* [141].

Farnprothallien: P: konservieren in 6 T Wasser, 1 T Glycerin, 1 T Formalin, etwas Soda und Kupfersulfat.

Flechten: einige unserer häufigsten Arten. — L: *R. Lehmann* [168], siehe auch Bd. 5, S. 261.

Fossilien: Pflanzenabdrücke (Schiefer, Schilfsandstein), versteinerte (verkieselte) Pflanzen. — B: am Fuße von Gesteinshalden der Steinkohlenwerke (Genehmigung notwendig!). — K: (2) — L: *K. Beurlen* [4], *Stirn, A* [186].

Fraßspuren (siehe auch unter Fraßspuren im Abschnitt „Material aus dem Tierreich"): Zapfen und Nüsse mit Fraßspuren von Eichhörnchen, Haselnußbohrer, Spechten, Mäusen, Kreuzschnabel. Blätter mit Loch- und Randfraß, mit Blattminen, von Kaninchen angenagte Zweige. — B: im Winter und Vorfrühling bei oder nach hoher Schneedecke an Jungpflanzen und Wurzelausschlägen. Zweige von Apfelbäumen auf Schnee an den Tieren erreichbaren Stellen auslegen. — Auch Mäuse nagen an Zweigen, vor allem an Weichhölzern. Von ihnen angenagte Kirschkerne findet man bisweilen unter Strauchhaufen unweit von Kirschbäumen. — V: Bestimmen des Täters, damit Nachweis seines Vorkommens im Gebiet, Beziehungen des Lebewesens zu seiner Umwelt. — L: *Grupe, H.* [32], *Olberg, G.* [88], *P. Gofferje* [159], *E. Mohr* [83].

Früchte siehe unter Samen

Gallen verschiedener Bäume und Sträucher, wie Eiche, Fichte, Heckenrose, Johannisbeere (siehe unter Milben). — P: Schlafapfel der Heckenrose von Oktober ab sammeln. Werden sie in feuchter Luft gehalten, schlüpfen ab März die Gallwespen. Diese abtöten, trocknen, auf Karton kleben. Um das Schlüpfen zu vermeiden, werden die Gallen warm getrocknet. — L: *Grupe, H.* [32], *Kühn, W.* [76], *Wagner, E.* [132], *H.-W. Kühn* [166], *D. Godan* [158].

Getreide: Ähren und Körner der angebauten Arten einschließlich verschiedener Sorten von ihnen als Ergebnisse der Pflanzenzüchtung. — V: Versuche zur Prüfung der Keimfähigkeit, zur Abhängigkeit von Keimung und Wachstum von exogenen Faktoren, mikroskopische Untersuchung der Stärkekörner verschiedener Arten. — B: Dinkel (Spelze), Einkorn, Emmer, Bergroggen werden in der Bundesrepublik Deutschland nur noch zu wissenschaftlichen Zwecken ausgesät, z. B. im Botanischen Garten in Hamburg. Kleine Portionen werden, wenn es möglich ist, für Lehrzwecke abgegeben (15), Dinkel ist auch in Reformhäusern zu erhalten.

Gewürze

Herbarium — siehe auch unter „Bäume und Sträucher" und „Blätter":
1. Zusammenstellung von Blättern mit unterschiedlicher Blatt- und Blattrandform, nach Möglichkeit von allgemein bekannten Arten

2. Belaubte Zweige unserer Bäume und einiger Sträucher
3. Pflanzen aller Art, soweit im Unterricht auf sie Bezug genommen wird, oder sie uns in der heimatlichen Flora häufig begegnen, z. B. Kulturpflanzen einschließlich der Gräser der Wiese und des Rasens, Pflanzen des Wegrandes, Gartenunkräuter, Heilkräuter
4. Blätter mit Fraßspuren
5. Blattmutationen (z. B. Schlitzblätterigkeit [Abb. 6a—d], Rotblättrigkeit). Zur Mannigfaltigkeit der Blätter der Rotbuche siehe bei G. *Krüssmann* [203] und [204].
— B: Botanische Gärten, Parkanlagen, Baumschulen
6. Blätter der Rotbuche auf kalkhaltigem und kalkarmem Boden, aus niederschlagsreicher und niederschlagsarmer Gegend (Kümmerformen, Schädlingsbefall)
7. Zusammenstellung von Pflanzenteilen, die den Ablauf bestimmter Vorgänge deutlich machen: verschiedene Stadien der Entfaltungsbewegung einer Knäuelgrasähre, des Sprosses einer Mohnpflanze, einer Ranke der Zaunrübe, wiederaufgerichtete Gras- oder Getreidehalme, Sprosse des Zymbelkrautes, die die unterschiedliche Stellung der Blüten und Früchte tragenden Stiele zeigen (Umstimmung) (Abb. 7), verschiedene Stadien der Entwicklung eines Birkenzweiges mit männlichen und weiblichen Blüten im Laufe eines Jahres, Blüten- und Staubblätter mit ihren Übergangsformen (Seerose, Rotdorn), Keimpflanzen der häufigsten Bäume. — B: Mit Hilfe der Schüler, die das Sammeln und Pressen bestimm-

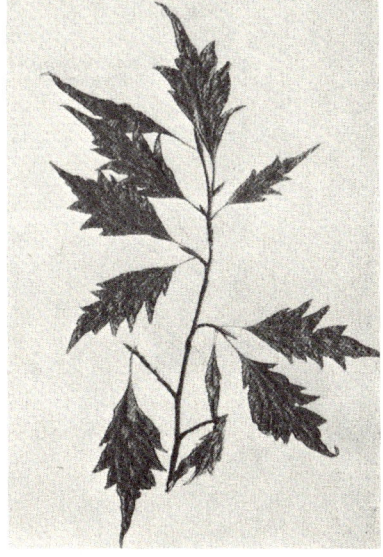

Abb. 6a   Abb. 6b

Abb. 6c

Abb. 6d

Abb. 6a bis 6d: Schlitzblättrigkeit bei der Rotbuche *(Fagus silvatica)* in verschieden starker Ausprägung

Abb. 7: Zymbelkraut *(Lineria Cymbalaria)*. Die dem Lichteinfall zugewandten Blütenstiele krümmen sich als Fruchtstiele vom Licht weg und bringen so die mit Samen gefüllten Kapseln in die Mauerritzen

ter Objekte gelegentlich als Hausaufgabe durchführen. — L: *E. Kunze* [167], *H. Jahn* [164], *G. Krüssmann* [203], *Stehli, G.*, und *Fischer, W.* [117], *Kaldewey, H.* [61], *Slobodda* [184]

8. Giftige und giftverdächtige Pflanzen. Zusätzlich zu den unter „Bäume und Sträucher" genannten gelten z. B. als giftig: Eisenhut (*Aconitum*-Arten), Herbstzeitlose (*Colchicum*-Arten), Maiglöckchen *(Convallaria majalis)*, Fingerhut (*Digitalis*-Arten), Nieswurz (*Helleboris*-Arten), Bohne *(Phasolus*-Arten) — ungekochte Bohnen sind giftig —, Attich (*Sambucus ebulus*), Mauerpfeffer (*Sedum acre*), Gefleckter Aaronstab (*Arum maculatum*), Zaunrübe (*Bryonia*-Arten), Schwarzer Nachtschatten (*Solanum nigrum*), Bittersüßer Nachtschatten (*Solanum dulcamara)*, Hahnenfuß-Arten *(Ranuculus)*, Wilder Wein *(Parthenocissus)*, Wasserschieling *(Cicuta virosa)*, Gefleckter Schierling (*Conium Maculatum*), Stechapfel *(Datura stramonium)*, Bilsenkraut (*Hyoscyamus-Niger)*, Taumellolch (*Lolium temulentum*), u. a.

Holz: Stücke aus verschiedenen Baumstämmen, quer und tangential geschnitten, evtl. auf einer Seite bearbeitet. — B: Holzverarbeitende Betriebe wie Sägewerk, Möbelwerkstätten, Tischler, Schreiner. — V: unterschiedliche Ausbildung der Jahresringe und der Maserung, Unterschiede in der Härte (Eindrücken eines Reißbrettstiftes, Abschneiden eines Spans), Verhalten des frischen Holzes beim Trocknen, Herstellung von Holzkohle. — L: *K. Riese* [97], *Schwankl, A.* [112]

Hopfen: umeinander gewundene Sprosse

Kakaobohnen: L: *Ruppolt, W.* [106]

Kieselgur: K: von Lehrmittelfirmen (3) oder von den die Kieselgur gewinnenden (7) bzw. sie vertreibenden und verarbeitenden Firmen (6). Unbehandelt enthält die Kieselgur der Lüneburger Heide organische Reste, die der zweiten genannten Bezugsquelle, deren Kieselgur aus verschiedenen ausländischen Lagern stammt, viel Ton. — V: mikroskopische Untersuchung, Nachweis der Saugfähigkeit und Feuerbeständigkeit

Möhre: Dolde der Wilden Möhre mit Früchten. — V: hygroskopische Bewegung der Dolde, Häkchen, Nachweis des Gehaltes von flüchtigem Öl in den Früchten.

Moose: verschiedene Arten mit Sporenkapseln, Polster von Torfmoos, Haarmoos, Weißmoos, Brunnenlebermoos (auf Herbarbogen leicht gepreßt oder in 70%igem Alkohol konserviert). — V: Versuche zur Saugfähigkeit bzw. zum Wasserhaltungs- und Kationenaustauschvermögen. — L: *Fr. Steinecke* [120], *D. Grebel* [205]

Nahrungsmittel: Haferflocken, Mehl verschiedener Herkunft und von unterschiedlichem Ausmahlungsgrad, Graupen, Grieß, Grütze, Grünkern, Reis, Kartoffeln, Zwiebel, Honig, Zucker, Dörrobst, Rosinen. — V: Prüfung auf Eiweiß, Traubenzucker, Stärke, Zellulose, Vitamine, Nachweis von Kohlenstoff und Stickstoff, Versuche zur Quellung von Stärkekörnern und ihrer Zersetzung durch Mundspeichel, Gewinnung von Kartoffelstärke. — L: *Bukatsch, F.* [11, 12], *Fröhlich, W.* [28].

Pappel: abgefallene männliche Kätzchen und Samen — V: Was ist das? — L: *Hackbarth, H.* [44]

Pilze: Getreideähren mit Mutterkorn, Rost- und Brandpilzen, „Narrentaschen" (vom Schlauchpilz befallene Pflaumen), Baumschwämme (Fruchtkörper). Gift-

und Speisepilze sind für eine Arbeitssammlung ungeeignet, da es für sie keine schulbrauchbare Konservierungsmethode gibt (siehe auch Bd. 2 S. 493). — P: Aufbewahrung in Plastiktüten oder in verschlossenen weiten Reagenzgläsern.

Pollen: von Hasel, Kiefer und einigen der von Bienen gerne besuchten Pflanzen. — V: Beziehung zwischen dem Bau des Pollens und seinem Transport, Nachweis von Pollen im Imkerhonig (Anreicherung durch Zentrifugieren einer Lösung).

Sägespäne: V: trockene Destillation, Holzteer, Nachweis von Kohlenstoff, Stickstoff, Schwefel

Samen und Früchte (siehe auch unter Zapfen und Nahrungsmittel):
1. von den verbreitetsten einheimischen Bäumen
2. die dem Menschen und seinen Haustieren als Nahrung dienen, bzw. dienten (Buchweizen, Hirse)
3. mit Fraßspuren von Vorratsschädlingen (Kornkäfer)
4. die für bestimmte Versuche benötigt werden: Flugversuche, hygroskopische Bewegung (Reiherschnabel, Taglichtnelke, Besenginster, Lupine, Zapfen). — L: *Straka, H.* [121]
V: Samen der Herbstzeitlosen zerrieben in das Keimbett von Getreide, Buchweizen u. a. streuen: Beeinflussung des Wachstums. — L:*Grupe, H.* [34]. — Nachweis von Urease in der Sojabohne (Harnstoff wird zersetzt, Ammoniak gebildet), von Vitamin C z. B. in Sanddorn- und Hagebuttenfrüchten, die dazu bei mäßiger Wärme getrocknet werden. — L: *Ruppolt, W.* [107]

Schachtelhalm: V: Erprobung seiner früheren Verwendung als Putzmittel (Zinnkraut), Sporen des Ackerschachtelhalms zur Beobachtung der hygroskopischen Bewegung

Strohblume: V: hygroskopische Bewegung

Textilfasern: Baumwolle, Leinen (zum Vergleich Wolle verschiedener Herkunft, Seide, verschiedene Kunstfasern). — V: Vergleichende Untersuchung in bezug auf den Bau des Fadens, die Zerstörung durch Motten (Auslegen verschiedener Gewebe), Widerstandsfähigkeit gegen Bakterien (längere Zeit in Erde vergraben), Verhalten zu Wasser (Quellung: Messung mit einem Objektmikrometer, Gewichtsveränderung in trockener und feuchter Luft: getrocknete Fasern auf einer Analysenwaage wiegen, die Wägung in Abständen von etwa 15 Minuten mehrmals wiederholen. Auf einer Mettlerwaage kann man bei Wolle [1 g genügt] die laufende Gewichtszunahme [besonders bei hoher Luftfeuchtigkeit] gut beobachten), Verhalten in Lauge und beim Verbrennen. — L: *H. Hackbarth* [206], *W. Fröhlich* [28]. — K: Für die bei Fröhlich angegebenen Versuche kann eine Zusammenstellung von 11 Textilfasern bezogen werden. — L: HOECHST [24]

Wasserpflanzen mit Kalkbelag, z. B. Laichkraut: — P: trocken aufbewahren. — V: Nachweis, daß es sich um Kalk handelt (er setzte sich ab, als dem gelösten Calciumbikarbonat Kohlendioxid zur Assimilation entzogen wurde)

Zapfen verschiedener Arten, Zapfen mit Fraßspuren, durchwachsene Zapfen. Diese sind von der Kiefer und der Lärche bekannt (Abb. 8). — P: einsammeln, wenn sie noch Samen enthalten. Durchwachsene Zapfen kommen bei allen *Larix*-Arten vor, am stärksten neigt die ostamerikanische Unterart *L. Laricina* dazu.

Abb. 8: Durchwachsene Lärchenzapfen

(Nach einer mündl. Mitteilung von Dr. *Klein*, Institut für Holzbiologie und Holzschutz, Hamburg). Angaben über ihre Standorte findet man im Registerband 1976 der Mitteilungen der Deutschen Dendrologischen Gesellschaft [203]. — V: hygroskopische Bewegung, Bestimmen des Täters von den Fraßspuren. — L: *Bünning, E.* [8], siehe Angaben bei „Fraßspuren"

Zaunrübe siehe Herbarium

Zymbelkraut siehe Herbarium

Zwiebel siehe Nahrungsmittel

Zweige siehe Bäume und Sträucher

3. Material aus dem Tierreich

„*Ameiseneier*": K: Tierhandlungen — V: Was ist das?

Amphioxus: K: (1)

Apfelwickler: B: Raupe aus Fallobst, abtöten, in Flüssigkeit konservieren. Um den Falter zu gewinnen, bringt man die Raupe in ein Gefäß mit Moos und Laub. — L: *Wagner, E.* [132]

Auge: Rinderauge in 1%iger Formalinlösung konservieren. L: *G. Hermes* [53].

Beerenwanze

Biene: B: Tote Arbeiterinnen liegen oft vor dem Bienenstock, sie sind somit von Imkern zu erhalten, gelegentlich erhält man auch Drohnen, Königinnen, Maden. — P: die abgetöteten Maden in konservierende Flüssigkeit geben, die Bienen trocken aufbewahren. — V: Untersuchung des Körperbaus. — L: *E. Schichta* [180], *R. Loidl* [169, 170], *F. Bay* [146]

Bienenwabe: neue und benutzte Stücke. — B: käuflich bzw. vom Imker. — P: in dicht schließenden Behältern (Kunststofftüten) aufbewahren (Wachsmotten!). — L: *Lohl, W.* [81], *Weber, R.* [135, 189]

Bryozoen: B: auf Tang und Steinen, z. B. im Felswatt von Helgoland. — L: *G. Hillmer* [161]

Chironimus: Larven und ausgewachsene Tiere

Drosophila: Tiere mit unterschiedlichen Merkmalen. — K: (3)

Ei: Eier des Kohlweißlings: B: Unterseite der Kohlblätter. Fischeier: K: (1), Rocheneier und leere Laichballen der Wellhornschnecke. — B: Nordseestrand. Schalen des Hühnereis, auch solche von geschlüpften Küken. — L: *Weber, R.* [134]

Entwicklungsreihen: z. B. von einigen Insekten (siehe unter den betreffenden Arten), von Huhn und Fisch. — B: Lehrmittelhandel oder aus eigener Zucht. — L: *Wagner, E.* [132], *Riese, K.* [98]. Siehe auch Bd. 2 dieses Handbuchs

Erlenblattkäfer: L: *Wagner, E.* [132]

Exkremente siehe unter Losung

Federn verschiedener Funktion und von verschiedenen Arten, mit Öl verschmierte Federn. — B: Eulenfedern findet man in deren Revier. Dieses durch Verhören in der Dämmerung feststellen, Gänsefedern vom Bauernhof, Flügel tot gefundener Kleinvögel gut trocknen, in einer verschlossenen Kunststofftüte aufbewahren. — L: *Hedrich, W.* [50], *H. Strebe* [187], *R. Weber* [191]

Feldheuschrecken: B: siehe Bd. 5, S. 320. — V: *H. Fürsch* [157]

Fell bzw. Fellstücke z. B. von Mäusen, Maulwurf, Kaninchen, Hase. — B: Das Fell gelegentlich erhaltener toter Tiere spannen und trocknen. — P: vor Schädlingen schützen. Siehe auch Bd. 2, S. 343 dieses Handbuchs

Fischschuppen verschiedener Arten: B: Fischgeschäfte, Speisegaststätten, Haushaltungen

Foraminiferen: B: aus dem Mittelmeersand auslesen. — K: (1)

Fossilien: Ammoniten, Belemniten, Muscheln, Schnecken, Seeigel, Stengelglieder der Seelilien. Wegen der Höhe der Anschaffungskosten und um alle Schüler gleichzeitig und auch an gleichwertigen Objekten arbeiten zu lassen, mag es manchmal geboten sein, „Fossilien" als Nachbildungen aus Kunststoffen herzustellen. *E. Kampa* gibt eine Arbeitsanleitung [165]. Besonders aufmerksam gemacht sei in diesem Zusammenhang auf die Fossil-Kunstblätter der Firma Franz Weigert, Stahlstich- und Fossilien-Prägewerk (17). Es handelt sich um geprägte Reproduktionen. Sie sind für den Schüler wirklichkeitsnahes Anschauungsmaterial von sonst im Schulunterricht nicht zur Verfügung stehenden, aber doch stets erwähnten Objekten. — B: Erdaufschlüsse (Baustellen, Kiesgruben, Steinbrüche), Meeresstrand (Düne bei Helgoland, Möns Klint). — K: (2, 17). — L: *Beurlen, K.* [4], *Voigtländer, W.* [130], *A. Stirn* [186], *R. Becker* [151], *R. Berka* [152], *F. Flor* [155], *A. Richter* [178], *U. Schliemann* [200]

Fraßspuren, siehe auch unter „Fraßspuren" im vorangehenden Abschnitt (Pflanzen): Rinden- und Holzstücke mit den Gängen von Käfern. — B: Von morschen Fichten und Kiefern läßt sich die Rinde lösen, dort, wo Baumstämme geschält wurden, nach entsprechenden Stücken suchen, bei Förstern und Sägewerken nachfragen. Vom Pochkäfer befallene Möbel, Holzkörbe u. a. aus Haushaltungen, vom Holzbock befallene Balkenstücke von Firmen, die befallene Häuser reparieren oder konservieren. — P: befallene Holzstücke durchsägen, noch bewohnte im Plastikbeutel einschließen, ggf. Käfer abtöten und auf Karton kleben. Stücke eines zerfressenen Baumstumpfes. — P: Bewohner durch Erwärmen abtöten oder das Holzstück verschlossen halten, um so die Tiere zu erhalten. — L: *J. Illies* [56].

Kleidermotte, s. dort, Kalkstück mit Bohrlöchern von *Pholas dactylus* und *Cliona celeta*, Austernschalen mit Fraßspuren von *Cliona celeta*, Muschelschalen mit Bohrlöchern von *Natica*, vom Schiffsbohrwurm *(Teredo)* zerstörtes Holz. — B: Objekte mit Fraßspuren von Meerestieren kann man am Strand (z. B. Düne bei Helgoland) finden, z. T. auch käuflich erwerben (1). — V: Fraßspuren erregen leicht das Interesse des Schülers, oft kann er durch Anwendung seiner Kenntnisse den Kreis der möglichen Täter einschränken oder diesen mit Hilfe von Büchern bestimmen. Fraßspuren geben einen Einblick in die Beziehungen der Lebewesen untereinander, den Menschen eingeschlossen, und in den Kreislauf der Stoffe. — L: *Grupe, H.* [32], *Brüll, H.* [7], *Kuckuck, P.* [74], *Mohr, E.* [83], *Kosch-Frieling-Friedrich* [69], *Krumbach, T.* [73], *G. Olberg* [175]

Garneele (Crangon vulgaris): K: (1). — P: bei eigener Konservierung (Alkohol, 70 %) sorgfältig verfahren, den Alkohol nach einiger Zeit erneuern

Geweihe: B: K oder aus Privatbesitz, z. B. von den Eltern der Schüler. — L: *R. Weber* [140]

Gewölle (Speiballen): B: bei Eulen durch nächtliches Verhören das Revier ausmachen (sind Eulen in der Nähe, kann man sie durch Nachahmen der von Mäusen erzeugten Töne nahe heranlocken) am Tage achte man auf Mauserfedern u. Bekalkung des Erdbodens, dann das Gebiet systematisch absuchen. Durch Erfahrung erhält man einen Blick für die Bäume, unter denen man Gewölle vermuten kann. — P: Als Schauobjekte gedachte Gewölle lege man 10 Minuten in eine schwache Arseniklösung, dann werden sie getrocknet und mit Zaponlack übersprüht (*H.-W. Baer* [149]). Die Aufbewahrung geschieht in verschlossenen Präparategläsern, Gewölle für Untersuchungen werden mit Schwefelkohlenstoff desinfiziert und unter Beifügung von Globol aufbewahrt.

Schleiereulengewölle findet man in Türmen, Ruinen, Scheunen, im Nadelholz und oft in großer Zahl. Auch die zerfallenen und von Motten zerstörten Gewölle sind für den Unterricht noch zu verwenden. Sie enthalten besonders gut erhaltene Knochen, oft auch die von Spitzmäusen (Kiefer aufbewahren) sowie Exkremente und Gespinste der Motten.

Gewölle der Waldohreule liegen im Nadelwald (Kiefer, Fichte) und in Feldgehölzen. Da sie an Ruhe- und Verdaubäumen festhält, findet man sehr viele Gewölle unter einem Baum. Um eine solche Fundstelle nicht zu verlieren, störe man den Vogel möglichst wenig.

Die Gewölle des Waldkauzes (Parkeule) findet man nur einzeln, da er unstet ist. doch sind sie für den Unterricht sehr ergiebig, denn der Waldkauz ist Allesfresser.

Turmfalkengewölle: B: Flugrichtung verfolgen, in der Nähe des besetzten Horstes verrät der Vogel diesen oft durch seine Schreie. Er nistet auch in Kirchtürmen. Zwischen den am Erdboden unterhalb des Horstes liegenden Gewöllen findet man öfter getötete aber nicht verzehrte Spitzmäuse, sie sind für die Sammlung von Wert (siehe unter „Magen" und „Skeletteile").

Krähengewölle (Speiballen): B: Gewölle der Saatkrähe zur Brutzeit unterhalb der Nester. Die Lage der Nistkolonie ist mit Hilfe der Flugrichtung auszumachen.

Gewölle der Möwen (Speiballen): B: am Strand, auf den Dünen. — P: da sie leicht zerfallen, muß man sie an Ort und Stelle auf Pappe kleben, evtl. mit Klebstoff ihre Oberfläche festigen, oder die Reste jedes Gewölles für sich in eine kleine Schachtel geben.

Storchengewölle sind als Schauobjekte interessant, ihre Untersuchung ist jedoch mühsam und für den Schüler wenig ergiebig. (Bei 169 untersuchten und fast nur aus Mäusehaaren gebildeten Gewöllen wurden nur vereinzelt Mäusezähne und Flügeldecken vom Gelbrand [*Dystiscus marginalis*] und Kolben-Wasserkäfer [*Hydrophilus piceus*] gefunden. Vogelfedern und Haare anderer Säugetiere konnten nicht nachgewiesen werden.)

V: Die Bestandteile eines Gewölles sind zu bestimmen, zu säubern (Knochen in eine verdünnte Lösung, ca. 2%ige, von Wasserstoffsuperoxid legen), zu ordnen, aufzukleben. Damit ist eine Gewinnung von Einsichten in die Ernährung und in die Lebensweise der betreffenden Vögel und ein Erwerb bzw. eine Vertiefung von Kenntnissen über den Skelettbau der Beutetiere und über die Beziehung von Bau und Funktion der Knochen verbunden. Mit dem Auffinden der Beutetiere in den Gewöllen ist ihr Vorkommen in der betreffenden Gegend nachgewiesen.
— L: *Hackbarth, H.* [38], *Bauer, E.* [3], *Kahmann, H.* [60], *Uttendörfer, O.* [127, 128], *März, R.* [82], *Brüll, H.* [7], *Erz, W.* [19]. *Erz* bringt eine Bestimmungstabelle für Kleinsäugerschädel, *Weber, R.* [133], W. *Denecke* [196], *S. Nöding* [172, 173]

Haare von verschiedenen Kaninchenrassen, vom Wildkaninchen, Mähnen- und Schwanzhaare des Pferdes, Wolle verschiedener Schafrassen, Schweineborsten, Menschenhaar. — B: Haare von Wildkaninchen findet man im Frühjahr oft auf Schneeflächen, Schafwolle und Pferdehaare an der Umzäunung ihrer Weiden. — V: makro- und mikroskopische Betrachtung, Pigmentverteilung

Haut, z. B. von Ringelnatter, Eidechse, Molch. — L: *Wiegner* [142]

Hering: Larven. — K: (1)

Himbeerkäfer (2 fast gleiche Arten): B: frühmorgens oder abends die Sträucher abklopfen, Gefäß mit Wasser und etwas Petroleum herunterhalten, Tiere abtöten, aufkleben. Larven aus den Früchten sammeln und in Flüssigkeit konservieren

Horn des Rindes: B: über den Lehrmittelhandel und vom Metzger. Siehe Bd. 2, S. 342 dieses Handbuches. — L: Über die Art der Beziehung zwischen den Hornringen und dem Alter des Tieres siehe bei *Grupe, H.* [33, Bd. 2]

Insekten siehe bei den betreffenden Arten. — L: *R. Weber* [189], *H.-W. Baer* [148, 149], *A. Windelbrand* [193, 194]

Johannisbeergallmilbe: B: Zweigstücke mit Knospengallen vor dem Aufbrechen der Knospen einsammeln, die Tiere durch Erwärmen abtöten, Knospen enthalten bis zu 3000 Tiere, gefährlicher Schädling

Kleidermotte: B: aus eigener Zucht, alte nicht mottenfest gemachte Kleidungsstücke aus Wolle auslegen, daneben vergleichsweise auch Pelzwerk, Federn, Gewebe aus Baumwolle und Kunstfasern (siehe dazu bei *H.-W. Baer* [149] S. 323). Oft findet man Raupen an offen liegenden Gewöllen. Abtöten mit Schwefelkohlenstoff oder Tetrachlorkohlenstoff, auf Karton kleben. — V: Art des Fraßes beachten, Haare des Pelzwerks werden am Grunde durchgebissen

Knochen siehe Skeletteile. — V: siehe Bd. 3, S. 15, und Bd. 2, S. 340 dieses Handbuchs

Köcherfliege: Gehäuse der Larven. — B: auf dem Grund flacher Bäche ab März. — V: Bestimung nach der Tabelle für Insektenlarven bei *E. Wagner.* — L: *Wagner, E.* [132], *Stehli, G.* [116]

Kohlweißling: B: aus eigener Zucht, Eier findet man auf der Unterseite von Kohlblättern. — L: *H. Pfletschinger* [176]

Kokon: Schlupfwespe, Seidenraupe: P: einige Minuten einer Temperatur von über 100° aussetzen (Backofen, Thermostat)

Losung bzw. Exkremente: Reh, Hase, Kaninchen, Igel, Maus, Raupen, Regenwurm. Fuchs- und Dachslosung sind interessante Untersuchungsobjekte, sie dürfen aber nur gesammelt werden, wenn keine *Tollwutgefahr* besteht. — P: trocken aufbewahren, Dachslosung durch Watte vor dem Zerfall bewahren. — B: Losung des Igels findet man oft unde und leicht auf kurzem Rasen in gebüschreicher Umgebung. — V: Bestimmung der Herkunft, der Bestandteile, Nachweis von Bakterien, Prüfung der Keimfähigkeit von in den Exkrementen enthaltenen Samen, Ausgangpunkt für Erörterungen über den Kreislauf der Stoffe in der Natur. — L: *Hackbarth, H.* [36], *Grupe, H.* [32], *Mohr, E.* [83]

Magen, ggf. auch Kropf und Darm verschiedener Tiere: P: Die Organe werden in konservierender Flüssigkeit aufgehoben. — Scholle, Hecht: B: Fischgeschäft, Speisegaststätten. — Vögel aller Art: B: Gelegentlich totgefundene Vögel, sie liegen besonders während der Brutzeit öfter unterhalb großer Glasfenster mit Durchblick auf die andere Seite des Gebäudes. (Die Fenster sollten mattiert oder mit Flugbildern der Greifvögel versehen werden. Diese sind kein vollkommener Schutz, da wahrscheinlich die Bewegung fehlt.) Amseln werden relativ oft von fahrenden Autos erfaßt, so innerhalb grüner Stadtgebiete mit Durchgangsstraßen. Von Präparatoren nach Absprache. — Spitzmaus: tote Tiere findet man oft unterhalb des Turmfalkenhorstes zur Zeit der Fütterung der Jungen. — V: Feststellung der Nahrungsreste. — L: *Hackbarth, H.* [37], *Rasch, M.* [93], *Röhrig* [100,101]

Maikäfer: B: Beste Sammelzeit ist frühmorgens, wenn die Käfer noch starr sind. Fangtuch auslegen und gegen die Äste klopfen

Mehlkäfer: B: aus eigener Zucht, Larven von Tierhandlungen (s. Bd. 5, S. 318)

Milben: B: im Gefieder frisch getöteter Vögel, im Nistmaterial, bisweilen auf Feigen, Knospengallen der Johannisbeere (siehe dort). — P: Milben mit feuchtem Pinsel aufnehmen und in Alkohol abtupfen. — L: *Hirschmann* [55]

Moostierchen (Bryozoen, s. dort): B: Tangarten der Nordsee

Muschel: Schalen der Klaff-, Herz-, Tell-, Mies- und Teichmuschel, der Auster. Bei der Klaffmuschel evtl. von der Nord- und Ostsee (Größenunterschied). Schalen mit Bohrlöchern von *Natica* und Fraßstellen von *Cliona celata (Cliona celata* bohrt auch in Kalkstein), Kreidestücke mit Bohrlöchern von *Pholas dactylus,* vom Schiffsbohrwurm *(Toredo)* zerstörtes Holz. — B: Schalen am Meeresstrand, ganze konservierte Tiere sind käuflich (1), Süßmuschelschalen oft im aus Gräben rausgeworfenen Schlamm. — L: *Jaeckel, S. H.* [57], *Kuckuck, P.* [74], *Kosch-Frieling-Friedrich* [69], *Weber, R.* [138]

Nereis: K: (1)

Nistkästen und Anleitungen zu ihrer Herstellung

Ohrenqualle: K: (1)

Plankton: Nordseeplankton, K: (1)

Plattfischlarve im symmetrischen Zustand: K: (1)

Rupfung und Riß: B: alle Teile, wie man sie im Gelände findet, aufsammeln, auch ggf. Gewölle und Feder des Täters. Einzelne Teile liegen oft in einiger Entfernung von der Masse der Federn. Desinfizieren und unter Beifügung von Globol aufbewahren. — V: Ordnen der Federn, aufkleben, nach Möglichkeit Bestimmung des Täters und des Beutetieres. Eine Anleitung gibt dazu z. B. *Hegemeister* [51], weitere Hinweise auch in der unten angegebenen Literatur. —B: Rupfungen des Sperbers findet man auf dem Erdboden, so auf Waldwegen, an Waldrändern, an Hecken, in Parkanlagen. Selten liegen mehrere auf eng begrenztem Gebiet. Empfehlenswert ist es, dem Warnruf der Alten und dem Bettelruf der Jungen nachzugehen. Der Wanderfalke — Zugzeit beachten — rupft auf freier Fläche, Brustbein und Flügel des Beutetieres bleiben im Zusammenhang. — P: von Fleisch- und Blutresten säubern und trocknen. — Den Riß des Fuchses und anderer Raubtiere erkennt man an den abgebissenen und geknickten Spulen. Nicht berühren, wenn *Tollwutgefahr* besteht! — Oft liegt eine Rupfung weit vom Ort des Beuteschlagens entfernt. — L: *Grupe, H.* [32], *März* [82], *Uttendörfer* [127, 128], *Brüll* [7].

Schmeißfliege: B: alle Entwicklungsstadien aus eigener Zucht (Glasgefäß, z. T. mit Erde füllen, Fleisch rauflegen, später mit Gaze verschließen.)

Schnecken: Gehäuse mehrerer Arten, z. B. Weinberg-, Hain-, Sumpfdeckel-, Posthorn-, Pantoffelschnecke und von der gemeinen Strandschnecke *(Litorina).* — L: *Janus* [58], *Grupe, H.* [32]

Schwamm: Süßwasserschwamm, Badeschwamm und zum Vergleich Kunststoffschwämme. — P: Alkohol mit ansteigender Konzentration (bis 95 %), dann trocknen lassen. — L: *H. Schneider* [182]. — Der Bohrschwamm, *Cliona cehata,* bohrt in Weichtiergehäusen und Kalk kreisrunde Löcher. — B: Nordseestrand. — L: *P. Kuckuck* [74]

Seeigel: Trockenpräparat nach Entfernung der inneren Weichteile und allein der Kalkpanzer. — K: (1)

Seemoos (Sertularia): P: getrocknet oder in Flüssigkeit konserviert. — K: (1)

Seestern: K: (1). — L: *Klevenhusen, W.* [66]

Silberfischchen: B: feuchte Lappen auslegen (besonders in alten Häusern), mit einem in Spiritus getauchten Pinsel aufnehmen, in Alkohol (80 %) konservieren. Um sie zu halten, benötigen sie Feuchtigkeit und stärkehaltige Nahrung.

Skeletteile — siehe auch unter „Zähne" —: Schädel und Schädelteile z. B. von Hecht, Scholle, Kaninchen, Maus, Spitzmaus, Huhn, Ente, Schwein, Rind, Pferd, Statolithen vom Dorsch, Knochen der Gliedmaßen von einem Säuger, z. B. der Maus, und einen Vogel, z. B. dem Huhn. — P: größere Fleischteile entfernen, dann in Wasser abfaulen lassen oder nach Abwaschen des Blutes in Wasser mit einem Eßlöffel Soda pro Liter kochen, mit Leichtbenzin entfetten, mit Wasserstoffsuperoxid bleichen (1- bis 4 %ig, je nach der Widerstandsfähigkeit der Knochen, bei Erwärmung genügen oft wenige Minuten, feinste Knochen läßt man

Abb. 9: Skelett eines Hühnerflügels

besser in stark verdünnter Lösung 1 Tag liegen). — B: Fischschädel von Speisegaststätten, solche jagdbarer Tiere aus Wildhandlungen (*H. H. Falkenhan* [23]), Geflügelknochen aus den Haushaltungen der Schülereltern, von größeren Haustieren aus Schlachtereien. Eine reiche Fundgrube sind die Eulengewölle. Tote Igel findet man leider oft auf und an Straßen. Einzelne Skeletteile des Menschen (Atlas, Dreher und ein Lendenwirbel) müssen gekauft werden. — V: Der nähere Umgang z. B. mit den Knochen der Gliedmaßen eines Vogels und eines Säugers ist geeignet, dem Schüler eine sichere Unterlage für Betrachtungen über homologe Organe zu geben (s. Abb. 9). Erhitzen von Knochen (L: *R. Weber* [140]). Bau und Funktion des Knochen, aus dem Bau des einzelnen Knochen Schlüsse auf seine Lage im Tier und die Art des Tieres ziehen, mehrere Knochen — etwa die aus Gewöllen stammenden — entsprechend ihrer natürlichen Ordnung zusammenlegen. — L: *Hackbarth, H.* [41, 45], *Körner, R.* [67], *Weber, R.* [136, 190, 191].

Speckkäfer: B: Larven und Käfer aus eigener Zucht. Zum Anlocken getrocknete Krabben, Fischmehl, Fellreste auslegen, später diese in entsprechend abgedichteten Behältern aufbewahren. — L: *H.-W. Baer* [149]

Spitzmaus: B: siehe Gewölle des Turmfalken. — P: Kiefer präparieren, Magen mit Inhalt konservieren. — V: Bestimmen der Art und der Nahrung. — L: *Gerber* [30]

Strandkrabbe (Carcinus maenas): B: Teile des Außenskeletts findet man am Strand, ganze Tiere kann man als Trockenpräparat kaufen

Steinkoralle: K

Stubenfliege: B: alle Entwicklungsstadien aus eigener Zucht (Hühner- oder Taubenkot mit etwas Erde vermischt auslegen bzw. in Behälter geben und Fliegen hinzusetzen)

Tintenfisch: Schulp

Vogelnester: z. B. von Schwarz- und Singdrossel, vom Buchfink, vom Sperling, vom Rohrsänger (diese von einem kleinen Boot aus und deshalb nur selber sammeln), von Meisen. — B: während der Brutzeit die Reviere erkunden bzw. die Benutzer von Nistkästen notieren. Das Sammeln erfolgt vom Blattfall bis zum Frühling und im Zuge der Herbstsäuberung der Nistkästen. — P: Wegen der sich in den Nestern aufhaltenden Mitbewohner muß man diese nach erfolgter Desinfizierung in gut schließenden Behältern (Blechkästen, Kunststoffbeutel) aufbewahrt halten. Um das Einschleppen und das Anlocken von Schädlingen zu vermeiden, ist große Sorgfalt notwendig. — V: Untersuchung des Baumaterials, Bestimmung der Kleinlebewelt im Nistmaterial. — L: *Hackbarth, H.* [39], *Weber, R.* [139], Buchfinkennest b. *Grupe, H.* [33, Bd. 3]

Wespe: B: als Falle zum Teil mit Obstsaft gefüllte Flaschen aufstellen, die toten Tiere trocknen. Zur Untersuchung ggf. auf feuchter Unterlage (48 Stunden auf Fließpapier oder Sand) weich werden lassen

Wespennest: Vorsicht! Auch aus „ausgeräucherten" Nestern können noch nach einiger Zeit Wespen kommen. — L: *Weber, R.* [137]

Zähne: B: von Nagetieren aus den Eulengewöllen, aus Hasen- oder Kaninchenschädeln, vom Pferd vom Roßschlächter oder über den Lehrmittelhandel, Hauer des Wildschweins aus Wildhandlungen, von Jägern. — L: *Nehls, J.* [87], *Weber, R.* [140], *Grupe, H.* [33, Bd. 1] (hier findet man Hinweise zur Altersbestimmung des Pferdes), *Weber, R.* [136]. — V: siehe auch Bd. 2, S. 341 dieses Handbuchs

4. Arbeitsmaterial verschiedener Art

Abbildungen und Zeichnungen (Bei einer Vervielfältigung sind wie auch bei der von Texten und Tabellen — s. unten — die Urheberrechte zu beachten. Siehe dazu die Ausführungen von *C. Bertz* [153].): Bäume in ihrer natürlichen und in einer von äußeren Faktoren beeinflußten Wuchsform, Vegetationsbilder, Wachstumsverlauf verschiedener Körperteile des Menschen (L: *Schwidetzki* [113]). Flugbilder unserer Greifvögel, Verbreitungsgebiete einiger Pflanzen und Tiere bzw. ihrer Wanderungen, etwa nach *Hegi* [52] und *Wurmbach* [145]. Anbaugebiete einzelner Kulturpflanzen, für Weizen z. B. nach *Ottmar* [89]. — Fragen der Tier- und Pflanzengeographie haben durch die Zunahme des Reiseverkehrs, durch den Schüleraustausch und die Möglichkeit eines Auslandsstudiums an Interesse gewonnen. Entsprechendes gilt für die Gefährdung des Menschen durch Seuchen und Epidemien. Unterlagen findet man in dem von *Rodenwald* herausgegebenen Weltseuchen-Atlas [99], so etwa für Pest, Cholera, Malaria, Pocken, die Filariosen, die Ausbreitung der Tollwut in Europa und die des Läusefleckfiebers im Zusammenhang mit den zwei Weltkriegen. — Über den augenblicklichen Stand infektiöser Krankheiten in der BRD bringt die „Ärztliche Praxis" (Verlag: E. Banaschewski, München) allwöchentlich eine Übersicht. —

Für die Erörterung von Unfallverletzungen (spez. beim Autounfall) geben Zeichnungen in einem Aufsatz von *Hackethal* eine gute Hilfe [47] (Abb. 10).

Für Spuren und Fährten haben Kinder stets Interesse. Unterlagen findet man z. B. bei *G. Olberg* [174], *H. Scheibenpflug* [179], *H. Grupe* [32, 33]. *E. Mohr* [83]. Als weitere Beispiele möglicher Arbeitsunterlagen seien genannt: Graphische Darstellungen zur Bevölkerungsbewegung und Bevölkerungsstruktur nach den Statistischen Jahrbüchern der Bundesrepublik und der Länder (Nachdruck ist mit Quellenangaben gestattet), siehe Abb. 11, 12, 13. Diagramme zur Tagesperiodik von Pflanze, Tier und Mensch (L: *H. Rein* [94], *E. Bünning* [9]), das Wachstum eines Perigonblattes vom Crocus bei Erhöhung der Temperatur (L: *E. Bünning* [8], *W. Troll* [126]), Zeichnungen von Versuchsanordnungen, z. B. zum Verhalten des Hundes nach *W. Fischel* [26], Ausdrucksbewegungen verschiedener Tiere, z. B.

Abb. 10: Darstellung des Entstehungsmechanismus einiger häufiger Verkehrsunfälle des Autofahrers nach K. H. *Hackethal* [47]

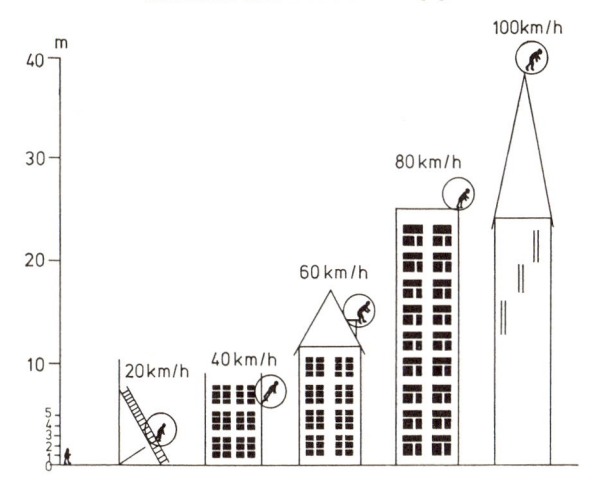

Abb. 10a: Wie hoch muß man herunterspringen, um eine den verschiedenen Geschwindigkeiten angepaßte Gewalteinwirkung auf den Körper zu erreichen?

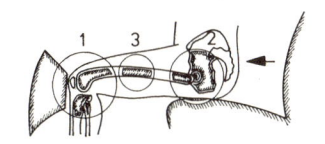

Abb. 10b: Knieanprall. Typische Verletzungsbereiche

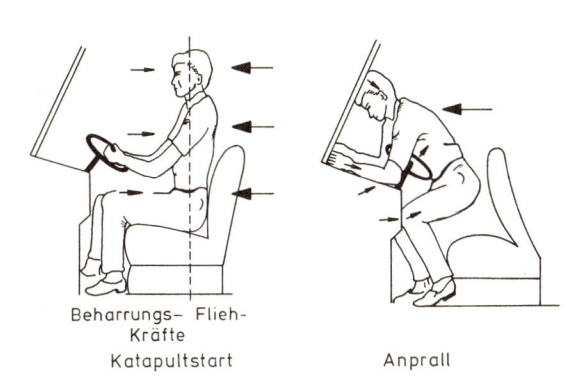

Beharrungs- Flieh-Kräfte
Katapultstart

Anprall

Abb. 10c: Frontalanprallverletzung des Fahrers durch Katapulteffekt (Auffahren bei erhöhter Geschwindigkeit) in Anlehnung an *M. Arnaud:* Les blessès de la route 1961

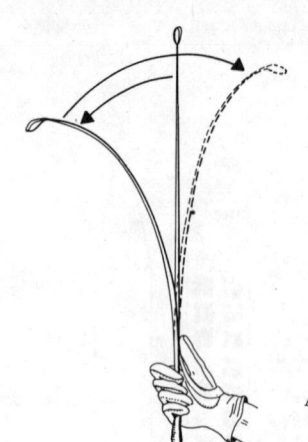

Abb. 10d: Typische Peitschenschwungbewegung

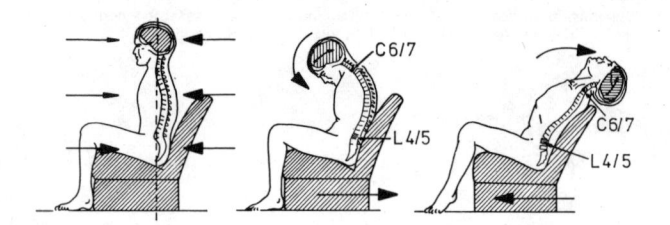

Abb. 10e: Peitschenschwungverletzung von Kopf und Wirbelsäule des Beifahrers (Auffahren bei geringer Geschwindigkeit) in Anlehnung an *M. Arnaud:* Les blessès de la route 1961

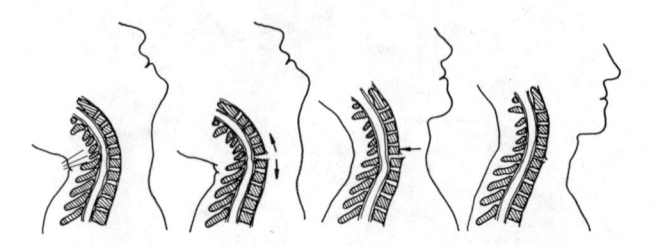

Abb. 10f: Verletzungsverlauf beim Rückschwung der Halswirbelsäule

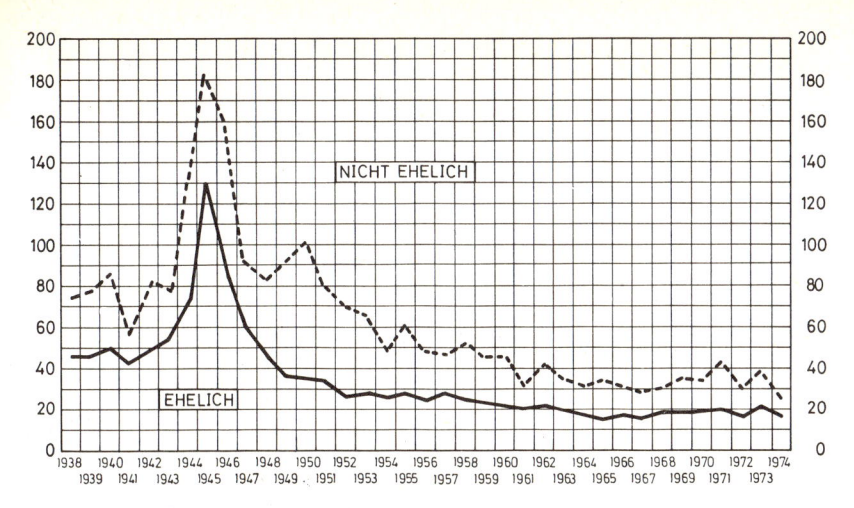

Abb. 11: In Hamburg im ersten Lebensjahr gestorbene Säuglinge 1938 bis 1974 nach der Legitimität. (Quellenangabe: Statistisches Jahrbuch 1974/75, Freie und Hansestadt Hamburg, herausgegeben vom Statistischen Landesamt, Steckelhörn 12, 2000 Hamburg)

*) ohne Kriegsverluste

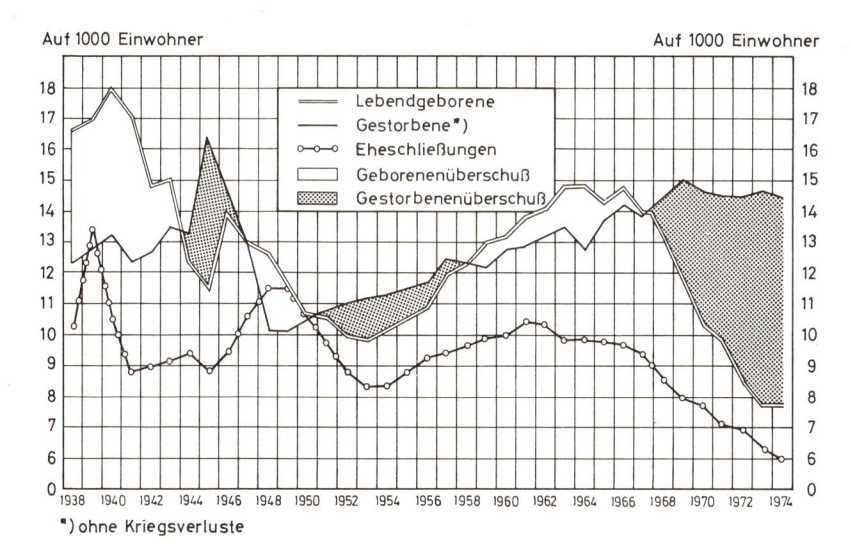

Abb. 12: Die Geborenen und Gestorbenen — ohne Kriegsverluste — und die Eheschließungen 1938 bis 1974 in der Freien und Hansestadt Hamburg. (Quellenangabe: Statistisches Jahrbuch 1974/75, Freie und Hansestadt Hamburg, herausgegeben vom Statistischen Landesamt, Steckelhörn 12, 2000 Hamburg)

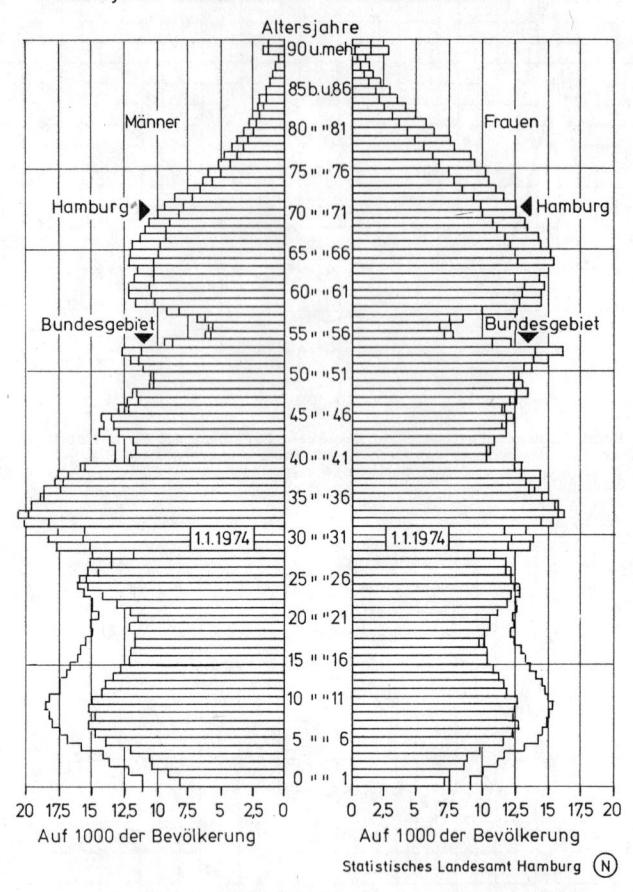

Abb. 13: Die Wohnbevölkerung in Hamburg und im Bundesgebiet nach Altersjahren und Geschlecht am 1. Januar 1974. (Quellenangabe: Statistisches Jahrbuch 1974/75, Freie und Hansestadt Hamburg, Steckelhörn 12, 2000 Hamburg)
Zur schnelleren Erfassung der Darstellung ist es empfehlenswert, sie zweifarbig anzulegen, wie sie auch im Original vorliegt

von der Lachmöwe oder der Silbermöwe nach *Tinbergen* [124, 125], vom Huhn nach *Bäumler* [2] und vom Wolf nach *Portmann* [91], das Paarungsverhalten des Dreistacheligen Stichlings, Attrappenversuche (L: *Tinbergen* [123, 125]), Darstellung zur Vitalität verschiedener Mutanten, der Wirkung der natürlichen Auslese und die geographische Ausbreitung verschiedener Rassen (L: *A. Kühn* [75]), die Schnabelformen der Finken auf den Galapagos-Inseln nach *Curio* [16], Abhängigkeit der Assimilation und der Atmungsgröße von exogenen Faktoren (L: *W. Troll* [126], *F. Geßner* [31]), die Energieverteilung im Sonnenlicht (L: *W. Troll* [126]), die spektrale Lichtabsorption des Chlorophylls und des β-Karotins (L: *F. Geßner* [31]), biologische Wirkungen der Strahlung, wie Bindehautentzündung, Erythemerzeugung, Bakterientötung, spektrale Augenempfindlichkeit (L: *J. D'Ans* und *E. Lax* [1]), Beeinflussung des Blutzuckerspiegels durch Rauchen (L: *Hackbarth* [42]), Sippentafeln zum Erbverhalten einzelner Merkmale beim Menschen, Anlage der Kiemenbogenskelettstücke beim Menschen (L: *H. Plenk* [90]), umfangreiche chemische Formeln, wie etwa die von β-Karotin, Vitamin A, Chlorophyll.

Arbeitsunterlagen (Kunststoffplatten) zum Schutz der Tischplatten.
Bodenproben: Sand, Kies, Ton, Lehm, Mutterboden, Ortstein, Gneis oder Granit in unterschiedlich weit fortgeschrittener Verwitterung. — V: Versuche zur Saugfähigkeit, Sedimentation, zum Wasserhaltungsvermögen, Porenvolumen, Ionenaustausch, Nachweis löslicher Bestandteile, Prüfung auf Kalkgehalt. — L: Bd. 4, 1, S. 62 und 293, Versuchskartei zum „Garbi"-Gerät, [K (4)], *Spanner* [115], *Müller/Thieme* [85], *H. U. Steckhan* [185], *E. Schlichting* [181], *Hoebel* u. *Mävers* [162].

Tabellen: Bestandteile und Kaloriengehalt unserer wichtigsten Nahrungsmittel (L: *R. Rein* [94]), die häufigsten Todesursachen einst und heute, die führenden Todesursachen in den verschiedenen Altersklassen, die Entwicklung einzelner Todesursachen (z. B. Tuberkulose, Pocken, Herz- und Kreislaufversagen, Lungenkrebs, Unfälle, Masern, Keuchhusten, Diphterie, Scharlach), die Untersuchungsergebnisse zum „Pensionierungstod" nach *Jores* [59], Unterschiede in der Lebenserwartung von Nichtrauchern, mäßigen und starken Rauchern, — L: *S. Diehl* [17], *H. Hackbarth* [42], (siehe auch die Ausführungen von *H.-H. Falkenhan* in Bd. 5, S. 358).

Texte: Broschüren, Flug- und Merkblätter zur Gesundheitspflege des Menschen, zur Verhütung von Krankheiten bzw. zur Bekämpfung von Schädlingen der Tiere und Pflanzen. — B: Im Bezugsquellenverzeichnis werden verschiedene Herausgeber genannt (8, 9, 10, 11, 12). Natürlich ist nur ein Teil der Schriften für den Unterricht geeignet und viele sind vergriffen, bevor man von ihnen Kenntnis genommen hat. — Sonderdrucke von unterrichtlich verwertbaren Aufsätzen, z. B. *J. Gerchow:* „Bemerkungen zu dem Gutachten des Bundesgesundheitsamtes zur Frage Alkohol bei Verkehrsstraftaten" (13), *G. Weller:* „Gegen Akne läßt sich etwas tun" und von einem ungenannten Verfasser „Mit siebzehn heiraten?" (14). — Sonderdrucke stehen oft von dem gewünschten Text nicht zur Verfügung. Ist er nicht zu umfangreich oder genügen ausgewählte Textstellen, so kann man sie für den Gebrauch im Unterricht unter Beachtung der Urheberrechte — siehe dazu die Ausführungen von *C. Bertz* in „die höhere Schule" [153] — vervielfältigen, so etwa die Bestimmungstabelle für Insektenlarven nach *E. Wagner* [132], die für Kleinsäugerschädel in Gewöllen nach *H. Erz* [19], zur Abstammungslehre Äußerungen von *J. Lamarck* [78] und solche von *Darwin* und anderen nach *Heberer* [49] und *Fels* [25], zur Vererbungslehre eine Zusammenstellung der Mutationstypen von Kaninchen und der Kombinationen der Pigmentfaktoren B, C, D, G nach *Nachtsheim* [86], die Schrift der Thomae GmbH über das Verhalten nach einem Herzinfarkt [122], zum Thema Verkehrsunfall einige Abschnitte aus einem Aufsatz von *Hackethal* [46] über typische Verletzungen beim Autounfall.

Zu anderen die Natur des Menschen betreffenden Fragen können folgende Texte schätzenswerte Unterrichtshilfen sein: das Kapitel „Der Buchstabe A" aus dem Buch von *Ch. Brown* [5], einzelne Fälle aus von Weizsäckers Buch „Soziale Krankheit und soziale Gesundung" [131] (z. B. Fall 4 und 5), den Aufsatz von *Gerfeldt* „Sozialprestige und Sozialstreß als Krankheitsursachen" [29]. Bei der unterrichtlichen Behandlung seelischer Krankheiten mag ein Bericht von *Dr. Lang* [79] eine Hilfe sein. Er ist einem längeren Aufsatz entnommen und mag hier wiedergegeben werden, weil der betreffende Aufsatz mancherorts für den Lehrer nur mit Mühe zu beschaffen ist, und der Verlag keine Einwendungen gegen eine Vervielfältigung für Unterrichtszwecke hat, „solange die Probleme der Fotokopie im Lehrbetrieb nicht restlos geklärt sind.", wofür hier unser Dank ausgesprochen sei. (Dem genannten Aufsatz kann der interessierte Lehrer noch viele weitere Anregungen für die Erörterung von Fragen der frühen Kindheit entnehmen.)

„Versagungen in der Säuglingszeit

Beginnen wir deshalb auch mit einem konkreten Fall aus der Praxis des Psychologen.

Vom Psychiater zu einer genaueren testpsychologischen Diagnose überwiesen, erscheint ein fünfzehnjähriger Junge in Begleitung seiner Mutter (genauer ausgedrückt eigentlich umgekehrt, denn die Mutter ist der tonangebende Teil). Anlaß sind außer einer schon seit 9 Jahren bestehenden schweren Sprachhemmung (Stottern) eine zunehmende allgemeine Unangepaßtheit, Eigenbrödelei und Angst vor jeder Kontaktsituation (wobei die Angst vor Blamage wegen des Stotterns natürlich auch eine Rolle spielt). Die hochgradige Kontaktschwäche, ja Kontaktangst hat schon in der Vergangenheit den Lebensweg des Burschen entscheidend bestimmt, sie ist (neben väterlichem Unverstand) die Ursache dafür gewesen, daß er bei den ersten, umstellungsbedingten Schwierigkeiten aus dem Gymnasium genommen wurde — dabei stellt sich anläßlich der Untersuchung u. a. heraus, daß er einen Intelligenzquotienten von 134 hat! (Zur Erläuterung: extrem hohe Intelligenz; bei einem Intelligenzquotienten von 140 lassen manche Autoren die Genialität beginnen!). Die einzelnen Züge dieses schon in der Jugend so tragisch sonderlingshaften Daseins aufzuzählen, würde zu weit führen; erwähnt sei nur noch ein einzigartiges Symptom, das seit frühester Kindheit besteht und an das sich die Angehörigen gewöhnt haben: es nennt sich ‚walzen' und besteht darin, daß der Bursche vor dem Einschlafen sich ca. eine Stunde lang bis zur Erschöpfung im Bett herumwälzen muß; selbst wenn er von Sportausübung schon sehr müde ist, ist mindestens eine „verkürzte Zeremonie" notwendig, um überhaupt einschlafen zu können! (Was sich da oberflächlich fast wie ein zwangsneurotisches Symptom gibt, ist eher eine auto-erotische Handlung, aber auf einer viel primitiveren Ebene, als es etwa eine pubertäre Onanie wäre! Wieso kam es zu diesem Symptom?). Aus der Anamnese seitens der Mutter erfahren

wir nun, daß diese Symptome schon in der frühesten Kindheit begannen und sich aus rhythmischen Kopf- und Rumpfbewegungen des Säuglings entwickelten. Sie verstehe nicht, warum der Bub so nervös geworden sei, er habe es doch immer so ruhig gehabt. Schon ab den ersten Lebenswochen habe er auch tagsüber für sich in einem Zimmer liegen dürfen und sei prinzipiell nur zu den festen Fütterungsterminen gestört werden. Und ganz früh habe man ihn dann daran gewöhnt, auch die Flasche selber zu halten, die man wegen der Temperatur der Milch mit einer trockenen Windel umwickelt habe. Das habe sie alles genau richtig gemacht, weil sie von einer Hebamme alles genau erklärt bekommen habe ...
Diese erstaunlich selbstsichere Mutter (des Probanden) wird nicht einmal nachdenklich, als sie noch berichtet, bei jenen frühen rhythmischen Bewegungen des Säuglings habe er sich meistens die leergetrunkene Flasche zwischen Kopf und Schulter geklemmt ... sie kommt gar nicht auf den Gedanken, daß das ein „Mutterersatz" war, und daß sie (ohne berufstätig gewesen zu sein) im Banne von Vorurteilen ihr Kind schlimmer vernachlässigt hat als nur je eine Mutter unter dem Druck von Berufsarbeit und Zeitmangel! Noch weniger kann sie wissen, daß jene rhythmischen Bewegungen (‚Stereotypien') ein typisches Hospitalismus-Symptom waren, wie es Kinder im Säuglingsheim entwickeln, wenn sie — da ja oft 10 und mehr Kinder auf eine Pflegeperson entfallen — nur das pflegerisch-technisch notwendige Minimum an menschlichem Kontakt (beim Füttern, Wickeln. Baden) erhalten, darüber hinaus aber keine affektive Zuwendung (Lächeln, Ansprechen, Wiegen, Streicheln) erfahren. Auch wenn wir sonst nichts aus der Theorie und anderen praktischen Erfahrungen wüßten, könnten wir bei unbefangenem Nachdenken schon vermuten, daß das Bild jenes kontaktschwachen schizoiden Sonderlings, das der Bursche ausgeprägt darbietet, keineswegs etwa ‚konstitutionell' ist, wie man prima vista und in alten Denkgeleisen am liebsten diagnostizieren würde, sondern das Resultat einer ganz massiven Entbehrung und mangelnden Kontaktes in der ersten und zugleich wichtigsten Lebensphase!"

Trittspurpapier und *Trittspurkarton*. — L: *H. Hackbarth* [43].— B: (16). — V: Zur Verwendung von Unterrichtsmitteln der genannten Art sei auf die Ausführungen im Abschnitt über die Nutzung der Arbeitssammlung, soweit sie allgemeiner Art sind, hingewiesen.
In die Arbeitssammlung aufzunehmende Bilder und Geräte wurden bereits in einem anderen Zusammenhang genannt, siehe unter III.

IX. Bezugsquellennachweis für Arbeitsmaterial

1. Die Biologische Anstalt Helgoland und die Zoologische Station Büsum (Inhaber: Sebastian Müllegger) liefern lebende und konservierte Pflanzen und Tiere der Nordsee. Beide Stellen geben Lieferverzeichnisse heraus. (Die Biol. A. H. stellt keine Trockenpräparate her, sie beschafft aber auf Wunsch Steine und Muscheln mit Bohrlöchern.)
2. Kosmos Lehrmittel-Verlag, F Stuttgart, Postfach 640
3. Phywe A. G., 34 Göttingen, Postfach 665
4. G. Schuchardt-Lehrmittel, 34 Göttingen, Postfach 443
5. G. Groh, 2 Hamburg 11, Katharinenstr. 3
6. L. & C. Struwe, 2 Hamburg 4, Millerntorplatz 1
7. Vereinigte Kieselwerke Munsterlager
8. Merkblätter des Bundesgesundheitsamtes sind erhältlich beim Ärzte Verlag, 5 Köln-Braunsfeld 1, Max-Wallraf-Str. 13, und 1 Berlin 31, Bundesallee 23

9. Merkblätter der Biologischen Bundesanstalt für Land- und Forstwirtschaft sind über die zuständigen Pflanzenschutzämter zu erhalten, größere Mengen können unmittelbar von der Biologischen Bundesanstalt, 33 Braunschweig, Merseweg 11/12, bezogen werden.
10. Von AJD (Land- und Hauswirtschaftlicher Auswertungs- und Informationsdienst e. V. 532 Bad Godesberg, Heerstr. 124) im Auftrag des Bundesministers für Ernährung, Landwirtschaft und Forsten, 53 Bonn, herausgegebene Heftchen über Schädlinge sind bei den Pflanzenschutzämtern erhältlich oder über sie.
11. Deutsche Hauptstelle gegen Suchtgefahren, 47 Hamm, Bahnhofstr. 2
12. Bundesausschuß für volkswirtschaftliche Aufklärung e. V. 5 Köln 14, Postfach 229/230
13. Sonderdruck aus Suchtgefahren H 3/66, Neuland-Verlagsgesellschaft, Hamburg 1
14. Sonderdruck aus „Das Beste aus Reader's Digest", Verlag Das Beste, Abt. Sonderdruck, 7 Stuttgart, Rotbühlplatz 1
15. Botanischer Garten, 2000 Hamburg 52, Herten 10
16. H. A. Berkemann, Fabrik orthopädischer Erzeugnisse, 2000 Hamburg 54, Postfach 12207
17. Franz Weigert, Stahlstichprägewerk Abt. Fossilienreliefprägungen, Postfach 1860, 8858 Neuberg/Donau
18. Merkblatt für Eltern und Kinder zum Schutz vor Tollwut, herausgegeben von der Hessischen Arbeitsgemeinschaft für Gesundheitserziehung, 3550 Marburg, Nikolaistr.

Literatur

1. *J. D'Ans W. E. Lax*, Taschenbuch der Physiker und Chemiker, Springer, Berlin, Göttingen, Heidelberg, 1949.
2. *Baeumer, E.*, Das dumme Huhn, Franckh'sche Verlagsh., Stuttgart, 1964.
3. *Bauer, E.*, Die Auswertung der Eulengewölle, Aus der Heimat, W. Engelmann, Leipzig, 1957.
4. *Beurlen, K.*, Welche Versteinerung ist das? Franckh'sche Verlagsh., Stuttgart, 1961.
5. *Brown, Ch.*, Mein linker Fuß, Henssel Verl., Berlin, 1963.
6. *Brohmer, P.*, Fauna von Deutschland, Quelle & Meyer, Heidelberg, 1959.
7. *Brüll, H.*, Landschaftsbiologische Funktionsreihen in der Zigarrenkiste, Waldjugenddienst 9. J., Limpert Zeitschriftenverlag, Frankfurt a. M., 1961.
8. *Bünning, E.*, Entwicklungs- und Bewegungsphysiologie, Springer, Heidelberg, 1953.
9. *Bünning, E.*, Tagesperiodische Bewegung, Handbuch der Pflanzenphysiologie, XVII, Springer Berlin, Göttingen, Heidelberg, 1959.
10. *Botsch, W.*, Einige Schulversuche mit Chlorophyll, Praxis d. Biol., 10. J., Aulis Verl., Köln, 1901.
11. *Bukatsch, F.*, Nahrungsmittelchemie für Jedermann, Franckh'sche Verlagsh., Stuttgart, 1963.
12. *Bukatsch, F.*, Zum Nachweis mehrerer Vitamine nebeneinander, Praxis d. Biol., 10. J., Aulis Verl., Köln, 1966.
13. *Bukatsch, F.*, Eine rasche und einfache Blattgrüntrennung mit geringstem Materialaufwand, Praxis d. Bio., 11. J., Aulis Verl., Köln, 1962.
14. *Carl, H.*, Tierbestimmen — leicht gemacht, Aulis Verl., Köln, 1963.
15. *Carl, H.*, Anschauliche Menschenkunde, Aulis Verl., Köln, 1959.
16. *Curio, E.*, Galapagos — Prüffeld der Evolutionsforschung, Umschau in Wiss. u. Techn., Umschau Verl., Frankfurt/M., 1965.
17. *Diehl, S.*, Textbook of Healthful Living. McGRAW-Hill Book Comp., Madison Wisconsin, 1944.
18. *Engelhardt, W.*, Was lebt in Tümpeln, Bad und Weiher? Franckh'sche Verlagsh., Stuttgart, 1955.
19. *Erz, W.*, Über die Untersuchung von Eulengewöllen, Waldjugenddienst, 10. J., Limpert Zeitschriftenverl., Frankfurt/M., 1962.
20. *Falkenhan, H.-H.*, Kleine Pilzkunde für Anfänger, Aulis Verl., Köln, 1960.
21. *Falkenhan, H.-H.*, Bestimmungsübungen im Klassenunterricht, Praxis d. Biol., 16. J., Aulis Verl., Köln, 1967.
22. *Falkenhan, H.-H.*, Biologische und physiologische Versuche, Phywe Verl., Göttingen, 1955.
23. *Falkenhan, H.-H.*, Anlage einer Schädelsammlung, Praxis d. Biol., Aulis Verl., Köln, 1967.
24. *Farbwerke Hoechst*, Die großen Zusammenhänge in der Bekleidung — von der Naturfaser zu Trevira, Farbwerke Hoechst.
25. *Fels, G.*, Abstammungslehre dargestellt anhand von Quellentexten, Klett Verl., Stuttgart, 1965.
26. *Fischel, W.*, Die Seele des Hundes, P. Parey, Hamburg, 1961.
27. *Frieling, H.*, Was fliegt denn da? Franckh'sche Verlagsh., Stuttgart, 1950.
28. *Fröhlich, W.*, Erlebte Chemie, Franckh'sche Verlagsh., Stuttgart, 1965.
29. *Gerfeldt, E.*, Sozialprestige und Sozialstreß als Krankheitsursachen, Umschau in Wissenschaft und Technik 1965, H. 10, Umschau Verlag, Frankfurt/M., 1965.
30. *Gerber, R.*, Nagetiere Deutschlands, Akademische Verlagsges., Geest & Portig, Leipzig, 1952.

31. *Geßner, F.*, Die Leistungen des pflanzlichen Organismus, Handbuch der Biologie, Bd. IV, Akademische Verlagsgesellschaft Athenaion, Potsdam, 1950.
32. *Grupe, H.*, Naturkundliches Wanderbuch, Westermann Verl., Braunschweig, 1949.
33. *Grupe, H.*, Bauernnaturgeschichte, 1. Bd. Vorfrühling, 2. Bd. Frühling, 3. Bd. Sommer, Diesterweg, Frankfurt/M., 1952, 1954, 1958.
34. *Grupe, H.*, Naturkundliches Arbeitsbuch für die Weiterbildung des Lehrers, Diesterweg Frankfurt/M., 1958.
35. *Gsell, O.*, Tabakrauchen und Gesundheit, Neuland-Verlagsges., Hamburg, 1959.
36. *Hackbarth, H.*, Untersuchung von Wirbeltierlosung, Der math. und naturwiss. Unterricht, Bd. 7, Dümmlers Verl., Bonn, 1954/55.
37. *Hackbarth, H.*, Magenuntersuchungen, ein Beitrag zur Methodik der Vogelkunde, Der math. und naturwiss. Unterricht, 7. Bd., Dümmlers Verl., Bonn, 1954/55.
38. *Hackbarth, H.*, Gewölluntersuchungen im Biologieunterricht, Der Biologe 7. J., J. F. Lehmanns Verl., München, 1938 .
39. *Hackbarth, H.*, Schülerübungen an Vogelnestern, Praxis d. Biol. 3. J., Aulis Verl., Frankenberg/Eder, 1954.
40. *Hackbarth, H.*, Die Aufbewahrung von Schülergeräten, Praxis d. Biol. 4. J., Aulis Verl., Frankenberg/Eder, 1955.
41. *Hackbarth, H.*, Schülerarbeiten an Skeletteilen von Wirbeltieren, Praxis d. Biol. 3. J., Aulis Verl., Köln, 1954
42. *Hackbarth, H.*, Lungenkrebs und Tabakrauch — ein Problem unserer Zeit, Praxis d. Biol. 12. J., Aulis Verl., Köln, 1963.
43. *Hackbarth, H.*, Fußabdrücke des Menschen, Praxis d. Biol. 4. J., Auils Verl., Köln, 1955.
44. *Hackbarth, H.*, Über die Themenwahl zur schriftlichen Reifeprüfung, Praxis d. Biologie, 12. J., Aulis Verl., Köln, 1963.
45. *Hackbarth, H.*, Arbeitsschritte beim Präparieren des abgebildeten Maulwurfsskeletts, Praxis d. Biol. 3. J., Aulis Verl., Frankenberg/Eder, 1954.
46. *Hackethal, K. H.*, Der Verkehrs- und Betriebsunfall der modernen Industriegesellschaft. Monatskunde für die ärztliche Fortbildung, J. F. Lehmanns Verl., München, Nov. 1962.
47. *Hackethal, K. H.*, Entstehungsmechanismus häufiger Verkehrsunfälle (Die hier gebrachten Zeichnungen erläutern den oben genannten Aufsatz des Verfassers), Monatskurse für die ärztliche Fortbildung, J. F. Lehmanns Verl., München, Nov. 1962.
48. *Harz, K.*, Unsere Laubbäume und Sträucher im Winter, Akademische Verlagsges. Geest & Portig, Leipzig, 1953.
49. *Heberer, G.*, Texte von Darwin u. Wallace, Dokumente zur Begründung der Abstammungslehre vor 100 Jahren, G. Fischer Verl., Stuttgart, 1959.
50. *Hedrich, W.*, Die Biologie der Vogelfeder in der Schule, Praxis d. Biol. 4. J., Aulis Verl., Köln, 1955.
51. *Hegemeister, W.*, Rupfungen — Bestandteile der Landschaftsbiologie, Waldjugenddienst 11. J., Limpert Zeitschriftenverl., Frankfurt/M., 1963.
52. *Hegi, G.*, Flora Mitteleuropas, C. Hanser Verl. München, z. B. Bd. I, 1935, Bd. III, 1957/58, Bd. V, 1, 1925, Bd. V, 3. 1926.
53. *Hermes, G.*, Rinderaugen im Unterricht der Menschenkunde, Praxis d. Biol. 17. J., Aulis Verl., Köln, 1968.
54. Hessische Arbeitsgemeinschaft für Gesundheitserziehung, Heft 17, Wissenswertes über Krebsvorsorge, Marburg/Lahn, Nikoleistr, Ecke Kirchplatz.
55. *Hirchmann, W.*, Milben, Franckh'sche Verlagsh., Stuttgart, 1966.
56. *Illies, J.*, Wir beobachten und züchten Insekten, Franckh'sche Verlagsh., Stuttgart, 1956.
57. *Jaeckel, S.*, Die Muscheln und Schnecken der deutschen Meeresküsten, Akademische Verlagsges., Geest & Portig, Leipzig, 1952.
58. *Janus, H.*, Unsere Schnecken und Muscheln, Franckh'sche Verlagsh., Stuttgart, 1958.
59. *Jores, A.* u. *Puchta, H. G.*, Der Pensionierungstod und *Jores, A,* Der Tod des Menschen in psychologischer Sicht, Medizinische Klinik, Urban & Schwarzenberg, München — Berlin, 1959, S. 1158 und S. 237.
60. *Kahmann, H.*, Unsere Mäuse, Franckh'sche Verlagsh., Stuttgart, 1955.
61. *Kaldewey, H.*, Plagio- und Diageotropismus der Sprosse und Blätter, Handbuch d. Pflanzenphysiologie XVII, 2, Springer Berlin, Göttingen, Heidelberg, 1962.
62. *Kienitz-Gerloff*, Über Materialbeschaffung und Unterricht in der Entomologie, Natur und Schule 5. J., Taubner, Leipzig, 1905.
63. *Kiffmann, R.*, Echte Gräser, Freising, Weihenstephan, 1962.
64. *Klapp, E.*, Taschenbuch der Gräser, P. Parey, Hamburg, 1950.
65. *Klingler, H.*, Einige Beispiele zur Anwendung der Papierchromatographie in biologischen Arbeitsgemeinschaften, Praxis d. Biol. 12. J., Aulis Verl., Köln 1963.
66. *Klevenhusen, W.*, Biologisches Anschauungsmaterial an der Nordsee, Praxis d. Biol. 8. J., Aulis Verl., Köln, 1959.
67. *Körner, R.*, Der Schädel der Knochenfische im Arbeitsunterricht, Praxis d. Biol. 2. J., Aulis Verlag, Frankenberg/Eder, 1952.

68. *Kosch, A.*, Welcher Baum ist das? Franckh'sche Verlagsh., Stuttgart, 1953.
69. *Kosch — Frieling — Friedrich*, Was find ich am Strande? Franckh'sche Verlagsh., Stuttgart, 1952.
70. *Krumm, E.*, Alte und neue Versuche zum Richtungshören, Praxis d. Biol. 12. J., Aulis Verl., Köln, 1963.
71. *Krumm, E.*, Altes und Neues vom blauen Fleck, Praxis d. Biol., 15. J. 1966.
72. *Krumm, E.*, Über Ermüdungserscheinungen der Retina, Praxis d. Biol. 10. J., Aulis Verl., Köln, 1961.
73. *Krumbach, T.*, Wie unser Eichhörnchen seine Nagezähne gebraucht, Natur und Schule, Teubner, Leipzig, 1905.
74. *Kuckuck, P.*, Der Strandwanderer, Lehmanns Verl., München, 1974.
75. *Kühn, A.*, Grundriß der Vererbungslehre, Quelle & Meyer, Heidelberg, 1950.
76. *Kühn, W.*, Pflanzengallen, Praxis d. Biol. 7. J., Aulis Verl., Köln, 1958.
77. *Kühnelt, W.*, Bodenbiologie, Verl. Herold, Wien, 1950.
78. *Lamarck, J.*, Zoologische Philosophie, Kröner Verl., Leipzig, 1909.
79. *Lang, O.*, Psychische Fehlentwicklung im Kindesalter und ihre Prohyllaxe — Ärztliche Praxis 17. J., S. 2410, Verl. E. Banaschewski, München, 1965.
80. *Linder, H.*, Arbeitsunterricht in Biologie, Metzlersche Verlagsbuchhandlung, Stuttgart, 1950.
81. *Lohl, W.*, Das Modell der Bienenwabe, Praxis d. Biol. 4. J., Aulis Verl., Frankenberg/Eder, 1954.
82. *März, R.*, Von Rupfungen und Gewöllen, Ziemsen Verl., Wittenberg, 1955.
83. *Mohr, E.*, Die freilebenden Nagetiere Deutschlands und der Nachbarländer, G. Fischer Verl., Jena, 1954.
84. *Müller, Chr.*, Papierchromatographische Untersuchung des Blattgrüns in einer Schülerübung, Praxis d. Biol. 11. J., Aulis Verl., Köln, 1962.
85. *Müller, J.* und *Thieme, E.*, Biologische Arbeitsblätter, Verl. H. Christmann, Speyer/Rh., 1964.
86. *Nachtsteim, H.*, Vom Wildtier zum Haustier, Verl. P. Parey, Hamburg, 1949.
87. *Nehls, F.*, Säugetierzähne im Unterricht, Praxis d. Biol. 10. J., Aulis Verl., Köln, 1961.
88. *Olberg, G.*, Fraßspuren und andere Tierzeichen, A. Ziemsen Verl., Wittenberg, 1959.
89. *Ottmar, D.*, Was ist Phänologie? Kosmos, 50. J., Franckh'sche Verlagsh., Stuttgart, 1954.
90. *Plenk, H.*, Physiologische Anatomie des Menschen, Handbuch der Biologie, Bd. VIII, Allgäuer Heimatverlag, Kempten/Allgäu, 1954.
91. *Portmann, A.*, Das Tier als soziales Wesen, Rhein-Verl., Zürich, 1953.
92. *Rabes, O.*, Arbeitsmaterial für den zoologischen Unterricht, Witwe Pichler's & Sohn, Wien, 1907.
93. *Rasch, M.*, Mageninhalt eines Huhns, Praxis der Biol., 10. J., Aulis Verl., Köln, 1961.
94. *Rein, R.*, Die naturgeschichtliche Lehrsammlung als Arbeits- und Verbrauchssammlung, Biologische Schularbeit. Sonderausstellung im Zentralinstitut für Erziehung und Unterricht Berlin, Quelle & Meyer, Leipzig, 1916.
95. *Reinsch, H.*, Algen — ein wichtiger Rohstoff, Kosmos 1969, H. 4, Franckh'sche Verlagsh. Stuttgart, 1969.
96. *Riech, F.*, Erfahrungen über die Herstellung und Verwendung von Kunstharzpräparaten für den Klassenunterricht, Praxis d. Biol. 5. J., Aulis Verl., Frankenberg/Eder, 1956.
97. *Riese, K.*, Holzuntersuchungen in biologischen Arbeitsgemeinschaften, Praxis d. Biol. 7. J., Aulis Verlag, Köln, 1958.
98. *Riese, K.*, Forellenzucht als Schulversuch, Praxis d. Biol. 5. J., Aulis Verl., Köln, 1956.
99. *Rodenwaldt, E.* (Herausgeber) Weltseuchen-Atlas I, II, III, Falk Verl., Hamburg, 1952—61.
100. *Rörig, G.*, Magen- und Gewölluntersuchungen heimischer Raubvögel, Arb. a. d. Kaiserl. Biol. Anst. f. Land- und Forstwirtschaft, Bd. VII, Springer, Berlin, 1909.
101. *Rörig, G.*, Magenuntersuchungen land- und forstwirtschaftlich wichtiger Vögel, Arb. a. d. Kaiserl. Biol. Anst. f. Land- und Forstwirtschaft, Springer, Berlin, 1900.
102. *Rothe, C.*, Methodik des naturgeschichtlichen Unterrichts, A. Pichler's Witwe & Sohn, Wien, 1891.
103. Royal College of Physicians, London, Rauchen und Gesundheit, Hyperion Verl., Freiburg i. Br., 1962.
104. *Ruff, S.*, Der Aufenthalt in den Tropen und Subtropen — Ärztliche Hinweise. Herausgegeben von der Deutschen Lufthansa, 1966.
105. *Ruppolt, W.*, Bioga-Geräte in der Schulpraxis, Praxis d. Biol. 10. J., Aulis Verl., Köln, 1961.
106. *Ruppolt, W.*, Die Götterspeise-Theobroma cacao, Praxis d. Biol. 9. J., Aulis Verl., Köln, 1960.
107. *Ruppolt, W.*, Soja Kulturen in der Schule, Praxis d. Biol. 12. J., Aulis Verl., Köln, 1963.
108. *Schmeil*, Tabellen zum Bestimmen von Pflanzen, Quelle & Meyer, Heidelberg, 1965.
109. *Schmidt, F.*, Jung sein und rauchen? Hoheneck-Verl. Hamm, 1969.
110. *Schoenichen, W.*, Methodik und Technik des naturgeschichtlichen Unterrichts, Quelle & Meyer, Heidelberg, 1914.
111. *Schwaighofer-Budde*, Die wichtigsten Pflanzen Deutschlangs, Freytag-Verl. Freilassing, Plön, 1951.

112. *Schwankl, A.*, Welches Holz ist das? (40 Originalholzproben), Franckh'sche Verlagsh., Stuttgart, 1951.
113. *Schwidetzki, J.*, Variations- und Typenlehre des Menschen, Handbuch d. Biologie, Bd. IX, Allgäuer Heimatverlag, Kempten/Allgäu, 1965.
114. *Siedentop, W.*, Arbeitskalender für den biologischen Unterricht, Quelle & Meyer, Heidelberg, 1959.
115. *Spanner, L.*, Bodenkunde, ein zentrales Problem, Praxis d. Biol., 7. J., Aulis Verl., Frankenberg/Eder, 1958.
116. *Stehli, G.*, Sammeln und Präparieren von Tieren, Franckh'sche Verlagsh., Stuttgart, 1953.
117. *Stehli, G. / Fischer, W.*, Pflanzensammeln — aber richtig, Franckh'sche Verlagsh., Stuttgart, 1953.
118. *Steinecke, F.*, Methodik des biologischen Unterrichts an höheren Lehranstalten, Quelle & Meyer, Leipzig, 1933.
119. *Steinecke, F.*, Experimentelle Biologie, Quelle & Meyer, Leipzig, 1954.
120. *Steinecke, F.*, Einige Versuche über Wasserleitung und Wasserhaltung bei Moosen, Praxis d. Biol. 1. J., Aulis Verl., Köln, 1952.
121. *Straka, H.*, Nicht durch Reize ausgelöste Bewegungen, Handbuch der Pflanzenphysiologie, XVII, 2, Springer, Berlin, Göttingen, Heidelberg, 1962.
122. *Thomae, K.* GmbH., Wendepunkt Herzinfarkt, das Leben danach, Thomae GmbH., Biberach an der Riss.
123. *Tinbergen, N.*, Instinktlehre, P. Parey, Hamburg, 1956.
124. *Tinbergen, N.*, Wo die Bienenwölfe jagen, 6 Bildtafeln zum Kapitel „Die Lachmövensprache", P. Parey, Hamburg, 1961.
125. *Tinbergen, N.*, Die Welt der Silbermöwe, Musterschmidt Verl., Göttingen, 1967.
126. *Troll, W.*, Allgemeine Botanik, F. Enke, Stuttgart, 1959.
127. *Uttendörfer, O.*, Neue Ergebnisse über die Ernährung der Greifvögel und Eulen, Verl. Ulmer, Stuttgart, 1952.
128. *Uttendörfer, O.*, Studien zur Ernährung unserer Tagraubvögel und Eulen, Abh. d. Naturforsch. Ges. zu Görlitz, Bd. 31, 1930.
129. *Velhagen, K.*, Tafeln zur Prüfung des Farbensinns, G. Thieme, Leipzig, 1963.
130. *Voigtländer, W.*, Über die Verwendung von Fossilien im Biologieunterricht der Mittelstufe, Praxis d. Biol. 10. J., Aulis Verl., Köln, 1961.
131. *Von Weizsäcker, V.*, Soziale Krankheit und soziale Gesundung, Vandenhoek & Ruprecht, Göttingen, 1955.
132. *Wagner, E.*, Insektenzucht in der Schule, Nölke, Hamburg, 1954.
133. *Weber, R.*, Präparate aus Eulengewöllen, Praxis d. Biol. 4. J., Aulis Verl., Frankenberg/Eder, 1955.
134. *Weber, R.*, Wir untersuchen die Schalenreste geschlüpfter Küken, Praxis d. Biol. 10. J., Aulis Verl., Köln, 1961.
135. *Weber, R.*, Honigbienenwaben, Praxis d. Biol. 9. J., Aulis Verl., Köln, 1960.
136. *Weber, R.*, Einige Skelettpräparate zum Studium von Wachstumsvorgängen, Praxis d. Biol. 6. J., Aulis Verl., Frankenberg/Eder, 1957.
137. *Weber, R.*, Wespennester, Praxis d. Biol., Aulis Verl., Köln, 1960.
138. *Weber, R.*, Untersuchungen an Muschelschalen, Praxis d. Biol. 6. J., Aulis Verl., Frankenberg/Eder, 1957.
139. *Weber, R.*, Beobachtungen an verlassenen Vogelnestern, Praxis d. Biol. 3. J., Aulis Verl., Frankenberg/Eder, 1954.
140. *Weber, R.*, Arbeitssammlungen für den Biologieunterricht, Der Biologie-Unterricht, 1. J., H. 2, E. Klett Verl., Stuttgart, 1965.
141. *Weber, U.*, Lehrbuch der Pharmakognosie für Hochschulen, G. Fischer, Jena, 1949.
142. *Wiegner*, Häutung von Molchen, Praxis d Biol. 7. J., Aulis Verl., Köln, 1958, S. 77.
143. *Wirth, K.*, Bestimmungsübungen an unbelaubten Zweigen, Praxis der Biol., 17. J., Aulis Verl., Köln, 1968.
144. *Wirths, W.*, Kleine Nährstofftabelle der Deutschen Gesellschaft für Ernährung, Umschau Verl., Frankfurt/M., 1967.
145. *Wurmbach, H.*, Lehrbuch der Zoologie I, G. Fischer, Stuttgart 1957.

Literaturverzeichnis-Nachtrag

146. *Bay, F.*, Die Biene sammelt Pollen und Nektar, Anregungen für einen erperiment- und medienunterstützten Unterricht, Pr. d. Biol., 24. J., Aulis Verl., Köln, 1975.
147. *Baer, H.-W.*, Experimenteller Biologieunterricht, Hab. Schr. phil. Rostock, 1964.
148. *Baer, H.-W.* u. *Grönke, O.*: Biologische Arbeitstechniken für Lehrer und Naturfreunde, Volk u. Wissen, Berlin, 1964.
149. *Baer, H.-W.* u. *Grönke, O.*: Biologische Arbeitstechniken, 3. für die Bundesrepublik Deutschland bearbeitete Aufl. Aulis Verl., Köln, 1974.
150. *Baer, H.-W.*, Biologische Versuche im Unterricht, Aulis Verl., Köln, 1973.

151. *Becker, R.*, Fossilien im Biologieunterricht der Oberstufe, Der Math. u. Naturwiss. Unterricht, 1971, H. 7, Dümmlers Verl., Bonn.
152. *Berka, R.:* Fossilien aus dem Solnhofer Schiefer, Kosmos, Franckh'. Verl., Stuttg., 1968, S. 197.
153. *Bertz, C.:* Vervielfältigungen in der Schule, Die höhere Schule, 1976, S. 371, Päd. Verl. Schwann, Düsseldorf.
154. *Düker, H.* und *Tausch, R.*, Über die Wirkung der Veranschaulichung von Unterrichtsstoffen auf das Behalten, Ztschr. f. experim. und angew. Psychologie, Bd. 4, Verl. f. Psychologie, Göttingen, 1957.
155. *Flor, F.*, Demonstrationen an rezenten und fossilen Tintenfischen, Der Biologie-Unterricht, 1970, S. 52, Ernst Klett Verl., Stuttgart.
156. *Flour, F.*, Modellversuche zur Fossilisation — Bericht über eine Unterrichtsreihe, Der Biologie-Unterricht, 1968, S. 18, Ernst Klett Verl., Stuttgart.
157. *Fürsch, H.*, Ist unseren Schülern der „alte Maikäfer" im September immer noch zuzumuten? Pr. d. Biol., 1970, S. 164, Aulis Verl., Köln.
158. *Godan, D.*, Entstehung der Insektengallen, Die Umschau in Wissensch. u. Technik, 1966, S. 262, Umschau Verl., Frankfurt/M.
159. *Gofferje, P.*, Blattminen, Mikrokosmos, 1969, S. 344, Fr. Verl., Stuttgart.
160. *Hegewald, E.*, Die Nutzung der Algen für die menschliche Ernährung, Der Biologie-Unterricht, 1972, Ernst Klett Verl., Stuttgart.
161. *Hillmer, G.*, Bryozoen-Tierkolonien im Meer, Mikrokosmos, 1971, S. 65, Franckh'. Verl. Stuttg.
162. *Hoebel, M.* u. *Mävers*, Die Bodenorganismen und ihre Bedeutung für Stoffkreislauf und Bodenentwicklung, Der Biologie-Unterricht, 1975, H. 4, Ernst Klett Verl., Stuttg.
163. *Jacob, E.*, Erfahrungen mit Gießharz, Kosmos, 1970, S. 324, Franckh'. Verl., Stuttg.
164. *Jahn, H.*, Mooskundliche Studien in der Großstadt, Der Biologie-Unterricht, 1965/5, S. 32, Ernst Klett Verl., Stuttg.
165. *Kampa, E.:* Fossilien aus Kunststoff, Kosmos, 1971/6, S. 24, Franckh'. Verl., Stuttg.
166. *Kühn, H.-W.*, Pflanzengallen — ein lohnendes Thema für biologische Arbeitsgemeinschaften, Pr. d. Bil., 1970, S. 211, Aulis Verl., Köln.
167. *Kunze, E.*, Flachs und Flachsfasern — uralt und immer noch modern, Mikrokosmos, 1968, S. 247, Franckh'. Verlagsb., Stuttg.
168. *Lehmann, R.*, Kleine Flechtenkunde, Praxis Schriftenreihe, Aulis Verl., Köln.
169. *Loide, R.*, Das Bienenbein als Werkzeug, Mikrokosmos, 1970, Franckh'. Verlagsb., Stuttg.
170. *Loidl, R.*, Der Stachelapparat unserer Honigbiene, Mikrokosmos, 1971, S. 150, Franckh'. Verlagsb., Stuttg.
171. *Maerz, R*, Gewöll- und Rupfungskunde, Berliner Akademie, 1972.
172. *Nöding, S.*, Bestimmungstabelle für Gewölle, Pr. d. Biol., 1969, S. 235, Aulis Verl., Köln.
173. *Nöding, S.*, Bestimmungstabelle für Nagetiere und Insektenfresser aus Eulengewöllen, Pr. d. Biol., 1970, S. 70 und 94, Aulis Verl., Köln.
174. *Olberg, G.*, Tierfährten, Ziemsen Verl., Wittenberg, 1957.
175. *Olberg, G.*, Fraßspuren und andere Tierzeichen, Ziemsen Verl., Wittenberg, 1959.
176. *Pfletschinger, H.*, Wir züchten Schmetterlinge, Kosmos, 1970, S. 248, Franckh'. Verlagsb., Stuttg.
177. *Reckin, J.*, Zur Beschaffung von Entwicklungsstadien des Kohlweißlings, Biologie in der Schule, 1971, S. 487, Berlin (Ost).
178. *Richter, A.*, So baut man sich eine Fossiliensammlung auf, Kosmos, 1970, Franckh'. Verlagsb., Stuttg.
179. *Scheibenpflug, H.*, Fährten und Spuren, Brühlscher Verl., Gießen, 1950.
180. *Schicha, E.*, Die Mundwerkzeuge der Honigbiene, leicht zu präparieren — schwer zu verstehen, Mikrokosmos, 1969, Franckh'. Verlagsb., Stuttg.
181. *Schlichting, E.*, Objekte und Methoden der Bodenkunde, Pr. d. Biol., 1975, S. 313, Aulis Verl., Köln.
182. *Schneider, H.*, Wir mikroskopieren einen Süßwasserschwamm, Mikrokosmos, Franckh'. Verlagsb., Stuttg.
183. *Schurz, J.* bringt Berichte über einzelne Giftpflanzen in der Zeitschrift „Kosmos" ab 1972. 1972: Schneebeere und Heckenkirsche S. 151, Schneeball und Pfaffenhütchen S. 257, Oleander und Azalee S. 372, Eibe S. 440, 1973: Liguster S. 27, Goldregen S. 333, 1976: Der Kalmus S. 331, Einbeere S. 236, Aronstab S. 74, Schöllkraut S. 12, 1977: Weißer Germer S. 77) Franckh'. Verlagsb., Stuttg.
184. *Slobodda, S.*, Einsatz des Herbariums für das Darstellen phylogenetischer Zusammenhänge, Biologie in der Schule, 1971, S. 487, Berlin (Ost).
185. *Steckhan, H. U.*, Bodenkundliche Übungen im Biologieunterricht der Oberstufe I, Der Math. und Naturwiss. Unterricht, Ferd. Dümmlers Verl., Bonn.
186. *Stirn, A.:* Die Fossilierung kalktuffbildender Pflanzen, Der Biologie-Unterricht, 1968/2, S. 4, Ernst Klett Verl., Stuttg.
187. *Strebe, H.:* Schwungfeder eines Waldkauzes, Mikrokosmos, 1968, S. 208, Ernst Klett Verl., Stuttg.

188. *Verband Garten- und Landschaftsbau Rheinland e. V.*, Haus des Rheinischen Gartenbaus, Im Botanischen Garten, 5000 Köln 60 (Riehl), Postfach 680 288: Giftige Pflanzen an Kinderspielplätzen.
189. *Weber, R.*, Biologieunterricht — aber mit bescheidenem Sachaufwand, Pr. d. Biol., 1971, S. 250, Aulis Verl., Köln.
190. *Weber, R.*, Arbeitssammlungen für den Biologieunterricht. — Anleitung zur Materialbeschaffung, Präparation und unterrichtlichen Auswertung. Teil I: Säugetiere. Der Biologie-Unterricht, 1965, H. 2, Ernst Klett Verl., Stuttg.
191. *Weber, R.*, Arbeitssammlungen für den Biologieunterricht, Anleitung zur Materialbeschaffung, Präparation und unterrichtlichen Auswertung, Teil II: Vögel. Ernst Klett Verl., Stuttg., 1966/2.
192. *Weber, R.*, Arbeitssammlungen für den Biologieunterricht zur Materialbeschaffung. Präparation und unterrichtlichen Auswertung. Teil III: Gliederfüßler, Der Biologie-Unterricht, Ernst Klett Verl., Stuttg., 1967, H. 2.
193. *Windelband, A.*, Fangen und Herrichten von Insekten für die biologische Schulsammlung, Der Biologie-Unterricht, 1967, H. 2, Klett Verl., Stuttg.
194. *Windelband, A.*, Anleitung zur Selbstanfertigung von Lehrmitteln, Volk und Wissen Volkseigener Verl., Berlin (Ost), 1962.
195. *Windelband, A.*, Unterrichtsmittel für das Stoffgebiet Fische. Der Biologie-Unterricht, 1968/4, S. 225, Ernst Klett Verl., Stuttg.
196. *Denecke, W.*, Nahrungskette aus der Sammlung, Pr. d. Biol., Aulis Verl., Köln, 1973, S. 39.
197. *Zechlin, K.*, Einbetten in Gießharz, Kosmos, 1970, S. 245, Franckh'. Verlagsb., Stuttg.
198. *Esser, P.*, Die Giftpflanzen Deutschlands, Verl. Vieweg & Sohn, 1910.
199. *Behrmann, G.*, Algen in unserem Leben, Kosmos, 1976, S. 302, Franckh'sche Verlagsb., Stuttgart.
200. *Schliemann, U.*, Fossilien aus norddeutschen Kiesgruben, Kosmos, 1976, S. 189, Franckh'sche Verlagsbuchhandlung, Stuttgart.
201. *Schmidt, O.*, Für die menschliche Ernährung wichtige Inhaltsstoffe, in Botanica Marina, Vol. IX, Supplement, Cram, de Gruyter & Co, 1966, Hamburg.
202. *Schmid, O. J.* u. *Hoppe, H. A.*, Neuere Erkenntnisse über Inhaltsstoffe der Meeresalgen, Chemiker-Zeitung / Chemische Apparatur, 89 (1965), Dr. A. Hüthing Verl., Heidelberg.
203. *Krüssmann, G.*, Die Spielarten der Rotbuche, Fagus silvatica, Mitteilungen der Deutschen Dendrologischen Gesellschaft, Nr. 52, 1939, S. 111 bis 122, Verl. Deutsche Dendrologische Gesellschaft, Dortmund.
204 *Krüssmann, G.*, Handbuch der Laubgehölze, Paul Parey, Berlin, Hamburg, 1960.
205. *Grebel, D.*, Torfmoos — Ein natürlicher Kationenaustauscher, Praxis d. Naturw., Biol., Aulis Verl. Deubner & Co, Köln 1977, S. 215.
206. *Hackbarth, H.*, Über die Zusammenhänge zwischen dem molekularen Aufbau von Kunststoffen und deren Eigenschaften und Verwendungsmöglichkeiten. Der Chemieunterricht, E. Klett Verl., Stuttgart, Jg. 2 (1971), S. 32.

DIE BÜCHEREI DES SCHULBIOLOGEN

Von Universitäts-Professor Dr. Winfried Sibbing

Bonn

I. Einführung

In der folgenden Bücherliste sind für Lehrer aller Schulformen Titel von Werken zusammengestellt, die nach Ansicht des Verfassers von Nutzen sein könnten. Aufgenommen wurden nur solche Werke, die z. Z. im Buchhandel zu erwerben sind. Nicht aufgeführt sind solche Bücher — und mögen sie für den Besitzer noch so wertvoll sein (wie z. B. *H. Jahn*, „Pilze rundum") —, die nur antiquarisch zu haben sind. Wenn einige ältere Werke, die aus historischen Gründen interessant sein können, genannt wurden, so sind sie in den neuesten Verlagsverzeichnissen als lieferbar angegeben.
Es sind fast ausschließlich deutsche Werke und einige aus Österreich und der Schweiz aufgenommen worden. Bücher aus der DDR wurden nur z. T. berücksichtigt, und zwar nur dann, wenn sie auch in DM zu kaufen sind.
Es ist heutzutage nicht mehr möglich, *alle* für einen Biologielehrer irgendwie in Frage kommenden käuflichen Bücher aufzuführen. So mußte eine Auswahl getroffen werden. Sehr teure Spezialwerke (für Universitätsinstitute) oder Bücher mit einwandfrei schlechter Qualität blieben daher unberücksichtigt. Ich habe mich bemüht, auch für die Lehrer mit besonderen Interessenschwerpunkten (z. B. Ornithologie, Aquaristik) Titel anzubieten. Einige Werke mögen dem Spezialisten zu einfach erscheinen, doch sind sie möglicherweise dem Anfänger eine gute Hilfe und wegen des niedrigen Preises interessant.
In den bereits erschienenen Bänden 2 bis 5 dieses Handbuches finden sich Beiträge mit z. T. recht beachtlichen Literaturlisten. So gibt es z. B. im Band 4/II zu „Phylogenie und Paläontologie" insgesamt 507 Literaturhinweise, zur Verhaltenslehre 95. Allerdings handelt es sich dabei nicht nur um lieferbare Werke, sondern im wesentlichen um die Quellen (einschließlich Zeitschriftenartikel) für den entsprechenden Beitrag. Auf diese Literaturlisten wird auch in meinem Beitrag am jeweils passenden Ort hingewiesen.
Um den jungen Kolleginnen und Kollegen eine kleine Hilfe zu geben, wurden auf Wunsch des Herausgebers solche Bücher, mit denen ich persönlich gute Erfahrungen gemacht habe und die ich deshalb besonders empfehlen kann, mit einem * gekennzeichnet. Es handelt sich hierbei also um eine subjektive Bewertung, so daß das Fehlen eines Sterns nichts über die Qualität eines Buches besagt.
Die *Gliederung* der Literaturliste erfolgte ausschließlich nach praktischen Gesichtspunkten. Die Reihenfolge der einzelnen Gruppen bedeutet daher keineswegs eine Rangfolge. Für die einzelnen Gruppen wurden möglichst kurze Überschriften gewählt (z. B. „Vögel" statt „Vogelbücher").
Zu jedem Werk werden neben Autoren und Titel nach Möglichkeit Seitenzahl, Angaben über Zahl und Art der Abbildungen, Preis, Verlag, Erscheinungsort und -jahr sowie gegebenenfalls die Nummer der Auflage (z. B. [7]1976 bedeutet: 7. Auflage 1976) aufgeführt. Untertitel und kurze Hinweise auf den Inhalt folgen

nach dem Titel in runden Klammern. Handelt es sich um Bücher einer Reihe, wird auch diese in eckigen Klammern angegeben (z. B. [BLV Naturführer Bd. 1]). So kann sich der Leser eine gewisse Vorstellung von dem Angebot auf dem Büchermarkt machen.

Leider war es mir in wenigen Fällen nicht möglich, alle bibliographischen Angaben zu machen. So fehlt bei einigen das Erscheinungsjahr. Grundsätzlich sind jedoch Preise angegeben, und zwar nach dem Stand von 1976 bis Mitte 1977. Geringe Abweichungen sind bei den ständigen Preiserhöhungen allerdings nicht ausgeschlossen. Wenn ein Werk in verschiedenen Einbänden (z. B. Leinen und Paperback) mit unterschiedlichen Preisen angeboten wird, wurde in der Liste nur der niedrigere Preis angegeben. Wenn dagegen ein Werk in verschiedenen Ausstattungen (z. B. auch als Taschenbuch) bei verschiedenen Verlagen erschienen ist, wurden nach Möglichkeit beide Ausgaben aufgeführt.

Schulbücher wurden nicht berücksichtigt mit Ausnahme einiger Studienbücher für Leistungskurse der Sekundarstufe II, die in der Regel bei den Lehrerhandbüchern eingeordnet wurden. Lehrerhandbücher und Lehrerausgaben zu neueren Unterrichtswerken bilden bei den didaktischen Werken eine eigene Gruppe. In einigen Fällen sind didaktische Werke jedoch auch bei den Fachbüchern eingeordnet, wenn eine klare Zuordnung dies nahelegte (z. B „Schulversuche zur Bakteriologie" bei „Mikrobiologie"). In der Regel ist dann bei den didaktischen Werken ein Hinweis gegeben, an welcher Stelle das betr. Werk vollständig aufgeführt ist. In einigen Fällen wurden auch Bücher für die Hand des Schülers in die Liste aufgenommen (z. B. aus der Reihe „Juniorenwissen"), wenn deren Kenntnis für den Lehrer von Bedeutung sein könnte. Es gibt auch manche Jugendbücher, die wegen ihrer ausgezeichneten Naturfotos vom Lehrer den Schülern empfohlen werden können und die daher hier berücksichtigt wurden.

Die Zuordnung der Bücher zu den verschiedensten Gruppen ist in vielen Fällen klar, aber nicht immer eindeutig. Bücher gemischten Inhalts wurden dort eingeordnet, wo ich sie zunächst suchen würde. In etlichen Fällen wurde ein Titel auch in zwei Gruppen aufgeführt (z. B. bei Humanbiologie und Tierphysiologie oder bei Zytologie und Allgemeiner Botanik). Dann wurden bei einer Nennung nur Autoren und Titel angegeben mit einem Hinweis auf die Gruppe, wo die ausführlichen Angaben zu finden sind.

Verzeichnis der verwendeten Abkürzungen

Abb.	=	Abbildung
Bd.	=	Band
BI.	=	Bibliographisches Institut
BLV	=	Bayr. Landwirtschafts-Verlag
bsv	=	Bayr. Schulbuch-Verlag
dtv	=	Deutscher Taschenbuch Verlag
dva	=	Deutsche Verlags-Anstalt
GF	=	*Gustav Fischer*
Hrsg.	=	Herausgeber
ht	=	*Humboldt*-Taschenbuch
IPN	=	Institut für die Pädagogik der Naturwissenschaften, Kiel
S.	=	Seite
SW	=	schwarz-weiß
Sek.St.	=	Sekundarstufe
Tab.	=	Tabelle
Tb.	=	Taschenbuch
Tl.	=	Teil
UE	=	Unterrichtseinheit
VDI	=	Verband Deutscher Ingenieure
WR	=	Wissenschaftliche Reihe
WTB	=	Wissenschaftliche Taschenbücher

II. Zeitschriften

Aquarien-Magazin (betr. Aquarien und Terrarien); 12 Hefte/Jahr; DM 46,— (+ Porto); Franckh, Stuttgart

Bild der Wissenschaft, Zeitschr. über d. Naturwissenschaften u. Technik in unserer Zeit (Herausg.: Prof. H. Haber); seit 1965; 12 Hefte/Jahr; DM 58,20; Deutsche Verlags-Anstalt, Stuttgart

Biologie in unserer Zeit; seit 1971; 6 Hefte/Jahr; DM 38,—; Verlag Chemie, Weinheim

Der Biologieunterricht (Beiträge zu seiner Gestaltung); 4 Hefte/Jahr; DM 34,50; Klett, Stuttgart; seit 1965

Der Mathematische und Naturwissenschaftliche Unterricht (MNU); seit 1948; 8 Hefte/Jahr; DM 64,— (+ Porto); F. Dümmler, Bonn

Kosmos; 12 Hefte/Jahr und 4 Buchbeilagen; DM 48,— (+ Porto); Franckh, Stuttgart

Leben und Umwelt; Zeitschrift für Biologie, Umwelt, Tier-, Natur- und Lebensschutz (Herausgeber: H. Bruns); seit 1964; 6 Hefte/Jahr; DM 17,60 (+ Porto); Biologie-Verlag, Wiesbaden

Medien- und Sexualpädagogik (MSP); seit 1977 neuer Titel: „Sexualpädagogik"; 4 Hefte/Jahr; DM 18,—; 4 Jahrgänge: 1973 bis 1976; Braunschweiger Verlagsanstalt, Braunschweig

Mikrokosmos; Zeitschrift für angewandte Mikroskopie, Mikrobiologie, Mikrochemie und mikroskopische Technik; 12 Hefte/Jahr, DM 49,20 (+ Porto); (1977: 66. Jahrgang); Franckh, Stuttgart

Natur und Landschaft, Zeitschrift für Umweltschutz und Landespflege; Herausg.: Bundesanstalt f. Vegetationskunde, Naturschutz u. Landschaftspflege; 12 Hefte/Jahr, 52. Jg. 1977; DM 64,— (+ Porto); Kohlhammer, Stuttgart

Naturwissenschaften im Unterricht, Zeitschrift für die Unterrichtspraxis der Sekundarstufe I, Biologie; 12 Hefte/Jahr, DM 40,80 (+ Porto); (1977: 25. Jahrgang); Aulis Köln

Naturwissenschaftliche Rundschau, seit 1948; 12 Hefte/Jahr, DM 82,—; (für VDB-Mitglieder: DM 65,60); Wiss. Verlagsgesellschaft, Stuttgart

Ornithologische Mitteilungen, Monatsschrift für Vogelkunde und Vogelschutz; (Herausgeber: H. Bruns); seit 1949; 12 Hefte/Jahr; DM 36,— (+ Porto); Biologie-Verlag Wiesbaden

Praxis der Naturwissenschaften, Teil B: Biologie; 12 Hefte/Jahr; DM 49,20 (+ Porto); (1977: 26. Jahrgang); Aulis Köln

Sachunterricht und Mathematik in der Primarstufe; seit 1973; 12 Hefte/Jahr, DM 51,60 (+ Porto); Aulis Köln

Sexualpädagogik, (mit den „Handreichungen zur Sexualerziehung"); als Nachfolgerin von MSP; 1977: 5. Jahrgang; 4 Hefte/Jahr; DM 20,—; Braunschweiger Verlagsanstalt, Braunschweig

Umschau in Wissenschaft und Technik; 24 Hefte/Jahr; DM 136,80 (+ Porto); Umschau-Verlag, Frankfurt

Umwelt, Forschung, Gestaltung, Schutz; 6 Hefte/Jahr; DM 49,— (+ Porto); VDI-Verlag, Düsseldorf

Unterricht Biologie, Zeitschrift für alle Schulstufen; seit Sept. 1976; 12 Hefte/Jahr; DM 62,40 (+ Porto); Friedrich-Verlag Velber, Seelze

Wir experimentieren, Jugendzeitschrift für Natur und Technik; 12 Hefte/Jahr; DM 16,80 (+ Porto); (1977: 17. Jahrgang); Aulis Köln

III. Lexika und Enzyklopädien

ABC Biologie; (Fachlexikon; alphabet. Nachschlagewerk); 916 S.; ca. 5000 Stichw.; ca. 950 Abb.; DM 64,—; H. Deutsch, Frankfurt [2] 1972

Abercrombie/Hickman/Johnson, Taschenlexikon der Biologie; 257 S.; 10 Abb.; DM 12,80 G. Fischer, Stuttgart 1971

Becker, U., Herder-Lexikon Umwelt; 216 S.; ca. 1800 Stichw., über 300 Abb. u. Tab.; DM 19,80; Herder, Freiburg [2] 1974

* *Bergfeld, R.,* Herder-Lexikon Biologie; 237 S.; ca. 2200 Stichw., über 550 Abb. u. Tab.; DM 19,80; Herder, Freiburg[4] 1976

Biologie (Daten und Fakten zum Nachschlagen); 324 S.; ca. 200 Fotos; ca. 1500 Artikel; ca. 1500 Stichwörter; DM 27,50; Bertelsmann Lexikon, Gütersloh 1975

Boros, G., Lexikon der Botanik (mit bes. Ber. d. Vererbungslehre und d. angrenzend. Gebiete); 276 S.; DM 18,—; Ulmer, Stuttgart 1958

Brehms Neue Tierenzyklopädie (s. b. Spezielle Zoologie; Lehrbücher und Sammelwerke).

Carl, H., Die deutschen Pflanzen- und Tiernamen (Deutung und sprachliche Ordnung); 299 S.; 48 Abb.; DM 24,—; Quelle & Meyer, Heidelberg 1957

Die Enzyklopädie der Natur; 21 Bände, je ca. 400 S. und bis 400 meist farbige Abb.; DM 520,80; Editions Rencontre Lausanne 1970—1972

Duden, Wörterbuch medizinischer Fachausdrücke; 639 S.; DM 32,—; Bibliogr. Institut, Mannheim [2] 1973

Eigener, W., Das große farbige Tierlexikon; 400 S.; 1000 Stichwörter; über 3000 Tierarten; über 1000 farbige Fotos und Zeichnungen; DM 54,—; Bertelsmann Lexikon 1976

* *Freytag, K.* (Hrsg.), Fremdwörterbuch naturwissenschaftlicher und mathematischer Begriffe; 344 S.; DM 28,—; Aulis, Köln 1971

Gack/Jahn, Herder-Lexikon Tiere; 342 S.; über 5200 Stichwörter; über 1100 Abb. und Tab.; DM 19,80; Herder, Freiburg 1976

Geißler, E. (Hrsg.); Taschenlexikon Molekularbiologie; (Ein alphabeth. Nachschlagewerk); 356 S.; 8 sw-Bildtaf.; 90 Abb.; DM 17,80; H. Deutsch, Thun u. Frankfurt 1972

Grzimeks Tierleben (s. b. Spezielle Zoologie; Lehrbücher und Sammelwerke).

Haensch/Haberkamp-Anton, Wörterbuch der Biologie; (9795 Stichwörter in Englisch, Deutsch, Französisch und Spanisch); 483 S.; DM 98,—; BLV, München 1976

Hentschel/Wagner, Tiernamen und zoologische Fachwörter; [UTB Nr. 367]; 507 S.; DM 19,80; G. Fischer, Stuttgart 1976

Immelmann, K., Wörterbuch der Verhaltensforschung; 133 S.; ca. 300 Stichwörter; DM 12,—; Kindler, München 1975

Jahn, H., Herder-Lexikon Pflanzen; 154 S.; über 3600 Stichwörter; 550 Abb. u. Tab.; DM 19,80; Herder, Freiburg 1975

Jakobs/Seidel, Wörterbuch der Biologie; Systematische Zoologie: Insekten; (s. b. Insekten)

Jugendhandbuch Naturwissen; Band 1: Bausteine des Lebens, Evolution, Pflanzen; [ro ro ro Tb. 6203]; Band 2: Wirbellose Tiere, Insekten, Fische, Lurche, Reptilien, Vögel [ro ro ro Tb. 6204]; Band 3: Säugetiere, Lebensräume, Der Mensch [ro ro ro-Tb. 6205]; je DM 6,80; Rowohlt, Reinbeck 1976

Kleine Enzyklopädie Biologie (Von den Grundlagen der Molekularbiologie bis zur Ökologie und zum Naturschutz); Herausg.: Geisler/Libbert/Nitschmann/Thomas-Petersein; 896 S.; 1300 z. T. farbige Abb.; DM 36,— (Prüfpreis DM 27,—); H. Deutsch, Frankfurt/M. 1976

Lexikon Biochemie; 605 S.; zahlreiche Abb.; DM 32,—; Verlag Chemie, Weinheim 1976

Meise, G., Die Welt der Tiere; 400 S.; ca. 1200 Fotos und andere Abb.; ca. 4500 Stichwörter; DM 118,—; Bertelsmann Lexikon 1976

Meyer, P., Taschenlexikon der Verhaltenskunde; (s. b. Verhaltenslehre)

Oeter, D. und J., Herder-Lexikon Medizin (Sachwörterbuch Gesundheit und Medizin); 239 S.; über 2600 Stichwörter; über 290 Abb. und Tab.; DM 19,80; Herder, Freiburg [2] 1974

Pollak, K., Knaurs Gesundheitslexikon — Leinenausgabe: 544 S.; 315 Abb.; DM 24,—; — Knaur Taschenbuch Band 2: 624 S.; 40 Abb.; DM 7,80; Droemer, München

Pollak, K., Knaurs Lexikon der modernen Medizin — Leinenausgabe: 320 S.; DM 22,— — Knaur Taschenbuch Band 365: 256 S.; 116 Abb.; DM 6,80; Droemer, München 1974

* *Pschyrembel, W.*, Klinisches Wörterbuch; 1356 S.; 2293 Abb.; DM 39,—; de Gruyter, Berlin [252] 1975

ro ro ro Pflanzenlexikon; 5 Bände; 1600 Fotos und Zeichnungen; Gesamtregister 14000 Stichwörter; ro ro ro Taschenbücher 6100, 6103, 6109, 6112 je DM 7,80; 6106 DM 6,80; Rowohlt, Reinbeck 1969

Sartorius M., Handlexikon Medizin; Band 1: A—K; Fischer Handbuch 6094; Band 2: L—Z; Fischer Handbuch 6095; zusammen 572 S.; DM 11,60; Fischer-Taschenbuchverlag, Frankfurt 1971

* *Smolik, H.-W.*, ro ro ro Tierlexikon; 5 Bände (Nachschlagewerk und Lesebuch); über 3600 Tierarten; 1400 S.; 1500 Abb.; [rororo-Taschenbücher 6059, 6062, 6065, 6068, 6071] je DM 7,80; Rowohlt, Reinbeck 1968

Schubert/Wagner, Pflanzennamen und botanische Fachwörter (Taschenwörterbuch; über 6000 Erklärungen) 420 S.; DM 15,—; Neumann-Neudamm, Melsungen [6] 1975

Schülerduden, Die Biologie (Lexikon der gesamten Schulbiologie); 464 S.; 2500 Stichwortartikel, zahlr. Zeichnungen; 16 farbige Schautafeln; DM 17,80; Bibliograph. Institut, Mannheim 1976

Steiner, G., Wort-Elemente der wichtigsten zoologische Fachausdrücke; 31 S.; DM 4,40; G. Fischer, Stuttgart [5] 1974

Tischler, W., Wörterbuch der Biologie, Ökologie (s. b. Ökologie)

Ullstein Lexikon der Medizin; — 752 S.; 8500 Stichwörter; 400 Abb. im Text; 8 mehrf. Tafeln; DM 28,—; — Sachbuch Nr. 4076; DM 4,80; Ullstein, Berlin 1970

Ullstein Lexikon der Pflanzenwelt (Hrsg. v. Bastian, H.); 516 S.; 9000 Stichwörter; 580 Abb. im Text; 260 Farbillustr. auf 32 Tafeln; DM 28,—; Ullstein, Berlin 1973

Ullstein Lexikon der Tierwelt (Red. von Bastian, H.); 576 S.; 8500 Stichwörter, 173 mehr- und 777 einfarb. Abb.; DM 28,—; Ullstein, Berlin 1967

* *Vogel/Angermann*, dtv — Atlas zur Biologie; 2 Bände Tafeln u. Texte, zahlreiche Abb.; je DM 9,80; Band 1: 270 S.; [11] 1976 [dtv Nr. 3011]; Band 2: 300 S.; [12] 1977 [dtv Nr. 3012]; D. Taschenbuch Verlag, München

Vogellehner, D., Botanische Terminologie und Nomenklatur; 84 S.; DM 8,80; G. Fischer, Stuttgart 1972

Zetkin/Schaldach, Wörterbuch der Medizin (Taschenbuch); 1600 S.; DM 35,— oder in 3 Bänden à DM 9,80; G. Thieme, Stuttgart [5] 1974

IV. Biographien

Baltzer, F., Theodor Boveri [Große Naturforscher Band 25]; 194 S.; 26 Abb.; 1 Farbtaf.; DM 21,80; Wiss. Verlagsgesellschaft, Stuttgart 1962

Bünning, E., Wilhelm Pfeffer [Große Naturforscher Band 37]; 166 S.; 22 Abb.; DM 27,50; Wissensch. Verlagsgesellschaft, Stuttgart 1975

Escherich, Karl, Leben und Forschen (Kampf um eine Wissenschaft); 317 S.; 60 Abb.; DM 14,—; Wissensch. Verlagsgesellschaft, Stutgart [2] 1949

v. Frisch, K., Erinnerungen eines Biologen; 196 S.; 42 Abb.; DM 32,—; Springer, Berlin [3] 1973

Goerke, H., Carl von Linné [Große Naturforscher, Band 31]; 232 S.; 25 Abb.; DM 26,—; Wiss. Verlagsgesellschaft, Stuttgart 1966

Goldschmidt, R. B., Im Wandel das Bleibende (Mein Lebensweg); 360 S.; 8 Bildtafeln; DM 24,—; Parey, Hamburg 1963

Heberer, G., Charles Darwin, Sein Leben und sein Werk [Kosmos-Bändchen 224]; 80 S.; 23 Abb.; Kosmos-Verlag, Stuttgart 1959

Heinroth, Katharina, Oskar Heinroth [Große Naturforscher, Band 35]; 257 S.; 15 Abb.; DM 28,50; Wiss. Verlagsgesellschaft, Stuttgart 1971

Hemleben, J., Charles Darwin [rororo-mono 137]; 184 S.; Abb.; DM 5,80; Rowohlt, Reinbeck [4] 1976

Illies, J., Das Geheimnis des Lebendigen (Leben und Werk des Biologen Adolf Portmann); 356 S.; 8 Bildseiten, DM 38,—; Kindler, München 1976

Koller, G., Das Leben des Biologen Johannes Müller 1801—1858 [Große Naturforscher, Band 23]; 268 S.; 23 Abb.; 2 Bildnisse; DM 21,80; Wissensch. Verlagsgesellschaft, Stuttgart 1958

Krieg, H., Die große Unruhe (Mein Lebensweg als Tierfreund und Biologe); 227 S.; 12 Bildtafeln; DM 19,80; Parey, Hamburg 1964

Krumbiegel, I., Gregor Mendel und das Schicksal seiner Vererbungsgesetze [Große Naturforscher, Band 22]; 160 S.; 6 Abb.; DM 19,50; Wiss. Verlagsgesellschaft [2] 1967

Mägdefrau, K., Geschichte der Botanik (Leben und Leistung großer Forscher); 314 S.; 132 Abb.; DM 58,—; G. Fischer, Stuttgart 1973

Mangold, O., Hans Spemann (Ein Meister der Entwicklungsphysiologie. Sein Leben und sein Werk) [Große Naturforscher, Band 11]; 254 S.; 39 Abb.; DM 20,50; Wissenschaftliche Verlagsgesellschaft, Stuttgart 1953

Mocek, R., Wilhelm Roux — Hans Driesch (Zur Geschichte der Entwicklungsphysiologie der Tiere) [Band 1 der Reihe Biographien bedeutender Biologen]; 176 S.; 2 Abb.; DM 26,—; G. Fischer, Jena 1974

Sajner, J., Johann Gregor Mendel (Leben und Werk; Bildbuch); 143 S.; zahlreiche Abb.; DM 12,80; Augustinus-Verlag, Würzburg 1975

Schmeil, O., Leben und Werk eines Biologen (Lebenserinnerungen); 253 S., 3 Tafeln, DM 9,—; Quelle & Meyer, Heidelberg 1953

Schoenichen, Walter, Naturschutz — Heimatschutz (Ihre Begründung durch Ernst Rudorff, Hugo Conwentz und ihre Vorläufer) [Große Naturforscher, Band 16]; 311 S.; 13 Abb.; DM 20,50; Wissensch. Verlagsgesellschaft, Stuttgart 1954

Wichler, G., Charles Darwin, der Forscher und der Mensch; 240 S.; 22 Abb.; DM 22,—; E. Reinhardt, München 1963

Zirnstein, G., Charles Darwin [Biographien hervorrag. Naturwiss., Techniker und Mediziner, Band 13]; 98 S.; DM 7,20; Teubner, Leipzig [2] 1975

V. Didaktik des Biologieunterrichts

(s. auch bei Gesundheitserziehung und Sexualerziehung)

1. Didaktiken und methodische Werke

Bloch/Häussler/Jaeckel/Reiss, Curriculum Naturwissenschaft; 182 S.; 4 Abb.; DM 22,—; Aulis, Köln 1976

Drutjons, P., Biologieunterricht; Erziehung zur Mündigkeit; 197 S.; 51 Abb.; DM 31,—; Diesterweg/Salle, Frankfurt 1973

Eisermann, E., Biologie im 4. Schuljahr [Reihe: Die neue Grundschule — Beiträge zur Theorie und Praxis des Unterrichts in der Primarstufe, Band 7]; 122 S.; DM 12,80; Bagel, Düsseldorf 1975

Eschenhagen, D. (Hrsg.) Biologie in der Grundschule (Arbeitsbogen f. d. biologischen Bereich des Sachunterrichts der Grundschule); 48 Bogen zu 4 Seiten (= 192 S.); 83 Abb.; im Ringordner; DM 32,—; Kallmeyer, Wolfenbüttel 1973

Esser, H., Der Biologieunterricht, Inhalte — Strukturen — Verfahren; 232 S.; DM 19,80; Schroedel, Hannover, ³ 1978

Gärtner, H., Bibliographie Sachunterricht-Primarstufe (Auswahl); [UTB Band 556]; 228 S.; DM 16,80; Schöningh, Paderborn 1976

Geiling, H., (Hrsg.) Grundschule (Lernziele — Lehrinhalte — Methodische Planung); Band 3: Sachunterricht — Sozial- und Wirtschaftslehre/Biologie und Sexualerziehung, bearbeitet von M. Meyer u. a.; 181 S.; Spiralband, DM 20,90; Oldenbourg, München

Geiling, H. (Hrsg.) Lehrerfortbildung: Biologie (Handreichung zur Planung und Gestaltung des Sachunterrichts in Grund- und Hauptschule); 48 S.; DM 6,80; Oldenbourg, München 1977

Glöckner/Daumer, Der Biologieunterricht in der Kollegstufe; 214 S.; 125 Abb.; DM 25,80; Bayr. Schulbuch-Verlag, München ² 1977

Grupe, H., Biologie-Didaktik; 388 S.; 25 Abb.; DM 34,—; Best.-Nr. 4009; Aulis, Köln ⁴ 1977

Kattmann, U., Bezugspunkt Mensch. Grundlegung einer humanzentrierten Strukturierung des Biologieunterrichts; 368 S.; 14 Abb.; DM 28,—; Aulis, Köln 1977

Kattmann/Isensee (Hrsg.) Strukturen des Biologieunterrichts (Bericht über das 6. IPN-Symposion); 302 S.; 26 Abb.; DM 26,—; Aulis, Köln 1973

Katzenberger, L. F. (Hrsg.) Der Sachunterricht der Grundschule in Theorie und Praxis Teil II: Aus der naturwiss. Fächerbereich; Der integrierte Sachunterricht; 264 S.; zahlr. Abb.; DM 26,80; Prögel, Ansbach ² 1975

Kelle, A., Neuzeitliche Biologie; 164 S.; DM 13,80; Schroedel, Hannover 1968

Killermann, W., Biologieunterricht heute (Eine Didaktik für Grundschule und Sekundarstufe I); 252 S.; 36 Abb.; DM 28,80; L. Auer, Donauwörth ² 1976

Kuhn, W., Exemplarische Biologie in Unterrichtsbeispielen [Harms pädagogische Reihe]; 1. Teil, 240 S.; 4. Aufl.; DM 14,60; 2. Teil, 308 S.; 2. Aufl.; DM 16,80; List, München, 4. bzw. 2. Aufl. 1975

Kuhn, W., Methodik und Didaktik des Biologieunterrichts [Harms pädagogische Reihe]; 323 S.; DM 16,80; List, München ⁵ 1975

Lauterbach/Marquardt (Hrsg.) Naturwissenschaftlich orientierter Sachunterricht im Primarbereich (Bestandsaufnahme und Perspektiven); 313 S.; DM 28,—; Beltz, Weinheim 1976

Lay, R. (Hrsg.) Texte zum naturwissenschaftlichen Weltbild; Textband: 140 S.; DM 14,80; (Kommentarband in Vorbereitung); Bayr. Schulbuch-Verlag, München 1976

Memmert, W., Grundfragen der Biologie-Didaktik; 88 S.; DM 6,80; Neue Deutsche Schule, Essen ⁵ 1975

Mostler/Krumwiede/Meyer, Methodik und Didaktik des Biologieunterrichts (für Sek.-Stufe I und II); 355 S.; 106 Abb.; 64 Tab.; DM 39,—; Quelle & Meyer, Heidelberg 1975

Mücke, R., Sachkunde; Unterrichtsbeispiele f. d. Grundschule; 143 S.; DM 13,80; Klinkhardt, Bad Heilbrunn ⁴ 1976

Neusser Didaktischer Arbeitskreis (Hrsg.), Lehr- und Arbeitsplan für die Hauptschule (Kommentar zu den Bildungsplänen — Hilfen f. d. Unterrichtsgestaltung); Band V: Biologie; 130 S.; DM 15,80; A. Henn, Kastellaun

Pankratz/Puchtinger/Reuther/Schmoranzer/Soloch/Struß/Tresselt: Naturwissenschaftlicher Unterricht (Gesichtspunkte zu seiner Beobachtung, Beratung, Beurteilung); 128 S.; 26 Abb.; DM 16,80; Diesterweg, Frankfurt

Plötz, F., Kind und lebendige Natur (psychologische Voraussetzungen der Naturkunde in der Volksschule); 94 S.; DM 12,80; Kösel, München ³ 1970

Rodi, D. (Hrsg.), Biologie und curricurale Forschung (Beiträge aus Hochschulen und Schulen; Referate der Arbeitstagung der Gruppe „Pädagogische Hochschulen im VDB"; 10.—12. Oktober 1973) 198 S.; DM 22,—; Aulis, Köln 1975

Schäfer/Geerdes, Unterrichtsplanung Biologie; 87 S.; DM 9,40; Schroedel, Dortmund 1970
Scharf/Weber, Cytologie [Materialien f. d. Sekundarstufe II Biologie]; 104 S.; zahlr. Abb.; DM 11,40; Schroedel, Hannover 1976
Siedentop, W., Methodik und Didaktik des Biologieunterrichts (für Gymnasien); 275 S.; DM 35,—; Quelle & Meyer, Heidelberg, 5. Aufl.
Sönnichsen, G., Die Erneuerung des Biologieunterrichts im Rahmen der modernen Curriculumforschung; 256 S.; DM 16,40; Schroedel, Hannover 1973
Spandl, O. P., Didaktik der Biologie (Grundschule — Hauptschule); 160 S.; DM 19,80; Don Bosco, München 1974
Staeck, L., Zeitgemäßer Biologieunterricht; 195 S.; DM 16,80; Pro Schule, Düsseldorf 1975
Stengel, E., Dorf und Stadt (Eine biologische und soziologische Untersuchung in Arbeitsgemeinschaften am Beispiel: Ostbüren-Bochum) [Praxis-Schriftenreihe, Bd. 12]; 82 S.; 19 Abb.; DM 11,40; Aulis, Köln 1965
Stichmann, W., Biologie (Didaktik); 185 S.; DM 16,—; Schwann, Düsseldorf ² 1973
Stichmann/Krankenhagen (Hrsg.) Audiovisuelle Medien im Biologieunterricht [Schriftenreihe AV-Pädagogik]; 134 S.; 10 Abb.; DM 11,50; E. Klett, Stuttgart 1974
Vogel, A., Biologie-Unterricht. Didaktik — Methode — Praxis (für die Vorbereitung des Lehrers an Volks- und Mittelschulen); Band I: 300 S.; 263 z. T. farb. Abb.; DM 28,—; Band II: 316 S.; 270 z. T. farb. Abb.; DM 28,—; Band III: 320 S.; 240 z. T. farb. Abb.; DM 28,—; Restauflagenpreis komplett DM 75,—; Saarbuch-Verlag, Zweibrücken ⁴ 1965
Wasem, E., Medien in der Schulpraxis [Herderbücherei Band 9021]; 124 S.; DM 6,90; DM 16,80; Don Bosco, München 1971
Wasem, E., Medien in der Schulpraxis (Herderbücherei Band 9021); 124 S.; DM 6,90; Herder, Freiburg 1974
Werner, H., Biologie in der Curriculumdiskussion (Probleme u. Faktoren des Biologieunterrichts und des biologischen Curriculums); 258 S.; 29 Abb.; DM 29,80; Oldenbourg, München 1973
Westphalen, K., Praxisnahe Curriculumentwicklung; 72 S.; DM 8,80; L. Auer, Donauwörth ⁴ 1976

2. Lehrerhandbücher, Lehrerausgaben und Curricula

Bauer, E., (Hrsg.) Lehrerhandbuch Humanbiologie; 208 S.; DM 17,80; Cornelsen — Velhagen & Klasing 1975
Berck, K. H., Quellen und Arbeitstexte Biologie Sekundarstufe I, Teil 1; Lehrerausgabe (Schülerausgabe mit 62 S. Lehreranleitung), 140 S.; DM 16,80; (Teil 2 u. 3 in Vorbereitung); Dümmler, Bonn ² 1975
Biologie in Übersichten, Wissensspeicher für den Biologieunterricht; 320 S.; 500 Abb.; DM 10,50; Volk u. Wissen, Berlin 1975
Bitterling/Dylla, Die Bewegung unseres Körpers [IPN-Einheitenbank Curriculum Biologie] (UE f. d. 5./6. Klassenstufe); Lehrerheft: 113 S.; DM 11,60; Aulis, Köln 1974
Bitterling/v. Bock u. Polach/Menzel/Dylla: Nahrungsmittel und Verdauung (UE f. d. 5./6. Klassenstufe [IPN-Einheitenbank Curriculum Biologie]; Lehrerheft: 131 S.; DM 11,60; Aulis, Köln
Blume/Bojunga/Fahrenberger/Klee/Sieper, Biologie. Beiträge zum Weltverständnis [Reihe: Materialien f. d. Gesamtschule-Biologie] (Unterrichtseinheiten f. d. Sekundarstufe I); 1. Band; 115 S.; 25 Abb.; DM 9,80; Diesterweg, Frankfurt
Bruggaier/Kallus, Lehrerband „Biologie des Menschen"; 1. Teil; Loseblatt-Ordner; 176 S.; DM 19,80; (Nr. 05661); 2. Teil; ca. 160 S.; ca. DM 15,—; Diesterweg/Quelle & Meyer
Bunk/Tausch, Grundlagen der Verhaltenslehre (s. b. Verhaltenslehre)
Daumer, K., Genetik, Lehrerhandbuch (s. Genetik)
Duderstadt/Scholz/Winkel, Lehrerband zu — Biologie 1 (5./6. Schj.); 177 S.; 38 Zeichn.; DM 9,80; — Biologie 2 (7.—9. Schj.); 330 S.; 66 Zeichn; DM 14,40; Diesterweg, Frankfurt 1972
Duderstadt/Scholz/Strauß/Winkel, Lehrerband zu Biologie f. d. 7. und 8. Schuljahr; 302 S.; DM 14,80; Diesterweg, Frankfurt
Dylla/Lipkow, Überwinterung (UE f. d. 5./6. Klassenstufe) [IPN-Einheitenbank Curriculum Biologie]; Lehrerheft 180 S.; DM 11,60; Aulis, Köln 1976

Dylla/Menzel, Atmung und Blutkreislauf (UE. f. d. 5./6. Klassenstufe) [IPN-Einheitenbank Curriculum Biologie]; Lehrerheft: 140 S.; DM 11,60; Aulis, Köln 1975
Dylla/Schilke, Blätter und Verdunstung (UE f. d. 6. Klassenstufe) [IPN-Einheitenbank Curriculum Biologie]; Lehrerheft: 156 S.; DM 11,60; Aulis, Köln 1976
Eschenhagen u. a.: — Menschenkunde; — Atmung des Menschen (s. Menschenkunde)
Eulefeld/Schaefer, Biologisches Gleichgewicht (UE f. d. 6.—8. Klassenstufe) [IPN-Einheitenbank Curriculum Biologie]; Lehrerheft: 208 S.; DM 11,60; Aulis, Köln 1974
Garms, H., „Die Natur" (f. Realsch. u. Gymnasien); Lehrerausgaben zu Band 1 bis Band 3, je DM 20,60; G. Westermann, Braunschweig
Garms, H., „Lebendige Welt"; Lehrerausgaben zu — Biologie 1 (5./6. Schj.); DM 16,40; — Biologie 2 (7.—10. Schj., Hauptsch./Realschule); DM 16,40; — Biologie 2 (7./8. Schj.; Realschule, Gymn.); DM 16,80; G. Westermann, Braunschweig
Gerhard, A./Dircksen, J./Höner, P.: Lehrerbegleittexte zu bsv Biologie 1 u. 2; Bayr. Schulbuch Verlag, München 1974 bzw. 1978
Hagemann, Biologie-Mappe (komplett mit allen Lehrtafeltexten der Fa. Hagemann), DM 30,65; W. Hagemann, Düsseldorf
IPN — Einheitenbank Curriculum Biologie; Lehrerhefte zu den Unterrichtseinheiten: — Der Mensch und die Tiere (*Kattmann/Stange* — *Stich*); 160 S.; DM 11,60; — Die Bewegungen unseres Körpers (*Bitterling/Dylla*) 113 S.; DM 11,60; — Nahrungsmittel und Verdauung (*Bitterling/v. Bock u. Polach/Menzel/Dylla*); 131 S.; DM 11,60; — Sexualität des Menschen (*Kattmann/Lucht/Stange-Stich*); 155 S.; DM 11,60; — Biologisches Gleichgewicht (*Eulefeld/Schaefer*); 208 S.; DM 11,60; — Atmung und Blutkreislauf (*Dylla/Menzel*) 140 S.; DM 11,60; — Überwinterung (*Dylla/Lipkow*), 180 S.; DM 11,60; — Blätter und Verdunstung (*Dylla/Schilke*); 156 S.; DM 11,60; — Thema Luft (*Begerow/Linhart/Rodi/Schneider*), in Vorber.; Aulis, Köln
Kattmann/Lucht/Stange-Stich, Sexualität des Menschen (UE f. d. 5./6. Klassenstufe) [IPN-Einheitenbank Curriculum Biologie]; Lehrerheft 155 S.; DM 11,60; Aulis, Köln 1974
Kattmann/Stange-Stich, Der Mensch und die Tiere (UE f. d. 5. Klassenstufe) [IPN-Einheitenbank Curriculum Biologie]; Lehrerheft: 160 S.; DM 11,60; Aulis, Köln 1974
Kattmann/Palm/Rüther (Hrsg.) Kennzeichen des Lebendigen (Biologiewerk f. d. Klassen 5 bis 10); Lehrerhandbuch 5/6; 219 S.; DM 16,—; Lehrerhandbuch 7/8; 252 S.; DM 18,—; Lehrerhandbuch: 9/10; 265 S.; DM 19,—; Registerband zu den Lehrerhandbüchern in Vorbereitung; Schulverlag Vieweg, Düsseldorf, 1975—1976
Knodel, H. (Hrsg.) Studienreihe Biologie; Materialien für die Sekundarstufe II.
— Bd. 1: Genetik u. Molekularbiologie (s. *Kull/Knodel* b. Vererbungslehre)
— Bd. 2: Sinnesorgane und Nervensystem (s. *Bäßler* b. Allg. Menschenkunde)
— Bd. 3: Evolution (s. *Kull* b. Evolution und Paläontologie)
— Bd. 4: Ökologie u. Umweltschutz (s. *Kull/Knodel* b. Umweltschutz)
— Bd. 5: Verhalten (s. *Danzer* b. Verhaltenslehre)
— Bd. 6: Evolution des Menschen (s. *Kull* b. Evolution u. Paläontologie)
Knoll/Rüthlein/Stieren/Werner, Biologie (f. Hauptschulen); Lehrerausgaben: 5. Schulj.; 70 S.; DM 7,60; 6. Schulj.; 120 S.; DM 7,60; 7. Schulj.; 120 S.; DM 9,60; 8. Schulj.; 70 S.; DM 7,60; 9. Schulj.; 75 S.; DM 7,60; Oldenbourg, München
Lange/Strauß/Dobers, Biologie; — 5./6. Schuljahr; Lehrerausgabe DM 19,80; — Band 3; Lehrerausgabe: 1. Teilband DM 24,80; 2. Teilband DM 24,80; Schroedel, Hannover
Linder/Hübler/Schäfer, Biologie des Menschen; Lehrerband: 86 S.; 21 Abb.; DM 12,—; J. B. Metzler, Stuttgart 1977
Mackean/Strey, Experimente zur Biologie; Lehrerhefte zu den Schülerheften: 1. Nahrungsmittel; 2. Enzyme; 3. Boden; 4. Photosynthese; 5. Keimung; 6. Diffusion; je DM 9,60; Aulis, Köln
Meyer, Hartmut, Evolution [bsv Biologie f. d. Sek. Stufe II]; Lehrbuch: ca. 90 S.; Lehrerbegleitheft: in Vorbereitung; Bayr. Schulbuch-Verlag, München 1977
Neumann, G. H., Unterrichtseinheiten für das Fach Biologie in der Sekundarstufe I; Lehrerhandbuch; 312 S., (mit Abb. d. Schülerarbeitsbögen); DM 22,—; Butzon & Bercker, Kevelaer 1976
Reichelt, Ruth: Didaktisch und methodisch aufbereitete Unterrichtseinheiten für die Sekundarstufe I; 4 Bände: — Der Mensch und seine Umwelt; 260 S.; DM 14,80; 1974; — Steuerungssysteme bei Pflanze, Tier und Mensch, 147 S.; 8 Farbtaf.; DM 13,60;

1972; — Vererbung bei Pflanze, Tier und Mensch; 162 S.; 4 Farbtaf.; DM 13,60; 1972; — Die wichtigsten Lebensvorgänge bei Pflanze, Tier und Mensch; 90 S.; DM 8,20; 1972; Burgbücherei W. Schneider, Esslingen (Baltmannsweiler)

Schild, Hans u. Hilke, Sexualerziehung (8./9. Klasse); Lehrerausgabe: 56 S.; 7 Abb.; DM 8,50; E. Reinhardt, München 1973

Verbeek, B., Ökologie (Grundlagen — Hintergründe — pädagogisch- didaktische Überlegungen) [Henns Pädagog. Taschenbücher Nr. 73]; 158 S.; 20 graph. Darst.; DM 12,80; A. Henn, Kastellaun 1976

Wolff, J., Umweltverschmutzung — Umweltschutz (Unterrichtsmodell f. d. Sekundarstufe I); 64 S.; DM 8,80; Verlag Erziehung und Wissenschaft, Hamburg 1975

3. Praktische und experimentelle Biologie

S. auch Literaturhinweise und Versuchsbeschreibungen in Band 4/I (Der Lehrstoff III, Allg. Biologie bei
— *Bukatsch, F.*: Aufbauender und abbauender Stoffwechsel, S. 3—193,
— *Freitag, K.*: Einfache Ferment-Versuche für Schülerübungen S. 197—205,
— *Freytag, K.*: Versuche zur Sinnesphysiologie, zum Wachstum, zur Entwicklung und zur Biologischen Regelung, S. 209—272,
und in Band 2 (Der Lehrstoff I), Literaturlisten zu
— Bedecktsamige S. 545/546
— Untersuchungen mit Bakterien, Algen und mikroskopischen Pilzen, S. 461

Adam/Czihak, Arbeitsmethoden der makroskopischen und mikroskopischen Anatomie; 583 S.; 283 Abb.; DM 72,—; G. Fischer, Stuttgart 1964

Aleven, I. M., Tiere halten — Tiere pflegen, (Insektarien — Aquarien — Terrarien — Volieren); 124 S.; 250 z. T. farb. Abb.; DM 22,80; Stalling, Oldenburg 1975

* *Baer, H. W.,* Biologische Versuche im Unterricht; 240 S.; 75 Abb.; DM 22,—; Aulis, Köln ² 1975

* *Baer/Grönke,* Biologische Arbeitstechniken; 352 S.; 313 Abb.; DM 24,80; Aulis, Köln ² 1976

Bäßler, U., Arbeitshilfe für den Biologieunterricht auf der Oberstufe der Gymnasien (Lehrerhandbuch zu Linder, Biologie 1971); 84 S.; DM 11,—; J. B. Metzler, Stuttgart 1971

* *Bäßler, U.,* Das Stabheuschreckenpraktikum; 88 S.; 39 Zeichn.; 8 Fotos; DM 14,80; Franckh, Stuttgart 1965

Bauer, E. (Hrsg.) Versuchs- und Arbeitskartei Humanbiologie; 82 Karteiblätter in Ringordner; DM 76,—; Cornelsen-Velhagen & Klasing, Berlin-Bielefeld 1976

Baumann/Bruggaier, Biologische Übungen in der Mittelstufe (Leitfaden f. d. Arbeitsunterricht mit niederen Tieren und Pflanzen) [Praxis-Schriftenreihe Bd. 18]; 65 S.; DM 7,80; Aulis, Köln 1971

Biebl/Germ, Praktikum der Pflanzenanatomie; 253 S.; 272 Abb.; DM 48,—; Springer, Berlin ² 1967

Birett, H., Funktionsmodelle — Versuche zur biologischen Nachrichtenverarbeitung; 163 S.; DM 24,80; Diesterweg, Frankfurt 1974

Blunk, L., Eiweißstoffe [bsv Experimentierunterricht]; 83 S.; 27 Abb.; DM 9,20; Bayr. Schulbuchverlag, München ² 1974

Blunk, L., Stoffwechsel [bsv Experimentierunterricht]; 79 S.; 22 Abb.; DM 9,20; Bayr. Schulbuch Verlag, München 1974

* *Braune/Leman/Taubert,* Pflanzenanatomisches Praktikum (Anatomie der Vegetationsorgane d. höheren Pflanzen); 331 S.; 96 Abb. mit 427 Teilabb.; DM 28,—; G. Fischer, Stuttgart ² 1974

Braune/Leman/Taubert, Praktikum zur Morphologie und Entwicklungsgeschichte der Pflanzen; 448 S.; 128 Abb. in 707 Teilbildern; DM 39,—; G. Fischer, Stuttgart 1976

Brucker/Kalusche, Bodenbiologisches Praktikum [Biol. Arbeitsbücher Band 19]; 215 S.; 137 Abb.; DM 24,80; Quelle & Meyer, Heidelberg 1976

Bunk/Tausch, Bakteriologie mit einfachen Mitteln (s. b. Mikrobiologie)

Burck, H.-C., Histologische Technik (Leitfaden f. d. Herstellung mikroskop. Präparate in Unterricht und Praxis) [Taschenbuch]; 205 S.; 47 Abb.; 8 Tafeln; DM 12,80; G. Thieme, Stuttgart ³ 1973

* *Carl, H.*, Anschauliche Menschenkunde [Praxis-Schriftenreihe Bd. 2]; 135 S.; 35 Abb.; DM 14,80; Aulis, Köln ⁴ 1973

Carl, H., Anschauliche Tierkunde; 160 S.; 45 Abb.; DM 18,60; Aulis, Köln 1975

Chandra/Appel, Methoden der Molekularbiologie (Für Biochemiker, Mediziner und Biologen); 198 S.; 15 Abb.; DM 38,—; G. Fischer, Stuttgart 1973

Cherry/Hellmann, Experimente zur Molekularbiologie der Pflanzen; 187 S.; 65 Abb.; 44 Tab.; DM 29,—; Parey, Hamburg 1975

Daecke, H., Chromatographie (unter bes. Berücksichtigung der Papier- und Dünnschicht-Chromatographie) [Laborbücher Chemie]; 106 S.; 25 Abb.; 8 Tab.; DM 18,—; Diesterweg, Frankfurt

Dawid, W., Experimentelle Mikrobiologie (s. bei Mikrobiologie)

von Dehn, M., Vergleichende Anatomie der Wirbeltiere [Reihe „Arbeitsbücher Biologie"; taschentext 30]; 197 S.; 108 Abb.; DM 28,80; Verlag Chemie, Weinheim 1975

Dixon, A. F. G., Biologie der Blattläuse (mit Anhang über Schulversuche); 82 S.; 36 Abb.; 4 Bildtafeln; DM 12,80; G. Fischer, Stuttgart 1976

Echsel/Ráček, Biologische Präparation (Arbeitsbuch f. Interessierte an Institutionen und Schulen); 256 S.; zahlr. Abb.; DM 48,—; Jugend u. Volk, Wien 1976

* *Eschrich, W.*, Strasburger's Kleines Botanisches Praktikum für Anfänger; 218 S.; 53 Abb.; DM 24,—; G. Fischer, Stuttgart ¹⁷ 1976

* *Fahrenberger/Müller*, Luft und Wasser in Gefahr (Ausgewählte Schulversuche zum Thema Umweltschutz) [Phywe-Experimentier-Literatur]; 104 S.; zahlreiche Abb.; DM 16,--; Industriedruck, Göttingen 1972

Filzer, P., Kleines Praktikum der Pollenanalyse; 14 S.; 33 Abb.; DM 3,80; Franckh, Stuttgart ⁵ 1968

Flörke, W./Düll, Unfallverhütung im naturwissenschaftlichen Unterricht. Chemie, Physik, Biologie; 131 S.; 104 Abb.; DM 18,80; Quelle & Meyer, Heidelberg 5. Aufl.

Freitag, K., Schulversuche zur Bakteriologie (s. b. Mikrobiologie)

Furch, Karin, Experimentelle Physiologie [Stud. Bücher Biol.]; 185 S.; zahlr. Abb.; DM 12,80; Diesterweg, Frankfurt 1974

Göltenboth, F., Experimentelle Chromosomen-Untersuchungen [Biol. Arbeitsbücher Band 14]; 76 S.; 30 Abb.; DM 12,—; Quelle & Meyer, Heidelberg 1975

Gräser, H., Biochemisches Praktikum [uni-text / Studienbuch]; 207 S.; 66 Abb.; DM 19,80; Vieweg, Wiesbaden, 1971

Grosse, E., Biologie selbst erlebt (Experimentierbuch); 346 S.; 172 Abb.; DM 29,80; Aulis, Köln ² 1976

Häfner, P., Physiologie experimentell (Unterrichtseinheiten zur Stoffwechselphysiologie); — Schülerarbeitsblätter (f. Sek. St. I u. II); 80 S.; 35 Abb.; DM 9,80; — Lehrerausgabe: 142 S.; 50 Abb.; DM 16,80; Dümmler, Bonn 1976

Hafner, L., Einführung in die Organische Chemie (unter bes. Berücks. d. Biochemie) [Materialien f. d. Sekundarstufe II/Chemie]; 80 S.; zahlr. Abb.; DM 9,60; H. Schroedel, Hannover ² 1976

Hagemann/Egli, Botanik mit der Lupe, Betrachtungen und Versuche [Praxis für Naturfreunde]; 71 S.; 58 Abb.; DM 7,80; Franckh, Stuttgart 1977

Hasselberg, D., Die Kohlenhydrate in Unterricht und Arbeitsgemeinschaft [Praxis-Schriftenreihe Nr. 1415]; 118 S.; 38 Abb.; DM 14,80; Aulis, Köln ² 1975

Hassinger, H./Wiebusch, Experimentelle Enzymologie [Studienbuch]; 144 S.; zahlr. Abb.; DM 12,80; Diesterweg, Frankfurt 1977

Heldmaier, C., Physiologische und chemische Schulversuche mit einfachen Mitteln. Heft 1: Osmose, 16 S.; DM 1,40; 1955; Heft 3: Lebensvorgänge der Pflanze im Schulversuch; 32 S.; DM 1,80; 1955; Heft 4: Kleinlebewesen als Freunde und Feinde im Haushalt; 32 S.; DM 1,80; 1957; Heft 5: Nahrungsmitteluntersuchung auf Kohlenhydrate, Fett, Eiweiß und Nährsalze 24 S.; DM 1,40; ² 1967; Burgbücherei W. Schneider, Esslingen (Baltmannsweiler)

Kiekeben, H. H., Versuche zum Umweltschutz (s. b. Umweltschutz)

Klee, O., Kleines Praktikum der Wasser- und Abwasseruntersuchung. Einfache biologische und chemische Verfahren; 78 S.; 65 Abb.; DM 14,80; Franckh, Stuttgart ³ 1976

Klein, K., Praktische Biochemie [Biol. Arbeitsbücher Band 16]; 159 S.; 31 Abb.; DM 17,—; Quelle & Meyer, Heidelberg 1975

Klingler, H., Papierchromatographie und Elektrophorese [Praxis-Schriftenreihe Nr. 1408]; 64 S.; 19 Abb.; DM 7,80; Aulis, Köln [3] 1972

* *Knodel/Bäßler/Haury*, Biologie-Praktikum (Experimente u. Aufgaben f. d. Sek. Stufe II); — Schülerausgabe: 259 S.; 90 Abb.; Spiralheftung; DM 16,—; — Lehrerausgabe (mit Lösungen): DM 20,—; J. B. Metzler, Stuttgart 1973

Krüger, W., Stoffwechselphysiologische Versuche mit Pflanzen [Biol. Arbeitsbücher Band 13]; 107 S.; 40 Abb.; DM 17,50; Quelle & Meyer, Heidelberg 1974

Kühn, K./Probst, W., Biologisches Grundpraktikum Band I; 260 S.; 144 Abb.; 17 Tab.; DM 29,—; G. Fischer, Stuttgart [2] 1977

Lautenschlager, E.; Einbettungen in Kunstharz; 93 S.; 12 Abb.; sfr 24,—; Wepf & Co, Basel 1976

Leaver/Thomas, Versuchsauswertung (Darstellung und Auswertung experimenteller Ergebnisse in Naturwissenschaft und Technik); [uni-text]; 125 S.; 29 Abb.; DM 17,80; Vieweg, Wiesbaden 1977

Lindenblatt/Müller, Naturwissenschaftliche Versuche zum Sachunterricht; Teil 5: Pflanzen u. Tiere — Vom Wetter; DM 11,—; Teil 6: Von unserem Körper — Entwicklung und Vermehrung; DM 11,—; Industriedruck Göttingen

Linder, H., Arbeitsunterricht in Biologie; 111 S.; 61 Abb.; DM 14,—; Metzler, Stuttgart 1973

Linnert, G. (Hrsg.), Cytogenetisches Praktikum; etwa 230 S.; 93 Abb.; DM 34,—; G. Fischer, Stuttgart 1976

Mackean/Strey, Experimente zur Biologie (s. Lehrerhandbücher)

Mayer, Max, Kultur und Präparation der Protozoen (s. b. Einzeller)

Molisch/Biebl, Botanische Versuche und Beobachtungen ohne Apparate; 203 S., 67 Abb.; DM 29,—; G. Fischer, Stuttgart [4] 1965

Müller, Heinr., Pflanzenbiologisches Experimentierbuch, Physiologische und bodenkundliche Versuche [Handbücher f. d. prakt. naturw. Arbeit]; 129 S., 51 Abb.; DM 9,80; Franckh, Stuttgart [5] 1971

* *Müller, J.*, Anschauliche Naturkunde [Phywe-Experimentier-Literatur]; 85 Versuchsbeschreibungen; DM 20,—; Industriedruck, Göttingen [4] 1973

Müller, J., Biologie experimentell, Schülerübungen u. Schülerversuche; 50 Versuchsbeschreibungen in Lose-Blatt-Form [Phywe-Experimentier-Literatur]; DM 33,—; Industriedruck, Göttingen [2] 1972

Müller, J., Biologie in Schülerversuchen und Schülerübungen — 5./6. Schj. (Orientierungsstufe); 1973, 42 Versuchsthemen, Ringmappe DM 32,—; — 5.—10. Schulj., [2] 1975, 99 Versuchsthemen, Ringmappe DM 49,— (enthält alle Versuche der Mappe f. 5./6. Schulj.); Industriedruck, Göttingen

* *Müller, J./Thieme*, Biologische Arbeitsblätter [Phywe-Experimentier-Literatur], 50 Blatt Allgem. Arbeitsmethodik, 130 Blatt Übungen u. Versuche; Lose-Blatt-Form; DM 39,—; Industriedruck, Göttingen [4] 1975

Nachtigall, W., Einführung in biologisches Denken und Arbeiten [Biol. Arbeitsbücher, Bd.15]; 168 S., 70 Abb.; DM 16,80; Quelle & Meyer, Heidelberg

Nachtigall, W., Zoophysiologischer Grundkurs [Reihe „Arbeitsbücher Biologie",taschentext 4]; 247 S., 44 Abb., 12 Tab., 40 Versuche; DM 16,80; Verlag Chemie, Weinheim 1972

Piechocki, R., Makroskopische Präparationstechnik (Leitfaden für das Sammeln, Präparieren und Konservieren); Teil II: Wirbellose; ca. 355 S.; 164 Abb.; 2 Tab.; DM 32,—; G. Fischer, Jena [2] 1975

Reich, H., Pflanzenphysiologische Schulversuche mit einfachen Mitteln [Praxis-Schriftenreihe Nr. 1413]; 151 S.; 105 Abb.; DM 14,80; Aulis, Köln [3] 1975

Reichelt. G. (Hrsg.), Versuchs- und Arbeitskartei Ökologie; 60 Versuche und Arbeitsanleitungen auf 71 Karteikarten; in Ringordner; DM 72,—; Cornelsen Velhagen & Klasing, Bielefeld

Riech, F., Mikrotomie (Leitfaden für Arbeitsgemeinschaften und für den Selbstunterricht); [Praxis-Schriftenreihe Nr. 1400]; 98 S.; 13 Abb.; DM 7,80; Aulis, Köln 1959

Rohling, O., 200 biologische Versuche [Kamps pädag. Taschenbücher Bd. 35]; 140 S., DM 10,60; F. Kamp, Bochum [3] 1972

Romeis, B., Mikroskopische Technik (s. Mikroskopie)

Ruppolt, W., Kaffee — Tee — Kakao (Unsere klassischen Genußmittel im Schullaboratorium) [Praxis-Schriftenreihe Nr. 1421]; 134 S.; 46 Abb.; DM 14,80; Aulis, Köln 1973

Ruppolt, W., Schulversuche mit Südfrüchten [Praxis-Schriftenreihe Nr. 1404]; 107 S.; 32 Abb.; DM 11,40; Aulis, Köln ²1974

Schlösser, K., Experimentelle Genetik (Einf. in die Arbeiten mit Drosophila, Bakterien und Phagen für die Schulpraxis); [Biol. Arbeitsbücher Bd. 8]; 109 S.; 39 Abb.; DM 16,40; Quelle & Meyer, Heidelberg ²1976

Schopfer, P., Experimente zur Pflanzenphysiologie (Einführung; Nachdruck); 416 S.; 40 Abb.; DM 22,80; Springer, Berlin 1976

Seifert, G., Entomologisches Praktikum (s. b. Insekten)

* *Siedentop, W.*, Arbeitskalender für den biologischen Unterricht [Biolog. Arbeitsbücher Bd. 2]; 166 S.; 4 Abb.; 11 Tab.; DM 14,80; Quelle & Meyer, Heidelberg ²1970

Spandl, O. P., Die Organisation der wissenschaftlichen Arbeit — [uni-text/Studienbuch]; 111 S.; DM 14,80; Vieweg, Wiesbaden ²1973 — [rororo vieweg, Bd. 9]; DM 7,80; Rowohlt, Reinbeck

Stehli, G., Pflanzensammeln, aber richtig (Eine Anleitung zum Sammeln von Pflanzen sowie zum Anlegen von Herbarien u. a. botanischen Sammlungen) [Erlebte Biologie]; 130 S.; 41 Abb.; DM 9,80; Franckh, Stuttgart ⁹1976

* *Steinecke/Auge*, Experimentelle Biologie [Biol. Arbeitsbücher Bd. 3]; 145 Abb.; DM 24,—; Quelle & Meyer ⁴1976

Steiner, G., Das zoologische Laboratorium (Nachschlage u. Hilfsbuch f. Hochschule, Schule und Industrie); 560 S.; 175 Abb.; DM 57,—; Schweizerbart, Stuttgart 1963

Steubing/Kunze, Pflanzenökologische Experimente zur Umweltverschmutzung (Luft-, Boden- u. Wasserverunreinigung) [Biol. Arbeitsbücher Bd. 11]; 105 S.; 19 Abb.; DM 13,80; Quelle & Meyer, Heidelberg ²1975

Urbach/Rupp/Sturm, Experimente zur Stoffwechselphysiologie der Pflanzen (Praktikumsanleitung f. Stud. d. Biologie u. Pharmazie sowie f. d. Biologieunterricht höherer Schulen) [Taschenbuch]; 340 S.; 99 Abb.; 28 Tab.; DM 19,80; G. Thieme, Stuttgart 1976

Walter, L., Chromosomenpraktikum [Praxis-Schriftenreihe Bd. 25]; 120 S.; 46 Abb.; DM 14,80; Aulis, Köln 1976

Weber, R., Das Bohnenpraktikum [Praxis-Schriftenreihe Bd. 21]; 86 S.; 13 Abb.; DM 11,40; Aulis, Köln 1973

Wegmüller, S., Lehrerhandbuch Pflanzenkunde; 168 S.; mit Abb.; DM 24,80; P. Haupt, Bern 1976

Wolff, W., Umweltschutz [Praxis-Schriftenreihe/Chemie Bd. 28]; 82 S.; 26 Abb.; DM 11,40; Aulis, Köln 1974

Zimmerli, E., Freilandlabor Natur — Schulreservat, Schulweiher, Naturlehrpfad; Schaffung, Betreuung, Einsatz im Unterricht; 227 S.; zahlr. Abb.; World Wildlife Fund, Zürich 1975

4. Mikroskopie

Deckart, M., Mikroskopieren — zum Zeitvertreib [ht 249]; 112 S.; mit Abb.; DM 3,80; Humboldt-Taschenbuchverlag, München

* *Dietle, H.*, Das Mikroskop in der Schule (Handhabung, Beobachtungen, Experimente — Ein Arbeitsbuch für Lehrer und Schüler); 200 S.; 142 Fotos; 47 Zeichn.; DM 24,—; Franckh, Stuttgart ²1975

Gerlach, D., Botanische Mikrotechnik [Taschenbuch]; 310 S.; 45 Abb.; DM 24,80; G. Thieme, Stuttgart ²1976

Gerlach, D., Das Lichtmikroskop (Einf. in Funktion, Handhabung und Spezialverfahren für Mediziner und Biologen) [Handbuch]; 311 S.; 126 Abb.; 5 Tab.; DM 19,80; G. Thieme, Stuttgart 1976

Graebner, K. E., Mikroskopieren (blv juniorwissen); 43 S.; 93 z. T. farb. Abb.; DM 12,—; BLV, München ²1975

Krauter, D., Mikroskopie im Alltag (Eine Einf. in die angewandte Mikroskopie auf einfacher Grundlage) [Handbücher f. d. prakt. naturw. Arbeit]; 129 S.; 121 Abb.; DM 12,80; Franckh, Stuttgart ⁸1974

Loosli, M., Mikroskopieren [Hallwag-Taschenbuch, Bd. 28]; 73 S.; 40 Abb.; DM 6,80; Hallwag, Bern [8] 1973
* *Nultsch/Grahle,* Mikroskopisch-Botanisches Praktikum (f. Anfänger) [Taschenbuch]; 198 S.; 97 Abb.; DM 10,80; G. Thieme, Stuttgart [4] 1974
Romeis, B., Mikroskopische Technik; 757 S.; 22 Abb.; 20 Tab.; DM 116,—; Urban & Schwarzenberg, München [16] 1968
Schlüter, W., Mikroskopie (Einf. und biolog. Arbeit m. d. Mikroskop); 336 S.; 329 Abb.; 4 Farbtaf.; DM 38,—; Aulis, Köln 1976

VI. Allgemeine Biologie

1. Lehrbücher zur Allgemeinen Biologie

Autrum, H., Biologie — Entdeckung einer Ordnung [dtv — WR 4159]; 144 S.; DM 6,80; D. Taschenbuch Verlag, München 1975
Bogen, H.-J., Knaurs Buch der modernen Biologie (Einf. in die Molekularbiologie) — Knaur Taschenbuch Bd. 279: 116 Abb.; DM 9,80 — Sonderausgabe: 336 S.; 228 meist farb. Abb.; DM 19,80; Droemer, München 1977
Boschke, F. L., Die Herkunft des Lebens — [Bücher des Wissens, Bd. 6178]; 204 S.; DM 4,80; Fischer-Taschenbuch-Verlag, Frankfurt 1972 — Originalausgabe: DM 18,—; Econ, Düsesldorf 1970
Bresch, C., Zwischenstufe Leben. Evolution ohne Ziel?; ca. 300 S.; zahlr. Illustr.; DM 32,—; Piper, München 1977
* *Czihak, G.* (Hrsg.), Biologie (Lehrbuch für Studenten d. Biologie); 860 S.; 2 Taf.; 957 Abb.; DM 58,—; Springer, Berlin 1976
Fasold, H., Bioregulation [UTB Nr. 547]; 249 S.; 63 Abb.; 17 Formeln; 5 Tab.; DM 19,80; Quelle & Meyer, Heidelberg 1976
* *v. Frisch, K.,* Du und das Leben (Eine moderne Biologie für Jedermann); 381 S.; 219 Zeichn.; 66 farb. Abb.; DM 34,—; Ullstein, Frankfurt [19] 1974
Geissler/Libbert/Nitschmann/Thoma-Petersen (Hrsg.), Leben — Kleine Enzyklopädie; 896 S.; über 1300 farb. Textabb. u. Tabellen; DM 18,—; VEB Bibliograph. Institut, Leipzig 1976
* *Goldschmidt, R.,* Einführung in die Wissenschaft vom Leben oder Ascaris [Verständl. Wissenschaft 3./4. Bd.]; 326 S.; 160 Abb.; DM 24,—; Springer, Berlin, 3. Aufl.
Grassé, P.-P. (Hrsg.), Allgemeine Biologie in 5 Bänden; D M128,—; 1. Bd. *Hollande:* Struktur u. Funktion d. Zelle; 2. Bd. *Laviolette/Grassé:* Fortpflanzung u. Sexualität; 3. Bd. *Wolf:* Experimentelle Embryologie; 4. Bd. *Nigon/Lueken:* Vererbung; 5. Bd. *Grassé:* Evolution; G. Fischer, Stuttgart 1971—1976
Hartmann, M., Einführung in die Allgemeine Biologie [Sammlung Göschen Bd. 96]; 132 S.; 2 Abb.; DM 4,80; de Gruyter, Berlin [2] 1955
Illies, J., Biologie und Menschenbild [Herderbücherei Bd. 526]; 128 S.; DM 4,90; Herder, Freiburg 1975
Illies, J., Umwelt und Innenwelt (Bewußtseinswandel durch Wissenschaft); [Herderbücherei Bd. 487] 126 S.; DM 4,90; Herder, Freiburg [2] 1976
Koch, A., Symbiose — Partnerschaft fürs Leben [Suhrkamp Taschenbuch 304]; 266 S.; DM 7,—; Suhrkamp, Frankfurt 1976
Koecke, H. U., Allgemeine Biologie für Mediziner und Biologen [UTB Nr. 501]; 478 S.; 68 Abb.; 6 Tab.; DM 19,80; Schattauer, Stuttgart 1975
Lense, F. (Hrsg.), Biologie [Das Abiturwissen, Bd. 5]; 302 S.; zahlr. Abb.; DM 14,—; Fischer-Taschenbuch-Verlag, Frankfurt [2] 1975
Libbert, E., Kompendium der Allgemeinen Biologie; 470 S.; 179 Abb.; 12 Tab.; DM 19,80; G. Fischer, Stuttgart 1976
Mackean, D. G. (Hrsg.), Einführung in die Biologie, 2 Bände [rororo-Taschenbücher 6118 u. 6122]; zus. 586 S.; 471 Abb.; DM 13,60; Rowohlt, Reinbeck 1970 (BLV München 1968))
Nachtigall, W., Biotechnik (Statische Konstruktionen in der Natur) [UTB Bd. 54]; 127 S.; 38 Abb.; DM 12,80; Quelle & Meyer, Heidelberg 1971

Nachtigall, W., Einführung in biologisches Denken und Arbeiten [Biolog. Arbeitsbücher Bd. 15]; 168 S.; 70 Abb.; DM 16,80; Quelle & Meyer, Heidelberg 1971

Nachtigall, W., Funktionen des Lebens (Physiologie und Bioenergetik von Mensch. Tier und Pflanze); ca. 330 S.; 16 S. farb. Abb.; 53 Textabb.; D M34,—; Hoffmann u. Campe, Hamburg 1977

Nachtigall, W., Phantasie der Schöpfung (Faszinierende Entdeckungen der Biologie und Biotechnik); 452 S.; 89 Fotos, davon 22 farbig; 414 Textabb.; DM 34,—; Hoffmann u. Campe, Hamburg 1974

Nelson/Robinson/Boolootian, Allgemeine Biologie I und II (Lehrbuch) [taschentext 1 und 2]; Bd. I: 272 S., 136 Abb., DM 22,—; Bd. II: 358 S., 191 Abb., 9 Tab., DM 22,—; Verlag Chemie, Weinheim 1972

Plessner, H., Stufen des Organischen [Sammlung Göschen Bd. 2200]; 373 S.; DM 19,80; de Gruyter, Berlin ³ 1975

Reichelt, R. — Steuerungssysteme bei Pflanze, Tier und Mensch — Die wichtigsten Lebensvorgänge bei Pflanze, Tier und Mensch (s. bei Didaktik)

Rensch, B., Das universale Weltbild (Evolution und Naturphilosophie) [Fischer-Tb. 6340); 320 S.; 14 Abb.; DM 9,80; Fischer-Taschenbuchverlag, Frankfurt 1977

Rensing, L., Biologische Rhythmen und Regulation; 265 S.; 155 Abb.; 10 Tab.; DM 29,—; G. Fischer, Stuttgart 1973

* *Rensing/Hardeland/Runge/Galling,* Allgemeine Biologie [UTB Nr. 417]; 411 S.; 190 Abb.; DM 23,80; Ulmer, Stuttgart 1975

v. Sengbusch, P., Einführung in die Allgemeine Biologie [Hochschultext]; 481 S.; 221 Abb.; 64 Schemata; DM 29,80; Springer, Berlin 1974

Taylor, G. R., Die biologische Zeitbombe (Revolution der modernen Biologie) [Fischer-Taschenbuch Bd. 1213]; 251 S.; DM 5,80; Fischer-Taschenbuch-Verlag, Frankfurt 1971

* *Todt, D.* (Hrsg.), Funk-Kolleg Biologie [taschentext 49 u. 50]; Bd. 1: 445 S., Bd. 2: 429 S.; je DM 13,80; Verlag Chemie, Weinheim 1976

Vogt, H.-H., Einführung in die Moderne Biologie; 114 S.; 27 Abb.; DM 11,20; Best. Nr. 4504; Aulis, Köln 1969

Vogt, H.-H., Fundamente unseres Wissens (Medizinisch-biologische Erkenntnisse im Spiegel der Zeit); 304 S.; 37 Abb.; DM 26,—; Aulis, Köln 1966

v. Wahlert, G., Ziele für Mensch und Umwelt (Vorschläge der Biologie für eine bewohnbare Erde); 115 S.; DM 19,—; Radius-Verlag, Stuttgart 1975

v. Wahlert, G. u. H., Was Darwin noch nicht wissen konnte (s. b. Evolution und Paläontologie)

Wieser, W., Genom u. Gehirn (Informationen und Kommunikation in der Biologie); [dtv WR 4132]; 170 S.; DM 4,80; D. Taschenbuch Verlag, München 1972

2. Zellenlehre (Zytologie)

Ambrose/Easty, Zellbiologie (Lehrbuch); 544 S.; 357 Abb.; DM 68,—; Verlag Chemie, Weinheim 1974

Ashwort, J. M., Zelldifferenzierung [Führer zur modernen Biologie]; 95 S.; 35 Abb.; 4 Tab.; DM 8,80; G. Fischer, Stuttgart 1974

Berkaloff/Bourguet/Favard/Guinnebault, Biologie und Physiologie der Zelle —319 S.; 176 Abb.; DM 39,50; Vieweg, Wiesbaden 1973

— Die Zelle — Morphologie und Physiologie [rororo vieweg Bd. 6 u. 7]; Bd. 1: 176 S., 100 Abb., DM 9,80; Bd. 2: 176 S., 76 Abb., DM 9,80; Rowohlt, Reinbeck 1974

Davies, M., Funktionen biologischer Membranen (Einf. in d. zellulären Stofftransport) [Führer z. modernen Biologie]; 94 S.; 27 Abb.; 10 Tab.; DM 8,80; G. Fischer, Stuttgart 1974

Durand/Favard, Die Zelle [uni-text/Lehrbuch]; 206 S.; 74 Abb.; DM 22,80; Vieweg, Wiesbaden 1970

Füller, H., Zellen — Bausteine des Lebens; 256 S.; 58 SW-Fotos; 75 Zeichng; DM 26,—; Aulis, Köln 1971

Garrod, D. R., Zellentwicklung [Führer zur modernen Biologie]; 95 S.; 47 Abb.; DM 8,80; G. Fischer, Stuttgart 1974

Gunning/Steer, Biologie der Pflanzenzelle (Bildatlas); 103 S.; 49 Tab. und über 200 Abb.; DM 24,80; G. Fischer, Stuttgart 1977

Hollande, A., Struktur und Funktion der Zelle (Bd. 1 von *Grassé:* Allgemeine Biologie); 203 S.; 112 Abb.; DM 25,—; G. Fischer, Stuttgart 1971
Kimball, J. W., Biologie der Zelle [Grundbegriffe d. modernen Biologie Bd. 7]; 175 S.; 112 Abb.; DM 24,—; G. Fischer, Stuttgart 1972
Klima, J., Einführung in die Cytologie; 229 S.; 64 Abb.; 8 Tab.; DM 14,80; G. Fischer, Stuttgart ² 1975
Klug, H., Bau und Funktion tierischer Zellen [Die Neue Brehm-Bücherei, Bd. 275]; 240 S.; 95 Abb.; DM 13,20; Ziemsen, Wittenberg, 6. Auflage
Metzner, H. (Hrsg.), Die Zelle (Struktur und Funktion); 534 S.; 258 Abb.; 18 Tab.; DM 88,—; Wiss. Verlagsges. Stuttgart ² 1971
Pfeiffer, J., (Hrsg.), Die lebende Zelle — [Life „Wunder der Wissenschaft"]; 200 S.; zahlr. farb. Abb.; DM 26,50; Time Life, Amsterdam 1965 — [rororo sachbuch 7]; 189 S.; zahlr. farb. Abb.; DM 8,80; Rowohlt, Reinbeck ⁴ 1975
Porter/Bonneville, Einführung in die Feinstruktur von Zellen und Geweben; 136 S.; 37 Abb.; DM 44,—; Springer, Berlin 1965
Ruthmann, A., Methoden der Zellforschung [Methoden der Wissenschaft]; 301 S.; 74 Abb.; DM 19,80; Franckh, Stuttgart 1966
Sajonski/Smollich, Zelle und Gewebe (Eine Einführung f. Mediziner und Naturwissenschaftler); 274 S.; 169 Abb.; DM 36,—; Steinkopff, Darmstadt 1973
Scharf/Weber, Cytologie [Materialien f. d. Sekundarstufe II Biologie]; 104 S.; zahlr. Abb.; DM 11,40; Schroedel, Hannover 1976
Spitzauer, P. (Hrsg.), Netzwerk Zelle [Neue Wiss. Bibliothek, Band 74]; ca. 320 S.; zahlr. Abb.; DM 38,—; Kiepenheuer & Witsch, Köln 1975

3. Biochemie und Grundlagen der Molekularbiologie

Allinger, N. L. u. J., Strukturen organischer Moleküle; 170 S.; 24 Abb.; 8 Tab.; DM 9,80; G. Thieme, Stuttgart 1974
Barry, J. M. u. E. M., Die Struktur biologisch wichtiger Moleküle; 197 S.; DM 8,80; G. Thieme, Stuttgart 1971
Bartley/Birt/Banks, Biochemie; Eine Einführung für Mediziner; 319 S.; 125 Abb.; 26 Tab.; DM 16,80; Verlag Chemie, Weinheim 1974
Betz, A., Enzyme (Gewinnung, Analyse, Regulation) [„Chemie paperback"]; 198 S.; 64 Abb.; 17 Tab.; DM 28,80; Verlag Chemie, Weinheim 1974
Beyersmann, D., Nucleinsäuren [Chemische Taschenbücher 16]; 192 S.; zahlr. Abb. u. Tab.; DM 28,—; Verlag Chemie, Weinheim 1971
Bielka, H. (Hrsg.) Molekulare Biologie der Zelle; 725 S.; 283 Abb.; 69 Tab.; DM 58,—; G. Fischer, Stuttgart ² 1973
Björn, L. O., Photobiologie (Licht und Organismen) [UTB Nr. 429]; 210 S.; 90 Abb.; 16 Bildtafeln; DM 15,80; G. Fischer, Stuttgart 1975
Burdon, R. H., RNS-Biosynthese [Taschenbuchreihe: Führer zur modernen Biologie]; 77 S.; 38 Abb.; ca. DM 9,80; G. Fischer, Stuttgart 1977
Christen, R./Freytag, K., Chemie organischer Naturstoffe [Studienbücher Chemie]; 128 S.; 24 Abb.; DM 9,80; Diesterweg, Frankfurt
Cohen, G., Der Zellstoffwechsel und seine Regulation; — 229 S.; 45 Abb.; DM 34,—; Vieweg, Wiesbaden 1972; — [rororo-vieweg Bd. 12 u. 13]; Bd. 1: 148 S.; 46 Abb.; DM 8,80; Bd. 2: 140 S.; 12 Ab..; DM 8,80; Rowohlt, Reinbeck 1975
Flechtner, H.-J., Grundbegriffe der Biochemie; 380 S.; 54 Abb.; 4 Tab.; DM 20,—; S. Hirzel, Stuttgart 1973
Green/Goldberger, Molekulare Prozesse des Lebens; 250 S.; 98 Abb.; DM 42,—; Springer, Berlin 1971
Grimmer, G., Biochemie (Die Zelle — Molekulare Genetik — die Bausteine, Zyklen u. Ketten der Biochemie); 376 S.; DM 12,80; (Bd. 187); Bibliograph. Institut, Mannheim 1969
Hafner, Einführung in die Organische Chemie (unter bes. Ber. der Biochemie); (s. Prakt. u. experiment. Biologie)
Harbers, Nucleinsäuren (Biochemie u. Funktionen); [Taschenbuch]; 364 S.; 221 Abb.; 16 Tab.; DM 22,80; G. Thieme, Stuttgart ² 1975

Hobom, G., Biochemie [studio visuell]; 128 S.; zahlr. Abb.; DM 25,—; Herder, Freiburg 1977

Hofmann, E. (Hrsg.) Dynamische Biochemie; 4 Bände [WTB, Bände 33, 37, 91 u. 110]; je DM 13,80; Teil I: Eiweiße und Nucleinsäuren als biologische Makromoleküle, 160 S.; 30 Abb.; ²1972; Teil II: Enzyme und energieliefernde Stoffwechselreaktionen; 182 S.; 30 Abb.; ²1972; Teil III: Intermediärstoffwechsel; 238 S.; 19 Abb.; ²1971; Teil IV: Grundlagen der Molekularbiologie und Regulation des Zellstoffwechsels; 191 S.; 40 Abb.; ²1972; Vieweg, Wiesbaden

Jokusch, H., Die entzauberten Kristalle (Entwicklungen, Methoden und Ergebnisse der Molekularbiologie; 320 S.; 16 S. Fotos; 26 Zeichn.; DM 32,—; Econ, Düsseldorf 1973

Just/Schlösser, Kollegband „Energiestoffwechsel" (f. Sek. II u. Grundstudium an Hochschulen); 64 S.; DM 9,80; Nr. 15157; Lehrerheft: 24 S.; DM 2,60; Nr. 17427; Cornelsen-Velhagen & Klasing, Berlin-Bielefeld

* *Karlson, P.*, Kurzes Lehrbuch der Biochemie (für Mediziner u. Naturwissenschaftler); 419 S.; 90 Abb.; 1 Falttafel, DM 34,—; G. Thieme, Stuttgart ⁹1974

Kinzel, H., Grundlagen der Stoffwechselphysiologie [UTB, Bd. 618]; 276 S.; 65 Abb.; 14 Tab.; DM 22,80; Ulmer, Stuttgart 1977

Kleber, H. P., Stoffwechsel der Kohlenhydrate [Teil 3 der Reihe „Lehrprogramme der funktionellen Biochemie"]; Etwa 140 S.; DM 10,80; G. Fischer, Stuttgart 1976

Lehninger, A. L., Biochemie (Lehrbuch); 746 S.; 468 Abb.; 94 Tab.; DM 68,—; Verlag Chemie, Weinheim 1975

Lehninger, A. L., Bioenergetik (Molekulare Grundlagen d. biolog. Energieumwandlungen) [Taschenbuch]; 261 S.; 92 z. T. farb. Abb.; DM 16,80; Thieme, Stuttgart ²1974

Löwe, B., Biochemie (Unterrichtsgrundlage für Leistungskurs Sek. St. II); 144 S., DM 15,80; C. C. Buchners, Bamberg 1976

Meyer, Walter, Molekularbiologie; 76 S.; 35 Abb.; DM 8,60; Aulis, Köln 1972

Morris, J. G., Physikalische Chemie für Biologen (Lehrbuch); 352 S.; 58 Abb.; 37 Tab.; DM 48,—; Verlag Chemie, Weinheim 1976

Smith, K. F., Moleküle — Bausteine der Natur [ht 186]; 119 S.; farb. Abb.; DM 3,80; Humboldt-Taschenbuchverlag, München

Thomas, Einführung in die Photobiologie [Taschenbuch]; 328 S.; 84 Abb.; DM 9,80; G. Thieme, Stuttgart 1968

Träger, L., Einführung in die Molekularbiologie; 378 S.; zahlr. Abb.; DM 22,—; G. Fischer, Stuttgart ²1975

Vogt, H.-H., Eiweißstoffe und ihre biologische Bedeutung [Praxis-Schriftenreihe Nr. 1405]; 84 S.; 8 Abb.; DM 11,40; Aulis, Köln ³1973

Watson, J. D., Die Doppel-Helix [ro ro ro Taschenbuch 6803]; 188 S.; mit Abb.; DM 4,80; Rowohlt, Reinbeck ³1976

Weidel, W., Virus und Molekularbiologie [Heidelberger Taschenbücher Bd. 3]; 168 S.; 26 Abb.; DM 12,80; Springer, Heidelberg ²1964

White, E., Grundlagen der Chemie für Biologen und Mediziner [Kosmos-Studienbuch]; 208 S.; 108 Abb.; DM 19,80; Francgh, Stuttgart ³1973

4. Fortpflanzung und Entwicklung

Danzer, A., Fortpflanzung, Entwicklung, Entwicklungsphysiologie [Biol. Arbeitsbücher, Bd. 6]; 104 S.; 33 Abb.; DM 14,—; Quelle & Meyer, Heidelberg ³1976

Emschermann, P., Entwicklung [studio visuell]; 128 S.; zahlr. Abb.; DM 25,—; Herder, Freiburg ³1976

Goss, R. J., Regeneration (Probleme-Experimente-Ergebnisse); [Taschenbuch]; 288 S.; 128 Abb.; DM 15,80; Thieme, Stuttgart 1974

Laviolette/Grassé, Fortpflanzung u. Sexualität (Bd. 2 von *Grassé*: Allgemeine Biologie) 256 S.; 148 Abb.; DM 32,—; G. Fischer, Stuttgart 1971

Tanner/Taylor (Hrsg.) Das Wachstum (Life / Wunder der Wissenschaft) — [ro ro ro Sachbuch 13]; zahlr. farb. Abb.; DM 8,80; Rowohlt, Reinbeck
— Originalausgabe: 200 S.; DM 26,50; Time-Life, Amsterdam 1966

Wolff, E., Experimentelle Embryologie (Bd. 3 von *Grassé*: Allgemeine Biologie); 192 S.; 150 Abb.; DM 26,—; G. Fischer, Stuttgart 1971

5. Vererbungslehre (Genetik)

S. auch Literaturlisten in Band 4/III (Der Lehrstoff III, Allgemeine Biologie)
S. 363—365, 70, 80, 84, 90, 97, 109, 129, 133, 142, 150, 183, 194,
204, 233, 236, 248, 252, 263, 305, 361,
u. in Bd. 2 (Der Lehrstoff II, Humanbiologie) S. 486—489 u. 535—536.

Botsch/Schwoerbel, Kollegband „Genetik" (für Sekundarstufe II und Grundstudium an Hochschulen); 72 S.; DM 9,80; Nr. 15971; Lehrerheft 24 S.; DM 2,60; Nr. 17443; Cornelsen-Velhagen & Klasing, Berlin-Bielefeld
Bresch/Hausmann, Klassische und molekulare Genetik; 426 S.; 32 Taf.; zahlr. Abb.; DM 42,—; Springer, Berlin ³1972
Brewbeker, J. L.; Angewandte Genetik (Pflanzen- und Tierzüchtung; Bd. 1 der „Grundlagen d. modernen Genetik"); 149 S.; 55 Abb.; DM 19,—; G. Fischer, Stuttgart 1967
Chapville, F., Biochemie der Vererbung [dva-Seminar]; 104 S.; 44 Abb.; DM 14,80; Deutsche-Verlags-Anstalt, Stuttgart
Daumer, K., Genetik (Handbuch); 324 S.; 146 Abb.; DM 28,—; Aulis, Köln 1977
Daumer, K., Genetik [bsv-Biologie für die Sekundarstufe II]; Lehrbuch: 160 S.; 153 Abb.; DM 14,80; Lehrerbegleittext: in Vorber.; Bayr. Schulbuch-Verlag, München 1977
Etzioni, A., Die zweite Erschaffung des Menschen (Manipulation der Erbtechnologie); 322 S.; DM 19,80; Westdeutscher Verlag, Opladen 1977
Gottschalk, W., Mutationen; 136 S.; 28 Zeichnungen; DM 16,80; Deutsche-Verlags-Anstalt, Stuttgart
Grant, V., Artbildung bei Pflanzen (s. b. Evolution)
Günther, E., Grundriß der Genetik [Grundbegriffe der modernen Biologie, Bd. 4]; 508 S.; 297 Abb.; 50 Tab.; DM 44,—; G. Fischer, Stuttgart ²1971
Hafner/Hoff, Genetik; ca. 128 S.; DM 12,—; Schroedel, Hannover 1977
Harris, H., Biochemische Grundlagen der Humangenetik (Lehrbuch); 292 S.; 90 Abb.; 38 Tab.; DM 38,—; Verlag Chemie, Weinheim 1974
Heilbronn/Kosswig, Principia Genetica; 43 S.; DM 7,80; Parey, Hamburg ²1966
Heß, D., Genetik; Grundlagen — Erkenntnisse — Entwicklungen der modernen Vererbungsforschung [studio visuell]; 138 S.; zahlr. Abb.; DM 25,—; Herder, Freiburg ⁵1976
Kalmus, H., Genetik (Ein Grundriß) [Taschenbuch]; 187 S.; 31 Abb.; 5 Tafeln; DM 11,80; G. Thieme, Stuttgart ³1976
Kaplan, Der Ursprung des Lebens (Biogenetik, ein Forschungsgebiet heutiger Naturwissenschaft) [Taschenbuch]; 288 S.; 43 Abb.; 12 Tab.; DM 11,80; G. Thieme, Stuttgart 1972
Kaudewitz, Molekular- und Mikrobengenetik [Heidelberger Taschenbücher, Bd. 115]; 440 S.; 301 Abb.; 20 Tab.; DM 19,80; Springer, Heidelberg 1973
Knippers, Molekulare Genetik [Taschenbuch]; 319 S.; 130 Abb.; 12 Tab.; DM 17,80; G. Thieme, Stuttgart ²1974
Kuckuck, Grundzüge der Pflanzenzüchtung [Sammlung Göschen Bd. 7134]; 264 S.; 28 Abb.; 12 Tab.; DM 14,80; de Gruyter, Berlin ⁴1972
**Kühn, A.,* Grundriß der Vererbungslehre; 279 S.; 197 Abb.; DM 24,—; Quelle & Meyer, Heidelberg ⁶1974
Kull/Knodel, Genetik und Molekularbiologie [Studienreihe Biologie, Bd. 1]; 264 S.; 97 Abb.; DM 17,—; J. B. Metzler, Stuttgart 1975
Lenz, W., Medizinische Genetik [Taschenbuch]; 383 S.; 81 Abb.; 91 Tab.; DM 19,80; G. Thieme, Stuttgart ³1976
McDermott, A., Zytogenetik von Mensch und Tier [Taschenbuch]; etwa 80 S.; 60 Abb.; DM 9,80; G. Fischer, Stuttgart 1977
Murken/Cleve, Humangenetik; 124 S.; 55 Abb.; DM 12,80; F. Enke, Stuttgart 1975
Nigon/Lueken, Vererbung (Bd. 4 von *Grassé:* Allgemeine Biologie); 213 S.; 127 Abb.; 37 Tab.; DM 32,—; G. Fischer, Stuttgart 1976
Penrose, Einführung in die Humangenetik [Heidelberger Taschenbücher Bd. 4]; 152 S.; 29 Abb.; DM 16,80; Springer, Heidelberg ²1973
Prévost, G., Genetik; 267 S.; 176 Abb.; 27 Tab.; DM 34,—; Vieweg, Wiesbaden 1974
Reichelt, R., Vererbung bei Pflanze, Tier und Mensch (s. bei Didaktik)
Ritter, H., Humangenetik (Grundlagen — Erkenntnisse — Entwicklungen), [studio visuell]; 128 S.; zahlr. Abb. u. Tab.; DM 25,—; Herder, Freiburg 1977

Schwanitz, F.; Die Entstehung der Kulturpflanzen (s. Nutzpflanzen)
Sperlich, D., Populationsgenetik (Grundlagen u. experimentelle Ergebnisse) [Grundlagen d. modernen Genetik 8]; 197 S.; 93 Abb.; DM 25,—; G. Fischer, Stuttgart 1972
Stahl, F. W., Mechanismen der Vererbung [Grundlagen d. modernen Genetik Bd. 3]; 162 S.; 75 Abb.; DM 22,—; G. Fischer, Stuttgart 1969
Stengel, H., Humangenetik (Einführung in d. Methoden, Ergebnisse u. Erkenntnisse d. menschl. Erblehre); [Biol. Arbeitsbücher Bd. 10]; 158 S.; 46 Abb.; DM 19,—; Quelle & Meyer [2] 1976
Straub, M., Humangenetik (Arbeitsgrundlage für Kurs in Sek. St. II); 208 S.; 46 Abb.; DM 19,80; Bayr. Schulbuch-Verlag, München 1976
Swanson/Merz/Young, Zytogenetik [Grundlagen d. modernen Genetik 6] 179 S.; 93 Abb.; DM 19,80; G. Fischer, Stuttgart 1976
Wallace, B., Die genetische Bürde (ihre biologische u. theoretische Bedeutung) 103 S., 10 Abb.; 16 Tab.; DM 22,—; G. Fischer, Stuttgart 1974
Wendt, G. G., (Hrsg.) Genetik und Gesellschaft; 160 S.; 19 Abb.; 19 Tab.; DM 32,—; Wiss. Verlagsges. Stuttgart 1970
Wittkowski/Hermann, Einführung in die klinische Genetik [Reihe: Wissenschaft]; 218 S.; 35 Abb.; 6 Tab.; DM 21,80; Vieweg, Wiesbaden 1977
Woods, R. A., Biochemische Genetik [Führer zur modernen Biologie] 94 S.; 35 Abb.; 7 Tab.; DM 8,80; G. Fischer, Stuttgart 1974
Wricke, Populationsgenetik [Sammlung Göschen, Bd. 5005] 172 S.; 12 Abb.; 10 Tab.; DM 9,80; de Gruyter, Berlin 1972

6. Evolution und Paläontologie

S. auch Literaturlisten in Bd. 4/II (Der Lehrstoff III; Allgemeine Biologie); S. 32/33, 49/50, 91—94, 168—170, 201/202.

Beurlen, K., Geologie. Die Geschichte der Erde und des Lebens; 318 S.; 65 SW- u. 22 Farbfotos; 158 Zeichn.; DM 48,—; Franckh, Stuttgart [2] 1975
Beurlen, K., Welche Versteinerung ist das? [Kosmos-Naturführer]; 232 S.; 1400 Abb.; 28 Farbfotos; DM 17,80; Franckh, Stuttgart, 9. Aufl.
Botsch, W., Entwicklung zum Lebendigen. Die chemische Evolution [Kosmos-Bibliothek Bd. 288]; 64 S.; 36 Abb.; DM 5,80; Franckh, Stuttgart 1975
Briggs/Walters, Die Abstammung der Pflanzen (Evolution und Variation bei Blütenpflanzen); [Bücher des Wissens, Bd. 6224]; 254 S.; 71 Abb.; DM 7,80; Fischer Taschenbuch Verlag, Frankfurt 1973
Campbell, B., Entwicklung zum Menschen [UTB Nr. 170]; 144 S.; 134 Abb.; 22 Tab.; DM 19,80; G. Fischer, Stuttgart 1972
Daber/Helms, Mein kleines Fossilienbuch; 96 S.; 60 farb. Abb.; DM 7,—; Umschau-Verlag, Frankfurt 1976
Darwin, Ch., Die Abstammung des Menschen (deutsch v. *H. Schmidt;* Einleitung: *G. Heberer);* 345 S.; DM 15,—; A. Kröner, Stuttgart [3] 1966
Diehl, M., Abstammungslehre [Biol. Arbeitsbücher, Bd. 17]; 176 S.; DM 19,80; Quelle & Meyer, Heidelberg 1976
v. Ditfurth, H., (Hrsg.), Evolution (Ein Querschnitt der Forschung); 240 S.; 46 meist farb. Abb.; 17 Farbfotos; DM 29,50; Hoffmann u. Campe, Hamburg 1975
Dzwillo, M., Prinzipien der Evolution (Phylogenetik und Systematik); [Teubner Studienbuch]; ca. 200 S.; DM 25,—; Teubner, Stuttgart 1977
Edey, M. A. (Hrsg.), Vom Menschenaffen zum Menschen. (Life/Die Frühzeit des Menschen) — [rororo sachbuch 65]; 157 S.; zahlr. farb. Abb.; DM 8,80; Rowohlt, Reinbeck 1977 — Originalausgabe: DM 32,50; Time-Life, Amsterdam
Erben, H.K., Die Entwicklung der Lebewesen. Spielregeln der Evolution; 518 S.; 62 Abb.; DM 68,—; Piper, München 1975
* *Fraas, E.,* Der Petrefaktensammler (Bestimmungsbuch der wichtigsten Fossilien); 392 S.; 1307 Zeichn. u. Fotos; DM 48,—; Franckh, Stuttgart [4] 1976
Gieseler, W., Die Fossilgeschichte des Menschen (Sonderdruck aus *Heberer:* Evolution der Organismen); 357 S.; 91 Abb.; DM 36,—; G. Fischer, Stuttgart 1974
Grant, V., Artbildung bei Pflanzen; 303 S.; 56 Abb.; 10 Tab.; DM 68,—; Parey, Hamburg 1976

Grassé, P.-P., Evolution (Bd. 5 von *Grassé:* Allgemeine Biologie); 225 S.; 115 Abb.; DM 28,—; G. Fischer, Stuttgart 1973

Heberer, G. (Hrsg.), Die Evolution der Organismen; 3 Bände, cplt. DM 608,—, 3. Aufl.; Bd. I Zur Allgemeinen Grundlegung — Geschichte der Organismen, 754 S., DM 182,— (1967); Bd. II/1 Die Kausalität der Phylogenie (1), 476 S.; DM 178,—; (1974); Bd. II/2 Die Kausalität der Phylogenie (2), 349 S., DM 113,— (1971); Bd. III Phylogenie der Hominiden, 661 S., DM 228,— (^{3} 1974); G. Fischer, Stuttgart

Heberer/Henke/Rothe, Der Ursprung des Menschen (Unser gegenwärtiger Wissensstand); [GF-Taschenbuch]; 144 S.; 37 Abb.; 4 Tab.; DM 9,80; G. Fischer, Stuttgart ^{4} 1975

Heberer/Wendt (Hrsg.), Entwicklungsgeschichte der Lebewesen [Grzimeks Buch der Evolution]; 590 S.; über 100 farb. Abb.; 600 Zeichn.; DM 138,—; Kindler, München 1973

Heil, Entwicklungsgeschichte des Pflanzenreichs [Sammlung Göschen, Bd. 1137]; 138 S.; 94 Abb.; 1 Tab.; DM 4,80; de Gruyter, Berlin ^{2} 1950

Hölder, H., Naturgeschichte des Lebens von seinen Anfängen bis zum Menschen [Verständliche Wissenschaft]; 136 S.; DM 12,—; Springer, Berlin 1968

Howell, F. C. (Hrsg.), Der Mensch der Vorzeit — [Life „Wunder der Natur"]; 200 S.; zahlr. farb. Abb.; DM 26,50; Time-Life, Amsterdam 1970 — [rororo-sachbuch 53]; 189 S.; zahlr. farb. Abb.; DM 8,80; Rowohlt, Reinbeck 1975

Kirkaldy, J. F., Fossilien in Farbe [Naturbücher in Farbe]; 192 S.; DM 22,—; O. Maier, Ravensburg ^{3} 1977

* *v. Koenigswald, G. H. R.*, Die Geschichte des Menschen [Verständl. Wissensch., 74. Bd.]; 170 S.; 91 Abb.; DM 12,—; Springer, Berlin, 2. Aufl.

Kuhn, O., Die Tierwelt des Solnhofer Schiefers (Plattenkalke); [Die Neue Brehm-Bücherei, Bd. 318]; DM 8,80; Ziemsen, Wittenberg, 4. Aufl.

Kuhn, O., Lehrbuch der Paläozoologie, 326 S.; 224 Abb.; DM 31,—; Schweizerbart, Stuttgart 1949

Kull, U., Evolution [Studienreihe Biologie, Bd. 3]; ca. 280 S.; 70 Abb.; DM 17,—; J. B. Metzler, Stuttgart 1977

Kull, U., Evolution des Menschen (Biolog., soziale u. kulturelle Evolution); [Studienreihe Biologie, Bd. 6]; ca. 120 S.; 50 Abb.; DM 12,—; J. B. Metzler, Stuttgart 1977

Kurtén,, B., Die Welt der Dinosaurier [Bücher des Wissens, Bd. 6264]; 256 S.; 76 Abb.; DM 7,80; Fischer-Taschenbuch-Verlag, Frankfurt 1974

Lange, E., Mechanismen der Evolution [Die neue Brehm-Bücherei, Bd. 433]; DM 9,20; Ziemsen, Wittenberg

Lehmann, U., Paläontologisches Wörterbuch; 335 S.; 102 Abb.; DM 48,—; F. Enke, Stuttgart ^{2} 1977

Mägdefrau, K., Paläobiologie der Pflanzen; 549 S.; 395 Abb.; DM 56,—; G. Fischer, Stuttgart ^{4} 1968

Moore, R. (Hrsg.), Die Evolution (Life/Wunder der Natur) — [rororo sachbuch 62]; zahlr. farb. Abb.; DM 8,80; Rowohlt, Reinbeck — Originalausgabe: 200 S.; DM 26,50; Time Life, Amsterdam 1964

* *Osche, G.*, Evolution, Grundlagen — Erkenntnisse — Entwicklungen der Abstammungslehre [studio visuell]; 116 S.; zahlr. Abb.; DM 25,—; Herder, Freiburg ^{6} 1975

Querner/Hölder/Egelhaaf/Jacobs/Herberer, Vom Ursprung der Arten (Neue Erkenntnisse und Perspektiven der Abstammungslehre); [rororo tele, Nr. 6]; 154 S.; 177 Abb.; DM 4,80; Rowohlt, Reinbeck 1969

Rahmann, H., Die Entstehung des Lebendigen (Vom Atomgas zur Zelle); 125 S.; 50 Abb.; DM 9,80; G. Fischer, Stuttgart 1972

Redaktion Life (Hrsg.), Der Cro-Magnon-Mensch (Life/Die Frühzeit des Menschen); [rororo sachbuch 68]; zahlr. farb. Abb.; DM 8,80; Rowohlt, Reinbeck 1977

Redaktion Life (Hrsg.), Der Weg zum Menschen (Life/Die Frühzeit des Menschen); [rororo sachbuch 64]; 159 S.; zahlr. farb. Abb.; DM 8,80; Rowohlt, Reinbeck 1977

Redaktion Life (Hrsg.), Die ersten Menschen (Life/Die Frühzeit des Menschen) — [rororo sachbuch 66]; 152 S.; zahlr. farb. Abb.; DM 8,80; Rowohlt, Reinbeck 1977 — — Originalausgabe, DM 32,50; Time-Life, Amsterdam

Redaktion Life (Hrsg.), Die Neandertaler (Life/Die Frühzeit des Menschen) — [rororo sachbuch 67]; zahlr. farb. Abb.; DM 8,80; Rowohlt, Reinbeck 1977 — Originalausgabe: DM 32,50; Time-Life, Amsterdam

Remane/Storch/Welsch, Evolution, Tatsachen und Probleme der Abstammungslehre [dtv WR 4234]; 249 S.; 67 Abb.; DM 8,80; D. Taschenbuch Verlag, München ³ 1976

Rensch, B., Homo sapiens. Vom Tier zum Halbgott; 271 S.; DM 9,80; Vandenhoeck & Ruprecht, Göttingen ³ 1970

Rensch, B., Neuere Probleme der Abstammungslehre. Die transspezifische Evolution; 468 S.; 113 Abb.; DM 78,—; Enke, Stuttgart ³ 1972

Rensch/Franzen, Theoretische Aspekte der Menschwerdung; 59 S.; 5 Abb.; DM 10,—; W. Kramer, Frankfurt 1974

Rhodes/Zim/Shaffer, Fossilien, Urkunden der Erdgeschichte [Bunte Delphin-Bücherei, Nr. 23]; 160 S.; über 450 farb. Abb.; DM 4,80; Delphin, Stuttgart 1972

Rothe, H. W., Kleine Versteinerungskunde [Hallwag Taschenbuch Nr. 87]; DM 6,80; Hallwag, Bern

Salk, J., Wir können überleben (Die zweite Evolution des Menschen); 144 S.; 22 Diagr.; DM 20,—; Herder, Freiburg 1975

Schaarschmidt, F., Paläobotanik; Bd. I: 121 S.; 6 Farbtaf.; DM 10,80; Bd. II: 102 S.; 22 Farbtaf.; DM 10,80 [B. I.-Hochschultb., Bd. 357 u. 359]; Bibliograph. Institut, Mannheim 1968

Schniepp, H., Versteinerungen (Suchen, Sammeln, Präparieren); [Praxis für Naturfreunde]; 71 S.; 49 Farbfotos; 2 Zeichn.; DM 7,80; Franckh, Stuttgart 1976

Schoch, E. O., Fossile Menschenreste. Der Weg zum Homo sapiens [Die Neue Brehm-Bücherei, Bd. 450]; DM 14,—; Ziemsen, Wittenberg

Simpson, G. G., Leben der Vorzeit. Einführung in die Paläontologie [dtv WR 4095]; 197 S.; 47 Abb.; DM 8,80; Enke, Stuttgart 1972

* Spinar/Burian, Leben in der Urzeit; 228 S.; 162 farb. Illustr.; DM 29,—; Dausien, Hanau ⁴ 1976

Steitz, E., Die Evolution des Menschen [Reihe „Arbeitsbücher Biologie", taschentext 16]; 225 S.; 104 Abb.; 2 Tab.; DM 19,80; Verlag Chemie, Weinheim 1974

Stephan, B., Urvögel (Archaeopterygiformes); [Die Neue Brehm-Bücherei, Bd. 465]; DM 15,30; Ziemsen, Wittenberg

Thenius, E., Paläontologie (Die Geschichte unserer Tier- und Pflanzenwelt); 143 S.; 38 Abb.; DM 19,80; Franckh, Stuttgart 1970

Vangerow, E. F., Grundriß der Paläontologie [Teubner Studienbuch]; 132 S.; 162 Abb.; DM 16,80; Teubner, Stuttgart 1973

Vogel, Ch., Humanbiologie. Menschliche Stammesgeschichte — Populationsdifferenzierung [Biologie in Stichworten, Bd. V]; 192 S.; 47 Abb.; 20 Tab.; 4 Bildtaf.; DM 21,80; F. Hirt, Kiel 1974

Vogellehner, D., Paläontologie. Grundlagen — Erkenntnisse — Geschichte der Organismen [studio visuell]; 110 S.; 100 Abb.; DM 25,—; Herder, Freiburg ⁴ 1977

von Wahlert, G. u. H., Was Darwin noch nicht wissen konnte. Die Naturgeschichte der Biosphäre; 220 S.; 57 Abb.; DM 25,—; Deutsche Verlagsanstalt, Stuttgart 1977

Wendt, H., Forscher entdecken die Urwelt; 384 S.; 16 S. Fotos; zahlr. Zeichn.; DM 14,80; Stalling, Oldenburg ³ 1972

* Woolley/Bishop/Hamilton, Der Kosmos-Steinführer (Minerale, Gesteine, Fossilien); 318 S.; 370 Zeichn.; 834 Objekte in Farbe; DM 19,80; Franckh, Stuttgart, 2. Aufl., 1975

Ziegler, B., Allgemeine Paläontologie (Einf. in d. Paläobiologie 1); 248 S.; 249 Abb.; DM 45,—; Schweizerbart, Stuttgart ² 1975

Zimmermann, W., Die Phylogenie der Pflanzen; 777 S.; 331 Abb.; DM 148,—; G. Fischer, Stuttgart ² 1959

* Zimmermann, W., Geschichte der Pflanzen (Eine Übersicht); [Taschenbuch]; 191 S.; 62 Abb.; DM 7,80; G. Thieme, Stuttgart ² 1969

7. Kybernetik
S. auch Literaturliste in Bd. 4/I bei „Kybernetik", S. 272

Flechtner, H.-J., Grundbegriffe der Kybernetik — 423 S.; 152 Abb.; DM 45,—; Wiss. Verlagsges., Stuttgart ⁵ 1970 — [Taschenbuch]; DM 18,—; Hirzel, Stuttgart 1972 *v. Ditfurth, H.* (Hrsg.), Informationen über Information (Probleme der Kybenetik); 212 S.; DM 22,—; Hoffmann u. Campe, Hamburg 1969

Fasold, H., Bioregulation [UTB Bd. 547]; 249 S.; 63 Abb.; 17 Formeln; 5 Tab.; DM 19,80; Quelle & Meyer, Heidelberg 1976

Hasselberg, D., Biologische Sachverhalte in kybernetischer Sicht [Praxis-Schriftenreihe Nr. 1419]; 117 S.; 40 Abb.; DM 14,80; Aulis, Köln 1972

Hassenstein, B., Biologische Kybernetik [Biol. Arbeitsbücher Bd. 4]; 144 S.; 42 Abb.; 2 Bildtaf.; DM 17,—; Quelle & Meyer, Heidelberg [4] 1973

Röhler, R., Biologische Kybernetik (Regelungsvorgänge im Organismus) [Teubner Studienbuch]; 180 S.; 76 Abb.; DM 19,80; Teubner, Stuttgart 1974

Sachsse, Einführung in die Kybernetik [rororo vieweg Bd. 1]; 266 S.; 77 Abb.; 20 Tab.; DM 9,80; Rowohlt, Reinbeck 1974

Schaefer, G., Kybernetik und Biologie; 216 S.; 90 Abb.; DM 28,—; J. B. Metzler, Stuttgart 1972

Wiener, N., Kybernetik (Regelung und Nachrichtenübertragung in Lebewesen u. Maschinen) — [rororo - rde 294]; 252 S.; 11 Abb.; DM 4,80; Rowohlt, Reinbeck [4] 1971 — Leinenausgabe: DM 28,—; Econ, Düsseldorf [4] 1968

VII. Ökologie und Umweltschutz

1. Allgemeine Ökologie

s. auch Literaturlisten in Bd. 4/I (Der Lehrstoff III, Allgemeine Biologie) S. 289/290, 296, 312, 333, 343

Altenkirch, W., Ökologie [Studienbuch]; 234 S.; zahlr. Abb.; DM 15,80; Diesterweg, Frankfurt 1977

Coker, R. E., Das Meer — der größte Lebensraum (Einf. in d. Meereskunde u. d. Biologie d. Meeres); 211 S.; 136 Abb.; 16 Taf.; 3 Tab.; DM 38,—; Parey, Hamburg 1966

Die Ökologie (Life/Wunder der Natur) [rororo sachbuch 63]; zahlr. farb. Abb.; DM 8,80; Rowohlt, Reinbeck 1976

Dylla K./Krätzner, G., Das biologische Gleichgewicht in der Lebensgemeinschaft Wald [Biol. Arbeitsbücher Bd. 9]; 146 S.; 40 Abb.; DM 19,—; Quelle & Meyer, Heidelberg [2] 1975

Ehrlich/Ehrlich/Holdren, Humanökologie [Heidelberger Taschenbücher 168]; 244 S.; 36 Abb.; 16 Tab.; DM 24,80; Springer, Berlin 1975

Engel, L. (Hrsg.), Das Meer (Life/Wunder der Natur) [rororo sachbuch 43]; 191 S.; zahlr. farb. Abb.; DM 8,80; Rowohlt, Reinbeck 1975

Friedrich, H., Meeresbiologie (Eine Einf. in d. Probleme u. Ergebnisse); 436 S.; 212 Abb.; DM 88,—; Borntraeger, Berlin 1965

Hübner/Jung/Winkler, Die Rolle des Wassers in biologischen Systemen [WTB, Bd. 78]; 174 S.; 26 Abb.; DM 13,80; Akademie-Verlag, Berlin 1970

Illies/Klausewitz (Hrsg.), Unsere Umwelt als Lebensraum (Grzimeks Buch der Ökologie]; 744 S .; über 100 farb. Abb.; DM 138,—; Kindler, München 1973

Leibundgut, H., Wirkungen des Waldes auf die Umwelt des Menschen [Reihe: Wir und die Umwelt]; 186 S.; 22 Abb.; 32 Taf.; 27 Tab.; DM 19,80; Rentsch, Erlenbach-Zürich, 1975

Leopold, A. S. (Hrsg.), Die Wüste (Life/Wunder der Natur) [rororo sachbuch 44]; 191 S.; zahlr. farb. Abb.; DM 8,80; Rowohlt, Reinbeck 1975

Leser, H., Landschaftsökologie [UTB Nr. 521]; 432 S.; 49 Abb.; DM 23,80; Ulmer, Stuttgart 1976

Ley, W., Die Pole (Life/Wunder der Natur) [rororo sachbuch 42]; 191 S.; zahlr. farb. Abb.; DM 8,80; Rowohlt, Reinbeck 1974

Milne, L. J. u. M. (Hrsg.) Die Berge (Life / Wunder der Natur); [ro ro ro sachbuch 45]; 191 S.; zahlr. farb. Abb.; DM 8,80; Rowohlt, Reinbeck, 1975

Mühlenberg, M., Freilandökologie [UTB Bd. 595]; 214 S.; ca. 40 Abb.; DM 14,80; Quelle & Meyer, Heidelberg 1976

Osche, G., Ökologie [studio visuell]; 143 S.; zahlr. Abb.; DM 25,—; Herder, Freiburg ⁵1976

Reichelt/Lang, Kollegeband „Ökologie exemplarisch: Der Bodensee" (f. Sek. II und Grundstudium an Hochschulen); 64 S.; DM 9,80; Nr. 15009; Lehrerheft: 24 S.; DM 2,60; Nr. 15106; Cornelsen-Velhagen & Klasing, Berlin-Bielefeld

Reichelt/Schwoerbel, Kollegband „Ökologie" (f. Sek. II und Grundstudium an Hochschulen); 64 S.; DM 9,80; Nr. 15114; Lehrerheft 24 S.; DM 2,60; Nr. 15122; Cornelsen-Velhagen & Klasing, Berlin-Bielefeld

Schmidt, Eberh., Ökosystem See (Das Beziehungsgefüge d. Lebensgemeinschaft im eutrophen See und die Gefährdung durch zivilisatorische Eingriffe) [Biol. Arbeitsbücher Bd. 12]; 172 S.; 37 Abb.; 1 Kunstdrucktaf.; DM 19,50; Quelle & Meyer, Heidelberg ²1976

Schuhmacher, H., Korallenriffe (Ihre Verbreitung, Tierwelt und Ökologie); 275 S.; 205 Abb.; 28 Zeichn.; DM 28,—; BLV, München 1976

Tait, V. R., Meeresökologie; Das Meer als Umwelt (Eine Einführung) [Taschenbuch]; 312 S.; 104 Abb.; 9 Tab.; DM 11,80; G. Thieme, Stuttgart 1971

Tischler, W., Einführung in die Ökologie (Allgem. Ökologie und Landschaftsökologie); 307 S.; 97 Abb.; DM 29,—; G. Fischer, Stuttgart 1976

Tischler, W., Ökologie; Mit besonderer Berücksichtigung der Parasitologie [UTB Nr. 430] (Wörterbuch mit 1600 Stichwörtern); 125 S.; 27 Abb.; DM 9,80; G. Fischer, Stuttgart 1975

Verbeek, B., Ökologie (s. Lehrerhandbücher)

Walter, H., Die ökologischen Systeme der Kontinente (Biogeosphäre); (Prinzipien ihrer Gliederung m. Beispielen); 131 S.; 63 Abb.; 20 Tab.; DM 29,—; G. Fischer, Stuttgart 1976

2. Ökologie der Pflanzen

Bertsch, A., Blüten — lockende Signale [Dynamische Biologie Bd. 2]; 143 S.; 121 Abb.; DM 26,—; O. Maier, Ravensburg 1975

Bünning, E., Der tropische Regenwald [Verständl. Wissenschaft 56. Bd.]; 126 S.; 116 Abb.; DM 12,—; Springer, Berlin

Knoll, F., Die Biologie der Blüte [Verständl. Wissensch. 57. Bd.]; 172 S.; 79 Abb.; DM 12,—; Springer, Berlin

Kreeb, K. H. (Hrsg.), Methoden der Pflanzenökologie, 239 S.; 69 Abb., 12 Tab.; DM 38,—; G. Fischer, Stuttgart 1977

Kugler, H., Blütenökologie; 345 S., 347 Abb.; DM 59,—; G. Fischer, Stuttgart ²1970

Larcher, W., Ökologie der Pflanzen [UTB Nr. 232]; 320 S.; 150 Abb.; 40 Tab.; DM 19,80; Ulmer, Stuttgart ²1976

Lerch, G., Pflanzenökologie [Wiss. Taschenbücher 27. R. Biologie]; 195 S.; 43 Abb.; 2 Tab.; DM 13,80; Akademie-Verlag, Berlin ²1972

Weck, J., Die Wälder der Erde [Verständl. Wissensch. 67. Bd.]; 160 S.; 64 Abb.; DM 12,—; Springer, Berlin

Winkler, S., Einführung in die Pflanzenökologie [UTB Nr. 169]; 220 S.; 80 Abb.; DM 14,80; G. Fischer, Stuttgart 1973

3. Ökologie der Tiere (einschl. Parasitologie)

Dunger, W., Tiere im Boden [Die neue Brehm-Bücherei, Bd. 327]; DM 15,60; Ziemsen, Wittenberg 2. Aufl.

Frank, W., Parasitologie; 510 S.; 256 Abb.; 18 Tab.; DM 68,—; Ulmer, Stuttgart 1976

Geiler, H., Ökologie der Land- und Süßwassertiere [rororo-vieweg Bd. 20]; 183 S.; 41 Abb.; DM 12,80; Rowohlt, Reinbeck 1975

Kühnelt, W., Grundriß der Ökologie (mit besonderer Berücksichtigung der Tierwelt); 443 S.; 146 Abb.; 9 Tab.; DM 32,—; G. Fischer, Stuttgart ²1970

Möhres/Köster, Welt unter Wasser — Tiere des Mittelmeeres [Belser Bücherei 11]; 256 S.; 106 farb. Abb.; 16 Zeichn.; DM 16,80; Belser, Stuttgart 1964

Odening, Parasitismus (Grundfragen und Grundbegriffe) [WTB Bd. 112]; 170 S.; DM 13,80; Vieweg, Wiesbaden 1974

Ohnesorge, B., Tiere als Pflanzenschädlinge (Allgem. Phytopathologie); [Taschenbuch]; 296 S.; 74 Abb.; 6 Tab.; DM 19,80; G. Thieme, Stuttgart 1976

Osche, G., Die Welt der Parasiten [Verständl. Wissenschaft, 87. Bd.]; 167 S.; 76 Abb.; DM 12,—; Springer, Berlin
Piekarski, G., Lehrbuch der Parasitologie (unter bes. Ber. d. Parasiten d. Menschen); 760 S.; 411 Abb.; DM 148,—; Springer, Berlin 1954
Piekarski, G., Medizinische Parasitologie (In Tafeln); 266 S.; 25 Abb.; 31 Taf.; DM 48,—; Springer, Berlin [2] 1975
Schaller, F., Die Unterwelt des Tierreiches (Kleine Biologie der Bodentiere); [Verständl. Wissensch., 78. Bd.]; 134 S.; 100 Abb.; DM 12,—; Springer, Berlin
Schwerdtfeger, F., Ökologie der Tiere; Bd. I Autökologie (Beziehungen zwischen Tier und Umwelt) 460 S.; 268 Abb.; 55 Übers.; DM 120,—; [2] 1977
Bd. II Demökologie (Struktur und Dynamik tierischer Populationen); 448 S.; 252 Abb.; 55 Übers.; DM 98,—; 1968
Bd. III Synökologie (Struktur, Funktion und Produktivität mehrartiger Tiergemeinschaften); 451 S.; 118 Abb.; 125 Übers.; DM 98,—; 1975; Parey, Hamburg
Schwoerbel, W., Zwischen Wolken und Tiefsee / Anpassung an den Lebensraum [Dynamische Biologie, Bd. 3]; 143 S.; 119 Abb.; DM 26,—; O. Maier, Ravensburg 1976
Tischler, W., Grundriß der Humanparasitologie; ca. 190 S.; 76 Abb.; 6 Tab.; ca. DM 18,—; G. Fischer, Stuttgart [2] 1977

4. Umweltschutz

S. auch Literaturliste in Bd. 4/I (Der Lehrstoff III, Allgem. Biologie) S. 366
und in Bd. 2 (Der Lehrstoff II, Menschenkunde); S. 380/381, 415/416, 486—489, 535/536

Ahlheim, K.-H. (Hrsg.), Wie funktioniert das? Die Umwelt des Menschen; 552 S.; 242 Schautaf.; DM 29,80; Meyers Lexikonverlag, Mannheim 1975
Allmer, F., Umwelt ohne Gift? (Sachbuch); 235 S.; 33 Abb.; 31 Tab.; DM 19,80; Verlag Chemie, Weinheim 1974
Bäuerle/Hornung (Hrsg.), Umwelt [Heft 3 der Reihe Biologisch-sozialkundliche Arbeitshefte]; 69 S.; DM 6,80; Leske + Budrich, Leverkusen 1976
Begerow/Rodi/Linhart/Schneider, Thema Luft; (Assoziierte UE f. d. 9./10. Klassenstufe), [IPN-Einheitenbank, Curriculum Biologie], Lehrerheft; 176 S.; DM 11,60; Aulis, Köln 1977
Berg H. K./Doedens, F., Umweltschutz (Fortschritt ist für den Menschen da; Unterrichtsmodell); — Reader (Schülerarbeitsheft): 68 S.; zahlr. Abb.; DM 7,80; — Didaktischer Kommentar: 53 S.; 3 Abb.; DM 5,80; Diesterweg Frankfurt
Bogen, H. J., Knaurs Buch der Biotechnik (Vom Umweltschutz bis zur Weltraumforschung); [Knaur Taschenbuch 418]; 240 S.; 148 Abb.; DM 9,80; Droemer, München 1975
Bommer, W. (Hrsg.), Umwelt und Gesellschaft (Der gefährdete Lebensraum in der Verantwortung der Gesellschaft); 129 S.; 12. Abb.; 13 Tab.; DM 35,—; Wiss. Verlagsges., Stuttgart 1973
Braun, M., Umweltschutz experimentell [Chemie f. Sek. St. II]; 127 S.; 77 Abb.; DM 19,80 BLV, München 1974
Bruns, H., Wie schütze ich mein Leben und meine Umwelt? (400 Ratschläge f. umwelt- und lebensschutzgerechtes Verhalten); 80 S.; DM 9,—; Biologie-Verlag, Wiesbaden [2] 1975
Cloud, P. (Hrsg.), Wovon können wir morgen leben? [Bücher des Wissens Bd. 6226]; 253 S.; mit Abb.; DM 4,80; Fischer Taschenbuch Verlag, Frankfurt 1973
Dittmar, F., Umweltschäden gefährden uns [Goldmann Taschenbuch Medizin 9041]; 319 S.; DM 7,—; Goldmann, München 1974
Ehlers/Kuhlmann/Noll, E. u. M., Umweltgefährdung und Umweltschutz [Materialien f. d. Sekundarstufe II / Biologie]; — Arbeits- und Testbögen; DM 12,40; — Lehrerausgabe: DM 9,60; Schroedel, Hannover
* *Engelhardt, W.*, Umweltschutz; 200 S.; 110 Abb.; DM 21,80; Bayr. Schulbuch Verlag, München [3] 1977
Franz/Krieg, Biologische Schädlingsbekämpfung; 160 S.; 36 Abb.; 7 Tab.; DM 29,—; Parey, Hamburg [2] 1976
Frey/Stottele/Weichert, Bäume sterben leise (Schüler kämpfen gegen den Baumtod; Informationen für Jugendliche); 64 S.; DM 6,—; Beltz, Weinheim 1976

Fritz-Niggli, H., Strahlengefährdung / Strahlenschutz (Leitfaden f. d. Praxis); ca. 240 S.; zahlr. Abb. u. Tab.; DM 34,—; Huber, Bern 1975

Gerlach, S. A., Meeresverschmutzung (Diagnose u. Therapie); ca. 160 S.; 57 Abb.; 39 Tab.; DM 24,—; Springer, Berlin 1976

Haider, M., Leitfaden der Umwelthygiene; ca. 208 S.; 19 Abb.; 19 Tab.; DM 29,—; Huber, Bern 1974

Heitefuß, R., Pflanzenschutz (Grundlagen der Phytomedizin); 277 S.; 74 Abb.; 23 Tab.; DM 18,80; G. Thieme, Stuttgart 1975

Heyn, E., Lebenselement Wasser; 48 S.; 17 Abb.; DM 3,60; Diesterweg, Frankfurt

Heyn, E., Wasser; Ein Problem unserer Zeit [Reihe: Themen z. Geogr. u. Gemeinschaftskunde]; 96 S.; 13 Tab.; DM 7,80; Diesterweg, Frankfurt

Jost, W., Globale Umweltprobleme [UTB, Bd. 338]; 125 S.; DM 17,80; Steinkopff, Darmstadt 1974

Kiekeben, H.-H., Thema: Umweltschutz [Beltz praxis]; 171 S.; DM 14,—; Beltz, Weinheim, ² 1974

Kiekeben, H.-H., Versuche zum Umweltschutz [Beltz praxis]; 184 S.; DM 14,—; Beltz, Weinheim ² 1974

Klee, O., Reinigung industrieller Abwässer, Grundlagen und Verfahren; 176 S.; 81 Abb.; DM 16,80; Franckh, Stuttgart 1970

Kull/Knodel, Ökologie und Umweltschutz [Studienreihe Biologie, Bd. 4]; — Schülerausgabe: 165 S.; 85 Abb.; DM 10,—; — Lehrerband: 212 S.; 85 Abb.; DM 14,—; J. B. Metzler, Stuttgart 1974

Leithe, W., Umweltschutz aus der Sicht der Chemie; 134 S.; 7 Abb.; 26 Tab.; DM 42,—; Wiss. Verlagsges. Stuttgart 1975

Lohs, K./Döring, S. (Hrsg.), Im Mittelpunkt der Mensch (Umweltgestaltung-Umweltschutz); 421 S.; 192 Abb.; DM 27,—; Akademie-Verlag, Berlin 1975

Luft, M. (Hrsg.), Schule und Umweltschutz (prakt. Handreichungen f. Grund- und Hauptschule); 130 S.; DM 14,—; Ehrenwirth, München 1975

* *Meadows, D.*, Die Grenzen des Wachstums (Bericht des Club of Rome zur Lage der Menschheit); [dva-informativ]; 180 S.; zahlr. Grafiken; DM 18,—; Deutsche Verlags-Anstalt, Stuttgart

Mesarovic/Pestel, Menschheit am Wendepunkt (2. Bericht an den Club of Rome zur Weltlage); [dva — informativ]; 184 S.; 59 Grafiken, 11 Tab.; DM 24,—; Deutsche Verlags-Anstalt, Stuttgart

Moll, W., Taschenbuch für Umweltschutz Bd. 2; Biologische Informationen; [UTB, Bd. 511]; 208 S.; DM 23,80; Steinkopff, Darmstadt 1976

Olschowy, G., Natur- und Umweltschutz in fünf Kontinenten; 253 S.; 207 Abb.; DM 29,80; Parey, Hamburg 1976

Philipp, E., Experimente zur Untersuchung der Umwelt; 120 S.; 54 teils farb. Abb.; DM 17,80; Bayr. Schulbuch-Verlag, München 1977

Reichelt, R., Der Mensch und seine Umwelt (s. bei Didaktik)

Reimer, H., Müllplanet Erde [Taschenausgabe]; 217 S.; DM 8,80; Hoffmann u. Campe, Hamburg 1976

Scharnagl, W., Der Dreck, in dem wir leben [ht 192]; 256 S.; mit Abb.; DM 3,80; Humboldt-Taschenbuchverlag, München

Schuster, M., Ökologie und Umweltschutz [bsv-Biologie f. d. Sek. Stufe II]; Lehrbuch: 64 S.; 23 Abb.; DM 8,80; Lehrerbegleitheft; Bayr. Schulbuch-Verlag, München 1977

Schwenke, W., Zwischen Gift und Hunger (Schädlingsbekämpfung gestern, heute und morgen); [Verständl. Wissensch. 96. Bd.]; 139 S.; 46 Abb.; DM 12,—; Springer, Berlin

Senent, J., Umweltschutz (Von der Zerstörung der Lebensumwelt zum aktiven Umweltschutz); [rororo Taschenbuch 7060]; 122 S.; zahlr. farb. Abb.; DM 6,80; Rowohlt, Reinbeck 1977

Sonnemann, Th., Die Menschheit hat noch eine Chance (Alternativen für die Welt von morgen); ca. 304 S.; DM 29,50; Hoffmann u. Campe, Hamburg 1977

Stern, H., Mut zum Widerspruch; — 172 S.; 12 Bildseiten, DM 20,—; Kindler, München 1974; — [rororo sachbuch 6974]; DM 3,80; Rowohlt, Reinbeck 1976

Stiegele/Klee, Kein Trinkwasser für morgen [dva-informativ]; 150 S.; DM 20,—; Deutsche Verlags-Anstalt, Stuttgart

Taylor, G. R., Das Selbstmordprogramm (Zukunft oder Untergang der Menschheit); [Fischer-Taschenbuch, Bd. 1369]; 329 S.; DM 5,80; Fischer Taschenbuch Verlag, Frankfurt ³ 1975

Umweltpolitik (Das Umweltprogramm der Bundesregierung; Einführung von W. Maihofer); [Kohlhammer Taschenbücher]; 224 S.; DM 8,—; Kohlhammer, Stuttgart ⁵ 1976

Umweltprobleme, Naturwissenschaftliche Grundlagen (Ringvorlesung Univ. Kiel WS 74/75); 158 S.; zahlr. Abb.; DM 20,—; Parey, Hamburg 1976

Vester, F., Das Überlebensprogramm; — [Bücher des Wissens. Bd. 62744]; 305 S.; 28 Abb.; DM 9,80; Fischer Taschenbuch-Verlag, Frankfurt 1975
— Originalausgabe: DM 32,—; Kindler, München 1972

von Wahlert, G., Ziele für Mensch und Umwelt (Vorschläge der Biologie für eine bewohnbare Erde); 120 S.; DM 19,—; Radius-Verlag, Stuttgart 1974

Weinzierl, H., Das große Sterben (Umweltnotstand — das Existenzproblem unseres Jahrhunderts); [Goldmann-Sachbuch 7005]; 158 S.; Abb.; DM 4,—; Goldmann, München o. J.

Weish/Gruber, Radioaktivität und Umwelt; 159 S.; 56 Abb.; 15 Tab.; DM 12,80; G. Fischer, Stuttgart 1975

Wolff, J., Umweltverschmutzung — Umweltschutz (s. Lehrerhandbücher)

Wolff, W., Umweltschutz als ständige Aufgabe der Industriegesellschaft; [Praxis — Schriftenreihe Chemie, Bd. 28]; 82 S.; 26 Abb.; DM 11,40; Aulis, Köln 1974

VIII. Naturschutz und Tierschutz

Baumann, P./Fink, O., Zuviel Herz für Tiere; Sind wir wirklich tierlieb? 280 S.; 14 Fotos; DM 26,—; Hoffmann u. Campe, Hamburg 1976

Bezzel/Ranftl, Vogelwelt und Landschaftsplanung (s. b. Vögel)

Büchel, K., Der Untergang der Tiere; 314 S.; 128 SW-Fotos; DM 36,—; Deutsche Verlags-Anstalt, Stuttgart

Cousteau, J.-Y./Diolé, Korallen — Bedrohte Welt der Wunder [Knaur Taschenbuch 361]; 272 S.; 83 Fotos; DM 9,80; (Leinenausgabe: 304 S.; DM 36,—); Droemer, München 1974

Dittrich, L., Lebensraum Zoo (Tierparadies oder Gefängnis?); 192 S.; 40 sw-Abb.; DM 25,—; Herder, Freiburg 1977

Dolder, U. u. W., Die schönsten Wildreservate der Welt; 224 S.; 63 farb.- u. 76 sw-Abb.; 21 Karten; DM 75,—; Hallwag, Bern

Engel, F.-M., Geschützte Pflanzen unserer Heimat [ht 184]; 127 S.; farb. Abb.; DM 3,80; Humboldt-Taschenbuchverlag, München

Engelhardt, W., (Hrsg.), Die letzten Oasen der Tierwelt; 272 S.; 7 Farbtaf.; 14 sw-Abb.; DM 35,—; Umschau, Frankfurt ⁷ 1976

Gordon-Davis, J., Tiergiganten vor der Ausrottung [Goldmann-Sachbuch 2980]; 159 S.; DM 4,—; Goldmann, München o. J.

Groß, J., Bedrohte Schönheit — Geschützte Pflanzen [Reihe: Kleine Kostbarkeiten]; 130 S.; 28 Farbfotos; DM 7,80; Landbuch, Hannover 1967

Grzimek, B., Auch Nashörner gehören allen Menschen (Kampf um die Tierwelt Afrikas); [dtv Nr. 1082]; 208 S.; 60 farb. u. 70 sw-Fotos, DM 9,80; Deutscher Taschenbuch Verlag, München 1975

Grzimek, B., Auf den Mensch gekommen — [Heyne — Sachbuch 7028]; DM 7,80; Heyne, München 1977; — Leinenausg.: 472 S.; 32 Abb.; DM 34,—; C. Bertelsmann, Gütersloh 1974

Grzimek, B., Kein Platz für wilde Tiere; — 280 S.; 32 Farb- u. 32 sw-Bildseiten; DM 26,—; Kindler, München 1973
— [dtv 1234]; 320 S.; DM 12,80; D. Taschenbuch Verlag, München 1976

Grzimek, B., Wildes Tier — weißer Mann (Von Tieren in Europa, Nordamerika und in der Sowjetunion); [dtv Nr. 1177]; 352 S.; DM 9,80; Deutscher Taschenbuch Verlag München 1976

Grzimek, B. u. M., Serengeti darf nicht sterben (367 000 Tiere suchen einen Staat); 336 S.; 19 mehr- u. 88 einfarb. Abb.; 21 Zeichn.; DM 28,—; Ullstein, Berlin

Hagen, H., Karibuni Afrika (Über das Leben afrikanischer Tiere und die Bedeutung der Wildschutzgebiete); 408 S.; 191 farb-. u. 109 sw-Abb.; DM 98,—; Landbuch Verlag, Hannover 1976

Kirk, G., Säugetierschutz (s. Säugetiere)

Knaak, K., Bedrohte Welt; Großvögel in freier Wildbahn; 128 S.; DM 5,95; W. Fischer, Göttingen 1976

Lense, F., Geschützte Pflanzen und Tiere (Ein Wegbegleiter durch Wiese, Wald und Bergwelt); ca. 208 S.; zahlr. Abb.; ca. DM 24,80; Keysersche Verlagsbuchhandlung, München 1976

Löhr, O., Deutschlands geschützte Pflanzen [Winters naturw. Tb.; Bd. 18]; 160 S.; 104 farb. Abb.; DM 10,80; Borntraeger, Berlin ² 1953

* *Müller, Theo/D. Kast,* Die geschützten Pflanzen Deutschlands (herausgeg. v. Kultusministerium Baden-Württemberg); 348 S. und 49 meist farb. Tafeln; DM 21,—; Verlag des Schwäbischen Albvereins e.V.; Stuttgart 1969

Portmann, A., Naturschutz wird Menschenschutz [Arche Nova]; 48 S.; DM 4,80; Die Arche, Zürich 1971

Schumacher, E. (Hrsg.) Die letzten Paradiese (Auf den Spuren seltener Tiere); 320 S.; 160 Vierfarbtafeln; DM 59,—; Bertelsmann Sachbuchverlag

Sielmann, H., Mein Weg zu den Tieren [Heyne — Sachbuch 7006]; 236 S.; 194 Fotos, davon 54 farbig; DM 8,80; Heyne, München 1975

Stern, Horst, Mut zum Widerspruch (Reden und Aufsätze); [rororo-Taschenbuch 6974]; 123 S.; DM 3,80; Rowohlt, Reinbeck 1976

Williams, Säugetiere und seltene Vögel in den Nationalparks Ostafrikas; 351 S.; 387 Abb. (203 farbig); DM 38,—; Parey, Hamburg 1971

* *Wilmanns/Wimmenauer/Fuchs/H. Rasbach/K. Rasbach,* Der Kaiserstuhl (Gesteine und Pflanzenwelt); [Reihe: „Die Natur- u. Landschaftsschutzgebiete Baden-Württembergs", Bd. 8]; 242 S.; 281 Abb.; DM 39,—; Landesstelle f. Naturschutz und Landschaftspflege, Ludwigsburg 1974

Ziswiler, V., Bedrohte und ausgerottete Tiere [Verständl. Wissensch. 86. Bd.]; 144 S.; 74 Abb.; DM 12,—; Springer, Berlin

IX. Naturführer und Wanderbücher; Werke über Flora und Fauna

Aichele, D./Aichele, R./Werner/Schwegler, Lebensraum Alpen [Kosmos Biotop-Führer]; 71 S.; 120 Abb.; 79 Zeichn.; DM 7,80; Franckh, Stuttgart 1975

Aichele/Schwegler, Die Natur im Jahresablauf [Kosmos-Biotop-Führer]; 71 S.; 120 Farbfotos; 54 Zeichn.; DM 8,80; Franckh, Stuttgart 1974

Aichele/Schwegler, Die Natur in unserer Stadt (Die Stadt als Lebensraum für Tiere und Pflanzen); [Kosmos Biotop-Führer]; 71 S.; 120 Farbfotos; 78 Zeichn.; DM 8,80; Franckh, Stuttgart 1975

Aichele/Schwegler, Seen, Moore, Wasserläufe [Kosmos-Biotop-Führer]; 71 S.; 120 Farbfotos; 73 Zeichn.; DM 8,80; Franckh, Stuttgart 1974

Aichele/Schwegler, Wald und Forst [Kosmos-Biotop-Führer]; 70 S.; 120 Farbfotos; 89 Zeichng.; DM 8,80; Franckh, Stuttgart ² 1974

Aichele/Schwegler, Wiesen, Weiden, Ackerland (Kosmos-Biotop-Führer); 70 S.; 78 Zeichnungen; 120 Farbfotos; DM 8,80; Franckh, Stuttgart 1973

* *Campbell, A.,* Der Kosmos-Strandführer (Pflanzen u. Tiere der europäischen Küsten in Farbe); 320 S.; 848 Farbbilder; 109 Strichzeichnungen; DM 19,80; Franckh, Stuttgart 1977

Carr, A., Afrika — Flora und Fauna (Life / Wunder der Natur); [rororo sachbuch 50]; 191 S.; zahlr. farb. Abb.; DM 8,80; Rowohlt, Reinbeck 1975

Dahl/Thygesen, Gartenschädlinge und Pflanzenkrankheiten in Farben [Naturbücher in Farben]; 240 S.; DM 24,—; O. Maier, Ravensburg 1975

* *Engelhard/Merxmüller,* Was lebt in Tümpel, Bach und Weiher? [Kosmos-Naturführer]; 257 S.; 420 Abb. (58 farbig); DM 19,80; Franckh, Stuttgart, 7. Aufl.

Farb, P. (Hrsg.), Nordamerika — Flora und Fauna (Life / Wunder der Natur); [rororo sachbuch 48]; 189 S.; zahlr. farb. Abb.; DM 8,80; Rowohlt, Reinbeck 1975
* *Felix/Toman/Hisek,* Der große Naturführer (Unsere Tier- und Pflanzenwelt); [Kosmos-Naturführer]; 419 S.; 1193 farb. Abb.; 63 einfarb. Illustr.; DM 24,—; Franckh, Stuttgart, ⁴ 1976
* *Garms, H.* (Hrsg.), Pflanzen und Tiere Europas; 348 S.; 3700 farb. Abb.; 2175 Pflanzen- und 1433 Tierarten, in natürl. Lebensräumen; — [dtv-Nr. 3013]; DM 9,80; Deutscher Taschenbuch Verlag, München ⁷ 1977; — Originalausgabe: DM 48,—; Westermann, Braunschweig ⁵ 1973
Graf, J., Der Alpenwanderer (Aufbau, Klima, Pflanzen u. Tiere); 208 S.; 8 Farbtaf.; 16 sw-Tafeln; 69 Abb.; 272 Randzeichn.; DM 18,—; J. F. Lehmanns; München, 4. Aufl.
Graf, J. Der Waldwanderer (Pflanzen u. Tiere des Waldes); 224 S.; 7 Farbtaf.; 20 sw-Tafeln, 32 Abb.; 389 Randzeichng.; DM 18,—; J. F. Lehmanns, München, 7. Aufl.
Graf, J., Der Wanderer durch die Binnengewässer (s. Limnologie)
Grupe, H., Naturkundliches Wanderbuch; 833 S.; m. Abb.; DM 34,—; Diesterweg, Frankfurt ¹⁸ 1963
Gutmann, W. F., Meerestiere am Strand in Farben [Naturbücher in Farben]; 128 S.; 239 Tierarten; 24 Pflanzenarten; DM 20,—; O. Maier, Ravensburg ² 1975
Ingle/Zim/Rocheville, Meeresufer; Flora und Fauna der europäischen Küsten [Bunte Delphin-Bücherei Nr. 16]; 161 S.; zahlr. farb. Abb.; DM 4,80; Delphin, Stuttgart ³ 1973
Kosch/Frieling/Janus, Was find' ich am Strande? [Kosmos-Naturführer]; 124 S.; 313 Abb. (45 farbig); DM 9,80; Franckh, Stuttgart, ¹² 1973
Kosch/Sachsse, Was finde ich in den Alpen? (Tiere, Pflanzen, Gesteine); [Kosmos-Naturführer]; 221 S.; 700 farb. Abb.; 54 Zeichng.; DM 19,80; Franckh, Stuttgart ¹² 1976
* *Kuckuck, P.,* Der Strandwanderer (Strandpfl., Meeresalgen u. Seetiere der Nord- u. Ostsee) 264 S.; 30 Farbtaf.; 4 sw-Tafeln; 111 Abb.; DM 18,—; J. F. Lehmanns, München 11. Auflage
Pflanzen und Tiere (1500 wichtige u. häufige Arten); 264 S.; 1500 farb. Abb. auf 205 Tafeln; DM 24,—; BLV, München 1971
Riedl, R. (Hrsg.) Fauna und Flora der Adria; 702 S.; 2950 Abb.; 11 Farbtafeln; DM 68,—; Parey, Hamburg ² 1970
Sauer, F., Strand + Küste; Pflanzen u. Tiere nach Farbfotos bestimmen [BLV Naturführer, Bd. 7]; 144 S.; über 150 Fotos; DM 9,80; BLV, München 1977
Schauer, Th./Caspari, C., Pflanzen- und Tierwelt der Alpen (über 700 Pflanzen, Tiere, Steine u. Mineralien); 252 S.; 80 Farbtaf. mit 700 Einzeldarst.; 30 Zeichn.; DM 25,—; BLV, München ² 1975
Smolik, H. W., Wandern mit offenen Augen; 480 S.; 828 teils farb. Abb.; DM 22,—; Mosaik-Verlag, München 1972

X. Menschenkunde (Humanbiologie)

S. auch Literaturliste von *H. Carl* in Bd. 3 (Der Lehrstoff II, Menschenkunde) S. 226—231

1. Allgemeine Menschenkunde; Anatomie und Physiologie

Autrum/W. (Hrsg.), Humanbiologie [Heidelberger Taschenbücher, Bd. 121]; 211 S.; 33 Abb.; DM 16,80; Springer, Heidelberg 1973
Abromeit, W., Informationstheorie und Informationsverarbeitung im Nervensystem; 144 S.; 47 Abb.; 1 Farbtaf.; DM 19,40; Bayr. Schulbuch Verlag, München 1973
Bachelard, H. S., Biochemie des Gehirns [Führer zur modernen Biologie]; 100 S.; 38 Abb.; 5 Tab.; DM 9,80; G. Fischer, Stuttgart 1975
Bässler, K. H./Lang, K., Vitamine [UTB, Bd. 507]; 84 S.; 12 Abb.; 18 Tab.; 28 Schemata; DM 14,80; Steinkopff, Darmstadt 1975
Bäßler, U., Sinnesorgane und Nervensystem [Studienreihe Biologie Bd. 2]; 194 S.; 99 Abb.; DM 14,—; Metzler, Stuttgart 1975

Bogen, H. J., Mensch aus Materie (Werden und Wesen des Homo sapiens in biologischer Sicht); 248 S.; DM 19,80; Droemer, München 1976

Carl, H., Biologie der menschlichen Hand [Praxis — Schriftenreihe Bd. 23]; 76 S.; 16 Abb.; DM 7,80; Aulis, Köln 1974

Carthy, J. D., Die Welt der Sinne [ht 162]; 126 S.; farb. Abb.; DM 3,80; Humboldt — Taschenbuchverlag München

Culclasure, D. F., Anatomie und Physiologie des Menschen; 15 Lehrprogramme, je DM 14,50; Gesamtpreis DM 169,50; Bd. 1: Die Zelle; Bd. 2: Das Skelett; Bd. 3: Das Muskelsystem; Bd. 4: Das Herzkreislaufsystem; Bd. 5: Das Lymphsystem und das Retikuloendothelialsystem; Bd. 6: Das Atmungssystem; Bd. 7: Die Verdauungsorgane; Bd. 8: Nieren und ableitende Harnwege; Bd. 9: Die Fortpflanzungsorgane; Bd. 10: Die Fortpflanzung des Menschen; Bd. 11: Das Endokrinsystem; Bd. 12: Das Ernährungs- und Stoffwechselsystem; Bd. 13: Das Nervensystem ² 1976; Bd. 14: Die Sinnesorgane 1971; Bd. 15: Die Haut 1971; Umfang je ca. 120 S. (74 S. — 176 S.); Verlag Chemie, Weinheim

Curtis, H J., Das Altern; 125 S.; 21 Abb.; DM 6,80; G. Fischer, Stuttgart 1968

Eccles, J. C., Das Gehirn des Menschen (6 Vorlesungen f. Hörer aller Fakultäten); 291 S.; 120 Abb.; DM 36,—; Piper, München 1975

Elze, C., Der menschliche Körper [Verständl. Wissenschaft, 91. Bd.]; 143 S.; 91 Abb.; DM 12,—; Springer, Berlin

Eschenhagen/Hedewig/Krüger, Menschenkunde — Untersuchungen und Experimente; 124 S., mit Lösungsheft (36 S.); DM 12,—; G. Kallmeyer, Göttingen 1976

Eschenhagen/Krüger, Atmung des Menschen (Lehrprogramm); 102 Lerneinheiten, 68 S.; 30 Zeichn.; DM 5,80; Schülerarbeitsheft 16 S.; 11 Zeichn.; DM 2,20; G. Kallmeyer, Göttingen ² 1974

Faber/Haid, Endokrinologie (Biochemie u. Physiologie d. Hormone); [UTB Nr. 110]; 163 S.; 72 Abb.; DM 14,80; Ulmer, Stuttgart ² 1976

Faller, A., Der Körper des Menschen (Einführung in Bau und Funktion) [Taschenbuch]; 496 S.; 227 Abb.; DM 14,80; G. Thieme, Stuttgart ⁷ 1976

* *Fiedler/Lieder*, Taschenatlas der Histologie; 70 S.; 120 Zeichn.; 120 Farbfotos; DM 10,80; Franckh, Stuttgart ³ 1975

Fiedler/Lieder, Transparente — Atlas „Histologie 1+2"; 30 Transparente mit je 4 farbigen Fotos und Text; DM 269,—; Hagemann, Düsseldorf 1975

Fischel, W., Grundzüge des Zentralnervensystems des Menschen; ca. 130 S.; 69 Abb.; DM 24,—; G. Fischer, Stuttgart ⁴ 1976

Flechtner, H. J., Gedächtnis und Lernen in psychologischer Sicht [Reihe: Memoria und Mneme, Bd. 1]; 364 S.; 5 Abb.; DM 48,—; S. Hirzel, Stuttgart 1974

Gadamer/ Vogler (Hrsg.), Neue Anthropologie; Bd. 1: Biologische Anthropologie, Erster Teil; 408 S.; 41 Abb.; DM 12,80; Bd. 2: Biologische Anthropologie, Zweiter Teil; 495 S.; 107 Abb.; DM 12,80; Bd. 4: Kulturanthropologie; 508 S.; 75 Abb.; DM 14,80; [Taschenbücher]; G. Thieme, Stuttgart 1972/73

* *Giersberg, H.*, Hormone [Verständliche Wissenschaft 32. Bd.]; 186 S.; 49 Abb.; DM 12,—; Springer, Berlin, 4. Auflage

Glatzel, H., Nahrung und Ernährung [Verständl. Wissenschaft 39. Bd.]; 160 S.; 22. Abb.; DM 12,—; Springer, Berlin, 2. Auflage

Greene, R., Hormone steuern das Leben (Zur Biochemie des Menschen); [Bücher des Wissens Bd. 6209]; DM 7,80; Fischer-Taschenbuch-Verlag, Frankfurt 1973

Grünewald, H., Schaltplan des Geistes (Eine Einführung in das Nervensystem) [rororo tele Nr. 039]; 154 S.; 92 Abb.; DM 5,80; Rowohlt, Reinbeck ⁵ 1976

Hanke, Hormone [Sammlung Göschen, Bd. 1141/a]; 207 S.; 38 Abb.; DM 7,80; de Gruyter, Berlin ³ 1969

Heberer/Schwidetzky/Walter, Anthropologie [Fischer Lexikon Bd. 15]; 319 S.; 117 Abb.; DM 6,80; Fischer-Bücherei, Frankfurt ⁷ 1975

Hellbrügge/Wimpffen, Die ersten 365 Tage im Leben eines Kindes. Die Entwicklung des Säuglings; 207 S.; 83 Farbbilder; 65 Zeichng.; DM 25,—; Droemer, München

Henschen, F., Der menschliche Schädel in der Kulturgeschichte [Verständl. Wissensch., 89. Bd.]; 129 S.; 81 Abb.; DM 12,—; Springer, Berlin

Hofer/Altner, Die Sonderstellung des Menschen (Naturwiss. u. geisteswiss. Aspekte); 231 S.; 17 Abb.; DM 38,—; G. Fischer, Stuttgart 1972

Illies, J., Zoologie des Menschen (Entwurf einer Anthropologie); — [dtv Nr. 1227]; 227 S.; DM 5,80; Deutscher Taschenbuch Verlag, München 1976 — DM 16,80; Piper München ²1972

Kahle/Leonhard/Platzer, Taschenatlas der Anatomie [Taschenbücher]; Bd. 1: Bewegungsapparat; 424 S.; 202 Farbtaf.; DM 19,80; 1975; Bd. 2: Innere Organe; 343 S.; 163 Farbtaf.; DM 19,80; ²1976; Bd. 3: Nervensystem und Sinnesorgane; 349 S.; 165 Farbtaf.; DM 19,80; 1976; G. Thieme, Stuttgart

Kahn, F., Knaurs Buch vom menschlichen Körper [Knaur Taschenbuch 324] 304 S.; 328 Abb.; DM 9,80; Droemer, München 1973

Kattmann, U. (Hrsg.), Rassen-Bilder vom Menschen (Biologisch-sozialkundliches Arbeitsbuch); 309 S.; viele Tab. u. Abb., DM 36,—; Jugenddienst, Wuppertal 1973

Kattmann, U., Bezugspunkt Mensch (Grundlegung einer humanzentrierten Strukturierung des Biologieunterrichts); 368 S.; 14 Abb.; DM 28,—; Aulis, Köln 1977

Katz, Nerv, Muskel und Synapse (Einf. in d. Elektrophysiologie); [Taschenbuch]; 172 S.; 36 Abb.; DM 11,80; G. Thieme, Stuttgart ²1974

Keidel, W. D., Physiologie des Gehörs (Akustische Informationsverarbeitung. Einf. f. Ärzte, Biologen ...); [Taschenbuch]; 415 S.; 235 Abb.; DM 24,—; G. Thieme, Stuttgart 1975

Keidel, W. D., Sinnesphysiologie I — Allgemeine Sinnesphysiologie, Visuelles System [Heidelberger Taschenbücher, Bd. 97]; 229 S.; 158 Abb.; DM 18,80; Springer, Heidelberg 1971

Klima, M., Anatomie des Menschen (Kursus der makroskop. Anatomie f. Mediziner); Bd. I: Kopf und zentrales Nervensystem; 70 S.; 30 farb. u. 30 SW-Zeichn.; 15 Fotos; Bd. II: Hals, Schultergürtel, Arm; 70 S.; 30 farb. u. 38 sw-Zeichn.; 14 Fotos; Bd. III: Rumpfwand, Beckengürtel und Bein; 70 S.; 30 farb. u. 48 sw-Zeichn.; 19 Fotos; Bd. IV: Brust- und Bauchhöhle, Innere Organe; 70 S.; 30 farb. u. 36 sw-Zeichn.; 10 Fotos; Bd. V: Register und Tabellen; 88 S.; 3 Zeichn.; jeder Band DM 9,80; Franckh, Stuttgart

Klug, H., Hormone und Enzyme [Die neue Brehm-Bücherei, Bd. 262]; ca. 210 S.; 76 Abb.; ca. DM 13,80; Ziemsen, Wittenberg ³1976

Koch/Keßler, Menschen nach Maß (Manipulation der Erbanlagen — Eingriff in das Gehirn) [rororo-Taschenbuch 6970]; 252 S.; DM 5,80; Rowohlt, Reinbeck 1976

Krumm, E., Vom Sehen und Hören des Menschen [Praxis-Schriftenreihe Bd. 10]; 119 S.; 102 Abb.; DM 14,80; Aulis, Köln 1964

Lang, K., Wasser, Mineralstoffe, Spurenelemente [UTB, Bd. 341]; 145 S.; 11 Abb.; 44 Tab.; DM 14,80; Steinkopff, Darmstadt 1974

Lapp, R. E. (Hrsg.), Schall und Gehör (Life / Wunder der Wissenschaft); [rororo sachbuch 15]; zahlr. farb. Abb.; DM 8,80; Rowohlt, Reinbeck — Originalausgabe: 200 S.; DM 26,50; Time Life, Amsterdam 1966

Lausch, E., Manipulation (Der Griff nach dem Gehirn. Methoden, Resultate, Konsequenzen der Hirnforschung) [rororo-Taschenbuch 6876]; 248 S.; Abb.; DM 4,80; Rowohlt, Reinbeck 1974

Leonhardt, Histologie, Zytologie und Mikroanatomie des Menschen (für Ärzte u. Studenten); [Taschenbuch]; 479 S.; 246 Abb.; DM 16,80; G. Thieme, Stuttgart ⁴1974

Löbsack, Th., Versuch und Irrtum. Der Mensch: Fehlschlag der Natur [Heyne-Sachbuch 7023]; 320 S.; DM 5,80; Heyne, München 1976

* *Mörike/Betz/Mergenthaler*, Biologie des Menschen (Lehrbuch d. Anatomie, Physiologie u. Entwicklungsgeschichte d. Menschen); 475 S.; 392 Abb.; 8 Farbtaf.; DM 44,—; Quelle & Meyer, Heidelberg ⁹1976

Mueller, C. G./Rudolph, M. (Hrsg.), Licht und Sehen — [Life „Wunder der Wissenschaft"]; 200 S.; zahlr. farb. Abb.; DM 26,50; Time Life, Amsterdam 1967 — [rororo-sachbuch 6]; 189 S.; zahlr. farb. Abb.; DM 8,80; Rowohlt, Reinbeck ⁴1976

Mumenthaler, M., Neurologie [Taschenbuch]; 492 S.; 77 Abb.; 36 Tab.; DM 19,80; G. Thieme, Stuttgart ⁵1976

Nathan, P., Nerven und Sinne [BdW 6183] (s. Allgem. Zoologie; Anatomie u. Physiol.)

Nilsson, L., Unser Körper — neu gesehen („photographische Entdeckungsreise" durch den Körper); 256 S.; 336 Abb.; 41 Zeichn.; DM 88,—; Herder, Freiburg 1974

Nourse, A. E. (Hrsg.), Der Körper — [Life „Wunder der Wissenschaft"]; 200 S.; zahlr. farb. Abb.; DM 26,50; Time Life, Amsterdam 1965 — [rororo sachbuch 4]; 188 S.; zahlr. farb. Abb.; DM 8,80; Rowohlt, Reinbeck 1969

Platt, D., Biologie des Alterns [UTB Nr. 546]; 296 S.; 63 Abb.; DM 19,80; Quelle & Meyer, Heidelberg 1976

Portmann, A., Biologische Fragmente zu einer Lehre vom Menschen; DM 22,—; Schwabe & Co., Basel ³ 1969

Rahmann, H., Neurobiologie [UTB, Bd. 557]; 270 S.; 101 Abb.; 6 Tab.; DM 19,80; Ulmer Stuttgart 1976

* *Rein/Schneider,* Einführung in die Physiologie des Menschen; 745 S.; 551 Abb.; DM 78,—; Springer, Berlin ¹⁷ 1976

Remplein, H., Die seelische Entwicklung des Menschen im Kindes- und Jugendalter; DM 29,50; E. Reinhardt, München ¹⁷ 1971

Ronacher/Hemminger, Nerven- und Sinnesphysiologie [Biol. Arbeitsbücher, Bd. 18]; 175 S.; DM 18,80; Quelle & Meyer, Heidelberg 1976

Rosenbauer, K. A. (Hrsg.), Entwicklung, Wachstum, Mißbildungen und Altern bei Mensch und Tier; 365 S.; 189 Abb.; 39 Tab.; DM 76,—; Wissensch. Verlagsges., Stuttgart 1969

Schadé, J. P., Die Funktion des Nervensystems; 160 S.; 96 z. T. farb. Abb.; DM 9,80; G. Fischer, Stuttgart ³ 1973

Schliemann, H., Humanbiologie. Bau und Funktion des menschlichen Körpers [Biologie in Stichworten, Bd. VI]; 212 S.; 33 Abb.; DM 21,80; F. Hirt, Kiel 1974

Schmidt, R. F. (Hrsg.), Grundriß der Sinnesphysiologie [Heidelberger Taschenbücher Bd. 136]; 249 S.; 122 Abb.; DM 18,80; Springer, Berlin ² 1976

Schütz, E., Physiologie; 443 S.; 341 Abb.; 10 Tab.; DM 36,; Urban & Schwarzenberg, München ¹³/¹⁴/1972

* *Schütz, E./Rothschuh, K. E.,* Bau und Funktionen des menschlichen Körpers; 389 S.; 298 Abb.; DM 33,—; Urban & Schwarzenberg, München — Berlin ¹⁵ 1976

Schumacher, G. H., Topographische Anatomie des Menschen [UTB Nr. 629]; 504 S.; 221 teils farb. Zeichn.; DM 19,80; G. Fischer, Stuttgart 1976

Schurz, G., Unser Gehirn (Denken und Fühlen) [Kosmos-Bibliothek, Bd. 286]; 64 S.; 4 Abb.; 18 Zeichn.; DM 5,80; Franckh, Stuttgart 1975

Seybold/Woltereck, Klima — Wetter — Mensch; 293 S.; 90 Abb.; DM 16,—; Quelle & Meyer, Heidelberg 1976

Sommer, K., (Hrsg.); Der Mensch — Anatomie, Physiologie, Ontogenie; ca. 480 S.; ca. 212 Abb.; ca. DM 25,—; Volk u. Wissen, Berlin 1977

Spranger, E., Psychologie des Jugendalters; 321 S.; DM 25,—; Quelle & Meyer, Heidelberg ²⁸ 1966

Thämer/Schaefer (Hrsg.), Physiologie; 357 S.; DM 19,80; J. F. Lehmanns, München ³ 1976

Tittel, K., Beschreibende und funktionelle Anatomie des Menschen; 644 S.; 248 z. T. farb. Abb.; 47 Taf.; DM 36,—; G. Fischer, Stuttgart ⁷ 1976

Venzmer, Das Geheimnis der Hormone; 286 S.; DM 20,—; Econ, Düsseldorf 1971

Voss/Herrlinger, Taschenbuch der Anatomie; Bd. I: Einführung in die Anatomie-Bewegungsapparat; 403 S.; 178 Abb.; DM 14,—; ¹⁵ 1975; Bd. II: Verdauungssystem — Atmungssystem — Urogenitalsystem — Gefäßsystem; 383 S.; 218 Abb.; DM 14,—; ¹⁵ 1974; Bd. III: Nervensystem — Sinnessystem — Hautsystem — Inkretsystem; 358 S.; 218 Abb.; DM 14,—; ¹⁴ 1973; Gesamtausgabe der 14./15. Aufl. in 1 Band; 1097 S.; 530 Abb.; DM 42,—; 1975; G. Fischer, Stuttgart

Weiser, E., Biologische Rätsel (Im Niemandsland der Naturwissenschaften); 176 S.; DM 20,—; Econ, Düsseldorf 1976

Wilson, J. R. (Hrsg.), Der Geist [Life: Wunder der Wissenschaft]; 200 S.; zahlr. farb. Abb.; DM 26,50; Time Life, Amsterdam 1966

Winterstein, H., Schlaf und Traum [Verständl. Wissensch., 18. Bd.]; 143 S.; 25 Abb.; DM 12,—; Springer, Berlin, 2. Aufl.

2. Gesundheitserziehung

S. auch Literaturhinweise in Bd. 3 (Der Lehrstoff II, Menschenkunde) bei *Mattauch, F.:* Erste Hilfe im Unterricht; S. 305—352, und Literaturliste S. 486—489

Ahlheim, K. H. (Hrsg.), Wie funktioniert das? Der Mensch und seine Krankheiten. 768 S.; 331 zweifarb. u. 16 mehrfarb. Schautafeln; DM 29,80; Bibliograph. Institut, Mannheim 1973

Bartsch, N./Bartsch, B./Waldschmidt/Winter, Curriculum Alkohol, Rauchen, Selbstmedikation, Werbung und Gesundheit (UE f. d. 1. — 4. Schj. der Grundschule; Hrsg.: Bundeszentrale f. Gesundh. Aufklärung, Köln), [Gesundheit und Schule]; Ringmappe; 194 S.; 12 Arbeitstransparente, 1 Satz Poster, 1 Satz Spiele und Spielkarten; DM 36,50; Arbeitsheft: DM 3,20; Klett, Stuttgart 1975

Bartsch/Waldschmidt/Pommerenke, Zahngesundheit (2 Unterrichtseinheiten f. d. 1. — 4. Klasse der Grundschule); Ringmappe; 62 S.; 8 Arbeitsbogen; 2 Arbeitstransparente; DM 7,50; Verein f. Zahnhygiene, Darmstadt, Marktplatz 5; 1973

Borneff, Hygiene [Taschenbuch]; 387 S.; 40 Abb.; 36 Tab.; DM 17,80; G. Thieme, Stuttgart [2]1974

Dallmann/Meißner, G./Meißner, K./Pfeiffer, Curriculum Ernährung und Gesundheit (UE f. d. 1. — 4. Schj. d. Grundschule; Hrsg.: Bundeszentrale f. Gesundh. Aufklärung, Köln); [Gesundheit und Schule]; Ringmappe; 252 S., 7 Arbeitstransparente; 33 Tafelkarten; DM 37,80; Arbeitsheft: DM 3,50; Klett, Stuttgart 1976

Daunderen/Weger, Erste Hilfe bei Vergiftungen (Ratgeber f. Laien und Ärzte); ca. 140 S.; 12 Abb.; DM 18,80; Springer, Berlin 1975

Dubos/Pines (Hrsg.), Gesundheit und Krankheit [Life/Wunder der Wissenschaft]; 200 S.; zahlr. farb. Abb.; DM 26,50; Time Life, Amsterdam 1966

v. Eiff, A. W., Seelische und körperliche Störungen durch Streß; 246 S.; 75 Abb.; 7 Tab.; DM 14,80; G. Fischer, Stuttgart 1976

Etschenberg, K./Klein, K., Tabak, ein gefährliches Genußmittel (UE f. d. Sekundarstufe I), [Praktische Gesundheitserziehung H. 4]; 80 S.; DM 6,—; Inst. f. Gesundheitserziehung im Lande NW; 5160 Düren, Postfach 171

Etschenberg, K./Knoblauch, H., Sie sollten wissen, was sie tun (UE „Rauschdrogen und Drogenmißbrauch" f. d. Sekundarstufe I) [Prakt. Gesundheitserziehung H. 3]; 55 S, 4 Abb.; 9 Anlagen; DM 4,80; Inst. f. Gesundheitserziehung im Lande NW; 5160 Düren, Postfach 171

Feuerlein, W., Alkoholismus, Mißbrauch und Abhängigkeit (Eine Einf. f. Ärzte, Psychologen u. Sozialpädagogen); 207 S.; DM 15,80; G. Thieme, Stuttgart 1975

Franke, J./Pommerenke, A., Empfängnisverhütung s. b. Sexualität des Menschen, Sexualerziehung

Friemel/Brock, Grundlagen der Immunologie [taschentext 21]; 177 S.; 72 Abb.; 24 Tab.; DM 16,80; Verlag Chemie, Weinheim 1975

Kabat, E. A., Einführung in die Immunchemie und Immunologie [Heidelberger Taschenbücher 79]; 330 S.; 107 Abb.; DM 19,80; Springer, Berlin 1971

Katzenberger, L. F. (Hrsg.), Hygiene in der Schule [Prögel-Buch, Bd. 73]; 231 S.; zahlr. Abb.; DM 29,80; Prögel, Ansbach

Klein, Klaus, Praktische Gesundheitserziehung; 246 S.; DM 15,80; dazu: Lehrerhandbuch; ca. 80 S.; DM 8,—; Quelle & Meyer, Heidelberg 1976

Klein, K./Macke, Ch./Stüber, H., Alkohol, Droge Nr. 1 (UE f. d. Sekundarstufe I) [Prakt. Gesundheitserziehung H. 5]; 91 S.; DM 7,—; Inst. f. Gesundheitserziehung im Lande NW; 5160 Düren, Postfach 171

Kielholz/Ladewig, Die Abhängigkeit von Drogen [dtv, Wiss. Reihe 4134]; 121 S.; DM 3,80; Deutscher Taschenbuch Verlag, München 1973

Koegel, A., Zoonosen (Anthropozoonosen) (Die für Mensch und Tier gemeinsam wichtigen Krankheiten); 243 S.; DM 11,—; E. Reinhardt, München 1951

Köhnlein/Weller/Vogel/Nobel, Erste Hilfe (Ein Leitfaden) [Taschenbuch]; 198 S.: 115 Abb.; DM 10,80; G. Thieme, Stuttgart [4]1975

Lépine, P., Viren greifen uns an. [ht 145]; 127 S.; farb. Abb.; DM 3,80; Humboldt-Taschenbuchverlag, München

Leuenberger, Im Rausch der Drogen [ht 140]; 254 S.; mit Abb.; DM 4,80; Humboldt-Taschenbuchverlag, München

Pollak, K., Der Hausarzt (Ein Gesundheits-Ratgeber für die ganze Familie); 336 S.; 119 Zeichn.; 16 Farbtaf.; DM 19,80; Mosaik-Verlag, München 1977

Pollak, K., Knaurs Gesundheitslexikon (s. b. Lexika)

Pollak, K., Knaurs Lexikon der modernen Medizin (s. b. Lexika)

Pschyrembel, W., Klinisches Wörterbuch (s. b. Lexika)

Reichelt, R., Der Mensch und seine Umwelt (s. bei Didaktik, Lehrerhandbücher)

Scholz, H., Vitamine bauen uns auf [ht 154]; 191 S.; farb. Abb.; DM 4,80; Humboldt-Taschenbuchverlag, München

Schwick, H. G., Immunologie und Gesellschaft (Impfung, Allergie, Autoaggression, Transplantate, Tumorimmunologie); 302 S.; 79 Abb. (teils farbig); 52 Tab.; DM 58,—; Wiss. Verlagsges., Stuttgart 1975

Staeck/Drescher/Gelewsky/Laabs/Sinnhöfer/Vorpahl, Curriculum Ernährung und Gesundheit (UE f. d. 5. —10. Schj. d. Sek. St. 1; Hrsg.: Bundeszentrale f. Gesundh. Aufklärung, Köln, [Gesundheitserziehung und Schule]; Ringmappe; 364 S., 16 Arbeitstranspar., 11 Tafelkarten, 1 Poster; DM 39,—; Arbeitsheft: DM 4,50; Klett, Stuttgart 1976

Stäcker/Bartmann, Psychologie des Rauchens; 115 S.; 13 Abb.; 12 Tab.; DM 8,80; Quelle & Meyer, Heidelberg 1974

Steuer, W., Gesundheitsvorsorge (Grundlagen, Möglichkeiten, Praxis) [Taschenbuch]; 325 S.; 45 Abb.; 66 Tab.; DM 14,80; G. Thieme, Stuttgart 1971

Steward, Immunchemie [Führer zur modernen Biologie]; 86 S.; 27 Abb.; 18 Tab.; DM 9,80; G. Fischer, Stuttgart 1975

Stoeckel, W., Erste Hilfe — [Humboldt-Tb. 207]; 143 S.; Abb.; DM 3,80; Humboldt-Taschenbuchverlag, München — 124 S.; 50 Abb.; DM 12,80; Urban & Schwarzenberg, München 1974

Ullstein Lexikon der Medizin (s. bei Lexika)

Valentine, G. H., Die Chromosomenstörungen [Heidelberger Taschenbücher, Bd. 45]; 152 S.; 74 Abb.; DM 16,80; Springer, Heidelberg 1968

Venzmer, G., Das neue große Gesundheitsbuch; 752 S.; 741 teils farb. Abb.; DM 29,80; Mosaik-Verlag, München

Wagner, H., Rauschgift — Drogen [Verständl. Wissensch., 99. Bd.]; 149 S.; 55 Abb.; DM 12,—; Springer, Berlin, 2. Aufl.

Winter, W./Schill, W., Alkohol und Gesundheit (UE f. d. 5. u. 6. Schj.; Hrsg.: Bundeszentrale f. Gesundh. Aufklärung, Köln) [Gesundheitserziehung und Schule]; Ringmappe; 184 S., 3 Arbeitstransparente; DM 25,20; Arbeitsheft DM 3,80; Klett, Stuttgart 1977

Wolburg, J., Vitamine [Die Neue Brehm-Bücherei, Bd. 178]; DM 4,70; Ziemsen, Wittenberg, 3. Aufl.

Wormser, R. G., Drogenkonsum und soziales Verhalten bei Schülern [Geist und Psyche, Bd. 2116]; 319 S.; DM 9,80; Kindler, München 1976

Zetkin/Schaldach, Wörterbuch der Medizin (s. b. Lexika)

3. Keimesentwicklung des Menschen

Blechschmidt, E., Humanembryologie (Prinzipien und Grundbegriffe); 128 S.; 138 Abb.; DM 64,—; Hippokrates-Verlag, Stuttgart 1974

Blechschmidt, E., Wie beginnt das menschliche Leben? (Vom Ei zum Embryo); 168 S.; 63 Abb.; 24 Schemata; DM 12,—; Christana-Verlag, Stein a. Rh. [4] 1976

Ferner, H., Entwicklungsgeschichte des Menschen; 200 S.; 132 Abb.; DM 8,80; E. Reinhardt, München 1970

Flanagan, G. L., Die ersten neun Monate des Lebens [rororo-Taschenbuch 6605]; 120 S.; 115 Abb.; DM 4,80; Rowohlt, Reinbeck 1968

Grosser/Ortmann, Grundriß der Entwicklungsgeschichte des Menschen; 215 S.; 200 Abb.; DM 38,—; Springer, Berlin [7] 1970

Langmann, Medizinische Embryologie (Die normale menschliche Entwicklung u. ihre Fehlbildungen) [Taschenbuch]; 416 S.; 329 Abb.; DM 18,80; G. Thieme, Stuttgart [4] 1976

* *Nilsson, L.*, Ein Kind entsteht; 160 S.; 143 Abb.; DM 26,—; Mosaik-Verlag, München

Rosenbauer, K. A. (Hrsg.); Entwicklung, Wachstum, Mißbildungen und Altern bei Mensch und Tier (s. b. Allg. Menschenkunde)

Schumacher, G.-H., Embryonale Entwicklung des Menschen; 178 S.; 85 Abb.; DM 8,80; G. Fischer, Stuttgart [2] 1974

Theile/Schlüter, Das ungeborene Kind [rororo Elternbuch 6923]; DM 4,80; Rowohlt, Reinbeck

4. Sexualität des Menschen; Sexualerziehung

S. auch Literaturhinweise in Bd. 4/III (Der Lehrstoff III, Allgem. Biologie) bei *Spanner, L.*: Arbeitsmittel zur Sexualerziehung, S. 31—45, und in Bd. 2 (Der Lehrstoff I, Menschenkunde), S. 300/301.

Appelt/Bleistein/Boeckh, Sexualpädagogik (Handreichungen aus der Sicht der Biologie, Soziologie und Theologie); 140 S.; DM 10,—; Ehrenwirth, München 1971

Avers, J., Einführung in die Sexualbiologie (Genetik u. Evolution — Menschliche Fortpflanzung — Soziale Verhaltensweisen u. Fortpflanzungsverhalten) [UTB Bd. 479]; 301 S.; 75 Abb.; 4 Tab.; DM 19,80; G. Fischer, Stuttgart 1976

Bauer/Brocher / Giese / Hertz / Müller-Luckmann / Scarbath, Erziehung und Sexualität [Krit. Beiträge z. Bildungstheorie]; 106 S.; DM 14,20; Diesterweg, Frankfurt

Beiler, A., Biologisches Sachwissen und Geschlechtserziehung (Eine Hilfe f. Lehrer u. Erzieher); 118 S.; DM 14,80; A. Henn, Kastellaun, 1966

* *de Boer/Schneider/Walter*, Wer „a" sagt .. muß auch zärtlich sein (Fragen und Antworten zu Sexualproblemen f. Eltern, Lehrer u. Jugendliche); 45 S.; 21 Farbfotos, DM 13,90; Fachverlag f. Pädag. Informationen, Braunschweig 1975

Bräutigam, W., Sexualmedizin im Grundriß (Einf. in Klinik, Theorie und Störungen); etwa 300 S.; 7 Abb.; 4 Tab.; DM 18,—; G. Thieme, Stuttgart 1976

Bräutigam/de Boer, Keine Angst vor der Geburt; 36 S.; 30 Abb.; DM 4,80; Braunschweiger Verlagsanstalt, Braunschweig 1976

* *Brauer/Mehl/Wrage*, Frau und Mann. Partnerschaft — Sexualität — Empfängnisregelung [Gütersloher Taschenbücher Siebenstern Nr. 202]; 158 S.; üb. 40 Abb.; DM 9,80; G. Mohn, Gütersloh 1976

Brender, J. (Hrsg.), Die Sache mit dem Sex (Jugendliche u. Partnerschaft, Information für Jugendliche); ca. 90 S.; DM 6,50; Beltz, Weinheim 1977

Brocher, T., Psychosexuelle Grundlagen der Entwicklung; 120 S.; DM 6,80; Leske & Budrich, Opladen 1971

Broderick, C. B., Kinder- und Jugendsexualität (Sexuelle Sozialisierung) [rororo sexologie Nr. 8005]; 118 S.; 10 Abb.; 6 Tab.; DM 4,80; Rowohlt, Reinbeck [3] 1975

Bundeszentrale für gesundheitl. Aufklärung (Hrsg.), Sexualerziehung (Handreichungen für den Lehrer) [Reihe: Gesundheitserziehung und Schule]; 235 S.; DM 14,—; Klett, Stuttgart 1974

Döring, Empfängnisverhütung (Leitfaden f. Ärzte u. Studenten) [Taschenbuch]; 133 S.; 17 Abb.; 18 Tab.; DM 9,80; G. Thieme, Stuttgart [6] 1975

Eggers/Steinbacher (Hrsg.), Sexualpädagogik [Klinkhardts Pädagog. Quellentexte]; 276 S.; DM 16,80; Klinkhardt, Bad Heilbrunn 1976

Fels, G., Pubertät, Begleitbuch für Lehrer und Eltern z. Unterr. in Sexualerziehung im 5.—7. Schuljahr; 90 S.; 11 Abb.; DM 6,70; E. Klett, Stuttgart 1969

Franke/Pommerenke, Empfängnisverhütung (Unterrichtseinheit für die Hauptschule); 38 S.; 6 Transparentfolien, DM 9,50 (+ Porto); Arbeitskreis zur Förderung der Gesundheitserziehung e. V. „Jugend und Gesundheit"; Frankfurt 1976

Fischer/Ruhloff/Scarbath/Thiersch (Hrsg.) — Normenprobleme in der Sexualpädagogik (Sexualpädagogik I); 200 S.; DM 17,—; 1971 — Inhaltsprobleme in der Sexualpädagogik (Sexualpädagogik II); 224 S.; DM 19,—; 1973; Quelle & Meyer, Heidelberg

Glaser, H., Aspekte der Sexualität (Eine Darstellung zur integrierten Sexualerziehung); 143 S.; 16 S. Bildanhang; DM 20,; Diesterweg, Frankfurt

Glaser, H., Sexualität und Aggression [Taschenbuch Geist und Psyche 02158]; ca. 312 S.; DM 13,80; Kindler, München 1975

Goldstein/Mc Bride, Lexikon der Sexualaufklärung [Fischer-Band 1221]; 230 S.; DM 6,80; Fischer-Taschenbuch, Frankfurt [5] 1975

Goldstein/Mc Bride, Lexikon der Sexualität; 224 S., DM 16,80; Jugenddienst Wuppertal [5] 1976

Grüninger/Wilhelm/Topfmeier, Schriften und Unterrichtsmittel zur Geschlechtererziehung [Reihe: Gesundheitserziehung und Schule]; 104 S.; DM 4,—; Klett, Stuttgart [3] 1975

Hamann, B., Sexualerziehung in der Schule von heute (Ein Beitrag zu Inhalt und Methode); 164 S.; DM 15,40; J. Klinkhardt, Bad Heilbrunn 1977

Heid, H., Praxis schulischer Sexualerziehung; 112 S.; DM 10,—; Leske + Budrich, Leverkusen 1971

Hesse/Grimm/Haring/Kaul/Kuckhoff/Tembrock (Hrsg.), Sexuologie. Geschlecht, Mensch, Gesellschaft (3 Bände); Bd. I: 584 S.; 130 Abb.; DM 68,57; [2] 1974; Bd. II: 248 S.; 30 Abb.; DM 31,56; 1976; Bd. III: in Vorbereitung; Hirzel, Stuttgart (Leipzig)

Heydorn/Simonsohn/Hahn/Hertz, Erziehung und Sexualität [Reihe: Kritische Beiträge z. Bildungstheorie]; 106 S.; DM 14,20; Diesterweg, Frankfurt, 2. Aufl.

Hunger, H., Das Sexualwissen der Jugend — 356 S.; DM 16,—; E. Reinhardt, München [4] 1969 — [Herderbücherei Bd. 381]; 254 S.; DM 5,90; Herder, Freiburg 1970

Illies, J., Schöpfung, Scham und Menschenwürde (Betrachtungen eines Biologen zur Sexualität und Fortpflanzung); [Die weisse Reihe 8]; 80 S., DM 6,90; Verlag des Weissen Kreuzes, 3500 Kassel, Am Rain 1

Illies/Meves, Lieben — was ist das? [Herderbücherei, Bd. 362]; 128 S.; DM 4,90; Herder, Freiburg [9] 1975

Janssen, H. u. a., Sexualerziehung an Gymnasien; 222 S.; DM 17,20; Schroedel, Hannover 1973

Jensen/Schulze/Windt, Hinweise zur Sexualerziehung [Wegweiser f. d. Lehrerfortbildung, Heft 79]; 88 S.; DM 7,80; F. Hirt, Kiel 1976

Kamratowski/Heitmann, Sexualerziehung vor der Reifezeit [Erziehung und Psychologie Bd. 54]; 77 S.; 6 Abb.; DM 12,80; E. Reinhardt, München 1970

Kattmann, U., (Hrsg.), Sexualität des Menschen — Bildmappe für den Sexualkundeunterricht, 12 Fotos von Mc Bride; DM 9,80; [2] 1973;
— Didaktischer Kommentar; 58 S., DM 9,80; [3] 1975; Jugenddienst Wuppertal

Kirst, W./Diekmeyer, U., Die Geburt [Reporter-Buch]; 48 S.; DM 14,80; Deutsche Verlags-Anstalt, Stuttgart 1972

Kluge, N. (Hrsg.), Sexualunterricht ["Texte zur Fachdidaktik"]; 263 S.; 2 Abb.; DM 18,80; J. Klinkhardt, Bad Heilbrunn 1976

Lichtenstern, H., Sexualkunde-Lexikon [Goldmann-Taschenbuch Medizin 2826]; 189 S.; 75 Abb.; DM 4,—; Goldmann, München 1971

Masters/Johnson, Die sexuelle Reaktion [rororo Sexologie Nr. 8032]; 292 S.; 46 Abb.; 19 Tab., DM 7,80; Rowohlt, Reinbeck [3] 1976

Mead, M., Mann und Weib (Das Verhältnis der Geschlechter in einer sich wandelnden Welt [rororo — rde 69]; 280 S.; DM 6,80; Rowohlt, Reinbeck [10] 1976

Mehl/Thies, Sexualerziehung in der Schule; 116 S.; DM 11,40; Schroedel, Hannover [2] 1971

* *Meves, Ch.*, Manipulierte Maßlosigkeit [Herderbücherei Bd. 401]; 140 S.; DM 4,90; Herder, Freiburg [15] 1975

Money, J., Körperlich-sexuelle Fehlentwicklungen [rororo Sexologie Nr. 8010]; 94 S.; 45 Abb.; DM 2,80; Rowohlt, Reinbeck 1969

* *Nilsson, L.*, So kamst Du auf die Welt (Von der Geburt zur Zeugung. Eine Aufklärung für Kinder); 31 S.; 35 z. T. farbige Fotos, 4 Zeichng.; DM 9,80; Bertelsmann Ratgeberverlag, München 1975

Rosenbauer, K. A., Genitalorgane, Anatomie und Physiologie [rororo Sexologie Nr. 8019] 149 S.; 18 Abb.; DM 2,80; Rowohlt, Reinbeck 1969

Scarbath, H., Geschlechtserziehung (Motive, Aufgaben u. Wege); 159 S.; DM 16,—; Quelle & Meyer, Heidelberg [2] 1974

* *Schneider, H.*, (Hrsg.), Handreichungen zur Sexualerziehung (ab 1977 als Beilage zur Zeitschrift „Sexualpädagogik"); in 3 Ausgaben: Ausg. A für 1.—4. Schuljahr, 50 Lief., à DM 1,20; Ausg. B für 5.—10. Schuljahr 50 Lief., à DM 1,20; Ausg. C ab 11. Schuljahr, 50 Lief., à DM 1,20; Braunschweiger Verlagsanstalt, Braunschweig 1972—1976

Schuh-Gademann, L., Erziehung zur Liebesfähigkeit (Materialien und Konzepte für eine frühkindliche Sexualerziehung); 320 S.; DM 22,—; Quelle & Meyer, Heidelberg 1972

Seelmann, K., Kind, Sexualität und Erziehung — 277 S.; DM 18,—; E. Reinhardt, München [7] 1973
— [Taschenbuchreihe „Geist u. Psyche" 02089]; 280 S.; DM 6,80; Kindler, München 1972 (Neuaufl.)

Seelmann, K., Zwischen 14 und 18 (Informat. über sexuelle u. andere Fragen des Erwachsenwerdens); 328 S.; 28 Abb.; DM 11,80; E. Reinhardt, München [2] 1974

Sexuologie (s. b. Hesse u. a.)

Sievers/Wittlinger, Familienplanung und Empfängnisregelung; 48 S.; 13 Abb.; DM 8,—; Lehmanns, München 1974

Simon/Gagnon, Sexuelle Außenseiter (Kollektive Formen sexueller Abweichungen); [rororo Sexologie Nr. 8002]; 139 S.; DM 2,80; Rowohlt, Reinbeck 1970

Strätling, B., Sexualethik und Sexualerziehung; 252 S.; DM 16,80; L. Auer, Donauwörth 1970
Thomas, K., Sexualerziehung (Grundlagen, Erfahrungen u. Anleitungen f. Ärzte, Pädagogen u. Eltern); 218 S.; 26 graf. Darst.; DM 26,—; G. Thieme, Stuttgart ² 1970
* *Verch, K.*, Die Geburt (Bilddokumentation); 24 S.; 24 SW-Fotos; DM 4,50; G. Westermann, Braunschweig 1972
Wiesböck, E., (Hrsg.), Geschlechtliche Erziehung in der Schule (Grundlagen u. Beispiele f. Lehrer aller Schularten); 324 S.; 13 Abb.; DM 32,—; Ehrenwirth, München 1969
Zitelmann/Carl, Didaktik der Sexualerziehung (Handbuch f. d. 1.—13. Schulj.); 159 S.; DM 12,—; Beltz Weinheim ⁵ 1976

XI. Tierkunde (Zoologie)

S. auch Literaturangaben bei VII. 3 (Ökologie der Tiere) S. 183 und in Bd. 2
(Der Lehrstoff I) bei *Schmidt, H.*: Tierkunde, S. 2—384

1. Lehrbücher der Allgemeinen Zoologie

Eulefeld, G., Zoologie [Biologie in Stichworten Bd. III u. IV]; 1. Teil (Zytologie — Histologie — Systematik); 224 S.; 88 Abb.; 4 Tab.; DM 19,80; 2. Teil (Physiologie — Ökologie); 224 S.; 51 Abb.; 15 Schemata; DM 19,80; F. Hirt, Kiel 1972
Freye, H.-A., Kompendium der Zoologie; 354 S.; 98 Abb.; DM 29,80; Vieweg, Braunschweig ⁴ 1972
Geiler, H., Allgemeine Zoologie [Taschenbuch]; 471 S.; 390 Abb.; DM 22,—; H. Deutsch, Thun u. Frankfurt ⁴ 1974
* *Hadorn/Wehner*, Allgemeine Zoologie (begründet von A. Kühn); [Taschenbuch]; 561 S.; 285 Abb.; DM 15,80; G. Thieme, Stuttgart ¹⁹ 1974
v. Lengerken, H., Einführung in die Allgemeine Zoologie; 201 S.; 208 Abb.; DM 25,—; de Gruyter, Berlin 1949
Raths/Biewald, Tiere im Experiment; 364 S.; 20 SW-Fotos; 148 Zeichn.; DM 36,—; Aulis, Köln 1971
* *Remane/Storch/Welsch*, Kurzes Lehrbuch der Zoologie; 493 S.; 286 Abb.; DM 46,—, (kart. 39,—); G. Fischer, Stuttgart ² 1974
* *Rensch/Dücker*, Zoologie [Fischer-Lexikon Bd. 28: Biologie II]; 362 S.; 129 Abb.; DM 6,80; Fischer-Bücherei, Frankfurt ⁷ 1976
Street, P., Die Waffen der Tiere [Fischer Taschenbuch Bd. 1685]; 275 S.; Abb.; DM 5,80; Fischer-Bücherei, Frankfurt 1976
Welsch/Storch, Einführung in die Cytologie und Histologie der Tiere; 244 S.; 147 Abb.; DM 28,—; G. Fischer, Stuttgart 1973
* *Wurmbach, H.*, Lehrbuch der Zoologie; Bd. I: Allgemeine Zoologie und Ökologie; 1080 S.; 857 Abb.; DM 84,—; ² 1970; Bd. II: Spezielle Zoologie; 838 S.; 772 Abb.; DM 76,—; ² 1971; G. Fischer, Stuttgart

2. Anatomie und Physiologie der Tiere

Altmann, G., Die Orientierung der Tiere im Raum [Die Neue Brehm-Bücherei, Bd. 369]; 184 S.; 101 Abb.; DM 10,30; Ziemsen, Wittenberg ² 1966
Bäßler, U., Sinnesorgane u. Nervensystem [Studienreihe Biologie, Bd. 2]; 186 S.; 99 Abb.; DM 14,—; J. B. Metzler, Stuttgart 1975
Boeckh, J., Nervensysteme und Sinnesorgane der Tiere [studio visuell]; 141 S.; zahlr. Abb.; DM 25,—; Herder Freiburg ² 1977
* *v. Buddenbrock, W.*, Die Welt der Sinne [Verständl. Wissenschaft, Bd. 19]; 155 S.; 55 Abb.; DM 12,—; Springer, Berlin, 2. Auflage
Burckhardt, D. (Hrsg.), Signale in der Tierwelt. Vom Vorsprung der Natur [dtv Nr. 853]; 211 S.; 93 Abb.; DM 6,80; Deutscher Taschenbuch Verlag, München 1971
Dröscher, V. B., Magie der Sinne im Tierreich [dtv Nr. 1126]; 299 S.; 101 Abb.; DM 9,80; Deutscher Taschenbuch Verlag, München 1975

Faber/Haid, Endokrinologie [UTB 110]; (s. Humanbiologie)
Florey, E., Lehrbuch der Tierphysiologie (Einf. in d. allgem. u. vergl. Physiol. d. Tiere); 574 S.; 491 Abb.; 45 Tab.; DM 44,—; G. Thieme, Stuttgart ² 1975
Giersberg, H., Hormone (s. Humanbiologie)
Kämpfe/Kittel/ Klapperstück, Leifaden der Anatomie der Wirbeltiere; 335 S.; 193 Abb.; 4 Tab.; DM 27,—; G. Fischer, Stuttgart ³ 1970
* *Kückenthal/Matthes/Renner*, Leitfaden für das Zoologische Praktikum; 530 S.; 219 Abb.; DM 44,—; G. Fischer, Stuttgart ¹⁶ 1971
Malkinson, A. M., Wirkungsmechanismen der Hormone [Führer zur modernen Biologie]; 85 S.; 46 Abb.; 5 Tab.; DM 9,80; G. Fischer, Stuttgart 1977
Milne/Milne, Die Sinneswelt der Tiere und Menschen; 315 S.; DM 28,—; Parey, Hamburg 1968
Nathan, P., Nerven und Sinne (Ein Gang durch das Nervensystem bei Menschen und Tieren); [Bücher des Wissens, Bd. 6183]; 301 S.; 38 Abb.; DM 6,80; Fischer Taschenbuch Verlag, Frankfurt 1973
Penzlin, H., Lehrbuch der Tierphysiologie; 410 S.; 296 Abb.; 46 Tab.; DM 39,—; G. Fischer, Stuttgart ² 1976
Peyer, B., Die Zähne (Ursprung, Geschichte, Aufgabe); [Verständliche Wissenschaft 79. Bd.]; 110 S.; 102 Abb.; DM 12,—; Springer, Berlin
Romer, A. S./Frick, H., Vergleichende Anatomie der Wirbeltiere; 590 S.; 415 z. T. farb. Abb.; DM 72,—; Parey, Hamburg ³ 1971
Scheer, B. T., Tierphysiologie; Studienausgabe; 357 S.; 112 Abb.; 25 Tab.; DM 19,80; G. Fischer, Stuttgart 1969
Schlieper, C., Praktikum der Zoophysiologie; 4. Aufl. bearbeitet von *Hanke/Hamdorf/ Horn/Schlieper* ca. 400 S.; 226 Abb.; ca. DM 39,—; G. Fischer, Stuttgart ⁴ 1977
Schmidt-Nielsen, K., Physiologische Funktionen bei Tieren; 124 S.; 55 Abb.; DM 11,—; G. Fischer, Stuttgart 1975
Steiner, G., Zoomorphologie in Umrissen (65 Tafeln zum Vergleichen der Eumetazoen); ca. 150 S.; über 900 Einzeldarst.; ca. DM 32,—; G. Fischer, Stuttgart 1977

3. Fortpflanzung und Entwicklung bei Tieren

Danzer, A., Fortpflanzung, Entwicklung, Entwicklungsphysiologie; 104 S.; 33 Abb.; DM 16,—; Quelle & Meyer, Heidelberg ³ 1976
Emschermann, P., Entwicklung (Grundlagen — Erkenntnisse der tierischen Fortpflanzung u. d. Ontogenie); [studio visuell]; 128 S.; zahlr. Abb.; DM 25,—; Herder, Freiburg ³ 1976
**Hadorn, E.*, Experimentelle Entwicklungsforschung im besonderen an Amphibien [Verständliche Wissenschaft, Bd. 77]; 142 S.; 45 Abb.; DM 12,—; Springer, Berlin ² 1970
Honillon, Ch., Embryologie; 191 S.; 57 Abb.; DM 32,—; Vieweg, Wiesbaden 1972
Honillon, Ch., Sexualität [uni-text/Lehrbuch]; 182 S.; 54 Abb.; DM 26,80; Vieweg, Wiesbaden 1969
Kühn, A., Vorlesungen über Entwicklungsphysiologie; 591 S.; 620 Abb.; DM 68,—; Springer, Berlin ² 1965
Naaktgeboren/Slijper, Biologie der Geburt (Einf. in d. vergleichende Geburtskunde); 225 S.; 275 Abb.; 14 Tab.; DM 58,—; Parey, Hamburg 1970
Nitschmann, Entwicklung bei Mensch und Tier (Embryologie); [WTB, Bd. 111]; 170 S.; 45 Abb.; DM 13,80; Vieweg, Wiesbaden 1974
Pflugfelder, O., Lehrbuch der Entwicklungsgeschichte und Entwicklungsphysiologie der Tiere; 464 S.; 456 Abb.; 17 Tab.; DM 64,—; G. Fischer, Stuttgart ² 1970
Rosenbauer, K. A., (Hrsg.), Entwicklung, Wachstum, Mißbildungen und Altern bei Mensch und Tier (s. b. Menschenkunde)
Schwartz, Vergleichende Entwicklungsgeschichte der Tiere (Ein kurzes Lehrbuch); [Taschenbuch]; 422 S.; 289 Abb.; DM 16,80; G. Thieme, Stuttgart 1973
* *Seidel, F.*, Entwicklungsphysiologie der Tiere; Bd. I: 234 S.; 51 Abb.; ² 1972; DM 14,80; Bd. II: 238 S.; 47 Abb.; ² 1975; DM 19,80; Bd. III: 199 S.; ² 1976; DM 19,80; [Sammlung Göschen Bände 7162, 2601 bzw. 2602]; de Gruyter, Berlin
Siewing, R., Lehrbuch der vergleichenden Entwicklungsgeschichte der Tiere; 531 S.; 1300 Abb.; DM 68,—; Parey, Hamburg 1969

Stonehouse, B., Junge Tiere (Ihr Wachstum, ihr Verhalten, ihre Umwelt; betr. Amphibien, Fische, Vögel, Säugetiere); 168 S.; 180 Farbfotos; DM 36,—; Herder, Freiburg 1975
Weismann, E., Entwicklung und Kindheit der Tiere [Dynamische Biologie, Bd. 4]; 144 S.; 103 meist farb. Abb.; DM 26,—; O. Mayer, Ravensburg 1976

4. Zoologische Bestimmungsbücher

* *Bang/Dahlström,* Tierspuren (Tiere erkennen an Fährten, Fraßzeichen, Bauen und Nestern); 240 S.; 93 Farbfotos, 6 Farbtaf. mit 108 Einzeldarst.; 280 Fotos u. Zeichn.; DM 25,—; BLV, München ²1974
Brohmer, P./Tischler, W., Fauna von Deutschland (Bestimmungsbuch heim. Tierwelt); 580 S.; 1750 Abb.; DM 43,—; Quelle & Meyer, Heidelberg ¹²1974
Carl, H., Anschauliche Tierkunde; 160 S.; 45 Abb.; DM 18,60; Aulis, Köln 1975
Fürsch, H., Tiere sehen — Tiere bestimmen [ht 209]; 175 S.; mit Abb.; DM 3,80; Humboldt — Taschenbuchverlag, München 1973
* *Graf, J.,* (Hrsg.), Tierbestimmungsbuch; 544 S.; 16 Farbtaf.; 1670 Abb.; DM 39,—; J. F. Lehmanns, München ²1971
Kelle/Sturm, Tiere — leicht bestimmt (Bestimmungsbuch einheim. Tiere, ihrer Spuren und Stimmen); 193 S.; 641 Zeichn.; 56 Farb- u. 16 SW-Fotos; DM 16,80; Dümmler, Bonn 1977
Kosmos — Tierwelt, Europäische Fauna (Tiere in natürlichen Lebensräumen); 320 S.; 10 Farbfotos; 582 farb. Abb.; DM 29,50; Franckh, Stuttgart, 2. Auflage
Luther/Fiedler, Die Unterwasserfauna der Mittelmeerküsten; 260 S.; 500 Abb. (300 farbig); DM 35,—; Parey, Hamburg ²1967
Stephan, E. u. B., Wir bestimmen Tiere [Naturwiss. Jugendbücher, Nr. 3563]; 176 S.; 374 Abb.; DM 24,80; Aulis, Köln 1976

5. Verschiedene Werke zur Zoologie

Buchner, P., Tiere als Mikrobenzüchter [Verständl. Wissenschaft Bd. 75]; 168 S.; 102 Abb.; DM 12,—; Springer, Berlin
v. Buggenhagen, D., (Hrsg.), Großes Handbuch für den Haustierfreund; 464 S.; DM 29,80; Falken-Verlag, Erich Sicker KG, Wiesbaden 1976
Demoll, R., Früchte des Meeres [Verständl. Wissensch.; 64. Bd.]; 150 S.; 40 Abb.; DM 12,—; Springer, Berlin
Dolder, W., Tiere im Zoo [Hallwag-Taschenbuch, Bd. 34]; 85 S.; zahlr. farb. Abb.; DM 8,80; Hallwag, Bern 1976
Eipper, P., Die schönsten Tiergeschichten; 395 S.; 53 Fotos; DM 24,—; Piper, München 1973
Eipper, P., Wiedersehen mit meinen Tieren (Die schönsten Tiergeschichten, 2. Teil); 360 S.; 53 Abb.; DM 17,80; Piper, München 1966
v. Frisch, K. u. O., Tiere als Baumeister; 310 S.; 114 Abb., davon 80 farbig; 105 Zeichng.; DM 30,—; Ullstein, Berlin 1974
v. Frisch, O., Alle Taschen voller Tiere; 116 S.; 20 Fotos; DM 8,—; Parey, Hamburg 1966
Grzimek, B., Mit Grzimek durch Australien (Abenteuer mit Tieren und Menschen des fünften Kontinents); [dtv Nr. 1113]; 240 S.; 80 Fotos; 100 Zeichng.; D M9,80; Deutscher Taschenbuch Verlag, München 1975
Habermehl, G., Gift-Tiere und ihre Waffen (Einf. f. Biologen, Chemiker, Mediziner / Leitfaden f. Touristen); 126 S.; 27 Abb.; 6 Farbtaf.; DM 22,80; Springer, Berlin 1976
Hass, Hans, — In unberührte Tiefen [Heyne — Sachbuch 7002]; 331 S.; DM 7,80; 1975;
— Welt unter Wasser [Heyne — Sachbuch 7020]; 336 S.; Abb.; DM 7,80; 1976; Heyne, München
Heinemann, D., Brehms Kinderzoo — Die heimische Tierwelt; ca. 240 S.; viele farb. u. SW-Abb.; DM 26,—;
— Die Tiere fremder Länder; ca. 240 S.; viele farb. u. SW-Abb.; DM 26,—; Kindler, München 1977
Heran, J., Das Tier und sein Kleid; 160 S.; 47 farb.- u. 129 SW-Abb.; DM 9,80; Dausien, Hanau 1977

Herre/Röhrs, Haustiere — zoologisch gesehen; 240 S.; 46 Abb.; DM 12,80; G. Fischer, Stuttgart 1973
Illies, J., Einführung in die Tiergeographie [UTB Nr. 2]; 91 S.; 33 Abb.; DM 6,80; G. Fischer, Stuttgart 1971
Illies, J., Tiergeographie; 118 S.; 33 Abb.; DM 14,80; G. Westermann, Braunschweig [2] 1972
Illies, J., Zoologeleien [Herderbücherei Nr. 502]; 128 S.; DM 4,90; Herder, Freiburg [2] 1975
Jacobs, W., Fliegen, Schwimmen, Schweben [Verständl. Wissensch., 36 Bd.]; 144 S.; 97 Abb.; DM 12,—; Springer, Berlin, 2. Auflage
Müller, F., Kleine Haustiere und ihre Pflege [Hallwag — Taschenbuch, Bd. 101]; 63 S.; zahlr. Farbfotos; DM 6,80; Hallwag, Bern 1973
Müller, Tiergeographie; ca. 265 S.; DM 28,80; Teubner, Stuttgart 1976
Nachtsheim/Stengel, Vom Wildtier zum Haustier; ca. 140 S.; 72 Abb.; Parey, Hamburg, 3. Auflage
Norman/Fraser, Riesenfische, Wale, Delphine; 341 S.; 199 Abb.; DM 34,—; Parey, Hamburg 1963
Paysan, K., Leben in Teich und Tümpel [ht 158]; 127 S.; farb. Abb.; DM 3,80; Humboldt — Taschenbuchverlag, München
Paysan, K., Tiere bei uns zu Hause [ht 198]; 128 S.; farbige Abb.; DM 3,80; Humboldt — Taschenbuchverlag, München
Portmann, A., Tarnung im Tierreich [Verständl. Wissenschaft 61]; 112 S.; 125 Abb.; DM 12,—; Springer, Berlin 1956
Portmann, A., Zoologie aus vier Jahrzehnten. Gesammelte Abhandlungen; 355 S.; 87 Abb.; DM 19,80; Piper, München 1967
Psenner, H., Alpentiere [Hallwag — Taschenbuch, Bd. 127]; DM 6,80; Hallwag, Bern
Schmidthüsen, J., Atlas zur Biogeographie (s. b. Pflanzensoziologie und Vegetationskunde)
Sielmann, H., Glück mit Tieren (Heimtiere; Herkommen, Wesen, Verhalten); 160 S.; 150 Abb.; DM 29,80; Gräfe u. Unzer, München
Slijper, E. J., Riesen und Zwerge im Tierreich; 199 S.; 106 Abb.; DM 28,—; Parey, Hamburg 1967
Spiegel, A., Versuchstiere (Einf. in d. Grundlag. ihrer Zucht u. Haltung); 97 S.; 4 Abb.; DM 12,80; G. Fischer, Stuttgart 1976
Wink, U., Kleine Tiere in Haus und Garten (Beobachten, Halten, Pflege, Versuche); 264 S.; 8 Farbtaf.; 24 SW-Fotos, viele Zeichn.; DM 24,80; Keyser, München

6. Spezielle Zoologie
a. Lehrbücher u. Sammelwerke

Brehms Neue Tierenzyklopädie in Farbe; 12 Bände, je 308—368 S., insgesamt 3940 S.; je 400—450 Farbfotos, je DM 158,—; Herder, Freiburg
Claus/Grobben/Kühn, Lehrbuch der Zoologie; Spezieller Teil (Reprint der 10. Aufl. 1932); 736 S.; 843 Abb.; DM 118,—; Springer, Berlin 1971
Dathe, H., Wirbeltiere I (s. *Henning/Dathe*)
* *Grzimeks Tierleben*, 13 Bände; über 7000 S.; viele Farbtaf.; Sonderausgabe; DM 1690,— (Subskriptionspreis DM 1287,—); Kindler, München
v. Dehn, M., Vergleichende Anatomie der Wirbeltiere [Arbeitsbücher Biologie, Taschentext 30]; 206 S.; 108 Abb.; DM 28,80; Verlag Chemie, Weinheim 1975
* *Hennig/Dathe*, Taschenbuch der speziellen Zoologie; Teil 1: Wirbellose I (Ausgen. Gliedertiere); 203 S.; 257 Abb.; 1972; DM 14,80; Teil 2: Wirbellose II (Gliedertiere); 199 S.; 184 Abb.; 1972; DM 14,80; Teil 3: Wirbeltiere I (Fische, Lurche, Kriechtiere); 244 S.; 234 Abb.; 1975) DM 14,80; Teil 4: Wirbeltiere II (Säugetiere, Vögel); (in Vorbereitung für 1978); H. Deutsch, Frankfurt
* *Kaestner, A.*, Lehrbuch der Speziellen Zoologie Bd. I Wirbellose; 1. Teil: Protozoa, Mesozoa, Parazoa, Coelenterata, Protostomia ohne Mandibulata; 898 S.; 676 Abb.; DM 54,—; [3] 1968; 2. Teil: Crustacea; 393 S.; 242 Abb.; DM 28,—; [2] 1967; 3. Teil Insecta: A. Allgemeiner Teil 272 S.; 182 Abb.; DM 22,—; 1972; 3. Teil Insecta: B. Spezieller Teil 634 S.; 405 Abb.; DM 38,—; 1973; In Vorbereitung: Bd. I, 4. Teil; Bd. II, Wirbeltiere; G. Fischer, Stuttgart

* *Knaurs Tierreich in Farben*, Volksausgabe; 7 Bände; je DM 29,80; — Säugetiere: 264 S.; 172 Abb.; davon 89 farbig; — Reptilien: 256 S.; 165 Abb.; davon 90 farbig; — Vögel: 304 S.; 153 Abb.; davon 91 farbig; — Insekten: 256 S.; 111 Abb.; davon 63 farbig; — Niedere Tiere: 272 S.; 183 Abb.; davon 88 farbig; — Amphibien: 232 S.; 180 Abb.; davon 89 farbig; — Fische: 256 S.; 197 Abb.; davon 93 farbig; Droemer, München

Remane/Storch/Welsch, Systematische Zoologie (Stämme des Tierreichs); 678 S.; 441 Abb.; DM 68,— (kart. 58); G. Fischer, Stuttgart 1976

Röben, P., Systematische Zoologie [Reihe: Studium Naturwissenschaften]; 273 S.; 120 Abb.; DM 19,80; Akadem. Verlagsges., Wiesbaden 1976

rororo — Tierwelt, Säugetiere: 3 Bände à DM 10,80; Vögel: 3 Bände à DM 10,80; Fische, Lurche, Kriechtiere: 3 Bände à DM 10,80; Insekten: 3 Bände à DM 10,80; Wirbellose Tiere: 6 Bände à DM 10,80; Zusammen DM 194,40; [Taschenbuchausgabe von „Urania Tierreich"]; Rowohlt, Reinbeck 1974

Stresemann, E., (Hrsg.), Exkursionsfauna; Wirbeltiere; 372 S.; 365 Abb.; 48 Taf.; DM 12,—; Volk u. Wissen, Berlin

* *Ziswiler, V.*, Wirbeltiere; Spezielle Zoologie [Taschenbücher]; Bd. I: Anamnia; 309 S.; 60 Abb.; 55 Tab.; DM 14,80; 1976; Bd. II: Amniota; 378 S.; 80 Abb.; 71 Tab.; DM 14,80; 1976; G. Thieme, Stuttgart

b. Säugetiere

S. auch Literaturhinweise in Bd. 2 (Der Lehrstoff I) bei
Schmidt, H.: Säugetiere, S. 339—382

Austin, C. R. (Hrsg.), Fortpflanzungsbiologie der Säugetiere; 1. Keimzellen und Befruchtung; 116 S.; 50 Abb.; 3 Tab.; DM 25,—; Parey, Hamburg 1976

Blum, J., Tiere in Feld und Wald; Bd. II: Raubtiere u. Insektenfresser; 71 S.; zahlr. farb. Abb.; DM 6,80; Bd. III: Hasen u. Nagetiere; 64 S.; zahlr. farb. Abb.; DM 6,80; [Hallwag Taschenbücher Bd. 106 u. 107]; Hallwag, Bern 1974

* *v. d. Brink*, Die Säugetiere Europas; 217 S.; 470 Abb. (163 farbig); DM 36,—; Parey, Hamburg ³ 1975

Carrington, R. (Hrsg.), Die Säugetiere (Life / Wunder der Natur); [rororo Sachbuch 55]; 189 S.; zahlr. farb. Abb.; DM 8,80; Rowohlt, Reinbeck 1976

Cousteau, J.-Y./Diolé, Delphine — Intelligente Freunde des Menschen; 304 S.; 168 Abb.; davon 105 farbig; DM 36,—; Droemer, München 1975

Cousteau/Diolé, Robben, Seehunde, Walrosse — Gesellige Meeressäuger; 304 S.; 156 Abb., davon 126 farbig; DM 36,—; Droemer, München 1974

Cousteau, J.-Y./Diolé, Wale — Gefährdete Riesen der See [Knaur Taschenbuch 435]; 256 S.; 130 Abb.; DM 9,80; (Leinenausgabe: 304 S.; DM 36,—); Droemer, München 1976

Donovan, Neuroendokrinologie der Säugetiere (Eine Einführung); [Taschenbuch]; 263 S.; 24 Abb.; DM 13,80; G. Thieme, Stuttgart 1973

Dorst/Dandelot, Säugetiere Afrikas; 252 S.; 524 Abb. (293 farbig); DM 36,—; Parey, Hamburg 1973

Eimerl/De Vore (Hrsg.), Die Primaten (Life / Wunder der Natur); — [rororo Sachbuch 54]; 189 S.; zahlr. farb. Abb.; DM 8,80; Rowohlt, Reinbeck 1976; — Originalausgabe: 200 S.; DM 29,80; Time-Life, Amsterdam 1969

Frädrich/Frädrich, Zooführer Säugetiere; 304 S.; 113 Verbreitungskarten; DM 14,80; G. Fischer, Stuttgart 1973

Gronefeld, G., Seehunde; Unsere Brüder im Meer; (s. Verhaltenslehre)

Haltenorth, Th., Rassehunde — Wildhunde (Herkunft, Arten, Rassen, Haltung); [Winters naturw. Tb., Bd. 28]; 216 S.; 30 Abb.; 80 farb. Abb. auf Taf.; DM 11,80; Borntraeger, Berlin 1958

Haltenorth, Th., Säugetiere I; 218 S.; 88 Abb.; DM 9,80; Säugetiere II; 271 S.; 73 Abb.; DM 9,80; [Sammlung Göschen Bd. 382 a/b u. 383 a/b]; de Gruyter, Berlin 1969

Haltenorth, Th./Diller, H., Säugetiere Afrikas und Madagaskars [BLV-Bestimmungsbuch Bd. 19]; 336 S.; 64 Farbtaf. mit 358 Abb.; 260 Zeichn.; DM 36,—; BLV, München 1977

Hanzak/Cerna, Taschenatlas der Säugetiere; 236 S.; 88 Farbtaf.; DM 6,80; Dausien, Hanau 1975

Kirk, G., Säugetierschutz (Erhaltung, Bewahrung, Schutz); 216 S.; 67 Abb.; 1 Farbtafel; DM 9,80; G. Fischer, Stuttgart 1978

Kittel, R., Der Goldhamster (Mesocricetus auratus); [Die Neue Brehm-Bücherei, Bd. 88]; DM 3,90; Ziemsen, Wittenberg, 7. Auflage

König, C., Wildlebende Säugetiere Europas [Belser Bücherei 22] 256 S.; 140 farb. Abb.; 52 Zeichn.; DM 16,80; Belser, Stuttgart 1969

Koller, G., Wildlebende Säugetiere Mitteleuropas [Winters naturw. Tb. Bd. 2]; 208 S.; 65 Abb.; 64 farb. Taf.; DM 10,80; Bornträger, Berlin [2] 1956

Mohr, E./Haltenorth, Säugetiere (Werk III der „Sammlung naturkundliche Tafeln"); 192 Tafeln (n. Originalen von *Eigener, Murr, Grossmann* u. *Vogel*); DM 192,—; Kronen-Verlag, Hamburg [3] 1974

Niethammer/Krapp (Hrsg.), Handbuch der Säugetiere Europas; 5 Bände; je 30 Arten; ca. 300 S.; je DM 265,—; Bd. I: Nagetiere I (erscheint vorr. 1977); Bd. II: Nagetiere II u. Paarhufer (in Vorber.); Bd. III: Hasenartige, Insektenfresser (in Vorber.); Bd. IV: Fledertiere (in Vorber.); Bd. V: Raubtiere (in Vorber.); Akadem. Verlagsges.; Wiesbaden, ab 1977

Olberg, G.; Die Fährten der Säugetiere, unter besonderer Berücksichtigung der jagdbaren Arten [Die Neue Brehm-Bücherei, Bd. 419]; DM 9,20; Ziemsen, Wittenberg, 2. Auflage

Rietschel-Kluge, R., Säugetiere in Farben [Naturbücher in Farben]; 200 S.; 172 Arten; DM 24,—; O. Mayer, Ravensburg 1972

Sanderson, J. T./Bolle, Säugetiere [Knaurs Tierreich in Farben, Bd. I]; 352 S.; 345 Fotos, davon 203 farbig; DM 54,—; (Volksausgabe: 29,80); Droemer, München

Schmitz, Siegfr., Goldhamster und andere kleine Heimtiere [ht 289]; 136 S.; farb. Abb.; DM 4,80; Humboldt — Taschenbuchverlag, München 1976

Schwammberger, K., Bunte Welt der Tiere (Heim. Säugetiere); [Bunte Kosmos-Taschenführer] 71 S.; 77 Zeichng.; 76 Farbfotos; DM 8,80; Franckh, Stuttgart

Slijper, E. J., Riesen des Meeres (Biologie der Wale u. Delphine); [Verständl. Wissenschaft 80. Bd.]; 127 S.; 80 Abb.; DM 12,—; Springer, Berlin

Smolik, H.-W. — Säugetiere 1; 229 S.; 236 Abb.; 487 Arten bzw. Rassen; — Säugetiere 2; 261 S.; 310 Abb.; 624 Arten bzw. Rassen; [rororo Tierlexikon Bände 1 u. 2, rororo Handbücher Nr. 6059—6061 u. 6062—6064]; je DM 7,80; Rowohlt, Reinbeck 1968; (Bertelsmann Lexikon-Verlag 1960)

Tiere in Wald und Flur, Säugetiere [„Natur in Farbe"]; 192 S.; 64 Farbtaf.; DM 9,80; Mosaik-Verlag, München 1977

Trumler, E., Mit dem Hund auf du; DM 29,80; Piper, München

Trumler, E., Trumlers Ratgeber für den Hundefreund (1000 Tips); ca. 300 S.; 150 Abb.; DM 24,80; Piper, München 1977

Urania Tierreich, Bd. 6: Säugetiere (s. rororo-Tierwelt und bei Bildwerken)

c. Vögel

S. auch Literaturhinweise in Bd. 2, (Der Lehrstoff I) bei
Schmidt, H.: Vögel, S. 294—338

Alexander, W. B./Niethammer, Die Vögel der Meere (alle Seevögel der Welt); 221 S.; 100 Taf.; 174 Abb.; DM 28,—; Parey, Hamburg 1959

Amann, G., Vögel des Waldes; 244 S.; 557 farb.- u. 50 SW-Abb.; ca. DM 32,—; Neumann-Neudamm, Melsungen

Bettmann, H., Wildtauben [BLV-Wildbiologie]; 127 S.; 8 Bildtaf. mit 14 Fotos; DM 24,—; BLV, München 1973

Bezzel, E., Ornithologie [UTB, Bd. 681]; 303 S.; 24 Abb.; 7 Tab.; DM 19,80; Ulmer, Stuttgart 1977

Bezzel, E., Vogelleben; Spiegel unserer Umwelt; 85 S.; 12 Abb.; DM 9,20; E. Rentsch, Erlenbach-Zürich, 1975

Bezzel, E., Wildenten (europ. Wasserwild); [BLV-Wildbiologie]; 155 S.; 32 Fotos; 12 Zeichn.; DM 24,—; BLV, München 1972

Bezzel/Ranftl, Vogelwelt und Landschaftsplanung (Eine Studie aus dem Werdenfelser Land [Bayern]; [Reihe: Tiere und Umwelt, NF 11/12]; 92 S.; 10 Fotos; 34 Abb.; DM 20,—; D. Kurth, Barmstedt 1974

Blume, D., Ausdrucksformen unserer Vögel; Ein ethologischer Leitfaden; [Die Neue Brehm-Bücherei, Bd. 342]; 160 S.; 468 Abb.; DM 10,10; Ziemsen, Wittenberg [3] 1965

Brehms Neue Tierenzyklopädie; Bd. 5; Vögel 1; 328 S.; ca. 400 Abb.; Bd. 6; Vögel 2; 328 S.; ca. 400 Abb.; Bd. 7, Vögel 3; 348 S.; je DM158,—; Herder, Freiburg 1975

Brüll, H., Das Leben europäischer Greifvögel (Ihre Bedeutung in den Landschaften); etwa 240 S.; 122 Abb.; 43 Tab.; 6 Tafeln; DM 54,—; G. Fischer; Stuttgart [3] 1977

Bruns, H., (Hrsg.), Ullstein Vogelbuch (Vogelkunde, Vogelbeobachtung, Vogelliebhaberei und Vogelschutz als Wissenschaft u. Hobby); 344 S.; 24 Farbtafeln; DM 34,—; Ullstein, Berlin 1974

* *Bruun/Singer/König*, Der Kosmos-Vogelführer (Die Vögel Deutschlands und Europas in Farbe); 317 S.; 516 farb. Abb.; 448 farb. Karten; DM 19,80; Franckh, Stuttgart, [3] 1974

Campbell, B., Das große Vogelbuch; 369 S.; 1008 Abb.; DM 58,—; E. Ulmer, Stuttgart 1976

Cerny, W., Welcher Vogel ist das? [Kosmos-Naturführer]; 351 S.; 790 farb. Illustr.; 235 Flugbilder; 336 Verbreitungskarten; 64 Farbfotos; 44 Vogelsilhouetten; DM 22,—; Franckh, Stuttgart, 2. Aufl.

Cibis, Gefiederte Pflegekinder; 128 S.; 4 farb. Bildtaf.; DM 16,—; Neumann-Neudamm; Melsungen 1976

Creutz, G., Geheimnisse des Vogelzuges [Die Neue Brehm-Bücherei, Bd. 75]; ca. 112 S.; 69 Abb.; ca. DM 9,30; Ziemsen, Wittenberg [7] 1976

Creutz, G., Sumpf- und Wasservögel (Bestimmungsbuch); 160 S.; 48 farb. Best.-Tafeln; DM 9,80; Neumann-Neudamm, Melsungen 1971

Creutz, G., Taschenbuch der heimischen Singvögel; 168 S.; 48 Farbtaf.; DM 12,—; Ulmer, Stuttgart [2] 1972

Dost, H., Schwäne, Gänse und Enten; 172 S.; 93 farb. Abb.; DM 9,80; Neumann-Neudamm, Melsungen 1972

Fehringer, O., Die Vögel Mitteleuropas [Winters naturw. Tb., Bände 9 und 11]; — I: Singvögel: 169 S.; 5 Abb.; 148 farb. Taf.; [6] 1964; DM 16,40; — II: Raub-, Sumpf- und Wasservögel; 184 S.; 34 Abb.; 140 farb. Taf.; DM 12,80; (112.—121. Tsd. 1956); Borntraeger, Berlin

Fehringer, O. u. W., Außereuropäische Vögel [Winters naturw. Tb., Bd. 32]; 242 S.; 48 farb. Taf.; DM 17,60; Borntraeger, Berlin 1973

Felix, J., Das große Vogelbuch in Farbe; 320 S.; 256 Farbtaf.; DM 24,80; Mosaik-Verlag, München 1977

Felix, J./Hisek, K., Vögel an Küsten und Meeren [„Natur in Farbe"]; 192 S.; 64 farb. Abb.; DM 9,80; Mosaik-Verlag, München

Felix, J./Hisek, K., Vögel an Seen und Flüssen [„Natur in Farbe"]; 192 S.; 64 farb. Abb.; DM 9,80; Mosaik-Verlag, München

Felix, J./Hisek, K., Vögel in Garten und Feld [„Natur in Farbe"]; 192 S.; 140 farb. Abb.; DM 9,80; Mosaik-Verlag, München

Felix, J./Hisek, K., Vögel in Wald und Gebirge [„Natur in Farbe"]; 192 S.; 140 farb. Abb.; DM 9,80; Mosaik-Verlag, München

Fortunatus, Vögel am Fenster [Reihe: Kleine Kostbarkeiten]; 162 S.; 28 Farbfotos; DM 7,80; Landbuch, Hannover [4] 1976

Fortunatus, Vogelvolk im Garten [Reihe: Kleine Kostbarkeiten]; 146 S.; 32 Farbfotos; DM 7,80; Landbuch, Hannover [6] 1976

Freye, H.-A., Vögel [Sammlung Göschen Bd. 869]; 156 S.; 69 Abb.; DM 4,80; de Gruyter, Berlin 1960

Frieling, H., Was fliegt denn da? [Kosmos-Naturführer]; 155 S.; 900 Abb. (meist farbig); DM 9,80; Franckh, Stuttgart, 21. Auflage

v. Frisch, O., Bei seltenen Vögeln in Moor und Steppe; 119 S.; 16 Taf.; 30 Fotos; DM 8,—; Parey, Hamburg 1965

Gilliard/Steinbacher, Vögel [Knaurs Tierreich in Farben, Bd. III]; 408 S.; 397 Abb.; davon 217 farbig; DM 54,—; (Volksausgabe: DM 29,80); Droemer, München

Glutz von Blotzheim, U. N. (Hrsg.), Handbuch der Vögel Mitteleuropas, 6 Bände erschienen, weitere 6 in Vorbereitung; Bd. 1: 483 S.; 70 Abb.; 1966; DM 68,—; Bd. 2: 535 S.; 5 Farbtaf.; 76 Abb.; 1968; DM 78,—; Bd. 3: 504 S.; 1 Farbtaf.; 78 Abb.; 1969; DM 78,—; Bd. 4: 943 S.; 3 Farbtaf.; 128 Abb.; 1971; DM 148,—; Bd. 5: 700 S.; 5 Farbtaf.; 100 Abb.; 1973; DM 112,—; Bd. 6: DM 185,—; Akadem. Verlagsges., Wiesbaden, ab 1966

Guggisberg, C. A., Unsere Vögel; Bd. I, [15] 1973; Bd. II, [10] 1973; [Hallwag Taschenbücher Bd. 1 u. 2]; Hallwag, Bern

Harrison, Jungvögel, Eier und Nester; 435 S.; 930 Abb. (827 farbig); DM 48,—; Parey, Hamburg 1975

**Heinroth, K./J. Steinbacher*, Mitteleuropäische Vögel (Werk V der „Sammlung naturkundlicher Tafeln"); 208 Tafeln; DM 204,—; Kronen-Verlag, Hamburg 1962

* *Heinroth, O.*, Aus dem Leben der Vögel [Verständl. Wissensch., 34. Bd.]; 164 S.; 91 Abb.; DM 12,—; Springer, Berlin, 2. Auflage

* *Heinzel/Fitter/Parslow*, Pareys Vogelbuch; 324 S.; 2840 farb. Abb.; DM 18,—; Parey, Hamburg 1972

Henze, O./Zimmermann, G., Gefiederte Freunde (Beobachten, Erkennen, Schützen); 192 S.; 65 Farbfotos; 47 Zeichn.; 3 farb. Eiertafeln; DM 18,—; BLV, München [4] 1975

Hoeher, S., Gelege der Vögel Mitteleuropas (Nester — Eier — Nestlinge, Bestimmungsbuch); 140 S.; 32 Farbtaf. mit 265 Abb.; DM 18,—; Neumann-Neudamm, Melsungen [2] 1973

Hoeher, S., Vogelkinder und ihre Eltern (Jungvögel erkennen u. bestimmen); [Bunte Kosmos-Taschenführer]; 71 S.; 120 Farbfotos; 45 Zeichn.; DM 8,80; Franckh, Stuttgart

Hofmann, J., Taschenbuch für Vogelfreunde (Eine Schilderung der häufigsten in Mitteleuropa heimischen Vögel); 129 S.; 115 Abb. auf 56 farb. Taf.; DM 9,—; Schweizerbart, Stuttgart [3] 1919

Homann, H., Vogelleben im Jahreslauf; 118 S.; 12 Farbfotos; DM 10,80; Landbuch, Hannover 1968

Jonsson, L., Die Vögel der Meeresküste [Kosmos-Feldführer]; 126 S.; 296 farb. Abb.; 94 farb. Verbreitungskarten; DM 14,80; Franckh, Stuttgart 1977

Jonsson, L., Vögel in Wald, Park und Garten [Kosmos-Feldführer]; 126 S.; 273 farb. Abb.; 104 farb. Verbreitungskarten; DM 14,80; Franckh, Stuttgart 1977

* *Kleinschmidt, O.*, Singvögel der Heimat; 96 S.; 82 farb. u. 9 SW-Tafeln; DM 22,—; Quelle & Meyer, Heidelberg [14] 1971

König, C., — Europäische Vögel I—III; 768 S.; 437 farb. Abb.; 26 Zeichn.; DM 39,—; — Ausgabe in 3 Bänden: Europ. Vogel I: 256 S.; 136 farb. Abb.; DM 16,80; — Europ. Vögel II: 256 S.; 151 farb. Abb.; DM 16,80; — Europ. Vögel III: 256 S.; 150 farb. Abb.; DM 16,80; Belser, Stuttgart 1973

Kos, R., Von Greifvögeln und Eulen [Reihe: Kleine Kostbarkeiten]; 146 S.; 24 Farbfotos; DM 7,80; Landbuch-Verlag, Hannover 1969

Linsenmair, M., Die lustige Vogelstube (vom Verhalten wilder Vögel in menschlicher Gesellschaft); 312 S.; 70 Fotos; DM 19,80; Landbuch, Hannover 1964

Makatsch, W., Die Eier der Vögel Europas; Bd. 1: 468 S.; 67 Farbtaf.; 463 Fotos; DM 96,—; 1975; Bd. 2: 432 S.; 21 Farbtaf. 455 SW-Fotos; ca. DM 75,—; 1976; Neumann-Neudamm, Melsungen

Makatsch, W., Die Vögel der Seen und Teiche; 308 S.; 349 Fotos; DM 18,—; Neumann-Neudamm, Melsungen [7] 1973

Makatsch, W., Kein Ei gleicht dem anderen; 160 S.; 200 Abb. auf 38 Tafeln, davon 12 farbige; DM 14,80; Neumann-Neudamm, Melsungen [2] 1971

Makatsch, W., Vögel am Strande; 40 S.; davon 16 farbige; DM 3,20; Neumann-Neudamm, Melsungen [2] 1970

Makatsch, W., Vögel unseres Gartens; 40 S.; davon 16 farbig; DM 3,50; Neumann-Neudamm, Melsungen [7] 1970

Makatsch, W., Unsere Singvögel; 80 S.; 32 Farbseiten; 91 Arten; DM 4,80; Neumann-Neudamm, Melsungen [2] 1965

Mebs, T., Greifvögel Europas [Kosmos-Naturführer]; 140 S.; 75 Zeichng.; 33 Fotos; DM 16,80; Franckh, Stuttgart, 4. Auflage

Mebs, T., Eulen und Käuze [Kosmos-Naturführer]; 136 S.; 33 Fotos; 38 Zeichng.; DM 14,80; Franckh, Stuttgart, 4. Auflage

Mebs/Fischer, Die Greifvögel der Erde (Eine system. u. biolog. Betrachtung); [Reihe „Tier und Umwelt" Nr. 13/14]; 40 S.; 14 Fotos; 3 Tab.; 3 Kart.; DM 17,—; D. Kurth, Barmstedt 1976

Noll, H., Bestimmungstabelle für Nester und Eier einheimischer Vögel; 58 S. Text; 51 S. Bildteil; DM 15,—; Wepf, Basel ³ 1968

Noll, H., Die Brutvögel in ihren Lebensgebieten (Schweizer Vogelleben 2); 282 S.; 38 Abb.; 16 Taf.; DM 26,—; Wepf, Basel ² 1965

Paysan, K., Vogelvolk in Flur und Garten [ht 147]; 127 S.; farb. Abb.; DM 3,80; Humboldt-Taschenbuchverlag, München

Perrins, Ch./Reichholf, Die Welt der Vögel (Evolution — Körperbau — Verhalten); 160 S.; über 500 Farbbilder; DM 68,—; Herder, Freiburg 1976

Peters, St., Vögel der Gewässer in Farben [Naturbücher in Farben]; 248 S.; 80 Farbtaf.; DM 24,—; O. Maier, Ravensburg 1976

Peters, St., Vögel in Feld, Heide und Gebirge, in Farben; [Naturbücher in Farben]; 152 S.; 48 Farbtaf.; DM 22,—; O. Maier, Ravensburg 1976

Peters, St., Vögel in Wald und Garten, in Farben; [Naturbücher in Farben]; 216 S.; 64 Farbtaf.; DM 24,—; O. Maier, Ravensburg 1976

Peterson, R. T. (Hrsg.), Die Vögel (Life / Wunder der Natur); [ro ro ro Sachbuch 56]; 189 S.; zahlr. farb. Abb.; DM 8,80; Rowohlt, Reinbeck 1976

* *Peterson/Mountfort/Hollom*, Die Vögel Europas; 446 S.; 1808 Abb.; (858 farbig); DM 32,—; Parey, Hamburg, ¹¹ 1976

Pfeifer, S.; Taschenbuch für Vogelschutz (Herausgeg. v. Deutschen Bund f. Vogelschutz e. V.); 327 S.; zahlr. Abb.; DM 19,80; Neumann-Neudamm, Melsungen ⁴ 1973

Portmann, A., Kleine Einführung in die Vogelkunde; DM 12,80; Piper, München

Potrykus, W., Vögel unserer Heimat [Heyne — Ratgeber 4435]; DM 4,80; Heyne, München

Reade/Hosking/Ruge, Vögel in der Brutzeit (Nester, Eier, Junge); 308 S.; 168 Farbfotos; 48 Zeichn.; 41 SW-Taf.; 19 Farbtaf. d. Vogeleier; DM 18,—; Ulmer, Stuttgart 1974

Rohm ,G.-W., Bunte Welt der Vögel [Bunte Kosmos-Taschenbücher]; (120 europäische Vögel; 71 S.; 127 Zeichng.; 119 Farbfotos; DM 8,80; Franckh, Stuttgart

Rüppell, G., Vogelflug; 192 S.; 16 Farbb.; 190 SW-Fotos; 98 Zeichn.; DM 48,—; Kindler, München 1975

Schüz, E. (Hrsg.), Grundriß der Vogelzugskunde; 402 S.; 142 Abb.; DM 98,—; Parey, Hamburg ² 1971

Scott, Das Wassergeflügel der Welt; 88 S.; 487 Abb.; (427 farbig); DM 20,—; Parey, Hamburg 1961

Siedel, F., Vögel am Meer [Reihe: Kleine Kostbarkeiten]; 150 S.; 32 Farbfotos; DM 7,80; Landbuch, Hannover 1975

Smolik, H. W., Vögel [ro ro ro Tierlexikon Bd. 3; ro ro ro Taschenbuch 6065—6067]; 313 S.; 372 Abb.; 676 Arten u. Rassen; DM 7,80; Rowohlt, Reinbeck 1968; (Bertelsmann-Lexikon-Verlag 1960)

Spirhanzl-Duris/Solovjev, Taschenatlas der Vögel; 256 S.; 109 Farbtaf.; DM 6,80; Dausien, Hanau ¹⁰ 1976

Steinbacher, G., Knaurs Vogelbuch [Knaur Taschenbuch Bd. 464]; 272 S.; 315 meist farb. Abb.; DM 9,80; Leinenausgabe: DM 19,80; Droemer, München 1977

Steiniger, F. u. J., Mit den Zugvögeln zum Polarkreis; 262 S.; 148 teils farb. Fotos, 2 Zeichn.; DM 26,80; Landbuch, Hannover 1966

Thiede, W., Vögel (heimische Arten) [BLV — Naturführer Bd. 4]; 143 S.; 113 Farbfotos; DM 9,80; BLV, München 1976

Thielke, G., Vogelstimmen [Verständl. Wissensch.; 104. Bd.]; 164 S.; 95 Abb.; DM 12,—; Springer, Berlin

Trommer, G., Greifvögel (Lebensweise, Schutz u. Pflege der Greifvögel u. Eulen); 180 S.; 16 SW-Taf.; 8 Farbtaf.; 25 Zeichn.; DM 28,—; Ulmer, Stuttgart 1974

Urania Tierreich, Bd. 5: Vögel (s. ro ro ro-Tierwelt und bei Bildwerken)

Voigt/Bezzel, Exkursionsbuch zum Studium der Vogelstimmen; 292 S.; DM 15,50; Quelle & Meyer, Heidelberg ¹² 1961

Voons/Abs, Die Vogelwelt Europas und ihre Verbreitung (tiergeograph. Atlas über d. Lebensweise aller in Europa brütenden Vögel); 284 S.; 356 Abb.; 420 Verbreitungskarten; DM 58,—; Parey, Hamburg 1962

Wenzel/Ottens, Das Bilderbuch der Vögel Bd. II: Taggreife, Wasser-, Sumpf- und Hühnervögel; 516 S.; 170 Farbfotos; DM 39,—; Landbuch-Verlag, Hannover 1963

Williams, Die Vögel Ost- und Zentral-Afrikas; 287 S.; 461 Abb. (179 farb.); DM 36,—; Parey, Hamburg 1973

* *Wüst, W.,* Die Brutvögel Mitteleuropas (ca. 270 Arten aus 60 Familien); 520 S.; 263 Farbbilder; DM 130,—; Bayr. Schulbuch Verlag, München 1970

Anhang: Stubenvögel

Bechtel, H., Bunte Welt der Stubenvögel (120 Käfig- u. Volierenvögel); [Bunte Kosmos-Taschenführer]; 70 S.; 120 Farbfotos; 70 Zeichng.; DM 8,80; Franckh, Stuttgart, 2. Aufl.

Bechtel, H., Exotische Stubenvögel [Reihe: Kleine Kostbarkeiten]; 144 S.; 28 Farbfotos; DM 7,80; Landbuch, Hannover 1967

Delpy, K.-H., Wellensittiche (Haltung u. Zucht); 128 S.; 12 S. Bildteil; DM 16,—; Neumann-Neudamm, Melsungen [2] 1975

Dost, H., Fremdländische Stubenvögel [Ulmers Tierbuchreihe]; 192 S.; 24 Farbtaf.; DM 12,—; Ulmer, Stuttgart 1969

Felix/Cerna, Taschenatlas der Stubenvögel; 228 S.; 88 Farbtaf.; DM 6,80; Dausien, Hanau [2] 1975

Michaelis, H. J., Der Wellensittich (Melopsittacus undulatus); [Die Neue Brehm-Bücherei, Bd. 244]; DM 5,—; Ziemsen, Wittenberg 11. Auflage.

Müller, F., Vögel im Haus und ihre Pflege [Hallwag-Taschenbuch Bd. 109]; 64 S.; zahlr. Farbfotos; DM 6,80; Hallwag, Bern, 1974

Robiller, F., Vogelpracht in Zucht und Pflege; 288 S.; 123 Verbr.-Karten; 125 Abb.; DM 28,—; Neumann-Neudamm, Melsungen [2] 1976

Rogers, C. H., Das Buch der Stubenvögel, (fremdländische u. einheimische Vögel für Käfig und Voliere); Dtsche Übers. Bearb.: *H. Bielefeld;* 200 S.; 150 Farb- u. 45 SW-Fotos; 30 Zeichn.; DM 38,—; Eugen Ulmer, Stuttgart 1976

Schmitz, Siegfr., Wellensittiche und andere Papageien [ht 285]; 136 S.; farb. Abb.; DM 4,80; Humboldt-Taschenbuchverlag, München 1976

Vriends, T., Das große Buch der Vögel in Käfig und Voliere; 160 S.; 220 farb. Abb.; DM 39,80; Mosaik-Verlag, München

Woolham, F., Vögel für Käfig und Voliere (100 Arten); 176 S.; 100 Farbfotos; 4 Zeichn.; DM 26,—; BLV, München 1975

d. Lurche und Kriechtiere; Terrarienkunde

S. auch Literaturhinweise in Bd. 2 (Der Lehrstoff I) bei
Schmidt, H.: Lurche-Amphibien, S. 262—284; *Schmidt, H.:* Kriechtiere, S. 285—293

Arnold/Burton, Amphibien und Reptilien Europas; ca. 250 S.; 40 Farbtafeln; 597 Abb.; (davon 260 farbig); ca. DM 48,—; Parey, Hamburg 1978

Bechtel, H., — Terrarientiere I; — Lurche und Schlangen —; 144 S.; 28 Farbfotos; DM 7,80; — Terrarientiere II; — Schildkröten, Krokodile, Echsen —; 142 S.; 28 Farbfotos; DM 8,80; [Reihe: Kleine Kostbarkeiten]; Landbuch-Verlag, Hannover 1975 bzw. 1976

Bechtle, W., Bunte Welt im Terrarium [Bunte Kosmos-Taschenführer]; 72 S.; 120 Farbfotos; 130 Symbole; DM 8,80; Franckh, Stuttgart 1971

Blum, J., Die Reptilien und Amphibien Europas [Hallwag-Taschenbuch Bd. 96]; 64 S.; zahlr. farb. Zeichn.; DM 6,80; Hallwag, Bern 1971

Carr, A., Die Reptilien (Life / Wunder der Natur); [ro ro ro Sachbuch 58]; 188 S.; zahlr. farb. Abb.; DM 8,80; Rowohlt, Reinbeck 1976

Cochran, D. M./Wermuth, Amphibien [Knaurs Tierreich in Farben, Bd. VI]; 228 S.; 220 Abb.; davon 77 farbig; DM 54,—; (Volksausgabe DM 29,80); Droemer, München

Gläß, H./Meusel, W., Die Süßwasserschildkröten Europas (Emys u. a.); [Die Neue Brehm-Bücherei, Bd. 418]; DM 7,70; Ziemsen, Wittenberg

**Hadorn, E.,* Experimentelle Entwicklungsforschung, im besonderen an Amphibien [Verständl. Wissensch.; 77. Bd.]; 135 S.; 45 Abb.; DM 12,—; Springer, Berlin, 2. Aufl.

Hellmich, W., Die Lurche und Kriechtiere Europas [Winters naturw. Tb., Bd. 26]; 166 S.; 9 Abb.; 68 farb. Taf.; DM 12,80; Borntraeger, Berlin 1956

Henning/Dathe, Wirbeltiere I (s. b. Spez. Zoologie)

Herter, K., Kriechtiere [Sammlung Göschen Bd. 447/a]; 200 S.; 142 Abb.; DM 7,80; de Gruyter, Berlin 1960

Herter, K., Lurche [Sammlung Göschen Bd. 847]; 143 S.; 129 Abb.; DM 4,80; de Gruyter, Berlin 1955

Jocher, W., Futter für Vivarientiere (Aquarien/Terrarien); [Das Vivarium]; 80 S.; zahlr. Abb.; DM 7,80; Franckh, Stuttgart

Kästle, W., Echsen im Terrarium [Das Vivarium]; 80 S.; zahlr. Abb.; DM 7,80; Franckh, Stuttgart ² 1972

Mertens, R., Kriechtiere und Lurche [Kosmos-Naturführer]; 104 S.; 105 Abb.; 68 Fotos; DM 12,80; Franckh, Stuttgart, 6. Auflage

Nietzke, G., Die Terrarientiere (Bau, technische Einrichtung u. Bepflanzung d. Terrarien. Haltung, Fütterung u. Pflege d. Terrarientiere); Bd. 1: Terrarientechnik, Futter und Fütterung, Krankheiten d. Amphibien u. Reptilien. Terrarientiere I: Schwanzlurche, Froschlurche, Schildkröten; 344 S.; 4 Farbtaf.; 109 Tierfot.; 43 Abb.; DM 58,—; 1969; Bd. 2: Pflanzen im Terrarium. Zucht u. Aufzucht, Freilandaufenthalt u. Überwinterung. Terrarientiere II: Krokodile, Echsen, Schlangen; 302 S.; 8 Farbtaf.; 159 Abb.; DM 64,—; 1972; Ulmer, Stuttgart

Obst, J./Meusel, W., Die Landschildkröten Europas [Die Neue Brehm-Bücherei, Bd. 319]; 56 S.; 45 Abb.; DM 6,80; Ziemsen, Wittenberg ⁵ 1965

Reichenbach-Klinke, H.-H., Krankheiten der Reptilien; Etwa 200 S.; 190 Abb.; 4 Farbtaf.; DM 68,—; G. Fischer, Stuttgart ² 1977

Schmidt/Inger/Wermuth, Reptilien [Knaurs Tierreich in Farben, Bd. II]; 312 S.; 280 Fotos, davon 145 farbig; DM 54,—; (Volksausgabe: DM 29,80); Droemer, München

Schmitz, S., Terrarium [blv juniorwissen]; 44 S.; 61 Abb.; davon 34 farb.; DM 12,—; BLV, München 1971

Schröder, H., Lurche und Kriechtiere in Farben [Naturbücher in Farben]; 144 S.; über 80 Arten; DM 22,—; O. Maier, Ravensburg 1973

Smolik, H. W., Kriechtiere, Lurche, Fische [ro ro ro Tierlexikon Bd. 4; ro ro ro Taschenbuch 6068—6070]; 229 S.; 222 Abb.; 878 Arten u. Rassen; DM 7,80; Rowohlt, Reinbeck 1968 (Bertelsmann Lexikon-Verlag 1960)

Trutnau, L., Europäische Amphibien und Reptilien; 212 S.; 135 farb. Abb.; 6 Zeichn.; DM 16,80; Belser, Stuttgart 1975

Urania Tierreich, Bd. 4: Fische — Lurche — Kriechtiere (s. ro ro ro — Tierwelt und bei Bildwerken)

Vogt/Wermuth, Knaurs Aquarien- und Terrarienbuch (s. Fische u. Aquarien)

e. Fische und Aquaristik

S. auch Literaturhinweise in Bd. 2, (Der Lehrstoff I) bei *Schmidt, H.:* Fische S. 235—261

Bechtel, H., Beliebte Aquarienfische [Reihe: Kleine Kostbarkeiten]; 136 S.; 28 Farbfotos; DM 7,80; Landbuch, Hannover 1973

Braun/Paysan, Aquarienfische [Belser-Bücherei 27]; 232 S.; 135 farb. Abb.; DM 16,80; Belser, Stuttgart 1972

Brehms Neue Tierenzyklopädie, Bd. 10: Fische; 328 S.; viele Farbfotos, DM 158,—; Herder, Freiburg 1976

Brünner, G., Aquarienpflanzen [Das Vivarium]; 88 S.; 85 Abb.; DM 7,80; Franckh, Stuttgart ⁷ 1976

Brünner, G., Pflanzen im Aquarium — richtig gepflegt (Moderne Kulturverfahren); [Das Vivarium]; 72 S.; 36 Abb.; DM 7,80; Franckh, Stuttgart ³ 1975

Christensen, J. M., Die Fische der Nordsee [Kosmos — Feldführer]; 128 S.; 94 Zeichng. 13 Farbfotos; 3 SW-Fotos; DM 14,80; Franckh, Stuttgart 1977

Čihař/Malý, Süßwasserfische [Natur in Farbe]; 192 S.; 220 farb. Abb.; DM 9,80; Mosaik-Verlag, München 1975

Cousteau, J.-Y./Diolé, Haie — Herrliche Räuber der See [Knauer Taschenbuch 347]; 272 S.; 155 Farbfotos; DM 9,80; (Leinenausgabe: 296 S.; DM 36,—); Droemer, München 1974

de Graaf, F., Tropische Zierfische im Meerwasseraquarium; ca. 560 S.; davon 160 farbig mit 509 Abb.; ca. DM 78,—; Neumann-Neudamm, Melsungen

de Graaf/Frey, Das tropische Meerwasseraquarium; 316 S.; 23 Textabb.; 40 Bildtaf.; DM 30,—; Neumann-Neudamm, Melsungen [4] 1975

Fechter, H., Manteltiere, Schädellose, Rundmäuler [Sammlung Göschen Bd. 5448] 206 S.; 98 Abb.; DM 9,80; de Gruyter, Berlin 1971

Fischer, J., Das Unterrichtsaquarium [Praxis-Schriftenreihe Bd. 8]; 64 S.; 9 Abb.; DM 7,80; Aulis, Köln 1963

Frey, H., Aquarienpraxis kurz gefaßt; 128 S.; 4 Farbtaf.; DM 9,80; Neumann-Neudamm, Melsungen [10] 1975

Frey, H., Bunte Welt im Glase (Ein aquaristisches Lesebuch für Schule und Haus); 324 S.; 279 Textabb.; 202 Fischabb. auf Tafeln (davon 94 farb.) 29 Farbfotos; DM 14,80; Neumann-Neudamm, Melsungen [3] 1967

* *Frey, H.*, Das Aquarium von A bis Z; 688 S.; 800 Abb.; über 4000 Stichwörter; 64 Bildtaf. (davon 24 farb.); DM 36,—; Neumann-Neudamm, Melsungen [14] 1976

Frey, H., Das Süßwasseraquarium; 319 S.; 26 Farbtaf.; 194 Textabb.; DM 22,—; Neumann-Neudamm, Melsungen [19] 1975

Gilbert/Legge/Schubert, Das große Aquarienbuch (Die schönsten trop. Süßwasserfische); 251 S.; 430 Farbfotos u. Zeichn.; DM 68,—; Ulmer, Stuttgart [2] 1975

Henning/Dathe, Wirbeltiere I (s. b. Spez. Zoologie)

Herald/Vogt, Fische [Knaurs Tierreich in Farben Bd. VII]; 360 S.; 295 Abb.; davon 145 farbig; DM 54,—; (Volksausgabe: DM 29,80); Droemer, München

v. Hollander, J., Das Heyne-Aquarienbuch [Heyne Ratgeber 4382]; 156 S.; 100 Abb.; DM 3,80; Heyne, München [2] 1975

Jocher, W., Futter für Vivarientiere (s. b. Lurche u. Kriechtiere)

Klingbeil, K., Das bunte Aquarienbuch; 192 S.; 20 Zeichng.; 26 Farbtafeln mit 98 Fischen DM 12,80; Bertelsmann Ratgeberverlag 1970

Kosmos Handbuch Aquarienkunde (Herausg.: Redaktion Aquarienmagazin): Das Süßwasser-Aquarium; 736 S.; 776 Zeichn.; 300 SW-Fotos; 320 Farbfotos; DM 78,—; Franckh, Stuttgart 1977

Ladiges/Vogt, Die Süßwasserfische Europas (bis zum Ural und Kaspischen Meer); 250 S.; 425 Abb.; DM 30,—; Parey, Hamburg 1965

Lüdemann, D., Fische [Sammlung Göschen Bd. 356]; 130 S.; 65 Abb.; DM 4,80; de Gruyter, Berlin 1955

Lythgoe, J. u. G., Meeresfische (Nordatlantik, Mittelmeer); 295 S.; 137 Farbfotos; 75 SW-Fotos; 376 Zeichn.; DM 39,—; BLV, München 1974

Maitland, P. S., Der Kosmos-Fischführer. Die Süßwasserfische Europas in Farbe; 256 S.; 121 Zeichng.; 248 farb. Abb.; DM 24,—; Franckh, Stuttgart 1977

Mayland, H. J., Das Aquarium (Einrichtung, Pflege und Fische für Süß- und Meerwasser); [Falken-Sachbuch] 331 S.; über 200 Farbabb. u. Tafeln; über 150 Zeichn.; DM 36,—; Falken-Verlag Sicker, Wiesbaden 1975

Mayland, H. J., Mein Aquarium — mein Hobby [ht 272]; 164 S.; farb. Abb.; DM 5,80; Humboldt-Taschenbuchverlag, München 1976

Meulengracht-Madsen, J., Aquarienpflege — biologisch richtig; Einführung in die moderne Aquarienkunde; 168 S.; 55 Abb.; DM 19,80; Franckh, Stuttgart 1975

Muus/Dahlström, Meeresfische [BLV — Bestimmungsbuch Bd. 3]; 244 S.; 800 farb. Zeichn.; 250 graph. Darst.; DM 25,—; BLV, München [3] 1973

Muus/Dahlström, Süßwasserfische [BLV — Bestimmungsbuch Bd. 4]; 244 S.; 600 farb. Abb.; DM 25,—; BLV, München [3] 1976

Ommanney, F. D. (Hrsg.) Die Fische (Life / Wunder der Natur); [ro ro ro Sachbuch 57]; 189 S.; zahlr. farb. Abb.; DM 8,80; Rowohlt, Reinbeck 1976

Ostermöller, W., Die Aquarienfibel [Das Vivarium]; 80 S.; zahlr. Abb.; DM 7,80; Franckh, Stuttgart

* *Paysan, K.*, Welcher Zierfisch ist das? (Kosmos-Naturführer); 243 S.; 901 Abb.; 673 Farbfotos; DM 24,—; Franckh, Stuttgart, 4. Auflage

Paysan, K., Zierfische — mein Hobby [ht 171]; 127 S.; farb. Abb.; DM 4,80; Humboldt-Taschenbuchverlag, München

Probst, K./J. Lange, Das große Buch der Meeresaquaristik; 219 S.; 155 Abb.; 60 Zeichn.; DM 98,—; Ulmer, Stuttgart 1975

Reichenbach-Klinke, H.-H., Grundzüge der Fischkunde; 120 S.; 96 Abb.; DM 9,80; G. Fischer, Stuttgart 1970

Sachs, W. B., Aquarienpflege leicht gemacht (Warmwasser-, Kaltwasser- und Seewasser-Aquarien); 88 S.; 18 Zeichn.; 50 Fotos; DM 14,80; Franckh, Stuttgart [12] 1974

Sanderse, A., Pflanzen als Aquarienschmuck (Die schönsten Aquarienpflanzen in 60 Farbfotos); [Bunte Kosmos-Taschenführer]; 70 S.; 142 Abb.; DM 8,80; Franckh, Stuttgart [2] 1975

Schindler, O., Unsere Süßwasserfische [Kosmos-Naturführer]; 236 S.; 73 farb. Aquarelle; 54 Zeichn. u. Fotos; DM 17,80; Franckh, Stuttgart, 5. Aufl.

Schiötz, A./Dahlström, P., Aquarienfische (über 400 Fischarten und 50 Aquarienpflanzen); (Bestimmen — Pflegen — Züchten); 224 S.; über 400 farb. Abb.; DM 25,—; BLV, München [3] 1976

Sterba, G., Aquarienkunde, Band 1; 416 S.; 274 Textabb.; 60 Kunstdrucktaf.; DM 28,—; Neumann-Neudamm, Melsungen [10] 1975

* *Sterba, G.*, Handbuch der Aquarienfische (416 Süßwasserfische); 455 S.; 176 Farbfotos; 124 SW-Fotos; 16 Zeichn.; DM 48,—; BLV, München 1972

Urania Tierreich, Bd. 4: Fische — Lurche — Kriechtiere (s. ro ro ro — Tierwelt und bei Bildwerken)

Vogel/Brazda, Taschenatlas der Aquarienfische; 234 S.; 56 Farbtaf.; DM 6,80; Dausien, Hanau, [6] 1975

* *Vogt/Wermuth*, Knaurs Aquarien- und Terrarienbuch [Knaur Taschenbuch 297]; 288 S.; 280 farb. Abb.; DM 8,80 (Leinenausgabe: DM 18,—); Droemer, München 1972

Vostradovsky/Maly, Taschenatlas der Süßwasserfische; 256 S.; 88 Farbtaf.; DM 6,80; Dausien, Hanau [2] 1975

Weiss, W., Aquarium [blv juniorwissen]; 44 S.; 62 Abb.; davon 42 farbig; DM 12,—; BLV, München [2] 1976

Weiss, W., Bunte Welt der Tropenfische (120 Zierfische in Farbe); [Bunte Kosmos-Taschenführer]; 71 S.; 120 Fotos; 10 Zeichn.; DM 8,80; Franckh, Stuttgart 3. Auflage

Weiss, W., Fische fürs Gesellschaftsbecken [Bunte Kosmos-Taschenführer]; 70 S.; 60 Farbfotos; 82 Zeichn.; DM 8,80; Franckh, Stuttgart

Wickler, W., Das Züchten von Aquarienfischen [Das Vivarium]; 80 S.; zahlr. Abb.; DM 7,80; Franckh, Stuttgart

f. Gliederfüßler (Arthropoda)

α. Insekten

S. auch Literaturhinweise in Bd. 2, (Der Lehrstoff I) bei
Schmidt, H.: Insekten, S. 90—196

**Amman, G.*, Kerfe des Waldes; 284 S.; 76 Taf. mit über 720 Abb.; DM 28,—; Neumann-Neudamm, Melsungen [7] 1976

Bechtel, H., Heimische Libellen [Reihe: Kleine Kostbarkeiten]; 128 S.; 28 Farbfotos; DM 7,80; Landbuch, Hannover 1965

Bechtel, H., Heimische Schmetterlinge [Reihe: Kleine Kostbarkeiten]; 156 S.; 32 Farbfotos; DM 7,80; Landbuch, Hannover 1966

Bechyné, J., Welcher Käfer ist das? [Kosmos-Naturführer]; 146 S.; 255 Abb. (48 farb.); DM 12,80; Franckh, Stuttgart, 6. Auflage

Beier, M., Laubheuschrecken (Tettigoniidae); [Die Neue Brehm-Bücherei, Bd. 159]; DM 2,50; Ziemsen, Wittenberg

Brandt, H., Insekten Deutschlands [Winters naturw. Tb., Bände 20, 23 u. 29]; — I.: Schmetterlinge, 1. Teil; 176 S.; 55 Abb.; 64 farb. Taf.; 1953; DM 11,80; — II.: Schmetterlinge 2. Teil; Libellen, Heuschrecken u. weitere Insektenordnungen; 264 S.; 82 Abb.; 64 farb. u. 8 SW-Tafeln; 1954; DM 12,80; — III.: Käfer, Hautflügler, Zweiflügler und weitere Insektenordnungen; 208 S.; 46 Abb.; 44 farb. u. 28 SW-Taf.; 1960; DM 12,80; Borntraeger, Berlin

Brandt, H., Schmetterlinge (Sonderband) [Winters naturw. Tb., Bd. 14]; 272 S.; 75 Abb.; 96 farb. Taf.; DM 15,40; Borntraeger; Berlin 1964

Brauns,A., Taschenbuch der Waldinsekten Bd. I: Systematik u. Ökologie; Bd. II: Ökologische Freiland-Differentialdiagnose; 817 S.; 947 Abb.; DM 38,—; G. Fischer, Stuttgart [3] 1976

* *Chinery, M.*, Insekten Mitteleuropas; 384 S.; 1580 Abb.; davon 924 farbig; DM 48,—; Parey, Hamburg 1976

Danesch, O./Dierl, W., — Schmetterlinge I/II. Tag- und Nachtfalter; 512 S.; 320 farb. u. 74 SW-Abb.; 32 Zeichn.; DM 26,80; — Ausgabe in 2 Bänden: Schmetterlinge I: Tagfalter; 256 S.; 184 farb. u. 51 SW-Abb.; DM 16,80; Schmetterlinge II: Nachtfalter; 256 S.; 136 farb. u. 23 SW-Abb.; DM 16,80; Belser, Stuttgart 1973

Dixon, A. F. G., Biologie der Blattläuse (s. b. Experimentelle Biologie)

Dylla, Klaus, Schmetterlinge im praktischen Biologie-Unterricht [Praxis-Schriftenreihe Bd. 15]; 115 S.; 25 Abb.; DM 14,80; Aulis, Köln 1967

**Eidmann/Kühlhorn*, Lehrbuch der Entomologie; 633 S.; 964 Abb.; DM 75,—; Parey, Hamburg [2] 1970

* *Engel, H./Brandt/Engelhardt/Forster/Francke - Grosmann / Franz / Kühlhorn / Weidner*, Mitteleuropäische Insekten (anhangsweise Spinnentiere u. Tausendfüßler); (Werk IV der „Sammlung naturkundlicher Tafeln"); 192 Tafeln (n. Originalen v. Caspari und Grossmann); DM 192; Kronen-Verlag, Hamburg [3] 1961

Farb, P. (Hrsg.), Die Insekten (Life / Wunder der Natur); [ro ro ro Sachbuch 59]; 189 S.; zahlr. farb. Abb.; DM 8,80; Rowohlt, Reinbeck 1976

Forster/Wohlfahrt, Die Schmetterlinge Mitteleuropas, Bd. I: Biologie der Schmetterlinge; 202 S.; 147 Abb.; 1954; DM 48,—; Bd. II: Tagfalter/Diurna; 192 S.; 29 Farbtaf.; 78 Abb.; 41 Zeichn.; [2] 1976; DM 125,—; Bd. III: Spinner und Schwärmer; 237 S.; 92 Textabb.; 762 farb. Abb.; 28 SW-Fotos; 1960; DM 140,—; Bd. IV: Eulen; 329 S.; 175 Textabb.; 1051 farb Abb. auf 32 Tafeln; 1971; DM 160,—; Bd. V: Spanner (die ersten 4 Lieferungen liegen vor, weitere folgen); Franckh, Stuttgart

Freude/Harde/Lohse, Die Käfer Mitteleuropas (11 Bände, davon bisher 8 erschienen); Bd. 1: DM 39,—; Bd. 2: DM 88,—; Bd. 3: DM 66,—; Bd. 4 DM 35,—; Bd. 5 DM 76,—; Bd. 7: DM 48,—; Bd. 8: DM 60,—; Bd. 9: DM 45,—; Goecke & Ewers, Krefeld

Friedrich, E., Handbuch der Schmetterlingszucht; 186 S.; 32 Fotos (8farbig); 49 Zeichng.; DM 24,—; Franckh, Stuttgart 1975

* *v. Frisch, K.*, Aus dem Leben der Bienen [Verständl. Wiss. 1]; 181 S.; 122 Abb.; DM 12,—; Springer, Berlin [8] 1969

**v. Frisch, K.*, Zwölf kleine Hausgenossen [ro ro ro — Taschenbuch 6966]; 154 S.; 90 Abb.; DM 5,80; Rowohlt, Reinbeck 1976

Guggisberg, C. A., Käfer und andere Insekten [Hallwag — Taschenbuch Bd. 19]; 82 S.; zahlr. farb. Zeichn.; DM 6,80; Hallwag, Bern [8] 1974

Guggisberg, C. A., Schmetterlinge und Nachtfalter [Hallwag — Taschenbuch Bd. 7]; 63 S.; zahlr. farb. Zeichn.; DM 6,80; Hallwag, Bern [9] 1974

Harz, K./Zepf, W., Schmetterlinge; 184 S.; 75 Farbfotos, 14 Zeichn.; DM 36,—; BLV, München 1973

Hess, G., Die Biene [Hallwag — Taschenbuch Bd. 41]; DM 6,80; Hallwag, Bern

Higgins/Riley, Die Tagfalter Europas und Nordwestafrikas; 377 S.; 1145 Abb. (760 farb.); DM 36,—; Parey, Hamburg 1971

Hoeher/Bellmann, Insekten im Kreislauf der Natur (Interessantes u. Lehrreiches aus dem Leben d. Insekten); 147 S.; 112 farb. Fotos; 30 SW-Zeichn.; DM 18,—; J. F. Lehmanns; München 1976

Hüsing, J. O., Die Honigbiene [Die Neue Brehm-Bücherei Bd. 31]; DM 6,30; Ziemsen, Wittenberg 5. Auflage

Jakobs/Renner, Taschenlexikon zur Biologie der Insekten (mit bes. Berücks. mitteleuropäischer Arten); 635 S.; 1145 Abb.; DM 38,—; G. Fischer, Stuttgart 1974

Jacobs/Seidel, Systematische Zoologie: Insekten (Systematik — Morphologie — Anatomie — Embryologie; ca. 3000 Stichworte); [UTB Nr. 368]; 377 S.; 638 Abb.; DM 18,—; G. Fischer, Stuttgart 1975

Jordan, K. H. C., Landwanzen (Heteroptera spec.); [Die Neue Brehm-Bücherei, Bd. 294]; 110 S.; 94 Abb.; DM 7,20; Ziemsen, Wittenberg 1962

Käfer, [„Natur in Farbe"]; 192 S.; 125 farb. Abb.; DM 9,80; Mosaik-Verlag, München 1977

Kaestner, A., Insecta A: Allgem. Teil, DM 22,—; Insecta B: Spezieller Teil, DM 38,—; (s. bei „Lehrbuch der Speziellen Zoologie")

Klots/Forster, Insekten [Knaurs Tierreich in Farben, Bd. IV]; 352 S.; 283 Abb.; davon 152 farbig; DM 54,— (Volksausgabe DM 29,80); Droemer, München

Koch, M., Wir bestimmen Schmetterlinge (jeweils unter Ausschluß der Alpengebiete); Bd. I: Tagfalter Deutschlands; vergriffen; Bd. II: Bären, Spinner, Schwärmer und

Bohrer; vergriffen; Bd. III: Eulen Deutschlands, 316 S.; 23 Textabb.; 24 Farbtaf. mit 458 Falteraufn. u. 139 Raupen u. Puppenabb.; DM 12,80; Bd. IV: Spanner Deutschlands; ca. 284 S.; 20 Farbtaf. mit 560 farb. Darst. von Schmetterlingen, Raupen u. Puppen; 112 Textabb.; DM 16,—; 1976; Neumann-Neudamm, Melsungen

Larson/Larson, Insektenstaaten (Aus dem Leben der Wespen, Bienen, Ameisen und Termiten); 200 S.; 33 Abb.; DM 26,—; Parey, Hamburg 1971

v. Lengerken, H., Insekten [Sammlung Göschen Bd. 594]; 140 S.; 59 Abb.; DM 4,80; de Gruyter, Berlin ² 1966

Lewis, H. L., Das große Buch der Schmetterlinge (Die Tagfalter der Welt); 318 S.; 208 Taf.; DM 132,—; Ulmer, Stuttgart 1974

* *Lindauer, M.*, Verständigung im Bienenstaat; 163 S.; 83 Abb.; DM 14,80; G. Fischer, Stuttgart 1975

Lyneborg, L./Jønsson, N., Nachtfalter (über 300 europ. Arten); [BLV-Naturführer Bd. 2]; 160 S.; 368 farb. Abb.; DM 15,—; BLV, München 1975

Lyneborg, L./Jønsson, N., Tagfalter (über 200 europ. Arten); [BLV-Naturführer 1]; 159 S.; 250 Abb.; DM 15,—; BLV, München 1975

Marais, E. N., Die Seele der weißen Ameise [Heyne — Sachbuch 7005]; 176 S.; Abb.; DM 3,80; Heyne, München o. J.

* *Möhres, F. P.*, Käfer [Belser Bücherei 8]; 256 S.; 199 farb. Abb.; DM 16,80; Belser, Stuttgart 1963

Moucha/Choc, Taschenatlas der Tagfalter; 260 S.; 153 Abb. auf 80 Tafeln; DM 6,80; Dausien, Hanau, ² 1976

Moucha/Vančura, Schmetterlinge — Tagfalter [„Natur in Farbe"]; 192 S.; 290 farb. Abb.; DM 9,80; Mosaik-Verlag, München

Naumann, H., Der Gelbrandkäfer (Dytiscus marginalis); [Die Neue Brehm-Bücherei, Bd. 162]; 80 S.; 40 Abb.; DM 4,20; Ziemsen, Wittenberg 1955

Nielsen, E. T., Insekten auf Reisen [Verständl. Wissensch., 92. Bd.]; 98 S.; 9 Abb.; DM 12,—; Springer, Berlin

Peters, D. S., Insekten auf Feld und Wiese, in Farben [Naturbücher in Farben]; 192 S.; 621 Arten; DM 24,—; O. Maier, Ravensburg ² 1975

Peus, F., Flöhe (Siphonaptera); [Die Neue Brehm-Bücherei Bd. 98]; 43 S.; 31 Abb.; DM 1,70; Ziemsen, Wittenberg 1953

Pfletschinger, H., Bunte Welt der Insekten [Bunte Kosmos-Taschenführer]; 72 S.; 51 Zeichn.; 120 Farbfotos; DM 8,80; Franckh, Stuttgart

Rein/Zech, Wunderwelt der Schmetterlinge [Bunte Kosmos-Taschenführer]; 71 S.; 24 Zeichng.; 120 Farbfotos; DM 8,80; Franckh, Stuttgart, 2. Auflage

Roer, H., Kleiner Fuchs, Tagpfauenauge, Admiral (Aglais, Inachis, Vanessa); [Die Neue Brehm-Bücherei, Bd. 348]; 74 S.; 43 Abb.; DM 5,70; Ziemsen, Wittenberg 1965

Sandhall, A., Insekten und Weichtiere (Niedere Tiere u. ihre Lebensräume); 208 S.; 432 Farbfot.; 250 Zeichn.; DM 25,—; BLV, München 1974

Schmetterlinge — Nachtfalter, [„Natur in Farbe"]; 192 S.; 64 Farbtaf.; DM 9,80; Mosaik-Verlag, München

Schröder, H., Insekten der Trockengebiete, in Farben [Naturbücher in Farben]; 162 S.; über 350 Arten; DM 24,—; O. Maier, Ravensburg 1974

Schröder, H., Insekten des Waldes in Farben [Naturbücher in Farben]; 248 S.; über 600 Arten; DM 24,—; O. Maier, Ravensburg 1971

Seifert, G., Entomologisches Praktikum [Taschenbuch]; 440 S.; 265 Abb.; DM 24,80; G. Thieme, Stuttgart ² 1976

Smart, P., Kosmos-Enzyklopädie der Schmetterlinge. Die Tagfalter der Erde in Farbe; 275 S.; 2230 Farbfotos; 21 SW-Fotos; DM 78,—; Franckh, Stuttgart 1977

Stresemann, E. (Hrsg.), Exkursionsfauna, Wirbellose II; Bd. 1: Insekten — Erster Teil; ca. 576 S.; ca. 1000 Abb.; ca. DM 21,—; Bd. 2: Insekten — Zweiter Teil; 476 S.; 1029 Abb.; DM 21,—; Volk u. Wissen, Berlin

Tuxen, S. L., Insektenstimmen [Verständl. Wissensch., 88. Bd.] 168 S.; 89 Abb.; DM 12,—; Springer, Berlin

Urania Tierreich, Bd. 3: Insekten (s. ro ro ro Tierwelt u. bei Bildwerken)

Warnecke, G., Welcher Schmetterling ist das? [Kosmos-Naturführer]; 191 S.; 475 Abb.; (333 farbig); DM 14,80; Franckh, Stuttgart, 4. Aufl.

Weber, H., Lehrbuch der Entomologie; 726 S.; 555 Abb.; DM 125,—; G. Fischer, Stuttgart, Nachdruck 1968
* *Weber/Weidner*, Grundriß der Insektenkunde; 640 S.; 287 Abb.; DM 56,—; G. Fischer, Stuttgart [5] 1974
Williams/Roer, Die Wanderflüge der Insekten; 232 S.; 79 Abb.; DM 28,—; Parey, Hamburg 1961
Winkler/Severa, Taschenatlas der Käfer; 239 S.; 88 Farbtaf.; DM 6,80; Dausien, Hanau [2] 1975
* *Zahradnik, J.*, Der Kosmos-Insektenführer (Bestimmungsbuch); [Kosmos-Naturführer]; 319 S.; 780 Farbbilder; DM 29,50; Franckh, Stuttgart 1976

β. Sonstige Gliederfüßler

S. auch Literaturhinweise in Bd. 2 (Der Lehrstoff I) bei
Schmidt, H.: — Spinnentiere, S. 196—204; — Niedere Krebse, S. 205—210;
— Höhere Krebse, S. 210—220;
— Tausendfüßler und Hunderfüßler, S. 221—223

Dobroruka, L. J., Die Hundertfüßler (Chilopoda); [Die Neue Brehm-Bücherei, Bd. 285]; 49 S.; 34 Abb.; DM 3,30; Ziemsen, Wittenberg 1961
Engel, H. u. a., Mitteleuropäische Insekten (anhangsweise Spinnentiere u. Tausendfüßler); (s. Insekten)
Henning/Dathe, Wirbellose II (Gliedertiere); (s. Spez. Zoologie; Lehrbücher)
Herbst, H. V., Blattfußkrebse (s. Limnologie)
Hirschmann, W., Milben (Acari); [Einf. in d. Kleinlebewelt]; 76 S.; 108 Abb.; DM 12,80; Franckh, Stuttgart 1966
Kiefer, F., Ruderfußkrebse (Copepoden); (s. b. Limnologie)
Pfletschinger, H., Einheimische Spinnen [Bunte Kosmos-Taschenführer]; 71 S.; 120 Farbfotos; 6 Zeichng.; DM 8,80; Franckh, Stuttgart 1976
Seifert, G., Die Tausendfüßler (Diplopoda); [Die Neue Brehm-Bücherei, Bd. 273]; 76 S.; 59 Abb.; DM 4,20; Ziemsen, Wittenberg 1961

g. Weichtiere (Mollusca)

S. auch Literaturlisten in Bd. 2 (Der Lehrstoff I) S. 64, 69 u. 70

Arrecgros, J., Muscheln am Meer (Schnecken u. Muscheln); [Hallwag-Taschenbuch 57]; 64 S.; farb. Fotos v. 193 Arten; DM 6,80; Hallwag, Bern [6] 1974
Campbell, A., Der Kosmos-Strandführer (s. Naturführer)
Cousteau, J.-Y./Diolé, Kalmare — Wunderwelt der Tintenfische [Knaur Taschenbuch 450]; 256 S.; 124 Abb.; DM 9,80 (Leinenausgabe: 304 S.; DM 36,—); Droemer, München 1976
* *Entrop, B.*, Muscheln und Schnecken an Europas Küsten [Bunte Kosmos-Taschenbücher]; 72 S.; 120 Farbfotos; 16 Zeichng.; DM 8,80; Franckh, Stuttgart
Janus, H., Unsere Schnecken und Muscheln [Kosmos-Naturführer]; 128 S.; 9 Fotos; 250 Zeichng.; DM 12,80; Franckh, Stuttgart, 4. Auflage
Kuckuck, P., Der Strandwanderer (s. Naturführer)
Lellák/Čepická, Muscheln und Wasserschnecken (Meeresformen); [Natur in Farbe]; 192 S.; 64 farb. Abb.; DM 9.80; Mosaik-Verlag, München 1975
Lindner, G., Muscheln + Schnecken der Weltmeere (Aussehen, Vorkommen, Systematik); [BLV-Bestimmungsbuch, Bd. 16]; 255 S.; 1257 Abb.; davon 1072 farbig; DM 25,—; BLV, München 1975
Oliver, P., Der Kosmos-Muschelführer (über 1000 Arten Meeresschnecken und Meeresmuscheln auf 148 Farbtafeln); 320 S.; 1030 Farbabb.; 3 Zeichng.; 4 farb. Verbreitungskarten; DM 29,50; Franckh, Stuttgart
Sandhall, A., Insekten u. Weichtiere; BLV (s. Insekten)

h. Einzeller (Protozoa)

Göke, G., Meeresprotozoen; Foraminiferen, Radiolarien, Tintinnien [Einf. in d. Kleinlebewelt]; 71 S.; 232 Abb.; DM 12,80; Franckh, Stuttgart 1963
Grell, K. G., Protozoologie; 519 S.; 422 Abb.; DM 108,— Springer, Berlin [2] 1968

Grospietsch, Th., Wechseltierchen (Rhizopoden); [Einf. in d. Kleinlebewelt]; 87 S.; 73 Zeichng.; 51 Fotos; DM 12,80; Franckh, Stuttgart 3. Auflage
Matthes, D./Wenzel, F., Wimpertiere (Ciliata); [Einf. in d. Kleinlebewelt]; 110 S.; 234 Abb.; DM 12,80; Franckh, Stuttgart 1966
Mayer, Max, Kultur und Präparation der Protozoen [Einf. in d. Kleinlebewelt]; 83 S.; 5 Abb.; DM 19,80; Franckh, Stuttgart ⁵1975
Schönborn, W., Beschalte Amöben (Testacea); [Die Neue Brehm-Bücherei, Bd. 357]; DM 7,70; Ziemsen, Wittenberg
* *Streble/Krauter*, Das Leben im Wassertropfen (s. b. Limnologie u. Planktonkunde)
Westphal, A./Mühlpfordt, H., Protozoen [UTB; Bd. 285]; 244 S.; 157 Abb.; DM 17,80; Ulmer, Stuttgart 1974

i. Sonstige Wirbellose (außer Gliederfüßler, Weichtiere und Einzeller)

S. auch Literaturhinweise in Bd. 2 (Der Lehrstoff I) bei *Schmidt, H.*:
— Schwämme, S. 22—24; — Hohltiere, S. 25—37; — Plattwürmer, S. 38—46;
— Schlauchwürmer, S. 47—51; — Ringelwürmer, S. 72—89

Buchsbaum/Milne/Bolle, Niedere Tiere [Knaurs Tierreich in Farben, Bd. V]; 360 S.; 327 Abb.; davon 144 farbig; DM 54,— (Volksausgabe DM 29,80); Droemer, München
Donner, J., Rädertiere (s. Limnologie)
Henke, G., Die Strudelwürmer des Süßwassers (Turbellaria); [Die Neue Brehm-Bücherei, Bd. 299]; 43 S.; 56 Abb.; DM 4,20; Ziemsen, Wittenberg 1962
Hennig/Dathe, Wirbellose I (s. Spez. Zoologie; Lehrbücher)
Löliger-Müller, B., Parasitische Würmer II: Plattwürmer (Plathelminthes); [Die Neue Brehm-Bücherei, Bd. 192]; DM 4,20; Ziemsen, Wittenberg
Meyl, A., Fadenwürmer (Nematoden); [Einf. in d. Kleinlebewelt]; 70 S.; 127 Abb.; DM 12,80; Franckh, Stuttgart 1961
Odening, K., Der Große Leberegel und seine Verwandten (Fasciola hepatica u. a.); [Die Neue Brehm-Bücherei, Bd. 444]; DM 12,30; Ziemsen, Wittenberg
Smolik, H. W., Wirbellose Tiere / Zoologisches Begriffswörterbuch [ro ro ro Tierlexikon Bd. 5; ro ro ro Taschenbuch 6071—6073]; 268 S.; 420 Abb.; 948 Arten u. Rassen; DM 7,80; Rowohlt, Reinbeck 1968; (Bertelsmann Lexikon-Verlag 1960)
Stresemann, E. (Hrsg.), Exkursionsfauna; Wirbellose I (Wirbellose außer Insekten); 496 S.; 820 Abb.; DM 19,—; Volk u. Wissen, Berlin
Urania Tierreich, Bd. 1 und 2: Wirbellose Tiere 1 u. 2. (s. ro ro ro — Tierwelt und bei Bildwerken)
Wulfert, K., Rädertiere (Rotatoria) [Die Neue Brehm-Bücherei, Bd. 416]; DM 9,40; Ziemsen, Wittenberg

XII. Verhaltenslehre (Ethologie)

S. auch Literaturliste in Bd. 4/II (Der Lehrstoff III; Allgemeine Biologie)
S. 247/248

* *Apfelbach/Döhl*, Verhaltensforschung [UTB Nr. 210]; 162 S.; 36 Abb.; DM 12,80; G. Fischer, Stuttgart 1976
Bäuerle/Hornung (Hrsg.), Biologisch-sozialkundliche Arbeitshefte; 1. Aggression; 64 S.; DM 6,80; 1976; 2. Rangordnung; 64 S.; DM 6,80; 1976; 3. Umwelt; 69 S.; DM 6,80; 1976; 4. Eigentum (mit Lehrerheft) 42 S.; DM 6,80; 1976; 5. Mutter-Kind-Beziehung (in Vorb.); 6. Lernverhalten (in Vorber.); Leske + Budrich, Leverkusen
Baeumer, Erich, Das dumme Huhn; Verhalten des Haushuhns [Kosmos-Bibliothek, Bd. 242]; 88 S.; 18 Textabb.; 27 Fotos; Franckh, Stuttgart 1964
Bastock, M., Das Liebeswerben der Tiere; 191 S.; 62 Abb.; DM 9,80; G. Fischer, Stuttgart 1969
Bechtle/Hochwald/Sauer, Besuch aus dem Wald (Tierverhalten — beobachtet an Eule, Fuchs und Eichhorn); 232 S.; 24 Farbfotos; 3 Vignetten; DM 24,—; Franckh, Stuttgart
Blume, D., Ausdrucksformen unser Vögel (s. Vögel)

Buchholtz, C., Das Lernen bei Tieren (Verhaltensänderungen durch Erfahrung); 160 S.; 78 Abb.; DM 28,—; G. Fischer, Stutgart 1973
* *Bunk/Tausch*, Grundlage der Verhaltenslehre [Moderne Biologie im Unterricht]; 276 S.; 95 Abb.; DM 16,80; G. Westermann, Braunschweig 1975
Chinerey, M., Gemeinschaften der Tiere; 127 S.; DM 19,80; Österr. Bundesverlag, Wien 1973
Danzer, A., Verhalten [Studienreihe Biologie, Bd. 5]; 148 S.; 49 Abb.; DM 14,—; J. B. Metzler, Stuttgart 1977
* *Deckert, G. u. K.*, Verhaltensformen der Tiere; 350 S.; 29 Farb- u. 60 SW-Fotos; DM 32,—; Aulis, Köln 1974
Deckert, G. u. K., Wie verhalten sich Tiere?; 279 S.; zahlr. Abb.; DM 15,—; Urania, Leipzig 1974
Denker, R., Aufklärung über Aggression [Urban-Taschenbücher Reihe 80; Bd. 814]; 200 S.; [5]1975; DM 10,—; Angst und Aggression [Urban-Taschenbücher, Reihe 80; Bd. 853]; 200 S.; 1974; DM 10,—; Kohlhammer, Stuttgart
Dröscher, V. B., Die freundliche Bestie (Forschungen über das Tier-Verhalten); [ro ro ro — Taschenbuch 6845]; 247 S.; Abb.; DM 4,80; Rowohlt, Reinbeck 1974
Dröscher, V. B., Sie töten und sie lieben sich (Naturgeschichte sozialen Verhaltens — [ro ro ro Taschenbuch 6998]; 305 S.; Abb.; DM 7,80; Rowohlt, Reinbeck 1977; — Originalausgabe: 376 S.; 16 Farbtaf.; 24 SW-Fotos; DM 29,50; Hoffmann u. Campe, Hamburg 1974
**Dylla, K.*, Verhaltensforschung (ihre Behandlung im biologischen Unterricht); [Biolog. Arbeitsbücher, Bd. 5]; 118 S.; 29 Abb.; DM 12,80; Quelle & Meyer, Heidelberg [4] 1974
Eibl-Eibesfeld, J., Der vorprogrammierte Mensch (Das Ererbte als bestimmender Faktor im menschlichen Verhalten) [dtv Nr. WR 4177]; 296 S.; 125 Abb.; DM 10,80; D. Taschenbuch Verlag, München 1976
Eibl-Eibesfeld, J., Galapagos; Die Arche Noah im Pazifik; — Völlig überarbeitete Neuausgabe: ca. 448 S.; 32 farb. u. 213 SW-Abb.; DM 48,—; Piper, München 1977; — [dtv Nr. 720]; 104 S.; DM 5,80; D. Taschenbuch Verlag, München 1970
* *Eibl-Eibesfeld, J.*, Grundriß der vergleichenden Verhaltensforschung — Ethologie; 629 S.; 325 Abb.; 8 Farbtaf.; DM 78,—; Piper, München [4] 1974
Eibl-Eibesfeld, I., Liebe und Haß; Zur Naturgeschichte elementarer Verhaltensweisen; 296 S.; zahlr. Abb.; DM 10,— (Leinenausgabe: DM 32,—); Piper, München [6] 1976
Ewer, R. F., Ethologie der Säugetiere; 277 S.; 13 Abb.; 13 Fotos; 2 Tab.; DM 54,—; Parey, Hamburg 1976
Ewert, J. P., Neuro-Ethologie (Einf. in d. neurophysiolog. Grundlagen des Verhaltens); [Heidelberger Taschenbücher Bd. 181]; ca. 240 S.; 136 Abb.; DM 24,80; Springer, Berlin 1976
Flechtner, H.-J., Biologie des Lernens [Reihe: Memoria u. Mneme, Bd. II]; 495 S.; 34 Abb.; DM 25,—; S. Hirzel, Stuttgart 1976
Fodgen, M. und P., Farbe und Verhalten im Tierreich (Signal u. Werbung, Warnung u. Tarnung) 168 S.; ca. 200 Farbfotos; DM 36,—; Herder, Freiburg 1975
Fricke, H. W., Korallenmeer (Verhaltensforschung am tropischen Riff); — [ro ro ro Taschenbuch 6910]; 188 S.; 66 Abb.; DM 9,80; Rowohlt, Reinbeck 1975; — Originalausgabe: 224 S.; 150 Unterwasserfotos; DM 68,—; Belser, Stuttgart 1973
Friedrich, H. (Hrsg.), Mensch und Tier; Ausdrucksformen des Lebendigen [dtv Nr. 481]; 145 S.; 10 Abb.; DM 2,80; D. Taschenbuch Verlag, München [4] 1974
v. Frisch, O., Alle Taschen voller Tiere; 116 S.; 8. Taf.; 20 Fotos; DM 8,—; Parey, Hamburg 1966
Gronefeld, G., Seehunde. Unsere Brüder im Meer; 206 S.; 28 Fotos; DM 24,—; Stalling, Oldenburg 1974
Heymer, A., Ethologisches Wörterbuch (Deutsch, Englisch, Französisch); 238 S.; 1000 Wörter, 138 S.; DM 28,—; Parey, Hamburg 1977
v. Holst, E., Zentralnervensystem (5 Beiträge zur Verhaltensphysiologie); [dtv Nr. WR 4152]; 176 S.; DM 7,80; D. Taschenbuch Verlag, München 1974
v. Holst, E., Zur Verhaltensphysiologie bei Tieren und Menschen; Bd. 1; 294 S.; 153 Abb.; DM 24,—; Piper, München 1969
Illies, J., Die Affen und wir (Ein Vergleich zwischen Verwandten); [ro ro ro tele Nr. 29]; 121 S.; 79 Abb.; DM 2,80; Rowohlt, Reinbeck 1970

Immelmann, K., Einführung in die Verhaltensforschung [Reihe Pareys Studientexte Bd. 13]; 220 S.; 89 Abb.; DM 28,—; Parey, Hamburg 1976

Immelmann, K. (Hrsg.), Verhaltensforschung [Grzimeks Buch der Verhaltensforschung]; 660 S.; ca. 300 farb. Abb.; über 300 graph. Darst.; DM 138,—; Kindler, München 1974

Immelmann, K., Wörterbuch der Verhaltensforschung (s. bei Lexika)

Johst, V., Biologische Verhaltensforschung am Menschen; 118 S.; zahlr. Abb.; DM 12,—; Akademie-Verlag, Berlin 1976

Jolly, A., Die Entwicklung des Primatenverhaltens; 318 S.; 161 Abb.; 21 Tab.; DM 39,—; G. Fischer, Stuttgart 1975

Jürgens/Ploog, Von der Ethologie zur Psychologie [Taschenbuchreihe Geist und Psyche 02124]; (Grundbegriffe d. Vergleich. Verhaltensforschung anhand repräsentativer Beispiele) ca. 96 S.; DM 4,80; Kindler, München 1974

Kaufmann, H., Die Erforschung menschlichen Verhaltens; 128 S.; 3 Abb.; DM 9,80; G. Fischer, Stuttgart 1970

Köhler, W., Intelligenzprüfungen an Menschenaffen [Heidelberger Taschenbücher, Bd. 134]; 234 S.; 7 Taf.; 23 Abb.; DM 16,80; Springer, Berlin 1973

Koenig, O., Das Paradies vor unserer Tür (Ein Forscher sieht Tiere und Menschen) [dtv Nr. 921]; 449 S.; zahlr. Abb.; DM 8,80; D. Taschenbuch Verlag, München 1973

Krieg, H., Begegnungen mit Tieren und Menschen; 220 S.; 60 Abb.; DM 18,—; Parey, Hamburg [2] 1965

Kummer, H., Sozialverhalten der Primaten [Heidelberger Taschenbücher Bd. 162]; 163 S.; 34 Abb.; DM 19,80; Springer, Heidelberg 1975

* *Lamprecht, J.,* Verhalten (Grundlagen — Erkenntnisse — Entwicklungen der Ethologie); [studio visuell]; 128 S.; zahlr. Abb.; DM 25,—; Herder, Freiburg [6] 1976

van Lawick-Goodall, J., Wilde Schimpansen (10 Jahre Verhaltensforschung am Gombe-Strom); [ro ro ro - Taschenbuch 6920]; 253 S.; 49 SW- u. 8 farb. Abb.; auf Tafeln; 20 Abb.; im Text; DM 7,80; Rowohlt, Reinbeck 1975

Leukefeld, P., Liebe im Zoo [Goldmann Gelbe Taschenbücher Nr. 3429]; 120 S.; 38 Fotos; DM 5,—; Goldmann, München 1976

Leyhausen, P.; Verhaltensstudien an Katzen; 232 S.; 119 Abb.; DM 48,—; Parey, Hamburg [4] 1975

Lindauer, M., Lernen — Gedächtnis — Vergessen (Neue Erkenntnisse aufgrund von Tierversuchen); 32 S.; 11 Abb.; DM 9,—; F. Steiner, Wiesbaden 1974

Lorenz, K., Das sogenannte Böse (Zur Naturgeschichte der Aggression); [dtv Nr. 1000]; 262 S.; DM 4,80; D. Taschenbuch Verlag, München [4] 1976

Lorenz, K., Der Kumpan in der Umwelt des Vogels (Der Artgenosse als auslösendes Moment sozialer Verhaltensweisen); [dtv WR 4231]; 208 S.; DM 4,80; D. Taschenbuch Verlag, München 1973

Lorenz, K., Die Rückseite des Spiegels (Versuch einer Naturgeschichte menschlichen Erkennens); — [dtv, Bd. 1249]; DM 7,80; D. Taschenbuch Verlag, München 1977; — Sonderausgabe: 338 S.; 4 Abb.; DM 16,80; Piper, München 1975

* *Lorenz, K.,* Er redete mit dem Vieh, den Vögeln und den Fischen [dtv Nr. 173]; 148 S.; DM 3,80; D. Taschenbuch Verlag, München [23] 1976

* *Lorenz, K.,* So kam der Mensch auf den Hund [dtv Nr. 329]; 128 S.; DM 3,80; Deutscher Taschenbuch Verlag, München [18] 1976

* *Lorenz, K.,* Über tierisches und menschliches Verhalten; Bd. 1: 412 S.; 5 Abb.; [17] 1974; DM 24,—; Bd. 2: 398 S.; 63 Abb.; [11] 1974; DM 24,—; Piper, München

Lorenz, K., Vom Weltbild des Verhaltensforschers [dtv Nr. 499]; 160 S.; DM 3,80; D. Taschenbuch Verlag, München [9] 1976

Lorenz/Leyhausen, Antriebe tierischen und menschlichen Verhaltens; 472 S.; 21 Abb.; DM 24,—; Piper, München [4] 1973

Mann-Borgese, E., Das ABC der Tiere (Von schreibenden Hunden und lesenden Affen); [Goldmann-Sachbuch 3329]; 183 S.; DM 4,—; Goldmann, München

Meißner, K., Homologieforschung in der Ethologie; 184 S.; 12 Abb.; 7 Tab.; DM 33,—; G. Fischer, Jena 1976

Meves/Illies, Mit der Aggression leben [Herderbücherei Bd. 536]; 128 S.; DM 4,90; Herder, Freiburg [2] 1975

Meyer, P., Taschenlexikon der Verhaltenskunde [UTB 609]; 240 S.; 85 Abb.; DM 12,80; F. Schöningh, Paderborn 1976

Milne, L./Milne, M./Russel, F., Geheimnisvolle Tierwelt (Streifzüge durch die Verhaltensforschung); 214 S.; 332 farb. Abb.; DM 54,—; Westermann, Braunschweig 1976

Montagu, A. (Hrsg), Mensch und Aggression (Der Krieg kommt nicht aus unseren Genen); 192 S.; DM 14,—; Beltz, Weinheim 1974

Morris, D., — Der nackte Affe [Knaur Taschenbuch 224]; DM 4,80; — Der Menschen-Zoo [Knaur Taschenbuch 296]; DM 4,80; — Liebe geht durch die Haut [Knaur Taschenbuch 399]; DM 5,80; Droemer, München

Nicolai, J., Vogelleben [ro ro ro Taschenbuch 6935]; 60 farb. Abb.; DM 9,80; Rowohlt, Reinbeck

Pilz/Moesch, Der Mensch und die Graugans (Eine Kritik an Konrad Lorenz); 246 S.; 25 Abb.; DM 22,—; Umschau-Verlag, Frankfurt 1975

Ploog, D., Die Sprache der Affen (und ihre Bedeutung für die Verständigungsweisen des Menschen); [„Geist und Psyche" Taschenbuch 02133]; DM 4,80; Kindler, München

Ploog/Gottwald, Verhaltensforschung. Instinkt — Lernen — Hirnfunktion; 174 S.; 46 Abb.; DM 12,—; Urban & Schwarzenberg, München 1974

Portmann, A., Tarnung im Tierreich [Verständl. Wissensch., 61. Bd.]; 120 S.; 125 Abb.; DM 12,—; Springer, Berlin

Reinert, G.-B., Verhaltenslehre (Exemplarisch ausgewählte Themen für einen fächerübergreifenden Unterricht); 115 S.; 40 Abb.; DM 14,80; Aulis, Köln 1976

Remane, A., Sozialleben der Tiere [Taschenbuch]; 197 S.; 22 Abb.; DM 12,—; G. Fischer, Stuttgart [3] 1976

Rensch, B., Gedächtnis, Begriffsbildung und Planhandlungen bei Tieren; 274 S.; 132 Abb.; 23 Tab.; DM 55,—; Parey, Hamburg 1973

Schaller, G. B., Unter Löwen in der Serengeti (Meine Erlebnisse als Verhaltensforscher); 304 S.; DM 34,—; Herder, Freiburg 1976

Schmalohr, E., Frühe Mutterentbehrung bei Mensch und Tier [„Geist und Psyche", Taschenbuch 02092]; 228 S.; DM 9,80; Kindler, München [2] 1975

Schmidtbauer, W., Biologie und Ideologie (Kritik der Humanethologie); 192 S.; DM 10,—; Hoffmann u. Campe, Hamburg 1973

Schmidtbauer, W., Die sogenannte Agression (Die kulturelle Evolution und das Böse); 180 S.; DM 10,—; Hoffmann u. Campe, Hamburg 1972

Schmidtbauer, W. (Hrsg.), Evolutionstheorie und Verhaltensforschung; 391 S.; DM 30,—; Hoffmann u. Campe, Hamburg 1974

Sinz, R., Lernen und Gedächtnis [UTB Nr. 358]; 255 S.; 21 Abb.; DM 12,—; G. Fischer, Stuttgart [3] 1976

Skinner, B. F., Futurum Zwei „Walden Two" (Die Vision einer aggressionsfreien Gesellschaft); [ro ro ro Taschenbuch 6791]; DM 5,80; Rowohlt, Reinbeck

Stern, H., Bemerkungen über Bienen [ro ro ro Taschenbuch 6881]; 123 S.; 73 meist farb. Abb.; DM 7,80; Rowohlt, Reinbeck 1974

Stern, H., Bemerkungen über Hunde [ro ro ro Taschenbuch 6855]; 120 S.; 92 meist farb. Abb.; DM 6,80; Rowohlt, Reinbeck [2] 1976

Stern, H., Bemerkungen über Pferde [ro ro ro Taschenbuch 6841]; 122 S.; 126 meist farb. Abb.; DM 6,80; Rowohlt, Reinbeck [3] 1975

Stokes, A. W. (Hrsg.), Praktikum der Verhaltensforschung; 169 S.; 85 Abb.; 18 Tab.; DM 19,50; G. Fischer, Stuttgart 1971

Tembrock, G., Biokommunikation (Informationsübertragung im biologischen Bereich); [ro ro ro vieweg Bd. 15]; 281 S.; 59 Abb.; DM 11,80; Rowohlt, Reinbeck 1975

* Tembrock, G., Grundlagen der Tierpsychologie [ro ro ro vieweg 8]; 288 S.; 45 Abb.; DM 9,80; Rowohlt, Reinbeck 1974

Tembrock, G., Grundriß der Verhaltenswissenschaften [Grundbegriffe d. modernen Biologie, Bd. 3]; 267 S.; 103 Abb.; DM 24,—; G. Fischer, Stuttgart [2] 1973

Tembrock, G., Tierpsychologie [Die Neue Brehm-Bücherei, Bd. 455]; 182 S.; 53 Abb.; DM 16,90; Ziemsen, Wittenberg [2] 1976

* Tinbergen, N., Instinktlehre; 276 S.; 130 Abb.; DM 38,—; Parey, Hamburg [5] 1972

Tinbergen, N., Tiere untereinander; 158 S.; 84 Abb.; DM 24,—; Parey, Hamburg [3] 1975

Tinbergen, N., Tierbeobachtungen zwischen Arktis und Afrika; — [ro ro ro Taschenbuch 6822]; 200 S.; 80 Abb.; DM 4,80; Rowohlt, Reinbeck 1973; — Originalausgabe: 228 S.; 80 Abb.; 32 Taf.; DM 14,—; Parey, Hamburg [3] 1967

Tinbergen, N. (Hrsg.), Tiere und ihr Verhalten (Life / Wunder der Natur); [ro ro ro Sachbuch 60]; 191 S.; zahlr. farb. Abb.; DM 8,80; Rowohlt, Reinbeck 1976
Ullrich, W., Tiere — recht verstanden (Ergebnisse u. Probleme d. Tierpsychologie); 232 S.; 90 Textabb.; 52 Kunstdrucktaf.; DM 16,80; Neumann-Neudamm, Melsungen 1970
Vogt, H. H., Lernen bei Mensch und Tier; 84 S.; DM 7,50; E. Reinhardt, München 1971
Vogt, H. H., Tiere intim (Liebesleben und Gruppenverhalten); 208 S.; 190 Abb.; DM 16,80; Ullstein, Berlin 1976
Vogt, H. H., Tierpsychologie für jedermann (Eine Einführung in die Verhaltensforschung); 53 S.; DM 4,50; E. Reinhardt, München [4] 1972
Vogt, H. H., Verhaltensforschung [ht 148]; 158 S.; mit Abb.; DM 3,80; Humboldt-Taschenbuchverlag, München
Walter, F. R., Mit Horn und Huf (Vom Verhalten der Horntiere) 171 S.; 51 Strichzeichn.; 28 Fotos; DM 8,—; Parey, Hamburg 1966
Weismann, E., Partnersuche und Ehe im Tierreich [Dynamische Biologie Bd. 1]; 143 S.; 111 Abb.; DM 26,—; O. Maier, Ravensburg 1975
Wickler, W., Antworten der Verhaltensforschung (für das Verständnis des Menschen); — 236 S.; DM 23,—; Kösel, München 1970; — [Taschenbuchreihe „Geist u. Psyche" 02135]; DM 9,80; Kindler, München 1974
Wickler, W., Stammesgeschichte und Ritualisierung (Zur Entstehung tierischer und menschlicher Verhaltensmuster); [dtv — WR 4166]; 296 S.; DM 9,80; D. Taschenbuch Verlag, München 1976
Wickler, W., Verhalten und Umwelt [Krit. Wissenschaft]; 193 S.; DM 18,—; Hoffmann u. Campe, Hamburg 1973
Wickler, W./Seibt, U., Vergleichende Verhaltensforschung; 486 S.; DM 29,50; Hoffmann u. Campe, Hamburg 1973
Zeeb/Guttmann, Wildpferde in Dülmen (Pferde, wie sie wirklich leben, beobachtet in freier Wildbahn); 110 S.; 70 Abb.; DM 22,—; Hallwag, Bern

XIII. Pflanzenkunde (Botanik)

1. Lehrbücher der Allgemeinen Botanik

Baumeister, W., Allgemeine Botanik [ro ro ro Pflanzenlexikon Bd. 1]; [ro ro ro Taschenbuch 6100—6102]; 316 S.; 606 Abb.; DM 7,80; Rowohlt, Reinbeck 1969 (Bertelsmann Lexikon Verlag 1966)
Bornkamm, R., Einführung in die Botanik [UTB Nr. 114]; 171 S.; 104 Abb.; DM 14,80; Ulmer, Stuttgart 1973
Gunning/Steer, Biologie der Pflanzenzelle (Bildatlas); 103 S.; 49 Taf. mit über 200 Abb.; DM 24,80; G. Fischer, Stuttgart 1977
* *Nultsch*, Allgemeine Botanik (Kurzes Lehrbuch f. Mediziner u. Naturwissenschaftler); [Taschenbuch]; 432 S.; 200 Abb.; DM 14,80; G. Thieme, Stuttgart [5] 1974
Oehlkers, F., Das Leben der Gewächse. Ein Lehrbuch der Botanik. Die Pflanze als Individuum; 463 S.; 523 Abb.; DM 48,—; Springer, Berlin 1956
* *„Strasburger, E"*, Lehrbuch der Botanik, bearbeitet von *v. Denffer, W. Schumacher, K. Mägdefrau* u. *F. Ehrendorfer*; 842 S.; 759 Abb.; DM 46,—; G. Fischer, Stuttgart [30] 1971
* *Strugger/Härtel*, Botanik [Fischer-Lexikon Bd. 27: Biologie I]; 363 S.; 170 Abb.; DM 6,80; Fischer-Bücherei, Frankfurt [8] 1975
Troll, D. W./Höhn, K.: Allgemeine Botanik (Ein Lehrbuch auf vergleichend-biologischer Grundlage); 994 S.; 712 Abb.; DM 59,—; F. Enke, Stuttgart [4] 1973
Ullrich/Arnold, Lehrbuch der Botanik (Morphologie, Anatomie, Vererbungslehre); 424 S.; 570 Abb.; DM 28,50; de Gruyter, Berlin 1953
Weber, H., Botanik (Einführung f. Pharmazeuten und Mediziner); 245 S.; 310 Abb.; DM 26,50; Wissensch. Verlagsges., Stuttgart [3] 1972

* *Weber, W.*, Botanik [Biologie in Stichworten Bd. I u. II]; Bd. I: 152 S.; 71 Abb.; DM 17,80; Bd. II: 140 S.; 54 Abb.; DM 17,80; F. Hirt, Kiel 1972

Went, F. W., (Hrsg.), Die Pflanzen (Life / Wunder der Natur); [ro ro ro Sachbuch 61]; 187 S.; zahlr. farb. Abb.; DM 8,80; Rowohlt, Reinbeck 1976

2. Morphologie und Anatomie der Pflanzen

Braune/Leman/Taubert, (s. Prakt. u. experim. Biologie)

Esau, K., Pflanzenanatomie; 594 S.; 196 Abb.; 98 Taf.; DM 78,—; G. Fischer, Stuttgart 1969

Eschrich, W., Strasburger's kleines Botanisches Praktikum für Anfänger (s. Prakt. u. experim. Biologie)

Lehmann/Schulz, Die Pflanzenzelle (Struktur und Funktion); [UTB, Bd. 558]; 316 S.; 176 Abb.; 5 Tab.; DM 22,80; Ulmer, Stuttgart 1976

Lorenzen, H., Physiologische Morphologie der Höheren Pflanzen (UTB Nr. 65); 224 S.; 107 Abb.; DM 14,80; Ulmer, Stuttgart 1972

Robards, Ultrastruktur der pflanzlichen Zelle (Einf. in Grundlagen, Methoden u. Ergebnisse der Elektronenmikroskopie); [Taschenbuch]; 345 S.; 141 Abb.; 10 Tab.; DM 18,80; G. Thieme, Stuttgart 1974

Weber, W., Botanik I (Morphologie — Anatomie — Systematik); [Biologie in Stichworten, Bd. I]; 152 S.; 71 Abb.; DM 17,80; F. Hirt, Kiel 1972

3. Physiologie und Entwicklung der Pflanzen

* *Brauner/Bukatsch*, Das kleine pflanzenphysiologische Praktikum; 352 S.; 157 Abb.; DM 29,80; G. Fischer, Stuttgart [8] 1973

Bünning, E., Entwicklungs- und Bewegungsphysiologie der Pflanze; 539 S.; 479 Abb.; DM 59,—; Springer, Berlin [3] 1953

Butterfaß, T., Wachstums- und Entwicklungsphysiologie der Pflanze (Eine Einführung); 242 S.; 81 Abb.; DM 17,—; Quelle & Meyer, Heidelberg 1970

Finck, A., Pflanzenernährung in Stichworten [Hirts Stichwörterbücher]; 200 S.; 51 Abb.; 75 Tab.; DM 19,80; F. Hirt, Kiel [2] 1975

Heath, Physiologie der Photosynthese [Taschenbuch]; 320 S.; 152 Abb.; 16 Tab.; DM 14,80; G. Thieme, Stuttgart 1972

Henke, O., Pflanzenwuchsstoffe [Die Neue Brehm-Bücherei, Bd. 125]; 68 S.; 29 Abb.; DM 4,20; Ziemsen, Wittenberg 2. Auflage

* *Heß, D.*, Entwicklungsphysiologie der Pflanzen [studio visuell]; 125 S.; zahlr. Abb.; DM 25,—; Herder, Freiburg [2] 1976

Heß, D., Pflanzenphysiologie [UTB Nr. 15]; 373 S.; 248 Abb.; DM 19,80; Ulmer, Stuttgart [4] 1976

Hoffmann, P., Photosynthese; — [Reihe Wissenschaft]; 249 S.; 77 Abb.; 8 Taf.; 26 Tab.; DM 22,80; Vieweg, Wiesbaden 1976; — [WTB, Bd. 158]; 249 S.; DM 12,50; Akademie-Verlag, Berlin 1975

Huber, B., Die Saftströme der Pflanzen [Verständl. Wissensch. 58. Bd.]; 134 S.; 75 Abb.; DM 12,—; Springer, Berlin

Jacobi, Biochemische Cytologie der Pflanzenzelle (Ein Praktikum); [Taschenbuch]; 207 S.; 46 Abb.; 12 Tab.; DM 14,80; G. Thieme, Stuttgart 1974

Kandeler, R., Entwicklungsphysiologie der Pflanzen [Sammlung Göschen 7001]; 160 S.; 50 Abb.; DM 14,80; de Gruyter, Berlin 1972

Kreeb, K., Ökophysiologie der Pflanzen (Eine Einführung); 211 S.; 87 Abb.; 22 Tab.; DM 32,—; G. Fischer, Stuttgart 1974

Libbert, E., Lehrbuch der Pflanzenphysiologie; 471 S.; 341 Abb. DM 42,—; G. Fischer, Stuttgart [2] 1975

Lüttge, Stofftransport der Pflanzen [Heidelberger Taschenbücher Bd. 125]; 292 S.; 97 Abb.; DM 19,80; Springer, Berlin 1973

Mengel, K., Ernährung und Stoffwechsel der Pflanze; 470 S.; 148 Abb.; 20 z. T. farbige Tafeln; 94 Tab.; DM 36,—; G. Fischer, Stuttgart [4] 1972

Metzner, H., Biochemie der Pflanzen; 376 S.; 543 Abb.; DM 39,80; Enke, Stuttgart 1973
* *Mohr, H.*, Lehrbuch der Pflanzenphysiologie; 424 S.; 397 Abb.; DM 58,—; Springer, Berlin ²1976
Müller, Heinr., Pflanzenbiologisches Experimentierbuch (s. Prakt. u. exper. Biologie)
Müntz, K., Stoffwechsel der Pflanzen; 464 S.; 454 Abb.; DM 46,—; Aulis, Köln 1975
Richter, G., Stoffwechselphysiologie der Pflanzen (Einf. in d. Physiologie u. Biochemie des Primärstoffwechsels); [Taschenbuch]; 511 S.; 101 Abb.; DM 24,80; G. Thieme, Stuttgart ³1976
Steward/Krikorian/Neumann, Pflanzenleben (biolog. u. chem. Grundlagen der Pflanzenphysiologie f. Leser ohne Vorkenntnisse); 268 S.; DM 12,80; (Bd. 145); Bibliograph. Institut, Mannheim 1969
Tendel, J., Bewegungsphysiologie der Pflanzen [Praxis-Schriftenreihe Bd. 24]; 67 S.; 11 Abb.; DM 7,80; Aulis, Köln 1975
Weber, W., Botanik II (Physiologie — Ökologie — Fortpflanzung — Geobotanik); [Biologie in Stichworten, Bd. II]; 140 S.; 54 Abb.; DM 17,80; F. Hirt, Kiel 1972

4. Pflanzensoziologie und Vegetationskunde; Bodenkunde

Baden/Kuntze u.a., Bodenkunde; DM 44,—; Ulmer, Stuttgart 1969
Brauns, A., Praktische Bodenbiologie; 470 S.; 170 Abb.; 23 Tab.; DM 76,—; G. Fischer, Stuttgart 1968
Diels/Mattick, Pflanzengeographie [Sammlung Göschen, Bd. 389/a]; 195 S.; 2 Karten; DM 7,80; de Gruyter, Berlin 1958
Ellenberg, H., Vegetation Mitteleuropas mit den Alpen (in kausaler, dynamischer und historischer Sicht); ca. 920 S.; 520 Abb.; 130 Tab.; ca. DM 120,—; Ulmer, Stuttgart ²1977
Ellenberg, H., Zeigerwerte der Gefäßpflanzen Mitteleuropas [Scripta Geobotanica, Bd. 9]; 97 S.; zahlr. Tab.; DM 17,—; E. Goltze, Göttingen 1974
* *Hofmeister, H.*, Lebensraum Wald (Waldgesellschaften u. ihre Ökologie); 252 S.; 8 Farbtaf.; 17 SW-Abb.; 43 graf. Darst.; 306 Einzeldarst.; DM 24,—; J. F. Lehmanns, München 1977
Knapp, R., Einführung in die Pflanzensoziologie; 388 S.; 252 Abb.; 41 Tab.; DM 48,—; Ulmer, Stuttgart ³1971
Kubiena, W. L., Bestimmungsbuch und Systematik der Böden Europas; DM 46,—; Enke, Stuttgart 1953
* *Oberdorfer, E.*, Pflanzensoziologische Exkursionsflora (für Süddeutschland u. d. angrenzenden Gebiete); 987 S.; 57 Abb.; DM 38,—; Ulmer, Stuttgart ³1970
Schmithüsen, J., Allgemeine Vegetationsgeographie; 463 S.; DM 62,—; de Gruyter, Berlin ³1968
Schmithüsen, J., Atlas zur Biogeographie [Bd. 303]; 80 S.; DM 68,—; Bibliograph. Institut, Mannheim 1976
Schroeder, D., Bodenkunde in Stichworten [Hirts Stichwörterbücher]; 144 S.; 59 Abb.; 22 Tab.; DM 16,80; F. Hirt, Kiel ²1972
Straka, H., Arealkunde (Floristisch-historische Geobotanik); 478 S.; 366 Abb.; 2 Taf.; 20 Tab.; DM 78,—; E. Ulmer, Stuttgart ²1970
Straka, H., Pollenanalyse und Vegetationsgeschichte [Die Neue Brehm-Bücherei, Bd. 202]; DM 8,80; Ziemsen, Wittenberg 2. Auflage
Walter, H., Allgemeine Geobotanik [UTB Nr. 284]; 256 S.; 135 Abb.; DM 17,80; E. Ulmer, Stuttgart 1973
Walter, H., Standortlehre (Analytisch- ökologische Geobotanik, Grundlagen der Pflanzenverbreitung); 566 S.; 265 Abb.; DM 52,80; Ulmer, Stuttgart ²1960
Walter, H., Vegetationszonen und Klima [UTB Nr. 14]; 253 S.; 79 Abb.; DM 12,80; Ulmer, Stuttgart ²1973
Weber, Rud., Ruderalpflanzen und ihre Gesellschaften [Die Neue Brehm-Bücherei, Bd. 280]; 164 S.; 108 Abb.; DM 9,70; Ziemsen, Wittenberg 1961
* *Wilmanns, O.*, Ökologische Pflanzensoziologie [UTB Nr. 269]; 288 S.; 30 Abb.; DM 18,80; Quelle & Meyer, Heidelberg 1973

5. Verschiedene Werke zur Botanik

Baumeister/Reichart, Lehrbuch der Angewandten Botanik; 490 S.; 188 Abb.; DM 78,—; G. Fischer, Stuttgart 1969

Frohne/Jensen, Systematik des Pflanzenreichs (unter bes. Ber. chem. Merkmale u. pflanzl. Drogen); 305 S.; 131 Abb.; 32 Baupl. 210 Formelbilder; DM 38,—; G. Fischer, Stuttgart 1973

Gerlach, D., Botanische Mikrotechnik (Eine Einführung); [Taschenbuch]; 310 S.; 45 Abb.; DM 24,80; G. Thieme, Stuttgart ² 1976

Kuckuck, Grundzüge der Pflanzenzüchtung (s. Genetik)

Heywood, V. H., Taxonomie der Pflanzen; 112 S.; 17 Abb.; 3 Tab.; 4 Taf.; DM 8,80; G. Fischer, Stuttgart 1971

Mägdefrau, Geschichte der Botanik; 314 S.; 132 Abb.; DM 58,—; G. Fischer, Stuttgart 1973

Paturi, F. R., Geniale Ingenieure der Natur (Wodurch uns Pflanzen technisch überlegen sind); 352 S.; zahlr. Abb.; DM 28,—; Econ, Düsseldorf

Ruppolt, W., Pflanzen als Energiespender [Praxis-Schriftenreihe Bd. 17]; 119 S.; 36 Abb.; 8 Farbtaf.; DM 14,80; Aulis, Köln 1969

6. Spezielle Botanik
a. Systematik der Pflanzen (Lehrbücher und Sammelwerke)

Graf, J. (Hrsg.); Tafelwerk zur Pflanzensystematik (Einf. in d. natürl. System. d. Blütenpflanzen); 162 S.; 56 Farbtafeln mit 1400 Einzelfig.; DM 48,—; J. F. Lehmanns, München 1975

ro ro-*Pflanzenlexikon*, Bd. 2: Systematische Darstellung des gesamten Pflanzenreichs [ro ro ro-Taschenbuch 6103—6105]; 550 S.; 196 Abb.; davon 56 farb.; DM 7,80; Rowohlt, Reinbeck 1969 (Bertelsmann Lexikon-Verlag 1966)

* *Schmeil-Seybold*, Lehrbuch der Botanik; Bd. I: Das Pflanzenreich in systematischer Anordnung; 491 S.; 594 z. T. farb. Abb.; Quelle & Meyer, Heidelberg [57] 1958

„Strasburger, E.", Lehrbuch der Botanik (s. Allgemeine Botanik)

Urania Pflanzenreich, Bd. 2 u. 3: Höhere Pflanzen (s. b. Bildwerken)

Weberling/Schwantes, Pflanzensystematik [UTB Nr. 62]; 381 S.; 104 Abb.; DM 19,80; Ulmer, Stuttgart ² 1975

b. Bestimmungsbücher und Floren (einschl. Artenlisten f. Gefäßpflanzen)

* *Aichele, D.*, Was blüht denn da? In Farbe [Kosmos-Naturführer]; 400 S.; 1200 farb. Zeichng.; 160 SW-Zeichng.; DM 21,—; Franckh, Stuttgart, [38] 1976

Bertsch, K., Flora von Südwest-Deutschland; 471 S.; 55 Abb.; DM 32,—; Wiss. Verlagsges. Stutgart ³ 1962

Conert, H. J., Flora in Farben [Naturbücher in Farben]; 256 S.; 667 wildwachsende Pflanzen; DM 24,—; O. Maier, Ravensburg ⁴ 1973

Ehrendorfer, F. (Hrsg.), Liste der Gefäßpflanzen Mitteleuropas; 318 S.; 1 Abb.; DM 18,—; G. Fischer, Stuttgart ² 1973

* *Fitter/Fitter/Blamey*, Pareys Blumenbuch; Wildblühende Pflanzen; 336 S.; 3120 Abb.; (2900 farbig); DM 24,—; Parey, Hamburg 1975

Fürsch, H., Pflanzen sehen — Pflanzen bestimmen; [ht 208]; 192 S.; mit Abb.; DM 3,80; Humboldt-Taschenbuchverlag, München 1973

Garcke, A./Weihe, K. V., Illustrierte Flora. Deutschland u. angrenzende Gebiete; 1627 S.; 3704 Einzelbilder in 460 Abb. u. auf 5 Taf.; DM 124,—; Parey, Hamburg 1972

* *Graf, J./Wehner/Graf*, Pflanzenbestimmungsbuch; 312 S.; 1060 Randzeichng.; 4 Farbtafeln; DM 20,—; J. F. Lehmanns, München ⁴ 1976

Kelle/Sturm, Pflanzen — leicht bestimmt (Bestimmungsbuch einheimischer Pflanzen, ihrer Knospen u. Früchte); ca. 160 S.; 560 Zeichng.; 60 Farbfotos; DM 16,80; Dümmler, Bonn 1977

Kosmos-Pflanzenwelt, Europäische Flora (10 Biotope u. ihre charakter. Pflanzen); 307 S.; 10 Farbfotos; 446 farb. Abb.; DM 29,50; Franckh, Stuttgart 1976

* *Kräusel/Merxmüller/Nothdurft,* Mitteleuropäische Pflanzenwelt: Kräuter und Stauden (Werk I der „Sammlung naturkundlicher Tafeln"); 168 Tafeln; DM 170,—; Kronen-Verlag, Hamburg ² 1957
Oberdorfer, Pflanzensoziolog. Exkursionsflora (s. Pflanzensoziologie)
* *Polunin, O.,* Pflanzen Europas (s. Bildwerke)
Reisigl/Danesch E. u. O., Mittelmeerflora [Hallwag-Taschenbuch Bd. 112]; 142 S.; zahlr. Farbfotos; DM 10,80; Hallwag, Bern 1977
Rothmaler, W. (Hrsg.), Exkursionsflora: Band Gefäßpflanzen: 612 S.; 571 Abb.; DM 18,—; Kritischer Band; 812 S.; 800 Abb.; DM 34,50; Volk u. Wissen, Berlin
Schacht, Blumen Europas (Naturführer f. Blumenfreunde); 230 S.; 478 Abb. (236 farb.); DM 29,80; Parey, Hamburg 1976
* *Schmeil-Fitschen,* Flora von Deutschland und seinen angrenzenden Gebieten; 516 S.; 1103 Abb.; DM 19,80; Quelle & Meyer, Heidelberg [86] 1976
Seidel, D./Eisenreich, W., Heimische Pflanzen [BLV-Naturführer Bd. 6]; 143 S.; 112 Farbfotos; DM 9,80; BLV, München 1977
Svolinsky/Jirasek, Taschenatlas der Pflanzen; 236 S.; 80 Farbtaf.; DM 6,80; Dausien, Hanau, ² 1975
Weymar, H., Lernt Pflanzen kennen (Unsere verbreitetsten wildwachsenden und kultivierten Pflanzen u. ihre Standorte); 482 S.; davon 232 Bildseiten m. 430 farb. Abb. u. 450 SW Abb.; DM 32,—; Neumann-Neudamm, Melsungen 1971

c. Holzgewächse

Aichele/Schwegler, Welcher Baum ist das? In Farbe (Bäume, Sträucher, Ziergehölze); [Kosmos-Naturführer]; 286 S.; 263 Zeichng.; 521 Farbfotos; DM 26,—; Franckh, Stuttgart [16] 1976
* *Amann, G.,* Bäume und Sträucher des Waldes; 231 S.; davon 80 Bildtaf. mit 500 farb. u. 140 SW Abb.; DM 28,—; Neumann-Neudamm, Melsungen [12] 1976
Bauch, J., Dendrologie der Nadelbäume und übrigen Gymnospermen (Coniferophytina u. Cycadophytina); [Sammlung Göschen Bd. 2603]; 188 S.; 88 Abb.; DM 19,80; de Gruyter, Berlin 1975
Bickerich, G., Zierbäume und Ziersträucher; ca. 160 S.; 48 Farbtaf.; ca. DM 12,—; Neumann-Neudamm, Melsungen
Bloom, A., Koniferen — Zierde unserer Gärten; 148 S.; 216 Farbfotos; DM 29,50; BLV, München 1977
Böhnert, E., Erkennungsmerkmale der Laubgehölze im winterlichen Zustande; 102 S.; 46 Abb.; DM 6,80; Ulmer, Stuttgart ² 1952
Cuisance, P./Seabrock, P., Ziersträucher — Schmuck der Gärten; 146 S.; 245 Farbfotos; DM 29,50; BLV, München 1977
Fickler/Haller/Hartmann, Waldbäume, Sträucher und Zwerggholzgewächse [Winters naturw. Tb.; Bd. 4]; 267 S.; 42 Abb.; 96 farb. Taf.; DM 14,80; Borntraeger, Berlin [6] 1965
* *Fitschen/Meyer,* Gehölzflora (wildwachsende u. angepflanzte Bäume u. Sträucher; Deutschland u. angrenzende Länder); 392 S.; 651 Abb.; DM 29,—; Quelle & Meyer, Heidelberg [6] 1976
Götz, E., Die Gehölze der Mittelmeerländer (Bestimmungsbuch nach Blattmerkmalen); 114 S.; 577 Abb.; DM 28,—; Ulmer, Stuttgart 1975
Haage, J., 201 Ziergehölze in Farbe (Ziersträucher — Koniferen — Kletterpflanzen); 150 S.; 201 Farbfotos; 7 Zeichn.; DM 18,—; BLV, München 1974
Harz, K., Unsere Laubbäume und Sträucher im Winter [Die Neue Brehm-Bücherei, Bd. 15]; 83 S.; 145 Abb.; DM 2,50; Ziemsen, Wittenberg [4] 1953
Hofmann, J./Kaplicka, Ziersträucher; 138 S.; 56 Farbtaf.; DM 19,80; Dausien, Hanau 1969
Johnson, H., Das große Buch der Bäume (Ein Führer durch Wälder, Parks und Gärten der Welt); 288 S.; ca. 1000 Abb.; DM 88,—; Hallwag, Bern 1974
Jost, L./Overbeck, F., Baum und Wald [Verständl. Wissenschaft, 29. Bd.]; 156 S.; 71 Abb.; DM 12,—; Springer, Berlin, 2. Auflage
Koehler, H., Horst Koehlers buntes Blumenbuch (s. Garten- u. Zimmerpflanzen)
Kosch, A., Welcher Baum ist das? (Tab. zum Bestimmen der heim. und eingeführten Holzgewächse Mitteleuropas); [Kosmos-Naturführer]; 205 S.; 457 Abb.; DM 9,80; Franckh, Stuttgart [15] 1974

* *Kräusel/Merxmüller/Nothdurft*, Mitteleuropäische Pflanzenwelt: Sträucher und Bäume (Werk II der „Sammlung naturkundlicher Tafeln"); 144 Tafeln; DM 160,—; Kronen-Verlag, Hamburg ³ 1960

Krüssmann, G., Die Bäume Europas; 142 S.; 493 Abb.; 8 Farbtafeln; DM 24,—; Parey, Hamburg 1968

Krüssmann, G., Die Laubgehölze (Eine Dendrologie für die Praxis); 389 S.; 150 Abb.; DM 72,—; Parey, Hamburg ³ 1965

Kümmerly, W., Der Wald (s. Bildwerke)

Lancaster, R., Bäume unserer Gärten; 148 S.; 267 Farbfotos; DM 29,50; BLV, München 1977

Launert, E., Immergrüne Gartensträucher und Nadelbäume in Farben [Naturbücher in Farben]; 206 S.; 128 Farbtaf.; DM 24,—; O. Maier, Ravensburg 1974

Launert, E., Sommergrüne Gartengehölze und Rosen in Farben [Naturbücher in Farben]; 248 S.; 128 Farbtaf.; DM 24,—; O. Maier, Ravensburg 1974

Mitchell/Krüssmann, Die Wald- und Parkbäume Europas; 419 S.; 1098 Abb. (380 farb.); DM 48,—; Parey, Hamburg 1975

Pokorny, J./Kaplicka, J., Bäume in Mitteleuropa; [Natur in Farbe]; 192 S.; 320 farb. Abb.; DM 9,80; Mosaik-Verlag, München

Pokorny, J./Kaplicka, J., Sträucher und Gehölze [Natur in Farbe]; 192 S.; 220 farb. Abb.; DM 9,80; Mosaik-Verlag, München

Quartier, A./P. Bauer-Bovet, Bäume und Sträucher (Die europ. Bäume u. Sträucher erkennen an Blüte, Blatt, Frucht u. Rinde); 259 S.; 80 S. Farbtafeln; 73 Verbr.-Karten; 52 Umrißzeichn.; DM 25,—; BLV, München ² 1976

Rauh, W., Unsere Parkbäume [Winters naturw. Tb.; Bd. 27]; 120 S.; 19 Abb.; 80 farb. Abb. auf 64 Taf.; DM 10,80; Borntraeger, Berlin ³ 1957

Rauh, W., Unsere Ziersträucher [Winters naturw. Tb., Bd. 10]; 112 S.; 103 farb. Abb. auf 80 Taf.; DM 10,80; Borntraeger, Berlin ³ 1955

Rytz, W., Unsere Sträucher [Hallwag-Taschenbuch Bd. 29]; DM 6,80; Hallwag, Bern

Rytz, W., Unsere Bäume [Hallwag-Taschenbuch Bd. 5]; DM 6,80; Hallwag, Bern

Tykac/Vanek, Der Kosmos-Gartenführer (s. b. Garten- u. Zimmerpflanzen)

* *Vedel/Lange*, Bäume und Sträucher in Farben [Naturbücher in Farben]; 224 S.; 132 Arten aus Wald und Flur; DM 24,—; O. Maier, Ravensburg ⁵ 1975

Zech, J., Bäume und Sträucher [Bunte Kosmos-Taschenführer]; 70 S.; 91 Zeichng.; 112 Farbfotos; DM 8,80; Franckh, Stuttgart ² 1974

d. Garten- und Zimmerpflanzen

Bechtel, H., Bunte Welt der Zimmerpflanzen (120 Zierpflanzen in Farbe); [Bunte Kosmos Taschenführer]; 71 S.; 185 Abb.; DM 8,80; Franckh, Stuttgart ² 1976

Bloom, A., Stauden — Pracht der Gärten; 144 S.; 266 Farbfotos; DM 29,50; BLV, München 1977

v. Bronsart, H., Zimmerpflanzen und ihre Pflege [Hallwag-Taschenbuch Bd. 38]; 80 S.; zahlr. Abb.; DM 6,80; Hallwag, Bern 1968

Bürki, M., Blumen auf dem Fenstersims [Hallwag-Taschenbuch Bd. 131]; DM 6,80; Hallwag, Bern

Conert, H. J., Zimmerpflanzen, in Farben [Naturbücher in Farben]; 288 S.; DM 24,—; O. Maier, Ravensburg ² 1974

Cuisance, P., Zimmerpflanzen — meine Freunde; 144 S.; 216 Farbfotos; DM 29,50; BLV, München 1977

Eipeldauer, A., Du und Dein Garten (1000 Ratschläge für alle Jahreszeiten); 432 S.; 17 mehr- u. 57 einfarb. Abb.; 90 Zeichn.; DM 30,—; Ullstein, Berlin ⁴ 1969

Eipeldauer, A., Ratgeber für Blumenfreunde (ABC der Zimmerpflanzen); 292 S.; 24 farb. Abb.; 302 SW-Abb.; DM 28,—; Ullstein, Berlin 1970

Eipeldauer, A., Reine Freude an Zimmerpflanzen (1000 Ratschläge für ihre Pflege); 320 S.; 20 mehr- u. 147 einfarb. Abb.; 34 Zeichn.; DM 30,—; Ullstein, Berlin ⁸ 1968

Encke, F., Zimmerpflanzen (Alte u. neue Arten, ihre Behandlung u. Vermehrung); 154 S.; 104 Farbfotos; 34 Zeichn.; DM 16,80; Ulmer, Stuttgart ¹⁰ 1975

Galjaard, B. J., 100 Gartenstauden, in Farbe; 192 S.; 100 Farbfotos; DM 16,—; BLV, München 1972

Gassner, J. K., Zauberwelt der Zimmerpflanzen; 242 S.; 39 Ill. u. 65 Abb.; DM 14,—; Parey, Hamburg ³ 1967

Groß, A., Blumen am Fenster [Reihe: Kleine Kostbarkeiten]; 156 S.; 28 Farbfotos; DM 7,80; Landbuch, Hannover ² 1974

Grunert, Ch., Gartenblumen von A bis Z; 620 S.; 750 Zeichn.; 280 farb. Abb.; etwa 1500 Arten aus 500 Gattungen; DM 28,—; Neumann-Neudamm, Melsungen ² 1967

Grunert, Ch., Zimmerblumen; 536 S.; 20 Farbtaf.; 300 Abb.; DM 26,50; Neumann-Neudamm, Melsungen 1960

Gugenhan, E., Gartenblumen [Belser-Bücherei 25]; 256 S.; 131 farb. Abb.; DM 16,80; Belser, Stuttgart 1970

Gugenhan, E., Meine Zimmerpflanzen; 300 S.; 32 farb. u. 157 SW-Abb.; DM 22,—; Fackel Verlag, 1974

Hanisch, K. H., Knaurs Gartenbuch (Leben mit einem Garten); 408 S.; 270 meist farb. Abb.; DM 34,—; Droemer, München 1976

Hay/Mc. Quown/G. u. K. Beckett, Das große Buch der Zimmer- und Gewächshauspflanzen; 224 S.; 506 Farbfotos; 7 SW-Fotos; DM 58,—; BLV, München 1976

Herbel, D., Bunte Welt der Sommerblumen; 200 S.; 8 Farbtaf.; 161 SW-Bilder; DM 24,—; Ulmer, Stuttgart 1975

Herbel, D., Zimmerpflanzen — gut gepflegt [ht 270]; 248 S.; farb. Abb.; DM 5,80; Humboldt-Taschenbuchverlag, München

Herwig, R., Die 200 schönsten Zimmerpflanzen; 126 S.; 192 Farbfotos; 20 SW-Fotos; DM 16,80; BLV, München 1976

Herwig, R., 201 Gartenpflanzen, in Farbe; 143 S.; 201 Farbfotos; DM 16,—; BLV, München 1970

Holm, H., Zimmerpflanzen richtig pflegen; ca. 274 S.; 195 SW-Abb.; 32 farb. Bildtaf.; ca. DM 9,80; Neumann-Neudamm, Melsungen ¹⁵ 1976

Jacobi, K., Das Heyne-Buch der Zimmerpflanzen [Heyne-Ratgeber 4307]; DM 4,80; Heyne, München

Jacobi, K., Hausbuch der Zimmerpflanzen (Sonderausgabe) (300 Arten); 190 S.; 20 Farbfotos; 27 SW-Fotos; 174 Zeichn.; DM 14,—; BLV, München ⁵ 1975

Klein, L., Gartenblumen [Winters naturw. Tb., Bände 12, 13 u. 17]; — I.: Frühlingsblumen; 103 S.; 96 farb. Taf.; 1953; DM 9,80; — II.: Winterharte Stauden; 105 S.; 96 farb. Taf.; DM 9,80; — III: Sommerflor 1 (einschl. Strohblumen u. a. 1- oder 2jähriger Gartenpflanzen); 105 S.; 96 farb. Taf.; DM 9,80; Borntraeger, Berlin

Koch-Isenburg, L., Blumen und Pflanzen im Garten [Knaur Taschenbuch Bd. 462]; 272 S.; zahlr. Fotos u. Abb.; DM 6,80; Droemer, München 1977

Koehler, H., Das praktische Gartenbuch; 432 S.; 165 Zeichn.; 50 SW-Fotos; 16 Farbtaf.; DM 29,80; Mosaik-Verlag, München 1977

* *Koehler, H.*, Horst Koehlers buntes Blumenbuch (Blumen, Sträucher u. Bäume, in Farben; Gartenpflanzen!); 384 S.; 957 farb. Abb.; DM 24,80; Mosaik-Verlag, München

Kromdijk, G., 200 Zimmerpflanzen in Farbe; 224 S.; 200 farb. Abb.; DM 22,—; Mosaik-Verlag, München

Launert, E., Gartenstauden in Farben [Naturbücher in Farben]; 224 S.; 650 Blütenpfl. u. Farne; DM 24,—; O. Maier, Ravensburg 1972

Launert, E., Sommerblumen, in Farben [Naturbücher in Farben]; 216 S.; 450 Gartenpflanzen; DM 24,—; O. Maier, Ravensburg 1972

Muller-Idzerda, A. C., 100 Zimmerpflanzen in Farbe; 192 S.; 100 Farbfotos; DM 14,80; BLV, München ² 1974

Oudshoorn, W., 201 Sommerblumen in Farbe; 158 S.; 220 Farbfotos; 2 Zeichn.; DM 18,—; BLV, München 1974

Petrova/Severa, Taschenatlas der Blumen aus Zwiebeln und Knollen; 256 S.; 88 Farbtaf.; DM 6,80; Dausien, Hanau 1975

Prucha/Severa, Taschenatlas der Sommerblumen; 240 S.; 88 Farbtaf.; DM 6,80; Dausien, Hanau 1976

Rauh, W., Gartenblumen; IV.: Sommerflor 2 (einschl. Herbstflor); [Winters naturw. Tb.; Bd. 19]; 135 S.; 10 Abb.; 96 farb. Taf.; DM 10,80; Borntraeger, Berlin 1950

Rauh/Senghas, Balkon- und Zimmerpflanzen [Winters naturw. Tb., Bd. 30]; 216 S.; 79 farb. u. 44 SW-Abb.; DM 12,80; Borntraeger, Berlin 1959

Rein, G., Bunte Welt der Gartenblumen (Blütenpracht in 120 Farbfotos); [Bunte Kosmos-Taschenführer]; 71 S.; 209 Abb.; DM 8,80; Franckh, Stuttgart 1970
* *Schubert, M./Herwig, R.*, Wohnen mit Blumen (Das große farbige Zimmerpflanzenbuch); 367 S.; 340 Farbfotos; 90 Zeichn.; DM 36,—; BLV, München [12] 1975
Stein, Hanni, Blumen im Haus; 256 S., 144 teils farb. Abb.; DM 12,80; Mosaik-Verlag, München
Tykac/Vanek, Der Kosmos-Gartenführer; Sommerblumen, Stauden, Ziergehölze [Kosmos-Naturführer]; 270 S.; 461 Abb.; davon 448 farbig; DM 29,50; Franckh, Stuttgart 1977
* *Wehrhahn, H.*, Was wächst und blüht in meinem Garten? [Kosmos-Naturführer]; 252 S.; 481 Abb.; DM 10,80; Franckh, Stuttgart [11] 1966
Wilhelm, P. G., Tausend Tips für Zimmergärtner (300 Pflanzen in Wort und Bild; Leitfaden d. häusl. Blumenpflege); 175 S.; 310 Abb.; 16 Farbbilder; DM 14,—; Parey, Hamburg [7] 1975
Zacharias, I., Das Heyne-Gartenbuch [Heyne-Ratgeber 4302]; 176 S.; 57 Abb.; DM 3,80; Heyne, München [7] 1975

e. Nutzpflanzen und Heilpflanzen

Bechtel, H., Wildfrüchte [Reihe: Kleine Kostbarkeiten]; 124 S.; 28 Farbfotos; DM 7,80; Landbuch, Hannover 1972
Buhr/Neye, Die Kartoffel (Solanum tuberosum); [Die Neue Brehm-Bücherei, Bd. 212]; 135 S.; 35 Abb.; DM 7,20; Ziemsen, Wittenberg 1958
Fischer, E., Heilpflanzen [Hallwag-Taschenbuch Bd. 33]; DM 6,80; Hallwag, Bern
* *Francke, W.*, Nutzpflanzenkunde [Taschenbuch]; 475 S.; 150 Abb.; 100 Tab.; DM 24,80; G. Thieme, Stuttgart 1976
Franke/Hammer/Hanelt/Ketz/Natho/Reinbothe: Früchte der Erde; 248 S.; zahlr. Abb.; DM 24,60; Urania, Leipzig 1976
Geisler, G., Die Kulturpflanzen [Pflanzenbau in Stichworten, Bd. I]; 144 S.; 39 Abb.; 54 Tab.; DM 15,80; F. Hirt, Kiel 1970
Lichtenstern, H., Arzneipflanzen [Goldmann-Taschenbuch Medizin 9024]; 122 S.; 60 Abb.; DM 3,—; Goldmann, München 1973
Lichtenstern, H., Heilpflanzen [Goldmann-Taschenbuch Medizin 2954]; 160 S.; 80 Abb.; DM 3,—; Goldmann, München 1972
Nielsen, H./Hancke, V., Heilpflanze in Farbe; 224 S.; 80 Farbtaf. mit 174 Abb.; 96 Zeichn.; DM 20,—; BLV, München 1977
Pahlow M./Eichinger, S., Beeren und andere Wildfrüchte [Hallwag-Taschenbuch, Bd. 125]; DM 6,80; Hallwag, Bern
Rehm, S./Espig, G., Die Kulturpflanzen der Tropen und Subtropen (Anbau, wirtschaftl. Bedeutung, Verwertung); 496 S.; 104 Abb.; 55 Tab.; DM 36,—; Ulmer, Stuttgart 1976
Rüdt, U., Heil- und Giftpflanzen (120 Arzneipflanzen Mitteleuropas in Farbe); [Bunte Kosmos-Taschenführer]; 70 S.; 120 Abb.; DM 8,80; Franckh, Stuttgart 1973
Schauenberg/Paris, Heilpflanzen (368 Arten); 260 S.; 234 farb. Abb.; 46 Zeichn.; DM 25,—; BLV, München [2] 1975
Schönfelder/Fischer, Welche Heilpflanze ist das? (Heilpflanzen — Giftpflanzen — Wildgemüse); [Kosmos-Naturführer]; 208 S.; 501 Abb.; DM 10,80; Franckh, Stuttgart [17] 1976
Schwanitz, F., Die Entstehung der Kulturpflanzen [Verständl. Wissensch., 63. Bd.]; 159 S.; 59 Abb.; DM 12,—; Springer, Berlin 1957
Spanner/Rudolph, Fremdländische Nutzpflanzen in heutiger Sicht [Praxis-Schriftenreihe Bd. 13]; 98 S.; 48 Abb.; DM 11,40; Aulis, Köln 1966
Stary, F./Jirasek, V./Severa, F., Heilpflanzen kennen, sammeln, anwenden [Natur in Farbe]; 192 S.; 125 farb. Abb.; DM 9,80; Mosaik-Verlag, München

f. Gräser und Binsengewächse

Aichele/Schwegler, Unsere Gräser [Kosmos-Naturführer]; 218 S.; 600 Abb.; 56 Fotos; DM 14,80; Franckh, Stuttgart [4] 1976
Dörter, K., Süßgräser, Riedgräser und Binsengewächse; 224 S.; 96 Bildtaf. (davon 31 farbig); DM 12,—; Neumann-Neudamm, Melsungen 1974

* *Hubbard/Boeker*, Gräser (Beschreibung, Verbreitung, Verwendung); [UTB, Bd. 233]; 461 S.; 163 Zeichn.; DM 19,80; Ulmer, Stuttgart 1973
Klapp/Foerster/Boeker, Taschenbuch der Gräser; 260 S.; 740 Abb.; DM 29,—; Parey, Hamburg [10] 1974
* *Weymar, H.*, Buch der Gräser und Binsengewächse; 348 S.; 222 Abb.; DM 12,50; Neumann-Neudamm, Melsungen [7] 1976

g. Orchideen

Danesch, E. u. O., Orchideen [Hallwag-Taschenbuch, Bd. 114]; 128 S.; 102 farb. Abb.; DM 10,80; Hallwag, Bern 1975
Groß, J., Blühende Kleinode — Heimische Orchideen — [Reihe: Kleine Kostbarkeiten]; 132 S.; 28 Farbfotos; DM 7,80; Landbuch, Hannover 1966
Kohlhaupt, P., Bunte Welt der Orchideen (Heimische Orchideen); [Bunte Kosmos-Taschenführer]; 72 S.; 120 Farbfotos; DM 8,80; Franckh, Stuttgart [2] 1974
Matho, K., Orchideen der Tropen und Subtropen [Winters naturw. Tb., Bd. 25]; 182 S.; 3 Abb.; 64 farb. Taf.; DM 12,80; Borntraeger, Berlin 1956
* *Sundermann, H.*, Europäische und mediterrane Orchideen (Eine Bestimmungsflora mit Berücksichtigung der Ökologie); 243 S.; zahlr. Abb.; DM 42,—; Brücke-Verlag, Hildesheim [2] 1975

h. Weitere besondere Pflanzengruppen der Blütenpflanzen

Aichele, D., Das blüht an allen Wegen [Bunte Kosmos-Taschenführer]; 71 S.; 58 Zeichnungen; 120 Farbfotos; DM 8,80; Franckh, Stuttgart [4] 1975
Aichele, D., Hier find ich Deutschlands schönste Pflanzen [Bunte Kosmos-Taschenführer]; 72 S.; 120 Farbfotos; DM 8,80; Franckh, Stuttgart [2] 1974
* *Amann, G.*, Bodenpflanzen des Waldes (Kräuter, Gräser u. Sporenpflanzen); 420 S.; davon 116 Bildtaf. mit 630 farb. u. 150 SW-Abb.; DM 36,—; Neumann-Neudamm, Melsungen 1970
Bechtel, H., Blumen auf der Wiese [Reihe: Kleine Kostbarkeiten]; 124 S.; 28 Farbfotos; DM 7,80; Landbuch, Hannover 1968
Bechtel, H., Blumen im Walde [Reihe: Kleine Kostbarkeiten]; 144 S.; 32 Farbfotos; DM 7,80; Landbuch, Hannover 1967
Brünner, G., Aquarienpflanzen (s. b. Fische u. Aquaristik)
Freitag/Schwäble, Wiesen- und Ackerblumen [Belser Bücherei 16]; 256 S.; 186 farb. Abb.; DM 16,80; Belser, Stuttgart 1974 (s. *Paul/Freitag/Schwäble*)
Groß, J., Blumen am Wegrain [Reihe: Kleine Kostbarkeiten]; 140 S.; 32 Farbfotos; DM 7,80; Landbuch, Hannover 1965
Hartmann/Rühl, Unsere Waldblumen und Farngewächse Bd. I [Winters naturw. Tb., Bd. 5]; 206 S.; 27 Abb.; 64 farb. Taf.; 8 Fotos; DM 12,80; Borntraeger, Berlin [5] 1965
Jantzen, F., Pflanzen am Meer [Reihe: Kleine Kostbarkeiten]; 128 S.; 28 Farbfotos; DM 7,80; Landbuch, Hannover 1968
Kremer, B., Pflanzen unserer Küsten (s. Lagerpflanzen)
Pahlow/Eichinger, Pilze und Beeren (s. b. Pilze)
Paul, H., Waldblumen [Belser Bücherei 26]; 256 S.; 135 farb. Abb.; DM 16,80; Belser, Stuttgart 1971
Paul/Freitag/Schwäble, Wald-, Wiesen- und Ackerblumen [Belser Bücherei Bd. 16+26]; 512 S.; 321 farb. Abb.; DM 26,80; Belser, Stuttgart 1974
Polunin, O./Huxley, A., Blumen am Mittelmeer (ca. 600 Arten); 240 S.; 311 Farbfotos; 148 Zeichn.; DM 28,—; BLV, München [4] 1976
Pott, E., Pflanzen in Sumpf und Moor [Reihe: Kleine Kostbarkeiten]; 132 S.; 28 Farbfotos; DM 7,80; Landbuch, Hannover 1976
Rauh, W., Schöne Kakteen und andere Sukkulenten [Winters naturw. Tb., Bd. 31]; 221 S.; 12 Abb.; 222 farb. u. 27 SW-Fotos; DM 16,80; Borntraeger, Berlin 1967
Rauh, W., Unsere Sumpf- und Wasserpflanzen [Winters naturw. Tb., Bd. 8]; 182 S.; 41 Abb.; 96 farb. Taf.; DM 10,80; Borntraeger, Berlin [4] 1954
Rauh, W., Unsere Unkräuter [Winters naturw. Tb., Bd. 7]; 181 S.; 65 Abb.; 80 farb. Taf.; DM 11,80; Borntraeger, Berlin [4] 1967

Rauh, W., Unsere Wiesenpflanzen [Winters naturw. Tb., Bd. 6]; 128 S.; 15 Abb.; 72 farb. Taf.; DM 10,80; Borntraeger, Berlin ⁵ 1966

Rytz, W., Moorpflanzen [Hallwag-Taschenbuch, Bd. 35]; 64 S.; zahlr. z. T. farb. Abb.; DM 6,80; Hallwag, Bern

Rytz, W., Waldblumen [Hallwag Taschenbuch Bd. 27]; DM 6,80; Hallwag, Bern

Rytz, W., — Wiesenblumen I; ¹¹ 1972; DM 6,80; — Wiesenblumen II; ⁶ 1973; DM 6,80; [Hallwag-Taschenbücher Bd. 23 u. 24]; Hallwag, Bern

Sanderse, A., Pflanzen als Aquarienschmuck (s. b. Fische und Aquaristik)

Schönfelder, P. u. I., Das blüht am Mittelmeer. Kleine Mittelmeerflora (200 Arten); [Bunte Kosmos-Taschenführer]; 71 S.; 120 Abb.; 1 Karte; DM 7,80; Franckh, Stuttgart 1975

Schubert, W., Wiesenblumen; 168 S.; davon 16 farbig; DM 12,80; Neumann-Neudamm, Melsungen 1969

Slavik, Wildpflanzen in Feld und Wald [„Natur in Farbe"]; 192 S.; 140 farb. Abb.; DM 9,80; Mosaik-Verlag, München

Weymar, H., Buch der Doldengewächse; 135 S.; 77 Textillustr.; DM 6,80; Neumann-Neudamm, Melsungen ² 1966

Weymar, H., Buch der Lippenblütler; 158 S.; 82 Textillustr.; DM 7,50 Neumann-Neudamm, Melsungen ² 1966

Weymar, H., Buch der Rosengewächse; 120 S.; 32 Kunstdrucktaf.; DM 12,—; Neumann-Neudamm, Melsungen 1973

i. Alpenpflanzen
S. auch bei Naturführern S. 187

Aichele/Kohlhaupt/Schwegler, Bunte Welt der Alpenblumen [Bunte Kosmos-Taschenführer]; 70 S.; 79 Zeichng.; 120 Farbfotos; DM 8,80 Franckh, Stuttgart ³ 1975

Aichele, D. und R./Schwegler, H. und A., Blumen der Alpen und der nordischen Länder [Kosmos-Naturführer]; 388 S.; 793 Abb.; davon 690 Farbfotos; DM 29,50; Franckh, Stuttgart 1977

Alpenpflanzen [Natur in Farbe]; 192 S.; 64 Farbtaf.; DM 9,80; Mosaik-Verlag, München 1977

Graf, J., Der Alpenwanderer (s. Naturführer etc.)

* *Hegi/Merxmüller,* Alpenflora (Die wichtigsten Alpenpflanzen Bayerns, Österreichs und der Schweiz); 157 S.; 355 Abb. (272 farb.); DM 24,—; Parey, Hamburg ²⁴ 1976

Hofmann, J./Giesenhagen, Alpenflora für Alpenwanderer und Pflanzenfreunde; 147 S.; 283 Abb. auf 43 Farbtaf.; DM 17,—; [Neudruck der Aufl. von 1914]; Schweizerbart, Stuttgart 1932

* *Kohlhaupt/Gams/Marzell/Pitschmann,* — Alpenblumen I/II [Belser-Bücherei 5/9]; 512 S.; 242 Farbfotos; DM 26,80; — Ausgabe in 2 Bänden: Alpenblumen I: 256 S.; 122 Fotos; DM 16,80; Alpenblumen II: 256 S.; 120 Fotos; DM 16,80; Belser, Stuttgart 1973

Kosch/Sachsse, Was finde ich in den Alpen? (s. Naturführer etc.)

Launert, E., Gebirgsflora in Farben [Naturbücher in Farben]; 320 S.; 1275 europ. Pfl.; DM 24,—; O. Maier, Ravensburg ² 1974

Pitschmann/Reisigl/Schiechtl, Flora der Südalpen; 299 S.; 178 farb. Abb. auf 32 Tafeln; 219 SW-Abb. auf 32 Texttafeln; DM 42,—; G. Fischer, Stuttgart ² 1965

Rauh, W., Alpenpflanzen (4 Bände); [Winters naturw. Tb., Bände 15, 16, 21 und 22]; — I: 84 S.; 11 Abb.; 64 farb. Taf.; 16 Fotos; ³ 1958; DM 10,80; — II: 95 S.; 20 Abb.; 64 farb. Taf.; 10 Fotos; ² 1951; DM 10,80; — III: 95 S.; 10 Abb.; 64 farb. Taf.; 20 Fotos; ² 1952; DM 10,80; — IV: 145 S.; 15 Abb.; 56 farb. Taf.; 8 Fotos; ² 1952; DM 10,80; Borntraeger, Berlin

Rytz, W., — Alpenblumen I [Hallwag-Taschenbuch, Bd. 12]; DM 6,80; — Alpenblumen II [Hallwag-Taschenbuch, Bd. 13]; DM 6,80; Hallwag, Bern, 17. bzw. 9. Aufl. 1973

Schubert, W., Alpenblumen; 160 S.; davon 16 farbig; 163 Arten; DM 12,80; Neumann-Neudamm, Melsungen 1969

Wendelberger, E., Alpenblumen [BLV-Naturführer, Bd. 5]; 143 S.; 88 Farbfotos; DM 9,80; BLV, München ² 1976

k. Farngewächse und Moose (Archegoniatae)
S. auch Literaturliste in Bd. 2 (Der Lehrstoff I); S. 519

* *Aichele/Schwegler*, Unsere Moos- und Farnpflanzen [Kosmos-Naturführer]; 181 S.; 332 Fotos u. Zeichng.; DM 14,80; Franckh, Stuttgart ⁶ 1974
* *Amann, G.*, Bodenpflanzen des Waldes (s. Lagerpflanzen)
Bertsch, K., Moosflora von Südwestdeutschland; 234 S.; 122 Abb.; DM 24,—; Ulmer, Stuttgart ³ 1966
Burri, H., Die blütenlosen Pflanzen [Hallwag-Taschenbuch, Bd. 91]; 64 S.; zahlr. farb. Zeichn.; DM 6,80; Hallwag, Bern 1971
Gams, H., Die Moos- und Farnpflanzen (Archegoniaten); [Kleine Kryptogamenflora Bd. IV]; 248 S.; 116 Abb.; DM 34,—; G. Fischer, Stuttgart 1973
Hartmann/Rühl, Unsere Waldblumen und Farngewächse (s. „Weitere besondere Pflanzengruppen der Blütenpflanzen")
Meusel/Laroche/Hemmerling, Die Schachtelhalme Europas [Die Neue Brehm-Bücherei Bd. 439]; DM 7,20; Ziemsen, Wittenberg
Rasbach/Rasbach/Wilmanns, Die Farnpflanzen Zentraleuropas (Gestalt. Geschichte, Lebensraum); 304 S.; 154 Abb.; DM 79,—; G. Fischer, Stuttgart ² 1976
* *Weymar, H.*, Buch der Moose; 308 S.; 229 Abb.; DM 13,50; Neumann-Neudamm, Melsungen ³ 1969

l. Lagerpflanzen

* *Amann, G.*, Bodenpflanzen des Waldes (Taschenbildbuch; Pilze, Flechten, Moose, Farne, Gräser, Kräuter); 420 S.; davon 116 Bildtaf. mit 630 farb. u. 150 SW-Abb.; DM 36,—; Neumann-Neudamm, Melsungen 1970
Dittrich, H., Bakterien, Hefen, Schimmelpilze [Einführung in die Kleinlebewelt]; 87 S.; 69 Abb.; DM 12,80; Franckh, Stuttgart ⁵ 1975
Esser, K., Kryptogamen: Blaualgen, Algen, Pilze, Flechten (Praktikum und Lehrbuch); 568 S.; 304 Abb.; 5 Tab.; DM 58,—; Springer, Berlin 1976
Kremer, B., Pflanzen unserer Küsten (Blütenpflanzen — Flechten — Algen — Tange); [Bunte Kosmos-Taschenführer]; 71 S.; 119 Farbfotos; DM 8,80; Franckh, Stuttgart 1977
Urania Pflanzenreich, Bd. 1: Niedere Pflanzen (s. b. Bildwerken)
Wartenberg, Systematik der niederen Pflanzen (Bakterien — Algen — Pilze — Flechten); [Taschenbuch]; 334 S.; 207 Abb.; 1 Tab.; DM 11,80; G. Thieme, Stuttgart 1972

α. Pilze
S. auch Literaturliste in Bd. 2, (Der Lehrstoff I); S. 496

Alexopoulos, C. J., Einführung in die Mykologie; 495 S.; 194 Abb.; DM 84,—; G. Fischer, Stuttgart 1966
* *Amann, G.*, Pilze des Waldes (Teilausgabe von „Bodenpflanzen des Waldes"); 80 S.; 16 Bildtaf.; 120 Arten, davon 80 farb. abgebildet; DM 9,80; Neumann-Neudamm, Melsungen ⁴ 1974
Birkfeld/Herschel, Morphologisch-Anatomische Bildtafeln für die praktische Pilzkunde; 12 Lieferungen je 16 Blatt ⟨zusammen DM 166,40⟩; 13. Lieferung = Register; je DM 12,80; ⟨—⟩; Dausien, Hanau 1962—1968
Birkfeld/Herschel, Pilze — eßbar oder giftig? 72 S.; 65 farb. Pilztaf.; DM 5,50; Neumann-Neudamm, Melsungen ³ 1976
Bötticher, W., Technologie der Pilzverwertung (Biologie, Chemie, Kultur, Verwertung, Untersuchung); 208 S.; 30 Abb.; 26 Tab.; DM 48,—; Ulmer, Stuttgart 1974
Cetto, B., Der große Pilzführer (882 Arten); [BLV-Bestimmungsbuch]; 625 S.; 382 Abb.; 192 Zeichn.; DM 48,—; BLV, München ² 1976
Das Heyne-Pilzbuch [Heyne Ratgeber 4368]; DM 4,80; Heyne, München
Falkenhan, H.-H., Kleine Pilzkunde für Anfänger (mit einfachem Bestimmungsschlüssel), 78 S., 73 Federzeichnungen des Verfassers, DM 9,80, Aulis Verlag, Köln, 1978
Haas/Gossner, Pilze Mitteleuropas [Kosmos-Naturführer]; 299 S.; 80 Farbtafeln; DM 17,80; Franckh, Stuttgart ¹³ 1976
Haas/Schrempp, Pilze, die nicht jeder kennt [Bunte Kosmos-Taschenführer]; 70 S.; 112 Farbfotos; DM 8,80; Franckh, Stuttgart ² 1973
Haas/Schrempp, Pilze in Wald und Flur [Bunte Kosmos-Taschenführer]; 71 S.; 61 Zeichng.; 112 Farbfotos; DM 8,80; Franckh, Stuttgart ³ 1975

Habersaat, E., Unsere Pilze [Hallwag-Taschenbuch, Bd. 10]; DM 12,80; Hallwag, Bern
Hennig, B., Taschenbuch für Pilzfreunde (prakt. Ratgeber f. d. Pilzsammler); 228 S.; 125 farb. Abb.; DM 14,—; G. Fischer, Stuttgart [6] 1975
Jahn, H., Wir sammeln Pilze; 192 S.; 107 Abb.; DM 14,80; Mosaik-Verlag, München
Joly, P., Pilze [Belser-Bücherei 29]; 255 S.; 110 farb. Abb.; 52 Zeichn.; DM 16,80; Belser, Stuttgart 1973
* *Lange, J. E./Lange, M.*, Pilze (über 600 Arten); [BLV-Bestimmungsbuch, Bd. 1]; 242 S.; 600 farb.; Zeichn.; 8 SW-Zeichn.; DM 25,—; BLV, München [6] 1975
Lohmeier, T. R., Auf Pilzsuche [Reihe: Kleine Kostbarkeiten]; 145 S.; 37 Farbfotos; DM 7,80; Landbuch-Verlag, Hannover [2] 1976
Michael-Hennig, Handbuch der Pilzfreunde (6 Bände); Bd. 1: Die wichtigsten u. häufigsten Pilze (200 Arten, 120 farb. Tafeln; z. Z. vergriffen); Bd. 2: Nichtblätterpilze 300 Arten; 120 farb. Taf.; DM 75,—; 1977?); Bd. 3: Hellblättler und Leistlinge (300 Arten; 120 farb. Taf.; 1977?); Bd. 4: Blätterpilze und Dunkelblättler (313 Arten; 120 farb. Taf.; DM 75,—; 1978?); Bd. 5: Milchlinge und Täublinge (391 S.; 66 Milchlings- u. 98 Täublingsarten; 107 farb. Tafeln; DM 75,—?; 1978?); Bd. 6: Die Gattungen der Großpilze Europas. Bestimmungsschlüssel und Gesamtregister der Bände 1—5; 32 farb. Abb.; 35 Zeichng.; DM 38,—; 1977; Quelle & Meyer, Heidelberg
Moser, M., Pilze, Teil a: Ascomyceten (Kleine Kryptogamenflora, Bd. II); 147 S.; 207 Abb.; DM 22,—; G. Fischer, Stuttgart 1963
Müller/Loeffler, Mykologie (Grundriß f. Naturwissensch. u. Mediziner); [Taschenbuch]; 348 S.; 182 Abb.; 17 Tab.; DM 10,80; G. Thieme, Stuttgart [2] 1971
Neuner, A., Pilze [BLV-Naturführer, Bd. 3]; 143 S.; 95 Farbfotos; DM 9,80; BLV, München [3] 1976
Pahlow/Eichinger, Pilze und Beeren (Sicherheit f. Anfänger, Interessantes für Fortgeschrittene); 110 S.; 83 Abb.; DM 14,—; J. F. Lehmanns, München 1975
Persson/Prinz, Speisepilze in Farben [Naturbücher in Farben]; 144 S.; 50 Arten; DM 22,—; O. Maier, Ravensburg [2] 1975
Pilat/Usak, Pilz-Taschenatlas; 188 S.; 94 farb. Abb.; DM 6,80; Dausien, Hanau [10] 1976
* *Poelt, J./H. Jahn/Caspari*, Mitteleuropäische Pilze (Werk VI der „Sammlung naturkundlicher Tafeln"); 180 Tafeln, DM 194,—; Kronen-Verlag, Hamburg [2] 1963
Rauh, W., Speisepilz? — Giftpilz? [ht 256]; 160 S.; 64 Farbtaf.; DM 5,80; Humboldt-Taschenbuchverlag, München
Rauh, W., Unsere Pilze [Winters nat. Tb., Bd. 1]; 179 S; 165 Abb.; davon 135 farb.; DM 11,80; Borntraeger, Berlin [5] 1959
Schlittler, J./Waldvogel, F., Das große Buch der Pilze; ca. 256 S.; 240 Abb.; DM 68,—; Herder, Freiburg 1975
* *Svrček/Vančura*, Pilze bestimmen und sammeln [„Natur in Farbe"]; 192 S.; 64 farb. Abb.; DM 9,80; Mosaik-Verlag, München
Zeitlmayr, L., Knaurs Pilzbuch [Knaur-Taschenbuch 312]; 256 S.; 117 farb. Abb.; DM 6,80; (Leinen-Ausgabe: DM 19,80); Droemer, München 1973

ß. Flechten

Amann, G., Bodenpflanzen des Waldes (s. Lagerpflanzen)
Bertsch, K., Flechtenflora von Südwestdeutschland; 251 S.; 66 Abb.; DM 24,—; Ulmer, Stuttgart [2] 1964
Gams, H., Flechten (Lichenes); [Kleine Kryptogamenflora Bd. III]; 244 S.; 84 Abb.; DM 32,—; G. Fischer, Stuttgart 1967
Henssen/Jahns, Lichenes (Einf. in d. Flechtenkunde); [Taschenbuch]; 467 S.; 142 Abb.; 8 Tab.; DM 19,80; G. Thieme, Stuttgart 1974
Lehmann, R., Kleine Flechtenkunde [Praxis-Schriftenreihe Bd. 19]; 41 S.; 18 Abb.; DM 7,80; Aulis, Köln 1972

γ. Algen

Bittner, Ed., Blaualgen (Cyanophyceen); [Einführung in die Kleinlebewelt]; 86 S.; 101 Abb.; DM 19,80; Franckh, Stuttgart 1972
Drebes, Marines Phytoplankton (Auswahl Helgoländer Planktonalgen [Diatomeen, Peridineen]); [Taschenbuch]; 192 S.; 151 Abb.; DM 14,80; G. Thieme, Stuttgart 1974
Fott, B., Algenkunde; 581 S.; 303 Abb.; DM 58,—; G. Fischer, Stuttgart [2] 1971

Gams, H., Algen [Kleine Kryptogamenflora, Bd. I]; Teil a: 63 S.; 28 Abb.; 1969; DM 18,—; Teil b: 119 S.; 40 Abb.; 1974; DM 28,—; G. Fischer, Stuttgart

Hustedt, F., Kieselalgen (Diatomeen); [Einf. in d. Kleinlebewelt]; 70 S.; 132 Abb.; DM 9,80; Franckh, Stuttgart [5] 1973

Klotter, H., Grünalgen (Chlorophyceen); [Einf. in d. Kleinlebewelt]; 76 S.; 199 Abb.; DM 12,80; Franckh, Stutgart [5] 1975

Kramm, E., Die Algen II — Kieselalgen, Braunalgen, Rotalgen; [Die Neue Brehm-Bücherei, Bd. 83]; 50 S.; 19 Abb.; 7 Tafeln; DM 3,30; Ziemsen, Wittenberg [2] 1952

Kremer, B., Meeresalgen [Die Neue Brehm-Bücherei, Bd. 489]; DM 15,—; Ziemsen, Wittenberg

Round, Biologie der Algen (Eine Einführung); [Taschenbuch]; 348 S.; 77 Abb.; 12 Tab.; DM 22,—; G. Thieme, Stuttgart [2] 1975

XIV. Mikrobiologie (einschl. Virologie)

Bender, H., Biologie und Biochemie der Mikroorganismen [Chem. Taschenbücher 11]; 313 S.; 35 Abb.; 15 Tab.; DM 28,—; Verlag Chemie, Weinheim 1970

Bunk/Tausch, Bakteriologie mit einfachen Mitteln [Moderne Biologie im Unterricht]; 252 S.; 46 Abb.; DM 16,80; G. Westermann, Braunschweig 1973

* *Dawid, W.*, Experimentelle Mikrobiologie (Anleitung zur Isolierung, Züchtung, u. Untersuchung); [Biol. Arbeitsbücher, Bd. 7]; 124 S.; 40 Abb.; 4 Bildtaf.; DM 18,—; Quelle & Meyer, Heidelberg [3] 1975

Drews, G., Mikrobiologisches Praktikum; 245 S.; 47 Abb.; DM 24,—; Springer, Berlin [3] 1976

Falke, D., Virologie (Teil I von „Medizinische Mikrobiologie; Herausgeber: *P. Klein);* [Heidelberger Taschenbücher Bd. 178]; ca. 180 S.; 20 Abb.; DM 16,80; Springer, Heidelberg 1976

Freitag, K., Schulversuche zur Bakteriologie [Praxis-Schriftenreihe, Bd. 3]; 74 S.; 23 Abb.; DM 7,80; Aulis, Köln [3] 1973

Holldorf/Duntze, Mikrobiologie für Mediziner [UTB Nr. 404]; ca. 160 S.; DM 14,80; Steinkopff, Darmstadt 1976

Horzinek, M. C., Kompendium der allgemeinen Virologie; 172 S.; 80 Abb.; 14 Tab.; DM 29,—; Parey, Hamburg 1975

Kas, V., Mikroorganismen im Boden [Die Neue Brehm-Bücherei, Bd. 361]; DM 11,20; Ziemsen, Wittenberg

Malmgren, B., Einführung in die Mikrobiologie [UTB, Bd. 606]; 220 S.; 61 Abb.; 8 Tab.; DM 17,80; Schattauer, Stuttgart 1976

Pollmann, W., Viren — Botschafter lebender Systeme (Eine Einf. in d. Virusforschung); ca. 180 S.; DM 12,—; Piper, München 1977

Primrose, B. S., Einführung in die Virologie [Taschentext Nr. 40]; 191 S.; 82 Abb.; 3 Tab.; DM 16,80; Verlag Chemie, Weinheim 1976

Schlegel, H. G., Allgemeine Mikrobiologie [Taschenbuch]; 496 S.; 217 Abb.; 33 Tab.; DM 19,80; G. Thieme, Stuttgart [4] 1976

Schön, G., Mikrobiologie [studio visuell]; 128 S.; zahlr. Abb.; DM 25,—; Herder, Freiburg

Schroeder, H., Mikrobiologisches Praktikum; 220 S.; DM 13,70; Volk u. Wissen, Berlin 1975

Schuster, G., Virus und Viruskrankheiten [Die Neue Brehm-Bücherei, Bd. 198]; DM 20,50; Ziemsen, Wittenberg 3. Auflage

Schwartz, W. u. A., Grundriß der Allgemeinen Mikrobiologie [Sammlung Göschen, Bd. 1157]; 142 S.; 29 Abb.; DM 4,80; de Gruyter, Berlin [2] 1961

Starke/Hlinak, Grundriß der Allgemeinen Virologie [Grundbegriffe d. modernen Biologie, Bd. 8]; 432 S.; 82 Abb.; 60 Tab.; DM 34,—; G. Fischer, Stuttgart [2] 1974

Wiesmann, Medizinische Mikrobiologie [Taschenbuch]; 430 S.; 50 Abb.; 8 Tab.; DM 14,80; G. Thieme, Stuttgart [3] 1974

Wilkinson, J. F., Einführung in die Mikrobiologie [Taschentext 26]; 162 S.; 50 Abb.; 6 Tab.; DM 13,80; Verlag Chemie, Weinheim 1974

XV. Limnologie und Planktonkunde

Baumeister, W., Planktonkunde für jedermann; 125 S.; 208 Abb.; DM 14,80; Franckh, Stuttgart [6] 1971

Bittner, E., Blaualgen (Cyanophyceen); (s. b. Algen)

Donner, J., Rädertiere (Rotatorien); [Einf. in d. Kleinlebewelt]; 54 S.; 35 Text- u. 88 Tafelabb.; DM 9,80; Franckh, Stuttgart, 4. Auflage

Drebes, G., Marines Phytoplankton (Eine Auswahl der Helgoländer Planktonalgen); (s. b. Algen)

Engelhardt/Merxmüller, Was lebt in Tümpel, Bach und Weiher (s. b. Naturführer...)

Fraser, J., Treibende Welt (Naturgeschichte d. Meeresplanktons); [Verständl. Wissenschaft, 85. Bd.]; 163 S.; 43 Abb.; DM 12,—; Springer, Berlin

Graf, J., Der Wanderer durch die Binnengewässer; 224 S.; 4 Farbtaf.; 16 SW-Tafeln; 68 Abb.; 362 Randzeichng.; DM 17,80; J. F. Lehmanns, München 2. Auflage

Herbst, H. V., Blattfußkrebse (Phyllopoden: Echte Blattfüßer und Wasserflöhe); [Einf. in d. Kleinlebewelt]; 132 S.; 101 Textabb.; 15 Abb. auf Tafeln; DM 29,50; Franckh, Stuttgart

Hustedt, F., Kieselalgen (Diatomeen); (s. b. Algen)

Jenik, J., Das Leben der Seen; ca. 80 S.; 74 farb. u. 73 SW-Abb.; DM 9,80; Dausien, Hanau 1977

Kiefer, F., Ruderfußkrebse (Copepoden); [Einf. in d. Kleinlebewelt]; 99 S.; 287 Abb.; DM 12,80; Franckh, Stuttgart [2] 1973

Klee, O., Hydrobiologie [dva-Seminar]; 196 S.; 39 Grafiken; DM 19,80; Deutsche Verlags-Anstalt, Stuttgart

Klotter, H., Grünalgen (Chlorophyceen); (s. b. Algen)

* *Müller, Joachim*, Lebensgemeinschaft Süßwassersee [Praxis-Schriftenreihe Bd. 7] 64 S.; 76 Abb.; DM 7,80; Aulis, Köln [2] 1974

Schwoerbel, J., Einführung in die Limnologie [UTB, Bd. 31]; 185 S.; 46 Abb.; DM 12,80; G. Fischer, Stuttgart [2] 1974

* *Steinecke, F.*, Das Plankton des Süßwassers [Biologische Arbeitsbücher, Bd. 1]; 72 S.; 209 Abb.; DM 9,—; Quelle & Meyer, Heidelberg [2] 1972

* *Streble/Krauter*, Das Leben im Wassertropfen; Mikroflora und Mikrofauna des Süßwassers. Ein Bestimmungsbuch mit 1700 Abb.; [Kosmos-Naturführer]; 352 S.; 1700 Abb.; DM 39,50; Franckh, Stuttgart [3] 1976

* *Thienemann, A.*, Die Binnengewässer in Natur und Kultur [Verständl. Wissensch., 55. Bd.]; 164 S.; 50 Abb.; DM 12,—; Springer, Berlin

XVI. Bildwerke

Australien — Flora und Fauna (Life / Wunder der Natur); [ro ro ro Sachbuch 52]; zahlr. farb. Abb.; DM 8,80; Rowohlt, Reinbeck

Chinerey, M. (Hrsg.), Die Welt der Tiere und Pflanzen (Das große Südwest Bilderlexikon der Natur); 256 S.; DM 29,80; Südwest, München 1975

* *Cramer, E.* (Hrsg.), Sammlung naturkundlicher Tafeln; I Mitteleuropäische Pflanzenwelt; Kräuter und Stauden; DM 170,—; II Mitteleuropäische Pflanzenwelt; Sträucher und Bäume; DM 160,—; III Säugetiere; DM 192,—; IV Mitteleuropäische Insekten; DM 192,—; V Mitteleuropäische Vögel; DM 204,—; VI Mitteleuropäische Pilze; DM 194,—; Kronen-Verlag Hamburg

Dolder, W., Tropenwelt (Fauna und Flora zwischen den Wendekreisen); [K+F Bildband]; 224 S.; 100 Farbtaf.; 17 SW-Fotos; 30 Zeichn.; DM 88,—; BLV, München 1976

Dossenbach, H. D., Galapagos; Archipel der seltsamen Tiere [Bildband über Tier- u. Pflanzenwelt); 240 S.; 79 farb. u. 91 SW-Abb.; DM 68,—; Hallwag, Bern

Dossenbach, M. und H., Tierkinder der Wildnis (Fotokinderbuch); 40 S.; 62 Fotos; DM 15,50; Reich-Verlag, Luzern 1975

Eurasien — Flora und Fauna (Life / Wunder der Natur); [ro ro ro Sachbuch 47]; zahlr. farb. Abb.; DM 8.80; Rowohlt, Reinbeck

Hay/Synge/Herklotz/Menzel, Das große Blumenbuch (2048 Garten- u. Hauspflanzen in Farbe, mit Pflanzenlexikon); 368 S.; 256 Farbtaf.; DM 68,—; Ulmer, Stuttgart ² 1973

Höhn, R., Seltsames aus dem Reich der Pflanzen [terra magica — Bildband]; 216 S.; 137 SW-Fotos; 59 Farbfotos; 46 Illustr.; ca. DM 49,—; Reich-Verlag, Luzern 1977

Isenbart/Anders, Ein Fohlen kommt zur Welt [Fotokinderbuch]; 40 S.; 32 Fotos; DM 15,50; Reich-Verlag, Luzern 1975

Kümmerley, W., Der Wald (Bäume der Welt); [K+F Bildband]; 300 S.; 71 Farbtaf.; 115 SW-Fotos; 24 Zeichn.; DM 68,—; BLV, München ⁵ 1973

* *Polunin, O.*, Pflanzen Europas (Sonderausgabe); [BLV-Bestimmungsbuch, Bd. 13]; 336 S.; 1088 Farbfotos; DM 25,—; BLV, München ² 1976

* *Redaktion „Life"* und *L. Barnett*, Die Welt, in der wir leben (Naturgeschichte unserer Erde); — 304 S.; 273 Farbbilder; 20 Panorama-Falttafeln; DM 98,—; — Volksausgabe: 216 S.; 244 Abb.; 8 farbige Falttafeln DM 34,—; — Knaurs farb. Taschenbücher, Bd. 192; 224 S.; DM 9,80; Droemer, München

Rossif, F., Das Fest der wilden Tiere (Bildband im Großformat) 30 Textseiten; 160 S. farb. Fotos; DM 49,50; Ullstein, Berlin 1977

Siegrist, E., Zoo; Ein Bildband über das Tierverhalten im Zoolog. Garten Basel; 192 S.; DM 48,—; H. Schwabe, Basel 1974

Südamerika — Flora und Fauna (Life / Wunder der Natur); [ro ro ro Sachbuch 49]; zahlr. farb. Abb.; DM 8,80; Rowohlt, Reinbeck

Tropisches Asien — Flora und Fauna (Life / Wunder der Natur); [ro ro ro Sachbuch 51]; zahlr. farb. Abb.; DM 8,80; Rowohlt, Reinbeck

Urania Pflanzenreich, Die Flora der Erde in 3 Bänden. Je ca. 600 S.; 100 Farb.- u. 250 SW-Fotos; je DM 59,50; Gesamtpreis DM 164,40; Bd. 1: Niedere Pflanzen; 1975; Bd. 2: Höhere Pflanzen 1; 1976; Bd. 3: Höhere Pflanzen 2; 1974; H. Deutsch, Frankfurt

Urania Tierreich, Die Fauna der Erde in 6 Bänden; Je Band ca. 600 S.; 100 Farb- u. 250 SW-Fotos; je DM 59,80; Gesamtpreis DM 328,80; Bd. 1: Wirbellose Tiere 1 (Protozoa — Echiurida); ² 1971; Bd. 2: Wirbellose Tiere 2 (Annelida — Chaetognatha); ² 1971; Bd. 3: Insekten; ² 1971; Bd. 4: Fische — Lurche — Kriechtiere; ² 1971; Bd. 5: Vögel; ² 1971; Bd. 6: Säugetiere ² 1971; H. Deutsch, Frankfurt

Weber, A. P., Tierbilderbuch; 64 S.; 54 Lithographien; DM 38,—; Hoffmann u. Campe, Hamburg 1974

Ziesler, G., Nachbar Tier; 164 S.; 144 Tierfotos; DM 20,—; J. F. Lehmanns, München

XVII. Verschiedenes

S. auch Literaturliste in Bd. 4/II zu „Biologische Statistik" S. 337/338

1. Mathematik und Physik für Biologen

Cavalli — *Sforza, L.*, Biometrie (Grundzüge biologisch-medizinischer Statistik); 212 S.; 40 Abb.; 54 Tab.; DM 9,80; G. Fischer, Stuttgart ⁴ 1974

Ebenhöh, W., Mathematik für Biologen und Mediziner [UTB Nr. 497]; 193 S.; 64 Abb.; DM 14,80; Quelle & Meyer, Heidelberg 1975

Francon, Physik für Biologen, Chemiker und Geologen; 2 Bände [Teubner-Studienbücher]; Bd. 1: 208 S.; 261 Abb.; DM 18,80; 1971; Bd. 2: 171 S.; 198 Abb.; DM 16,80; 1972; Teubner, Stuttgart

Fuchs, G., Mathematik für Mediziner und Biologen [Heidelberger Taschenbücher, Bd. 54]; 224 S.; 90 Abb.; DM 14,80; Springer, Berlin 1969

Glaser, R., Biologie einmal anders (Biophysik); 130 S.; 80 Abb.; DM 14,80; Aulis, Köln 1975

Hadeler, Mathematik für Biologen [Heidelberger Taschenbücher, Bd. 125]; 242 S.; 52 Abb.; DM 16,80; Springer, Heidelberg 1974

Hainzl, J., Mathematik für Naturwissenschaftler; 311 S.; 55 Abb.; DM 29,—; Teubner, Stuttgart 1974

Hammen, C. S., Quantitative Biologie [Taschentext 36]; 133 S.; 33 Tab.; DM 14,80; Verlag Chemie, Weinheim 1975

Krauth, J., Grundlagen der mathematischen Statistik für Bio-Wissenschaftler; 140 S.; DM 14,—; A. Hain, Meisenheim 1975

Laskowski/Pohlit, Biophysik (Eine Einführung f. Biologen, Mediziner und Physiker); 2 Bände; je DM 12,80; Bd. I: Struktur, Energie, Information und Bausteine belebter Systeme; 254 S.; 98 Abb.; 21 Tab.; Bd. II: Funktionsweisen belebter Systeme; Physikalische Hilfsmittel der Biologie; 278 S.; 97 Abb.; 16 Tab.; G. Thieme, Stuttgart 1974

Schmidt, Werner, Die Mehrfaktorenanalyse in der Biologie [Praxis-Schriftenreihe Bd. 11]; 146 S.; 13 Abb.; DM 14,80; Aulis, Köln 1965

Stengel, H., Anleitung zu biometrischen Untersuchungen (Einf. in d. Biostatistik für Sek.-Stufe II); 88 S.; 20 Abb.; 12 Tab.; DM 9,80; Dümmler, Bonn 1974

van der Waerden, B. L., Mathematik für Naturwissenschaftler [B. I.-Hochschultaschenführer, Bd. 281]; 280 S.; 167 Abb.; DM 16,80; Bibl. Inst., Mannheim 1975

2. Naturphilosophie

Gadamer/Vogler (Hrsg.), Neue Anthropologie; Bd. 6: Philosophische Anthropologie, I. Tl.; 464 S.; 10 Abb.; DM 16,80; Bd. 7: Philosoph. Anthropologie, II. Tl.; 424 S.; DM 16,80; [Taschenbücher]; G. Thieme, Stuttgart 1975

Geissler/Kosing/Ley/Scheler (Hrsg.), Philosophische und ethische Probleme der Molekularbiologie; 266 S.; zahlr. Abb.; DM 19,—; Akademie-Verlag, Berlin 1974

* *Hartmann, M.*, Die philosophischen Grundlagen der Naturwissenschaften; 183 S.; 4 Abb.; DM 36,—; G. Fischer, Stuttgart ^{2} 1959

Hempel, C. G., Philosophie der Naturwissenschaften; 158 S.; DM 5,80; Deutscher Taschenbuch-Verlag, München 1974

Illies, J., Biologie und Menschenbild [Herderbücherei Bd. 526]; ca. 128 S.; DM 4,90; Herder, Freiburg 1975

Karpinskaja, R. S., Philosophie und Molekularbiologie [Reihe: Moderne Biowissenschaften, Bd. 14]; 208 S.; DM 21,—; Akademie-Verlag, Berlin 1974

* *Portmann, A.*, An den Grenzen des Wissens (Vom Beitrag der Biologie zu einem neuen Weltbild) — [Fischer-Taschenbuch Bd. 1738]; 160 S.; DM 5,80; Fischer-Bücherei, Frankfurt 1976 — Leinenausgabe: 263 S.; 50 Abb.; DM 26,—; Econ, Düsseldorf 1974

Portmann, A., Biologie und Geist (14 Vorträge); DM 6,—; Suhrkamp, Frankfurt 1973

Rensch, B., Biophilosophie auf erkenntnis-theoretischer Grundlage; 293 S.; 6 Abb.; DM 56,—; G. Fischer, Stuttgart 1968

Vollmer, G., Evolutionäre Erkenntnistheorie (Angeborene Erkenntnistrukturen im Kontext von Biologie, Psychologie, Linguistik, Philosophie und Wissenschaftstheorie); [Taschenbuch]; 209 S.; 12 Abb.; 6 Tab.; DM 26,—; Hirzel, Stuttgart 1975

3. Sonstige Werke

ADIEU 72 (Buch- und Zeitschriftentitel 1976); 376 S.; DM 40,—; Verlag f. pädagogische Dokumentation, Duisburg 13, Postfach 130963

Allmer, F., Biologie für Sie (Für „Liebhaber-Biologen"; Anleitungen zum Beobachten von Fauna u. Flora); 160 S.; 60 Abb.; 19 Fotos; DM 18,80; Verlag Chemie, Weinheim 1972

Dertinger/Jung, Molekulare Strahlenbiologie [Heidelberger Taschenbücher 57/58]; 267 S.; 116 Abb.; DM 19,80; Springer, Berlin 1969

Duflos, S./Brandicourt, R., Die Wiese lebt (Streifzüge durch die Natur); 112 S.; 336 Abb.; DM 19,80; Herder, Freiburg 1977

Eibl-Eibesfeld, I., Im Reich der tausend Atolle — [dtv Nr. 769]; 200 S.; DM 5,80; D. Taschenbuchverlag, München ^{2} 1972 — Originalausgabe: DM 32,—; Piper, München

Ewald, G., Führer zur biologischen Fachliteratur [UTB Bd. 211]; 173 S.; 6 Abb.; DM 11,—; G. Fischer, Stuttgart 1973

Mason, S. F., Geschichte der Naturwissenschaft; 732 S.; DM 28,50; A. Kröner, Stuttgart ^{2} 1974

Pax, F., Meeresprodukte (Handwörterbuch d. marinen Rohstoffe); 460 S.; 215 Abb.; DM 78,—; Bornträger, Berlin 1962

Rensing, L., Biologische Rhythmen und Regulation [Grundbegriffe d. modernen Biologie, Bd. 10]; 265 S.; 155 Abb.; 10 Tab.; DM 29,—; G. Fischer, Stuttgart 1973

Sanden-Guja, W. v., Im Wechsel der Jahreszeiten; 126 S.; 92 Fotos; DM 14,80; Landbuch, Hannover 1966

Sanden-Guja, W. v., Mein Teich und der Frosch [Reihe: Kleine Kostbarkeiten]; 168 S.; 11 Farbfotos; DM 7,80; Landbuch, Hannover ²1976

Sanden-Guja, W. v., Überall Leben; 210 S.; 36 Fotos; 36 Vign.; DM 17,80; Landbuch, Hannover 1959

Schumacher, E., Ich filmte 1000 Tiere (Erlebnisse auf allen Kontinenten); 376 S.; 63 farb. u. 16 SW-Abb.; DM 32,—; Ullstein, Berlin

v. Uexküll, J., Theoretische Biologie [Suhrkamp Taschenbücher Wissenschaft 20]; 350 S.; DM 12,—; Suhrkamp, Frankfurt 1973

Vogt, H. H., Das lachende Labor (Humor in der Naturwissenschaft); 101 S.; 67 Skizzen; DM 16,80; Aulis, Köln 1975

Vogt, H. H., Seltsames von Tieren und Pflanzen 128 S.; 5 Abb.; DM 9,50; E. Reinhardt, München 1960

Wilson/Bossert, Einführung in die Populationsbiologie [Heidelberger Taschenbücher Bd. 133]; 176 S.; 42 Abb.; 13 Tab.; DM 16,80; Springer, Heidelberg 1973

LEISTUNGSKONTROLLE
SCHRIFTLICHE REIFEPRÜFUNGSAUFGABEN

Von Studiendirektor Dr. Werner Ruppolt

Hamburg

A. Allgemeine Betrachtungen

Wenn man den Auftrag erhält, über dieses Thema zu berichten, so ist es keine ganz erfreuliche Angelegenheit, weil in bezug auf den Ablauf der Reifeprüfung in den letzten 20 Jahren eine spürbare, nicht immer segensreiche Unruhe zu bemerken war. Man kann grob gesehen drei Epochen unterscheiden. Die erste Epoche mag dadurch charakterisiert sein, daß der Schüler in den Jahren nach dem Kriege die Wahl hatte, neben den obligaten Fächern Deutsch, Mathematik und einer Fremdsprache, auch eine naturwissenschaftliche Disziplin als schriftliches Prüfungsfach zu wählen. Als sich 1963 die ersten Bundesländer für das System des Wahlpflichtfaches entschieden, wurde lediglich in Physik eine obligatorische schriftliche Reifeprüfungsarbeit angefertigt. Weder das Fach Biologie, noch das Fach Chemie kamen für eine schriftliche Prüfung in Frage. Aus diesem Grunde ergaben sich für die Bearbeitung dieses Themas gewaltige Lücken für den Verfasser.

Wie Fachleute nach dem Inkrafttreten der Durchführung des Wahlpflichtfachsystems richtig voraussagten, wurden die beiden naturwissenschaftlichen Disziplinen stark in ihrem bisherigen Wert herabgewürdigt. Alle eingereichten Warnungen, Resolutionen und Protestschreiben namhafter Vereinigungen und Privatpersonen waren nutzlos. Die Herren Kultusminister wußten es damals besser. Die Auswirkungen dieser Fehlentscheidung wurden ihnen aber bald deutlich durch den Lehrermangel vor Augen geführt, an allererster Stelle in den naturwissenschaftlichen Fächern. Welchem Studenten sollte man auch zumuten, Fächer zu studieren, die in der Reifeprüfung nur am Rande zur Sprache kamen. Da ja in der Regel in der Reifeprüfung nur mündlich geprüft wird, wenn eine Differenz zwischen der schriftlichen und der mündlichen Leistung zu Tage tritt — und hierzu konnte es ja nie kommen, da keine schriftlichen Leistungen vorlagen — brauchte sich ein Prüfling auch nur in den allerseltensten Fällen einer mündlichen Prüfung zu unterziehen. So versuchte man den Lehrermangel an den hiesigen Gymnasien dadurch zu überbrücken, indem man aus fremden Ländern Gastkollegen, wie aus den USA oder neuerdings auch aus Schweden importierte. Andere Methoden, die hier auch nicht verschwiegen werden sollen, waren die, daß man Lehrkräfte, deren Fächer, wie Religion oder Altsprachen, nicht mehr gefragt sind, in Kurzkursen auf naturwissenschaftliche Fächer oder die Mathematik (Kl. 5) umschulte. Man setzte Studenten ein, die zum größten Teil über die Köpfe der Kinder hinwegredeten, da sie über gar keine pädagogische Erfahrung verfügten oder brachte befähigte Lehrer von Volks- oder Realschulen an die Gymnasien. Anfang der 70er Jahre wurde dann das schon tot geborene Kind des „Wahlpflichtfaches" durch eine „Mumie" neueren Datums ersetzt, das sogenannte Studienkolleg. Innerhalb dieses Studienkollegs unterscheidet man ein Vorsemester und Studiensemester. Die Studiensemester enthalten Grund- und Leistungskurse. Sinn der ganzen Angelegenheit ist, dem Schüler mehr als bisher zu bieten, mehr als bisher wählen zu lassen, so daß sich nach oben hin eine immer stärkere Differenzierung und Spezialisierung ergibt, wozu abermals die entsprechenden Lehrkräfte vergeblich gesucht wurden. Ebenso dürfte es an entsprechenden Räumlichkeiten, besonders an Fachräumen, fehlen.

Um auf das gestellte Thema aber wieder zurückzukommen, darf nicht unerwähnt bleiben, daß der eine oder andere Schüler nun wieder die Möglichkeit bekommt, in einem seiner naturwissenschaftlichen Lieblingsfächer eine schriftliche Prüfungsarbeit vorzulegen. Der Unterschied während der Epoche der 50er Jahre und der neuesten Zeit ist wohl der, daß er vorher zumindest in den letzten beiden Klassen durch einen Lehrer auf seine Prüfung vorbereitet wurde, während es sich ja jetzt um Semester handelt, d. h., der Schüler kann in den letzten zwei oder drei Jahren bei den verschiedensten Kollegen einer Schule hören. Einer von ihnen stellt das Prüfungsthema, wahrscheinlich wird es der zuletzt gehörte sein. Andererseits kann es aber auch so sein, daß er den Naturwissenschaften schon beizeiten „Adieu" sagt und diese Fächer als Prüfungsfächer völlig ausscheiden. Diese Maßnahme würde im krassen Gegensatz zum neuesten Rahmenplan des Verbandes Deutscher Biologen für das Schulfach Biologie stehen, wonach kein Schüler Gelegenheit haben sollte, das Fach Biologie ganz abzuwählen.

Die schriftlichen Reifeprüfungsarbeiten kann man in zwei Gruppen gliedern. Erstens solche, die ein mehr theoretisches Thema zur Bearbeitung haben und solche, denen eine oder mehrere praktische Aufgaben voranstehen. Es wird sich in neuester Zeit wohl danach richten, welches Gebiet der Schüler in seinem letzten Semester Gelegenheit zu wählen hatte.

Wie aus den hier als Beispiel angeführten Hamburger Bestimmungen hervorgeht, kann man über die Form der Arbeit folgendes lesen (Ordnung des Erwerbs der allgemeinen Hochschulreife an Gymnasien mit Studienstufe vom 28. 3. 1973, S. 28):
„Die Prüfungsaufgabe besteht entweder aus

— der Beschreibung und Auswertung eines vom Lehrer vorgeführten Experiments oder mehrerer solcher Experimente
oder

— einer vom Schüler zu lösenden praktischen Aufgabe mit Beschreibung und Auswertung oder mehrerer solcher Aufgaben oder

— der Bearbeitung einer theoretischen Aufgabe oder mehrerer solcher Aufgaben."

Zu den ersten beiden Themenklassen, die mit vorgeführten oder selbständig durchgeführten Experimenten zu tun haben, wäre zu erwähnen, daß der Lehrer hier nicht selbst ein Experiment starten sollte, welches bestimmt mißlingt. Gemeint ist, daß er ein solches Thema nicht wählen sollte, wenn innerhalb der Kurse keine Gelegenheit gegeben war, die Schüler selbständig arbeiten zu lassen. Jeder erfahrene Kollege weiß, daß hinsichtlich mancher Fertigkeit oder Beobachtung, die für ihn zur Selbstverständlichkeit geworden ist, für den Anfänger ein Problem sein kann. Deshalb sei in diesem Zusammenhang vor experimentellen Aufgabenstellungen ausdrücklich gewarnt, wenn die Kollegiaten keine Übung im selbständigen Beobachten, Präparieren, Mikroskopieren, Skizzieren, Protokollieren oder kritischer Beobachtungsfähigkeit haben. Sie werden völlig hilflos umhersitzen, und mit den gegebenen Themen nichts anzufangen wissen, so wohlwollend es auch gemeint sein mag. Der gute Ausfall einer gegebenen Prüfungsarbeit, egal ob das Thema mit mehr theoretisch betontem Charakter oder mehr praktisch betontem Akzent, wird nicht zuletzt von einem guten Unter- und Mittelstufenunterricht abhängen. Das sei in diesem Zusammenhang bei aller Reformfreudigkeit betont, man kann beim besten Willen keine gute Ernte erwarten, wenn das Saatgut nicht einwandfrei war.

Für die Wahl eines Reifeprüfungsthemas könnte man folgende Prinzipien aufstellen, über deren Reihenfolge man streiten könnte:

1. Der Kollegiat sollte bei dem gestellten Thema sofort erkennen, worauf es im Prinzip ankommt. Der Lehrer sollte auf eine exakte sprachliche Formulierung bei der Abfassung achten.

2. Themen, die mit „Ja" oder „Nein" zu beantworten sind, sind grundsätzlich abzulehnen.

3. Die gestellte Aufgabe muß einem der behandelten Stoffgebiete entsprechen, die der Kollegiat in einem der drei letzten Semester bearbeitet hat.

4. Der Lehrer sollte beachten, daß der Kollegiat in der gestellten Zeit keine, sei es auch noch so kleine, Forschungsaufgabe bewältigen kann.

5. Die gestellte Aufgabe muß dem Wissensstand des Kollegiaten entsprechen. Dieses Prinzip muß durchschnittlich für den gesamten Kurs gelten. Man kann sich als Lehrer nicht nach dem Primus, aber auch nicht nach dem Uninteressiertesten richten. Ein Mittelweg wird sich nach Absprache mit den Fachkollegen immer finden lassen.

6. Das gestellte Thema sollte nach dem 1. Prinzip zufolge keine Rätselfrage sein, sondern eine klare Aufgabenstellung erkennen lassen, deren Lösung sich durch logische Gedankengänge oder, unterstrichen durch experimentelle Ausführungen, langsam ergibt.

7. Biologische Aufgaben sollten keine getarnten chemischen, physikalischen oder gar mathematische Probleme beinhalten.

8. Besteht das gestellte Thema aus mehreren Teilaufgaben, so sollte der Aufgabensteller darauf achten, daß jede Teilaufgabe möglichst den gleichen Schwierigkeitsgrad erhält.

9. Das Thema sollte so gestellt sein, daß es über die Stufe des einfachen Beschreibens und Berichterstattens hinausgeht, der Kollegiat sollte die Möglichkeit haben, Zuammenhänge zu erkennen und diese anschaulich, übersichtlich und sprachlich einwandfrei darzustellen.

10. Meiner Ansicht nach sollte für den gesamten Prüfungskurs nur ein Thema, egal, ob aus dem theoretischen oder praktischen Bereich, gestellt werden, um der Beurteilung einen gleichen Punktmaßstab zu Grunde zu legen. Werden mehrere Aufgaben zu einer Arbeit zusammengefaßt, so sollten diese den verschiedensten Themenkomplexen entnommen werden.

11. Bei experimentellen Arbeiten sollte der Kollegiat über soviel Schulung verfügen, daß er einen gesunden Maßstab für die Zeiteinteilung hat: Experimenteller Teil und Anfertigung des Protokolls.

B. Themenvorschläge für das Wahlpflichtfach

Nun zu einigen Themenbeispielen aus der ersten Epoche, die einen mehr oder weniger negativen Charakter haben und deshalb auch in der betr. Fachzeitschrift einer gesunden Kritik nicht standhalten konnten.

„Das Blut verbindet die Glieder zur Einheit des Organismus." Dieses Thema könnte den Kollegiaten leicht zu einer vereinfachten Betrachtungsweise verleiten, die der Komplexizität des Phänomens in keiner Weise gerecht wird.

„Es ist der Geist, der aus dem Gesicht das Antlitz formt." „Stammt die Eiche von der Eichel oder die Eichel von der Eiche?" Diese beiden Themen könnten zu einer uferlosen Meditation führen, sie lassen keine klaren Aspekte der Bearbeitung erkennen.

„Welche Gesetzmäßigkeiten des Lebendigen lassen die beiden zu einem Bild zusammengefaßten Beobachtungen bewußt werden? Eine Weidenrute, frisch geschnitten und in die Erde gesenkt, wächst zum Baum. — Sie wird zum toten Stock, bleibt sie so lange auf dem Strauchhaufen liegen, bis die Zeit des inneren Treibens verstrichen ist."

An dieser Formulierung ist zu beanstanden, daß der Ausdruck „inneres Treiben" unklar ist.

„Wenn eine Lebensgemeinschaft nach dem Plan der Pflanzenschale eingerichtet wäre."

Was soll der Prüfling unter einer Pflanzenschale verstehen, auch ist dieses Thema geeignet, seitenlanges Geschwätz über Dinge herzusagen, die im Thema gar nicht verlangt sind.

„Pflanzen und Tiere sind zwei verschiedene Variationen der Erscheinung des Lebendigen."

Der Kritiker behauptet, daß diese Formulierung zu umfangreich und für einen Kollegiaten zu schwierig sein dürfte. Diese Formulierung dürfte bestens für eine Staatsexamensklausur geeignet sein. Nach seiner Ansicht wäre es klarer und besser, wenn es lauten würde: „Wesentliche Unterschiede zwischen Pflanze und Tier."

Ein anderes Thema lautet: „In welcher Folge zusammengefügt, ergeben die bekannten Lebensmerkmale die lebendige Einheit?" Kritisch wird hierzu angemerkt, was der Verfasser wohl unter der „Folge der bekannten Lebensmerkmale" versteht.

Andere theoretische Themen, die eine klare Formulierung und auch bestimmte Aufgabenstellung erkennen lassen, wären folgende:

„Weshalb ist das Vorhandensein von Pflanzen auf unserer Erde eine notwendige Voraussetzung für die Existens der Tiere?"

„Erläutern Sie folgende Feststellung: Auch die in völliger Dunkelheit lebenden Tiefseefische verdanken ihre Lebensenergie letztlich dem Sonnenlicht."

„Der Kreislauf des Kohlenstoffs in der Natur". Dieses Thema erscheint mir etwas zu leicht. Man könnte es sehr schnell und oberflächlich abhandeln. Besser wäre, wenn man an Stelle des Kohlenstoffs das Element Stickstoff setzt, weil die Zusammenhänge hier umfangreicher und komplexer sind.

Sehr geeignet finde ich nachfolgendes Thema, welches sich in einzelne Abschnitte gliedert. Eine sehr gute Basis für die Bewertung der Gesamtaufgabe.

„Woher beziehen folgende Pflanzen die lebenswichtigen Grundstoffe Kohlenstoff und Stickstoff?"
a. beliebige Landpflanzen, wie etwa Eiche, Weizen, Sonnenblume
b. Wasserpflanzen
c. Luzerne, Bohne und andere Hülsenfrüchtler
d. Insektenfangende Pflanzen („fleischfressende")
e. Mistel und andere Halbschmarotzer
f. Schuppenwurz, Sommerwurz und andere Ganzschmarotzer
g. Pilze.
Die Reihenfolge soll für die Beantwortung nicht bestimmend sein. Versuchen Sie die verschiedenen Arten der Ernährungsweise systematisch zu ordnen und zu vergleichen!
Aus dieser klaren Formulierung der Aufgabe ergibt sich keine zu stellende Zusatzfrage für den Kollegiaten. Andere, sehr geeignete theoretische Themen wären folgende:
„Schildern Sie unter Beifügung von Zeichnungen die Entwicklungsgeschichte einer Alge *(Chlamydomonas)*, eines Laubmooses, eines Farnes und einer angiospermen Blütenpflanze und erläutern Sie an Hand dieser Beispiele den Übergang vom Wasser- zum Landleben, der sich im Laufe der Stammesgeschichte der Pflanzen vollzogen hat."
Hierzu wird von dem Verfasser dem Leser folgende Anmerkung gegeben: Die Entwicklungsgänge sind im Unterricht besprochen, jedoch nicht unter dem Gesichtspunkt, welche Bedeutung ihnen für den Übergang vom Wasser- zum Landleben zukommt und welche Rolle der Generationswechsel dabei spielt. Dieser Hinweis ist für den Leser sehr wichtig, weil er daraus ersehen kann, daß der Lehrer nicht nur ein Wiederkäuen des durchgenommenen Unterrichtsstoffes beabsichtigt hat, sondern auch eine eigene und nicht einmal leichte geistige Leistung des Kollegiaten zur Beantwortung voraussetzt.
Nicht nur Botanik und Zoologie spielen bei der Vergabe von Reifeprüfungsaufgaben eine Rolle, sondern auch solche aus der Vererbungslehre. Hierzu zwei Beispiele:
„Stellen Sie mit Hilfe der vorliegenden Stammbäume (3) die Erbgänge für Spaltfüßigkeit, für Hasenscharten und für erbliche Nasenscheidewandverbiegung fest und begründen Sie ihre Auffassung. Kennzeichnen Sie zusätzlich die Erbanlagen der mit Ziffern bezeichneten Personen."
„Nach alten Vorstellungen erbt die Nachkommenschaft aus der Kreuzung eines Lebewesens, das wertvolle Eigenschaften besitzt, mit einem normal veranlagten Wesen die wertvollen Eigenschaften in halber Stärke, die nächste Generation in 1/4 der Stärke usw. Diese Auffassung besteht in der Tierzucht unter den Bezeichnungen ‚Vollblut', ‚Halbblut', ‚Viertelblut' bzw. fort und wird auch auf menschliche Rassenbastarde angewandt.
Nehmen Sie zu dieser Ansicht vom Standpunkt der Vererbungslehre Stellung."
„Personen, die an Veitstanz erkranken, stammen aus Ehen, von denen einer der Eltern früher oder später an Veitstanz erkrankt war. Taubstumme können Kinder normal sprechender und hörender Eltern sein. Erkläre in beiden Fällen den Erbgang". Die Formulierung dieses Themas scheint mir zu leicht zu sein. Es wird keine eigene geistige Leistung verlangt.

In einem anderen Thema sollen nur zwei Begriffe erläutert werden. Es heißt:
„Erläutere an den folgenden Beobachtungen Begriffe der Vererbungslehre:
a) Der Wind hat einen Samen unter ältere Bäume verweht, einen anderen desselben Fruchtstandes an eine Stelle, die unbewachsen war von Baum und Strauch. Aus beiden Samen wurden Bäume.
b) Auf der halben Höhe eines Westhangs stehen Pappeln. Die Krone der Silberpappel neigt sich in Richtung des Hanges zur Höhe hin. Der Wuchs der Schwarzpappel daneben unterscheidet sich nur wenig von denen an anderen Standorten."
„Wenn es möglich wäre, die Zahl der in jeder Generation mit einer Erbkrankheit geborenen Individuen herabzusetzen, könnte damit eine erhebliche Abnahme menschlichen Leidens erreicht werden." Erläutern Sie an Hand dieses Zitates die Probleme und Gefahren staatlich gelenkter Eugenik.
Aus der Ethologie liegt mir folgendes Thema vor:
Der Verhaltensforscher *K. Lorenz* kennzeichnet die Tötungshemmung des Wolfes als „moralanaloges Verhalten". Nehmen Sie Stellung zu dieser Bezeichnung.
Erläuterung des Lehrers zu diesem Thema:
„Vom Begriff der Analogie (Funktionsgleichheit bei verschiedenen Grundprinzipien) ausgehend ist die Tötungshemmung des Wolfes als Instinkthandlung, das moralische Verhalten des Menschen aber als individuell variables, freies, auf Werterkenntnis beruhendes Verhalten zu kennzeichnen."
Der Begriff der Analogie im Gegensatz zur Homologie war eines der Grundthemen des Unterrichts in der Oberstufe. Instinkthandlungen wurden im Zusammenhang einer Umweltlehre in Klasse 12, die Sonderstellung des Menschen in Klasse 13 behandelt.
In einem Punkt der aufgestellten Prinzipien, die bei der Formulierung eines Reifeprüfungsthemas zu berücksichtigen sind, nannte ich, daß der Kollegiat in der Lage sein müsse, Zusammenhänge zu erkennen (9). Hierzu folgendes Thema:
„Welche Zusammenhänge bestehen zwischen Photosynthese, Chemosynthese, Atmung und Gärung im Pflanzenreich? Begründen Sie die überragende Bedeutung der Photosynthese gegenüber der Chemosynthese".
Längere Themen wie das folgende sollte man dem Kollegiaten nicht diktieren, sondern gleich als Kopie in die Hand drücken, damit nicht übermäßig viel Zeit durch unnütze Schreibarbeit verloren geht. Das Thema selbst bezieht sich auf die Evolution und setzt sich aus mehreren Teilaufgaben zusammen.
„Diskutieren Sie folgende Formen unter dem Gesichtspunkt der Evolution. Bestimmen Sie dabei, ob es sich um ein primitives oder um ein differenziertes Merkmal handelt. Welche biologische Deutung können Sie in jedem Einzelfalle angeben?
a. Steinfliegen und Libellen sind Insekten, die zwei Paar häutige Flügel besitzen, die einander weitgehend gleichen. Ein Paar sitzt an der Mittelbrust, das 2. an der Hinterbrust.
b. Mücken und Fliegen sind Zweiflügler, d. h. sie tragen ein Flügelpaar an der Mittelbrust; an der Hinterbrust findet sich ein Paar Schwingkölbchen, die als Gleichgewichtsorgane funktionieren.
c. Aus dem Erdaltertum ist ein Insekt bekannt, das 3 Paar Flügel besaß; ein Paar kleine, nahezu funktionslose an der Vorderbrust und je ein großes an Mittel- und Hinterbrust (letztere glichen einander).

d. Die in alten Häusern lebenden Silberfischchen sind flügellose Insekten, die auch im Laufe der Individualentwicklung keine Flügelanlagen ausbilden.
e. Bettwanzen sind flügellos, man findet an der Mittelbrust ein Paar kleine Schuppen.
f. Schmetterlinge haben 2 häutige Flügel, die komplizierte Schuppen tragen.
g. Viele der auf den stürmischen Kerguelen-Inseln lebenden Insekenarten sind stummelflügelig oder flügellos.
h. Bei den ab Oktober schwärmenden Frostspannern gibt es zwei Arten, bei der kleineren haben die Weibchen Flügelstummel, bei der größeren sind sie flügellos. Die Männchen beider Arten besitzen voll ausgebildete Flügel, ihre Fühler sind wesentlich stärker gekämmt als die der weiblichen Tiere.
i. Die Feigen werden von einer bestimmten Art winziger Wespen bestäubt, die im Inneren der krugförmigen Blütenstände lebt. Die Männchen dieser Art sind flügellos, die Weibchen haben funktionstüchtige Flügel.
k. Ameisen sind staatenbildende Insekten, bei denen nur die Männchen und Weibchen vorübergehend Flügel tragen. Arbeiterinnen und Soldaten (beides fortpflanzungsunfähige Weibchen) sind flügellos.
Da wir gerade das Thema Insekten streifen. Hier eine Aufgabe aus der Praxis: „In einem parkartigen Gelände wurden auf einem Rasen in den Morgenstunden Gebilde der beigefügten Art (Behälter Nr. 3) gefunden. Häufig lagen sie in der Nähe kleiner Löcher (etwa bis 4 cm tief, 1 cm breit, 3 cm lang) mit frisch herausgeworfener Erde. Die Funde konnten fast regelmäßig während der warmen Jahreszeit gemacht werden. Sie wurden jedoch nicht in den Monaten mit Frostgefahr beobachtet. Der Fund ist zu untersuchen und zu deuten. — Einige für die Deutung wesentlichen Untersuchungsbefunde sollen durch eine Zeichnung belegt werden."
Die zur Untersuchung notwendigen Materialien wurden zur Verfügung gestellt und sollen hier nicht erwähnt werden. Wichtiger ist in diesem Zusammenhang die Erläuterung des Aufgabenstellers. Er schreibt: „Die Untersuchung ergibt in der Hauptsache stark zerkleinerte Reste des Chitinpanzers von Gliederfüßlern. In Verbindung mit den gemachten Angaben ergibt sich, daß es sich um die Exkremente eines Tieres sind, das Insekten frißt, nachts oder in der Dämmerung auf Nahrungssuche geht, Löcher kratzt, die Nahrung weitgehend zerkleinert, während der kalten Jahreszeit abwesend ist oder nicht auf Nahrungssuche geht, und dessen Größe zwischen der einer Ratte und der eines Terriers liegen wird." Es wird eine Erörterung über die in Frage kommenden Arten unserer Tierwelt erwartet, mit dem Ergebnis, daß hier Igellosung vorliegt.
Ideal sind Themen, die sich sowohl auf pflanzliche als auch auf tierische Organismen beziehen. Gemeint sind die in der Natur auftretenden Gallen an vielen Pflanzen. Es kommt lediglich darauf an, ob man das Material möglichst in frischem Zustande zur Verfügung hat, wenn die Prüfungsarbeit geschrieben wird. Konserviertes Material bringt starke Veränderungen der Farben und auch der Erzeuger mit. Fliegen rufen am Schilf zigarrenförmige Gallen hervor. Sie wurden gesammelt und folgendes Thema formuliert: „Die gegebene Galle stellt ein Stadium des Schilfes dar, welches von einem Parasiten befallen wurde. Untersuchen Sie das Objekt, indem Sie einen Quer- und einen Längsschnitt anfertigen und versuchen Sie zu erklären, wie die zigarrenförmige Gestalt zustandegekommen sein mag. Stellen Sie fest, in welchem Stadium sich das zukünftige Insekt befindet.

Wie würden Sie es bezeichnen? Zu welcher Ordnung könnte das aus der Larve entstehende Insekt gehören, wenn es außer einem Flügelpaar noch ein Paar Schwingkölbchen besitzt? Was ist notwendig, damit sich das spätere Insekt überhaupt aus seiner Larvenkammer befreien kann?"

Der Kollegiat müßte zur Behandlung dieses Themas mindestens zwei Gallen zur Verfügung haben, damit er die beiden Schnitte anfertigen kann. Es kommt ganz auf die Jahreszeit an, wann die Gallen geerntet werden. Die Larve ist beinlos, also eine Made, und sie macht drei Häutungen durch. Sie frißt sich von oben in den Vegetationskegel der Pflanze hinein, so daß kein Längenwachstum mehr zustandekommen kann, sondern eine abnorme zigarrenähnliche Form. Da der Kopf bis zu einem bestimmten Zeitpunkt immer noch nach unten gerichtet ist, muß sich das Tier vor der Verpuppung umdrehen, andernfalls das Insekt, welches die Schilffliege ist, sich nicht aus der hart gewordenen Larvenkammer befreien kann. Es braucht nicht extra betont zu werden, daß Skizzen und eine Niederschrift über das Untersuchungsergebnis anzufertigen sind.

Bekannt sind auch die *Mikiola-Gallen,* die auf Buchenblättern sehr häufig zu finden sind, ebenso die *Ananasgallen* an Fichtenzweigen, die beide leicht einzusammeln sind, wenn man sie in der Natur antrifft. Recht gute Ergebnisse kann man auch erzielen, wenn man im Spätsommer oder Frühherbst die *Spirallockengallen* von den Blattstielen der Pyramidenpappeln einsammelt.

Auch an Eichen sind zu fast allen Jahreszeiten Gallen zu finden. Hierzu folgendes Thema zur *Eichenrose:*

„Das vorliegende Objekt wird als ‚Eichenrose' bezeichnet. Stellen Sie Vermutungen darüber an, aus welchen Organbereich sie entstehen kann und wer zur Erzeugung beigetragen hat. Skizzieren Sie zunächst das gesamte Gebilde in der Aufsicht und dann im Längsschnitt. Vergleichen Sie die außen, in der Mitte und innen stehenden Blättchen. Was befindet sich in der Mitte der Galle? Was beobachten Sie, wenn Sie die ‚Rosenblättchen' in eine Lösung von Eisen-III-chlorid legen? Töten Sie das Galltier mit Äther. Was für ein Larventyp liegt vor? Welches mag der zukünftige Entwicklungsgang des Tieres sein? Wie kommt es aus der Larvenkammer heraus? Fertigen Sie ein Mikropräparat von der Gesichtsmaske der Larve an und bringen Sie einen Teil des Körperinhaltes auf einen Objektträger. Setzen Sie einen Tropfen Sudan-III-glyzerin hinzu. Beobachtung? Fertigen Sie zu den Untersuchungen ein Protokoll an."

Auch in diesem Falle liegt eine Made als Larve vor. Sie ist beinlos und enthält im Körperinnern sehr viel Fett, welches durch die letzte Reaktion nachgewiesen wird. Die Blättchen färben sich in Eisen-III-chlorid dunkel, wodurch angezeigt wird, daß die Pflanze sehr viel Gerbstoffe enthält. Daß es sich um eine Wespenlarve handelt, wird kaum einer herausfinden. Die Galle entwickelt sich aus einer Seitenknospe. In diese legt ein Weibchen einer Wespengeneration ein Ei, daraus geht die Larve hervor, welche durch den Fraß und Ausscheidung von Wuchsstoffen die harte Larvenkammer erzeugt. Es kommt auch in diesem Falle zu keinem Längenwachstum, daher der Name „Eichenrose".

Sind die Kollegiaten durch vorherige Übungen auf solche Untersuchungen geschult, so kann man das Thema wesentlich kürzer fassen und jedem nach seinen eigenen Gesichtspunkten die Untersuchung durchführen lassen. Das sollte das Ziel einer praktischen Arbeit sein. Dann würde ein derartiges Thema lauten:

„Untersuchen Sie die cecidologischen Veränderungen an den vorliegenden Kiefernzweigen."

Geht man am Rande einer nicht zu alten Kiefernschonung vorbei, so kann man an verschiedenen Zweigen harzartige Auswüchse beobachten. In dieser Stelle parasitiert die Raupe von *Evetria resinella*. Auch diese Galle eignet sich vorzüglich zur Untesuchung und Formulierung eines Reifeprüfungsthemas etwa folgendermaßen:

„Gegeben ist eine Galle an der Kiefer. Skizzieren Sie das Gebilde in geschlossenem und später in geöffnetem Zustand. Beschreiben Sie den Parasiten und seine Larvenkammer. Welches Insektenstadium liegt hier vor? Untersuchen Sie, ob der Kiefernsproß an dieser Stelle anatomisch verändert wurde, durch Vergleich mit nichtbefallenen Stellen. Äußern Sie Gedanken darüber, von wem und wie die Galle im Laufe der Zeit entsteht. Erst im Frühsommer des dritten Jahres verläßt das ausgebildete Insekt die Kammer."

Beim Ernten solcher Gallen ist es ratsam, dieselben sofort in einen Kühlschrank bis zum Tage des Verbrauches zu lagern. Sich schneller entwickelnde Insekten unterbrechen durch die nicht geeigneten Temperaturen dann ihre Weiterentwicklung.

Die Beispiele über Gallen ließen sich beliebig vermehren. Es kommt ganz darauf an, welches Material man findet. Man sammle in der Regel die doppelte oder gar dreifache Menge ein. Erstens, um das Objekt selbst genügend zu studieren, zum anderen muß man dem Kollegiaten auch zwei oder mehrere Exemplare geben, damit er vergleichen kann. Es kann aber auch der Fall eintreten, und das ist für den Aufgabensteller dann recht peinlich, wenn nicht genügend Material vorhanden ist. Er muß sich während der Arbeit der Prüflinge davon überzeugen, daß überall der richtige Parasit lebend vorhanden ist. Ist dies nicht der Fall, muß man ihm ein neues Exemplar verabreichen, denn gerade die Gallenerzeuger werden sehr oft wieder von anderen Parasiten, z. B. Schlupfwespen, angestochen, so daß sich im Larvenkörper des eigentlichen Parasiten wieder ein Hyperparasit entwickelt. Sollte dies der Fall sein, und man hat kein Material mehr zur Verfügung, muß man dem Kollegiaten dies mitteilen und seine Aufgabe würde sich insofern erweitern, als er zu erklären hat, wie dieses Phänomen zustandekommt.

Ein Thema aus einem ganz anderen Gebiet wäre folgendes: „In einigen Ländern kann man nicht nur tierische Milch (Rind, Schaf, Ziege u. a.), sondern auch ebenwertige pflanzliche Erzeugnisse (Soja, Erdnuß, Mandel, Kokosnuß) als Nahrungsmittel kaufen oder verkaufen. Gegeben sind eine tierische und eine pflanzliche Milch, die sich in zwei Reagenzgläsern befinden und mit den Buchstaben A und B bezeichnet sind. Da die Milchsorten durch den Geruch und auch durch den Geschmack nicht zu unterscheiden sein sollen (Zusatz von einem stark riechenden ätherischen Öl, z. B. Fenchel- oder Anisöl) ist lediglich durch eine chemische Untersuchung zu ermitteln, welches die tierische und welches die pflanzliche Milch ist."

Den Zusatz einer giftigen Chemikalie sollte man sich aus Gründen der Sicherheit ersparen. Die pflanzliche Milch wird am besten aus Erdnüssen hergestellt, da diese der Rindermilch in ihrem äußeren Aussehen am nächsten steht. Man zerreibt Erdnüsse in einer Mühle, gibt zu dem Pulver dest. Wasser, schüttelt tüchtig und gießt dann durch ein Sieb ab. Dann fügt man das ätherische Öl hinzu. Erdnüsse sind reich an Stärke. Stärke kommt aber in der tierischen Milch nicht vor. Sie kann makro- und mikroskopisch durch die Jodjodkaliumreaktion nachgewiesen werden. Voraussetzung für ein derartiges Thema ist, daß die Kollegiaten in der Lage sind, einfache Nachweise für Fette, Kohlenhydrate und Eiweiße in der Praxis auszuführen (siehe auch Seite 55 f.). Der beste Zuckernachweis gelingt aber nicht, wenn man das Erhitzen nicht durchführt (Fehlingprobe). Mit solchen Dingen muß man als Aufgabensteller und Prüfer rechnen.

Schon lange Zeit schwammen auf der Oberfläche des Wassers mehrerer kleinerer Glasbecken Wasserlinsen. Sie vermehrten sich recht kräftig, da ich Wuchsstoffhormone in verschiedenen Konzentrationen hinzugegeben hatte. Schließlich beobachtete ich, daß die Wasserlinsen *(Lemna minor)* nicht mehr frische grüne Farbe zeigten, sondern sich im Innern Parasiten in Form von Wassermilben befanden, ebenso hatten sich blaugrüne Algen an ihnen entwickelt und trugen auch zu ihrem Verderb bei. In mehrere Petrischälchen übertrug ich Proben davon und gab sie an die Kollegiaten zur Untersuchung mit folgendem Thema:

„Gegeben sind fünf Mikroaquarien, deren Wasseroberfläche am 2. 1. 1972 gleichmäßig mit *Lemna minor* belegt wurde. In der Zwischenzeit hat sich der Bestand der Schwimmpflanzen in einigen Gläsern verändert. Es ist zu klären, ob die Wasserlinsen von pflanzlichen oder tierischen Parasiten oder gar von bestimmten Arten beider Organismenreiche befallen und zum Teil zerstört wurden. Skizzieren Sie eine gesunde Wasserlinse in der Aufsicht und im Querschnitt, präparieren Sie die befallenen Pflanzen und skizzieren Sie ebenfalls Ihre Beobachtungen."

Mit einer anderen Prüfungsgruppe hatte ich von *Fels:* „Abstammungslehre anhand von Quellentexten" studiert. Markante Stellen aus diesen Texten wurden zu Papier gebracht und die Aufgabe bestand darin, daß die Kollegiaten an Hand der Texte erkennen sollten, um welchen Autor es sich handelte. Das Thema wurde folgendermaßen formuliert: „Anhand der gegebenen Quellentexte namhafter älterer und auch lebender Entwicklungstheoretiker ist eine kurze Darstellung über die Geschichte der Abstammungslehre zu geben. Da die gegebenen Verfasser der Quellentexte alphabetisch, aber nicht chronologisch geordnet sind, ist aus dem Gedankengut des Textes auf den betreffenden Verfasser und die richtige Zeitfolge zu schließen und dieses zu begründen."

Es wurden Zitate von *Linné, Lamarck, Cuvier, Darwin, Dobschansky* und *Rensch* auf einer Kopie gereicht.

Aus der Zoologie liegen folgende Themen vor:

„Beweisen Sie mit Hilfe von Beispielen aus dem Reiche der Protozoen, daß diese Urtiere mit Recht Elementarorganismen genannt werden". Es handelt sich hier um ein theoretisches Thema. Ein anderer Autor stellt ein Aquarium zur Verfügung, in welchem sich Protozoen befinden und formuliert folgendermaßen:

„Fangen, präparieren, beobachten Sie verschiedene Urtiere. Versuchen Sie, die Tiere systematisch einzuordnen und ihre Lebensmöglichkeiten zu beurteilen. Beachten Sie dabei besonders das Problem der Anpassung."

„Welche Möglichkeiten der Entwicklung besitzen die Eier der Tiere? Erörtern Sie die Frage unter Berücksichtigung der *Spemann*schen Untersuchungen."

„Reflexe, Instinkte und einsichtiges Handeln im Tierreich sind als Verhaltensweisen abzuleiten und in einer vergleichenden Betrachtung auf ihre biologische Bedeutung hin zu untersuchen."

Eindrucksvoll und abwechslungsreich sind auch Aufgaben, die sich aus der Vorführung entsprechender Filme formulieren lassen. Der Prüfer muß nur dafür sorgen, daß auch die Filme zur gegebenen Zeit zur Verfügung stehen. Besonders geeignet sind Filme, wenn es sich um das Teilgebiet der Ethologie handelt, z. B. die beiden Lehrfilme „Der Stichling und sein Nest" und „Ethologie der Graugans" sind unter Berücksichtigung der Arbeitsmethoden und der Ergebnisse der Verhaltensforschung zu analysieren."

„Artenentstehung und Verhaltensweisen von Vogeltieren auf den Galapagosinseln, dargestellt anhand von zwei Stummfilmen." In diesem Falle wurde der Ton unterbunden, so daß die Prüflinge gezwungen waren, die fehlende Sprache selbst zu ergänzen.

Hat man lebendes Material an Klein- oder größeren Tieren zur Verfügung, so ergeben sich auch hier eine Fülle von Themen. „Beobachten und schildern Sie die Verhaltensweisen von Froschlarven und führen Sie soweit dies möglich ist, einige einfache selbst erdachte Versuche durch."

„Beobachten und beschreiben Sie einige Verhaltensweisen einer Ruderwanze. Untersuchen Sie an zweiter Stelle das Insekt mikroskopisch und stellen Sie einige Beziehungen zwischen der Anatomie und der Lebensweise des Tieres auf. Durch einige Skizzen sind die Ausführungen zu belegen."

Andere Autoren beschäftigen sich auch mit pseudowissenschaftlichen Theorien totalitärer politischer Systeme. Hierzu 2 Beispiele:

„Biologie und Totalitarismus.

Es sind kurz die biologischen Anschauungen zu kennzeichnen, die der Nationalsozialismus einerseits. der sowjetische Kommunismus andererseits in den Mittelpunkt ihrer Staatslehren gestellt haben, und anschließend die Ergebnisse der modernen Biologie darzulegen, die uns das Recht geben, die von den beiden totalitären Systemen propagierten Theorien als pseudowissenschaftlich und irrig zu bezeichnen."

Lyssenkos Theorie hat zur Zeit Stalins in der UdSSR eine große Rolle gespielt und viele Sowjetwissenschaftler (Genetiker), die sie als falsch bezeichneten, mußten jahrelang in Arbeits- oder Strafgefangenenlagern arbeiten (siehe auch Bd. 5, Seite 155). Letzten Endes zeigte es sich aber doch, daß die Wissenschaftler recht hatten, und es muß geradezu als beschämend bezeichnet werden, wenn ein Land wie die UdSSR Getreide importieren muß. Das Thema, welches damals zur Reifeprüfung gestellt wurde, lautete: „*Lyssenkos* Theorie von der ‚aktiven umgestaltenden Biologie' gipfelt in den Kernsätzen: ‚Die äußere Umgebung verändert das Erbgut von Pflanzen, Tieren und Menschen. Bestimmte Eigenschaften der Umwelt lassen sich in einen Körper hineinzüchten, sie verändern das Erbgut und werden in die folgenden Generationen weitergegeben.'

Untersuchen Sie diese Sätze kritisch und belegen Sie Ihre Ansicht durch Beispiele aus der Pflanzenzüchtung."

Damit sind wir wieder bei den Pflanzen angekommen, und es sollen nun einige Beispiele über Blüten, Früchte und Samen folgen: „Auf der ‚Festwiese' unserer Schule erfreuen uns im Frühling Krokusse. Betrachtet man ihr Verhalten während der Blütezeit etwas eingehender, so kann man Feststellungen treffen, die geeignet sind, verschiedene Fragen aufzuwerfen. Einige dieser Beobachtungen seien hier wiedergegeben."

Voraussetzung für die Stellung eines solchen Themas ist wohl, daß der Lehrer vorher auf das Verhalten der Pflanzen hingewiesen hat; denn wehe dem, der nichts beobachtet hat; was sollte er zu diesem Thema schreiben?
Besser ist es schon, wenn der Schüler, wie im nächsten Falle, Material vorgelegt bekommt, um sich darüber zu äußern. „Im Juni 1955 konnte man in einer Hamburger Tageszeitung folgende Notiz lesen: „Als hätte es geschneit — so sieht es am Ohlsdorfer Bahnhof aus. Die weißen Flocken sind Blütenstaub, der fortwährend von den Pappeln rieselt.' Untersuchen Sie die ‚weißen Flocken' (Behälter Nr. 1) und äußern Sie sich zu der Zeitungsmeldung."
An sich eine sehr leichte Aufgabe, aber Sie bietet den Vorteil, daß der Schüler lebendes Material in die Hand und vor die Augen bekommt, zu dem er sich äußern kann. Gut wäre ein Vergleich gewesen, wenn der Lehrer noch Kiefernblütenstaub als Vergleich gegeben hätte, da man im Volksmund oft behauptet, es habe zur Zeit der Kiefernblüte im Wald geschwefelt, wenn der Regen den gesamten Blütenstaub in einer Pfütze zusammengetrieben hat.
Beim nächsten Thema wird sicherlich ein Fertigpräparat oder Material zur Anfertigung eines Frischpräparates zur Verfügung gestanden haben:
„Die Kiefernnadel. Aus dem histologischen Bild der Nadel soll auf die Lebensweise und den Lebensraum der Kiefer geschlossen werden. Außerdem ist eine Betrachtung über andersartige ökologische Blatttypen anzuschließen."
Ein sehr leichtes Thema, da die Kiefer und ihr Standort allen Schülern bekannt sein dürfte. Vielleicht wäre es ratsamer, in diesem Fall einen anderen Nadelbaum, vielleicht die Eibe, zu wählen und ein solches Blatt mit dem einer *Tradescantia discolor* vergleichend zu betrachten.
„Das vorliegende Blatt (normale Größe und Gestalt) ist mikroskopisch zu untersuchen. Alle Gewebs- und Zellarten (auch die Mittelrippe) sind zu zeichnen und ihre Funktionen herauszustellen. Über Lebensweise und Standortbedingungen der Pflanze sind Überlegungen anzustellen."
Es erhebt sich die Frage, ob der Zusatz „normale Größe und Gestalt" durchaus notwendig ist, ferner wäre zu überlegen, ob man den Ausdruck „Mittelrippe" nicht durch „Hauptwasserleitungsbahn" hätte ersetzen sollen.
„Der Bau der vorgelegten Pflanzenteile ist an Hand von Flächen- und Querschnitten aufzuklären und in Zeichnungen und Worten darzustellen. Weiterhin sind Aussagen über die Aufgaben der festgestellten Bauteile und die Besonderheiten der zugehörigen Pflanzen zu machen!" Leider fehlen Angaben darüber, um welche Pflanzen und Pflanzenteile, die gegeben wurden, es sich handelt.
Ein anspruchsvolles Thema aus der Botanik ist folgendes, es hat nur den Nachteil, daß es wahrscheinlich rein theoretisch abgehandelt worden ist.
„Die Sexualorgane und Vermehrungsvorgänge an Kiefer und Wurmfarn sind zu vergleichen. Aus den aufgezeigten Unterschieden sind Rückschlüsse zu ziehen auf die Entwicklungsstufe der beiden Pflanzen. Gleichzeitig soll herausgefunden werden, inwiefern durch die abweichenden Sexualverhältnisse die untersuchten Pflanzen ihrem unterschiedlichen Standort angepaßt erscheinen."
„Untersuchen Sie eine der beiden vorliegenden Blüten gründlich und führen Sie dann einen Vergleich der beiden in blütenökologischer Hinsicht durch." Gegeben waren in diesem Falle die *Gartenanemone* und *Amaryllis*. Ein solches Thema ist insofern gewagt, weil das Problem entstehen könnte, ob zu der gegebenen Zeit auch gerade diese Blüten vorhanden sind. Ist man unsicher, sollte man der

Aufsichtsbehörde auch andere Beispiele nennen, die dann gerade greifbar sind.
Im Frühjahr 1966 gab ich einer 13. Klasse folgendes Thema als Übungsarbeit.
Ebenso gut würde es sich auch als Reifeprüfungsthema verwenden lassen.
„Es sind zwei Exemplare von *Primula officinalis* (Hummel- und Falterblume) gegeben. Zeichnen Sie zwei Blütenlängsschnitte. Welche Unterschiede fallen Ihnen bei den Blütenorganen der beiden Pflanzen auf? Vergleichen Sie mikroskopisch die Pollenkörner sowie die Oberflächen der beiden Narben. Stellen Sie Betrachtungen darüber an, welche ökologische Bedeutung die Differenzen haben könnten. Über die Untersuchungen ist ein Protokoll mit Skizzen anzufertigen."
Obgleich ein solches Stoffgebiet in der Unterstufe behandelt wird, treten doch bei der praktischen Arbeit bei den Schülern Probleme auf.
Vergleichende Betrachtungen spielen oft bei den gestellten Themen eine wesentliche Rolle, z. B.:
„Untersuche und zeichne ein Moosblättchen und selbstgefertigte Querschnitte durch den Moosstengel und das vorgelegte Blatt. Leite die verschiedene Entwicklungshöhe der beiden Pflanzen aus dem Bau und der Funktion der Gewebe ab."
Auch hier ist nicht bekannt, welches die zweite Pflanze war.
„Stelle an den Pflanzen zweier ganz verschiedener und jeweils extremer Bereiche die Anpassungserscheinungen fest, durch die ihnen das Leben in diesem Gebiet möglich ist. Untersuchen Sie, ob trotz des so unterschiedlichen Standortes Gemeinsamkeiten vorhanden sind."
Auch das folgende Thema eignet sich sehr gut, da sich das Material wohl über einen längeren Zeitraum konservieren läßt. Es lautet:
„Untersuchen Sie an vorgelegten Präparaten den inneren Bau der Pflanzenwurzel und berichten Sie über ihre anatomisch bedingten Lebenserscheinungen. (Vorgelegte Präparate; *Lilium candidum* (Querschnitt), *Zea mays* (Längsschnitt), *Allium cepa* (Längsschnitt)".
Zeichnen, beschriften und vergleichen Sie die Stengelquerschnitte von *Ranunculus repens* und *Ribes aureum*. Erläutern Sie die Funktion der charakteristischen Gewebe der vorliegenden Präparate."
Besser wäre es in solchen Fällen, man gibt den Schülern Material zur Anfertigung der Schnitte, so daß sie gleichzeitig in der Lage sind, eventuell vorkommende Speicherstoffe chemisch nachzuweisen.
Reifeprüfungsarbeiten können auch mit kleinen Bestimmungsübungen verbunden sein.
Hierzu gibt der Aufgabensteller folgende Erläuterung:
„Jeder Schüler erhält 11 etwa 15 cm lange Zweige von Bäumen und Sträuchern aus dem Alstertal (die Schule liegt am Hang des Tales). Jeder Zweig ist mit einem Buchstaben versehen, um eine Benennung zu ermöglichen, soweit die Art nicht erkannt wird. — Es sind mehrere Lösungen möglich. Von Bedeutung ist die Auswahl der Merkmale (gut erkennbar, wenig beeinflußbar) und die fortgesetzte Unterteilung in jeweils zwei eindeutig zu bestimmende Gruppen. Eine besondere Schwierigkeit liegt für die Schüler in dem Umstand, daß sie eine Bestimmungstabelle nie aufgestellt und solche für unbelaubte Zweige auch nie kennengelernt haben. Damit verfügen sie auch über kein Vorbild für die Art der aufzuwählenden Merkmale. — Der Erkennung der Arten kommt im Rahmen dieser Aufgabe nur eine geringe Bedeutung zu. Es wird jedoch erwartet, daß einige erkannt werden."

Ich möchte behaupten, daß es sich hier um ein wohldurchdachtes Thema handelt, halte aber die Aufgabe für sehr anspruchsvoll. Weniger anspruchsvoll wäre sie, wenn man etwas Ähnliches mit Blüten oder Früchten vorher geübt hätte.

„Es ist durch mikroskopische Untersuchungen festzustellen, ob es sich bei der Gewürznelke um eine Blatt- oder Blütenknospe, ein Speicherorgan oder eine Beerenfrucht handelt."

Man reicht die Gewürznelken den Prüflingen am besten, nachdem sie ungefähr 24 Stunden im Wasser gelegen haben. Sie haben während dieser Zeit Gelegenheit zu quellen und lassen sich leichter präparieren. Mikroskopisch lassen sich dann leicht die Staubblätter ausfindig machen, so daß der Prüfling die Bestätigung hat, daß es sich um eine Blütenknospe handelt.

Auch das nachfolgende Thema ist recht reizvoll und dient dazu, charakteristische Bestandteile in verschiedenen Früchten festzustellen. Dies soll kein Musterbeispiel sein. Vielleicht findet der eine oder andere Aufgabensteller noch geeigneteres Material, welches dem Prüfling unter dem Mikroskop als typisch erscheint. Formuliert wurde folgendermaßen:

„Gegeben ist das Fruchtfleisch von vier bekannten Früchten: *Ananas, Avokado, Banane, Birne*. Durch mikroskopisch-chemische Untersuchungen ist festzustellen, welche Zelleinschlüsse bzw. Zellkomplexe für die einzelnen Objekte charakteristisch sind, so daß man, wenn die Früchte unbekannt wären, sagen könnte, um welche es sich handelt, wenn eine Analyse erforderlich wäre."

Bei der Ananas fallen als Zelleinschlüsse ohne weiteres die in zahlreichen Zellen vorhandenen Raphiden auf, das Avokado-Fruchtmus, welches ja auch als Butter des Waldes bezeichnet wird, enthält sehr viel Fett. Dieses läßt sich durch die Sudan-III-glycerinprobe sehr leicht entdecken. Nicht überaltertes Bananenfruchtgewebe ist reich an Stärkekörnchen, die dem Betrachter sofort im Mikroskop auffallen, und für jede Birne sind die Steinzellkomplexe typisch. Die Bananenstärke ist leicht durch die Jodjodkaliumprobe, die Steinzellkomplexe durch die Phloroglucin-Salzsäurereaktion feststellbar. Voraussetzung ist natürlich, daß die Prüflinge solche Nachweisverfahren beherrschen. Daß Skizzen von den gefundenen Zelleinschlüssen oder den Zellkomplexen angefertigt werden, versteht sich von selbst, sollte aber besser im Thema noch erwähnt werden.

Lehrreich und interessant könnte folgende Aufgabe sein, die ich einmal gestellt habe. Sie wurde folgendermaßen formuliert:

„Gegeben ist ein vier Tage alter Keimling von *Helianthus annuus*, der Sonnenblume. Geben Sie die Länge an, skizzieren Sie ihn maßstabsgerecht auf Millimeterpapier, fertigen Sie Querschnitte an, und stellen Sie anhand der Phloroglucin-Salzsäure-Reaktion fest, welchen Verlauf in dem Objekt bereits verholzte Wasserleitungsbahnen von der Wurzelspitze über das Hypokotyl bis zu den Ansatzstellen der Keimblätter haben oder umgekehrt. Hierzu legen Sie sich eine Anzahl Objektträger zurecht und bringen zunächst Wasser darauf, damit die Präparate nicht austrocknen. Anhand der Skizze markieren Sie genau, wo der Querschnitt entnommen wurde. Dann führen Sie in einem Blockschälchen mit Deckel die Holzreaktion durch. Betrachten Sie das Ergebnis im Mikroskop und skizzieren Sie. Auf diese Weise ergibt sich ein lückenloses Bild vom Verlauf der Leitbündel im Sonnenblumenkeimling."

Natürlich könnte man an Stelle von Sonnenblumenkeimlingen auch andere verwenden. Man sollte dies natürlich vorher ausprobieren.

Eine Reihe von Themen lassen sich in diesem Rahmen auch aus der Pflanzenphysiologie anführen. Hier einige Beispiele: „Die Erforschung der Photosynthese als Beispiel für die Entwicklung von Betrachtungsweisen und Arbeitsmethoden in der Biologie."

Ein Rahmenthema befaßt sich mit einzelnen Teilaufgaben über die Bäckerhefe. Hierzu ist allerdings erforderlich, daß die Prüflinge über den Begriff der Osmose genau orientiert sind. Es handelt sich um 6 Teilaufgaben, die für den Aufgabensteller eine Reihe Vorbereitungsarbeiten erforderlich machen.

„1. Stellen Sie eine Bäckerhefeaufschlämmung aus 10 g Traubenzucker und 1 g Preßhefe in einem 100 ml fassenden Erlenmeyerkolben her. Stellen Sie den Kolben zur weiteren Beobachtung in ein 35—40° C warmes Wasserbad. Was beobachten Sie? Deuten Sie die Erscheinung und halten Sie nach einiger Zeit in den oberen Teil des Reagenzglases einen Glasstab, an welchem sich ein Tropfen Kalkwasser befindet.

2. Kneten Sie etwas Weizenmehl mit Zucker und Wasser gut durch. Formen Sie einen Teil des Teiges zu einer Kugel und geben Sie diese in einen Zylinder, der ungefähr 35° C warmes Wasser enthält. Stellen Sie nach dem gleichen Verfahren eine zweite Teigkugel her und fügen Sie zu den Mehl und dem Zucker noch etwas Hefe hinzu. Kneten Sie gut durch und werfen Sie auch diese Teigkugel in das gleich temperierte Wasser. Beobachten Sie und deuten Sie die Erscheinung.

3. Geben Sie in ein Blockschälchen etwas Bäckerhefe und fügen Sie fast genau so viel Kaliumnitrat in fester Form hinzu. Verrühren Sie die beiden festen Substanzen mit einem Glasstab. Wie deuten Sie den eintretenden Effekt? Vergleichen Sie im Mikroskop die mit Kaliumnitrat behandelten Hefezellen mit solchen, die nicht mit dem Salz in Berührung gekommen sind.

4. Stellen Sie sich eine Hefeaufschlämmung her und geben Sie in das Reagenzglas eine Spur Ninhydrin. Erhitzen Sie! Welcher Zellinhaltsstoff läßt sich auf diese Weise in den zerplatzten Hefezellen nachweisen?

5. Verteilen Sie eine Hefeaufschlämmung gleichmäßig auf drei Reagenzgläser. Erhitzen Sie das erste bis zum Sieden; dieses sollte eine halbe Minute fortgesetzt werden. In das zweite Glas gibt man etwas Sublimatlösung, und das dritte Glas erhält einige Tropfen Wasserstoffperoxid, die man nun auch in die anderen Gläser gibt. Man sorgt aber dafür, daß das erste Glas wieder vollständig erkaltet ist (Wasserleitung). Stellen Sie fest, wo und warum in einem Glas eine sehr heftige Reaktion eintritt und in den anderen nicht. Halten Sie in jedes Glas, wo sich die Reaktion abspielt, einen glimmenden Holzspan. Welches Ferment wird auf diese Weise in der Hefe nachgewiesen?

6. Trockene Bäckerhefe wird längere Zeit mit einigen ml Petroläther geschüttelt. Nachdem sich die Hefezellen abgesetzt haben, entnehmen wir mit einer Pipette etwas Petroläther und tropfen diesen langsam auf ein Filterpapier. Diesen Vorgang wiederholen wir mehrmals. Die Verdunstung des Äthers können wir durch einen Fön oder durch Pusten vergrößern. Wenn nach dem letzten Auftropfen der Äther verdunstet ist, halten wir das Filterpapier gegen das Licht. Beobachtung und Deutung. Welcher Stoff wurde nachgewiesen?"

Im ersten Versuch konnte das bei der Gärung entstehende Kohlendioxid nachgewiesen werden. Sind die Prüflinge soweit mit der organischen Chemie vertraut, so läßt sich auch der entstehende Alkohol mit der Jodformprobe nachweisen. Der zweite Versuch zeigt, daß die erste Kugel kein Kohlendioxid ent-

wickelt. Sie bleibt am Boden liegen, während sich in der zweiten der Gärungsvorgang abspielt und sie nach einiger Zeit nach oben steigt, wenn genügend Kohlendioxid gebildet worden ist.
Im dritten Falle entzieht auf osmotischem Wege das stark konzentrierte Kaliumnitrat der Hefe das Wasser. Es entsteht eine Hefeaufschlämmung. Diese Hefezellen sind wesenlich kleiner als die normalen.
Durch das Ninhydrin wird der Eiweißreichtum in den Hefe-Pilzen nachgewiesen. Allerdings muß diese spezifische Reaktion den Kollegiaten bekannt sein.
Der fünfte Versuch zeigt die Wirkung der in der Hefezelle vorkommenden Katalase. Dieses Ferment wird durch das Erwärmen und durch das Gift Sublimat zerstört, so daß es seine Wirksamkeit, das Wasserstoffperoxid zu zersetzen, nicht entfalten kann.
Schließlich enthält die Hefe Anteile von Fett, die im letzten Versuch nachgewiesen werden.
Eine Teilaufgabe des letzten Themas hing mit der Osmose zusammen. Ein spezielles Thema hierzu lautet wie folgt:
„Zeigen Sie an einfachen Beispielen, daß sowohl die Pflanzen-, als auch die tierischen Zellen osmotischen Systemen vergleichbar sind. Erarbeiten Sie ferner aus den Erfahrungen Ihres dreijährigen Oberstufen-Unterrichtes die große Bedeutung osmotischer Vorgänge für die Pflanzen und das Tier." Ein solches Thema ließe sich auch in der Richtung abwandeln, daß die Schüler mit gegebenem Material selbst Versuche durchführen, wie sie in der Literatur angegeben sind, z. B. mit Pflanzenteilen oder auch mit Hühnereiern. Hat man Gelegenheit, einen Biotop mit Oberstufenschülern genügend durchzuarbeiten, sowohl in Praxis als in der Theorie, so ergeben sich auch hier zahlreiche Themen. Eines heißt folgendermaßen:
„Die Bedeutung der Umweltfaktoren für die Bildung einer Lebensstätte — dargestellt am Beispiel des Biotops „Binnensee."
Zum Abschluß dieser älteren Themenreihe noch drei Beispiele aus der Abstammungslehre:
„‚Die Natur macht keine Sprünge. Sie könnte zum Exempel kein Pferd machen, wenn nicht alle Tiere vorauf gingen, auf denen sie wie auf einer Leiter bis zur Struktur des Pferdes heransteigt' (*Goethe* am 19. 3. 1807). Wie beurteilen Sie dieses Wort nach Ihrer Kenntnis anderer Äußerungen Goethes zu ähnlichen Fragen? Was sagt die heutige Abstammungslehre zur Entstehung des Pferdes?"
Es wäre gut, wenn der Autor die anderen diesbezüglichen Äußerungen Goethes angeführt hätte, damit der Außenseiter genauer informiert sein würde, was gemeint ist.
„Legen Sie, ausgehend von dem besonderen Bauplan der Vögel, die Evolutionstheroriren des Lamarckismus und Darwinismus dar, und nehmen Sie selbst Stellung."
Während die letzten beiden Beispiele mehr morphologische Gesichtspunkte bei der Evolution berühren, befaßt sich das folgende Thema auch mit der Anatomie. Hier heißt es: „Inwiefern läßt sich die ungleiche Organisationshöhe des Blutgefäßsystems der heute lebenden Wirbeltiere bei vergleichender Betrachtung in großen Zügen noch den Weg erkennen, den die stammesgeschichtliche Entwicklung in langen Zeiträumen der Erdgeschichte gegangen ist?" In den letzten Jahren wur-

den an einigen Gymnasien der Bundesrepublik Deutschland die folgenden Themen gestellt. Bei der hier getroffenen Auswahl soll gezeigt werden, daß oft nur das Thema kurz umrissen wurde. In vielen Fällen sind aber auch ausführliche Erläuterungen beigefügt, ebenso der vom Lehrer gewünschte Lösungsweg.

C. Themenvorschläge für die Kollegstufe

I. Genetik

Grundkursthemen

1. Thema: Bakterien — Virengenetik

Nagetiere, z. B. Mäuse, Ratten und Hamster, können von einem Virus befallen werden, dem Polyoma-Virus. Dieses DNS-Virus kann in seinem Wirt zwei verschiedene Krankheitsbilder hervorrufen:

Fall a)
Einige Tage nach dem Befall zeigt das Nagetier die Symptome einer Viruserkrankung, die, durch Ansteckung, auch auf Artgenossen übertragen werden kann.

Fall b)
Nach einiger Zeit bilden sich am Nagetier krebsartige Geschwulste, d. h. unkontrollierte Zellwucherungen. Dieser Krankheitsverlauf ist nicht ansteckend, auch nicht bei direktem Kontakt mit dem Krebsgewebe.

Aufgabe:
Beschreiben Sie die Vorgänge, die sich, nach Ihrer Meinung, im Körper des Nagetieres abspielen von dem Moment an, in dem das Virus in den Körper eindringt, bis zur vollen Entfaltung der Krankheit. Begründen Sie, soweit möglich, die von Ihnen aufgestellten Vermutungen.

Lösungsweg: Bakterien — Virengenetik
Das Phänomen Krebs ist im Verlaufe des Kursunterrichts nicht erörtert worden. Der Schüler muß zur Lösung der hier anstehenden Pobleme einmal den Entwicklungsgang virulenter Phagen zur Anwendung bringen, er muß zum anderen (Fall b) die Möglichkeit prophagen-ähnlicher Zustände des Polyoma-Virus erwägen und diese Möglichkeit vor dem Hintergrund hoher Zellteilungsaktivität des befallenen Gewebes prüfen.

2. Thema:

I.
Erklären Sie die Kühnschen Versuche mit Stoffwechselmutanten von *Neurospora crassa*. Zu welchem Ergebnis führten diese Versuche? (Die Entwicklung von *Neurospora crassa* wird als bekannt vorausgesetzt.)

II.
a. Welche Versuche führten zu einem Modell über die Genregulation beim Lactose-Abbau der Hefezellen?
b. Erklären Sie das Modell.
c. Erklären Sie kurz die Wirkungsweise von Enzymen. Welcher Unterschied besteht zwischen konstitutiven und adaptiven Enzymen?

d. Welche Bedeutung können Genregulationen für die Entwicklung von (Mikro-) Organismen haben?

III.
Ergebnisse entwicklungsphysiologischer Versuche führten zu einem System der Induktionswirkungen und auch zu einer Hierarchie der Induktionssysteme.
Was versteht man in diesem Fall unter Induktion und unter Hierarchie von Induktionssystemen? Erklären Sie beide Begriffe an je einem Beispiel.

Erläuterung:
Die gestellten Aufgaben stehen im Zusammenhang mit den Lehrinhalten des 3. Semesters (Genetik) und des 1. Semesters (Entwicklungsphysiologie) der Sekundarstufe II.
In den einzelnen Aufgaben werden folgende Lernzielebenen angesprochen:
Aufgabe I: Reproduktion und Reorganisation (Darstellung eines komplexen Sachverhaltes).
Aufgabe II: Reproduktion und Reorganisation.
IId. Transfer und problemlösendes Denken. Hier wird erwartet, daß die Wechselwirkung von Reaktionsketten durch Hemmungen und Aktivierungen innerhalb von Wirknetzen bei der Entwicklung von Mikroorganismen erläutert wird. Wirknetze dieser Art wurden im Unterricht nicht behandelt. Ebenfalls soll die durch die Genregulation bedingte Vergrößerung der Anpassungsfähigkeit der Organismen hier angesprochen werden.
Aufgabe III: Reproduktion, Reorganisation, z. T. Transfer. Hier soll u. a. ein aus dem Unterricht bekanntes Wirknetz erläutert werden.

Leistungskursthemen:
1. Sachgebiete: Klassische und molekulare Genetik, Molekularbiologie
Prüfungsaufgaben:
1. Behandle die Entwicklung der inhaltlichen Bestimmung des Begriffs Erbanlage oder Gen auf folgenden Stufen der klassischen bzw. molekularen Genetik:
Stufe I: Vererbungsgesetze nach Gregor Mendel 1865;
Stufe II: Chromosomentheorie der Vererbung 1903;
Stufe III: Transformation von Erbanlagen durch Avery 1944;
Stufe IV: DNS-Modell nach Watson/Crick 1953!
Arbeitshinweise: Jede der genannten Stufen ist in der Behandlung in a) und b) zu untergliedern, und zwar ist jeweils unter a) die Aussage zum Inhalt des Genbegriffs durch Hinweis auf einen experimentellen Sachverhalt bzw. auf einen theoretischen Gedankengang abzuleiten sowie unter b) die Bedeutung der mit dem Begriffsinhalt gewonnenen Erkenntnis für den Fortgang der Forschung und ggf. auch für die praktische Nutzanwendung grundsätzlich aufzuzeigen.
2. Wenn DNS-Abschnitte von Gen-Mutationen betroffen werden, so erfahren zugehörige Enzyme oder sonstige Proteine Veränderungen, die sich an Individuum oder Art in unterschiedlicher Weise manifestieren können.
Aufgabe: Diskutiere ausführlicher jeden denkbaren Fall derartiger Veränderungen! Ergänze Deine allgemeinen Ausführungen durch Beispiele aus der Forschung!
3. Sowohl in der Biosynthese gewisser Quartärstrukturen von Proteinen als auch in den Mechanismen der Stoffwechselregulation sind molekularbiologische Ökonomieprinzipien erkennbar.

Aufgabe: Schildere die theoretischen Vorstellungen über den Ablauf der entsprechenden Vorgänge und deute sie vergleichend unter dem vorgegebenen Gesichtspunkt!

Angaben zum Aufgabenvorschlag:
Die Aufgaben stehen im Zusammenhang mit folgenden im 3. Semester behandelten Stoffgebieten: Klassische und molekulare Genetik — nieder- und hochmolekulare biochemische Stoffklassen mit Strukturfragen — Informationsstoffwechsel — Enzyme — Mutationen molekularbiologisch — Stoffwechselregulation.

Erwartetes Ergebnis:
Der Lösungsgang ist durch betonte Sachbezogenheit in der Aufgabenformulierung eingeengt, da Punktbewertung angestrebt wird.
Aufgabe 1: Darstellung der Entwicklung der Genetik unter dem methodischen Gesichtspunkt einer fortlaufenden Konkretisierung des zentralen Begriffs vom nichtmateriellen Erbfaktor bis zum DNS-Abschnitt;
inhaltliche Bestimmung des Genbegriffs nach Auswahl geeigneter Kriterien aus dem Lernstoff der 4 Stufen;
Aufzeigung der Funktion des hinzugewonnenen Begriffsinhalts an frei gewählten Beispielen; schließlich Hinweise auf Tier- und Pflanzenzucht.
Aufgabe 2: Molekularbiologische Kennzeichnung der Mutation und deren Folgen im Informationsstoffwechsel. Denkbare Fälle:
a. Enzymausfall, Begründung des Ausfalls; Erläuterung möglicher Folgen; Beispiele aus der Forschung: Stoffwechselforschung, Mangelmutanten.
b. Enzym an unwichtiger Stelle betroffen, Begründung; nicht manifeste Mutation; Beispiele aus der Forschung; Sequenzanalyse; Evolutionsforschung.
c. Enzyme mit neuer Wirkung, Begründung; Erläuterung möglicher Folgen; Beispiele aus der Forschung: z. B. Aufklärung von Resistenzerscheinungen gegenüber Antibiotika.
Aufgabe 3: Auswahl bestimmter Mechanismen des Informationsstoffwechsels einerseits und der Stoffwechselregulation andererseits; Vergleichende Deutung der Vorgänge unter einem gemeinsamen Gesichtspunkt.

2.
I. Beim Menschen wurden bisher folgende numerische Aberrationen der Geschlechtschromosomen beobachtet:
1.1 xxx
1.2 xxxx
1.3 xxxy
1.4 xxxxy
1.5 xxxxxy
1.6 xyy
1.7 xxyy

1. Geben Sie das genetische Geschlecht an.
2. Versuchen Sie die Ursachen der numerischen Geschlechtschromosomenaberrationen beim Menschen zu erklären auf Grund ihrer Kenntnisse von den Verhältnissen bei Drosophila und der Spermio- und Oogenese, Befruchtung sowie Keimentwicklung beim Menschen.

II. Die Untersuchung eines 17jährigen Zwillingspaares ergab folgende Feststellungen:
1. normaler gesunder Junge
2. krankes Mädchen
3. eineiige Zwillinge
1. Wie konnte man beweisen, daß es sich um eineiige Zwillinge handelt?
2. Wie ist die Entwicklung von eineiigen Zwillingen unterschiedlichen Geschlechts im vorliegenden Fall zu erklären?

III. Welche Bedingungen können die spontane Mutabilität beim Menschen beeinflussen?
Gehen Sie bei Ihren Überlegungen von den Ihnen bekannten Fakten von Drosophila sowie der Spermio- und Oogenese sowie der Befruchtung und Keimesentwicklung beim Menschen aus.

IV. Durch radioaktive Bestrahlung kann man mitunter Nucleotide aus der DNA „verdrängen", ohne die DNA dabei zu zerstören oder in ihrer Funktion zu beeinträchtigen.
1. Aus dem DNA-Molekül ist ein Nucleotid entfernt worden.
2. Aus dem DNA-Molekül sind drei hintereinander liegende Nucleotide entfernt worden.
3. Aus dem DNA-Molekül sind drei Nucleotide entfernt worden, sie liegen jedoch in einer gewissen Entfernung voneinander (ein Nucleotid ... zwei Nucleotide).
Beschreiben Sie die sich aus diesen Fakten ergebenden Auswirkungen.

V. Versuchen Sie eine Beschreibung der Regulation der Genaktivität nach der heutigen wissenschaftlichen Vorstellung.

Lösungsvorschläge:
I. 1.1—1.2 weiblich; 1.3—1.7 männlich.
2. Non-Disjunktion, 1.5 nicht durch Non-Disjunktion, muß durch Mitosestörung entstanden sein, Mosaik.

II. 1. Übereinstimmung in allen Blutgruppen und den Serumproteinen, reziproke Hauttransplantationen positiv.
2. Es sind bei der zweiten Zellteilung verschiedene Blastomere entstanden: XO und XY. XO hat sich weiblich entwickelt.

III. Temperatur des Testes, Descensus des Testes bei Säugern und Mensch, bei dem Rückschluß von Drosophila ist zu berücksichtigen, daß Drosophila poikilotherm, Säuger und Mensch homoiotherm sind.
Unterschiedliche Keimzellenentwicklung bei Mann und Frau. Spermien, die im Alter gebildet werden, haben sehr viel mehr Teilungen durchgemacht, als in der Jugend gebildete Spermien. Das Alter der Väter muß eine große Rolle spielen, die Mutationsrate bei den Spermien muß während der Gesamtzeit der Spermienproduktion ansteigen. Die Mutabilität steigt mit dem Alter der Eltern, jedoch stärker mit dem Alter der Väter als mit dem der Mütter. Statistischer Beweis durch die Zahl der Totgeburten.

IV. Von dem Triplett an, dem das Nucleotid fehlt, müssen alle folgenden Tripletts neu geordnet werden. Es entstehen andere Tripletts, der Code geht nicht auf. Alle folgenden Nucleotide rücken um eine Stelle vor.

2.1 Die drei Nucleotide bilden ein Triplett, welches völlig ausfällt und hiermit eine Aminosäure. Alle anderen Tripletts und damit Aminosäuren bleiben unverändert.
2.2 Die fehlenden drei Nucleotide gehören zwei verschiedenen Tripletts an. Die drei Restnucleotide bilden ein neues Triplett.
3. Alle Tripletts, die zwischen dem ersten und letzten verlorengegangenen Nucleotid liegen, verändern sich. Alle anderen Tripletts bleiben unverändert.
Möglichkeiten der Auswirkungen:
Start-Codon
Stop-Codon
Enzym bleibt funktionsfähig, Enzym wird funktionsunfähig.

V. Ab- und Anschalten von Genen in den target cells.
Peptidhormone werden meistens an Membranrezeptoren gebunden. Lipophile Hormone, z. B. Steroidhormone, gelangen leicht in das Zytoplasma.
Bildung des Hormon-Zytoplasmarezeptor-Chromatinrezeptor-Komplexes → Steigerung der RNA-Synthese = gesteigerte Transkription → Enzymbildung in den Zielzellen.
Stadienspezifische Transkription
Gewebespezifische Transkription
Genamplifizierung, betrifft nur die r-RNA Gene.
DNA-puff → DNA-copie → Verlassen des Chromosoms → Transkription r-RNA als Baustein der Ribosomen. Copies werden selbst nicht mehr vermehrt.
Anwendung des Jacob-Monod-Modells.

II. Anatomie und Physiologie

Grundkursthemen

1. Ein Geiger spielt ein Musikstück vom Blatt. Die Information ist in den Noten verschlüsselt. Verfolgen Sie die Umformung, Weitergabe und Verarbeitung der Information bis zur Entschlüsselung des Gehörten.
a. Geben Sie zunächst in einer Übersichtsskizze den Weg an, auf dem die Information geleitet wird.
b) Zeichnen Sie eine Nervenbahn vom Empfangsorgan bis zum ausführenden Organ, und geben Sie die Stellen an, an denen eine Beeinflussung der Information von anderen Nervenbahnen her stattfinden kann.
c) Legen Sie im Text besonderen Wert auf Codierung und Decodierung, denen die Information unterliegt.
d) Welche Bedeutung kommt den Großhirnrindenfeldern zu?
Zu Thema 1: Die zeichnerischen Darstellungen sollen den Schüler auf den richtigen Weg leiten. Im Unterricht sind einzelne Punkte besprochen worden, aber nicht die Informationsleitung als Ganzes. Die Transformationen sollen insbesondere angegeben werden, um die Vielseitigkeit der Codierungsformen und doch die Einheitlichkeit bei der Codierung im Nervensystem aufzuzeigen.

2. Untersuchen Sie die Querschnitte vom Magen, Dünndarm und Dickdarm des Menschen mikroskopisch!
Fertigen Sie von den drei Präparaten Übersichtsskizzen und erläutern Sie diese! Betrachten Sie die drei Querschnitte vergleichend und versuchen Sie, das Ergebnis des Vergleichs funktionell zu erklären!
3. Das vorgelegte Blatt ist mikroskopisch zu untersuchen. Alle Gewebs- bzw. Zellarten sind zu zeichnen und ihre Funktionen herauszustellen. Über Lebensweise und Standortbedingungen der Pflanzen sind Überlegungen anzustellen.
4. Untersuchen, zeichnen und beschreiben Sie die nicht beschrifteten mikroskopischen Präparate von Querschnitten dreier Wirbeltierlungen (Lurch, Kriechtier, Säugetier)!
Werten Sie das so gewonnene Material vergleichend anatomisch aus!
5. Erläutern Sie mit Hilfe der Schemata die Entwicklung des Urogenitalsytems der Wirbeltiere.
6. Untersuchen und vergleichen Sie anhand von Präparaten das sekundäre Dikkenwachstum beim Pfeifenstrauch und bei der Sonnenblume.
7. Untersuchen Sie die Körperquerschnitte von Lanzettfischchen und der Teichmuschel mikroskopisch!
Zeichnen, beschreiben und vergleichen Sie die beiden Querschnittsbilder in großen Zügen und versuchen Sie, aus den Ergebnissen einige biologische Grundkenntnisse über den Bau der beiden Tiere abzuleiten!

Leistungskursthemen

1. Gegeben sind vier unbekannte Objekte einer Pflanzenart, die mit den Buchstaben A, B, C und D bezeichnet sind. Die Objekte sind zunächst zu beschreiben und die Zusammenhänge darzulegen, die zwischen den einzelnen Objekten bestehen. Mit den gegebenen Objekten sind selbst erdachte Experimente durchzuführen und so zu beschreiben, daß der Leser sie nachvollziehen kann. In dem Protokoll sind auch Skizzen anzufertigen. Außer den fakultativen Versuchen sind die nachfolgenden obligatorisch durchzuführen und zu deuten:
1. Stelle von A oder C eine Quellungs- oder Entquellungskurve auf.
2. 3—5 Stücke von C sind in einem Mörser zu einem Brei zu zerquetschen und langsam unter ständigem Umrühren mit dem Pistill Wasser hinzuzugeben. Es kann auch so verfahren werden, daß man den Brei in einen Erlenmeyerkolben gibt, verschließt und gut durchschüttelt. In beiden Fällen ist anschließend durch ein kleines Wattebäuschchen zu filtrieren. Wie würden Sie das entstandene Produkt nennen? Führen Sie fakultative Versuche mit dem neuen Produkt aus!
3. Zu dem Brei von C oder dem erhaltenen Produkt aus Versuch 2 geben Sie eine Harnstofflösung und einige Tropfen einer Phenolphthaleinlösung. Beobachtung und Deutung!
4. Verfahren Sie wie in Versuch 3 und geben statt der Phenolphthaleinlösung Wasserstoffsuperoxid hinzu. Beobachtung und Deutung!
5. Versetzen Sie das gewonnene Produkt aus Versuch 2 mit Propylalkohol oder mit einer Lösung von Magnesiumchlorid. Erhitzen Sie anschließend. Beobachtung und Deutung!
6. Fertigen Sie von dem Objekt D eine Skizze an und beschriften Sie diese. Vergleichen Sie in bezug auf die Leitbündelanordnung einen Querschnitt vom oberen mit einem Querschnitt des unteren Objektteils.

Arbeitsgeräte:
Präparierkasten mit Inhalt. Lupe, Mikroskop, Reagenzgläser, Mörser mit Pistillen, Chemikalien, Millimeterpapier.
Zeitdauer 6 Zeitstunden. Sollte das Objekt D nicht zu haben sein, reichen 5 Zeitstunden aus.
Der Text wird vervielfältigt und den Schülern in die Hand gegeben.
Lösungswege der obligatorischen Experimente:
Bei den gegebenen Objekten handelt es sich:
bei A: um reife, trockene Sojabohnensamen.
bei B: um Sojaflocken. Sie werden aus A durch Zerwalzen technisch erzeugt und eignen sich gut, um die Nährstoffe Fett, Stärke und Eiweiß nachzuweisen.
bei C: hier liegen die Sojabohnen von A in gequollenem Zustand vor. Es wird erwartet, daß etwas über den Quellungsvorgang berichtet wird und welche Stoffe aufquellen können.
bei D: um sogenannte Sojasprosse, wie man sie als Gemüse in einschlägigen Geschäften kaufen kann. Es sollen an dem Objekt der Sproß, die Keimblätter, das Epi- und Hypokotyl sowie die Wurzel erkannt werden.
In Experiment 2 soll Sojamilch erzeugt werden.
Versuch 3 zeigt den Nachweis von Urease, der in den Sojasamen vorhanden ist.
In Versuch 4 wird Katalase nachgewiesen.
Versuch 5 zeigt die Proteinausfällung.
Versuch 6 soll im oberen Teil die zyklische Anordnung der Leitbündel einer dikotylen Pflanze zeigen, in der Wurzel die radiale.
Für jede richtige Aussage in der Beschreibung erhält der Prüfling einen + Punkt, für jede falsche einen − Punkt.
Für jedes fakultative Experiment erhält der Prüfling bis zu 6 Punkten. Für jedes obligatorische bis zu 4 Punkten. Zeichnungen werden bis zu 6 Punkten bewertet.
Die Note 1+ erhält jener Prüfling, der die höchste Punktzahl erreicht. Eine mangelhafte Leistung liegt vor, wenn die Punktzahl unter 50 % der Arbeit liegt, die mit 1+ beurteilt wurde.
Im ersten Studiensemester wurde das Thema: „Pflanzenphysiologie" behandelt und während des dritten Semesters führten wir ein biochemisches Praktikum nach Pilhofer: „Biochemische Grundversuche" durch.
2. *Thema:* Dia-Projektion einer Röntgenaufnahme vom Schädel eines Totenkopf-Äffchens, in dessen Gehirn einige Elektroden implantiert sind. Auf dem Schädel ist ein sogenannter Hutempfänger zu erkennen!
Biologen stehen oft vor der schwierigen Entscheidung, bekannten anatomischen Strukturen eindeutige Funktionszuordnungen zu erteilen. Ebenso taucht das Problem auf, für bekannte Leistungen die entsprechenden Organe oder Organabschnitte zu finden.
Da aber Funktionseinheiten zu ganzen Systemen — Organismen — vereint sind, werden vielfältige Probleme sichtbar.
1. Versuchen Sie unter den obengenannten Gesichtspunkten das Dia zu interpretieren!
2. Welche Fachgebiete der Biologie können reproduzierbare Informationen liefern für die Funktion der einzelnen Hirnabschnitte der Wirbeltiere und welche Methoden müssen dabei sinnvollerweise angewandt werden?

3. Wie erfolgt die Aufnahme von Reizen, die Leitung und Verarbeitung der Erregungen und was ist eine Reaktion?
Versuchen Sie anschließend ein mögliches Funktionsschema zu Ihren Angaben zu entwerfen!
4. Geben Sie eine Übersicht über die Entwicklung der Nervensysteme im Tierreich anhand ausgewählter Beispiele aus einzelnen Tierstämmen bis hin zum Menschen! Berücksichtigen Sie dabei besonders entwicklungsgeschichtliche Aspekte!

Die gestellten Teilfragen beziehen sich zum ersten auf den Stoff des dritten Semesters, wo unter dem Komplex „Steuerung von Lebensvorgängen" Lebenserscheinungen und deren Steuerungseinrichtungen behandelt worden waren.
Zum zweiten wird in Teilfrage 4 die Evolution der Tiere — ein Themenkomplex des 2. Semesters — aufgegriffen, wobei eine Verbindung zu den ersten drei Teilfragen sichtbar wird.

Erwartungshorizont:

Den Kandidaten ist aus dem Bereich Verhalten der Tiere die Abbildung eines Huhnes bekannt, in dessen Kopf ebenfalls eine Elektrode implantiert war. Diese Abbildung war gezeigt worden, um deutlich zu machen, daß bei der Reizung bestimmter Hirnteile mittels elektrischer Spannungen eindeutige Verhaltensmuster bei dem Versuchstier zu beobachten waren.
Im Transfer sollen die Schüler in dem gezeigten Dia Ähnlichkeiten feststellen — es sind in der Röntgenaufnahme mehrere Elektroden sichtbar — und der Versuchsanordnung richtig beschreiben, wobei erwartet wird, daß auf die Einleitung eingegangen wird.
TF 2: Die Schüler sind aufgefordert, weitere Methoden anzugeben, die zum einen Funktionszusammenhänge im nervösen Steuerungssystem erkennen lassen, zum anderen die Methoden so weit zu wählen, daß allgemeine Probleme verdeutlicht werden können, die aus anderen Fachgebieten der Biologie stammen. Einige der Methoden sind im Unterricht besprochen worden, andere Methoden können von den Schülern selbst entwickelt werden. Hier wird das Leistungsvermögen der Schüler dafür ausschlaggebend sein, inwieweit reine Reproduktion, Reorganisation oder gar Problemlösungen auftauchen.
TF 3: In Teil 1 wird reine Reproduktion gefordert, in Teil 2 kann ebenfalls reproduziert werden, wenn zum Beispiel ein Reflexbogen geschildert wird. Von leistungsstärkeren Schülern wird indessen ein eigenständig entwickeltes, allgemeingültiges Schema erwartet.
TF 4: Die Erklärung der Nervensysteme in der richtigen entwicklungsgeschichtlichen Reihenfolge ist als Reproduktion zu werten, die Einbeziehung evolutionistisch wirksamen Faktoren wie Umwelt und Mutabilität sowie das Auffinden von Rückkopplungsmechanismen im Entwicklungsgeschehen ist je nach Darstellung Reorganisation oder Transfer.

4. Aufgabe 1
Gegeben sei ein markloser Neurit mit den folgenden Ionenkonzentrationen (Mol/Ltr.):

	Axonflüssigkeit	Körperflüssigkeit
Na^+	0,014	0,140
K^+	0,400	0,004

a. Erläutern Sie das Zustandekommen des Ruhe- und des Aktionspotentials, — welche mV-Werte sind zu erwarten? Wie verändert sich das Ruhepotential bei Vergiftung der Mitochondrien, wenn nicht weiter gereizt wird bzw. wenn ständig weiter gereizt wird?

b. Tatsächlich liegt das Ruhepotential des obigen Neuriten einige mV unter dem theoretischen Wert; vergiftet man die Mitochondrien, so sinkt das Ruhepotential auch ohne weitere Reizung langsam auf null mV ab. Deuten Sie diese Befunde und geben Sie an, welche der in Abschnitt a) gemachten Voraussetzungen modifiziert werden müssen.

Aufgabe 2
Eine belichtete Kulturlösung, die u. a. Glucose, Nitrat, Sulfat und Kohlensäure enthält, wird mit einem Gemisch verschiedener „Energiegewinner" beimpft.
a. In welcher Reihenfolge treten die verschiedenen Organismentypen auf, wenn man die Lösung ständig sauerstofffrei hält?
b. Wie verändern sich die Verhältnisse, wenn man zugleich mit Thiorhodaceen beimpft?

Aufgabe 3
a. Die Aktivität des Enzymes, das die Reaktion Oxalessigsäure $\rightarrow$ Isozitronensäure katalysiert, sinkt in Gegenwart höherer Konzentrationen von ATP. Welche Arten der Enzymhemmung kennen Sie? Welche Art Enzymhemmung liegt hier vor? Welche biologische Bedeutung ist hier zuzuschreiben?
b. Erhöht man in vivo die Konzentration an Aminosäuren, so ändert sich an der oben genannten Enzymaktivität nichts, jedoch nimmt die Enzymkonzentration zu. Wie nennt man diese Erscheinung? Welche biologische Bedeutung dürfte ihr hier zukommen? (Vergleiche auch mit Frage c!)
c. Überprüfen Sie Ihre unter b. aufgestellte Annahme anhand des folgenden zusätzlichen Befundes: Erhöhung der Aminosäurekonzentration senkt die Aktivität der Enzyme, die die Reaktion a-Ketoglutarsäure $\rightarrow$ Succinyl-CoA katalysieren.

Lösungsgang Aufgabe 1
a. Beide Potentiale sind als reine Diffusionspotentiale eingeführt unter der Voraussetzung ideal-selektiver Permeabilitätseigenschaften der Axonmembran. Bei den gegebenen Konzentrationsverhältnissen liefert die *Nernst*sche Gleichung 116 mV für das Ruhe- und —58 mV für das Aktionspotential. Eine Veränderung des Ruhepotentiales ist bei Mitochondrienvergiftung wegen der idealisierten Voraussetzungen nicht zu erwarten, erst bei fortwährender Reizung bewirkt der dann mögliche K^+ — Na^+-Ionenaustausch ein Absinken des Potentiales.
b. Hier muß der Schüler erkennen, daß die Axonmembran offenbar nicht idealselektivsemipermeabel ist. Ständiger Einstrom von Na^+-Ionen senkt das Ruhepotential, Ausschalten der Natriumpumpen führt zum Zusammenbrechen desselben.
Eine andere Deutungsmöglichkeit, nämlich allmählicher Ausstrom von Cl^--Ionen, ebenfalls bedingt durch nicht-ideales Verhalten der Membran, muß gleichfalls als vollständig richtig im Sinne der Aufgabe gewertet werden.
Teil a. erfordert Reorganisation des Gelernten und Transfer; bei der Bewertung ist das Schwergewicht auf die sachgerechte Darstellung (Gliederung, Begriffe) zu

legen. Wegen des dann recht hohen Schwierigkeitsgrades soll die einwandfreie Bearbeitung von Aufgabenteil a. bei Aufgabe 1 zu 8 Punkten führen.
Teil b. erfordert gehobenen Transfer und problemlösendes Denken, ferner eine kritische Beurteilung der in a. dargelegten Annahmen.

Lösungsgang Aufgabe 2

a. Da sich stets derjenige Organismus mit der primitivsten Art der Energiegewinnung durchsetzt, treten erst „Isomerisierer" auf, dann „Denitrifizierer" und „Desulfurierer". Sind alle Wasserstoffdonatoren bzw. Akzeptoren verbraucht, kommen nur noch photoautrophe Organismen in Betracht, jedoch verhindert das entstandene Ammoniak bzw. der entstandene Schwefelwasserstoff eine Besiedlung mit höheren Pflanzen.

b. Thiorhodaceen können zunächst nicht gedeihen, da Schwefelwasserstoff als Wasserstoffdonator fehlt. Solange nun desulfierende Bakterien tätig sind, können auch die Thiorhodaceen Photosynthese betreiben, Kohlenstoffquelle ist die vorhandene Kohlensäure. Spätestens wenn der gesamte Schwefel auf dem Wege Sulfat — Schwefelwasserstoff — Schwefel verbraucht ist, sterben auch die Thiorhodaceen ab (und es könnten noch einmal „Isomerisierer" tätig werden).

Teil a. erfordert Reorganisation des Gelernten und Transfer, richtige Bearbeitung von Teil a) soll bei Aufgabe 2 mit 6 Punkten bewertet werden.
Teil b. erfordert zusätzlich problemlösendes Denken und Urteilen.

Lösungsgang Aufgabe 3

a. Produkthemmung, kompetitive Hemmung und allosterische Hemmung sind in Betracht zu ziehen, — es kommt nur die allosterische Hemmung in Frage. Erhöhte ATP-Konzentration bedeutet, daß Nachlieferung von Energie nicht erforderlich ist, dementsprechend wird der Zitratzyklus, der die für die Energiegewinnung erforderlichen Reduktionsäquivalente zur Verfügung stellt, gehemmt (Acetyl-CoA kann jetzt der Liponeogenese dienen, nicht-zyklisch entstandene Oxalessigsäure der Gluconeogenese).

b., c. Es liegt Enzyminduktion vor, die nur in vivo möglich ist (der genaue Mechanismus ist den Schülern noch nicht bekannt, er wird im Zusammenhang mit dem Themenkreis „Genetik" im vierten Semester besprochen). a-Ketoglutarsäure wird als NH_2-Gruppen-Akzeptor für die Transaminierung bereitgestellt.
Der unter c. geschilderte Effekt stützt obige Annahme, — der Zitratzyklus wird unterbrochen, die ersten Teilschritte stellen nun einen Syntheseweg für a-Ketoglutarsäure dar.

Teil a. erfordert Reorganisation, Transfer und problemlösendes Denken (biol. Bedeutung!); vollständige und richtige Bearbeitung von Teil a. soll bei Aufgabe 3 mit 8 Punkten bewertet werden.
Teil b. und c. bilden eine Einheit. Neben Reorganisation (Bedeutung von a-Ketoglutarsäure) und Transfer (Enzyminduktion) wird vorwiegend problemlösendes Denken (biol. Bedeutung) und Urteilen (kritische Betrachtung der unter b. gemachten Annahme) verlangt.

4. *Thema:* Bestimmen Sie die Höhe der Transpiration eines Fliederzweiges mit Hilfe des Potometers.
a. Transpiration bei Zimmertemperatur
b. Transpiration bei Wind und erhöhter Temperatur (Elektrofön)

c. die kuticuläre und stomatäre Transpiration (die Spaltöffnungen der Blätter werden mit Vaseline verstopft)

Beziehen Sie die Versuchsergebnisse auf die Transpiration von 1 qm Blätterfläche pro Stunde.

III. Evolution

Grundkursthemen

1. Thema:

Versuchen Sie innerhalb der Moose, Farngewächse, Gymnospermen und Angiospermen eine immer bessere Anpassung an das Landleben darzustellen.

Lösung:

Es wird eine Generation gebildet, bei der keine Befruchtung stattfindet, sondern es werden Sporen gebildet. Generationswechsel. Sporenausbreitung durch den Wind.

Bei den Moosen ist der Gametophyt noch an den feuchten Boden gebunden. Gleiche Verhältnisse findet man bei den isosporen Farnprothallien (Farnprothallien der isosporen Farne). Bei den heterosporen Farngewächsen ist eine immer weitergehende Reduktion des noch zeitweise an das Wasser gebundenen Gametophyten bemerkbar (Selaginella).

Mit der Verlegung der Gametophytenentwicklung und des Befruchtungsvorganges auf den Sporophyten selbst ist eine endgültige Anpassung an das Landleben vollzogen. Bei Cycas und Ginkgo ist noch die Ausbildung von Spermatozoiden erhalten geblieben. Bei allen übrigen Gymnospermen keine Spermatozoiden. Bei den Angiospermen ist ein besonderer Schutz des weiblichen Gameophyten vor Vertrocknung durch das Verwachsen der Fruchtblätter festzustellen.

Mit dem zunehmenden Überwiegen des Sporophyten ist eine immer bessere Anpassung an das Landleben festzustellen.

2. Thema:

1. Evolution setzt im gene-pool einer Population geeignetes „Rohmaterial" voraus, das durch Überproduktion, Mutation und Rekombination entsteht. Welche anderen Evolutionsfaktoren „bearbeiten" dieses „Rohmaterial", in welcher Weise und mit welchem gemeinsamen Ergebnis?
2. Auf den Galapagos-Inseln haben sich 14 endemische Finken-Arten entwickelt. Untersuchen Sie, welche besonderen Umstände die Entstehung dieser großen Artenzahl ermöglicht haben!
3. Warum vollzieht sich der Evolutionsprozeß an der Population und nicht am Individuum?

Erläuterungen zur Aufgabenstellung:

Das Kursprogramm des 3. Semesters umfaßte klassische Vererbungslehre (Voraussetzung zum Verständnis der Evolution), eine geschichtliche Behandlung der Abstammungslehre und die Kausalanalyse der Evolution.

Die Aufgabenstellung aus dem Bereich der Kausalanalyse erfordert von den Prüflingen das Arbeiten mit erworbenem Einzelwissen in neuen Zusammenhängen. Hilfsmittel stehen nicht zur Verfügung.

Von den Prüflingen erwartete Leistung:
ad 1. a: Selektion, Isolation, Annidation, Zufall (u. a. Gendrift).
b: Selektion: Begünstigung bzw. Benachteiligung bestimmter Genotypen.
Isolation: Trennung der Population in Teilpopulationen unter Aufhebung bzw. Einschränkung der Panmixie.
Annidation: Förderung bestimmter Genotypen unter Trennung von der übrigen Population.
Zufall: Veränderungen des gene-pools nach Katastrophen, Neubesiedlungen, u. a. Gendrift.
c: Einschränkung der Genmannigfaltigkeit und Änderung der Genfrequenz, d. h. evolutionärer Wandel.
ad 2. Unterschiedliche ökologische Verhältnisse auf den Inseln und von Insel zu Insel mit dem Fehlen anderer Vogelarten begünstigten Annidation und Spezialisierung. Wirkung des Zufalls in kleinen Gründer-Populationen.
ad 3: Abänderungen des Individuums erfolgen nur in sehr begrenztem Ausmaß durch Modifikation und Mutation. Die Population ist die Fortpflanzungsgemeinschaft der Individuen. In ihr entstehen immer neue Gene und Genkombinationen mit daraus resultierender Anpassungsfähigkeit.

3. *Thema: Evolution des Menschen*

1. a. „Die Frage nach dem Tertiärmenschen wird heute immer dringlicher und berechtigter gestellt."
b. „Fossilien, die *eindeutig* zu den Hominiden gehören, kennen wir allerdings bislang aus dem Tertiär nicht."
2. „Sollten Gorilla, Schimpanse und Orang im Verlaufe einiger Generationen vollends aussterben — so wie früher schon Australopithecus und Dryopithecus ausgestorben sind — so wird man sie nicht als mißlungene Versuche zur Menschwerdung aussprechen können."
Aufgabe: Die drei Zitate stehen — so verschieden sie inhaltlich auf den ersten Blick auch sein mögen — in enger Problembezogenheit zueinander.
Nehmen Sie zu den einzelnen Aussagen kritisch Stellung und versuchen Sie dabei, Ihre Ausführungen so zu organisieren, daß der Problemzusammenhang der drei Aussagen deutlich wird.

Lösungsweg:

Der Schüler wird durch die Aufgabenstellung veranlaßt, sich zunächst mit der subhumanen Phase der Hominidenentwicklung (bis zum TMÜ also) zu beschäftigen und die immer noch widersprüchliche Stellung des Ramapithecus (möglicherweise auch des Orepithecus) deutlich zu machen. Dabei wird er die Rolle des Australopithecus als eines Vertreters des TMÜ zu kennzeichnen haben.
Das 2. Zitat erfordert eine kritische Auseinandersetzung mit den Vertretern der sog. Urpongiden, ihrer Einordnung und der zeitlichen Festlegung der Auseinanderentwicklung von Pongiden und Homiden, sowie möglicherweise — im Zusammenhang mit den Zitaten unter 1 — einer fragenden Überprüfung des TMÜ.

4. Thema:

Tabelle 1 zeigt die Durchschnittswerte für Körpergewicht und Gehirngewicht einiger Lebewesen.

Tabelle 2 gibt das Wachstum des Gehirns nach der Geburt (Vermehrungsfaktor) derselben Lebewesen an.

Tabelle 1

	Körpergewicht (in kg)	Gehirngewicht (in g)
Mensch	70	1290
Schimpanse	61	362
Zebra	310	503
Kaninchen	1,413	9,12
Igel	0,928	3,5

Tabelle 2

	Vermehrungsfaktor des Gehirns
Mensch	4,3
Schimpanse	2,2
Zebra	1,5
Kaninchen	7,6
Igel	11,2

Versuchen Sie, aus dem Vergleich der angegebenen Werte:
1. Die relative Evolutionsstufe der genannten Lebewesen festzulegen.
2. Eine Aussage über das Entwicklungsstadium dieser Lebewesen bei der Geburt zu machen.

Leistungskursthemen

1. Thema: *Bearbeiten Sie einige Probleme der Menschheitsentwicklung mit Hilfe der vorliegenden Abbildungen und unter Berücksichtigung folgender Gesichtspunkte:* (Den Schülern wurden 7 Abbildungen [im Profil] vorgelegt von: Schimpanse, Proconsul, Australopithecus, Pithecanthropus, Mensch von Steinheim, Neandertaler und rezenter Mensch)
1. Benennen Sie die abgebildeten Hominoidenschädel!
2. Geben Sie an, anhand welcher Kriterien Sie diese höheren Primaten erkannt haben!
3. Suchen Sie sich aus diesem Kriterienkatalog je zwei an den Zeichnungen gut erkennbare Merkmale heraus und ordnen Sie jeweils in einer Reihe nach abgestufter Ähnlichkeit. (Falls Sie einen Schädel nicht sicher zuordnen konnten, können Sie hier auch die unten rechts in der Abbildung gezeichneten Symbole als Kennzeichnung für den jeweils gemeinten Schädel benutzen.)
4. Erörtern Sie kritisch die jeweils entstandenen Beziehungen in einer Reihe!
5. Vergleichen Sie die beiden Reihen!
6. Ordnen Sie die Bilder jetzt, indem Sie den Zeitfaktor und verwandtschaftliche Beziehungen dieser Primaten berücksichtigen!
7. Erörtern Sie die so entstandene Einordnung und vergleichen Sie mit den Ergebnissen von Aufgabe 4!
8. Begründen Sie, warum die bloße Kenntnis der Schädelform keine zweifelsfreie Einordnung der Typen erlaubt!
9. Welche Kriterien müßten Sie noch kennen, um Ihre Einordnung abzusichern? (Begründen Sie, warum Sie die genannten Kriterien für wichtig halten)

10. Beziehen Sie die unter 9 genannten Kriterien auf die abgebildeten Hominoiden und deren Einordnung in Aufgabe 6!

2. Thema: Nach einer allgemein anerkannten Theorie sind die Landlebewesen durch einen Entwicklungsvorgang aus wasserbewohnenden Formen hervorgegangen. Zeigen Sie an Beispielen, welche wichtigen biologischen Wandlungen sich bei Lebewesen aufgrund der veränderten Lebensbedingungen beim Übergang vom Wasser- zum Landleben vollziehen mußten und wie diese Probleme im einzelnen von der Natur gelöst wurden.

Welche allgemeinen (grundsätzlichen) Möglichkeiten zur Deutung solcher biologischen Befunde ergeben sich für den forschenden Menschen?

3. Thema: „Obwohl der Gedanke der Eugenik zeitweise durch die Rassisten in sein Gegenteil verkehrt worden ist, hat er einen gesunden Kern: menschliche Wohlfahrt, sowohl für Individuen wie für Ausstattung menschlicher Populationen. Gesundheit und Krankheit, physische und psychische, hängen von Erblichkeit wie Umwelt ab. Daß ein erschreckender Anteil des menschlichen Elends auf mangelhaftes Erbgut zurückzuführen ist, läßt sich nicht leugnen. Beide Seiten, die genetische wie die umweltliche, müssen in Rechnung gestellt werden, wenn dieses Elend gemildert und nicht vergrößert werden soll."

(Th. Dobzhansky: Dynamik der menschlichen Evolution, Hamburg 1965)

Erläutern Sie aufgrund Ihrer Kenntnisse von der Genetik den vorgelegten Text und untersuchen Sie im Anschluß daran einige Aufgaben und Probleme der Eugenik!

4. Thema: a. Erläutern Sie mit Hilfe der Modelle Fischherz, Reptilienherz und Säugerherz die abstammungstheoretische Entwicklung des Blutkreislaufs der Wirbeltiere!

b. Versuchen Sie die Bestimmung der vorgelegten Blütenpflanzen und äußern Sie sich über die Grundlagen der Bestimmungstabellen!

c. Wie weit lassen sich die Ergebnisse der Vererbungslehre, die an Pflanzen und Tieren gewonnen wurden, auch auf den Menschen übertragen?

IV. Ethologie

Grundkursthemen

1. Erklären Sie am Verhalten eines beliebigen Tieres, was eine Instinkthandlung und was eine erlernte Handlung ist.
Beschreiben Sie die dazugehörigen Nervenschaltungen.
Fassen Sie zusammen, und setzen Sie sich abschließend anhand der aufgeführten Fakten mit der Frage auseinander, ob ein Instinkt „erlernt" werden kann.

2. Aufgabe 1. (Hierzu Anlage 1 und 2)

a. Vergleichen Sie das Erscheinungbild und das Verhalten von Buntbarsch und Stichling.

b. Prüfen Sie, ob beim Buntbarsch eine Handlungskette vorliegt und belegen Sie Ihre Entscheidung.

c. Wie kann man einen Nachweis führen, ob die verschiedenen Stufen des Balzverhaltens beim Buntbarsch angeboren oder erlernt sind?

Aufgabe 2 (Hierzu Anlage 3)

a. Deuten Sie die Verhaltensweisen des Jungstars im Sinne eines Ethologen.
b. Wie wäre diese Deutung naturwissenschaftlich nachzuprüfen?
c. Prüfen Sie die „Wissenschaftlichkeit" des Textes.

Aufgabe 3
a. Beschreiben Sie anhand der Graphik die soziale Entwicklung der Totenkopfäffchen einschließlich der jeweiligen Rangordnungsverhältnisse.
b. Warum kommen nur in individualisierten Verbänden Rangordnungen vor?

Aufgabe 4 (Ohne Anlagen)
Vergleichen Sie menschliches und tierisches Verhalten, indem Sie
a. Beispiele für Gemeinsames (angeborene Verhaltensanteile) anführen und deren Nachweise:
b. die spezifischen Leistungen im menschlichen Verhalten gegenüber dem Tier herausstellen und durch Beispiele belegen.

Anlage 1
Buntbarsch *(Hemichromis bimaculatus)*
Dieser Buntbarsch ist ein tropischer Vertreter der Familie Cichlidae; in Aquarianerkreisen wird er Roter Cichlide genannt. Er wurde in allen Einzelheiten von *Baerends* und *Baerends-van Roon* untersucht; auch legt er Eier ab und hat äußere Befruchtung. Erstens besitzen die Weibchen vor der Paarung Reviere und neigen deshalb wie die Männchen zur Aggressivität. Zweitens gibt es kein Nest; Männchen und Weibchen wählen gemeinsam den Ablaichplatz. Drittens bleibt ein einzelnes Paar während der ganzen Fortpflanzungsperiode zusammen und sorgt für die Jungen.

Das Anfangsstadium der Balz wird wesentlich vom weiblichen Territorialverhalten beeinflußt. Nur bei wenigen Fischarten kommt weibliche Revierverteidigung vor, und man weiß wenig über ihre Bedeutung. Die Reviere werden kurzfristig zu Beginn der Laichzeit gebildet und scheinen als Freßareale keinerlei Bedeutung zu haben. Trotzdem verteidigen die Weibchen sie heftig und tragen leuchtende Hochzeitsfarben, fast — aber nicht völlig — gleich denen der Männchen. Sie zeigen sie beim Drohen vor. Dies spricht für die Annahme, daß auffallende Hochzeitskleider ebenso sehr mit Drohverhalten wie mit dem Anlocken eines Geschlechtspartners zusammenhängen.

Die Reviere der Weibchen werden ganz plötzlich aufgegeben, vermutlich zur Zeit der Eierstockreifung, und die Besitzer gehen dazu über, Männchen in benachbarten Revieren aufzusuchen. Dabei müssen die Weibchen Reviere wählen, die einem Fisch der richtigen Art und des richtigen Geschlechts angehören.

Die Weibchen werden von den roten Männchen angezogen, wenn sie die Wahl haben, ziehen sie sogar rosa vor. Diese Reaktion auf Auslöser schützt jedoch nicht vor Verwechslung der Geschlechter: unerfahrene Weibchen dringen manchmal in die Reviere anderer Weibchen ein und balzen sie sogar an. Erfahrene Fische begehen selten diesen Fehler, deshalb nimmt man an, daß bestimmte Einzelheiten der Bewegungsweise, der Färbung oder der Form erlernt werden.

Die Reaktion eines Buntbarschmännchens gegen einen Eindringling ist Angreifen oder Drohen. Manchmal macht das Männchen einen Ausfall und stößt gegen Kopf oder Bauch des Gegners, häufiger greift es frontal an. Das führt meist zu einem Maulkampf (Abb. 1), bei dem jeder eine Lippe des anderen schnappt.

Die Buntbarschweibchen zeigen Drohverhalten wie die Männchen und verteidigen sich. Sie sind ungewöhnlich kühn und haben eine Beschwichtigungshaltung (Abb. 2a). Dieses Signal tritt immer häufiger auf, die Weibchen weichen Angriffen immer mehr aus, und schließlich legt sich auf diese Weise die Aggressivität zwischen den Partnern.

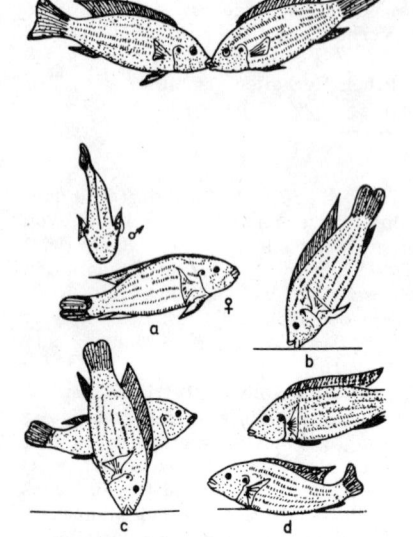

Abb. 1: Maulkampf beim Roten Cichliden (*Hemichromis bimaculatus*) nach *Baerends* und *Baerends*

Abb. 2: Die Balz des Roten Cichliden (*Hemichromis bimaculatus*) nach *Baerends* und *Baerends* a) Drohen des Männchens, Beschwichtigungshaltung des Weibchens; b) Zittern; c) Nippen; d) Gleiten, das in Ablaichen und Besamen übergeht.

Anlage 2
Die zweite Phase der Balz gilt hauptsächlich der Wahl und Anzeige eines geeigneten Laichplatzes. Die Balz läuft nicht auf einmal ab, sondern wird von Ruhe- und Freßpausen unterbrochen. Man ist versucht, diese Gemächlichkeit mit der Tatsache in Verbindung zu bringen, daß das Cichlidenmännchen nicht Eile hat, das Weibchen loszuwerden, um weiteren nachzujagen. Das Verhalten von Männchen und Weibchen ist sehr ähnlich. Beide Fische können eine Balzhandlung einleiten, und der Partner ahmt sie jeweils nach. Das Ausdrucksverhalten umfaßt drei Abschnitte. Im ersten wählt einer der Fische einen geeigneten Stein oder eine Molluskenschale zum Ablaichen aus und macht ruckende und zitternde Bewegungen in Richtung auf den betreffenden Gegenstand. Beim *Rucken* stößt der Kopf ein- oder zweimal erst zur einen, dann zur anderen Seite. Beim *Zittern* (Abb. 2b) steht der Fisch senkrecht über dem erwählten Objekt und bebt mit dem ganzen Körper. Gelegentlich beobachtet man Grabverhalten, wenn Sand vom

Boden weggetragen wird, um eine kleine Grube auszuheben. Solche Gruben spielen jedoch bei der Paarung keine Rolle, sie werden später für die Brutpflege benutzt.

Wenn beide Fische eine Zeitlang Rucken und Zittern ausgeführt haben, beginnt einer der Partner mit einer neuen Verhaltensweise, dem *Nippen* (Abb. 2c). Pflanzen oder Schmutz werden vom Stein aufgenommen und fortgetragen. So wird der Laichplatz gesäubert, obwohl das Verhalten immer auftritt, unabhängig davon, ob eine Säuberung erforderlich ist oder nicht. Schließlich gehen die Fische zur dritten Balzstufe, dem *Gleiten* (Abb. 2d), über. Dabei streifen sie über den Stein und berühren ihn mit dem Hinterleib. Das Tempo steigert sich; schließlich legt das Weibchen während einer Gleitbewegung einen Schub Eier und das nachfolgende Männchen besamt sie.

Das Weibchen legt seine Eier in mehreren Schüben ab, bleibt nachher bei ihnen, bewacht sie und vertreibt häufig das Männchen. Nach dem Schlüpfen werden die Jungen in kleine Gruben getragen, die in der Zwischenzeit ausgehoben wurden. Dann wechseln sich Männchen und Weibchen in der Brutpflege ab. Während der eine Partner die Brut bewacht, macht der andere Streifzüge; das Weibchen übt häufiger die erste, das Männchen die zweite Tätigkeit aus.

Anlage 3
Zitat aus *Lorenz* 1937, S. 298:
„So besaß ich einst einen jung aufgezogenen Star, der den gesamten Handlungsablauf der von einer Warte aus betriebenen Fliegenjagd brachte, und zwar mit einer Menge von Einzelheiten, die auch ich bis dahin für zweckgerichtete Bewegungen und nicht für instinktmäßig gehalten hatte. Er flog auf den Kopf einer bestimmten Bronzestatue in unserem Wohnzimmer und musterte von diesem Sitz aus andauernd den „Himmel" nach fliegenden Insekten, obwohl an der Decke des Zimmers keine vorhanden waren. Plötzlich zeigte sein ganzes Verhalten, daß er eine fliegende Beute erblickt hatte. Er vollführte mit Augen und Kopf eine Bewegung, als verfolge er ein dahinfliegendes Insekt mit seinen Blicken, seine Haltung straffte sich, er flog ab, schnappte zu, kehrte auf seine Warte zurück und vollführte die seitlich schlagenden Schleuderbewegungen mit dem Schnabel, mit denen sehr viele insektenfressende Vögel ihre Beute gegen die Unterlage, auf der sie gerade sitzen, totzuschlagen pflegen. Dann vollführte er mehrmals Schluckbewegungen, worauf sich sein knapp anliegendes Gefieder etwas lockerte und in vielen Fällen der Schüttelreflex eintrat, ganz wie er nach einer wirklichen Sättigung einzutreten pflegte."

Angaben über den Zusammenhang der Aufgaben mit vorher behandelten Inhalten.

Zu Aufgabe 1:
Am Beispiel des Stichlings und des Samtfalters sind die Begriffe wie Schlüsselreiz, AAM, Attrappenversuche, Lernen behandelt worden. Das Buntbarschverhalten war kein Thema.

Zu Aufgabe 2:
Am Beispiel des *Lorenz*'schen hydraulischen Instinktmodells und an verschiedenen Tierbeispielen wurden Begriffe wie Leerlauf, Ermüdung, Endhandlung, innere Faktoren, Appetenz, Stauung von Energie behandelt. Gleichfalls Erbkoordination.

Zu Aufgabe 3:
Am Beispiel des Haushuhns hat der Kurs das Sozialverhalten und das Entstehen und die Funktion einer Rangordnung kennengelernt. Ergänzt wurde das Thema durch zwei Referate über die Rangordnung bei Schimpansen und durch die Lektüre einiger Kapitel aus dem Buch von *Lorenz:* „Das sogenannte Böse".

Zu Aufgabe 4:
In mehreren Referaten stand das Thema zur Debatte (z. B. *Hass:* Wir Menschen; *Fast:* Körpersprache; *Eibl-Eibesfeld:* Der vorprogrammierte Mensch). Am Beispiel der Aggression wurde die kontroverse Meinung innerhalb der verschiedenen Disziplinen deutlich. Das „Kindchenschema" wurde besonders herausgestellt und experimentell untersucht (nach *B. Hückstadt,* 1965). Die biologischen Grundlagen des menschlichen Handelns wurden auch anhand des „Linder" (S. 205 bis 208) angesprochen.

Ergänzung zu 2c: Mehrere Textanalysen wurden durchgeführt.

Skizzierung der vom Prüfling erwarteten Leistung (Lösungsgang)

1a. Gemeinsam: Schwarmfisch, Eiablage, äußere Befruchtung, rote Signalfarbe, männliche Reaktion gegen das eindringende Männchen: Angriff oder Drohen.
Unterschiedlich: Brutpflege (gemeinsam/nur Männchen). Revierbesitz der Weibchen (ja/nein), Nest (ja/nein), Aggression der Weibchen und Hochzeitsfarbe (ja/nein), Parallelität des männlichen und weiblichen Verhaltens (stark/gering). Dauer der anfänglichen Aggressionsphase (lang, gering).

1b. Eine Handlungskette wie beim Stichling gibt es hier nicht, da Ruh- und Freßpausen eingelegt werden. Bei Teilen der Balz (Wahl des Ablaichplatzes, Nippen, Gleiten) ist die Annahme einer Handlungskette naheliegend, da sie (Text) in einem Zug ablaufen.

1c. Attrappenversuche.

2a. Der der Erbkoordination zugrunde liegende Nervenmechanismus gleicht einem Uhrwerk (aufgezogen), das normalerweise durch Auslösung von Außen abläuft. Unterbleibt das längere Zeit, kommt es zur Stauung von Energie. Die Schwelle, die die Auslösung blockiert, wird immer niedriger, bis es zur „Leerlaufreaktion" kommt.

2b. Untersuchung des ZNS auf die geforderten Mechanismen. Elektrische Auslösung durch Elektrodenversuche.

2c. Insgesamt ein naturwissenschaftlich zu vertretender Text mit leichten Ansätzen zur Ungenauigkeit (musterte ... nach Insekten) (... als verfolge er ...).

3a. Der Prüfling soll die Entwicklung einer Tiergruppe mit unterschiedlicher Aggression bis hin zu einer sozial geeinten Gruppe erkennen, in der Rangordnungskämpfe fehlen, nicht aber unbedingt eine Rangordnung.

3b. Für eine Rangordnung ist individuelles Erkennen nötig.

4a. Appetenz (bei Hunger, Sexualität).
Kindchenschema (gleiche Reaktion auf Proportionen).
Saug- und Handgreifreflex beim Säugling (Experiment).
Imponiergehabe bei Männern (Filmausbeute).
Schönheitsideale (Kulturvergleiche).
Gesten wie Flirt, Wut, Lächeln (Filmvergleich).
Anerkennen einer Rangordnung, Revierverhalten (Experiment).

Nachweise sind schwierig, da beim Menschen Versuche problematisch sind. Beobachtungen (Filmauswertung) und die Zwillingsforschung geben aber Möglichkeiten und zeigen, daß die Wahrscheinlichkeit zur Annahme angeborener Verhaltensanteile groß ist.
Möglichkeiten sind auch die Beobachtungen bei taubblinden Kindern (Lernen fast ausgeschlossen) und der Vergleich verschiedener Kulturen (*Eibl*, *Hass*).
4b. An den drei Bereichen: Sprache, Denken, Tradition soll der Prüfling die Eigenständigkeit des Menschen entwickeln.
Das Fehlen von Aggressionshemmungen, das Auftreten von Gruppenaggression, der hohe Anteil von „lernen" besonders beim Sozialverhalten gehören dazu.
Die angegebenen Hilfsmittel (3 Anlagen) sind die einzigen, die benutzt werden dürfen.

Leistungskursthemen

1. Thema:
Auszug aus: *Fromm, E.*, Anatomie der menschlichen Destruktivität. Stuttgart 1974, Seite 167.
„Wenn wir uns darauf einigen, als ‚Aggression' alle Akte zu bezeichnen, die einer anderen Person, einem Tier oder einem unbelebten Objekt Schaden zufügen, oder dies zu tun beabsichtigen, dann sind die vielen verschiedenen Arten von Impulsen, die man unter der Kategorie ‚Aggression' zusammenfaßt, grundsätzlich daraufhin zu unterscheiden, ob es sich bei ihnen um die biologisch adaptive, dem Leben dienende, gutartige Aggression oder um die biologisch nicht adaptive, bösartige Aggression handelt ...
Die biologisch adaptive Aggression ist eine Reaktion auf eine Bedrohung der vitalen Interessen; sie ist phylogenetisch programmiert; sie ist Tieren und Menschen gemeinsam; sie ist nicht spontan und steigert sich nicht von selbst, sondern sie ist reaktiv und defensiv; sie zielt darauf ab, die Bedrohung zu beseitigen, indem sie entweder vernichtet oder ihre Ursache beseitigt.
Die biologisch nicht adaptive, bösartige Aggression, d. h. die Destruktivität und Grausamkeit, stellt keine Verteidigung gegen eine Bedrohung dar; sie ist nicht phylogenetisch programmiert; sie kennzeichnet allein den Menschen; sie ist biologisch schädlich, weil sie sozialzerstörerisch wirkt; ihre Hauptmanifestationen — Mord und Grausamkeit — sind lustvoll, ohne daß sie einem anderen Zweck zu dienen brauchen."

Aufgabe 1:
Vergleichen Sie die zitierten Äußerungen *Fromm*'s mit der Aggressionstheorie von *Lorenz*.
Berücksichtigen Sie dabei insbesondere folgende speziellere Fragen:
a. Was versteht *Lorenz* unter „Aggression im eigentlichen und engeren Sinne des Wortes"?
b. Welche Funktion hat die Aggression nach *Lorenz* im Tierreich?
c. Wie begründet *Lorenz* seine Auffassung, daß Tiere einen „Aggressionstrieb" besitzen?
d. Welche Mechanismen bestehen nach *Lorenz* im Tierreich, um Fehlfunktionen der Aggression zu vermeiden bzw. „die Aggression in unschädliche Bahnen zu leiten"?

e. Lassen sich die aus Tierbeobachtungen gewonnenen Erkenntnisse zur Deutung des menschlichen Aggressionsverhaltens heranziehen?
Prüfen Sie kritisch die hierfür von *Lorenz* verwendeten Argumente.

Aufgabe 2:
Die Vertreter der Lernpsychologie gehen davon aus, daß Verhalten zum größten Teil gelernt und erworben werden kann.
Untersuchen Sie, ob diese Auffassung im Widerspruch zu der Aggressionstrieb- bzw. -instinkttheorie steht?
Welche Rolle spielen Lernprozesse in der Aggressionstheorie nach *Lorenz?*

Aufgabe 3:
Der Rangstufenkampf führt beim Unterlegenen offenbar zu einem Lernergebnis: er respektiert in der Folge den Sieger und läßt ihm überall, wo sich Interessenkonflikte ergeben, den Vortritt.
Stellen Sie den Prozeß des Lernens und die möglicherweise beteiligten Lernformen dar.

Erwartete Leistung:
Zu Aufgabe 1:
Die Schüler sollen die Unterschiede in den Auffassungen über Aggression bei *Fromm* und *Lorenz* aufzeigen; insbesondere soll die von *Lorenz* vertretene These deutlich werden, das innerartliche Aggression unter natürlichen Bedingungen arterhaltende Funktionen hat und Fehlfunktionen durch Hemmungsmechanismen verhindert werden.
Als Begründung für die Annahme eines allgemeinen Aggressionstriebes soll das Auftreten von Appetenzverhalten, Reizschwellensenkung und Leerlaufhandlungen angeführt werden.
Es soll dargelegt werden, daß die Übertragung der Ergebnisse aus der Tier-Verhaltensforschung auf menschliche Bereiche problematisch ist.

Zu Aufgabe 2:
Es soll gezeigt werden, daß kein grundlegender Widerspruch zwischen Lernpsychologie und Ethologie besteht, sondern auch nach *Lorenz* genetisch bestimmtes Verhalten in unterschiedlicher Weise durch Lernvorgänge beeinflußt werden kann.

Zu Aufgabe 3:
Es sind die Ergebnisse der klassischen und instrumentellen Konditionierung darzustellen.

2. Arbeitszeit: 4 Zeitstunden
2. Thema:
1. Werkzeuggebrauch beim Schimpansen und bei Spechtfinken (Cactospiza pallida — „Darwinfink") — ein Vergleich.
Sie sehen die Filme
— Lernverhalten beim Schimpansen — Verwendung eines Hilfsmittels
— Werkzeuggebrauch bei Darwinfinken
1.1 Beschreiben Sie den Inhalt beider Filme. Beschränken Sie sich dabei auf das

Wesentliche. (Auf die Beschreibung der 4. Szene im Schimpansenfilm kann verzichtet werden.)

1.2 Geben Sie an, um was für ein Lernverhalten es sich beim Schimpansen handelt und welches die Kennzeichen dieses Verhaltens sind.

1.3 Deuten Sie das Verhalten des Darwinfinken.
Diskutieren Sie verschiedene Erklärungsmöglichkeiten und begründen Sie, welche Ihnen am richtigsten erscheint.

1.4 Vergleichen Sie den Werkzeuggebrauch beim Schimpansen und bei den Darwinfinken.

Die Aufgabe Nr. 2, die Sie auch noch bearbeiten müssen, wird Ihnen erst nach der Vorführung der Filme ausgehändigt.

Aufgabe 2:

„Wildenten kann man nicht nur in der freien Natur, sondern bequemer an Parkgewässern beobachten. Dort findet man gerade jetzt im Winter viele Arten nebeneinander: natürlich die bekannten Stockenten, aber auch die ihr verwandten Spieß-, Schnatter- und Löffelenten, auch die etwas kleineren Krick- und Knäkenten.

Die Weibchen aller dieser Entenarten sind in Federkleid und Verhalten so ähnlich, daß der Laie sie nicht ohne weiteres unterscheiden kann. Nur wenn die Erpel nach der Herbstmauser bis zur Brutzeit im Prachtkleid neben ihren Weibchen schwimmen und mit ihnen balzen, erkennt man die Entenart.

Obwohl die Teiche dicht besetzt sind und die Tiere an Futterplätzen durcheinanderflattern und -schwimmen, finden sich die zusammengehörigen Partner immer wieder. Verwechslungen oder gar Kreuzungen zwischen verschiedenen Entenarten kommen so gut wie nie vor.

Im Frühjahr, wenn viele Entenweibchen weitab vom Wasser brüten, ist es ruhig auf den Teichen. Aber eines Tages im Mai kommen die Stockenten mit ihren flauschigen Entenküken anspaziert und führen sie ans Wasser. Die Kleinen können als Nestflüchter gleich laufen und schwimmen und folgen der Mutter. Auch auf dem Parksee bleibt jedes Junge noch wochenlang immer in der Nähe der Mutter. Niemals verirrt sich ein Kind zu einer Nachbarsfamilie, obwohl die sich für uns nichts unterscheiden.

Wenn Gefahr droht, stellt sich die Entenmutter lahm. Durch lautes Flügelschlagen und Quaken lenkt sie die Aufmerksamkeit des Feindes auf sich und lockt ihn von den Dunenjungen weg, die sich inzwischen verstecken. Auf einmal fliegt das völlig gesunde Weibchen auf und kehrt zu den Jungen zurück, um sie wieder zusammenzulocken . . ."

Erläutern Sie die im Text erwähnten Fakten mit Hilfe Ihrer Kenntnisse aus der Verhaltenslehre.

Der Schwerpunkt soll auf der Behandlung verschiedener Formen des Sozialverhaltens liegen.

Aber formulieren Sie auch Fragen, die sich für Sie aus dem Text ergeben, aber nicht von Ihnen bearbeitet oder beantwortet werden können.

Erläuterungen zu dem Aufgabenvorschlag

I. Beide Aufgaben sind aus dem Stoffgebiet des im 3. Semester behandelten Themas „Verhaltenslehre" gewählt worden.

II. Möglicher Lösungsgang:

Aufgabe Nr. 1:

1. Beide Filme sind den Prüflingen nicht bekannt. Es wurden aber im Unterricht zwei andere Filme zum Lernverhalten der Schimpansen gezeigt. Der Darwinfink ist im Unterricht nie behandelt worden.

1.1 Bei der Beschreibung der Filme werden die Schüler beweisen können, ob sie richtig beobachten und Wesentliches von Unwesentlichem unterscheiden können. Auf eine Inhaltsangabe wird an dieser Stelle verzichtet. Es wird auf die Beschreibung des FWU zu 8F 190 und 8F 60 verwiesen.

1.2. Das Verhalten des Schimpansen dürfte als „einsichtiges Lernen" oder als „Erfassen kausaler Zusammenhänge" bezeichnet werden. Kennzeichen dieses Verhaltens sind die „Planungsphase" oder auch die fehlende „Lernphase".

1.3 Das Verhalten des Darwinfinken müßte von den Schülern als
— Instinkthandlung auf Grund eines AAM und mit angeborenem „Werkzeugschema",
— angeborene Verhaltensweise, die durch obligatorisches Lernen ergänzt werden, (Vergleich mit Eichhörnchen, das das richtige Öffnen der Haselnüsse erst lernen muß), EAAM,
— Lernen durch Nachahmung und Tradition, Lernen am Modell
gedeutet werden können. Dabei ist die zweite Lösung die wahrscheinlichste.

1.4 Die Aufgabe ist absichtlich so offen formuliert worden. Es ist zu erwarten, daß in bezug auf die Funktion verglichen wird. Der Vergleich muß dann ergeben, daß es sich um analoge Verhaltensweisen handelt. Es könnten auch die unterschiedlichen Lernverhalten verglichen werden: Fakultatives Lernen beim Schimpansen, obligatorisches beim Darwinfinken.

Aufgabe Nr. 2:

Die Aufgabe soll den Schülern Gelegenheit geben, erworbene Kenntnisse wiederzugeben. Sie ist wiederum absichtlich so formuliert, damit die Prüflinge bei der Auswahl der Beispiele und der Gliederung Selbständigkeit entwickeln können. Es wird erwartet, daß vom Balzverhalten der Enten, das zur Paarbildung und zur Synchronisation bei der Paarung führt, die Rede sein wird. Hier müßten soziale Signale und Ausdrucksbewegungen behandelt werden. Im Unterricht haben wir uns mit *Lorenz'* vergleichenden Untersuchungen an Anatiden beschäftigt. Die Schüler könnten Beispiele daraus bringen, um etwa die Ritualisierung bei Ausdrucksbewegungen aufzuzeigen. Die Frage, warum keine Vermischungen der Arten entstehen, ist nie gestellt worden. Die Schüler müßten sie aber mit den fein aufeinander abgestimmten Verständigungsweisen erklären können.

Der zweite Komplex, Objektprägung, ist den Schülern gut vertraut. Es bleibt abzuwarten, ob auch die Frage, woran die Mutter ihre Kinder erkennt, behandelt und mit angeborener Reaktion auf Schlüsselreize erklärt wird.

Der Absatz enthält neben den Beispielen für „angeborenes Erkennen" auch welche für „angeborenes Können".

Im letzten Abschnitt geht es um das Verleiten als einer Instinkthaltung. Es könnten aber auch durchaus Fragen nach dem Feindschema oder der verschiedenen Fluchtrichtung der jungen Enten gestellt werden.

Die Aufgabe geht somit in ihren Anforderungen über die reine Reproduktion weit hinaus.

3. Thema:
Die beiden Lehrfilme „Der Stichling und sein Nest" und „Ethologie der Graugans" sind unter Berücksichtigung der Arbeitsmethoden und Ergebnisse der Verhaltensforschung zu analysieren.

4. Thema:
Reflexe, Instinkte und einsichtiges Handeln im Tierreich sind als Verhaltensweisen abzuleiten und in vergleichender Betrachtung auf ihre biologische Bedeutung zu untersuchen.

5. Thema:
Die Larven der Kröten, die Kaulquappen, leben im Wasser und ernähren sich von Pflanzen- und Schwebeteilen. Man hat solche Tiere isoliert, um das Beutefangverhalten der einzelnen, sich aus den Kaulquappen entwickelnden Kröten, zu beobachten. Die Fülle dieser Beobachtungen ließen immer wieder folgende Abläufe erkennen:
Durch eine Körperdrehung wenden die Kröten sich jedem krabbelnden Insekt zu, fixieren dieses dann und schnappen zu. Wenn das sich bewegende Objekt eine bestimmte Körpergröße überschreitet, zeigen die Kröten Abwehr- und schließlich Fluchtreaktionen. Bleibt das krabbelnde Insekt plötzlich sitzen, nachdem die Kröte es bereits wahrgenommen und sich ihm zugewandt hat, so starrt sie noch eine Zeitlang auf den Punkt, an dem es sich zuletzt bewegte, um dann die ruhende Beute zu schnappen. Legt man den Kröten betäubte, sich nicht bewegende Insekten ins Terrarium, so kann man keine Reaktionen erkennen. Gibt man den Kröten vom Zeitpunkt der Umwandlung aus den Kaulquappen an für längere Zeit keine Nahrung, kann man zunächst ein eifriges Umherwandern der Tiere beobachten. Eine Ethologin berichtet, daß eine Kröte sich dann plötzlich auf einen sich am Hintergrund des Terrariums bewegenden Lichtpunkt zuwandte, diesen fixierte, auf ihn zukroch und zuschnappte. Andererseits hat man festgestellt, daß Kröten allmählich immer schwächer reagieren und schließlich die Insekten nicht mehr beachten, wenn man ihnen, nachdem sie das eine Beutetier gerade verschlungen haben, immer wieder neue Insekten gibt.
Erklären Sie das Verhalten der Kröten mit den Begriffen der Ethologie!

6. Thema:
Die Bedeutung der Aggression im tierischen und menschlichen Verhalten.
Erläuterung:
Erarbeiten Sie anhand verschiedener Formen aggressiven Verhaltens eine Definition des Begriffes „Aggression"! Stellen Sie die Ihnen wichtig erscheinenden Theorien über die Ursachen der Aggression dar und entscheiden Sie sich aufgrund biologischer Versuche für eine dieser Auffassungen!
Welche Rolle messen Sie der Aggression für die Erhaltung und Entwicklung der Lebewesen bei?
Welche Konsequenzen könnte man aus diesen Erkenntnissen für die menschliche Gesellschaft ziehen?

V. Ökologie

Grundkursthemen

1. Themenstellung:

Rekultivierungsmaßnahmen im Braunkohleabbaugebiet der Ville-Planung eines terrestrischen Ökosystems.

Hilfsmittel:
Text zur Landschaftsveränderung in der Ville
C/N-Verhältnis der Streu von Waldbäumen (Tab. 1)
Umweltansprüche der Waldbäume (Tab. 2)
Wüchsigkeit ausgewählter Waldbäume (Tab. 3)

Aufgabe:
Lesen Sie den vorgegebenen Text und überlegen Sie, welche ökologischen Zusammenhänge bei der Planung des Ökosystems berücksichtigt werden müssen. Stellen Sie begründet Ihre Vorschläge zur Rekultivierung des Gebietes dar, so daß es

a. landwirtschaftlich
b. forstwirtschaftlich

genutzt werden kann. Untergliedern Sie Ihre Antwort nach folgenden Aspekten:
a. Komponenten des Ökosystems und deren Funktion vor dem Kohleabbau
b. abiotische und biotische Bedingungen zu Beginn der Rekultivierung und daraus resultierende Planungsgrundsätze zur Erstellung des Ökosystems
c. zeitliche Aufeinanderfolge der Planungsmaßnahmen zur Wiederherstellung des biologischen Gleichgewichtes. (Beachten Sie hierbei die Vorgaben in Tabelle 1, 2 und 3.)

Noch vor etwa 150 Jahren war das Gebiet der Ville westlich von Köln bedeckt mit Eichen-Hainbuchen-Mischwäldern. Die Rotbuche beherrschte darin das Bild. Aber die deutsche Wirtschaft benötigt die unter der Erdoberfläche liegenden Braunkohlevorräte. Um die Flöze freizulegen, muß ein Deckgebirge von Löß, Lehm und Sand abgetragen werden, das an manchen Stellen mehr als 250 m mächtig ist. Von dem Höhenzug der Ville, dem Hauptabbaugebiet zwischen Rhein und dem Flüßchen Erft, ist auf diese Weise kaum noch etwas übriggeblieben. Wo einst sanfte Hügel das Landschaftsbild bestimmten, klaffen heute Riesenlöcher in der Erde ... Doch der Zerstörung der Landschaft muß die Wiederherstellung folgen. Das Land würde sonst versteppen; denn die eiszeitlichen Sandschichten, die durch die Ausbaggerung an die Oberfläche gelangten, sind völlig unfruchtbar. In ihnen fänden Pflanzen weder Halt noch Nahrung. Schon mittelschwere Windböen würden verheerende Sandstürme auslösen. Darum muß man die unfruchtbaren Landmassen zunächst durch meterdicke Lößschichten abdecken, Lößschichten, die man bei der Ausbaggerung sorgsam beiseite geschafft und in riesigen Mieten eingelagert hat. Erst durch ihre Wiederaufbringung werden die verkippten Sandmassen durch fruchtbare Schichten bedeckt, so daß ihre Rekultivierung folgen kann.

Nach *Petzold, V.:* Modelle für morgen — Probleme von Städtebau und Umweltplanung, rororo H. 51, und *Voigt, J.:* Das große Gleichgewicht, rororo H. 17.

Tabelle 1
C:N-Verhältnis der Streu von Waldbäumen.
Die Laubbaumarten sind in der Reihenfolge der Zersetzbarkeit ihrer Streu aufgeführt (nach *Wittich*).

Schnell zersetzbare Laubstreu (1—2 Jahre) C/N 30	C/N	schwerer zersetzbare Laubstreu (2—3 Jahre) C/N 30	C/N	Nadelstreu (3—5 Jahre)	C/N
Schwarzerle	15	Bergahorn	52	Fichte	48
Ulme	28	Linde	37	Kiefer	66
Esche	21	Eiche	47	Douglasie	77
Weißerle	19	Birke	50	Lärche	113
Robinie	14	Pappel	63		
Traubenkirsche	22	Roteiche	53		
Hainbuche	23	Buche	51		

Tabelle 2
Umweltansprüche der Waldbäume

Ansprüche	1. Licht	2. Wärme	3. Luftfeuchte	4. Bodenfeuchte	5. Mineralsalzgehalt	6. Tiefgründigkeit
GROSS	Kiefer Lärche Birke Esche Eichen	Ulme Eichen	Fichte Tanne Esche Ahorn Ulme	Stieleiche Fichte Esche Erle Pappel	Ulme Ahorn Esche	Stieleiche
MITTEL	Ahorn Linde Ulme Pappel Erle	Tanne Rotbuche	Stieleiche Hainbuche Rotbuche Pappel Erle	Rotbuche Hainbuche Ulme Ahorn Tanne Lärche	Stieleiche Rotbuche Tanne	Traubeneiche Rotbuche Hainbuche Kiefer Tanne
MÄSSIG		Pappel Erle	Traubeneiche	Traubeneiche	Traubeneiche Hainbuche Fichte	
GERING	Rotbuche Fichte Tanne Hainbuche	Fichte Kiefer Lärche Ahorn Birke	Kiefer Lärche Birke	Kiefer Birke	Kiefer Lärche Birke Pappel Erle	Fichte Birke Pappel Erle

Nach *Dylla/Krätzner:* Das biologische Gleichgewicht, Biologische Arbeitsbücher, H. 9, Heidelberg 1972.

Tabelle 3
Wüchsigkeit ausgewählter Waldbäume

GERING	MITTEL	GROSS
Eiche	Rotbuche	Erle
Hainbuchen	Esche	Pappel
Ahorn	Lärche	Fichte
Ulme		Kiefer

2. Thema:
Weshalb ist das Vorhandensein von Pflanzen auf unserer Erde eine notwendige Voraussetzung für die Existenz der Tiere?

3. Thema:
Die Bedeutung der Umweltfaktoren für die Bildung einer Lebensstätte — dargelegt am Biotop „Binnensee".

4. Thema:
Stelle an den Pflanzen zweier ganz verschiedener und jeweils extremer Bereiche die Anpassungserscheinungen fest, durch die ihnen das Leben in diesem Gebiet möglich ist. Untersuchen Sie, ob trotz des so unterschiedlichen Standortes Gemeinsamkeiten vorhanden sind.

5. Thema:
Untersuchen Sie vier Bodenproben mikroskopisch! Führen Sie nach einer beigegebenen Anweisung folgende Untersuchungen an ihnen durch:
a. Luftdurchlässigkeit des trockenen Bodens,
b. Bestimmung des Porenvolumens,
c. Bestimmung der Luftkapazität und
d. Luftdurchlässigkeit des wassergesättigten Bodens.
Beschreiben und erklären Sie die Versuche und deren Ergebnisse! Versuchen Sie, die Bedeutung der Untersuchungsmethoden für die landwirtschaftliche Praxis zu ermitteln!
Wie beurteilen Sie aufgrund der erzielten Resultate den landwirtschaftlichen Wert der Bodenproben?

6. Thema:
Der Kreislauf des Kohlenstoffs in der Natur.
Woher beziehen folgende Pflanzen die lebenswichtigen Grundstoffe Kohlenstoff und Stickstoff?
a. beliebige Landpflanzen (z. B. Eiche, Weizen, Sonnenblume)
b. Wasserpflanzen
c. Luzerne, Bohne, andere Hülsenfrüchtler
d. „fleischfressende" Pflanzen
e. Mistel und andere Halbschmarotzer

f. Schuppenwarz, Sommerwarz und andere Ganzschmarotzer
g. Pilze

Diese Reihenfolge soll für die Beantwortung nicht bestimmend sein. Versuchen Sie, die verschiedenen Arten der Ernährungsweise systematisch zu ordnen und zu vergleichen!

7. Thema:
a. Der Kreislauf des Kohlenstoffs in der Natur.
(Stellen Sie die einzelnen Glieder dieses Kreislaufs möglichst ausführlich dar. Gehen Sie bei Behandlung dieser Aufgabe genau auf das Energie-Problem ein.)
b. Überlegen Sie, ob dieser Kreislauf natürlicherweise für längere Zeit unterbrochen werden kann.
c. Welche Maßnahmen zum Umweltschutz lassen sich aus den Kenntnissen über den Kohlenstoffkreislauf in der Natur ableiten.
(Arbeitszeit: 3 Zeitstunden)

Leistungskursthemen
1. Drei mikroskopische Präparate, Blattquerschnitte von
a. *Iris germanica*
b. *Andromeda polifolia*, Rosmarinheide (gleicher Biotop wie Glockenheide)
c. *Nuphar luteum*
sollen miteinander verglichen werden.
1. Kennzeichnen Sie die Besonderheiten des Blattaufbaus bei jedem der drei Blätter, vor allem diejenigen, die zur Beantwortung der 3. Frage herangezogen werden müssen.
2. Belegen Sie dort, wo es zur eindeutigen Kennzeichnung notwendig ist, Ihre Beschreibung und Hinweise durch Übersichtsskizzen oder schematisierte (das Wesentliche charakterisierende) Skizzen einzelner Zellen oder Zellgruppen.
3. Stellen Sie Vermutungen an über den jeweiligen Standort jedes der drei Blätter, wobei auch die Orientierung des Blattes an der Pflanze bzw. im Raum zu beachten ist. An welche Umweltfaktoren sind Anpassungen erkennbar bzw. vorstellbar? In welcher Weise funktionieren diese Anpassungserscheinungen?
4. Erklären Sie den Begriff der Ökologischen Nische (Definition nach Osche) an diesen Anpassungscharakteren.
5. An diesen drei Pflanzen und ihren Biotopen läßt sich auch eine ökologische Sukzession erläutern. Kennzeichnen Sie einzelne Phasen der Sukzession, in die Sie die drei Pflanzen einordnen können.

Die Aufgaben können einzeln oder auch beliebig zusammengefaßt behandelt werden. Die zweite Aufgabe darf auf keinen Fall mehr als ein Fünftel der zur Verfügung stehenden Zeit in Anspruch nehmen. Sie dient zur Ergänzung, um gegebenenfalls einzelne Aussagen zu sichern.
Zeit: 6 Zeitstunden.
Hilfsmittel: Mikroskop und die oben angegebenen Dauerpräparate.

Anmerkungen:
Die ökologischen Begriffe wurden hauptsächlich an der Gebirgsflora gezeigt und erläutert. (Der einzige Schüler dieses Kurses, der jetzt Abitur macht, für den also diese Arbeit gilt, hat auch an einem Hochgebirgsprojekt teilgenommen.) Mit

Hilfe von mikroskopischen Untersuchungen an Dauerpräparaten und lebendem Material wurden Grundkenntnisse in der Blatt- und Stengel-Histologie vermittelt und Anpassungserscheinungen an verschiedene Standorte und klimatische Verhältnisse beobachtet und besprochen. Das Hochmoor wurde nicht behandelt, die Verlandung eines Sees nur erwähnt.

Bei der Iris soll das unifaziale Blatt erkannt und mit der senkrechten Stellung in Verbindung gebracht werden. Wenig Festigungsgewebe (kaum an den Leitbündeln, sonst nur am Blattrand) und die dünne Cuticula (dagegen allerdings verstärkte äußere Epidermiszellwände) geben ergänzende Hinweise auf das Vorkommen in feuchten Uferzonen, das dem Schüler, der viel Zeit mit Beobachtungen in der Natur verbringt, bekannt sein dürfte.

Das Schwimmblatt der Teichrose (Schwimmblätter wurden nur theoretisch behandelt) kann ohne weiteres aus den charakteristischen Merkmalen (Spaltöffnungen an der Oberseite, reich an großen Interzellularen, dünne Epidermiszellwände, starke Rückbildung der tracheidalen Elemente) erschlossen werden. (Der Begriff Nuphar ist höchstwahrscheinlich nicht bekannt.)

Durch das Erika-Vorkommen wurde dagegen der Standort der wohl nicht bekannten Rosmarinheide gekennzeichnet, was die Aufgabe wegen des meist feuchten Charakters des Moores eher erschweren dürfte, aber zur kritischen Behandlung auffordern soll. Überlegungen zur Sonnenausgesetztheit und die Möglichkeit zeitweise Austrocknung bestimmter Moorflächen müssen sich an das Erkennen des Rollenblattcharakters, der doppelten Palisadenschicht und der dicken Außenseitencuticula anschließen.

Die fünfte und vielleicht schwierigste Frage sollte unter anderem auch aus der Kenntnis des Duvenstedter Brooks und anderer, ähnlicher Biotope von einem (diesem) guten Schüler mit Überlegungen zur Verlandung eines Sees beantwortet werden können.

2. Thema: „Ein Orkan und seine ökologischen Folgen"

Der vorliegende Artikel aus dem ZEIT-magazin (Nr. 10 vom 2. März 1973) erwähnt wirtschaftliche, soziale und biologische Probleme als Folgen der Unwetterkatastrophe vom 13. 11. 1972. Während sich die meisten Leser eine annähernd richtige Vorstellung von den wirtschaftlichen und sozialen Problemen machen können, scheint es mit den Angaben aus dem Artikel kaum möglich zu sein, Verständnis für die noch weithin unbekannten komplexen Zusammenhänge ökologischer Art zu wecken.

Versuchen Sie,

1. die für die biologische und Humanökologie wesentlichen Punkte aufzugreifen und durch weitere weitere zu ergänzen, die für den angeschnittenen Fragenkreis von Bedeutung sind;

2. diese Punkte zu dem oben angegebenen Thema in angemessener Form ausführlicher darzustellen.

Ihr Ziel sollte es sein, die Unwetterkatastrophe zum Anlaß zu nehmen, um an diesem Beispiel ökologische Zusammenhänge in allgemeinverständlicher Form zu verdeutlichen. Wenn Sie zur Veranschaulichung bestimmter Probleme über den aktuellen Anlaß (Unwetterkatastrophe) hinausgreifen müssen, sollte konkreten Beispielen aus ähnlichen oder vergleichbaren Ökosystemen in der Darstellung nach Möglichkeit der Vorzug gegeben werden.

Der Wald ist hin!
(Bericht von *Peter Schille* im ZEIT-magazin Nr. 10 vom 2. 3. 1973)
Die „Schutzgemeinschaft Deutscher Wald" hat es ausgerechnet: Eine Million Güterwaggons würden gerade ausreichen, um die vom Orkan entwurzelten und geknickten Bäume zu transportieren. Wohin weiß freilich niemand: Seit der Sturmkatastrophe vom 13. November ist bundesdeutsches Holz, Kiefer zumal, kaum noch zu verkaufen. Forstleute und Waldbauern klagen: Erst in 20 Jahren werden sich die verwüsteten Wälder Norddeutschlands wieder erholt haben. 50 Jahre müssen die Staatsforstverwaltungen und private Waldbesitzer, meist Bauern, auf Einnahmen aus ihren Forsten verzichten. *Und die ökologischen Verheerungen sind noch längst nicht abzusehen.*
„Der zerzauste Wald, das ist es, was einem das Herz bricht", sagt Oberforstmeister *Dr. Bernd Strehlcke*. Zwischen Oldenburg, der Lüneburger Heide, dem Oberharz und der Mark Brandenburg in der DDR sind die Wälder zerzaust und verwüstet, als hätte schwere Artillerie die Kiefern, Buchen und Fichten zerfetzt und entwurzelt. Der Orkan vom 13. November hat die Forsten Niedersachsens und der Mark Bandenburg „in ein Schlachtfeld" verwandelt (Waldarbeiter *Hermann Rabenhaupt*). Inmitten dieses Schlachtfeldes fürchtet der Landwirt *Hans Heinrich Brammer* um seine Zukunft: „Das ist alles ganz mies. Wie sollen wir das überhaupt schaffen?" Seit 1400 bewirtschaften die Brammers ihren einsamen Heidehof; sie leben von ihrem 500 Hektar großen Wald, die kleine Landwirtschaft wirft nur 4000 Mark im Jahr ab. Der Sturm hat ein Drittel des Waldes gerissen, von den 40- bis 60jährigen Kiefern ist nur ein wüstes Knäuel aus zersplitterten Stämmen und zerfledderten Kronen geblieben.
„10 000 Festmeter liegen", sagt *Brammer*, „die müssen wir allein aufräumen. Fremde Arbeiter sind zu teuer." — Nach der Novemberkatastrophe sind die Löhne der Waldfacharbeiter um mehr als 50 Prozent gestiegen — „das können wir nicht bezahlen."
Der Wald, die Sparkasse der Landwirte, droht sie nun zu ruinieren: *Wenn das geworfene Holz im nächsten Jahr nicht aufgeräumt wird, fallen der Borkenkäfer und der Nutzholzborker und der Bläuepilz über das Holz her und vernichten es vollends.*
„Soll er kommen, der Borkenkäfer", sagt Forstwirt *Ludwig Rabe* trotzig. Er hadert mit der Regierung, weil sie die Holzimport-Verträge nicht storniert, weil Industrieholz-Fabriken weiter Material aus der DDR beziehen dürfen, „weil man uns einfach zu wenig hilft!"
Der Bundesminister für Ernährung, Landwirtschaft und Forsten mußte in der Tat am 29. Januar, zweieinhalb Monate nach der Katastrophe, zugeben, daß „die Prüfung, ob und in welchem Umfang sich die Bundesregierung an den vom Land Niedersachsen zu treffenden Hilfsmaßnahmen beteiligen wird, noch nicht abgeschlossen werden konnte".
Niedersachsen — 90,1 Prozent des Windwurfholzes liegen in seinen Wäldern, hat 40 Millionen Mark Soforthilfe zugesagt, eine Summe, die aufzubringen schwierig sein wird. Die Bundesbahn hat die Frachttarife gesenkt, Bundeswehr-Pioniere haben mit Kränen, Sägen und Raupen kostenlos Erste Hilfe in den Wäldern geleistet — aber schon 24 Stunden nach dem Orkan zogen sie wieder ab. — Heidebauer Brammer und seine Kollegen wären glücklicher, als sie heute sind, wenn Georg Lebers Soldaten ihnen jetzt beim Aufräumen zur Hand gingen.

Die „Schutzgemeinschaft Deutscher Wald" kann weder Holz kaufen noch beim Holzfällen behilflich sein. Der Landesverband Niedersachsen konnte nur einen Spendenaufruf erlassen („Jetzt hat der Wald das Wort!"). Ergebnis: Mitte Februar hatten Naturfreunde in Beträgen zwischen 2 und 15 Mark ganze 5000 Mark überwiesen.

Hilfe tut not, es handelt sich schließlich um den „größten Schaden der deutschen Forstgeschichte" (Oberlandforstmeister *Walter Kremser*, Waldbaureferent der niedersächsischen Landesforstverwaltung). Zwischen Oldenburg und dem Oberharz sind 15,8 Millionen Festmeter Holz geworfen worden (66 Prozent Kiefer, der Rest Fichte, Eiche und Buche), die Hälfte liegt in privaten Forsten. Gesamtschaden: 900 Millionen Mark, überdies ist das meiste Holz nicht mehr verwertbar. Daß es mehr als 20 Jahre dauern mag, ehe die vom atlantischen Sturmtief im 200-Kilometer-Tempo gerissenen Narben im Wald verheilen, nehmen die meisten Wald- und Forstleute mit Gelassenheit hin. Viel mehr fürchten die Förster die *Waldbrandgefahr* in den darniederliegenden Kiefernbeständen: Im März und April drohen die Wälder Niedersachsens zu brennen, wenn die Wanderer ihre opulenten Picknicks unter den Bäumen genießen — und Würstchen grillen.

Nach mehr fürchen sie die *Borkenkäfer: Um den gefräßigen Bohrern* (Spielarten werden Buchdrucker und Kupferstecher genannt) *das Handwerk zu legen, ist man dabei, die besten Stämme des geworfenen Waldes auf Lagerplätze zu poltern, wo sie unaufhörlich mit Wasser berieselt werden. Das ist das einzige Mittel, die Schädlinge fernzuhalten.*

Indes: noch ist es nicht soweit, noch müssen die Forstämter und die Waldbauern mit Spezialschleppern, riesigen Waldmaschinen, aber auch einfachen Treckern sich abmühen, das Chaos in den Wäldern zu entwirren.

Um den kleinen Waldbesitzern Leben und Arbeit zu erleichtern, haben die Forstämter Seilwinden gekauft, die verliehen werden. In Niedersachsen haben die Fabrikanten von Forstarbeitsgeräten Hochkonjunktur: Seit dem 13. November wurden 5000 Maschinensägen verkauft. Aus Schweden kamen gigantische Waldmaschinen angewalzt, aus Österreich Scharen von Waldarbeitern. Polnische Einheiten haben sich angesagt, und sogar türkische Gastarbeiter wurden eingesetzt: Angesichts der Kiefernknäuel erblichen sie.

Moll (Oberforstmeister Hans Werner Moll, Chef des Heide-Forstamtes Miele): „Solange es Wirtschaftswald gibt, gab's eine Katastrophe noch nicht."

In seinem Wald, einem idyllischen Erholungsreservat in der Lüneburger Heide, lassen sich auch *die ökologischen Schäden ablesen*, die der Orkan verursacht hat: *„Die durch die geschlossene Walddecke bedingte Ausgewogenheit von Windhaushalt, Temperaturhaushalt, der Luftfeuchtigkeitsverhältnisse und Verdunstungsverhältnisse ist verlorengegangen."* (Aus einem Gutachten des Bonner Ernährungsministeriums.)

Andere Verhältnisse haben schon heute sichtbaren Schaden erlitten: *Heide-Waldbauer Brammer verkauft Wald, um dafür Ferienhäuschen aufstellen zu können.* Die Landesforstverwaltung — sie hofft in spätestens fünf Jahren neue Kulturen angepflanzt zu haben — *will das Gesicht ihrer Wälder „fröhlicher, differenzierter, abwechslungsreicher"* gestalten: Die Kiefern-Monokultur soll abgelöst werden durch Mischkulturen von Kiefern, Douglas-Fichte und Eiche.

Blätter aufrecht
Blätter kahl

105 μm

Querschnitt durch
ein Blatt

Blattdicke 105 μm
Zahl der Spaltöffnungen
135 bis 150/mm²

Taraxakum officinale

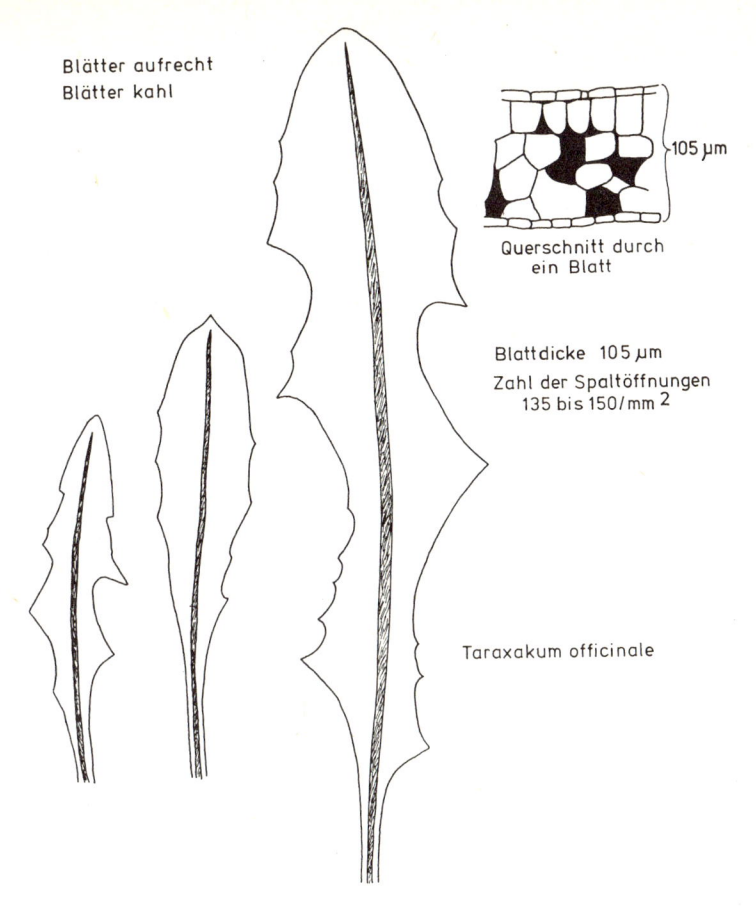

Abb. 3: a) Blätter von *Taraxacum officinale*, b) Qeurschnitt durch ein Blatt

3. Thema:
Zeigen Sie das Beziehungsgefüge und das biologische Gleichgewicht in der Lebensgemeinschaft „Wald" auf und erörtern Sie Grundlagen, Ursachen und Gesetzmäßigkeiten dieses Gleichgewichts.

4. Thema:
1. Stellen Sie einen Vergleich über die Ökologie der beiden Pflanzenarten Löwenzahn und Springkraut her.
a. Was läßt sich unter Bezugnahme auf die dargestellten Beobachtungen und

Untersuchungen über den Lebensraum, die Abhängigkeit von klimatischen Verhältnissen und die Konkurrenzfähigkeit dieser Pflanzen aussagen? (Bitte eine Gegenüberstellung der beiden Pflanzenarten.)

b. Beim Löwenzahn sind Angaben über Pflanzen von zwei verschiedenen Standorten gemacht (Punkt 7a und Abb. 3 und 4). Die eine Pflanze (welche?) ist im Halbschatten zwischen hochwüchsigen Stauden gewachsen, die andere in direkter Sonne.
Geben Sie die erkennbaren morphologischen Unterschiede und die daraus zu erwartenden physiologischen Vor- und Nachteile an.

c. Geben Sie eine kurze Auswertung der Ergebnisse der Tabelle unter Nr. 8, Taraxacum.

2. Was können die angegebenen Beobachtungen und Untersuchungen am Löwenzahn zum Problem der Artbildung beitragen?

a. Was versteht man unter einer Art?

b. Wodurch wird die Herausbildung so vieler Kleinarten bei Taraxacum begünstigt?

c. Welche Evolutions- und Selektionsfaktoren werden bei der Artbildung eine Rolle gespielt haben?

d. Haben Modifikationen einen Einfluß auf die Artbildung?

Beide Themen sollen behandelt werden.

Arbeitszeit 4 1/2 Stunden.

Löwenzahn = *Taraxacum officinale*

1. Polymorphismus. Die Pflanzengattung Taraxacum ist sehr formenreich und zerfällt in viele, schwer gegeneinander abzugrenzende Kleinarten. Dennoch sind diese Kleinarten formbeständig (Erklärung unter 4.). Die bei uns in Norddeutschland vorkommenden Löwenzahnpflanzen gehören zur Art Taraxacum offizinale.

2. Die physiologische Amplitude von *T. officinalis* ist weit. Taraxacum bevorzugt zwar stickstoffreichen Boden (physiologischer Optimalbereich), ist aber gegenüber

Blätter dem Boden anliegend, beidseitig ± behaart

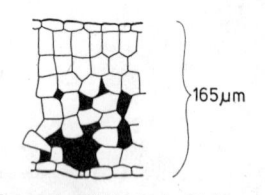

Querschnitt durch ein Blatt
Zahl der Spaltöffnungen
280 bis 320/mm²

Taraxacum officinale

Abb. 4: a) Blätter von *Taraxacum officinale* (anderer Standort)
b) Qurschnitt durch ein Blatt

Früchte von Taraxacum

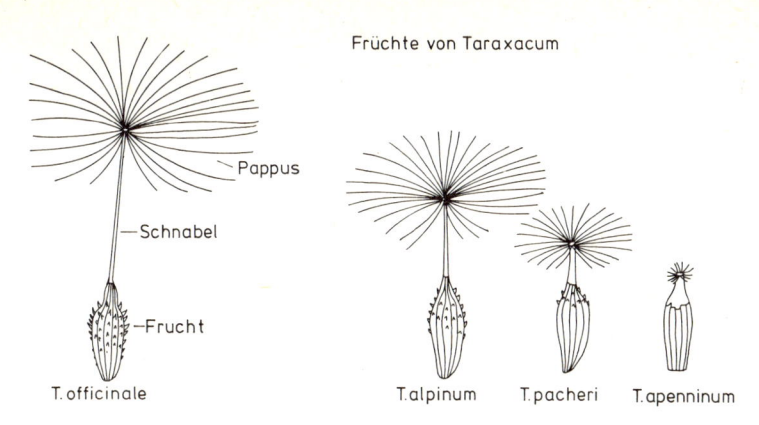

Abb. 5: Früchte verschiedener *Taraxacum*-Arten

dem Säuregrad und dem Wasser- und Luftgehalt des Bodens und der Luftfeuchtigkeit indifferent. Stärker beschattete Exemplare bleiben klein und steril. Der Kompensationspunkt liegt über 800 Lux.
3. Hemikryptophyt. Den Winter übersteht Taraxacum mit seiner Grundblätterrosette und dem kräftigen Wurzelstock.
4. Parthenogenese. Obgleich seine Blüten eifrig von Bienen besucht werden, pflanzt sich Löwenzahn ohne Befruchtung fort. Die Entwicklung der neuen Pflanze geht von einer unbefruchteten, aber diploiden Eizelle aus.
5. Die Früchte sind höckerig rauh und tragen auf einem langen Schnabel eine gut ausgebildete Haarkrone (s. Abb. 5).
6. Die Keimung wird durch Licht begünstigt. Sie geschieht bereits nach 5 bis 14 Tagen.
7. Modifikationen. a. Vergleicht man Exemplare verschiedener Standorte miteinander, so stellt man auch bei gleich alten Exemplaren große Unterschiede fest. Die Unterschiede können so groß sein, daß man die Pflanzen für Vertreter verschiedener Arten halten könnte (s. Abb. 3 und 4).
b. Teilt man eine Pflanze und pflanzt die eine Hälfte an einen geeigneten Standort im Flachland, die andere an einen entsprechenden Standort im Hochgebirge, so verändert sich das Hochgebirgsexemplar so stark, daß es nur schwer von der alpinen Art Taraxacum alpinum zu unterscheiden ist. Zurückgepflanzt ins Tiefland, nimmt es das Aussehen der Tieflandpflanze an.
8. Kulturversuche zeigen, daß sich die Kleinarten nicht nur morphologisch, sondern auch in ihrem Verhalten unterscheiden. In zwei Versuchsreihen wurden Samen bestimmter Kleinarten (A, B und C) ausgesät, und zwar einmal im Abstand von jeweils 3 cm und einmal im Abstand von 18 cm; beide Male sowohl Parzellen mit Reinkulturen als auch Mischkulturen aller drei Arten. Wenn einige Samen nicht keimen, wurde nachgesät. Nach zwei Jahren wurden die noch vorhandenen Pflanzen ausgezählt.

Abstand	Reinkultur			Mischkultur ABC		
	A	B	C	A	B	C
18 cm	77	69	90	83	78	94
3 cm	27	49	24	28	22	57

Angaben in % der gekeimten Exemplare.
9. Phylogenie. Vergleicht man die Früchte verschiedener Taraxacum-Arten miteinander, so kann man eine stufenweise Veränderung feststellen; s. Abb. 5.
Taraxacum apenninum ist eine Art, die nur in den Apenninen vorkommt (Endemit).
Taraxacum pacheri ist Endemit der Zentralalpen in Höhen von 2000—2900 m. Größe der Pflanzen 2—6 cm.
Taraxacum alpinum kommt in den Hochgebirgen von Spanien bis Sibirien vor. Größe der Pflanzen 5—20 cm.
Taraxacum officinale kommt in ganz Eurasien von der Ebene bis ins Hochgebirge aufsteigend vor. Größe der Pflanzen 5—60 cm.
Springkraut = *Impatiens noli-tangere*
1. Die Gattung Impatiens ist in Europa nur mit zwei klar gegeneinander abzugrenzenden Arten vertreten.
2. Impatiens noli-tangere hat ihr Schwergewicht auf feuchten bis mäßig nassen, humosen Böden, die mäßig bis schwach sauer sind. Der Kompensationspunkt liegt unter 250 Lux. (Volles Tageslicht hat etwa 100 000 Lux.)
3. Therophyt. Impatiens gehört zu den einjährigen Pflanzen, es überwintert als Samen. Impatiens noli-tangere blüht im Juli.
4. Die Bestäubung geschieht durch Hummeln. Bei Exemplaren, die an sehr schattigen Stellen wachsen, tritt Selbstbefruchtung ein.
5. Die Früchte springen bei geringster Berührung auf (Springfrüchte).
6. Die Keimung hängt von der Frühjahrsfeuchtigkeit ab.
7. Die einzelnen Pflanzen unterscheiden sich in ihrem Habitus (Aussehen) nur wenig voneinander. Pflanzen auf relativ trockenen Böden kommen nicht zur Fruchtreife. Ebenso schadet zu große Feuchtigkeit (Pilzerkrankung).
8. Beobachtet man Pflanzen über längere Zeit, so sieht man, daß sie, wenn sie von der Sonne getroffen werden, ihre Blätter sehr bald hängen lassen. Man erkennt aber auch, daß sie sich im allgemeinen wieder schnell erholen, wenn die Sonne weiter gewandert ist und die Pflanzen wieder im Schatten stehen.
Thema 1 ist dem Stoffgebiet des 1. und 2. Semesters entnommen: physiologische Ökologie, Thema 2 dem Stoffgebiet des 3. Semesters: Evolution.
Zu Thema 1: Den Schülern werden in einer einfachen Aufzählung einige Kenntnisse über Bau und Verhalten der beiden Pflanzenarten vermittelt. (Da ergiebige Versuche zu diesem Thema in kurzer Zeit nicht durchgeführt werden können, und die mikroskopische Technik von den Schülern nicht genügend beherrscht wird, habe ich Beschreibung und Zeichnung vorgezogen.)
Die Schüler sollen diese mit den in den ersten beiden Semestern erworbenen Kenntnissen verbinden und so ein Bild der Pflanzen entwerfen.

Zu Thema 2: Thema 2 steht im Zusammenhang mit Thema 1, um die einmal entwickelten Gedanken weiterzuführen. Thema 2 verlangt ein Anwenden der in anderem Zusammenhang erlernten Begriffe aus der Evolutionstheorie auf Beispiele, die im Zusammenhang mit der Ökologie der Pflanzen stehen.
Es werden frische und gepreßte Exemplare von Taraxacum und Impatiens ausgelegt.

VI. Themen, die mehrere Bereiche umfassen

Grundkursthemen

1. Thema:

1. Teilaufgabe: Themenbereich: Verhaltenslehre

Aufgaben:
1. Analysieren Sie den beigefügten Text über die Verhaltensweisen der Grabwespe nach den verschiedenen Verhaltensweisen und geben Sie eine Abfolge der Verhaltensweisen wieder (mit Textbelegen!).
2. Versuchen Sie anhand des Textes ein Schema der Instinkthierarchie zu entwerfen.
3. Stellen Sie Versuchsbedingungen auf, die erkennen lassen, ob es sich bei diesem Tier um erlerntes oder angeborenes Verhalten handelt.

2. Teilaufgabe: Themenbereich: Evolution

Aufgaben:
Der beigefügte Text über das Aussehen des Homo sapientissimus spekuliert über den Menschen der Zukunft:
1. Inwieweit ist die Annahme der zukünftigen Gestalt des Menschen aus dem Trend der Evolution des Menschen vertretbar?
2. Wo liegen Ihrer Meinung nach Schwächen der Spekulation?
3. Welche Veränderungen in bezug auf die Geburt der zukünftigen Menschen müssen danach eintreten?

Text zur 1. Teilaufgabe (Verhaltenslehre):
„Die im Frühsommer schlüpfenden Grabwespen kommen in Fortpflanzungsstimmung und sind dann bereit, sich zu paaren. Der anschließenden Brutpflegestimmung sind nun eine Reihe von Verhaltensweisen zugeordnet:
Die Grabwespe sucht zunächst nur einen Nistplatz und beginnt scharrend und beißend das Nest in die Erde zu graben, wobei sie den losgelösten Sand wegträgt. Ist die Nestkammer fertig, verschließt sie den Eingang mit einem passenden Erdklümpchen. Dann sucht sie eine Raupe, ergreift und tötet sie. Danach packt sie ihre Beute mit den Mundwerkzeugen und den Vorderbeinen und schleppt sie zum Nest, wobei nur kurze Orientierungsflüge eingeschoben werden. (Es gelang der Nachweis, daß die Tiere sich in Nestferne nach Landmarken, z. B. Bäumen etc., in Nestnähe nach Steinen u. ä. orientieren.) Die Raupe wird vor dem Eingang abgelegt, das Nest wird geöffnet, die Raupe erst hineingezogen, wenn die Wespe hineingekrochen ist, sich im Nest umgedreht hat.

Schließlich legt die Wespe ein Ei auf die Raupe ab und verschließt das Nest. Sie besucht das Nest in der Folge wiederholt, und ist die Larve geschlüpft, wird sie zunächst mit kleinen und später mit größeren Raupen gefüttert. Hat sie sich schließlich verpuppt, verschließt die Wespe das Nest ganz. Sie richtet ihr Verhalten dabei situationsgemäß ein: sie bringt wenige Raupen, wenn schon viele im Nest sind und kleine Raupen, wenn die Larve noch klein ist."

Text zur 2. Teilaufgabe (Evolution):
„Neben der Evolution des Stirnhirns, des Organs für ein zweckhaftes, organisiertes Denken, fällt die Bedeutung der Evolution aller übrigen Organe ein wenig ab. Der Hirnschädel müßte an Größe beträchtlich zunehmen, d. h. er dürfte den Gesamteindruck des Homo sapientissimus so bestimmen, wie der des Homo sapiens vom Gesicht geprägt wird. Das Gesicht würde wohl von einem hochgewölbten Schädel überlagert werden, es würde klein, spitz und daher ein wenig greisenhaft wirken. Das jedenfalls steht zu befürchten: einmal wegen des zunehmenden Gebißverfalls, der bei seiner imponierenden Verbreitung eine genetische Grundlage haben muß, zum anderen, weil auch das Jochbein zu verschwinden droht.

Die Stirn wird steiler werden, wasserkopfartig sich vorwölben. Dabei werden die Überaugenwülste eingeschmolzen, so daß die Augen des Homo spientissimus kleiner wirken dürften, als sie wirklich sind.

Eingebüßt hat er: Geruchsvermögen, Gefühlsleben und Zähne, vielleicht auch Jochbein und — Rippen, ja Finger und Zehen. Die Rippen werden zumindest zahlenmäßig geringer sein. Von den Händen wird man wohl sagen können, daß sie kleiner sind und vermutlich weniger Finger aufweisen. Ferse und Fußgelenk dürften verschmelzen, was natürlich Auswirkungen auf den Gang des H. sapientissimus haben wird.

Erwartungshorizont:

1. Aufgabe: Die Kriterien zur Kennzeichnung einer Instinkthandlung sind aufzuzeigen und in sinnvoller, textbezogener Weise in ein Hierarchieschema einzubringen (Reproduktion, Reorganisation und Transfer).

Bei der Unterscheidung in angeborenes und erlerntes Verhalten ist im Sinne des Kaspar-Hauser-Versuches zu verfahren, um die Abfolge der Instinkthandlungen als eindeutig angeboren zu erkennen (Transfer, Problemlösung).

2. Aufgabe: Übereinstimmende Tendenzen der Evolution des Menschen (Vergrößerung des Hirnschädels, Einschmelzen der Überaugenbögen, „Verkümmerung" des Geruchsvermögens, Rückentwicklung des Jochbeins) sind als eindeutige Merkmale der Entwicklung zu erkennen.

Die Zahnrückentwicklung genetisch zu begründen scheint problematisch.

Eine Vergrößerung des Schädels vorgeburtlich würde eine Mutation voraussetzen, die den Geburtskanal erweitert bzw. das Gehirnwachstum in eine nachgeburtliche Phase verlegt. Alternativ dazu wäre auch die Vorverlegung der Geburt denkbar. (Zitate zu 1.: Nach *Eibl-Eibesfeldt*; *Dylla* — verändert; zu 2.: Nach *D. Lüth*, 1965, verändert.)

2. Thema:
1. Der erwachsene Mensch besteht zu etwa 60 % aus Wasser. Man könnte also das Wasser als *den* lebenwichtigen Grundstoff bezeichnen. Verdeutlichen Sie die

Rolle, die das Wasser im lebenden menschlichen Organismus spielt. Gehen Sie dabei auf alle Vorgänge möglichst genau ein.

2. Auch im Verlauf der Evolution spielte das Wasser eine entscheidende Rolle. Skizzieren Sie kurz die wichtigsten Stationen der Wirbeltierevolution, aus denen diese Wasserabhängigkeit hervorgeht.

Themen des Grundkurses:

1. Semester: Evolution im Tierreich
3. Semester: Bau und Funktion des menschlichen Organismus

Erwartete Lösung:

1. a. Möglichkeiten der Wasserzufuhr über den Magen-Darm-Trakt bis hin zur Zelle.

b. Einrichtungen zur Herabsetzung des Wasserverlustes: Hautsystem, Rückresorption in Darm und Niere.

c. Wasserverlust des Organimus: Defäkation, Exkretion, Sekretion.

d. Funktion des Wassers im Organismus: Lösungsmittel, Tranportmittel bis hin zum Zellstoffwechsel.

2. a. Alles Leben stammt aus dem Wasser.

b. Primäres Wasserleben bis einschließlich Fische.

c. Beim Mensch Wasserabhängigkeit von Gameten und der Embryonalentwicklung.

Die bekannten Zusammenhänge von Bau und Funktion der Organe sollen durch den übergeordneten Gesichtspunkt Wasser neu angeordnet und überdacht werden.

I. Begründen Sie an den Abbildungen (6, 7, 8) die Kausal- und Funktionszusammenhänge der Biozönose von Pflanzen im Ökosystem See.

Aufgaben:

1. Beschriften Sie die Gürtelung des Pflanzenwuchses in den Seen.
2. Begründen Sie die Anpassungsfähigkeit der Pflanzen aus einem Pflanzengürtel.

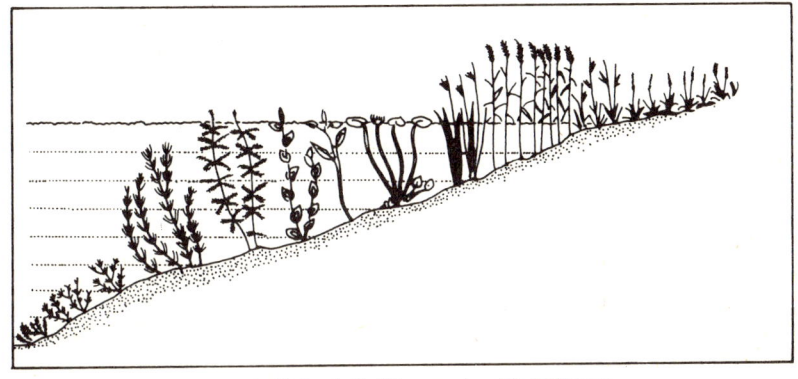

Abb. 6: Schnitt durch die Uferzone eines Flachufersees

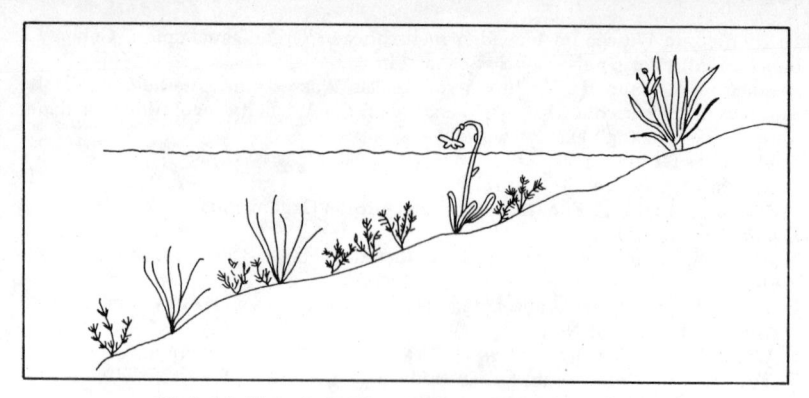

Abb. 7: Schnitt durch die Uferzone eines anderen Flachufersees

3. Ordnen Sie die 3 Abbildungen des Pfeilkrautes dem jeweiligen Pflanzengürtel zu und begründen Sie es.

II. „Drastisch ausgedrückt wird heute der Großteil der Säuglinge und Kleinkinder in der Massenpflege von der Allgemeinheit subventioniert und sozial geschädigt. Viele Kinder werden — durch das System der Massenpflege, nicht durch die beteiligten Personen — regelrecht schwachsinnig gemacht und dann als ‚geistig behindert' jahrzehntelang der öffentlichen Sozialhilfe zugeführt."

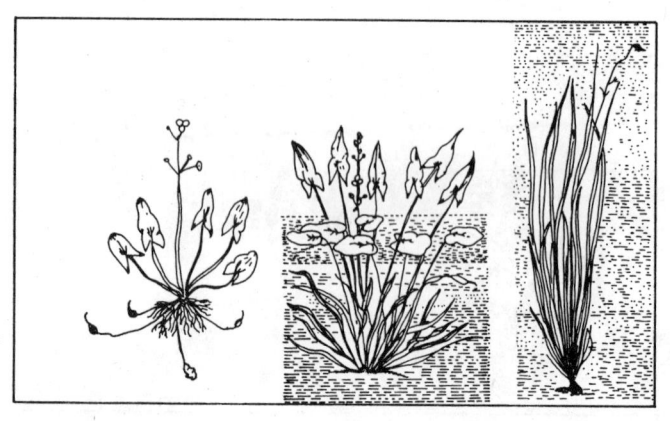

Abb. 8: Drei verschiedene Ausbildungen des Pfeilkrauts

Begründen Sie an einem fiktiven Beispiel diese Aussage.

Aufgabe:
Pädiater *Hellbrügge* zu Säuglings- und Kinderheimen, 1967, 1.
Beziehen Sie die Ergebnisse aus der vergleichenden Verhaltensforschung und Ihre Erkenntnisse aus dem Besuch des Max-Zelk-Heimes mit in Ihre Arbeit ein.

Voraussichtlicher Verlauf der Arbeit
I. Aufgabe 1: Bekannt ist das Schema einer Vegetationszonierung größerer, eutropher Seen und alle Pflanzen, z. T. nur von Abbildungen.
Diese Abbildungen 6 und 7 sind nicht bekannt.
Aufgabe 2: Die Anatomie der Uferpflanzen und die Kausalanalyse der Vegetationszonierung eines eutrophen Flachufersees sind im Unterricht erarbeitet worden.
Die Funktions- bzw. Anpassungszusammenhänge der Pflanzen der Biozönose eines oligotrophen Flachufersees müssen selbst erarbeitet werden.
Aufgabe 3: Unterschiede in der Morphologie des Wasser-Hahnenfußes (Heterophyllie) sind bekannt.
Diese 3 Teilabbildungen von Abb. 8 sind den Schülern nicht bekannt. Ein Transfer muß zwischen dem eutrophen und oligotrophen Flachufersee hergestellt werden.

II. Herstellen des Transfers von den Ergebnissen der vergleichenden Verhaltensforschung zur Entwicklung eines Menschen im Säuglings- bzw. Kinderheim.
Ergebnisse der vergleichenden Verhaltensforschung
1. Mutterbindung, 2 Phasen (nicht individuelle und individuelle Phase)
2. Prägung — sensible Phase
3. Erkundungsdrang, Neugierde, Spielen, Nachahmen (Schwerpunkt für Heimkinder)
Entfaltung der Intelligenz gefährdet, keine Mutterbindung, partieller Kaspar-Hauser, Hospitalismusschäden
4. Sexualverhalten
Sexuelle Prägungsphase, sexuelle Reifung, sexuelle Fehlhaltungen.

3. Thema:
1. Aufgabe:
Aus: *Brehms Tierleben*, Leipzig 1928.
„Die Katze ist Haustier in besten Sinne des Wortes. Sie unterwirft sich dem Menschen nur so weit, wie sie es für gut hält. Außerordentlich ist ihr Mut. Sowie sich ein Hund nähert, krümmt sie den Rücken, ihre Augen glühen Zorn. Die Ohren zurückgelegt, mit hochgezogener Oberlippe, faucht sie schon von fern gegen ihn. Hat sie aber Junge, so geht sie mit großer Wut auf den Störenfried los und zerkratzt ihm das Gesicht gar jämmerlich. Dagegen zeigt sie in derselben Zeit gegen andere Tiere ein Mitleid, das ihr alle Ehre macht. Man kennt Beispiele dafür, daß säugende Katzen Hündchen, Eichhörnchen, ja sogar junge Mäuse säugten und großzogen.
Die Spiellust der Katze macht sich schon in frühester Jugend bemerkbar: mit scheinbarem Ernst sieht man die Alte mitten unter den Kätzchen sitzen, aber be-

deutsam den Schwanz bewegen. Die Äuglein der Jungen gewinnen Ausdruck, ihre Ohren strecken sich, plump-täppisch häkelt das eine nach dem sich bewegenden Gegenstand. Eins lauert von hinten, das andere schleicht von der Seite an ..."

Setzen Sie sich kritisch mit dem vorgelegten Text auseinander und versuchen Sie, aus der Warte der modernen Ethologie die von *Brehm* 1928 geschilderten Verhaltensweisen der Hauskatze zu deuten.

2. Aufgabe:
Im westlichen Nordamerika ist der Seitenfleckenleguan in zahlreichen Populationen verbreitet. Die Tiere sind normalerweise braun-gefärbt und tragen auf dem Rücken zahlreiche hellblaue, grell orangefarbene oder gelbe Flecken. Auf einigen Inseln im Golf von Kalifonien leben kleine Populationen, die entweder schiefergrau oder schwarz sind und auf dem dunklen Lavaboden dieser Inseln von beutesuchenden Vögeln kaum entdeckt werden können. Das Zustandekommen dieser isolierten Population ließe sich leicht durch Selektion erklären. Auf anderen Inseln leben aber Populationen, die leuchtend grün gefärbt sind und sich deutlich vom hellgrauen Granituntergrund der Insel abheben.
Erklären Sie bitte das Zustandekommen dieses Phänomens.

3. Aufgabe:
Nach der Symbiosehypothese ist die höhere Zellform (Euzyte) phylogenetisch dadurch entstanden, daß eine zwar schon kernhaltige, aber doch heterotrophe Zelle chlorophyllhaltige Blaualgen und Bakterien als Symbionten aufgenommen hat. Die Chloroplasten stellen nach dieser Hypothese symbiontische Blaualgen oder autotrophe Bakterien, die Mitochondrien symbiontische heterotrophe Bakterien dar.
Welche Ihnen bekannten Beispiele oder Argumente könnten als sog. „Modelle" diese Hypothese stützen?

4. Aufgabe:
a. Analysieren Sie an einem Beispiel Ihrer Wahl die Einflüsse moderner landwirtschaftlicher Produktionsmethoden auf die Umwelt.
b. Bewerten Sie kurz, inwieweit diese Methoden in Bezug auf das Ökosystem einschl. des Menschen sinnvoll sind.
Angaben über den Zusammenhang der Aufgaben mit vorher behandelten Inhalten und Lösungsgangsszkizzen.

Zu Aufgabe Nr. 1:
Die im Zusammenhang der im Unterricht (1. Semester) über Verhaltenslehre erworbenen Kenntnisse sollen hier angewendet werden. Dazu sind Reorganisation sowie leichter Transfer erforderlich.
Anforderungen:
Die Verhaltensweisen der Katze sollen nach ethologischen Gesichtspunkten erkannt und herausgearbeitet werden. Es handelt sich im wesentlichen um einzelne Funktionskreise des Instinktverhaltens, wie:
Sozialverhalten, Aggression, Ausdrucksbewegung als Überlagerung von Intentionsbewegungen, Brutpflegeverhalten, Erkundungsverhalten, Beutefanghandlung.

Zu Aufgabe Nr. 2:
Hier wird der sog. Sewall-Wright-Effekt (Gen-Drift) angesprochen.
Im Unterricht wurden im Rahmen der Thematik Evolution (2. Semester) die Bedingungen für eine ideale Population behandelt. Im Gegensatz dazu steht hier die extrem kleine reale Population, in der sich eine Mutation — bei fehlendem Umweltdruck — entweder schnell durchsetzt oder verschwindet. Eine entsprechende Rolle spielt der Zufall dabei. Die Erklärung kann indirekt über das Hardy-Weinberg-Gesetz erbracht werden oder u. a. in Form eines Diagramms. (Populationswelle, Anhäufung von neuen Genen in der geschrumpften Population → Anwachsen dieser Population).
Die Lösung dieser Aufgabe ist mit leichtem Transfer verbunden.

Zu Aufgabe Nr. 3:
Diese Aufgabe fällt in den Grenzbereich der Evolution und der Ökologie. Das Thema Symbiose wurde von verschiedenen Richtungen her erarbeitet.
Die Evolution der Zelle (abiotisch → biotisch) ist allgemein anhand eines Referates zur Sprache gekommen.
Die erworbenen Kenntnisse sollen dazu verwendet werden, mit bekannten Beispielen von Symbiosestadien entsprechende „Modelle" aufzuzeigen, die diese Hypothese stützen. Hierzu ist Transfer und divergierendes Denken notwendig.

Zu Aufgabe Nr. 4:
Zum Themenkomplex Ökologie (3. Semester) wurden die wichtigsten Gebiete exemplarisch im Unterricht, im Praktikum und in Referatform erarbeitet. Damit haben die Schüler eine Beziehung zu den allgemeinen ökologischen Problemen erhalten. Dieses Wissen soll nun speziell an einem Beispiel in einem neuen Zusammenhang in der gestellten Aufgabe durchdacht und erarbeitet werden.
a. Die Schüler sollen die Wesenszüge moderner landwirtschaftlicher Produktionsmethoden herausstellen, sowie deren Auswirkungen auf das betreffende Ökosystem schildern und

b. bewerten, bis zu welchem Punkt Vorteile der Anwendung dieser Methoden für das Ökosystem zu rechtfertigen sind.

Leistungskursthemen

1. Thema:

1. Form der Arbeit

Im ersten Studiensemester beschäftigen wir uns mit dem Rahmenthema „Entwicklungsphysiologie der Tiere". Dabei wurden auch Entwicklungszyklen einiger Parasiten berücksichtigt und ihre Besonderheiten herausgestellt.
Die „Ökologie" war Gegenstand des 2. Semesters. Auch bei diesem Stoffgebiet wurde der Parasitismus, seine Entstehung, Auswirkungen und Bekämpfungsmethoden von Seiten des Menschen in die Thematik miteinbezogen. Thema des 3. Studiensemesters war die „Pflanzenphysiologie".
Aus diesen 3 Stoffgebieten ergab sich eine Synthese für die Prüfungsarbeit. Dabei steht die Thematik des 3. Semesters im Vordergrund. Die Arbeit setzt sich aus einem praktisch-analytischen Teil und dessen Auswertung sowie aus einem theoretisch-memorierenden Teil zusammen.

Im ersten Teil wird eine Chromatographie der in der Chinarinde vorkommenden Alkaloide durchgeführt (UV Licht und Dragendorffs-Reagenz-Auswertung) und außerdem sollen gegebene Präparate dieser Rinde anatomisch ausgewertet werden.
Im zweiten Teil soll auf den Entwicklungsgang des Malaria-Plasmodiums und auf dessen Ökologie eingegangen werden.
In Anbetracht der zeitraubenden chromatographischen Analyse und deren Auswertung sowie des verhältnismäßig umfangreichen Themas wird eine Arbeitszeit von 6 Zeitstunden vorgesehen und gebeten, diese zu bewilligen.

Hilfen für die Bearbeitung
Sämtliches für die DC-Methode notwendige Material, Zeichengerät, Fertigpräparate, Mikroskop, ev. Rechenschieber, Chemikalien.

Prüfungsaufgabe
1. Teilaufgabe:
Die Malaria ist auch heute noch eine weit verbreitete Krankheit unter gewissen Bevölkerungsschichten der Erde. In einem bestimmten Stadium kann man sie mit Alkaloiden aus den Rinden von Cinchona succirubra (Cortex Chinae) bekämpfen. Die Alkaloide werden noch heute aus der Rinde gewonnen, obgleich eine synthetische Darstellung aus wissenschaftlichen Gründen möglich ist.
Weshalb führt man sie nicht durch?
Zeigen Sie an Hand der numerierten Präparate (1—3) wie sich die Chinarinde anatomisch aufbaut. Fertigen Sie Skizzen der typischen Bauelemente an.
Diskutieren Sie ein selbsthergestelltes Aufschlämmpräparat der gepulverten Chinarinde.
Wägen Sie zur Gewinnung einer ätherischen Lösung der Alkaloide 0,5 g der gepulverten Droge ab, geben Sie das Pulver in ein Becherglas (150 ml), fügen 10 ml N-Schwefelsäure hinzu und erhitzen bis zum Sieden. (Erläuterung.) Nach dem Abkühlen wird die Mischung filtriert. Das Filtrat wird in einem Reagenzglas aufgefangen und mit 5 ml 6 N-Ammoniaklösung versetzt. Umschütteln! Beobachtung! Danach werden 5 ml Diäthyläther zum Ausschütteln hinzugesetzt.

(Erläuterung)
Wenn sich die ätherische Phase von der anderen deutlich getrennt hat, führen Sie mit dem ätherischen Extrakt eine chromatographische Analyse durch. 2 Vorteile des Äthers sind zu erwähnen!
Auf 2-DC-Platten der Größe 10 × 20 cm mit Fluoreszenzfaktor tragen Sie auf der Startlinie in bestimmten Abständen vom linken Rand der Platte (1,5/3,5/5,5/7,5 cm) einen, zwei und drei Tropfen der ätherischen analytischen Substanz auf. Lösungsmittel immer erst verdampfen lassen! Auf einem 4. Startfleck (7,5 cm vom rechten Rand) lassen Sie eine Chininlösung von bestimmter Konzentration mitlaufen. Warum?
Als Fließmittel benutzen Sie ein Gemisch von 50 ml Chloroform, 9 ml Methanol und 1 ml konz. Ammoniaklösung (25 %).
Die Fließmittelfront setzen Sie mit 10 cm an. Warum? Beschriften Sie den oberen freien Teil der Platte mit den für den Beurteiler erforderlichen Daten. (Datum, Name, Extraktionsmittel, Fließmittel, analytische Substanz, Laufzeit, Raumtemperatur, Entwickler.)

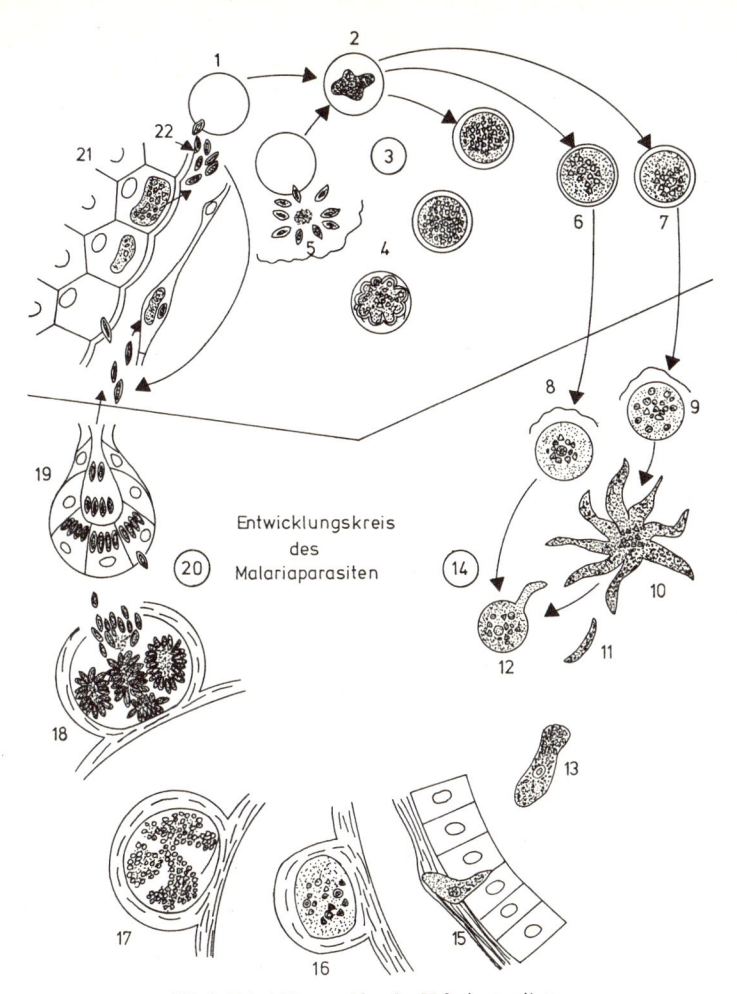

Abb. 9: Entwicklungscyklus des Malariaparasiten

Achten Sie darauf, daß die Umgebungstemperatur möglichst konstant gehalten wird! Warum?
Ist die Fließmittelfront erreicht, nehmen Sie die Platten aus der Kammer und werten die Ergebnisse im UV-Licht bei 366 nm nach folgenden Gesichtspunkten aus:

a. wieviele Flecken sind unter den angegebenen Bedingungen sichtbar? Was ist im Tageslicht auf der Platte zu sehen? Flecken auf der Platte im UV-Licht mit weichem Bleistift sorgfältig in zwei Reihen umranden und mit Fleckennummer, Farbe und Intensitätsgrad versehen.

b. Farben mit Buchstaben (z. B. gr = grün, g = gelb, hb = hellblau abkürzen und unmittelbar neben den Fleck schreiben!

c. Welche Quantitäten der Substanzen sind vorhanden? Intensität der Farbflecken durch Vergleiche festlegen. Höchstzahl sei fünf (5). Sofort daneben schreiben. In der Auswertungstabelle ist diese Zahl durch Kreuze zu ersetzen (siehe auch Buchstabe g).

d. Berechnen Sie die RF-Werte. Der Fleck an der Fließmittelfront wird mit Nr. 1 bezeichnet (siehe Buchstabe a).

e. welchen RF-Wert hat das Chinin auf dem Startfleck 4?

f. Auf der zweiten Platte umranden Sie im UV-Licht in einer Reihe die sichtbaren Flecken genau so wie auf der ersten Platte. Die 2. Platte wird mit Dragendorff's Reagenz besprüht. Werten Sie das Ergebnis aus und vergleichen Sie es mit dem des UV-Lichtes! Wieviel Alkaloide lassen sich nachweisen?

g. Stellen Sie abschließend die Ergebnisse in Form einer Tabelle zusammen, in der die Spalten von links nacht rechts zu berücksichtigen sind: Nummer des Fleckes, RF-Wert, Farbe in Worten, Farbe mit Buntstift eintragen, Intensität. a. für das UV-Licht b. mit Dragendorff-Reagenz, auch hier das Chinin beachten.

2. Teilaufgabe

Stellen Sie die wichtigsten Tatsachen über die Alkaloide auf einem Extrabogen zusammen. Was können Sie speziell über das Chinin aussagen?

3. Teilaufgabe

Der auf dem Sonderblatt aufgezeichnete Entwicklungsgang eines Plasmodiums ist mit Zahlen versehen. Ersetzen Sie diese durch Fachausdrücke oder entsprechende Erläuterungen (Sonderbogen!).

4. Teilaufgabe

Äußern Sie sich unter Berücksichtigung ökologischer Aspekte aller an der Malaria beteiligten Organismen! (Abb. 9)

Lösung zu Teilaufgabe 1

Flecknr. von oben begonnen	RF-Wert	Farbe in Worten	Farbe in Buntstift	Intensität
	Bei UV — 366 nm			
1	0,97	gelb		+++++
2	0,87	hellblau		++++
3	0,77	hellblau		+++++
4	0,73	hellblau		+++++
5	0,68	hellblau		+++
6	0,65	hellblau		+++
7	0,62	gelb		+++
8	0,58	gelb		++
9	0,50	gelb		++
10	0,45	braun		++

Flecknr. von oben begonnen	RF-Wert	Farbe in Worten	Farbe in Buntstift	Intensität
	Bei UV — 366 nm			
11	0,39	hellblau		+++
12	0,34	gelb		++
13	0,29	violett		+
14	0,24	violett		+
15	0,07	braun		+
	Dragendorff-Reagenz			
1	0,96	orange		++
2	0,86	orange		+++
3	0,82	orange		+++
4	0,76	orange		+++++
5	0,72	orange		+++++
6	0,68	orange		+++
7	0,66	orange		+++
8	0,62	orange		+++
9	0,42	orange		++
	Chinin 4. Fleck als Vergleich UV — 366 nm			
1	0,71	hellblau		+++++
2	0,61	hellblau		+++
	Chinin — Dragendorff-Reagenz			
1	0,71	orange		++++
2	0,61	orange		++

Lösung der Teilaufgabe 2
Es sollten u. a. folgende Gesichtspunkte erwähnt werden:
1. Alkaloide entstehen durch den sekundären Stoffwechsel in manchen Pflanzen.
2. Es handelt sich um stickstoffhaltige, heterozyklische Verbindungen, die aus Aminosäuren gebildet werden.
3. Sie können auf den menschlichen Organismus starke physiologische Wirkungen ausüben.
4. Sie werden in Wurzeln, Blättern, Früchten und Rinden gebildet.
5. In der Regel kommen sie in ganzen, chemisch nahe verwandten Gruppen vor.
6. Einige Pflanzenfamilien sind reich an Alkaloiden wie z. B. Nachtschatten-, Hahnenfuß-, Mohngewächse, Rubia- und Rutaceae, Schmetterlingsblütler, Piperaceae.
7. Isolierung durch Extraktion mit Säuren, Methanol oder Äther.
8. Sichtbarmachen durch die chromatographische Methode im UV-Licht, genauer durch Besprühen mit spezifischen Reagenzien.
9. Viele Alkaloide ergeben mit bestimmten Reagenzien Niederschläge.

10. Einteilung nach Strukturtypen:
a. Pyrindin-, Piperidingruppe
b. Chinolingruppe
c. Isochinolingruppe
d. Tropangruppe
e. Puringruppe
f. Indolgruppe
g. Strychningruppe
h. Steroidgruppe

11. Es sind ca. 2 000 verschiedene Alkaloide als Heil-, Anregungs- und Betäubungsmittel, als Gifte und Rauschgifte bekannt.

12. Sie können heute vielfach synthetisch hergestellt werden.

Chinin: Weißes Pulver, welches sich in Äther, Chloroform und Äthanol gut löst, schlecht dagegen im Wasser. Gewinnung aus Cinchona-Arten, die man miteinander kreuzt, um einen möglichst hohen Chiningehalt zu erreichen. Synthetische Darstellung zu teuer, da ungefähr 60 Reaktionsschritte erforderlich. Gewinnung aus der Baumrinde geht in verschiedenen Schritten vor sich. Plasmagift, hemmt enzymatische Prozesse, setzt Permeabilität der Zellwände herab, wirkt stimulierend auf die Uterusmuskulatur. Nebenwirkungen bei Überdosis: Übelkeit, Erbrechen, Durchfall und Sehstörungen. Fiebermittel und Bitterstoff für die Getränkeindustrie. Antimalariamittel. Ungefähr 40 chininhaltige Präparate im Fachhandel. Nachweis durch Chlorwasser und Ammoniak: smaragdgrüne Färbung. Anderer Nachweis durch Dragendorff's Reagenz. Orangefarbener Niederschlag.

Molekül baut sich aus 2 Ringsystemen auf, die durch eine HO —C—H - brücke miteinander verbunden sind. Erster Ring ist ein Chinolinring mit typischer Methoxylgruppe und Stickstoff, zweiter Ring heißt Chinuclidinring. Für ihn ist eine Vinylgruppe typisch, außerdem zwischen dem Kohlenstoffatom 4 und dem Stickstoff eine Doppelmethylengruppe. Bruttoformel ist $C_{20}H_{24}N_2O_2$. Chinin ist isomer mit Chinidin (früher: Conchinin). Daher zwei Flecken auf der DC-Platte. Anderes Alkaloid in der Rinde ist Cinchonin, isomer mit Cinchonidin. In diesem ist die Methoxylgruppe durch Wasserstoff ersetzt. Chininsalzlösungen fluoreszieren prächtig hellblau, die von Cinchonin nicht. Raumformel des Chinins nach Beyer (Abb. 10).

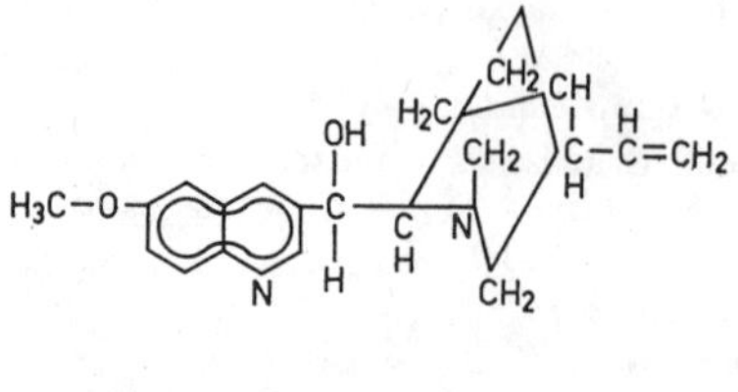

Abb. 10: Raumformel des Chinins nach *Bayer*

Lösung zu Teilaufgabe Nr. 3
1. Eindringen eines Merozoiten in ein rotes Blutkörperchen
2. amöboides Stadium

3. Schizogonie
4. Gänseblümchenstadium
5. Platzen eines roten Blutkörperchens und Freiwerden der Merozoiten
6. Makrogametozyte
7. Mikrogametozyte
8. Ausbildung des reifen Makrogameten im Darm der Mücke
9. Ausbildung des reifen Mikrogameten im Darm der Mücke
10. Bildung von 8 Mikrogameten
11. Mikrogamet
12. Befruchtung
13. Zygote
14. Gametogonie
15. Auswandern der Zygote aus der Darmhöhle in die umgebende Muskelschicht
16. Zystenbildung
17. Kernteilung
18. Bildung von Sporozoiten
19. Eindringen der Sporozoiten in die Speicheldrüse der Mücke
20. Sporogonie
21. Durch den Stich der Mücke ins Blut gebrachter Sporozoit dringt ins Endothelgewebe ein
22. Merozoit
23. Entwicklung des Parasiten im Blut des Menschen
24. Entwicklung des Parasiten im Darm und der Speicheldrüse der Mücke
25. Entwicklung im Endothel des Menschen

Teilaufgabe 4:
Es sollten folgende Begriffe auftauchen:
Parasitismus, Ekto- und Endoparasitismus, Erreger und Überträger, Bekämpfung des Erregers und des Übertragers (Methoden). Komplizierte Entwicklungsgänge der Parasiten, da es schwierig ist, den entsprechenden Wirt zu erreichen. Hoher Spezifitätsgrad. Erzeugung sehr vieler Keime. Der Parasitismus hat eine phylogenetische Entwicklung hinter sich. Haupt- und Zwischenwirt. In diesem Falle Tod des Hauptwirtes durch Erstickung, da die roten Blutkörperchen als Sauerstoffträger verloren gehen. Künstlich erzeugtes Malariafieber hilft u. U. gegen die Erreger der Syphilis.

2. Thema:
I. Die Energiestoffe Kohlenhydrate, Fette und Eiweiße sind Bestandteile aller Lebewesen. Sie stehen auch den Pflanzen zur Energiegewinnung zur Verfügung Dennoch dissimilieren die Pflanzen größtenteils die Kohlenhydrate. Fette werden häufig in Samen und Früchten, Eiweiße dagegen nur in geringen Mengen gespeichert.
1. Beschreiben Sie die unterschiedlichen Abbauwege dieser drei Stoffe und deren Energiegewinnung durch die Pflanzen!
2. Warum nutzen die Pflanzen diese Stoffe für den Energiegewinn in sehr unterschiedlichem Maße?
II. *Prof. Dr. Hoimar von Ditfurth* erklärte in einer „Querschnitt"-Fernsehsendung über die Anfänge des Lebens auf der Erde, daß die grünen Pflanzen entstanden sein könnten durch eine Symbiose aus heterotrophen Organismen und auto-

trophen Einzellern, die ihre Lebensfunktion bis auf das Vorhandensein der Chloroplasten aufgegeben haben.

Als Schluß der Sendung malte er eine Zukunftsvision: Der Mensch impft sich Chloroplasten in die Hautzellen und kann damit sein Ernährungsproblem lösen, indem er autotroph lebt.

1. a. Welche morphologischen Voraussetzungen braucht die grüne Pflanze für die Photosynthese?

1. b. Erklären Sie, welche morphologisch-anatomischen Veränderungen beim Menschen vollzogen werden müßten, damit er autotroph leben könnte!

2. Diese veränderte Lebensform hätte erhebliche ökologische Auswirkungen.

2. a. Diskutieren Sie die neuen Lebensmöglichkeiten des Menschen aufgrund seiner veränderten ökologischen Potenz!

2. b. Welche Auswirkungen hätte diese menschliche Lebensform auf die Biotope und Biocoenosen, in denen der Mensch heute lebt?

Erläuterung:
Themen der gemeinsamen Leistungskurse der Schüler: II. Semester: Ökologie;

III. Semester: Stoffwechselphysiologie der Pflanzen.

Zusammenhang der Aufgaben mit den vorher behandelten Inhalten:
Bei der Stoffwechselphysiologie der Pflanzen wurde die Dissimilation vertieft am Beispiel der alkoholischen Gärung und der Kohlehydratveratmung erarbeitet. Dabei lag der Schwerpunkt im Bereich der Energiegewinnung. Die Veratmung der Fette und Eiweiße wurde relativ kurz abgehandelt, wobei hier schwerpunktmäßig wieder der Energiegewinn und der Zusammenhang mit dem Kohlenhydratabbau dargestellt wurde. Die Photosynthese der autotrophen Pflanzen wurde in beiden Semestern behandelt: im Rahmen der Ökologie aufgrund der bei ihr auftretenden abiotischen Faktoren und im III. Semester als grundlegender Stoffwechselvorgang im Zusammenhang mit der Morphologie der Pflanzen und dem Stofftransport. Ferner wurden in der Ökologie nicht nur die abiotischen, sondern auch die biotischen Faktoren (z. B. Konkurrenz, ökologische Nische) behandelt.

Lösungsvorgang:

I. 1. Die Kohlenhydrate werden in Glukosebausteine zerlegt und über die Glykolyse in den Citratzyklus eingeschleust. Die Energie wird durch die Atmungskettenphosphorylierung als ATP aufgebaut. Die Fette gehen nach der Spaltung als Glyzerinaldehydphosphat und als Acetyl-CoA nach der β-Oxydation der Fettsäuren in die Kohlenhydratveratmung ein, die Eiweiße über die Decarboxylierung, Transaminierung und Desaminierung in den Citratzyklus.

Lösungsvorgang:

I. 2. Die Pflanze nutzt den Eiweißabbau nur in extremen Hungerszeiten. Die Eiweiße haben als spezifischer Aufbaustoff und als Enzyme für den Stoffwechsel große Bedeutung und sind nur gering speicherfähig. Die Fette werden häufig als Speicherstoffe in Samen und Früchten genutzt, da sie zu der Entwicklung der neuen Pflanze große Energien freisetzen können. Ihr Abbau ist relativ kompliziert. Die Kohlenhydrate lassen sich einfacher ab- und umbauen, können leichter und schneller transportiert werden und haben als Primärprodukt der Photosynthese Vorzug vor den anderen.

II. 1. a. Neben dem Chlorophyll braucht die Pflanze für die Photosynthese Kohlendioxyd und Wasser, ferner Enzyme für die Steuerung der Prozesse. Wasser,

Mineralien und Salze nimmt sie aus dem Boden auf und leitet sie über das Gefäßsystem in die Blätter, durch Diffusion in das Assimilationsparenchym. Das Kohlendioxyd wird über die Stomata aufgenommen und über die Interzellularräume zu den Zellen der Photosynthese geleitet.

II. 1. b. Das Wasser könnte der Mensch über seinen Verdauungstrakt aufnehmen, oder er müßte ein besonderes Organ zur Wasseraufnahme entwickeln. Ebenso müßte der Mensch Mineralien und Salze in großen Mengen aufnehmen. Kohlendioxyd könnte durch die Lunge aufgenommen werden; d. h., die Lunge müßte verändert werden. CO_2 könnte auch direkt von außen in die Hautzellen aufgenommen werden. Neben der Lunge müßte sich auch die Blutzusammensetzung für den CO_2-Transport ändern.

II. 2. a. Die ökologische Potenz würde sich sehr stark vergrößern, da für den Menschen auch Biotope ohne organisches Material theoretisch genutzt werden könnten.

II. 2. b. Der Mensch würde die Biotope durch die Nutzung der abiotischen Faktoren belasten. Er würde in Konkurrenz treten zu den grünen Pflanzen, als ihr Konsument aber ausfallen. Die Konkurrenz als Räuber zu den Tieren wäre nicht mehr gegeben und würde sich auf die Vermehrung dieser Tiere auswirken.

3. Thema:

1. Die Larven der Sandwespe *Ammophila pubescens* überwintern in einem Kokon im Boden und machen im Mai ihre letzte Verwandlung (ein Puppenstadium) durch. Anfang Juni schlüpfen die Männchen, einige Tage später die Weibchen. Gleich nach dem Schlüpfen paaren sich die Tiere. Es gibt im Jahr nur eine Generation, denn aus den jetzt gelegten Eiern gehen erst ein Jahr später im Juni die Nachkommen hervor. Die geschlüpften Sandwespen selbst leben nur wenige Wochen und ernähren sich von Nektar.

Nach den Beobachtungen von *Baerends* beginnt die Sandwespe nach der Begattung das Nestbauen damit, daß sie längere Zeit ... umherstöbert, um dann zwischen lockerer Heide-Kiefern-Vegetation auf und an sandigen Wegen zunächst zur Ruhe zu kommen. Mit den spitzen Oberkiefern beißt sie dann und wann in den Sand und beginnt, mit den steifen Fußborsten der beiden Vorderbeine mehrere flache Gruben zu scharren. Eine dieser Anlagen wird schließlich zum richtigen Nest vervollständigt. Das Weibchen gräbt zuerst einen 2 cm tiefen, senkrechten Stollen, an den sich horizontal eine 2,5 cm lange elliptische Kammer anschließt. Bei hoher Bodentemperatur ist der Stollen etwas länger, bei niedrigerer etwas kürzer. Der losgelöste Sand wird zwischen Kopf und Brustteil eingeklemmt, mit den Vorderextremitäten gehalten und im Fluge bis zu 20 cm weit weggetragen und dann fallengelassen. ... Wenn die Kammer fertig ist, sucht die Sandwespe in der näheren Umgebung Holzsplitter und Erdklümpchen, die sie mit den Oberkiefern herbeiträgt und, wenn das Nest noch leer ist, nur ganz locker in den Röhreneingang stopft, so daß er leicht an einer Delle kenntlich ist. ...

Nach dem Nestbau geht das Weibchen auf Raupensuche. Anscheinend erkennt es seine farblich getarnte Beute zunächst am Geruch. Es stürzt sich rittlings über die Raupe und ergreift sie mit den Oberkiefern am Brustteil. Sie bewegt den Stachel auf der Bauchseite der Raupe von vorn nach hinten und bringt den ersten Stich auf der weichen Bauchseite unmittelbar hinter dem Kopfteil an, die übrigen

auf der Bauchseite verteilt. Diese Bewegungen sind je nach der Situation variabel, bewirken aber stets eine baldige Lähmung der Beute.
Mit erstaunlicher Sicherheit findet die Sandwespe ihr Nest wieder. Sie legt die Raupe in der Nähe ab, öffnet das Nest, ... dreht sich um, wobei die Hinterleibsspitze sich in oder über der Nestöffnung befindet, packt die gelähmte Raupe mit den Oberkiefern und zieht sie rückwärtsgehend in das Nest. Auf der Raupe legt sie ein Ei ab.
Jetzt verläßt sie das Nest und verschließt es endgültig, indem sie Erdklümpchen und Sand mit der Vorderseite des Kopfes fest andrückt. Dann fegt sie noch losen Sand darüber, so daß es für unser Auge nicht mehr auffindbar ist.
a. Gliedern Sie die verschiedenen Handlungen der Sandwespe nach ethologischen Gesichtspunkten und erläutern Sie, wie dieses Verhalten zustande kommt!
b. Stellen Sie die einzelnen Handlungen in einen größeren Zusammenhang, bezogen auf das Leben der Sandwespe!
2. Hat die Sandwespe eine schwere Raupe erbeutet, so bringt sie ihre Beute zum Nest, indem sie die Raupe mit dem Kopfende voran über den Boden zieht. Von Zeit zu Zeit erklettert sie einen Heidebusch oder eine kleine Kiefer, schaut sich nach allen Seiten um und macht dann einen weiten Startsprung in Richtung zum Nest. Dieses Verhalten wiederholt sie auf ihrem Fußweg zum Nest mehrmals.
Baerends machte folgende Versuche:
1. Er versetzte kleine Kiefern und Heidebüsche in der Nähe des Nestes. Die Sandwespe fand nicht zum Nest zurück.
2. Er grub Blechdosen voll Sand in den Boden ein. Hatte eine Ammophila darin ein Nest angelegt, vertauschte er die Dose mit dem Nest gegen eine andere Dose ohne Nest in der Umgebung. Die Sandwespe suchte ihr Nest nur an der alten Stelle.
a. Welche Fragestellung liegt den beiden Experimenten zugrunde?
b. Beobachtung und Experimente lassen Schlüsse auf das Zustandekommen dieser Verhaltensweise zu.
Erläutern Sie dies speziell für das beschriebene Beispiel und machen Sie allgemeine Ausführungen dazu!
c. Zeigen Sie Unterschiede und Gemeinsamkeiten der in Aufg. 1 und hier beschriebenen Verhaltensweisen auf!
3. Im Jahre 1779 stellte der Holländer *Jan Ingenhousz* fest, daß eine Maus, die er zusammen mit einer grünen Pflanze unter eine Glasglocke setzte, nicht erstickte, im Gegensatz zu einem Kontrollexperiment, das er ohne grüne Pflanze durchführte. In seiner Schrift „Versuche mit Pflanzen, hauptsächlich über die Eigenschaften, die Luft im Sonnenlicht zu reinigen und in der Nacht und im Schatten zu verderben" sagt er, daß „diese wunderbare Wirkung keineswegs von dem Wachstum der Pflanzen, sondern von dem Einfluß der Sonnenstrahlen abhängt".
a. Die im Zitat angedeuteten Vorgänge sind inzwischen genauer geklärt. Erläutern Sie die Grundsachverhalte!
b. Welche Ergebnisse würde ein Kontrollexperiment ohne Maus erbringen? (Begründung?)
c. Untersuchen Sie die Aussage näher, daß Pflanzen „die Luft in der Nacht und im Schatten verderben". Welcher Vorgang ist gemeint, und warum ist er weniger augenfällig?

Im 3. Semester wurden Inhalte der Verhaltenslehre behandelt. An geeigneten Beispielen (Beutefang des Frosches, Brutpflege und Brutfürsorge bei Stichling und Maulbrüter, Beutefang des Rückenschwimmers) wurden angeborene Verhaltensweisen bei Tieren analysiert. Analyse von Handlungsketten.
Das Zustandekommen von Instinkthandlungen durch Zusammenwirken von Innen- und Außenfaktoren wurde mit Hilfe des hydraulischen Modells von Lorenz erarbeitet. (Instinktzentren, AAM, Appetenz, Leerlaufhandlung, Übersprunghandlung.)
Lernverhalten und Instinkt-Dressur-Verschränkung wurde u. a. am Verhalten der Graugans und des Eichhörnchens besprochen. Erwerbskoordinationen bei Ratten und Tauben in der Skinner-Box.
Das Thema des 2. Semesters war Pflanzenphysiologie. Der Wasser- und Mineralstoffhaushalt der Pflanze (Aufnahme, Transport und Abgabe) wurde besprochen. Bearbeitet wurde ferner der Kohlenstoffhaushalt autotropher Pflanzen (Assimilation, Dissimilation).

Erwartete Leistungen:
Die Schüler sollen:
— erkennen, daß es sich bei diesem Beispiel um das angeborene Brutpflegeverhalten der Sandwespe handelt;
— die Einzelelemente der Handlungen voneinander trennen können;
— erkennen, daß die einzelnen Handlungen durch Reizmuster der Umwelt ausgelöst werden, wenn die Sandwespe auf ein spezifisches Verhalten durch innere Faktoren eingestimmt ist (Handlungsbereitschaft);
— wissen, daß auf spezifische Reizmuster der Umwelt starre, autonome, arteigene Abläufe einsetzen, die als Endhandlungen eine Triebaufzehrung bewirken;
— erkennen, daß hier mehrere Handlungen zu einer Instinktkette hintereinander geschaltet sind, die starr auf ein bestimmtes Ziel gerichtet sind und daß zu jeder triebaufzehrenden Instinkthandlung der Handlungskette ein Schlüsselreiz und evtl. eine eigene Appetenzhandlung gehört;
— das Zusammenwirken von Innen- und Außenfaktoren erkennen und die Fachausdrücke der Verhaltensanalyse anwenden;
— herausfinden, daß die Sandwespe sich orientieren muß, und daß dieses Verhalten erlernt sein muß (Obligatorisches Lernen);
— eine Instinkt-Dressur-Verschränkung erkennen und definieren;
— herausfinden, woran und womit sich die Sandwespe orientiert.

Die Schüler sollen:
— die Grundprinzipien von Photosynthese und Atmung erläutern;
— herausfinden, daß ein Kontrollexperiment ohne Maus zum langsamen Absterben der Pflanze führen muß, da sie durch eigene Atmung viel weniger CO_2 produziert, als sie für ihre Assimilation benötigt;
— erkennen, daß die CO_2-Abgabe der Pflanze aufgrund ihrer eigenen Atmung gemeint ist;
— erläutern, daß die pflanzliche Atmung weniger augenfällig ist, weil sie im Gegensatz zur Tieratmung nicht direkt beobachtbar ist, der Gasaustausch vom entgegengesetzten Austausch der Photosynthese überdeckt wird und weil der Energiegewinn, der aus der Atmung gezogen wird, bei Pflanzen schlechter zu erkennen ist als bei Tieren (Bewegung, Wärme).

Quelle des Textes zum Verhalten der Sandwespe: *Fels*, „Organismus" 2. Auflage 1976 (verkürzt und stellenweise leicht abgeändert).

4. Thema:
a. Auf welchen biologischen Grundlagen beruhen die Erfolge von Impfungen gegen Infektionskrankheiten?
b. Fertigen Sie einen Querschnitt durch den Sproß der vorgelegten krautigen Blütenpflanze an und beurteilen Sie mit Hilfe von Färbemitteln die Differenzierung der Gewebe!
c. In welchem abstammungsgeschichtlichen Zusammenhang stehen die Anatomie der Ihnen vorgelegten Fußskelette von rezenten Säugetieren?

VII. Zentral gestellte Themen

Ob zentral gestellte Themen für die Reifeprüfung der Weisheit letzter Schluß sind, bleibe dahin gestellt. Hier aus einem Bundesland folgende Vorschläge:

Grundkursthemen
I.
1. a. Erläutern Sie die erste und zweite Mendelsche Regel am Beispiel der Vererbung des Rhesusfaktors.
b. In welchem Falle kommt es zur Rhesusunverträglichkeit?
2. Führen Sie folgenden Erbgang anhand des Kreuzungsschemas bis einschließlich der F_2-Generation durch:
Kreuzung zweier verschiedener Maisrassen: blaue und gerunzelte Körner mit gelben und glatten Körnern (blau und glatt sind dominant). Zahlenverhältnisse und Mendelgesetze sind an passender Stelle anzugeben.
3. Erläutern Sie am Beispiel der Rotgrünblindheit die geschlechtsgekoppelte Vererbung.
4. Welche Aufgaben stellt sich die Zwillingsforschung?
II.
1. Welche Vorstellungen hatte die klassische Genetik, besonders nach den Forschungen des Amerikaners Morgan, von den Eigenschaften der Gene?
2. In welchen Punkten mußten auf Grund der Ergebnisse der Molekulargenetik Morgans Vorstellungen geändert oder erweitert werden?
3. a. *Müssen* Verwandtenehen beim Menschen aus biologischen Gründen abgelehnt werden?
b. Begründen Sie mit Worten und an einem Vererbungsschema, welche Bedenken gegen eine solche Heirat geltend gemacht werden *können!*
III.
Eine Frau (F), deren Vater (V) rotgrünblind war, heiratet einen Mann (M), der Albino und Bluter ist. Aus dieser Ehe gehen vier Kinder hervor:
Sohn (A): Albino und Bluter; Sohn (B): Bluter und rotgrünblind; Tochter (C): normal und Tochter (D): Albino.
1. Welcher Erbgang liegt bei den hier auftretenden Krankheiten vor?
2. Erklären Sie die verschiedenen Phänotypen aufgrund der Genotypen aller Beteiligter!

3. Um welche Krankheit handelt es sich bei Albinismus und wie ist diese Krankheit in der Struktur der Gene verankert?
(Verwenden Sie beim Aufstellen der Genotypen die Anfangsbuchstaben der jeweiligen Krankheiten als Symbole!)

IV.

1. Folgende Chromosomenpräparate liegen vor:

Mensch:
a. 44 Autosomen + X
b. 44 Autosomen + XXX
c. 44 Autosomen + XXY
d. 44 Autosomen + XYY

Drosophila:
a. 2 A + X
b. 3 A + XXX
c. 2 A + XXY
d. 3 A + XXY
(A = haploider Autosomensatz)

Ordnen Sie diesen Chromosomenaberrationen die jeweils kennzeichnenden phänotypischen Merkmale zu!

2. Vergleichen Sie — auch unter Einbeziehung der in 1. angeführten Aberrationen — die Geschlechtsvererbung (bzw. Geschlechtsbestimmung) bei Mensch und Drosophila.

3. Erklären Sie — unter Berücksichtigung der cytologischen Vorgänge — das Zustandekommen (je eine Möglichkeit) der in 1. angeführten menschlichen Chromosomenaberrationen.

4. Erläutern Sie an einem selbst zu entwerfenden Stammbaum die fünf typischen Verhältnisse für einen x-chromosomal gekoppelten, rezessiven Erbgang.

V.

1. a. Erläutern Sie den Begriff „genetischer Code"!
b. Beweisen Sie mit Hilfe einer kurzen Versuchsbeschreibung die Universalität des genetischen Codes!

2. Erläutern Sie die wichtigsten Schritte von der genetischen Information zum phänotypisch erkennbaren Merkmal!

3. Welcher wesentliche Unterschied besteht zwischen Mutation und Modifikation?

VI.

1. Welche Grundtypen genetischer Veränderungen sind unterscheidbar?

2. Was sind die Ursachen solcher Mutationen und auf welche Weise kommen sie zustande?

3. Welche Auswirkungen haben Mutationen auf den Organismus und die Weiterentwicklung einer Art?

Erläutern Sie die einzelnen Punkte an Hand geeigneter Beispiele!

VII.

1. An je einem typischen Beispiel aus der Serologie und der vergleichenden Anatomie soll die Abstammungslehre erläutert werden.

2. Erläutern Sie die Grundzüge der Lehren Lamarcks und Darwins über die Ursachen des Artwandels!

3. In welcher Weise wirken die Faktoren, die nach der „Synthetischen Theorie der Evolution" die treibende Kraft für den Artwandel darstellen?

VIII.

1. Welche Gesetzmäßigkeiten läßt die Geschichte des Tier- und Pflanzenreiches für die Evolution erkennen?

2. Welche Bedeutung haben Übergangsformen für die Begründung der Evolution. Zeigen Sie dies an Beispielen auf!
3. Begründen Sie die Sonderstellung des Menschen gegenüber den Pongiden!
4. Wie deutet man heute folgende Formen in der Stammesentwicklung des Menschen:
Australopithecus, Pithecanthropus, Neandertaler, Homo sapiens?
Geben Sie jeweils eine kurze Beschreibung dieser Formen!

2.
I.
1. Der Begriff „Erbanlage" ergibt sich aus der Deutung der beiden ersten Mendelschen Gesetze. Zeigen Sie diesen Zusammenhang.
2. a. Welche Beobachtungen und Überlegungen führten zu der Vorstellung, daß das Erbgeschehen an Chromosomen gebunden ist („Chromosomentheorie")?
b. Wie wurde erkannt, daß die Chromosomen nicht die Erbanlagen selbst, sondern die Träger der Erbanlagen sind?
3. Was versteht man unter genetischem Code?
II.
1. Stellen Sie Lamarckismus und Darwinismus gegenüber und erläutern Sie die Bedeutung, die Mutation und Selektion für den Evolutionsprozeß haben.
2. Welche Wege geht die Pflanzen- und Tierzüchtung, um für die Menschen zweckmäßige Neubildungen zu schaffen?
III.
1. Erläutern Sie die Unterschiede zwischen Modifikation und Mutation.
2. Wodurch werden Mutationen hervorgerufen?
3. Beschreiben Sie anhand selbstgewählter Beispiele die verschiedenen Formen von Mutationen.
4. Erläutern Sie an geeigneten Beispielen positive und negative Auswirkungen von Mutationen für den Menschen.
IV.
1. Erläutern Sie am Beispiel einer Erbkrankheit des Menschen (z. B. Sichelzellanämie oder Phenylketonurie) das Wesen eines rezessiv-autosomalen Erbgangs mit seinen verschiedenen Möglichkeiten (gesunde bzw. kranke Kinder) und Gefahren. Beschreiben Sie kurz die Symptome und Ursachen der Krankheit.
2. Geben Sie eine Darstellung der wichtigsten Vorgänge, die von der genetischen Information zur Ausbildung eines phänotypisch erkennbaren Merkmals führen.
3. Zeigen Sie kurz die Bedeutung der Mutation als Evolutionsfaktor auf!
V.
1. a. Nennen Sie die Verbindungen, die am Aufbau der Nucleinsäuren beteiligt sind.
b. Wie sind die Verbindungen in einem Einzelstrang der Desoxyribonucleinsäure miteinander verknüpft?
c. Beschreiben Sie die räumliche Struktur der Desoxyribonucleinsäure.
2. a. Beschreiben Sie den Vorgang und das Ergebnis der identischen Reduplikation der Desoxyribonucleinsäure.
b. Erklären Sie, warum nach vorausgegangener Einwirkung von salpetriger Säure auf das Molekül der Desoxyribonucleinsäure Reduplikationsfehler auftreten.

3. a. Wie ist die genetische Information im Desoxyribonucleinsäure-Molekül verschlüsselt?
b. Schildern Sie die wesentlichen Vorgänge der Übersetzung der Information in spezifische Eiweißmoleküle.

VI.
1. Vergleichen Sie den mikroskopischen Bau der Chromosomen und ihr Verhalten in der Mitose mit der Molekularstruktur der Desoxyribonucleinsäure und dem Vorgang der Reduplikation.
2. a. Welche wichtigen Effekte werden durch die Meiose erzielt?
b. Durch welche zytologischen Vorgänge bei der Meiose kommen diese Effekte zustande?
3. Inwiefern waren diese Meiose-Effekte für eine relativ rasche phylogenetische Höherentwicklung der Organismen von ausschlaggebender Bedeutung?
4. Zeigen Sie auf, daß Mongolismus und Klinefelter-Syndrom die Folge von Störungen im normalen Meiose-Ablauf sind.

VII.
1. a. Beschreiben Sie die Vorgänge bei der Bildung der männlichen und weiblichen Keimzellen.
b. Welche große Bedeutung kommt dabei der ersten Reifungsteilung zu?
2. a. Wie erfolgt die Geschlechtsbestimmung beim Menschen?
b. Führen Sie Beispiele für geschlechtsgebundene Vererbung an und beschreiben Sie einen solchen Erbgang bis zur F_2-Generation.
3. Welche Anomalien des Menschen beruhen auf Fehlen oder Überzähligkeit eines Geschlechtschromosoms?
4. Es wird eine glatthaarige, weiße Kaninchenrasse mit einer angorahaarigen, schwarzen Rasse gekreuzt.
Schwarz und glatthaarig sind dominant.
a. Leiten Sie in einem Kreuzungsschema den Erbgang bis einschließlich der F_2-Generation ab.
b. Welche Gesetze und Ergebnisse zeigen F_1 und F_2?

VIII.
1. Beschreiben Sie, wie es zur Bildung eineiiger und zweieiiger Zwillinge kommt und welche Folgen sich daraus für die Weitergabe des Erbgutes ergeben.
2. Schildern Sie ausführlich Prinzip und Methoden, nach denen man die Eineiigkeit von Zwillingen nachzuweisen versucht. Welche Rolle spielt dabei die Wahrscheinlichkeit?
3. Worin liegt die herausragende Bedeutung der Zwillingsforschung für die gesamte Humangenetik?

Leistungskursthemen
1.

I. *Artbildung*
Welches sind die treibenden Kräfte der Artbildung nach Lamarck und Darwin? Inwiefern sind die Auffassungen Lamarcks und Darwins heute noch aktuell? — Kurze Diskussion!
Welches sind die grundlegenden Kräfte der Mikrorevolution? Erläutern Sie dies anhand geeigneter Beispiele aus dem Tier- oder Pflanzenreich!

Welche Mechanismen führen von der Variabilität zur Artbildung? Erläutern Sie dies anhand einiger geeigneter Beispiele aus dem Tier- oder Pflanzenreich im Zusammenhang mit dem Problem des Artbegriffs!

II. *Photosynthese*

Wie läuft die Photosynthese bei grünen Pflanzen ab?
Bringen Sie die Summengleichung mit kurzer Beschreibung der Teilschritte und mit schematischen Skizzen zur Verdeutlichung der Zusammenhänge.
Wo und wie kommt es zur Bildung der Assimilationsprodukte?
Welche Bedeutung haben dabei ATP und NADPH+H^+?
Wie konnte das bewiesen werden?
Welchen Einfluß haben die Faktoren Licht, Kohlendioxid und Temperatur auf die Photosyntheserate der grünen Pflanze?

III. *Neurophysiologie*

Erläutern Sie den Bau einer Nervenzelle mit markhaltiger Nervenfaser.
Was spielt sich vor der Reizung und bei unterschiedlich starker Reizung in der gesamten Zelle ab?
Wie werden die Impulse auf eine benachbarte Nervenzelle übertragen?
Gehen Sie kurz auf die unterschiedliche Leistungsfähigkeit verschiedener Nervenfasern ein.

IV. *Proteinbiosynthese*

Jeder Organismus bildet in seinen Zellen *spezifische* Eiweißstoffe.
Wie läuft dieser Vorgang in der Zelle ab und wie wird er gesteuert?
Name und Bauprinzip der einzelnen beteiligten Substanzen sind verlangt, nicht genaue Strukturformeln!

V. *Humangenetik*

Die Begriffe autosomale und gonosomale Aberration sollen an Hand kennzeichnender Beispiele aus der Humangenetik erläutert werden.
Es ist dabei im Einzelfall die Art des genetischen Defektes sowie sein Zustandekommen zu erklären.
Auf das durch die Aberration hervorgerufene Krankheitsbild ist kurz einzugehen, ebenso auf die Möglichkeit einer Weitervererbung der Krankheit.

VI. *Biokybernetik*

Am Beispiel der Regelung des Grundumsatzes oder der Temperaturregelung beim Menschen ist das Regelgeschehen im Organismus zu behandeln. Dabei sollen Aufgabe und Funktion der Bausteine eines Regelkreises dargelegt werden.
Auf die Übermittlung von Informationen innerhalb des Regelkreises, d. h. zwischen den bei einem Regelvorgang funktionell miteinander verknüpften Elementen, ist am gewählten Beispiel wie auch im allgemeinen einzugehen.

VII. *Ethologie*

Erläutern Sie die ethologischen Begriffe „angeborenes Verhalten", „Prägung" und „Lernen" an je einem geeigneten Beispiel!
Welche Bedeutung haben diese Verhaltensweisen für die betreffenden Lebewesen?

Führen Sie einige grundlegende ethologische Experimente zu diesem Thema an; welche Erkenntnisse ließen sich aus ihnen gewinnen?

VIII. *Humangenetik*

Für das Neugeborene (♀) einer gesunden Mutter und eines rotgrün-blinden Vaters, deren gemeinsame Großtante schwachsinnig war, fiel der Phenylketonurie-Test positiv aus.

a. Was ist für das Kind zu erwarten, wenn keine Behandlung erfolgt? Wie kann geholfen werden?

b. Welches Erbbild haben Eltern und Kind hinsichtlich der genannten Merkmale und welche Aussichten bestehen grundsätzlich für Kinder aus Familien dieses Typs?

Angabe der Wahrscheinlichkeit für die möglichen Phänotypen.

c. Wie groß müßte nach dem Hardy-Weinberg-Gesetz, bei einer Häufigkeit von $q = 0{,}08$ rotgrün-blinder Männer in einer Bevölkerung die Häufigkeit der heterozygoten Frauen sein?

d. Wie erklärt sich die Gesundheit beider Eltern hinsichtlich der Phenylketonurie und auf welche Weise wird von den Zellen ihres Körpers die Information für den normalen Ablauf der diesbezüglichen Reaktionen ausgegeben? (Ausführliche Darstellung!)

2.

I. *Ethologie*

1. Zeigen Sie an einem Beispiel den Ablauf einer tierischen Instinkthandlung. Mit welchen Versuchen kann angeborenes Verhalten analysiert werden?
(Versuche sind genau zu beschreiben, einschlägige wissenschaftliche Begriffe genau zu definieren.

2. Erläutern Sie an einer Modellvorstellung das Zusammenwirken innerer und äußerer Faktoren beim Auftreten einer Instinkthandlung.

II. *Stoffwechselphysiologie*

Enzyme greifen als Biokatalysatoren in das Stoffwechselgeschehen ein.

1. Zeigen Sie in übersichtlicher Darstellung die energetischen Bedingungen der Enzymkatalyse.

2. Gehen Sie auf den Bau der Enzyme ein.

3. Vergleichen Sie die verschiedenen Spezifitäten der Enzyme an selbstgewählten Beispielen.

4. Zeigen Sie die Möglichkeit der Regulation von Enzymaktivität und -produktion.

Nach Möglichkeit sind die Ausführungen durch schematische Modellvorstellungen zu ergänzen.

III. *Stoffwechselphysiologie*

1. Welcher Zusammenhang besteht zwischen autotrophen und heterotrophen Lebewesen in der Natur? (Erklärung kann mit Hilfe einer Skizze erfolgen.)

2. Verfolgen Sie den Weg des Wassers und des Kohlendioxids während der Photosynthese. Erklären Sie die biologisch wichtigen Stationen dieser Wege mit Hilfe von Skizzen und Gleichungen.

3. Erläutern Sie die für die Photosynthese wichtigen Blattstrukturen (Skizze).

IV. Evolution

1. Beschreiben Sie die treibenden Kräfte der Evolution, ausgehend von historischen Deutungsversuchen (kurze Darstellung!).
2. Nehmen Sie Stellung zum Problem der Artbildung und erläutern Sie verschiedene Möglichkeiten an selbstgewählten Beispielen.

V. Neurobiologie und Biokybernetik

1. Reflexbogen
a. Geben Sie anhand einer beschrifteten Skizze einen Überblick über den Verlauf eines Reflexbogens.
b) Erläutern Sie die Funktion der Muskelspindeln im Ablauf des Kniesehnenreflexes.
c. Welche Zustandsänderungen spielen sich in den die Erregung weiterleitenden markhaltigen Fasern ab?
(Eine Schilderung der synaptischen Übertragung ist *nicht* gefordert.)
2. Erläutern Sie mit kybernetischen Begriffen (Regelkreis) die Fähigkeit eines Organismus zur Konstanthaltung eines Zustandes an einem selbstgewählten Beispiel.

VI. Molekulargenetik

1. Schildern und erläutern Sie den Vorgang der identischen Reduplikation.
2. Wie ist es jedem Organismus möglich, arteigene Eiweißstoffe zu erzeugen (genaue Erläuterung der einzelnen Abschnitte!)?
3. Welche Vorstellungen hat man heute über die Regelung der Genaktivität aufgrund von Forschungsergebnissen an Bakterien?

VII. Bakteriengenetik

1. Beschreiben Sie den lytischen Vermehrungszyklus eines Bakteriophagen.
2. Inwiefern ist dieser Vorgang ein Beweis für die Schlüsselstellung der DNA in der Molekulargenetik?
3. Legen Sie dar, warum die DNA in der Lage ist, diese Funktion zu erfüllen.

VIII. Genetik

1. Auf welche molekularen Grundlagen kann man heute Punktmutationen zurückführen? Erklären Sie dies, indem sie auf die Wirksamkeit eines mutationsauslösenden Vorgangs bzw. Stoffes näher eingehen. Welches ist in diesem Zusammenhang die kleinste, zur Mutation befähigte Einheit? Inwiefern unterscheiden sich hierin unsere heutigen Vorstellungen von denen der klassischen Genetik (Morgan-Schule)?
2. Erklären Sie an einem ausgewählten Beispiel, wie es bei Menschen oder bei Pflanzen zu Genommutationen kommen kann und wie sich diese Erbänderungen auswirken.
3. a. Mit welchen Versuchen konnte bewiesen werden, daß die Erbinformation an die DNA gebunden ist (Avery, 1944)?
b. Wie ist nach der Molekularbiologie der Begriff „Erbanlage" („Gen") zu definieren?

Den Behörden der Länder, welche mir freundlicherweise Themen für diesen Zweck zur Verfügung stellten, möchte ich meinen Dank aussprechen.

LEISTUNGSMESSUNG IM BIOLOGIEUNTERRICHT

Von Studiendirektorin Elisabeth von Falkenhausen

Hannover

A. Zur Leistungsmessung im Biologieunterricht

Die Leistungsmessung ergibt eine Rückmeldung an Schüler und Lehrer. Denn der Schüler erhält hier eine für sein Selbstverständnis bedeutsame Auskunft über seinen Leistungsstand, und der Lehrer sieht am Ausfall der Arbeit, ob sein Unterricht geeignet war, seine Lehrziele zu erreichen.

Die Leistungsmessung wird auch benutzt, um Schüler in ihren Leistungen zu unterscheiden, und ihnen aufgrund der nachgewiesenen Unterschiede verschiedene Berechtigungen zu erteilen.

Diese Aussagen stellen die Bedeutung der Leistungsmessung für den Schüler klar und machen die Verantwortung des urteilenden Lehrers deutlich. Für den Biologielehrer kommt noch ein zweites Moment hinzu: In der reformierten Oberstufe wird das Fach Biologie zum Hauptfach. Damit nimmt die Bedeutung der im Biologieunterricht praktizierten Leistungsmessung zu, und deshalb verdienen die bisher relativ wenig abgeklärten Verfahren der Leistungsmessung im Biologieunterricht jetzt besondere Aufmerksamkeit (*Schäfer* [1]).

I. Objektivität der Leistungsmessung

Die wichtigste Forderung an die Leistungsmessung ist die Forderung nach Objektivität der Messung, das heißt nach einer in der Sache begründeten und von den subjektiven Einflüssen des wertenden Lehrers freie Leistungsmessung.
Als Kriterium der Objektivität wird vielfach die Übereinstimmung des Urteils zweier gleich kompetenter, unabhängig voneinander urteilender Fachleute genannt [2] S. 38; [3]; [4] S. 39. Damit wird jedoch nur die subjektive Wertung eines Einzelnen durch einen Gruppenkonsensus ersetzt, der keineswegs objektive Leistungsmessung in der eben geforderten Form bedeutet.
In diesem Aufsatz soll die Frage der Objektivität unter drei Aspekten untersucht werden.

1. Objektivität der Aufgabenstellung

Die schriftlich gegebene Aufgabenstellung muß so formuliert sein, daß der Schüler auf Grund des vorhergehenden Unterrichts eine dem Erwartungshorizont entsprechende Lösung finden kann. Klare Formulierungen und sorgfältige Untergliederung der Aufgaben sind deshalb notwendig. Der Passus „auf Grund des vorhergehenden Unterrichts" macht die Grenzen der Objektivierbarkeit deutlich. Denn einigermaßen vergleichbare Bedingungen können nur innerhalb einer Klasse vorausgesetzt werden; und schon hier hat sicher einer der Schüler in der entscheidenden Stunde gefehlt oder geschlafen. Jeder anderen Klasse wird die gleiche Aufgabe unter immer anderen Voraussetzungen präsentiert. Denn eine Normierung des Lehrerverhaltens ist weder durchführbar noch erstrebenswert. Da aber jede Leistungsmessung im Bereich der Schule Information voraussetzt, ist durch die unterschiedlichen Gegebenheiten der Informationsübermittlung (Lehrerverhalten, Unterrichtssituation) eine klare Begrenzung der Objektivierbarkeit der Leistungsmessung gegeben, und der Wunsch nach Objektivierung durch standardisierte Aufgabenstellung, Zentral-Abitur und dergleichen wird zur Illusion.

2. Die objektive Bewertung der Schwierigkeit einzelner Aufgaben und Aufgabenteile

ist ebenfalls unmöglich. Vielmehr ist je nach Voraussetzungen beim einzelnen Schüler dieselbe Aufgabe verschieden „schwer". Der Lehrer kann diese Schwierigkeit nur pauschal bewerten bzw. abschätzen. Seine Bewertungen beruhen letztlich immer auf Setzungen, und dadurch enthält die Bewertung immer ein subjektives Moment. Das vielfach empfohlene Festlegen der für jeden Aufgabenteil gegebenen Punktzahl vor Beginn der Arbeit verschleiert dies subjektive Moment, ohne es ausmerzen zu können.

3. Die Vergleichsobjektivität

Beantworten zwei Schüler die gleiche Frage in freier Formulierung, so werden sich die Antworten in der Art der Formulierung unterscheiden; die Entscheidung des Lehrers, welche Antwort er gerade noch als richtig, und welche er als falsch bewertet, ist oft schwer und immer von subjektiven Momenten durchsetzt. Damit ist eine einwandfreie und „gerechte" Verteilung der Punkte durch Vergleich der Arbeiten untereinander nicht möglich. Das heißt: Auch bei sorgfältiger Arbeit des Lehrers kann bei freier Formulierung der Antworten keine Vergleichsobjektivität erreicht werden.

Diese Schwierigkeit entfällt bei vorformulierten Antworten. Und hierin liegt einer der Vorteile der Tests mit Hilfe vorformulierter Antworten, z. B. der Multiple-Choice-Tests. Auch diese Form des Tests, das muß hervorgehoben werden, ist von der Aufgabenstellung her nicht objektiv, ihre Bewertung ist gleichfalls nicht objektiv faßbar, aber diese Tests sind vergleichsobjektiv.

Wie diese Auseinandersetzung zeigte, ist objektive Leistungsmessung kein erreichbares Fernziel, sondern sie ist aus grundsätzlichen Erwägungen nicht erreichbar. Deshalb muß die zu Anfang gestellte Forderung revidiert und reduziert werden und könnte etwa so lauten:

Leistungsmessung sollte an der Sache, das heißt: an den Zielen des Unterrichts orientiert sein. Die Bewertung muß durchschaubar sein und sorgfältig begründet werden; subjektive Momente der Bewertung sollten aufgedeckt und klar herausgestellt werden.

Ein entsprechendes Vorgehen wird von G. *Schrooten* [5] verlangt, allerdings noch unter der irrtümlichen Voraussetzung, daß dieses Verfahren zu objektiver Leistungsmessung führt. Das Normenpapier — Biologie-KMK-Vereinbarung vom 6. 2. 75 — sieht entsprechende Verfahren zur Leistungsmessung vor.

II. Objektivierte Leistungsmessung

Im folgenden wird beschrieben, auf welchem Wege die geforderte sachlich begründete und in der Bewertung durchschaubare Leistungsmessung praktiziert werden kann.

1. Sachlich begründet — an den Zielen des Unterrichts orientiert

Die geforderte Schülerleistung erwächst aus dem Unterricht. Deshalb orientiert sich die Leistungsmessung am Unterricht und die wichtigsten Ziele des Unterrichtsabschnittes, auf den sich die Klassenarbeit oder der Test bezieht, sollten von solch einer Arbeit wirklich erfaßt werden. Dabei müssen nicht alle im Unterricht tangierten Feinziele in der Arbeit kontrolliert werden. Es kommt vielmehr darauf an, daß die in der Arbeit überprüften Lernziele die Leitideen des Unterrichts einigermaßen korrekt wiedergeben.

Ob durch eine Arbeit oder durch einen Test die wichtigsten Lernziele eines Unterrichtsabschnittes abgedeckt werden, läßt sich mit Hilfe einer Matrix überprüfen, auf der an einer Seite die Lernziele (hier a, b, c, d, e, f) und auf der anderen Seite die Teilaufgaben bzw. Testaufgaben (1, 2, 3, 4, 5) abgetragen werden.

Lernziel	1	2	3	4	5	Teilaufgabe
a	+	+				
b		+	+	+		
c	+				+	
d						
e	+	+	+	+		
f				+	+	

Abb. 1: Matrix zur Überprüfung des Verhältnisses von Lernzielen und Testaufgaben.

Bei der hier wiedergegebenen Matrix läßt sich mit einem Blick erkennen daß Lernziel e und auch b in der Arbeit überrepräsentiert sind, Lernziel d hingegen nicht erfaßt wurde.

Die hier gezeigte Form der Überprüfung ist vor allem bei Multiple-Choice-Verfahren wichtig. Denn gerade bei solchem Überprüfungsverfahren kommt es leicht vor, daß eben nur der Teil des Unterrichts von der Arbeit kontrolliert wird, für den sich leicht Testaufgaben entwickeln lassen.

Außerdem ist es wichtig, daß die Schüler über die Ziele des Unterrichts, auf den sich die Leistungsmessung bezieht, informiert werden. Bisher sagte der Lehrer: Ökologische Nische, biologisches Gleichgewicht können in der Arbeit rankommen; jetzt würde er etwas differenzierter mitteilen: Ihr sollt den Begriff biologisches Gleichgewicht an Beispielen des Unterrichts erläutern können und auf neue Beispiele übertragen.

Keinesfalls darf der Lehrer, um die Arbeit zu erschweren, nun eine Leistung verlangen, die im Unterricht nicht in angemessener Form vorbereitet wurde.

2. Untersuchung der Schülerleistung mit Hilfe von Taxonomien

Die Art der geforderten Schülerleistung sollte genau erfaßt werden. Das heißt, es ist zweckmäßig, nicht nur zu registrieren, welches Stoffgebiet in der Arbeit behandelt wurde, sondern die Lernziele in eine stoffliche Komponente, hier „biologisches Gleichgewicht", und in eine Verhaltensweise, hier „an Hand eines Beispieles beschreiben können", aufzugliedern *(Klopfer* [6]; *Klauer, Fricke* [7], S. 45 ff.). Die einzelnen Verhaltensweisen können nach dem Grad ihrer Komplexität in Taxonomien geordnet[1]) und hierarchisiert werden. — Jeder Biologe ist mit entsprechend aufgebauten Taxonomien in Gestalt des natürlichen Pflanzensystems oder des Linnéschen Systems vertraut. — Von solchen zur hierarchischen Gliederung von Verhaltenszielen geeigneten Taxonomien sollen hier drei, nämlich die von *Bloom,* die von *Roth* und die von *Klopfer* erstellten Taxonomien besprochen werden.

Am weitesten verbreitet und am gründlichsten diskutiert ist die *Bloomsche Taxonomie.* Sie benutzt die Rubriken: Wissen, Anwenden, Analyse, Synthese und Evaluation (Bewerten). Die Schwierigkeiten, die sich im Umgang mit dieser Taxonomie ergeben, werden schon von *Bloom* klar gesehen. Die Zuordnung einzelner Lernziele oder von Aufgaben zu den bei Bloom aufgeführten Verhaltenszielen ist aus zweierlei Gründen schwierig. Einerseits setzt diese Zuordnung Kenntnis der vorangegangenen Lernerfahrung des Schülers voraus. So bedeutet das Aus-

---

[1]) Die exakte Zuordnung einzelner Prüfungsaufgaben zu den Verhaltenszielen ist ein bislang unbewältigtes Problem, daß auch die Arbeiten von Klopfer ([6], S. 559—641) u. Klauer, Fricke ([7]) nicht detailliert behandeln. In der vorliegenden Arbeit wird in einem kurzen Abschnitt solche detaillierte Zuordnung versucht, um die dabei auftretenden Schwierigkeiten zu demonstrieren s. S. 332 f.

werten einer Versuchsreihe zum Lernverhalten des Goldhamsters für den einen Schüler eine schwierige Evaluation, denn der Schüler hat vorher nie derartiges gemacht. Für einen anderen Schüler, der vielfach entsprechende Aufgaben gelöst hat, wäre die gleiche Aufgabe eine leichte Anwendung. Die andere Schwierigkeit liegt in der Verwobenheit der bei Bloom aufgeführten geistigen Operationen. So enthält selbst das Reproduzieren von Wissen vielfach analytische und synthetische Momente. Analysen und Synthesen sind ohne bewertende Denkprozesse gar nicht möglich ([8], S. 34, S. 200). Der große Vorzug der *Bloom*schen Taxonomie liegt in der gründlich durchdachten, umfangreichen Arbeit, durch die mit Hilfe vieler Beispiele die Zuordnung trotz aller Schwierigkeiten ermöglicht wird. In der hier praktizierten Untersuchung von Aufgaben zur Leistungsmessung wird die *Bloom*sche Taxonomie wegen der oben aufgeführten Schwierigkeiten nicht angewendet.

Die *Roth*schen Lernzielstufen [9] enthalten die Folge: Reproduktion, Reorganisation, Transfer, problemlösendes Denken — entsprechende Denkverfahren. Auch hier sind Schwierigkeiten bei der Zuordnung von Arbeitsaufgaben und Verhaltenszielen resp. Lernzielstufen offensichtlich. Denn selbstverständlich muß auch hier die davor liegende Lernerfahrung des Schülers berücksichtigt werden. Außerdem sind die einzelnen Lernzielstufen wie Reorganisation und Transfer nicht qualitativ voneinander unterschieden, sondern sie kennzeichnen nur graduelle Unterschiede der Komplexizität geistiger Prozesse, die in ihrem Wesen weitgehend unerforscht sind.

Es ergeben sich damit bei der Anwendung dieser Lernzielstufen praktisch die gleichen Probleme wie bei der Anwendung der *Bloom*schen Taxonomie. Trotzdem werden die *Roth*schen Lernzielstufen in folgendem benutzt, weil sie in das Normenpapier Eingang gefunden haben und damit für die Schulpraxis von großer Bedeutung sind.

Die *Klopfer*sche Taxonomie (hier S. 316 f.; [6] S. 559—641) benutzt in dem Abschnitt A, Wissen und Verstehen, die gründlich durchdachte und genau formulierte Untergliederung der *Bloom*schen Schule. Für den naturwissenschaftlichen Unterricht ist sie vor allem wegen der Abschnitte B, C, D, E, naturwissenschaftliche Verfahren, wichtig. Denn mit Hilfe der hier formulierten Verhaltensziele wie Beschreibung der Beobachtung in angemessener Sprache, Messen von Gegenständen und Veränderungen, oder Formulieren einer Arbeitshypothese, ist es möglich, Ziele des Unterrichts, die als Feinziele exakt formuliert sind, und ebenso Klassenarbeitsthemen, die sorgfältig untergliedert wurden, den hierarchisch gegliederten Verhaltenszielen eindeutig zuzuordnen. Auch wenn das Beschreiben einer Beobachtung vielfach geübt wurde, bleibt die geforderte Verhaltensweise doch gleich. Die Zuordnung ist also hier von der Lernerfahrung unabhängig. Zudem unterscheiden sich die hier zugrunde gelegten Verhaltensweisen qualitativ voneinander; auch aus diesem Grunde ist eine eindeutige Zuordnung möglich. Auch die nächsten Abschnitte der *Klopfer*schen Taxonomie, Anwenden naturwissenschaftlicher Kenntnisse und Methoden, F, und Praktische Fähigkeiten, G, sollten bei der Leistungskontrolle mit beachtet werden.

Von dem Abschnitt: Einstellungen und Interessen ist für diese Arbeit nur das Ziel: Annahme einer naturwissenschaftlichen Einstellung wesentlich, sollte aber ebenso wie die Ziele des Abschnittes: Orientierung, z. B. I 3, Kenntnis der philosophischen Begrenzung und Beeinflussung des naturwissenschaftlichen Denkens, bei der Leistungskontrolle nicht im Vordergrund stehen. Das heißt: das Hinführen zum philosophischen Durchdringen biologischer Phänomene und biologischer Methoden ist ein wichtiges Ziel des Biologieunterrichts. Es muß aber betont werden, daß es einige Lernziele gibt, die in der Unterrichtsvorbereitung sorgfältig mit bedacht werden sollten, die aber der direkten Leistungskontrolle schwer zugänglich sind, ja, deren wesentliche Inhalte sehr leicht verflacht und zerstückelt werden, wenn sie in einer Aufgabe oder gar in einem *Multiple-Choice-Test* überprüft werden. Das gilt ebenso für Einstellungen und Interessen, also den affektiven Bereich. Die Arbeiten von *Bloom* und *Klopfer* [6] zeigen jedoch, daß Leistungsmessung auch in diesem Sektor möglich ist.

Ein Abschnitt „Information beschaffen, ordnen und auswerten können" fehlt in der *Klopfer*schen Taxonomie und sollte eventuell eingefügt werden.

Damit ist die *Klopfersche Taxonomie* wegen ihrer guten Repräsentation der naturwissenschaftlichen Denk- und Arbeitsverfahren zur Untersuchung, welche Verhaltensziele von einer Aufgabe abgedeckt werden, gut geeignet. Wichtig ist auch, daß, wie oben ausgeführt, die eindeutige Zuordnung von Teilaufgaben zu Verhaltenszielen in den Abschnitten A—G bei sorgfältiger Arbeitsweise möglich ist.

So werden im folgenden nebeneinander die *Rothschen Lernzielstufen* und die *Klopfersche Taxonomie* benutzt. Die abgedeckten Lernzielstufen werden für jede Aufgabe an Hand einer Matrix gekennzeichnet. Für die *Klopfer*sche Taxonomie wurde eine Matrix für alle Aufgaben insgesamt angefertigt (S. 339). Bei der Konstruktion dieser Matrix wurden an einer Seite die Verhaltensziele, an der anderen Seite die zu untersuchenden Aufgaben bzw. Testitems angeführt.

Verhaltensziele für den naturwissenschaftlichen Unterricht nach Klopfer

A. *Wissen und Verstehen*

1 Wissen von spezifischen Fakten
2 Kenntnis der naturwissenschaftlichen Terminologie
3 Kenntnis von Konzepten der Naturwissenschaften
4 Kenntnis von Konventionen (Zeichen, Symbole, Abkürzungen)
5 Kenntnis von Richtungen und Stufenfolgen
6 Kenntnis der Klassifikationen und Kriterien
7 Kenntnis naturwissenschaftlicher Techniken und Verfahren
8 Kenntnis naturwissenschaftlicher Regeln und Gesetze
9 Kenntnis naturwissenschaftlicher Theorien und Leitideen
10 Erkennen von Fakten in neuem Zusammenhang
11 Übersetzen von einer Symbolsprache in eine andere

B. *Naturwissenschaftliche Verfahren (Beobachten und Messen)*

1 Beobachten von Objekten und Phänomenen
2 Beschreiben der Beobachtung in angemessener Sprache
3 Messen von Gegenständen und Veränderungen
4 Auswahl geeigneter Meßinstrumente
5 Einschätzung der Meßgenauigkeit

C. *Naturwissenschaftliche Verfahren (Sehen eines Problems, Suchen des Lösungsweges)*

1 Erkennen eines Problems
2 Formulieren einer Arbeitshypothese

3 Suchen nach geeigneten Verfahren zum Überprüfen von Hypothesen
4 Entwerfen geeigneter Verfahren, um Versuche durchzuführen

D. *Naturwissenschaftliche Verfahren (Interpretation von Daten, Generalisieren)*

1 Verarbeiten experimenteller Daten
2 Darstellen der Versuchsergebnisse in Kurven und Ermitteln von mathematischen Beziehungen
3 Interpretieren von experimentellen Daten und Beobachtungen
4 Extrapolation und Interpolation
5 Bewertung der zu prüfenden Hypothese nach den Versuchsergebnissen
6 Formulieren von Verallgemeinerungen, die durch die Ergebnisse abgesichert sind

E. *Naturwissenschaftliche Verfahren (Errichten, Überprüfen und Berichtigung einer Modellvorstellung)*

1 Erkennen der Bedürfnisse nach einer Modellvorstellung
2 Formulieren einer Modellvorstellung, um Wissen einorden zu können
3 Beschreiben von Zusammenhängen, die der Modellvorstellung entsprechen
4 Herleiten neuer Hypothesen aus einer Modellvorstellung
5 Überprüfen einer Modellvorstellung
6 Formulieren einer berichtigten, verbesserten oder erweiterten Modellvorstellung

F. *Anwendung naturwissenschaftlicher Kenntnisse und Methoden*

1 Anwenden auf Probleme in demselben naturwissenschaftlichen Gebiet
2 Anwenden auf Probleme in einem anderen naturwissenschaftlichen Gebiet
3 Anwenden auf Probleme außerhalb der Naturwissenschaften

G. *Praktische Fähigkeiten*

1 Entwicklung von Fertigkeiten im Umgang mit dem üblichen Laborgerät
2 Sicheres Beherrschen von Versuchstechniken

H. *Einstellung und Interessen*

1 Manifestation einer positiven Einstellung zur Naturwissenschaft und zu Naturwissenschaftlern
2 Übernahme naturwissenschaftlicher Fragestellung als Denkform
3 Freude an der naturwissenschaftlichen Art, Erfahrung zu sammeln
4 Entwicklung von Interessen einer naturwissenschaftlichen Ausbildung
5 Annahme einer naturwissenschaftlichen Einstellung

I. *Orientierung*

1 Beziehungen zwischen verschiedenen Arten naturwissenschaftlicher Darstellung
2 Kenntnis von der philosophischen Begrenzung und Beeinflussung des naturwissenschaftlichen Denkens
3 Historische Perspektive: Kenntnis der Entwicklung der Naturwissenschaften
4 Vorstellung von den Beziehungen zwischen Naturwissenschaften, Technologie und Wirtschaftswissenschaften
5 Vergegenwärtigung der gesellschaftlichen und moralischen Verflechtungen von naturwissenschaftlicher Forschung und ihren Ergebnissen

3. Die Bewertung

Auf Grund der mit Hilfe von Taxonomien vorgenommenen Gliederung und Hierarchisierung der Aufgaben kann nun die Bewertung der geforderten Schülerleistung mit größerer Transparenz vorgenommen werden [11].

Zuerst sollte bei der Bewertung die Lösung der gestellten Aufgabe in Stichworten notiert und der Schwierigkeitsgrad der Aufgabe abgeschätzt werden. Denn die Gliederung und Hierarchisierung der Teilaufgaben mit Hilfe der Lernzielstufen läßt zwar die Komplexizität der geforderten Denkprozesse erkennen, liefert jedoch nur Hinweise, aber keinen zuverlässigen Maßstab für den Schwierigkeitsgrad. So fällt ein Transfer von den Ergebnissen der klassischen Genetik auf Resultate der praktischen Tierzüchtung eventuell leicht; die Reproduktion von Wissen über Genregulation hingegen kann für den Schüler sehr schwierig sein.

Bei dem Festlegen der auf die einzelnen Teilaufgaben entfallenden Bewertungseinheiten bzw. Rohpunkten wird der Lehrer gleichfalls die bei der Hierarchisierung mit Hilfe der Taxonomien gewonnenen Einsichten über die Komplexizität und die Eigenart der geforderten Schülerleistung nutzen. Daneben ist er weiterhin auf die im Rahmen seiner Schulpraxis erworbenen Erfahrungen angewiesen. Die im Normenpapier vorgeschlagene Zuordnung von Bewertungseinheiten zu den Notenstufen ist praktikabel:

0 — 20 % = ungenügend
21 — 40 % = mangelhaft
41 — 55 % = ausreichend
56 — 70 % = befriedigend
71 — 85 % = gut
86 — 100 % = sehr gut

Für diese Form der Benotung wird die Gesamtpunktzahl zweckmäßigerweise mit einer durch 50 teilbaren Zahl festgelegt.

Der Grundsatz des Normenpapiers, daß eine Aufgabe etwa zu einem Drittel Transfer und Problem lösendes Denken — entdeckende Denkverfahren fordern sollte und daß ohne Transfer bzw. Problem lösendes Denken die Note gut nicht gegeben werden kann, ist ein Fortschritt auf dem Wege zum geistig anspruchsvolleren Biologieunterricht. Deshalb sollte dieses Prinzip in allen Klassenstufen angewendet werden.

Nach der Festlegung der auf die Teilaufgaben entfallenden Bewertungseinheiten ist es möglich, die Anteile der Aufgabe, die die Lernzielstufen Reproduktion, Reorganisation usw. abdecken, genau in Punkten oder in Prozentzahlen auszudrücken. Dieses Faktum verleitet zu dem Eindruck, solch eine Bewertung sei von subjektiven Setzungen frei. Demgegenüber soll hier noch einmal betont werden, daß das Zuordnen der Lernzielstufen und noch mehr das Festlegen des Schwierigkeitsgrades und das Zuordnen einer Rohpunktzahl von subjektiven Momenten durchsetzt ist.

4. Lernzielorientierte Leistungsmessung — eigenständige geistige Leistung

Einige der bisher besprochenen Kriterien zur Beurteilung der Schülerleistung sind kontrovers. So führt die Forderung nach möglichst korrekter Bewertung der Schülerleistung zu einer streng gegliederten Aufgabe, eventuell sogar zu den

vorformulierten Lösungen der Multiple-Choice-Tests. Die Lösungen der Aufgaben hat der Lehrer sorgfältig vorgeplant und der „Besinnungsaufsatz" entfällt. Hingegen fordert die 4. Lernzielstufe Problem lösendes Denken — entdeckende Denkverfahren. Die so charakterisierte kreative Schülerleistung paßt schlecht in das hier propagierte Vorgehen, denn sie läßt sich zwar innerhalb der Lernzielstufen einordnen, jedoch schwer in klar gefaßten Teilaufgaben anfordern, im Erwartungshorizont beschreiben und exakt mit Punkten bewerten.
Es ist wichtig, daß dieser Gegensatz vom Lehrer bewußt gesehen wird, damit er einen Freiraum für eigenständige geistige Schülerleistung auch bei exakter Leistunsmessung offen hält.

5. *Bewertung der mündlichen Leistung*

Im Rahmen dieser Arbeit wird nur die Bewertung der schriftlichen Leistungen berücksichtigt. Welchen Anteil an der Gesamtnote die mündliche Leistung des Schülers haben darf, kann nur an Hand der Lernziele des betreffenden Unterrichtsabschnittes entschieden werden; denn ganz sicherlich soll hier nicht die mündliche Beteiligung schlechthin gemessen und bewertet werden. Es kann aber sein, daß die zur Unterrichtseinheit gehörenden Lernziele, oder auch spezifische Leistungsmöglichkeiten einzelner Schüler, mit den Formen der schriftlichen Leistungsmessung nicht voll erfaßt werden können. In solchen Fällen sollte die mündliche Leistung, bei der die korrekte Benotung besondere Schwierigkeiten bereitet, berücksichtigt werden.

6. *Die Aufgabenstellung*

Jede Aufgabe bezieht sich auf bekannte Fakten. Die Aufgabe selbst kann zum Beispiel mit Hilfe eines Vergleichs die Reorganisation bekannten Wissens verlangen ([11] S. 50 ff.).
Beispiel: Vergleichen Sie die Formen der Energiegewinnung von Nitratbakterien mit der von Pantoffeltierchen. Stellen Sie Gemeinsames und Unterschiede heraus!
In der Regel enthält eine Aufgabe neue Information in Gestalt eines Textes, eines Filmes, an Hand von Tabellen und graphischen Darstellungen oder mit Hilfe eines konkreten Versuches. Die eigentliche Aufgabe oder Frage stellt dann klar, ob vom Schüler eine Auswertung, das Bilden von Hypothesen, das Ersinnen zusätzlicher resp. beweisender Versuche oder eine Bewertung gefordert wird.
Wichtig ist, daß jede solche Aufgabe Wissen voraussetzt. Zwar sollte Reproduktion von Wissen allein nicht zur Note ausreichend führen! Aber jede Aufgabe, die z. B. Problem lösendes Denken erfordert, muß so gestellt werden, daß zu ihrer Behandlung ein gehöriges Maß von Wissen notwendig ist. Aufgaben, denen solcher Wissensanteil fehlt, erlauben erfahrungsgemäß keine vernünftige Differenzierung der Schülerleistungen.

B. Beispiele zur Leistungsmessung

In diesem Abschnitt werden Arbeitsthemen, Testaufgaben und Themen für Hausaufgaben resp. Facharbeiten vorgestellt und nach den eingangs genannten Gesichtspunkten besprochen. Außerdem enthält dieser Abschnitt ein Kapitel „Lernziel-orientierte Tests zur Diagnose des Schülerverhaltens". Das hier vorgestellte

Verfahren wird von *Bloom* als „Formative Evaluation of Student Learning" bezeichnet und besonders in den Vordergrund gestellt [6]. Hier steht also nicht die Leistungsmessung, sondern die Diagnose des Lernens im Mittelpunkt. Deshalb ist dieses Kapitel für den pädagogisch engagierten Lehrer wichtig. Hier wird geprüft, wo im Begriffssystem des Schülers Lücken sind, das heißt also, worin das Versagen des Schülers begründet ist. Mit Hilfe dieser diagnostischen Tests hat der Lehrer die Möglichkeit, dem Schüler zielsicherer bei der Überwindung seiner Schwächen zu helfen.

I. Die Klassenarbeit

Im Rahmen des Biologieunterrichts in der Sekundarstufe II werden neben den Tests vor allem die üblichen Klassenarbeiten zur Leistungskontrolle genutzt werden. Aus solchen Klassenarbeiten erwächst die Abiturarbeit. Und da die Art der Abiturarbeit erfahrungsgemäß den Stil des Unterrichts beeinflußt, verdient die Klassenarbeit als Vorform der Abiturarbeit besondere Beachtung. Das muß gerade an dieser Stelle für das Fach Biologie besonders betont werden. Denn während zum Beispiel in der Mathematik und in der Physik mit Hilfe der jährlich geschriebenen Abiturarbeiten und der Kontrolle der Arbeitsthemen durch Dezernenten und Fachberater ein Konsensus über Inhalt und Bewertung der Arbeit erzielt wurde, existieren für das Fach Biologie nichts Vergleichbares. Dieser Mangel an Absprache und Aussprache über Arbeitsthemen für das Fach Biologie wird wegen des im Rahmen der letzten Jahre erfolgten schnellen Wandels der Unterrichtsinhalte — so wurden zum Beispiel Verhaltenslehre und Molekulargenetik neu eingeführt — und wegen der mit der Einführung der Sekundarstufe II verbundenen didaktischen Überlegungen noch stärker fühlbar. Die folgende Darstellung einiger Arbeitsthemen und die daran anschließende Kritik dieser Themen mit Hilfe der eben aufgestellten Kriterien ist ein Beitrag zur Behandlung dieses Fragenkreises, der im weiteren noch einer eingehenden Diskussion bedarf.

Aufgabe 1

Text: ... Mit diesem Enzym konnte man je nach zugesetzten Nukleotiden verschiedene Arten künstlicher Ribonukleinsäure herstellen, z. B. ein Polyuracil, das als Basen ausschließlich Uracil enthielt. Ein derartiges Polyuracil setzen Nirenberg und Mathaei ihrem Zellextrakt zu. Es ergab sich der sensationelle Befund, daß hierdurch der Einbau von C^{14}-markiertem Phenylalanin tausendfach gesteigert wurde, daß aber für alle anderen Aminosäuren keine wesentliche Steigerung auftrat. Die ungewöhnlichen Löslichkeitseigenschaften des Produkts ließen vermuten, daß das radioaktive Material Polyphenylalanin war, d. h. eine Peptidkette, die nur eine Art von Aminosäure enthielt ... *Bresch,* Klassische und molekulare Genetik, 3. Aufl., S. 249.
1. Welche Bestandteile muß der Zellextrakt, Z. 4, enthalten?
2. Erläutern Sie, welche Aufgabe die von Ihnen genannten Bestandteile des Zellextraktes haben!
3. Was ist das Code-Problem?
4. Welchen Beitrag zur Lösung des Code-Problems liefert der hier geschilderte Versuch?
5. Erläutern Sie die Begriffe kommafreier Code, degenerierter Code!

Erwartungshorizont:

Teilaufgabe 1 und 2
Ribosomen als Ort des „Ablesens" und des Verknüpfens von Aminos;
t-RNS — Anschleppen der Aminosäuren; ATP — Energiespender;
Enzyme z. B. Verknüpfung der Aminosäuren.
3. Der Code klärt die Art der Übersetzung einer Nukleotidfolge in eine Aminosäuren-Folge.
4. Poly-Uracil entspricht Poly-Phenylalanin.
5. Keine Extrazeichen zwischen den Tripletts; vielfach codieren verschieden Basentripletts eine Aminosäure.

Überprüfung an Hand der Klopferschen Taxonomie

Wissen und Verstehen, A 1—10
Abschnitt B — Abschnitt C —
Abschnitt D, Interpretieren von experimentellen Daten und Beobachtungen D 3
Abschnitte E—I werden nicht tangiert.

Überprüfung der Aufgabe 1 an Hand der Lernzielstufen

Teil-aufgabe	Reproduktion			Reorganisation			Transfer			Problemlös. Denken		
	l	m	s	l	m	s	l	m	s	l	m	s
1	×											
2	×			×								
3	×			×								
4	×			×								
5	×	×										

Objektivierte Leistungsmessung — eigenständige geistige Arbeit

Die klare Gliederung der Aufgabe liefert dem zensierenden Lehrer Kriterien, an Hand derer er die einzelnen Schülerantworten beurteilen und miteinander vergleichen kann.
Im ganzen läßt sich sagen: Diese Aufgabe kontrolliert komplexes Wissen und Reorganisation. Sie ist leicht. Ansätze zu objektivierter Leistungsmessung sind gegeben. Innerhalb einer Arbeit muß solch eine Aufgabe durch eine andere ergänzt werden, die schwieriger ist und deren Lösung Transfer und Problem lösendes Denken erfordert.

Aufgabe 2:

1. Wie deuten Sie die in den Schaubildern dargestellten Versuchsergebnisse?
2. Was ist bei der Bestimmung der Zahl der Bakterien in Abhängigkeit von der Zeit jeweils bei E und F zu erwarten, wenn man
a. mit Hilfe eines Mikroskopes in der Zählkammer auszählt und
b. nach Plattierung auf Nährlager für Bakterien die Koloniezahl bestimmt?
Deuten Sie das von Ihnen abzuleitende Ergebnis auch in Form von Graphen an, und erläutern Sie Ihre Darstellung kurz.

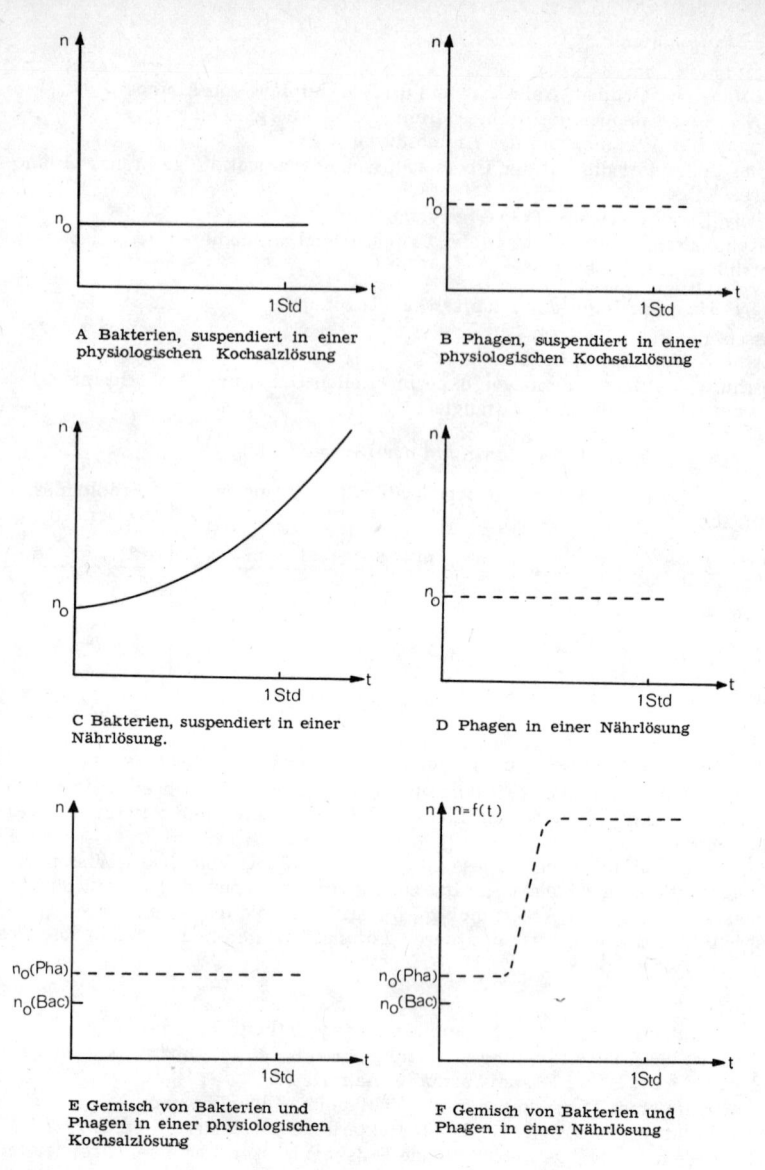

Abb. 2: Versuchsergebnisse zu Aufgabe 2

3. Wie würde sich der Verlauf bei F ändern, wenn die Zahl der Bakterien zu Beginn des Versuches
a. doppelt so groß und
b. dreimal so groß wie die Zahl der Phagen ist?
Begründen Sie das.
4. Wie viele Phagen lassen sich nachweisen, wenn n Bakterien von je einem Phagen infiziert und alle Bakterien drei Minuten nach erfolgter Infektion abgetötet und künstlich aufgebrochen wurden? Begründen Sie Ihre Angabe.
Aufgabe: *StD Dr. Schulz*, Uelzen

Erwartungshorizont zu Aufgabe 2
Teil 1: An Hand der Abbildungen sollen die Schüler das Besondere der Phagenvermehrung erläutern. Besonders herausgestellt werden sollte dabei der Unterschied zwischen Abb. E und F. Dabei muß geklärt werden, daß die Phagenvermehrung auf Stoffe angewiesen ist, die während der Phagenvermehrung noch von den Bakterien aufgenommen werden.
Teil 2a: Die Zahl der unter dem Mikroskop gezählten Bakterien bleibt konstant.
Teil 2b: Beim Plattieren lassen sich keine Kolonien nachweisen, denn es kommt dabei zur Phagenvermehrung in den infizierten Bakterien, und die Bakterien lysieren.
Teil 3: Der Kurvenverlauf in a und b ist gleich. Denn wegen der Wurfgröße werden bei a und b alle restlichen Bakterien nach der Lysis der zunächst infizierten Bakterien ebenfalls infiziert.
Teil 4: Keine Phagen nachweisbar, da die Latenzperiode auf jeden Fall länger als 3 min dauert.

Überprüfung von Aufgabe 2 an Hand der Klopferschen Taxonomie
Der Abschnitt Wissen und Verstehen, A 1—11, wird voll abgedeckt. Abschnitte B und C werden nicht betroffen.
Von Abschnitt D, Interpretation und Generalisieren, werden D 1 und D 3 erfaßt. Die Abschnitte E—J werden nicht abgedeckt.

Überprüfung von Aufgabe 2 an Hand der Lernzielstufen

Teil-aufgabe	Reproduktion			Reorganisation			Transfer			Problemlös. Denken		
	l	m	s	l	m	s	l	m	s	l	m	s
1		×			×		×					
2		×			×						×	
3			×			×						
4	×			×								

Aufgabe 2: Aufgabenstellung — Objektivierbarkeit
Teilaufgabe 1 ist weit gefaßt, aber in der Forderung deutlich genug, d. h. der Schüler weiß, was er zu tun hat, muß aber einzelne Denkschritte selber finden. Deshalb verlangt diese Aufgabe eben nicht nur Reorganisation von Wissen, sondern Transfer.
In den anderen Teilaufgaben sind die Anforderungen präziser gefaßt.

Im ganzen stellt diese Aufgabe klare Anforderungen, gibt aber daneben die Möglichkeit, komplexes Denken zu realisieren. Die Chance für objektivierte Leistungsmessung bzw. eindeutiges Vergleichen und Werten der einzelnen Schülerleistung ist damit naturgemäß beschränkt.

Aufgabe 3:
Es sollen drei Kreuzungen mit Drosophila ausgewertet werden. Kreuzung A: Ein Stamm von Drosophila, der Stummelflügel und braune Augen besitzt, wird mit dem Wildstamm gekreuzt. Alle Tiere der F_1-Generation haben das Aussehen des Wildstammes. Kreuzung B: In zwei Parallelversuchen werden F_1-Weibchen aus der Kreuzung A mit Männchen des Phänotyps (Braune Augen, Stummelflügel) gekreuzt. Das Ergebnis ist in der Tabelle wiedergegeben.

Phänotypen	Anzahl der Phänotypen	
	Versuch 1	Versuch 2
Stummelflügel, braune Augen	350	319
braune Flügel	155	143
Stummelflügel	138	162
Wildtyp	370	342

Kreuzung C: F_1-Männchen aus Kreuzung A werden mit Weibchen des Phänotyps (Stummelflügel, braune Augen) gekreuzt. In der Folgegeneration treten die Phänotypen (wild) und (Stummelflügel, braune Augen) auf, und zwar mit gleicher Häufigkeit.

1. Formulieren Sie die dritte Mendelregel und versuchen Sie, diese auf die Kreuzungen B und C anzuwenden.
2. Stellen Sie den Erbgang für die drei Kreuzungen auf. — Worin ist das Besondere des Verhaltens der beiden Gene zu sehen?
3. Welche Phänotypen würden bei der Kreuzung der F_1-Tiere untereinander in der F_2-Generation auftreten? Wie groß ist die zu erwartende Anzahl der Phänotypen bei 2000 Nachkommen in der F_2-Generation?
Aufgabe: *StD Dr. Schulz*, Uelzen

Erwartungshorizont zu Aufgabe 3

1 und 2: Die Gene für stummelflüglig und braune Augen bilden eine Koppelungsgruppe. In Kreuzung B sind die beiden Phänotypen mit der geringeren Häufigkeit Rekombinanten. Kreuzung C: Bei Männchen von Drosophila wurde kein Crossover beobachtet, die Schüler sollen diese ihnen bekannte Tatsache hier erkennen und in der nächsten Teilaufgabe richtig einsetzen.
3: Errechnung der Rekombinationshäufigkeit für die weiblichen Gameten aus B. Aufstellen der Gametentafeln für die F_2.
Rekombinationshäufigkeit für die männlichen Gameten mit 0 % ansetzen.

Überprüfung von Aufgabe 3 an Hand der Klopferschen Taxonomie

Der Abschnitt Wissen und Verstehen A 1—11 wird voll abgedeckt. Abschnitte B und C werden nicht erfaßt.
Von Abschnitt D, Interpretieren und Generalisieren, werden D 1 und D 3 betroffen.
Die Abschnitte E—J werden nicht tangiert.

Überprüfung von Aufgabe 3 an Hand der Lernzielstufen

Teil- aufgabe	Reproduktion			Reorganisation			Transfer			Problemlös. Denken		
	l	m	s	l	m	s	l	m	s	l	m	s
1	×	×		×			?			?		
2	×		×		×							
3	×		×		×							

Je nach vorangegangenem Unterricht wird die hier geforderte Schülerleistung auch Transfer und Problem lösendes Denken erfordern.

Aufgabe 3: Aufgabenstellung — Objektivierbarkeit der Leistungsmessung

Die Aufgabe ist in ihren Anforderungen klar gefaßt und sorgfältig untergliedert. So sind Voraussetzungen für eine relativ gute Vergleichbarkeit der Ergebnisse untereinander und mit dem Erwartungshorizont vorhanden.

Aufgabe 4

Beschreibung eines Versuchs:
Versuchstiere: Drei im Wasser lebende Räuber
1 Gelbrandkäfer (ein Schwimmkäfer)
1 Aeschnalarve (eine Libellenlarve)
1 Rückenschwimmer (eine Wasserwanze)

Die drei Tiere wurden kurz vor dem Versuch in einem Teich gefangen und einzeln in Aquarien gehalten.

Nacheinander wurde diesen Tieren folgendes geboten:
a. ein Beutetier im Reagenzglas
b. das gleiche Beutetier fein zerrieben und der Preßsaft ins Aquarium geträufelt
c. mit einem Draht werden im Wasser Erschütterungen hervorgerufen.

Die Reaktionen der Tiere wurden beobachtet.

Versuch	Gelbrandkäfer	Aeschnalarve	Rücken- schwimmer
a	(—)	klappt sofort ihre Fangmaske nach dem Tier im Reagenzglas aus	(—)
b	Käfer schwimmt blitzartig zu der Stelle und schwimmt dort schnell umher	(—)	(—)

Versuch	Gelbrandkäfer	Aeschnalarve	Rückenschwimmer
c	(—)	(—)	schwimmt blitzartig zu der Stelle und schwimmt schnell im Erschütterungsbereich umher

(—) bedeutet: keine Reaktion, Tiere zeigen Normalverhalten.

Fragen:
1. Welche Fragestellung lag dem Versuch zu Grunde?
2. Welche Hypothesen können Sie auf Grund der hier geschilderten Beobachtungen aufstellen?
3. Welche Versuche könnten unternommen werden, um Ihre Hypothesen zu bestätigen?
4. Welche weiterführenden Versuche z. B. mit dem Gelbrandkäfer würden Sie vorschlagen?
Aufgabe: *StRt G. Dins,* Braunschweig

Erwartungshorizont zu Aufgabe 4
1. Welches ist der auslösende Reiz für das Beutefangverhalten dieser Tiere?
2. Aeschnalarven reagieren auf optische Reize
Gelbrandkäfer reagieren auf chemische Reize
Rückenschwimmer reagieren auf Erschütterungsreize
Es handelt sich um angeborene Verhaltensweisen.
3. Wiederholung des Versuchs mit dem gleichen Tier und Tieren der gleichen Art, mit Tieren aus dem gleichen Lebensraum und mit Tieren, die unter stark veränderten Aufzuchtbedingungen standen.
4. Versuche mit anderen Beutetieren, mit Attrappen und mit verschiedenartigen chemischen Substanzen, um die Natur des auslösenden Reizes genauer zu erforschen.

Überprüfung von Aufgabe 4 an Hand der Klopferschen Taxonomie
Aus dem Abschnitt Wissen und Verstehen, A, werden die Ziele A 3, 5, 1, 7, 8, 9 abgedeckt.
Ziele des Abschnittes B werden nicht betroffen.
Die Ziele des Abschnittes C, Sehen eines Problems, Suchen eines Lösungsweges, werden voll abgedeckt.
Vom Abschnitt D, Interpretieren von Daten, Generalisieren, wird D 1 tangiert.
Wahrscheinlich werden von den Schülern Modellvorstellungen genutzt bzw. entwickelt; damit würden Ziele des Abschnittes E betroffen. Abschnitt F, Anwenden naturwissenschaftlicher Kenntnisse und Methoden, wird mit F 1 abgedeckt.
Ziele der Abschnitte G, H, I können hier wahrscheinlich nicht erreicht werden.

Überprüfung von Aufgabe 4 an Hand der Lernzielstufen

Teil-aufgabe	Reproduktion			Reorganisation			Transfer			Problemlös. Denken		
	l	m	s	l	m	s	l	m	s	l	m	s
1							×					
2	×									×		
3	×			×						×		
4										×		

Aufgabe 4 — Objektivierbarkeit — eigenständige geistige Leistung

Bei dieser Aufgabe sind einerseits wegen der klar formulierten Fragen Möglichkeiten zur korrekten Bewertung gegeben. Zum anderen hat der Schüler gerade bei dieser Aufgabe die Chance zu eigenständiger kreativer Leistung, denn die Verhaltensziele „Formulieren von Arbeitshypothesen", „Suchen nach geeigneten Verfahren zum Überprüfen von Hypothesen" wurden abgedeckt. Der Umfang des bei der Lösung einzusetzenden Wissens ist gering. Die Aufgabe ist leicht.

Aufgabe 5:

Ein Goldhamster, der etwa 24 Stunden lang gehungert hat, wird in den Eingang eines Y-Laufs gesetzt, der Eingang dann verschlossen. Am Ausgang erhält er an der einen Seiten (+) eine geringe Menge seines Lieblingsfutters, am anderen Ausgang (—) einen leichten Schlag mit dem Stock (vgl. *Berck,* 1968, 15).

Ergebnisse von jeweils 35 Läufen:

a. 1. Versuch:
```
1  2  3  4  5  6  7  8  9  10 11 12 13 14 15 16 17 18
+  —  +  +  —  +  —  —  —  +  —  +  —  +  +  —  +  —

19 20 21 22 23 24 25  . . . . 35
+  +  +  +  —  +  +   + + + +   +
```

b. 2. Versuch nach 7 Tagen, (+) und (—) Seite vertauscht:
```
1  2  3  4  5  6  7  8  9  10 11 12 13 14 15 16 17 18
+  —  +  —  —  —  —  —  —  —  +  —  —  +  —  —  —  +

19 20 21 22 23 24 25  . . . . 35
+  —  +  —  +  +  +   + + + +   +
```

c. 3. Versuch nach 14 Tagen, Anordnung wie bei b.:
```
1  2  3  4  5  6  7  8  9  10 11 12 13 14 15 16 17 18
+  +  —  +  +  +  +  +  +  +  +  +  +  +  —  +  +  +

19 20 21 22 23 24 25  . . . 35
+  +  +  +  +  +  +   + + + +   +
```

Fragen:

a. Stellen Sie die Versuchsergebnisse graphisch dar und nehmen Sie eine Auswertung vor.

b. Welche Aussagen können Sie auf Grund des Versuchsergebnisses über Lernvorgänge und Gedächtnis beim Goldhamster machen.

Wie bezeichnet man diese Form des Lernens?

c. Goldhamster leben in ihrem syrischen heimatlichen Areal in Gangsystemen und Höhlen. Handelt es sich bei den im Versuch gezeigten Lernprozessen um fakultatives oder um obligatives Lernen? Begründen Sie Ihre Ansicht und geben Sie für beide Lernvorgänge Beispiele an.
Aufgabe: StRt G. Dins, Braunschweig

Aufgabe 5 — Erwartungshorizont
a. Graphische Darstellung in übersichtlicher Form, möglichst Stufendiagramm. Auswertung. Deutungsfreie Beschreibung des Versuchsergebnisses. Sie sollte zeigen, daß im ersten Versuch nach dem 19. Lauf die richtigen Entscheidungen überwiegen; daß beim 2. Versuch nach 7 Tagen und vertauschten Seiten nach dem 18. Lauf die richtigen Entscheidungen überwiegen. Im 3. Versuch, nach 14 Tagen, herrschen von vornherein die richtigen Entscheidungen vor.
b. Der Goldhamster lernt hier durch instrumentelle Konditionierung, unterstützt durch positive und negative Verstärkung, deren Wirksamkeit nicht gegeneinander abgegrenzt werden kann. Das Gelernte wird im Gedächtnis festgehalten und hindert nach Seitenvertausch in Versuch 2 das schnelle Finden der richtigen Lösung und erlaubt in Versuch 3 nach 14 Tagen das sofortige Gehen des richtigen Weges.
c. Obligatorisches Lernen, dazu Beispiele.

Aufgabe 5 — Überprüfung an Hand der Klopferschen Taxonomie
Wissen und Verstehen, A 1—11 voll abgedeckt
Beobachten und Messen, B 2
Sehen eines Problemes, Suchen eines Lösungsweges, C —
Interpretieren von Daten, Generalisieren, D 1, 2, 3
Modellvorstellung, E —
Abschnitte F — I —

Überprüfung von Aufgabe 5 an Hand der Lernzielstufen

Teil-aufgabe	Reproduktion			Reorganisation			Transfer			Problemlös. Denken		
	l	m	s	l	m	s	l	m	s	l	m	s
1										?		
2	×									×		
3		×			×							

Aufgabe 5 — Objektivierbarkeit — Eigenständige geistige Leistung
Die klar formulierten Forderungen ermöglichen eine korrekte Auswertung. Möglichkeiten für eigenständige geistige Leistung fehlen. Der Schwerpunkt dieser Aufgabe liegt im Bereich der Reproduktion und der Reorganisation. Die Bewältigung der Aufgabe ist leicht.

Aufgabe 6:
Text: Die Mutter des dreijährigen Schimpansenkindes Merlin ist tot. Seine Schwester Miff übernahm die Betreuung. „Als Miff gehen wollte, sah sie Merlin über

die Schulter an und machte sich — genau wie eine Mutter, die auf ihr Kind wartet — erst auf den Weg, als er ihr folgte.
Von diesem Augenblick an übernahm Miff für den kleinen Merlin bei jeder Gelegenheit die Funktionen der Mutter. Sie wartete auf ihn, bevor sie weiterzog, sie erlaubte ihm, ihr Schlafnest zu teilen, und sie lauste ihn genauso häufig, wie es seine Mutter getan hätte ...
... In den folgenden Wochen wurde Merlin immer magerer, seine Augen sanken immer tiefer in die Höhlen und sein Fell wurde stumpf. Seine Lethargie wuchs, und er spielte seltener und seltener mit seinen Altersgenossen ...
... Diese Episode markierte den Beginn eines deutlichen Verfalls seines sozialen Verhaltens. Immer wieder kam es vor, daß er von Männchen, die ein Imponieren veranstalteten, mitgeschleift oder umhergestoßen wurde, weil er, statt fortzulaufen, auf sie zu rannte. Als er vier Jahre alt war, verhielt sich Merlin weit unterwürfiger als andere Schimpansen in seinem Alter: Ständig näherte er sich ausgewachsenen Tieren, um ihre Gunst zu gewinnen, kehrte ihnen wieder und wieder sein Hinterteil zu oder kauerte sich ... vor ihnen nieder. Andererseits zeigte er sich seinen Altersgenossen gegenüber besonders aggressiv ..."
Aus: *J. van Lawick-Godall*, Wilde Schimpansen, Rowohlt 1971

Aufgaben zu 6:
1. Geben Sie die wichtigsten der in diesem Text enthaltenen Beobachtungen in Ihren eigenen Worten wieder.
2. Wählen Sie unter den Ihnen bekannten Versuchen an Rhesusaffen einige zum Vergleich mit den Beobachtungen an Merlin geeignete aus. Schildern Sie diese Versuche ausführlich und vergleichen Sie die Versuche mit den Erfahrungen von *J. van Lawick-Goodall*.
3. Lassen sich nach Ihrer Ansicht die von Ihnen nachgewiesenen Übereinstimmungen im Verhalten von Schimpanse und Rhesusaffen als homologe Verhaltensformen bezeichnen? — Ziehen Sie bei Ihrer Antwort Ihr Wissen über die Evolution von Verhaltensformen heran. Erläutern Sie auch die Verwandtschaftsbeziehungen zwischen Rhesusaffen und Schimpansen.

Erwartungshorizont
1. Die Schwester Miff übernimmt, soweit die Beobachtung reicht, alle Funktionen der Mutter. Merlin wird ständig elender. Er spielt ständig weniger. Sein Verhalten ist gestört. Er kann das Verhalten anderer Schimpansen mit seinem eigenen Verhalten nicht sinnvoll koordinieren. Altersgenossen gegenüber ist er aggressiv.
2. Detaillierte Aufzählungen von Forschungsergebnissen, die zeigen, welche Bedingungen normales Verhalten entwickeln und unter welchen Bedingungen es zu schweren Störungen im sozialen Verhalten kommt.
Angeben, daß Rhesusaffen bei gestörtem Sozialkontakt gleichfalls Aggressionen gegenüber Altersgenossen und unangemessenes, ängstliches Verhalten zeigen können.
3. Wahrscheinlich Analogie. Begründung an Hand des Homologiebegriffes und mit Hilfe einer Skizzierung des Stammbaumes der Primaten. Rückgriff auf Kenntnis der Entwicklung des Verhaltens bei Anatinen oder auf Änderung des Verhaltens von Haushunden durch Domestikation.

Überprüfung von Aufgabe 6 an Hand der Klopferschen Taxonomie
Wissen und Verstehen, A 1—11 voll abgedeckt
Beobachten und Messen, evtl. B 2, B 5
Sehen eines Problems, Suchen eines Lösungsweges C 1, 2
Interpretieren von Daten, Generalisieren D 1, 3, 5, 6
Modellvorstellungen E, —
Anwenden naturwissenschaftlicher Kenntnisse und Methoden F 1
Abschnitte G — I nicht betroffen.

Überprüfung von Aufgabe 6 an Hand der Lernzielstufen

Teil-aufgabe	Reproduktion			Reorganisation			Transfer			Problemlös. Denken		
	l	m	s	l	m	s	l	m	s	l	m	s
1	?			?								
2		×			×							
3		×			×		×			×		

Aufgabe 6 — Objektivierbarkeit — eigenständige geistige Leistung
Trotz der guten Gliederung wird die Bewertung dieser Aufgabe mühevoll sein und der Objektivität entbehren, denn schon beim Heranziehen der Versuche *Harlows* bleibt den Schülern großer Spielraum. Und im dritten Teil der Aufgabe werden Lösungen, die nicht dem Erwartungshorizont entsprechen, aber logisch begründet sind, gut bewertet werden müssen. Bei dieser Aufgabe kommt es nicht darauf an, daß der Schüler eine richtige und vorgegebene Lösung findet, sondern darauf, daß er seine Bewertung des Verhaltens mit gut gewählten Argumenten abstützt. Ansätze zu eigenständigem Denken sind gegeben.

Aufgabe 7:
Untersuchungen zum Lernverhalten des Einzellers Tetrahymena
1. Vorbemerkungen
a. Die einzelligen Tetrahymena gehören zu der Gruppe der Wimpertierchen. Sie vermehren sich ungeschlechtlich durch Teilung. Innerhalb von drei Stunden entstehen aus einer Mutterzelle zwei Tochterzellen. Durch geeignete Versuchsanordnung wird erreicht, daß diese Teilungen gleichzeitig — synchron — verlaufen.
b. *Normalverhalten der Tiere:* Geradeausschwimmen und Ausweichreaktionen. Ohne nachweisbare Reize: Die Tiere schwimmen in schraubenförmigen Bahnen. Bei Reizung: Abweichen vom ursprünglichen Kurs um einige Grade. Beim Andauern des Reizes: Wiederholung der Kursänderung, bis sich das Tier aus der ungünstigen Umgebung entfernt hat.
Ausweichreaktion wird ausgelöst durch Chemikalien, Hitze, Kälte, elektrischen Strom, Zusammenstoß mit anderen Lebewesen.
Ausweichreaktion wird nicht ausgelöst durch Licht.

a. *Versuch 1*

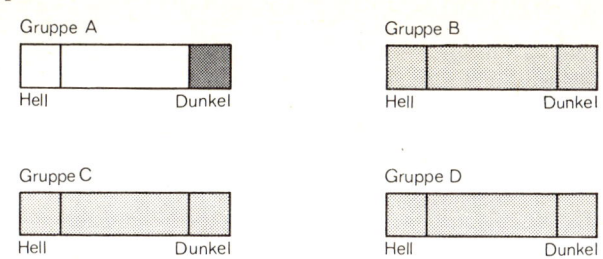

Gruppe A

Hell — Dunkel

Gruppe B

Hell — Dunkel

Gruppe C

Hell — Dunkel

Gruppe D

Hell — Dunkel

b. *Versuch 2* Untersuchung der Tochtergeneration von Versuchs- und Kontrolltieren

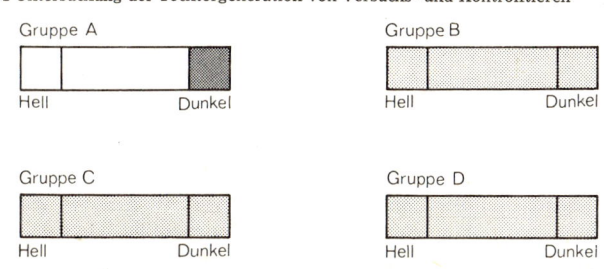

Gruppe A

Hell — Dunkel

Gruppe B

Hell — Dunkel

Gruppe C

Hell — Dunkel

Gruppe D

Hell — Dunkel

c. *Versuch 3* Das Versuchsergebnis ist in einem Diagramm festgehalten

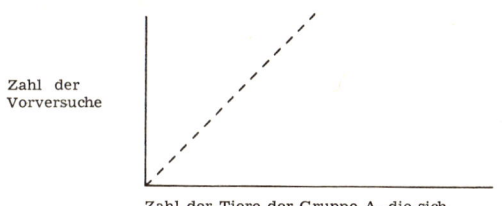

Zahl der Vorversuche

Zahl der Tiere der Gruppe A, die sich beim Hauptversuch in den dunklen Teil des Beckens begeben.

d. *Versuch 4* Das Versuchsergebnis ist in einem Diagramm festgehalten

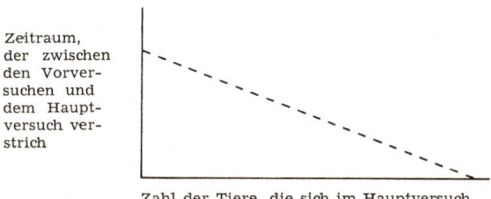

Zeitraum, der zwischen den Vorversuchen und dem Hauptversuch verstrich

Zahl der Tiere, die sich im Hauptversuch in den dunklen Teil des Beckens bewegen

Abb. 3: Versuchsergebnisse zu Aufgabe 7

2. Versuchsdurchführung

a. Vorversuche

Gruppe A: Wurde im Dunklen Stromstößen und gleichzeitig Lichtblitzen ausgesetzt. (Lichtblitze wirkten nicht schädigend).
Kontrolltiere alle im Dunkeln gezüchtet.
Gruppe B — die Tiere wurden nur Stromstößen ausgesetzt.
Gruppe C — die Tiere wurden nur Lichtblitzen ausgesetzt.
Gruppe D — die Tiere wurden weder Stromstößen noch Lichtblitzen ausgesetzt.

b. Hauptversuche

Die Tiere der vier Gruppen kamen in sogenannte Lichtbecken, die von unten beleuchtet wurden. Eine Seite des Beckens war jeweils hell, die andere dunkel. Zwischen beiden Zonen bestand ein kontinuierlicher Übergang. Auf den Zeichnungen ist die Verteilung der Tiere durch Punktierung skizziert.

3. Aufgabe

1. Was versteht man unter Lernen? Welche Bedeutung hat das Lernen im Leben des Individuums?
2. Erläutern und vergleichen Sie kurz die drei Lernformen „Gewöhnung", „Klassische Konditionierung" und „Instrumentelle Konditionierung".
3. Beschreiben Sie die an dem Einzeller Tetrahymena durchgeführten Untersuchungen.
4. Was sagen diese Versuche über das „Lernen" des Einzellers Tetrahymena aus? Gehen Sie bei Ihren Ausführungen auch auf die Bedeutung der Kontrolltiere ein.
5. Welche Fragestellung liegt den Versuchen 2—4 zugrunde?

Erwartungshorizont

1. Kurze Darstellung des Lernens als Aufnahme, Speicherung und Verarbeitung von Information. Bedeutung des Lernens für das Einpassen des Individuums in die belebte und unbelebte Umwelt.
2. Darstellung der Lernformen.
3. Zeigt das Verstehen der Versuchsbedingungen.
4. Ergibt klassische Konditionierung, die durch die Vorversuche linear aufgebaut wird, bei Teilung ohne ersichtliches Abklingen weitergegeben wird, dem Vergessen unterliegt. Nur die Isolierung einzelner Faktoren mit Hilfe der Kontrollen führt zu sicheren Aussagen.
5. Einfluß der Zahl der Vorversuche. Lernen als statistisch faßbarer Vorgang. Gedächtnis? Vergessen.

Überprüfung an Hand der Klopferschen Taxonomie

Teilaufgabe 1: Wissen und Verstehen A 1 und A 3 abgedeckt
Teilaufgabe 2: Wissen und Verstehen A 1, A 2, A 3 abgedeckt
Teilaufgabe 3: B 2 abgedeckt
Teilaufgabe 4: deckt Ziele sehr verschiedener Bereiche ab;
A 1; A 2; A 5; B 3; C 2; D 1; D 2; D 5
Teilaufgabe 5 deckt Ziele des Bereichs C, Sehen eines Problems, Suchen eines Lösungsweges ab: C 1; C 4

Überprüfung von Aufgabe 7 an Hand der Lernzielstufen

Teil-aufgabe	Reproduktion			Reorganisation			Transfer			Problemlös. Denken		
	l	m	s	l	m	s	l	m	s	l	m	s
1	X											
2	?				X							
3	X											
4	X				X		X	X				
5							X	X				

Bemerkung
Diese Aufgabe ist vorwiegend prozeßorientiert. Ihre Lösung erfordert zwar einiges Wissen über Formen des Lernens, der Schwerpunkt der Aufgabe liegt jedoch eindeutig in der Auswertung der vielfältigen Versuche. Deshalb läßt sich die Eigenart dieser Aufgabe am ehesten mit Hilfe der Klopferschen Taxonomie übersehen.
Aufgabe: StD Bock, Bochum

Aufgabe 8:
1. Beschreiben und vergleichen Sie an Hand der Skizzen (Abb. 4) die Ausbildung der Lunge bei einigen Wirbeltieren.
2. Deuten Sie diese Beispiele unter dem Gesichtspunkt einer stammesgeschichtlichen Entwicklung. — Berücksichtigen Sie dabei auch, was Sie in der folgenden Information und aus den Abbildungen der Säugerlunge und des Knochenfisches über Lungenfische erfahren (Abb. 4 u. 5).

Information:
Lungenfische sind tropische Fische. Sie leben in Gewässern, die zeitweise austrocknen können. Dann ist keine Kiemenatmung möglich, die Tiere können nun ihre Schwimmblase zum Gasaustausch benutzen.

Vorausgehender Unterricht:
Aussage der Abstammungstheorie; „Beweise" der Abstammungstheorie (Homologie, Embryologie, rudimentäre Organe; Prinzip der Höherentwicklung an Hand des Blutkreislaufs der Wirbeltiere).

Erwartungshorizont:
1. *Beschreibung* und Vergleich der Lungen von fünf Wirbeltieren. Erwähnung der Vergrößerung der inneren Oberfläche der Lunge.
2. *Homologie* der Lungen: gleicher Grundbauplan: Luftröhre, Lungensäcke, Atemepithel, gleiche Lage im Körper
Homologie Lungen — Schwimmblase
gleiche Lage — Ausstülpung des Vorderdarms, zusätzlicher Hinweis Schwimmblase als Atemorgan beim Lungenfisch.
Homologien als Hinweise für Verwandtschaft

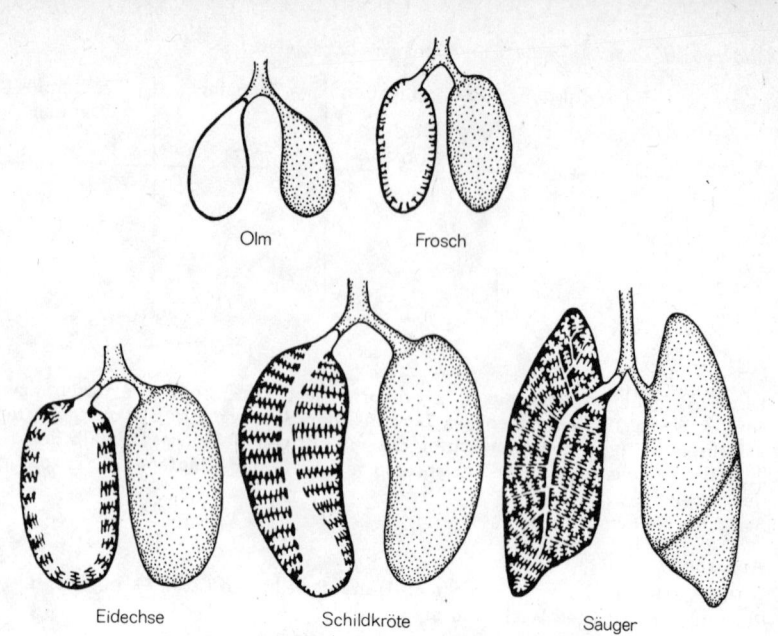

Abb. 4: Lungen einiger Wirbeltiere. (Zu Aufgabe 8).
a. Olm; b. Frosch; c. Eidechse; d. Schildkröte; e. Säuger.

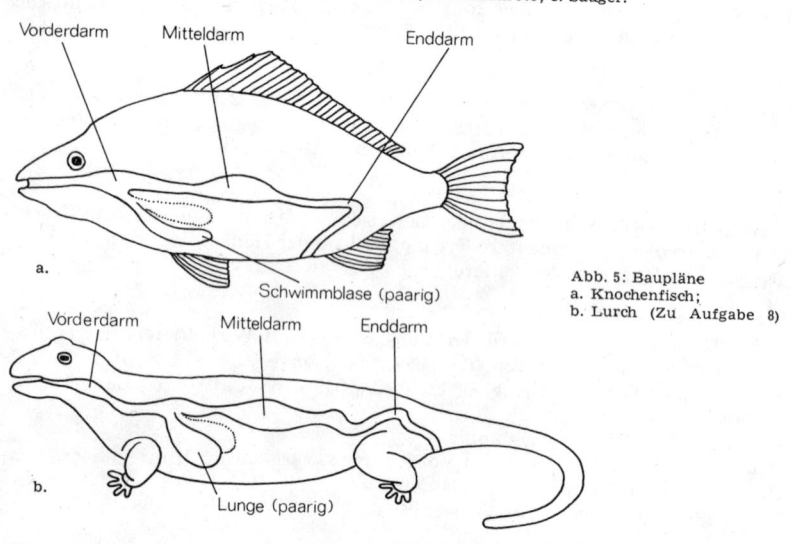

Abb. 5: Baupläne
a. Knochenfisch;
b. Lurch (Zu Aufgabe 8)

Höherentwicklung: Oberflächenvergrößerung ergibt Vergrößerung der Austauschflächen; größere Oberfläche ermöglicht verstärkte Aufnahme von Sauerstoff; Entwicklung der Wirbeltiere, erhöhter Energiebedarf bei gleichwarmen Säugetieren.

Aufgabe: OStRt Dr. *Züke,* Bochum

Dem differenzierten Erwartungshorizont entspricht hier keine detaillierte Untergliederung der Aufgabe. Die verlangte „Deutung unter den Gesichtspunkten der Stammesentwicklung" fordert jedoch von einem Schüler, der die im vorausgehenden Unterricht intendierten Lernziele erfaßt hat, eindeutig die Benutzung der Begriffe Homologie und Höherentwicklung. Nennung dieser Begriffe in der Aufgabe und eine genauere Untergliederung der Aufgabe würden jedoch ihr Niveau senken. Das heißt, das hier geforderte Problem lösende Denken würde so zum Transfer.

Überprüfung der Aufgabe 8 an Hand der Klopferschen Taxonomie
Teilaufgabe 1: B 1, B 2, B 3;
Teilaufgabe 2: A 1, 2, 3, 5, 6, 8, 9, 10.

Überprüfung von Aufgabe 8 an Hand der Lernzielstufen

Teil-aufgabe	Reproduktion			Reorganisation			Transfer			Problemlös. Denken		
	l	m	s	l	m	s	l	m	s	l	m	s
1				?								
2		×			×			×			×	

Bemerkung: Diese Aufgabe fordert vom Schüler die Bearbeitung neuer Information mit Hilfe wichtiger Begriffe und Theorien (stammesgeschichtliche Entwicklung, Höherentwicklung, Homologien). Bei der Verwendung der Taxonomien spiegelt sich die Kenntnis von Begriffen und Theorien am besten in der *Klopferschen* Taxonomie A5, 6, 8, 9 wieder. Die Verbindung von Kenntnis und Neuinformation läßt sich jedoch nur aus den tangierenden Lernzielstufen entnehmen.

Exakte Zuordnung der erwarteten Schülerleistung zu den Verhaltenszielen der Klopferschen Taxonomie und zu den Rothschen Lernzielstufen am Beispiel einer Teilaufgabe

Die nun folgende Zuordnung orientiert sich am Erwartungshorizont. Um aber soweit als möglich eine korrekte Zuordnung zu erreichen, werden die im Erwartungshorizont genannten Stichworte in Lernziele umformuliert.

Lernziel: Der Schüler soll die Zeichnungen von fünf Lungen verschiedener Wirbeltiere beschreiben können.

Lernzielstufen: Zuordnung unmöglich. Das hier geforderte Aufnehmen und irgendwie geformte Wiedergeben von Information ist in den Lernzielstufen nicht vorgesehen.

Klopfer T. B 1, Beschreiben der Beobachtung in einer angemessenen Sprache.

Lernziel: Der Schüler soll die Lungen von fünf Wirbeltieren miteinander vergleichen können.

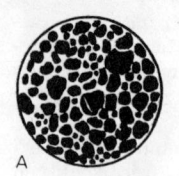

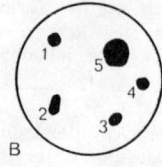

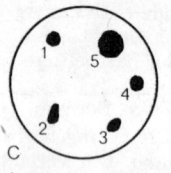

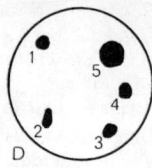

Abb. 6: Versuchsergebnisse zu Aufgabe 9. A. Bakterienrasen auf streptomycinfreiem Nährboden, B., C., D. Bakterienkolonien auf streptomycinhaltigem Nährboden.

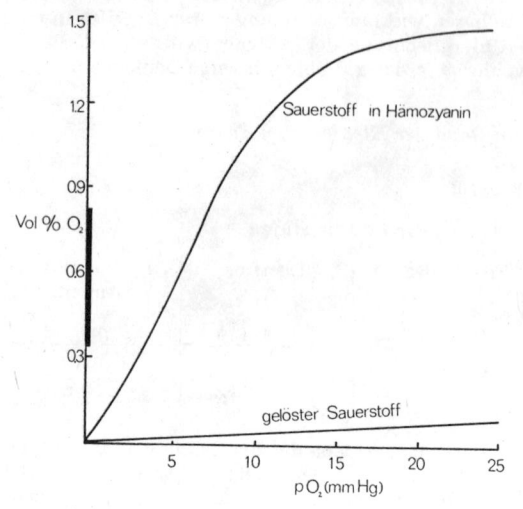

Abb. 7: Sauerstoff-Bindungskurve des Hämocyanins und des Blutplasmas beim Krebs Palinurus (Zu Testitem 23).

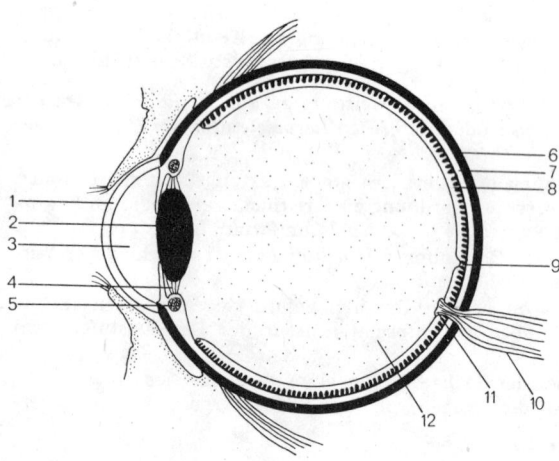

Abb. 8: Schnitt durch das Auge (Zu Testitem 25).

Lernzielstufen: Reorganisation, leicht; denn das Vergleichen erfordert die Reorganisation des beim Beschreiben aufgenommenen Wissens.
Klopfer T. B 3, Messen von Gegenständen und Veränderungen — Messen heißt letztlich immer vergleichen.
Lernziel: Der Schüler soll die Vergrößerung der Lungenoberfläche im Rahmen der Abbildungsreihe beschreiben können.
Lernzielstufen: Einordnung nicht möglich, denn offensichtlich enthält die hier geforderte Unterscheidung zwischen wichtigen und unwesentlichen Elementen der Zeichnung Anteile aus dem Bereich Transfer und Problem lösendes Denken, ohne diese Stufen recht eigentlich abzudecken. Reproduktion von Wissen wird nicht gefordert.
Klopfer T. B 1, Beobachten von Objekten und Phänomenen; B 2, Beschreiben der Beobachtung in einer angemessenen Sprache.
Folgende Verhaltensziele wurden sehr oberflächlich betroffen: C 1, Erkennen eines Problems; E 1, Erkennen des Bedürfnisses nach einer Modellvorstellung; E 3, Beschreiben von Zusammenhängen, die der Modellverstellung entsprechen.
Ergebnisse: Die exakte Zuordnung einer einfachen Teilaufgabe zu den *Rothschen* Lernzielstufen scheitert weitgehend. Die Zuordnung zu den Verhaltenszielen der *Klopferschen* Taxonomie ist in einigen Punkten möglich, aber auch hier müssen einige Unsicherheiten — „sehr oberflächlich betroffene Verhaltensziele" — registriert werden.
Die nachgewiesenen Schwierigkeiten bei der Zuordnung der Verhaltensziele beruhen letztlich auf unserer unzureichenden Kenntnis der den Verhaltensweisen zugrunde liegenden Prozesse (Denkvorgänge, Mechanismen der Begriffsbildung; neutrale Schalt- und Koordinationsvorgänge). Dementsprechend sind die heute verfügbaren Taxonomien der Verhaltensziele gleichfalls unvollkommen entwickelt; nach v. Aufschnaitter entspricht ihr jetziger Zustand dem der taxonomischen Gliederung zur Zeit *Linnés* [12].

Aufgabe 9: Kritische Betrachtung eines Versuches

Versuchsbeschreibung:

Man drückt auf Schale A einen Samtstempel, der den ganzen Bakterienrasen bedeckt und beimpft mit diesem Stempel nacheinander die Schalen B, C und D, deren Kulturmedium Streptomycin enthält. (Etwa so wie man mit einem Adressenstempel mehrere Kuverts bedrucken kann, bevor die Farbe zu schwach wird). Nach einiger Zeit kann man auf den Schalen B, C, D kleine Bakterienkolonien entdecken, die allmählich größer werden. (Beachten Sie in den Streptomycinschalen die Orte der Bakterienkolonien.) (Abb. 6, Seite 336)
Beantworten Sie folgende Teilaufgaben und begründen Sie Ihre Antworten sorgfältig:
1. Welche Eigenschaften zeigen die Bakterien?
2. Wurde ihr Wachstum durch Streptomycin ausgelöst? Begründung mit dem Versuchsergebnis.
3. Was will der moderne Evolutionsforscher mit diesem Versuch nachweisen?
4. Welchem Evolutionsgedanken widerspricht dieses Ergebnis?
Aufgabe: *StRt Jürges,* Ricarda-Huch-Schule, Braunschweig

Erwartungshorizont
Teilaufgabe:
1. Streptomycin-resistente Mutante
2. Nein, nicht ausgelöst
Begründung: alle drei gleich
3. Zahl der Mutanten in einem Wildstamm registrieren
Selektionsvorgänge studieren
Populationsgenetik studieren
4. Anpassung durch Umwelt bewirkt
Überprüfung von Aufgabe 9 an Hand der Klopferschen Taxonomie
Teilaufgabe 1: A, A 1, D 1
Teilaufgabe 2: A 1, 2, 3, 5, 7, 10; D 1; D 3
Teilaufgabe 3: A 1, 7, 9
Teilaufgabe 4: A 1, 2, 3, 5, 8, 9, 10
Überprüfung von Aufgabe 9 an Hand der Lernzielstufen

Teil-aufgabe	Reproduktion			Reorganisation			Transfer			Problemlös. Denken		
	l	m	s	l	m	s	l	m	s	l	m	s
1	×											
2		×		×						×		
3			×		×			×				
4		×			×							×

Bemerkungen: Das Wesentliche an dieser Aufgabe ist die gute Kombination von Wissensreproduktion, Verarbeiten neuer Information mit naturwissenschaftlichen Formen der Beweisführung (Teilaufgabe 2); die Teilaufgaben 3 und 4 erfassen Theorien- und Begriffsbildung neuerer und älterer Zeit. Diese Vielseitigkeit der Aufgabe läßt sich an Hand der *Roth*schen Lernzielstufen sehr viel besser ablesen, als mit Hilfe der *Klopfer*schen Taxonomie.

Ergebnis und Überprüfung der Aufgaben
Mit Ausnahme von Aufgabe 1 tangieren die hier besprochenen Aufgaben nicht nur die Lernzielstufen Reproduktion und Reorganisation, sondern auch Transfer und Problem lösendes Denken.
Diese Aufgaben sind also zur Vorbereitung des Abiturs geeignet. Die eigentliche Abituraufgabe wird einen höheren Komplexitätsgrad aufweisen, oder es werden mehrere solcher Aufgaben gestellt werden.
Als relativ leicht erwiesen sich die Aufgaben 1, 4, 5.
Die Überprüfung mit Hilfe der *Klopfer*schen Taxonomie zeigte, daß in allen Fällen nicht nur die Reproduktion von Fakten und Begriffen, sondern gut strukturiertes Wissen, das auch Kenntnisse von Gesetzmäßigkeiten, Theorien und Leitideen umfaßte, gefordert wurde.
Dazu wurde nicht nur Kenntnis der naturwissenschaftlichen Methoden, sondern Beherrschung dieser Methoden, z. B. Interpretation experimenteller Daten, Überprüfung von Hypothesen geübt.
In fast der Hälfte der Themen, nämlich in Aufgaben 2, 4, 6 sind Ansätze zu eigenständiger geistiger Leistung gegeben. Es zeigt sich, daß gerade mit Hilfe der

gleichzeitigen Benutzung zweier sehr verschiedenartiger Taxonomien wesentliche Aussagen über die Struktur einer Arbeit bzw. eines Tests möglich sind.

Der Rückgriff auf die *Klopfer*sche Taxonomie ist immer dann günstig, wenn prozeßorientierte Aufgaben analysiert werden sollen. Zum andern läßt sich die Art des verlangten Wissens mit Hilfe der *Klopfer*schen Taxonomie gut analysieren; das liegt an der gründlichen Gliederung des Abschnittes Wissen und Verstehen, A; die Vorteile der Arbeit mit den *Roth*schen Lernzielstufen zeigen sich bei der Analyse von Aufgabe 9, denn die Zuordnung zu Begriffen zu einer Neuinformation läßt sich hier als Problemlösendes Denken oder als Transfer kennzeichnen. Wie fragwürdig die Zuordnung von Verhaltensweisen bzw. Lernzielstufen zu den einzelnen Teilaufgaben letztlich ist, zeigt der Versuch einer exakten Analyse bei Aufgabe 8. Trotzdem ist der hier praktizierte Umgang mit den Taxonomien der Verhaltensziele nützlich, denn er ermöglicht immerhin den Ansatz zur Differenzierung der verlangten Schülerleistung. Daneben trägt er zur Bewußtseinsbildung des leistungsmessenden Lehrers wesentlich bei.

Matrix, Überprüfung von Aufgabe 1—9 an Hand der *Klopferschen Taxonomie*

	1	2	3	4	5	6	7	8	9
A. Wissen und Verstehen									
.1	×	×	×	×	×	×	×	×	×
.2	×	×	×		×	×	×	×	×
.3	×	×	×	×	×	×	×	×	×
.4	×	×	×		×	×	×		
.5	×	×	×	×	×	×	×	×	×
.6	×	×	×		×	×			
.7	×	×	×	×	×	×		×	×
.8	×	×	×	×	×	×		×	×
.9	×	×	×	×	×	×		×	×
.10	×	×	×		×	×		×	×
.11		×	×		×	×			×
B. Beobachten und Messen									
.1								×	
.2				×	×			×	
.3							×	×	
.4									
.5						×	×		
C. Sehen eines Problems — Suchen eines Lösungsweges									
.1						×	×		
.2				×		×	×		
.3				×		×			
.4									

D.	Interpretieren von Daten, Generalisieren			
.1	× ×	× ×	× ×	
.2		×	×	
.3	× × ×	× ×	×	
.4				
.5		×	×	
.6		×		

E.	Errichten, Überprüfen und Berichtigen einer Modellvostellung			
.1		?	?	
.2				
.3				
.4				
.5				
.6				

F.	Anwenden naturwissenschaftlicher Kenntnisse und Methoden			
.1		×		
.2				
.3				

G.	Praktische Versuchsdurchführung			
.1				
.2				

H.	Haltungen und Interessen			
.1				
.2				
.3				
.4				
.5				
.6				

I.	Orientierung			

Zusammenfassung der Überprüfungsergebnisse an den Klassenarbeiten

Überprüfung von Aufgabe 1—7 an Hand der Lernzielstufen

Auf- gabe	Reproduktion			Reorganisation			Transfer			Problemlös. Denken		
	l	m	s	l	m	s	l	m	s	l	m	s
1	×	×		×								
2	×	×	×	×	×	×	×			×		
3	×	×	×	×	×		?			?		
4	×			×			×			×		
5	×	×		×						×		
6		×		×			×			×		
7	×	×		×	×		×	×				
8			×		×			×				×
9	×	×	×					×		×	×	
10												
11												
12												

II. Der Test [2; 6; 7; 14]

Unter Test werden hier alle Aufgaben verstanden, die mit Hilfe fest formulierter Aufgaben eine kurze und rigide eingeengte Schülerantwort erfordern. Die so charakterisierten Tests sind durch Übergangsformen mit den gebräuchlichen Arbeitsthemen verbunden.

Alle Tests, z. B. *Multiple-Choice-Tests, Lückentests, Zuordnungstests* haben folgende Vorteile gemeinsam: Sie lassen sich relativ schnell auswerten, und es können dem Schüler auf engem Raum und in kurzer Zeit viele Aufgaben vorgelegt werden. Hingegen sind, wie eingangs erläutert, alle in der Schule nutzbaren Tests, da sie auf Informationsvermittlung aufbauen, nicht standardisierbar. Die Bewertung der Testaufgaben ist nicht objektiv, das ergibt sich ebenfalls aus den im Kapitel Objektivität diskutierten Überlegungen. Die Bewertung von Lücken- und Zuordnungstests ist wegen der unterschiedlichen Antwortmöglichkeiten manchmal mühsam. Diese Schwierigkeit läßt sich mit Hilfe der Multiple-Choice-Tests vermeiden.

Der eigentliche große Vorteil des Multiple-Choice-Tests liegt in seiner Vergleichsobjektivität. Dieser Vorteil wird durch die fest formulierten Antworten erkauft. Mit Hilfe der Multiple-Choice-Tests läßt sich also das nur passiv verfügbare Wissen vom aktiv verfügbaren Wissen nicht unterscheiden.

Durch einfaches Ändern der Reihenfolge der Testitems, evtl. durch zusätzliches Ändern der Folge der Einzelfragen innerhalb des Testitems, läßt sich solch ein Multiple-Choice-Test ohne Schwierigkeiten in einen gleichwertigen Paralleltest verwandeln.

Das Anfertigen eines guten Tests verlangt viel Erfahrung, und es besteht immer die Gefahr, daß beim Lösen von Testaufgaben vorwiegend die Reorganisation von Wissen gefordert wird, weil sich die dafür geeigneten Aufgaben am leichtesten erstellen lassen.

Bei dem hier wiedergegebenen Test (Testitem 1—12) können in jeder Testaufgabe (Testitem) eine oder mehrere Antworten richtig sein. Jedes fehlende Kreuzchen und jedes falsch angebrachte Kreuzchen wurde gleichmäßig als Fehler gewertet. Jedes Testitem erhielt bei richtiger Beantwortung insgesamt 5 Punkte, bei einem Fehler 3 Punkte, bei mehr als einem Fehler 0 Punkte.

1. Multiple-Choice-Tests

Ein vollständiger Test zur Verhaltenslehre.

Bitte kreuzen Sie die richtigen Aussagen an:

Testitem 1—12

1. *Eine Biberpopulation* wurde durch Fänge so reduziert, daß nur wenige Tiere überlebten und keine Dämme mehr errichtet wurden. Nach über 100 Jahren wurde das betreffende Gebiet in ein Naturschutzgebiet verwandelt. Die Biberkolonie vermehrte sich wieder und nach wenigen Jahren wurden typische Biberdämme errichtet, obwohl keines der Tiere je solch einen Damm gesehen oder errichtet hatte.

Um welche Art von Verhalten handelt es sich?
— a. um angeborene Reflexe
— b. um Instinktverhalten
— c. um erworbene Prägung
— d. um obligatorisches Lernen
— e. um bedingte Reflexe.

2. *Wenn eine Katze* so fallen gelassen wird, daß ihr Rücken nach unten zeigt, landet sie in der Regel doch auf allen vier Füßen.

Diese Art von Verhalten ist:
— a. obligatorisch erlerntes Verhalten
— b. das Ergebnis von Prägungsvorgängen
— c. angeborenes Verhalten
— d. eine durch positive Verstärkung erworbene Reaktion.

3. *Eine gehörlose Pute* hackt ihre piepsenden Küken tot.
Eine hörfähige Pute hackt die herankommenden stummen Küken tot.
Normalerweise hacken Puten ihre Küken nicht.
Eine hörfähige Pute nimmt einen wie ein Küken piepsenden ausgestopften Iltis unter ihr Gefieder.

Diese Erfahrungen zeigen:
— a. durch Erfahrung haben die Puten gelernt, daß herannahende Junge piepsen
— b. bei Puten ist das Erkennen der Jungen an ihrem Piepsen ererbt
— c. herankommende Dinge sind ein Schlüsselreiz, der Hacken auslöst
— d. Durch die wiedergegebenen Versuchsergebnisse ist keine der vorstehenden Aussagen abgesichert.

4. *Ein bestimmter Stamm von Drosophila melanogaster* kann in Abhängigkeit von der Aufzuchtstemperatur normal, fehlerhaft oder gar nicht fliegen. Folgende Aussage ist korrekt:

— a. das Fliegen von Drosophila ist eine angeborene und damit artspezifische Verhaltensweise.
— b. das Fliegen von Drosophila wird durch instrumentelle Konditionierung erlernt.
— c. das Fliegen von Drosophila ist genetisch bedingt, wird aber durch Außeneinflüsse modifiziert.
— d. keine dieser Aussagen ist durch den oben dargestellten Befund abgesichert.
5. *Sandwespen*
— a. An der Reaktion der Sandwespen auf ihre Beuteraupen ist ein angeborener auslösender Mechanismus beteiligt.
— b. An der Reaktion der Sandwespe auf ihre Beuteraupen sind Erbkoordinationen beteiligt.
— c. Das Anschleppen von Raupen zum Nest läßt sich als Appetenzverhalten auffassen.
— d. Beim Verschließen des Nestes zeigt die Sandwespe ein an die Umwelt angepaßtes Verhalten.
6. *Das Labyrinthverhalten der Ratten*
— a. läßt sich unter dem Begriff obligatorisches Lernen einordnen
— b. läßt sich als einsichtiges Lernen bezeichnen
— c. beruht auf bedingten Reflexen
— d. wird durch positive Verstärkung verbessert.
7. *Werkzeuggebrauch*
— a. bei Primaten beruht auf Einsicht
— b. findet sich nur bei Menschen
— c. kann auf ererbten Verhaltensweisen beruhen
— d. beruht vielfach auf Traditionen.
8. *Die Neugeborenen nahezu aller Primaten* benutzen beim Suchen der Brustwarze spezifische Folgen von Kopfbewegungen.
— Beim Suchverhalten der Primaten handelt es sich wahrscheinlich um homologes Verhalten.
— Beim Suchverhalten der Primaten handelt es sich wahrscheinlich um analoges Verhalten.
— Mit diesem Verhalten läßt sich nachweisen, daß der Mensch vom Affen abstammt.
— Dies Suchverhalten ist ein bedingter Reflex.
— Es handelt sich um eine Handlungskette.
9. *Die These:* Bei der Kindererziehung sollten alle Verbote, Strafen und sonstige Einengungen vermieden werden, entstand aufgrund folgender Theorie zur Entstehung von Aggressionen:
— a. Aggressionsverhalten ist angeboren und hat eigenes Appetenzverhalten.
— b. Aggressionsverhalten beruht auf Frustrationen.
— c. Aggressionsverhalten beruht im wesentlichen auf Lernvorgängen mit Hilfe positiver Verstärkung.
— d. Aggressionsverhalten kann durch konsequente negative Verstärkung abdressiert werden.
10. *Hormone und Verhalten.*
— a. Das Verhalten eines Tieres wird von Hormonen beeinflußt.
— b. Der Hormonspiegel eines Tieres wird von seinem Verhalten beeinflußt.

— c. Die Hormone können die Reaktionsbereitschaft eines Organes verändern.
— d. Hormone können Reaktionen im Bereich des Zentralnervensystems verändern.
— e. Hormone werden gezielt den einzelnen reagierenden Organen zugeleitet.

11. *Werden junge Zebrafinken von Mövchen aufgezogen* und, ehe sie zu singen beginnen, von ihnen getrennt, so singen sie wie ihre Pflegeväter. — Dies Verhalten beruht auf:
— a. instrumenteller Konditionierung
— b. einsichtigem Verhalten
— c. bedingten Reflexen (klassische Konditionierung)
— d. Prägungsvorgängen.

12. *Folgende Kriterien sind kennzeichnend für einsichtiges Handeln:*
— a. das Tier probiert mehrere Möglichkeiten nacheinander aus
— b. das Tier verharrt eine Weile ruhig, indem es den Blick zwischen dem Ziel und möglichen Werkzeugen pendeln läßt; danach handelt es schnell und zielstrebig.
— c. Der Handlungsablauf ist ununterbrochen und zielstrebig auf den Erfolg gerichtet.
— d. Der Handlungsablauf kann Einzelelemente enthalten, die nur zusammen mit anderen einen Sinn haben; z. B. das Tier macht einen erfolgreichen Umweg.

Überprüfung von Testitems 1—12 an Hand der *Klopfer*schen Taxonomie

Test-item	1	2	3	4	5	6	7	8	9	10	11	12
A. Wissen und Verstehen												
1	×	×		×	×	×	×	×	×	×	×	×
2	×	×	×	×	×	×	×	×	×	×	×	×
3	×	×	×							×		
4										×		
5	×	×		×						×	×	×
6						×	×	×	×			
7			×									
8			×	×						×		
9	×	×										
10	×	×		×		×	×	×	×		×	×
11												
B. Beobachten und Messen												
1												
2												
3												
4												
5												

C.	Sehen eines Problems — Suchen eines Lösungsweges				
1	×				
2					
3					
4					

D.	Interpretieren von Daten, Generalisieren				
1	×				
2					
3					
4					
5	×				
6					

E.	Errichten, Überprüfen und Berichtigen einer Modellvorstellung				
1					
2					
3					
4					
5					
6					

F.	Anwenden naturwissenschaftlicher Kenntnisse und Methoden				
1					
2					
3					

G.	Praktische Versuchsdurchführung				
1					
2					

H.	Haltungen und Interessen				
1					
2					
3					
4					
5					
6					

I.	Orientierung				
1					
2					
3					
4					
5					

Überprüfung von Testitem 1—12 an Hand der Lernzielstufen

Test-item	Reproduktion			Reorganisation			Transfer			Problemlös. Denken		
	l	m	s	l	m	s	l	m	s	l	m	s
1	×			×								
2	×			×								
3	×						×			×		
4	×						×					
5	×			×								
6	×			×								
7	×			×								
8	×			×								
9	×			×								
10	×						×					
11	×			×								
12	×				×							

Ergebnis der Überprüfung

Wesentliche Anteile dieses Tests überprüfen Reproduktion und leichte Reorganisation des Wissens. Problemlösendes Denken wird an einer Stelle (Item 3) verlangt. Die Überprüfung an Hand der *Klopfer*schen Taxonomie führt zu verbesserter Einsicht in die Natur des geforderten Wissens: Testitem 1, 2, 3, 4, 10 überprüfen gut strukturiertes Wissen, hingegen überwiegt bei sieben Testitems vokabelartiges Wissen und Wissen von Klassifikationen, sowie eine sehr einfache Form der Anwendung.

Weiter läßt sich das, was in den Lernzielstufen bei Testitem 3 als problemlösendes Denken erscheint, mit Hilfe der *Klopfer*schen Taxonomie als Erkennen eines Problems, Verarbeiten experimenteller Daten und Bewerten der zu prüfenden Hypothese präzisieren.

Im ganzen erweist sich die hier geübte Form der Überprüfung als nützlich, denn sie erlaubt es, das Unbehagen, das den erfahrenen Lehrer beim Anblick vieler Tests beschleicht, in klare Fragen zu verwandeln: Überwog im Unterricht, der diesem Test zugrunde liegt, das Einprägen von Fakten und Begriffen wirklich in so starkem Maße? Wurde wirklich so selten problemlösendes Denken geübt? Repräsentiert dieser Test also schlechten Unterricht? Oder aber: erscheint das Wissen von Begriffen und Klassifikationen hier so häufig, weil sich Testitems, die diese Faktoren kontrollieren, verhältnismäßig leicht konstruieren lassen? Der vorangegangene Unterricht war also gut, aber der Testkonstrukteur taugte nichts?

Auf alle Fälle entspricht solch ein Test nicht den Anforderungen, die z. B. für problemlösendes Denken an eine Abiturarbeit und damit auch an eine Klassenarbeit innerhalb der Sekundarstufe II zu stellen sind. Der hier vorgeführte Test erweist sich als ein Mittel, um schnell, arbeitssparend, vergleichsobjektiv, einfach strukturiertes Wissen und Anwendung zu überprüfen. Daneben zeigen die Items 3, 4, 10, daß es durchaus möglich ist, mit Hilfe des Tests auch höhere Lernzielstufen abzudecken.

Testitem 16—22, Molekulare Genetik

Kreuzen Sie die richtigen Aussagen an:

16. *Wenn man den Arginingehalt der Zelle als Regelgröße auffaßt*
— a. sind die Ribosomen die Fühler
— b. sind die Regulatorgene die Fühler
— c. sind die Repressoren die Fühler
— d. sind die Operatorgene die Fühler

17. *Wenn man den Arginingehalt der Zelle als Regelgröße auffaßt,* haben folgende Elemente die Funktion des Stellgliedes:
— a. die Ribosomen
— b. die Regulatorgene
— c. die Strukturgene
— d. der Promotor

18. *Wegen folgender Eigenschaften ist die DNS als Träger der Erbinformation geeignet*
— a. Weil die Doppelhelix zur identischen Reduplikation befähigt ist
— b. Weil die Art der Basenpaarung die identische Reduplikation ermöglicht
— c. Weil der Aufbau der Nukleotide die Verankerung von Information erlaubt
— d. Weil die unregelmäßige Basensequenz die Verankerung von Information erlaubt

19. *Zur identischen Reduplikation der DNS wird benötigt*
— a. DNS
— b. RNS
— c. Ribosomen
— d. ATP
— e. t-RNS

20. bei der Transformation
— a. wird die Erbinformation von Bakterien geändert
— b. wird DNS auf andere Lebewesen übertragen
— c. wird Phagen-DNS in Bakterien-DNS eingebaut
— d. wird Bakterien-DNS von Phagen in andere Bakterien übertragen

21. *Lysogene Bakterien*
— a. haben Phagen-DNS in ihre DNS eingebaut
— b. enthalten Prophagen
— c. enthalten Phagen-Eiweiß
— d. enthalten komplette Phagen

22. *Bei der Regulierung der Galaktosidase-Produktion*
— a. handelt es sich um Steuerung katabolischer Enzyme
— b. produziert das Regulatorgen zur Repression fertige Repressoren
— c. wirkt Milchzucker als Effektor
— d. ist der Operator bei Abwesenheit von Milchzucker nicht funktionsfähig

Testitems 16—22 kontrollieren sehr umfangreiches und komplexes Wissen; außerdem wird Reorganisation von Wissen gefordert. Solch ein ganz auf Überprüfung von Wissen abgestellter Teil einer Klassenarbeit ist in einem Bereich, in dem, wie in der molekularen Genetik, sehr kompliziertes Wissen vermittelt wird, durchaus berechtigt. Er sollte aber immer durch Fragen, die auf Transfer und problemlösendes Denken zielen, ergänzt werden.

Testitem 23

Die Abbildung zeigt die Sauerstoff-Bindungskurve des Hämocyanins und des Blutplasmas beim Krebs Palinurus. Der Sauerstoffpartialdruck des Außenmediums beträgt etwa 15 torr, der des Körpergewebes etwa 3 torr (Abb. 7, Seite 336). Kreuzen Sie die richtigen Aussagen an!

a. Bei einem Sauerstoffpartialdruck von 25 torr im Außenmedium und 15 torr im Körpergewebe würde das Hämocyanin wesentlich mehr Sauerstoff an das Gewebe abgeben können.

b. Bei einem Sauerstoffpartialdruck von 25 torr im Außenmedium und 15 torr im Körpergewebe würde das Blutplasma allein wesentlich mehr gelösten Sauerstoff an das Gewebe liefern.

c. Bei sigmoidem Verlauf der Sauerstoffbindungskurve des Hämocyanins könnte mehr Sauerstoff an das Gewebe abgegeben werden.

d. Das Hämocyanin ergibt gegenüber dem Blutplasma eine wesentliche Verbesserung der Sauerstoffversorgung.

Zu Item 23

Die Zahl der Distraktoren erlaubt es, die Ratewahrscheinlichkeit auf ein erträgliches Maß zu reduzieren. Das von den Testtheoretikern verpönte Beiwort „wesentlich" tritt hier so häufig auf, daß die Ratewahrscheinlichkeit dadurch nicht wesentlich erhöht wird.

Dieses Item überprüft mehrere Lernziele: „Im Stoffbereich Sauerstoffversorgung des Körpers graphische Darstellungen lesen und auswerten können."

Testitem 24

Welche der folgenden Änderungen ist eingetreten, wenn sich ein Mensch an den Aufenthalt in großer Höhe angepaßt hat?

Kreuzen Sie die richtigen Aussagen an.

a. die Herzfrequenz ist erhöht

b. die Lungenkapazität hat abgenommen

c. das Blut transportiert mehr Sauerstoff

d. die Atmungsfrequenz ist erhöht

aus: *Joint Matriculation Board 1970.*

Hier handelt es sich um ein klar formuliertes Multiple-Choice-Item. Die Zahl der Distraktoren ist ausreichend. Kein Distraktor fällt durch umständliche oder unsinnige Aussage besonders heraus. Es wird nur ein Lernziel überprüft, und so kann die Lösung insgesamt mit richtig bzw. falsch bewertet werden.

2. Ein Lückentest

Testitem 25: Das Auge

Tragen Sie in die nebenstehende Liste entsprechend der Numerierung auf der Abbildung des Auges die einzelnen Bezeichnungen ein (Abb. 8, Seite 336).

Lösung: 1. Hornhaut   7. Aderhaut
           2. Linse   8. Netzhaut
           3. Pupille   9. Gelber Fleck
           4. Linsenband   10. Sehnerv
           5. Ringmuskel des Ziliarkörpers 11. Blinder Fleck
           6. Weiße Augenhaut   12. Glaskörper

Bei Testitem 25 handelt es sich um einen Lückentest, in dem das aktiv verfügbare Wissen über Benennung der Teile des Auges überprüft wird. Zwischen richtig und falsch kann bei jeder einzelnen Bezeichnung ohne jede Schwierigkeit entschieden werden. Viel komplizierter ist die Frage, wie dieses Item insgesamt bewertet werden soll. Denn wenn für jede richtige Einzelbezeichnung ein Punkt gegeben wird. bleibt noch die Frage, ob und wie falsche Eintragungen berücksichtigt werden sollen. Andererseits könnte auch nur die Lösung als richtig bewertet werden, bei der alle Eintragungen korrekt sind. Diese Schwierigkeit der Bewertung tritt bei allen Lückentests und Zuordnungsaufgaben auf.

III. Der lernzielorientierte Test zur Diagnose des Schülerlernens

1. Funktion

Nach der Beendigung einzelner Unterrichtsabschnitte, und auf alle Fälle vor der eigentlichen Leistungskontrolle, sollte den Schülern die Chance gegeben werden zu prüfen, ob sie die Lernziele des vorangegangenen Unterrichts erreicht haben.

Um ihnen dies zu ermöglichen, muß der Lehrer, am besten zu Beginn des Unterrichtsabschnittes, die Lernziele dieses Abschnittes klarstellen. Ehe dann die eigentliche Arbeit geschrieben wird, erhalten die Schüler als Übungsarbeit oder als Hausarbeit lernzielorientierte Tests (LOT), die sie nun ohne den Druck der Leistungskontrolle bearbeiten, und deren Korrektur sie selbst übernehmen können.

Solche lernzielorientierten Tests entsprechen also den seit altersher üblichen Übungsarbeiten, unterscheiden sich von diesen Übungsarbeiten aber dadurch, daß sie strikt Lernziele widerspiegeln. Außerdem sind sie so sorgfältig aufgebaut, daß mit ihrer Hilfe nicht nur festgestellt wird: hat der Schüler das Lernziel erreicht? Sondern auch: Wo liegt der Grund für das Schülerversagen? Hat der Schüler z. B. den Begriff Regelgröße nicht vestanden, oder ist ihm etwa die Insulinproduktion der Bauchspeicheldrüse unbekannt? Erst durch diesen sorgfältigen Aufbau wird der lernzielorientierte Test zum diagnostischen Test.

2. Beispiel eines lernzielorientierten Tests zur Diagnose des Schülerlernens

Überprüfte Lernziele:
— der Schüler soll die Funktion der Bauchspeicheldrüse beschreiben können.
— er soll die Regulierung des Blutzuckerspiegels durch Insulin mit Hilfe des Regelkreisschemas erläutern können.
— er soll seine Kenntnisse auf andere Regelungsprozesse übertragen können.

Der lernzielorientierte Test: Richtige Aussagen ankreuzen!

1. Funktion der Bauchspeicheldrüse
— a. Der Saft der Bauchspeicheldrüse — Bauchspeichel — zerlegt Fett in feinste Tröpfchen.
— b. Bauchspeichel dient der Verdauung.
— c. Bauchspeichel enthält Eiweiß verdauende Enzyme.
— d. Ein Gang führt von der Bauchspeicheldrüse zum Zwölffingerdarm.

2. Funktion der Bauchspeicheldrüse
— a. Die Bauchspeicheldrüse ist eine Drüse der äußeren Sekretion.
— b. Die Bauchspeicheldrüse ist eine Drüse der inneren Sekretion.
— c. In der Bauchspeicheldrüse wird Insulin produziert.
— d. In der Bauchspeicheldrüse wird Glykogen produziert.

3. Insulin
— a. Insulin wirkt auf die Verdauungstätigkeit des Zwölffingerdarmes.
— b. Die Ausschüttung von Insulin bewirkt eine Erhöhung des Blutzuckerspiegels.
— c. Insulin bewirkt den Aufbau von Glykogen in der Leber.
— d. Die Wirkung des Glukagons ist der des Insulins entgegengesetzt.

4. Der Regelkreis: Zeichnen und beschriften Sie einen Regelkreis

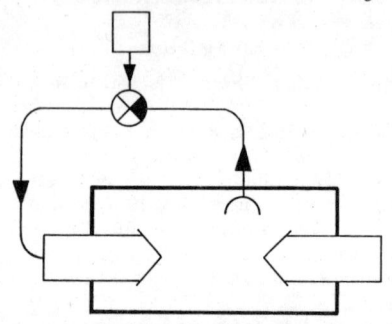

5. Funktionen der einzelnen Glieder des Regelkreises
— a. Das Stellglied repräsentiert den Korrekturmechanismus.
— b. Denjenigen Vorgang oder Zustand, dessen Änderung von Korrekturreaktionen beantwortet wird, bezeichnet man als Regelgröße.
— c. Die von der Außenwelt stammenden Einwirkungen auf die Regelgröße werden als Fühler bezeichnet.
— d. Der Sollwert ist derjenige Zustand, in dem keine Korrekturen ausgelöst werden.

6. Wenn man die Höhe des Blutzuckerspiegels als Regelgröße auffaßt,
— a. ist die nach Erhöhung des Blutzuckerspiegels einsetzende Insulinausschüttung ein Störglied;
— b. entspricht die Verabfolgung einer Traubenzuckergabe bei normalem Blutzuckerspiegel einem Störglied;
— c. Hat starke körperliche Tätigkeit die Funktion eines Störglieds;
— d. hat der Glykogenaufbau in der Leber die Funktion eines Stellgliedes.

7. *Ohne die normalerweise einsetzenden Regelungen* würden folgende Faktoren den Blutzuckerspiegel erheblich erhöhen:
— a. starke körperliche Arbeit;
— b. der Genuß von 100 g Brot;
— c. erhöhte Wärmeproduktion des Körpers;
— d. der Genuß von 100 g Bonbons.

8./9. *Adrenalin* erhöht den Blutzuckerspiegel, unter seiner Wirkung wird Glykogen in Traubenzucker verwandelt. Adrenalin wird in der Nebenniere produziert. Die Beeinflussung des normal hohen Blutzuckerspiegels mit Hilfe des Adrenalins läßt sich mit Hilfe des Regelkreises darstellen.

8. *In diesem Fall ist Adrenalin*
— a. das Störglied;
— b. die Regelgröße;
— c. der Fühler;
— d. das Stellglied.

9. *Die Wirkung des Adrenalins entspricht der des*
— a. Insulins;
— b. des Bauchspeichels;
— c. des Glukagons;
— d. des Glykogens;
— e. weder der des Insulins, noch der des Glukagons, noch der des Glykogens, noch der des Bauchspeichels.

IV. Die schriftliche Hausarbeit

Bei der Leistungskontrolle sollte die schriftliche Hausarbeit stets mit berücksichtigt werden, denn bei der Hausarbeit ist der Schüler frei von der Streßsituation der Klassenarbeit und kann dadurch seine Fähigkeiten besser entfalten. Selbstverständlich sollten die Themen auch solcher Arbeiten sorgfältig durchdacht werden, und auch hier wird es darauf ankommen, den Schülern einerseits Raum für die Entfaltung eigener Vorstellungen zu geben und andererseits klare Kriterien für die Beurteilung der Schülerleistung zu entwickeln. Folgende Formen der Hausarbeit wurden erprobt:

1. Die Ausarbeitung

Aufgabe 1
... Sehe junge Mädchen mit Kinderwagen, winzigen Babys drin. Muß ich auch einen Kinderwagen kaufen, wenn ich ein Baby kriege? Nein, Elias[1]) schwebt in der Luft. Könnte ich ihn nicht von Anfang an auf dem Rücken oder in einer Trage am Bauch tragen? Lächerlich, diese Kinderwagen. Am besten noch ganz in Plastik gehüllt, ein gläserner Sarg. Sie haben zu viele Bücher gelesen, sagt die Fürsorgerin ...

1. Erläutern Sie, mit welchen Argumenten *Harlow, van Lawick-Goodall, Spitz* zu diesem Text Stellung nehmen könnten.

---

[1]) Aus: *Karin Struck*, Klassenliebe, S. 132. Elias: vorläufiger Name des ungeborenen Kindes. (Anm. d. Verf.)

2. Wurden die von Ihnen herangezogenen Forschungsergebnisse abgesichert? Auf welchem Wege?
3. Legen Sie Ihren eigenen Standpunkt zum Text von *Karin Struck* dar! Welche Fakten sprechen für Ihre Stellungnahme?

Aufgabe 2. Heimerziehung.
Unterrichten Sie sich in einem Kinderkrankenhaus oder in einem Kinderheim, wie die Beziehungen zwischen den Kleinkindern und den pflegenden Schwestern aussehen.
Diskutieren Sie die Resultate Ihrer Erkundigungen an Hand der Arbeitsergebnisse von *Spitz* und *Bowlby.*

Aufgabe 3. Der Verwirklichung der Leitidee „Freiheit — Gleichheit — Brüderlichkeit" sind durch biologische Gegebenheiten des Menschen Grenzen gesetzt.
Diskutieren Sie diese Aussage. Stellen Sie dabei Ihren eigenen Standpunkt heraus und begründen Sie diesen Standpunkt ausführlich.

Diese Themen sind für eine Hausarbeit gut geeignet, denn hier hat der Schüler die Möglichkeit, durch Nachdenken und durch zusätzliche Lektüre zu einer eigenständigen Leistung zu kommen.

2. Das Experiment und das Versuchsprotokoll

Hierbei handelt es sich einmal um *selbständige Untersuchungen,* also recht eigentlich um Experimente, die die Schüler auf Anregung des Lehrers unternehmen und die in ihrer Thematik sehr unterschiedlich sein können. Beispiel: Untersuchungen zum Revierverhalten eines Goldhamsters.

Der Lehrer kann als Hilfe bei der Beurteilung solcher Arbeiten die *Klopfer*sche Taxonomie heranziehen und prüfen, wie weit die Abschnitte B, C, D und evtl. E abgedeckt werden, wie weit also vom Schüler wirklich naturwissenschaftliche Verfahren praktiziert wurden.

Das Versuchsprotokoll.

Wenn im Rahmen des Unterrichts von den Schülern Untersuchungen durchgeführt wurden, ergeben die anschließend zuhause angefertigten Protokolle eine brauchbare Grundlage für die Beurteilung der Schülerleistung.

Wenn z. B. im Unterricht Versuche zur Messung der Enzymaktivität bei verschiedener Temperatur oder Bestimmungen von Coli-Keimzahlen in den Gewässern gemacht wurden, sollten die Schüler zuhause Protokolle anfertigen, in denen sie untersuchen, ob und wie weit die Versuchsergebnisse die Ausgangshypothese bestätigen bzw. falsifizieren. Es ist sinnvoll, für solche Arbeiten alle in der Klasse erzielten Ergebnisse zu notieren. Nur mit Hilfe der so entstehenden größeren Zahlenreihen können die Schüler sinnvoll Mittelwerte und Streuung berechnen und evtl. einen t-Test durchführen und so zu wirklich brauchbaren Ergebnissen kommen, die dann graphisch dargestellt werden können.

Mit Hilfe solcher Protokolle werden die Verhaltensziele der Rubriken D, Interpretieren von Daten, Generalisieren und eventuelle Modellvorstellungen abgedeckt. das heißt, die Schüler werden in die naturwissenschaftliche Arbeitsweise eingeübt, und zur Beurteilung der Schüler stehen Unterlagen zur Verfügung, die wichtige Verhaltensziele erfassen, die aber andererseits frei von der Streßsituation der Klassenarbeit angefertigt wurden.

Literatur

1. G. *Schaefer:* Schriftliche Arbeiten zur Themengruppe Kybernetik im Wahlpflichtfach Biologie. Der Biologieunterricht 7, H. 1, 35—47 (1971)
2. G. A. *Lienert:* Testaufbau und Testanalyse. Beltz-Verlag (1969)
3. W. *Grüninger:* Kooperative, objektive Leistungmessung. Der Biologieunterricht 7, H. 1, 27—34 (1971)
4. *Staatsinstitut für Schulpädagogik:* Handreichungen für die Leistungsmessung in der Kollegstufe. München 1974.
5. G. *Schrooten:* Schriftliche Klassenarbeiten im Fach Biologie. Der Biologieunterricht 7, H. 1, 48—57 (1971)
6. L. E. *Klopfer:* „Evaluation of Learning in Science" in B. S. *Bloom*, J. Th. *Hastings*, G. F. *Madaus:* Handbook on Formative and Summative Evaluation of Student Learning. Mc Graw-Hill Book Company, New York, Düsseldorf (1971)
7. *Klauer, Fricke, Herbig, Rupprecht, Schott:* Lehrzielorientierte Tests. Schwann-Verlag (1972)
8. B. S. *Bloom:* Taxonomien von Lernzielen im kognitiven Bereich. Beltz-Verlag (1973)
9. H. *Roth:* Lernzielstufen und Lernzielbereiche. in: Deutscher Bildungsrat, Strukturplan für das Bildungswesen 1970, 78—82
10. C. *Möller:* Technik der Bildungsplanung Beltz-Verlag (1970)
11. G. *Schrooten:* Empfehlungen für die schriftliche Leistungsüberprüfung im Fach Biologie in der Sekundarstufe II. Der Biologieunterricht 10, H. 3, 46—59 (1974)
12. St. v. *Auffschnaitter:* Die Bedeutung von Taxonomien für die Entwicklung eines Physikcurriculums. Kiel 1971, Universität, IPN, Polykop. Ms.
13. *Becker, Haller, Stubenrauch, Wilkending:* Das Curriculum. Juventa (1975)
14. W. *Zöller:* Die Erstellung informeller Tests. Der Biologieunterricht 7, H. 1, 11—26 (1971)
15. K. H. *Berck:* Tier- und Humanpsychologie, Quelle und Meyer 1968

Namen- und Sachregister

Die Biologieräume und ihre Ausstattung

Abfallsammler 6
Abstelltisch 6 ff
Abtropfgestell 6, 10
Abzug 5, 10
Ansatztisch, fahrbar 4, 6, 10
Autoklav 6, 10

Brutschrank 6, 10

Chemiekalienschrank 7

Demonstrationsgerät 10
Diaprojektion 5, 10
Doppelschiebetafel 4, 10
Doppelspülbecken 6, 10

Energiesäule 9
Experimentiertisch 4, 10

Fernseheinrichtung 5, 10
Filmprojektion 5, 10

Gasanschluß 4, 9
Giftschrank 7

Halterung für Fernsehempfänger 5
Handwaschbecken 7, 10
Heißluftsterilisator 6, 10
Hörsaal 3

Kühlschrank 6

Lehrsaal 3, 6
Lehr-Übungsraum 3, 8

Mittelgang 3, 9

Netzspannungssteckdose 4, 9

Papierkorb 6
Projektionsfläche 4
Projektionsschrank 5

Regelschalter 4

Sammlungsraum 6
Sammlungsschrank 7
Schülerarbeitstisch 8
Schülerübungsgerät 10
Schulwandbilder 7
Sitznische 4
Skelettschrank 7

Träger für Schulwandbilder 7

Übungsraum 3, 8
Unterbauten 4, 6, 10

Vorbereitungsraum 6

Wägetisch 6
Wandtafel 4
Wasseranschluß 4, 9
Wechselschalter 4
Werkzeugschrank 6

Hilfs- und Anschauungsmittel

Anthrenus museorum 15
Arbeitsblätter 21
Arbeitsmaterial 15
Arbeitsprojektor 27
Arbeitstransparente 29
Archivieren aufwendiger Versuchsanordnungen 36
Audivisuelle Medien 21
Aufbautransparent 29
Auto-Verbandskoffer 38
AVM 21

Bild, mikroskopisches 32
Biologien 15
Biologische Sammlung 15
Bioplastiken 16
Blendschutz 27
Blütentypenmodelle 18

Canal-loading-system 31
Carbonpapier 30

Demonstrationsmaterial 15
Dia-Projektoren 22 f
Dias 22 f
DIN A 4-Format 27

Episkope 25
episkopische Abb. mit der Fernsehkamera 36
Eau de javelle 16

Fernsehmikroskop 33
Film 31
Flüssigpräparate 15, 16
Folienrollen 27
Fossilien 17
Funktionsmodell 18, 20, 31
Funktionstransparent 31

Gießharz 16
Glotzaugen 20
Großdia 29

hard-ware 21
Halogenglühlampen 25, 34

Kabinettskäfer 16
Kleinepiskope 26
Kodak-Ektographik Write on Slides 23

Kohlenstoffpigment 30
Kugelcharakteristik 38

Lichtton 31
Lysol 16

Magnetton 31
Medienmaterial 15
Medienverbund 30
Metalldampfentladungslampe 25
Metall-Halogenkurzbogenlampe 34
Metronom 38
Mikrophon, elektrodynamisches 38
Mikroprojektion 33
Mikroskop 32
Mikroskopisches Bild 32
Mikroskopische Übung 32 f
Modelle 18
— von Wirbellosen 18

Nierencharakteristik

OHP 27
Overheadprojektor 27
Overlay 29

Papierfaltmodell 20
Paral 16
p-Dichlorbenzol 16
Perhydrol 16
Permanent-Faserschreiber 29
Phantom 38
Picein 16
Pilzmodell 19
Plattenspieler 37
Plattenstempelkissen 30
Plastikmodelle 20
— im Bereich der Gesundheitserziehung 20
Präparate 15, 16
schieber 28
Projektionskopf mit Diaschieber 28

Radiorecorder 37
Reagenzglasprojektion 23, 28
Reprosäule 24 f

Sagrotan 16
Sammlung biologische 15
Schaukästen 15
Schlitten-Episkop 26
Selbsteinfädler 31
Side-load 31
Silberpigment 30
Skelette 15
— des Menschen 16
— von Haustieren 16
Sofortmaßnahmekoffer 38
soft-ware 21
Solubile-Faserschreiber 13
statisches Bild 22
Stopfpräparate 15
Super-8-Projektoren 32

Thermokopiergerät 30
Tobidiascript-Projektor 28
Tonbandgerät 37
Tonbildschauen 22, 24 f
Tonfilmgerät 31, 32
Torsofiguren 20
Transparente mehrfarbige 30
Trocken-Fotokopiergerät 31
Tuschezeichner 29

Umrißstempel 30
UrhRG-Urheberrechtsgesetz 23

Variofocus-Vorsatz 24
VCR 36
Verbandsmaterial 38
Video-Cassettenrecorder 36
Video-Langspielplatte 37
VLP 37

Wandbilder 21
Wandkarten 21
Write on Slides 21

Xenon-Kurzbogenlampen 34

Zeichnung auf Leerfolien 29
Zellglas-Stempelfarbe für Gummistempel 30
Zwangs-Dunkelpause 26

Die Verwendung des Polarisationsmikroskops im Biologieunterricht

Anisotropie, opt. 45

Brechungsindex von
  Flüssigkeiten 50

Chitin, Eigendoppelbr. 51
Chromosomen, Färbung 52

Doppelbrechung 44 f
— Stärke der 47

Eigendoppelbrechung 49, 51

Gangsunterschied 46, 48

Hilfobjekt Rot I 44, 47

Indexellipse 49

Keratin, Eigendoppelbr. 51
Kiefernholz 51
Kollagen, Eigendoppelbr. 51

Pektin, Eigendoppelbr. 51
Phasenverschiebung 46
Polarisationsfarben 45, 48

Polarisatoren 43
Polarisationsmikroskop 42

Stärke, Eigendoppelbr. 51
Strukturanalyse d. Pol.-
  Mikroskopie 51

Texturdoppelbrechung 49

Vitalmikroskopie 52

Wachse, Eigendoppelbr. 51

Einfache mikroskopische Erkennungsreaktionen

Calcium-Ionen, Nachweis 55
Calciumcarbonat, Nachweis 55
Calciumoxalat, Nachweis 55
Cellulose, Nachweis 55
Chitin, Nachweis 56

Erkennungsreaktionen 55 f

Fette, Nachweis 56

Glycogen, Nachweis 56

Holzstoff, Nachweis 56

Kallose, Nachweis 57
Kernfärbung 57
Kork, Nachweis 57
Kutin, Nachweis 57

Lignin, Nachweis 57
Lipoide, Nachweis 57

Nucleinsäuren, Nachweis 57

Pektin, Nachweis 57
Protein, Nachweis 58
Polarisation, Stärke der 58

Stärke, Nachweis 57
Suberin, Nachweis 58

Vitalfärbung 57

Wachse, Nachweis 58

Zellulose, Nachweis 58

Modelle und Modellvorstellungen in der Biologie

Abbild 62, 64
Aberglauben 68
Abhängigkeit 68
abiotisch 66
Abstraktion 64, 106
Aggregation 69
Aktionspotential 70
Akzeleration 67, 68
Altersstruktur 78, 84
Ameisengäste 80
Ameisenlöwe 80
analog 62, 93
Analogmodelle 75, 84
Analogon 63, 69
Anchovis 106
Anpassung 103, 104, 105
Anstiegsfunktion 68
Apparat 97
Artentstehung 95
Arthropoden 95
Aspekt 64
Atomphysik 63
Atomstruktur 64
Aufklärung 62, 66
Auge 105
Ausgangsgröße 66, 67, 68
Aussagenlogik 72
Automat 62, 70
automatisch 68

Bakterien 86
Bauernregel 68
Baummarder 80
Befischung 91
Begriffsbildung, akzentuierende 64
Beobachtung 102
Beschreibung 103
Bevölkerungsdichte 84, 86
Bevölkerungsexplosion 86
biochemisch 66
Biological Abstracts 63
Biomasse 82
Biozönose 81
Black Box 66, 82
Blattläuse 80
Blattwespen 80
Blutzucker 75
Bockkäfer 84
Bolzen-Loch-Bretter 95
Borkenkäfer 80
Brennesselblüte 64, 65
Brückenschaltung 105
Buchfink 80
Buntspecht 80

Caminalcules 70, 71
Citrus-Schildlaus 94
Club of Rome 62, 78
Computer 68, 90, 92, 97, 98
CSMP-I 92

Datenspeicher 99
Datenverarbeitung, elektronische 63

Deduktion 72, 106
deduktiv 64, 70, 91
Definition 63
Demökologie 78, 83
Demonstrationsmodell 64, 104
Dendrogramm 68
Denken, systemares 101
deskriptiv 66, 67, 68, 82
Desoxyribonucleinsäure 64
deterministisch 84, 88, 94, 95, 103
Diagramm 82
didaktisch 63, 105, 106
Differentialgleichung 82, 91, 92, 93
Differenzierung 69, 92
digital 62
Digitalmodelle 84
Dimension 64, 101, 106
Dipteren 77
Doppelhelix 64
DSL/90 92
DYNAMO 92

Eichhörnchen 80
Elementarvorgänge 95
Eingangsgrößen 66, 67, 68
Eingangssignale 68
elektronenmikroskopisch 64
elektronisch 72
Elementarteilchen 64
empirisch 66, 67, 68, 82
Energie 69, 78
Enterich 62
Entropie 78
Entscheidung 64
Entwurf 62
Enzymaktivität 75
Erbgut 68
Erkenntnis 63
Erkenntnisprozess 66
Erklärung 64
Ernte 91
Ersatzexperiment 69, 84, 101
Erythrozytometer 87
Evolution 64, 69, 70, 71, 95, 96, 100, 103, 104, 105
experimentell 64
Exponentialfunktion 86
exponentiell 84, 86
Exposition 89
Extinction 100, 101

Faktoren, ökologische 91, 101
Fangquoten 103
Federwaage 102
Feind 94
Fertilität 91, 92
Filtrierrate 91
Fischerei 103
fit, best 67
Flagellatenzelle 64
Fledermaus 80
Fließgleichgewicht 78
Flugsaurier 69
Flußdiagramm 83
Forschung 66

Forschungsmodell 64
Fourier-Analyse 68
Fovea centralis 73
Frequenz 88, 91
Funktion 63, 68, 82, 93
funktional 66, 68, 69
Funktionsanpassung 67
Funktionsmodell 64, 65, 102
Funktionswechsel 105

Galton 95
Gauss 95
Geburtsrate 86
Genauigkeit 82
Generalisation 106
Generalist 101
Genetik 95, 101
Genotyp 104
Geschlechtsdimorphismus 78, 97
Gesetzmäßigkeit 101
Glasperlenspiel 95
Gleichgewichtsdichte 88, 89, 103
Goethe 62
Gradienten-Hypothese 69
Gütekriterium 63, 68, 86

Habicht 80
Haselmaus 80
Häufigkeitsdichte 98
Häufigkeitsverteilung 95, 98, 100
Hauptkomponenten-Analyse 68
Heiraten, selektives 67, 68
Hermann'sches Gitter 72, 73
Herz 62
heuristisch 63, 68
Homer 62
Homöostase 78
Homunculus 62
Hunger 86
Hybridautomaten 62
Hypothese 62, 64, 68, 69, 73

Iatromechanik 62, 70
Idee 62
Impulsdichte 73
Impulsfunktion 68
Individuendichte 66, 86, 103
Individuenzahl 95, 97
Induktion 69, 106
Infertilitätszeit 84
Information 78
Inhibition, laterale 72, 73
input 66
Insekten 86, 96
Insektizid 94
Insel 100
Integration 92
Integrationsebene 75, 78
interdisziplinär 105, 106
Isomat 72
Isomorphie 75, 105, 106

Joghurt-Bakterien 86

359

Kalorien 91
Kapazität 87, 89, 91, 102, 103
Katzenkralle 102, 105
kausal 68, 82
Kausalanalyse 101
Kausalismus 63
Kausalitätsprinzip 95
Kausalkette 91
Kettenreaktion 75
Kleiber 80
Klassenbreite 95
Klima 106
Knaus 62
Koinzidenz 68
Komplex 63
Komplexauge 73
Komplexität 78
Konkurrenz 78, 82, 93, 101, 102
Konstruktion 64, 103, 105, 106
Konsumenten 78
Kontaktgift 94
Kontraststeigerung 72, 73
Konvergenz 105
konzeptionell 67, 68, 70
Kornkäfer 86
Körperlänge 67, 68
Körpertemperatur 75
Korrelation 75
Korrelationsanalyse 66
Korrelatitonskoeffizient 67, 68
Kosten 101
Kräfte 103
Kräfteparallelogramm 103
Kreuzkorrelation 68
Krieg 86
K-Strategie 101
Kugeln 95, 97
kumulativ 98
Kurvenverläufe 67, 68
Kuhl 95
Kühlschrank 75
K-Wert 104
Kybernetik 70, 75

Labyrinth 70
Lebensdaten 84, 90, 91, 95
Lebensdauer 84, 101
Lebensgemeinschaft 79
Lectron 93
Leiterkreis 72
Lernen 72
Lernprozeß 72 f
Lernvermögen 70
Lernzielkatalog 106
Licht 66
limitiert 88
Limulus-Auge 73
linear 67
logistisch 87, 90
Lotka 89
Luchs 93

Malthus'scher Parameter 86
Manipulationen, anthropogene 101, 104, 106
manipuliert 66
Mannigfaltigkeit 101, 106

Maschinen 62, 90, 105
Material 64
Materialismus 62
Maximierung 102, 103
Messen 102, 103
Metapher 62
Methylenblau 87
Mettrie, de la 62
Migration 101
Mimikry 103, 104
Mittelwert 100
MIT-Studie 78, 83
Modelle, deterministische 93, 95
Modell, graphisches 84, 85, 92
Modelle, lebende 86
Modelle, stochastische 95
Modifikation 78
Molekularbiologie 78
monoton 68
Monte-Carlo-Methode 97, 98
Mortalität 75, 84, 91, 97
Muster 62
Mutation, 95, 104, 105

Nachbildung 64
Nachkommenproduktion 91
Nahrung 79, 91
Nahrungsnetz 94
Natalität 75, 84, 91
Nervennetz 72
Neuronenmodell 70
Neurophysiologie 64, 70, 72
Niederschlag 66
Nutzungkoeffizient 91

Ökologie 75, 91
Ökologie-Spiel 101
Ökonomie 105
Ökosystem 66, 78, 94
Olympia 62
Ommatidium 73
ontogenetisch 69
optimal 91, 101
Optimierung 101, 103, 104
Organ 64, 66
Organismus 66
Original 64
Orthokinese 69
Oszillation 88, 91, 100
output 66

pädagogisch 63
Parameter 78, 84, 91, 92, 102
Parasit 105
parthenogenetisch 84
Partnerwahl 68
Pawlow'scher Hund 72
periodisch 68
Periodizität 92
Peru 106
Pflanzenschädling 94
Phasenverschiebung 93, 100
Physik 63, 105
Phytoplankton 78, 82
Plankton 62
Planspiel 100
Planung 101

Plastik 64
Plastizität 105
Plato 62
Polarisierung 69
Polymorphismus 78, 97
Polynom 82
Population 66
Populationsdichte 78, 91, 97, 101 102, 104
Populationsdynamik 90, 91, 92, 93, 101
Populationsökologie 78, 95
Populationsparameter 91, 96
Populationswachstum 86, 95
Post-Faktum-Prognose 86
Pragmatisierung 63, 68
Produktion 82
Prognose 78, 82, 86, 89, 90, 101, 105
Programm 68
Prüfverfahren, dynamische 68
Publikation 63
Pufferung 78
Puppe 62
Pyramide, trophische 94

Rädertiere 84, 85, 86, 90, 92, 98
Rasenameise 80
Räuber-Beute-Beziehung 93, 98, 99, 100, 101
Raubwanze 94
Reaktionssystem 66
Regel 68
Regelkreis 75, 78
Regelschwingung 91
Regressionsgerade 67, 68
Regulation 86
Reizstärke 69
Rekombination 95, 103, 104
Rekonstruktion 64
Repräsentation 62
Rhamphorhynchus 69
RNA 95
Roboter 70
Rokoko 62
Rotatorien 84
r-Strategie 101
Rückkoppelung 75, 78
Rückwärtshemmung 73
Runge-Kutta-Verfahren 92

Safranin 87
Sandkastenmodell 69
Sartre 87
Schädlingskalamität 68
Schildlaus 94
Schlupfwespen 80
Schmetterlinge 80, 103
Schneehase 93
Schulmodell 64, 65
Schwingung 93
Segment 69
Selektion 67, 104, 105
Seuchen 86
Sexualität 103, 105
sigmoid 87
Signifikanztest 68
SIMULA 100

Simulation 78, 84, 90, 97, 98, 99, 100
Simulationsspiel 101
Simulationssprachen 92
simulieren 70
sinusförmig 68
Soziologie 105
Spezialist 101
Spiel 101
Springfunktion 68
Stabilbaukasten 102
Stabilität 78, 101
Stammbaum 70
statistisch 66, 95
Sterberate 86
Steuerung 78
stochastisch 68, 84, 95, 96, 97, 98, 100, 103, 104
Strategie 101, 104
Streichholzschachtel-Automat 72
Streß 86
Struktur 105
Symmetrie 106
Synchronisation 95
Synökologie 78
Synthese 105
Steuerung 75
Struktur 66
Strukturelemente 66
Strukturmodell 64
Substrat 64
Surrogat 69
Symbiose 79
Symbol 62
Synchronisation 95
synthetisch 67
System 63, 66, 90, 98, 100, 106

Tafel 103
Taschenrechner 97

Taxonomie, klassische 70
Taxonomie, numerische 70
Temperatur 66, 90, 91, 92, 101
Theorien 62
Toleranz 101
toxisch 82
trophisch 78, 82

Überbevölkerung 101
Überfischung 103
Überlebenskurve 92
Umwelt-Spiel, kybernetisches 101
Umweltverschmutzung 101
Unterricht 63, 64
Urpflanze 62
Ursache 63

Variabilität, genetische 78, 104
Variation 101
Vaucanson, J. de 62
Verhaltenswahrscheinlichkeit 72
Verifizierung 70
vernetzt 78
Versuchskaninchen 86
Verwandtschaft 70
Volterra 88, 94
Voraussage 63, 64, 68, 82
Vorbild 62, 104
Vulkanausbruch 68

Wachstum, exponentielles 84, 86, 87
Wachstum, hyperexponentielles 86
Wachstumsfunktion, logistische 88, 89, 90, 91, 102, 103

Wachstumskurve, sigmoide 88, 89, 103
Wachstumsrate, absolute 102, 103
Wachstumsrate, relative 102, 103
Wachstumsrate, spezifische 86, 91
Wahrheit 63
Wahrscheinlichkeit 95, 97
Wald 79, 81
Waldameise, Rote 80
Walfang 104
Wechselbeziehung, ökologische 78, 100
Wechselwirkung 78
Weltmodell 62, 78, 83
Wheatstone'sche Brücke 104, 105
Wimpertiere 86
Wirkgefüge 79
Wirkung 63
Wirkungsgefüge 101
Wissenschaftsgeschichte 62
Witterung 101
Würfel 104

Zählkammer nach Thoma 87
Zeitlupe 64
Zeitraffer 64
Zeitverzögerung 88, 90, 91, 92
Zelle 66
Zooplankton 78, 82
Zufallsapparat 95
Zufallselemente 95
Zufallsgenerator 95, 101
Zufallsverteilung 95
Zufallszahlen 98, 104
Zugkräfte 102
Zustandsgrößen 78
zweckfrei 63
Zweiflügler 81

Die Arbeitssammlung

Abbildung 144
Ackerschachtelhalm 136
Aconitum 135
Akne 149
Aktendeckel 128
Algen 128
Alginsäure 129
Alkohol 122, 149
„Ameiseneier" 137
Ammoniten 135
Amphioxus 137
Anbaugebiet 144
Anbaustelle 121
Andromeda polif. 131
Anisii stellati 132
Apfelwickler 137
Appreturmittel 129
Aquarium 119
Arbeitsbücherei 128
Arbeitstagung 128
Arbeitsmaterial 128
Arbeitssammlung 115, 116, 120
Arbeitstechnik 128
Arbeitsunterlage 117, 118
Arbeitsunterlage (Kunststoffplatte) 149
Aronstab 135
Arsenik 139
Arum mec. 135
Asche 129
Assimilation 149
Astigmatismus 118
Atmung 119, 149
Attich 135
Attrappenversuch 149
Aufbewahrung 122, 124
Aufbewahrungskasten 122
Aufbausatz 118
Auge 137
Ausdrucksbewegung 149
Austernschale 139
Autounfall 144, 145

Bakterien 136
Bäume 130
Baumschwamm 135
Baumstamm 135
Baumwolle 131
Becherglas 118
Behälter 122
Behandlung des Materials 122
Belemniten 135
Berglorbeer 133
Bergroggen 132
Beschaffung 120, 129
Besenginster 131
Bestimmen 119, 124, 128
Bestimmungsbuch 119
Bestimmungsschlüssel 127, 128
Bestimmungstabelle 122, 127, 128, 149
Bestimmungsübung 127, 128
Bestimmungsverfahren 119
Beutel 128

Beutetier 127
Bevölkerung in Hamburg 148
Bevölkerungsbewegung 144
Bevölkerungsstruktur 144, 147, 148
Bezugsmöglichkeit 125
Bezugsquellennachweis 119, 140, 151
Biene 121, 137
Bienenwabe 121, 137
Bilsenkraut 135
Bindegläser 122, 128
„Bioga"-Gerät 118
Blätter 131
Blattmine 132
Blattmutation 133
blinder Fleck 118
Blutzuckerspiegel 144
Bocksdorn 131
Bodenfunde 131
Bodenprobe 149
Bodenschicht 119
Bohne 135
Brandpils 135
Brennesselblätter 131
Bryonia 135
Bryozoa 129, 137
„Buchstabe A", Der 150
Buchweizen 136

Carcinus maenas 143
Chemikalien 120
chemische Formeln 149
Chironismus 127, 137
Chondrus crispus 129
Chloroform 122
Chlorophyll 149
Cicuta virosa 135
Cliona colata 135, 141
Colchicum 135
Conium Maculatum 135
Convallaria majalis 135
Crangon vulg. 139
Cytisus 131
Cymbelkraut 134

Dachsbau 121
Dachslosung 141
Dactylus 139, 141
Daphne 131
Dattura str. 135
Digitalis 135
Dinkel 132
Dörrobst 135
Drogen 132
Drosophila 127, 128
Düngungsversuch 129
Dysticus marg. 140

Efen 131
Eibe 131
Eiche 132
Eichhörnchen 132
Eier 122, 128

Eierschale 120
Einkorn 132
Eisenhut 135
Eisennachweis 131
Eiweiß 135
Eimer 132
Engerling 121
Entfaltungsbewegung 117, 133
Entfaltungsstadien 135
Entwicklungsbewegung 117
Entwicklungsreihe 138
Epidemie 144
Ergänzungsteil 118
Erlenblattkäfer 138
Ernährungsweise 127
Essigäther 122
Exkremente 127, 138

Fachkonferenz 117
Falter 122
Fährten 144
Farbensinn 120
Farnprothallium 132
Faulbaum 131
Federn 138
Feldheuschrecke 138
Fell 128
Flechten 132
Fichte 132
Figuren 118
Fingerhut 135
Finken, Schnabelform 144
Fischschuppen 138
Fließpapier 129
Flores Chamomillae 132
Flores Tiliae 132
Folia Salviae 132
Foraminiferen 138
Formalin 132
Fossilien 132, 138
Fossil-Kunstblätter 138
Fraßspuren 116, 119, 124, 127, 132, 138, 139
Freilandbiologie 115
Früchte 123, 131, 132, 136
Fuchslosung 141
Fußabdruck 119
Fundort 125
Fundstelle 118

Gallen 132
Gallwespe 132
„Garbi"-Gerät 118, 149
Garneele 139
Geborenenüberschuß 147
Gefährdung d. Unterrichtsziels 116
Geräte 118, 119, 125
Gestorbenenüberschuß 147
Getreideähren 123
Gestelle 123, 125
Gesundheitslehre 120
Gesundheitspflege 149

362

Getreide 132, 135
Geweihe 139
Gewichtsveränderung 136
Gewölle 116, 119, 127, 128, 139
Gewölluntersuchung 128
Gewürze 139
Gießharz 122
giftige Pflanzen 135
Giftpilze 135
Ginster 122
Gitterpresse 119
Gläser 122
Globol 139
Glyzine 131
Gränke 131
Graunen 127
Grashalm 133
graphische Darstellung 118
Graupen 135
Greifvogelhorst 121
Gries 135
Grünkern 135
Gruppe 118
Grütze 135
Gummischlauch 119
Gummistopfen 123

Haare 140
Hahnenfuß 135
Hagebutte 136
Handspiegel 119
Haselnußbohrer 132
Haselpollen 136
Hausaufgabe 119, 127, 128, 135
Haut 140
Hecht 141
Heckenkirsche 131
Hedera 131
Heilmittel 129
Helgoland 129, 139
Helleborus 135
Herbarexemplar 128
Herbarium 135
Herbstzeitlose 135
Herzinfarkt 120, 150
Hilfskraft 124
Himbeerkäfer 140
Hirse 136
Holz 135
Holzblock 123, 125
Holzbrettchen 119
Honig 135
Hopfen 135
Horn 140
Hospitalismus-Symptom 151
Hüpferling 117
Hydrophilus 140
hygroskopische Bewegung 128, 135, 136, 137
Hyoscyanus-Niger 135

Igel 121
Igellosung 121
Ilex 131
Infektionskrankheiten 144
Inhaltsangabe 124
Inhaltsstoffe 129, 130

Insekten 140
Insekten: Eier, Larven, Puppen 122
Insektenlarven, Bestimmung 149

Japanische Wanderblume 127
Jod 129
Johannisbeere 132
Johannisbeergallenmilbe 140
Juniperus sabina 131
Juniperus communis 131

Käfer 122
Käfersieb 119
Kakaobohne 121, 135
Kalkbelag 136
Kalmia-Arten 131
Kaninchen 132
Kartei 125
Kartoffel 135
Kartoffelstärke 135
Kationenaustauscher 135
Keimung 128
Kennübung 124, 127
Kescher 119
Kieferpollen 136
Kiemenbogenskelett 149
Kieselgur 135
Kirschkerne 132
Kirschlorbeer 131
Klassenarbeit 119
Klassenfrequenz 118
Klassengespräch 119
Kleidermotte 138, 139, 140
Kleinsäugerschädel 149
Knäuelgras 133
Knochen 127, 128, 140, 143
Köcherfliege 141
Kohlenstoffnachweis 135
Kohlweißling 141
Kolbenwasserkäfer 140
Kontaktreizbarkeit 112
Kokon 116, 141
Konservieren 122
Konservierungsflüssigkeit 123
Kornkäfer 135
Kontrolle 124
Krähengewöll 139
Kreuzschnabel 130
Kümmerfarn 133
Kunstfaser 136
Kunstharz 122
Kunststofftüte 122
Kunststoffunterlage 118
Kupfersulfat 122

Laburnum-Arten 131
Laichballen 138
Laichkraut 136
Laminaria Cloustonii 129
Larven 122, 140, 143
Laub 119
Lebensbaum 131
Lebensweise 127
Lehrausflug 120
Leinen 136
Liguster 131

Ligusterbeere 130
Ligustrum-Arten 131
Literatur 152
Literaturhinweis 129
Lolium ten. 135
Lonicera 131
Losung 116, 119, 121, 124, 141
Lupe 118
Lupentisch 118, 125
Lupine 127, 136
Lycinum-Arten 131

Magen 141
Maiglöckchen 135
Maikäfer 141
Mauerpfeffer 135
Maus 132
Mauserfeder 139
Meerespflanzen 122
Meeresstrand 121
Meerestiere 122
Mehlkäfer 141
Mensur 118
Mettlerwaage 136
Miesmuschel 141
Milbe 141
Mohn 135
Möhre 135
Molch 140
Moos 135
Moostierchen 141
Motte 136
Mundstück (Spirometer) 119
Muschel(arten) 138, 141
Mutante 121
Mutationsbewegung 117
Mutationstyp (Kaninchen) 150
Mutterkorn

Nachbilden 118
Nachtschatten 135
Nahrungsmittel 129, 135, 149
Nährwerttabelle 120
„Narrentaschen" 135
Natica 139, 141
Natrium 129
Nereis 141
Neue-Klein-Brehm-Reihe 120
Nieswurz 135
Nistkasten 121, 142
Nistmaterial 121
Nüsse 116
Nutzung d. Arbeitssammlung 121

Objekte 117
Objektmikrometer 136
Ohrenqualle 142
optische Täuschung 118
Organe, homologe 143

Paarungsverhalten 149
Pappel 135
Parthenocisous 135
„Pensionierungstod" 149
Pferdehaare 140
Pflanzen, giftige 130

Pflanzenabdruck 132
Pflanzengitterpresse 118
Pflanzenpapier 119
Pflanzspaten 119
Pholas 139
Propylalkohol 122
Prumus leurocerasus 131
Pulsschlag 119
Puppen 122

Quellstift 129
Quellung 128, 129, 135, 136

Ranuculus 135
Rauchen 120, 149
Raupenkasten 119
Reiberschnabel 127, 136
Reis 135
Rhamnus 131
Rhododendron 131
Ringelnatter 140
Rosinen 135
Rostpilz 130
Rotblättrigkeit 133
Rotdorn 133
Royal College of Physicians 120
Rupfung 142

Saatgut 117
Saatkrähe 139
Saatkrähenkolonie 121
Sadebaum 131
Sägespäne 136
Salzsäure 120
Sambucus rac. 131
Samen 123, 131, 136
Sammeln 122
Sammelgläser 122, 126, 128
Sammlungsleiter 122, 124
Sammlungsschädlinge 122
Sanddorn 136
Saugfähigkeit 135
Säugling, Sterbefälle 147
Säugling, Versagungen 150
Schabe 117
Schachtelhalm 136
Schädlinge 116, 122
Schädlingsbefall 138
Scharbockskraut 127
Scharrstelle 119
Schausammlung 120
Schere 118, 125
Schierling 135
Schiffsbohrwurm
Schleiereule 139
Schleim (Algen) 129
Schlitzblättrigkeit 133, 134
Schmeißfliege 142
Schnecken 135, 142
Schneeball 131
Schneebeere 131
Scholle 141
Schöllkraut 117
Schwamm 142
Schwefeläther 122
Schwefelkohlenstoff 122, 139
Schwefelkohlenstoffkiste 128

Sedum acre 135
Seeigel 138
seelische Krankheit 150
Seemoos 142
Seerose 133
Seestern 142
Seidelbast 131
Sertularia 142
Seuchen 144
Silberfischchen 142
Simultankontrast 118
Skalpell 118, 126
Skelett 120, 142
Sojabohne 121, 127, 136
Solanum dulc. 135
Solanum nig. 135
Sonderdruck 149
Sonnenlicht (Energie-
  verteilung) 149
Soziale Krankheit 150
Sozialprestige 150
Sozialstreß 150
Specht 132
Spechtschmiede 121
Speckkäfer 143
Speiballen 139
Spelzen 127
Speisepilz 135
Spielwarenhandel
Spirola 129
Spirometer 119
Spitzmaus 139, 141, 143
Spuckbaum 121
Spuren 117, 119
Standort 121
Stärke 135
Stechapfel 135
Stechpalme 131
Stechzirkel 119
Steine 129
Steinkoralle 143
Stetoskop 119
Stickstoffnachweis 135
Strahlung, biol. Wirkung 149
Strandkrabbe 143
Sträucher 130
Stoppuhr 119
Storchengewöll 140
Stricknadel 119
Stubenfliege 143
Stückzahl 118, 125
Symbole 129

Tabelle 118, 128, 149
Tagesperiodik 144
Tageslichtnelke 136
Tasthaar 119
Taumellolch 135
Täuschung, optische 118
Taxus Baccata 131
Teredo 139, 141
Terrarium 119
Text 118, 128, 149, 150
Textilfaser 116, 121, 136
Thermonartie 117
Thuja 131
Tierwanderung 144

Tintenfisch 143
Todesursachen 149
Tollwutgefahr 141, 142
Transportgefäß 119
tropistische Bewegung 117
Traubenholunder
Traubenzucker 135
Trittspurpapier 151
Tropfflasche 120
Turmfalke 139
Turmfalkenhorst 141

Übergangsformen 133
Ufergläser 128
Umstimmung 133
Unfallverletzung 144, 150
Urease 136
Urheberrechte 144

Vegetationsbilder 144
Verbrauch 118
Verbrauchssammlung 116
Verbreitungsgebiet 144
Verdunstung 119
Vergiftungserscheinung 130
Verkehrsunfall 145, 150
Verletzungsverlauf (Auto) 146
Verpackung 121
Versteinerung 121
Verwendungsmöglichkeit 124
Viburnum 131
Vitamin 135, 136
Vogelflugbilder 144
Vogelnest 118, 143
Vorrat 118
Vorratsschädling 136

Waagen
Wachholder 131
Wachstumsbewegung 117
Wachstumsverlauf 144
Wanderfalke 142
Wägesatz 119
Waldkautz 139
Waldohreule 139
Wanderbuch 118, 128
Wasserhaltungsvermögen
  135, 149
Wasserschierling 135
Wellhornschnecke 138
Wespe 144
Wespennest 144
wilder Wein 135
Wisteria sinensis 131
Wolle 136
Wuchsform 144

Zähne 144
Zapfen 116, 136
Zapronlack 139
Zaunrübe 133, 135, 137
Zeichnung 128, 144
Zucker 135
Zuckernachweis 129
Zuckerspiegel 149
Zweige 137
Zwiebel 135
Zymbelkraut 133, 134

Leistungskontrolle — Schriftliche Reifeprüfungsaufgaben

AAM 272
Aberrationen der Chromosomen 253, 303
Abstammungslehre (Quellentexte) 244, 250, 303
Aggression 273
Aktionspotential 259
Albinismus 302
Alkaloide 295
Analogie 240
Ananasgallen 242
Anatomie 250
Anpassung 261, 276
Artbildung 305
Atmung 240, 301
Attrappenversuche 268

Bäckerhefe 249
Bakteriengenetik 251, 308
Bestimmungsübungen 247, 264
Binnensee 250, 276
Blattquerschnitte 256, 277
Blütenökologie 246
Blut 238, 239
Bodenproben 276
Braunkohlenabbaugebiet 274
Buntbarsch 264, 265

Chemosynthese 240
Chlamydomonas 239
Chromatographie von Alkaloiden 292 f.
Chromosomentheorie 304
Cichliden 266
Citronensäurezyklus 259

Darmquerschnitte 256
Darwinfinken 270
v. Dithfurth 297
DNS 304, 308
Drosophila 253

Eiche — Eichel 238
Eichenrose 242
Elektroden — Implantation 257
Enzyme 307
Energiegewinner 259, 297
Erbkrankheiten 304
Erscheinungen des Lebendigen 238
Evetria resinella 243
Ethologie 264, 290, 306, 307
Eugenik 263
Evolution 240, 250, 285, 303, 308

Farne 239, 246
Fehlingprobe 244
Feigen 241
Filme 245, 271, 272
Fromm E. 269, 270
Froschlarven 245

Gärung 240, 249
Galapagosfinken 261
Gallen 241
Gebirgsflora 277
Gehirngewicht 262 f.
Gen-Mutationen 254

Generationswechsel 239
Genetischer Code 303
Gene-pool 261
Gewürznelken 248
Grabwespe 285

Helianthus annuus 248
Humangenetik 306

Igellosung 241
Induktionssysteme 252
Insekten 240
Instinkthandlungen 240, 264, 301

Jodjodkaliumreaktion 244

Katalase 257
Katze 289
Kaulquappen 273
Keimzellbildung 305
Kindchenschema 268
Kiefernadel 246
Klassische Genetik 253
Körpergewicht 262 f.
Kohlenstoff-Stickstoff 238, 274
Kreislauf des Kohlenstoffs 238, 276
Krebsgewebe 251
Krokusse 245
Kybernetik 306, 307

Lactoseabbau 251
Landwirtschaft und Umwelt 290
Lanzettfisch 256
Laubmoos 239, 247
Lebensgemeinschaft 238
Löwenzahn 281
Lebensmerkmale 238
Lorenz 240, 267, 269
Lungenquerschnitte 256
Lyssenko 245

Malaria 292
Massenpflege 288
Meiose 305
Mendelschen Regeln 302, 305
Menschheitsentwicklung 263, 304
Mikiola-Gallen 242
Mikroskopische Untersuchungen 247, 248
Milch — pflanzliche und tierische 243
Modifikationen 304
Molekularbiologie 252, 303, 308
Mongolismus 305
Molekulare Genetik 252
Mutationen 304, 308

Nernst'sche Gleichung 259
Nervensysteme 258
Non-Disjunktion 254
Neurophysiologie 255, 306, 308
Neurospora crassa 251

Orkan 1972 278
Osmose 249, 250

Pappel 240
Pappelsamen 246

Parasitismus 297
Pflanzen — Tiere 238, 276
Pflanzenwurzeln 247
Pflanzenzüchtung 245
Photosynthese 240, 249, 300, 301, 306, 307
Population 261
Primula officinalis 247
Proteinbiosynthese 306
Protozoen 244
Punktebewertung 253

Rangordnungen 265
Reflexbogen 308
Reifeprüfungssystemen (Prinzipien) 237
Rekultivierung 274
Rhesusfaktor 302
Rotgrünblindheit 302
Ruderwanze 244

Sandwespe 399
Secundäres Dickenwachstum 256
See (Ökosystem) 287
Sewall-Wright-Effekt (Gen-Drift) 291
Seitenfleckenleguan 290
Sojabohnen 257
Sojaflocken 257
Sojamilch 257
Sojasprosse 257
Spemann 244
Springkraut 281, 284
Start Codon 255
Stengelquerschnitte 247
„Steuerungssysteme 258, 259
Stichling 264, 267
Stoffwechselphysiologie 256, 257, 307
Studienkolleg 235
Symbiosehypothese 290

Teichmuschel 256
Tertiärmensch 262
Tiefseefische 238
Totenkopfäffchen 265
Tradescantia discolor 246
Transcriptionen 255
Triplett 254, 255

Umweltansprüche 276
Urogenitalsystem 256

Veitstanz 239
Verwandtenehen 302
Vererbungslehre 239, 264, 302 ff
Virengenetik 251
Vorstufen des Menschen 262

Wasser 286
Wasser- Landleben 239, 264
Wasserlinsen 244
Weidenrute 238
Werkzeuggebrauch 270
Wildenten 271
Wirbeltierherzen 264

Zelleneinschlüsse 248
Zwillinge 254, 302, 305

Leistungsmessung im Biologieunterricht

Bewertung 312, 318
Bloomsche Taxonomie 314
Blut/Blutkreislauf 348

Diagnose 319, 349

Evolution 337
Experiment 352

Genetik 320, 321, 323, 347

Klassenarbeit 320
Klopfersche Taxonomie 315, 339, 344
Komplexität 318

Lückentest 341, 348

Matrix 314, 339, 341, 344, 346
Mündliche Leistung 319
Multible-Choice-Test 314, 341, 342

Objektivität 312

Rothsche Lernzielstufen 315, 341, 346

Schwierigkeit 312, 318

Verdauung 350
Verhalten 325, 328, 329, 330, 342, 351, 352

Verbesserung von sinnentstellenden Druckfehlern im Handbuch

Seite 314, Fußnote, letzte Zeile: statt Seite 332: Seite 335 f.
Seite 315, Zeile 25, Seite 318, Zeile 18 und 28: statt „Normenpapier": EPA 1975
Seite 321, statt Aminos: Aminosäuren